EUL VERLAG

Reihe: Steuer, Wirtschaft und Recht · Band 315

Herausgegeben von vBP StB Prof. Dr. Johannes Georg Bischoff, Wuppertal, Dr. Alfred Kellermann, Vorsitzender Richter (a. D.) am BGH, Karlsruhe, Prof. (em.) Dr. Günter Sieben, Köln, und WP StB Prof. Dr. Norbert Herzig, Köln

Dr. Simone Günter

Fortentwicklung des Handels- und Steuerbilanzrechts

Eine ökonomische Analyse

Mit einem Geleitwort von Prof. Dr. Holger Kahle, Universität Hohenheim

EUL VERLAG

Bibliografische Information der Deutschen Nationalbibliothek

Die Deutsche Nationalbibliothek verzeichnet diese Publikation in der Deutschen Nationalbibliografie; detaillierte bibliografische Daten sind im Internet über <http://dnb.d-nb.de> abrufbar.

Dissertation, Universität Hohenheim, 2011

D 100

ISBN 978-3-8441-0128-7
1. Auflage Februar 2012

JOSEF EUL VERLAG GmbH
Brandsberg 6
53797 Lohmar
Tel.: 0 22 05 / 90 10 6-6
Fax: 0 22 05 / 90 10 6-88
E-Mail: info@eul-verlag.de
http://www.eul-verlag.de

Bei der Herstellung unserer Bücher möchten wir die Umwelt schonen. Dieses Buch ist daher auf säurefreiem, 100% chlorfrei gebleichtem, alterungsbeständigem Papier nach DIN 6738 gedruckt.

Geleitwort

Auch nach dem Bilanzrechtsmodernisierungsgesetz ist die Zukunft des Handels- und Steuerbilanzrechts in der Diskussion. Eine der zentralen Fragen zur Zukunft der Rechnungslegung besteht darin, ob mittelständische Unternehmen sich einer Rechnungslegung nach IFRS werden entziehen können. Kapitalmarktorientierte Unternehmen haben ein Interesse, auch im Einzelabschluss nach IFRS zu bilanzieren. Der Maßgeblichkeitsgrundsatz des § 5 Abs. 1 EStG zählt auch nach dem BilMoG zu den tragenden Grundsätzen des Bilanzsteuerrechts. Allerdings wurde die Bedeutung der Maßgeblichkeit durch das BilMoG geschwächt, indem nunmehr steuerliche Wahlrechte unabhängig von der Handelsbilanz ausgeübt werden können (§ 5 Abs. 1 S. 1 2. Halbs. EStG). Darüber hinaus wurde mit dem BilMoG die schon seit langem geforderte Abschaffung der umgekehrten Maßgeblichkeit vollzogen.

Zudem könnte dem Maßgeblichkeitsgrundsatz durch europäische Entwicklungen der Boden entzogen werden, denn die EU-Kommission erwägt, insbesondere multinationalen Unternehmen durch die Schaffung einer konsolidierten Körperschaftsteuer-Bemessungsgrundlage (GKKB) einen einheitlichen und systematischen Rahmen vorzugeben, um den steuerlichen Herausforderungen an die grenzüberschreitende Geschäftstätigkeit innerhalb des Binnenmarktes gerecht zu werden.

Hier setzt die Arbeit von Frau Günter an, indem sie der Frage nachgeht, ob der Gesetzgeber mit dem BilMoG eine dauerhafte Lösung geschaffen hat. In der Arbeit wird die Fortentwicklung des Handels- und Steuerbilanzrechts ausgehend von der Informations-, Ausschüttungs- und Steuerbemessungsfunktion einer ökonomischen Analyse unterzogen. Frau Günter gelingt ein wichtiger Beitrag zur Zukunft des Handels- und Steuerbilanzrechts. Ich wünsche der Arbeit eine gute Resonanz in Theorie und Praxis.

Hohenheim, im Januar 2012

Prof. Dr. Holger Kahle

Vorwort

Die vorliegende Arbeit entstand während meiner Tätigkeit als wissenschaftliche Mitarbeiterin am Lehrstuhl für Betriebswirtschaftliche Steuerlehre und Prüfungswesen der Universität Hohenheim. Sie wurde im Dezember 2011 von der Fakultät Wirtschafts- und Sozialwissenschaften der Universität Hohenheim als Dissertation angenommen.

Mein herzlicher Dank gilt meinem akademischen Lehrer und Doktorvater Herrn Prof. Dr. Holger Kahle für die fortwährende Unterstützung während der Abfassung der Arbeit sowie die während meiner Promotionszeit gewährten außerordentlichen Freiräume, die maßgeblich zum Gelingen der Arbeit beigetragen haben. Danken möchte ich zudem Herrn Prof. Dr. Dirk Hachmeister für die zügige Übernahme des Zweitgutachtens sowie Herrn Prof. Dr. Armin Dittmann für die umsichtige Leitung der Prüfungskommission.

Für die sehr gute Zusammenarbeit während der gemeinsamen Lehrstuhlzeit möchte ich mich bei allen ehemaligen Kolleginnen und Kollegen am Lehrstuhl für Betriebswirtschaftliche Steuerlehre und Prüfungswesen bedanken. Der Landesgraduiertenförderung Baden-Württemberg gebührt Dank für die finanzielle Unterstützung während der Abschlussphase der Arbeit.

Schließlich danke ich meinem Freund Patrik, meiner Familie sowie allen Freunden insbesondere für die Aufmunterung in schwierigen Phasen. Ein besonderer Dank gilt meinen Eltern, die mir auf meinem Lebensweg jederzeit Unterstützung gegeben und mir meinen beruflichen Werdegang ermöglicht haben.

Simone Günter

Inhaltsverzeichnis

Abbildungsverzeichnis

Abkürzungsverzeichnis

a. A.	anderer Ansicht
Abl.	Amtsblatt
ABR	Accounting and Business Research (Zeitschrift)
Abs.	Absatz
Abt.	Abteilung
abzgl.	abzüglich
ADHGB	Allgemeines Deutsches Handelsgesetzbuch
ADS	Adler/Düring/Schmaltz
AER	The American Economic Review (Zeitschrift)
AEUV	Vertrag über die Arbeitsweise der Europäischen Union
a. F.	alte Fassung
AfA	Absetzung für Abnutzung
AG	Aktiengesellschaft, Die Aktiengesellschaft (Zeitschrift)
AH	Accounting Horizons (Zeitschrift)
AktG	Aktiengesetz
AO	Abgabenordnung
AOS	Accounting, Organizations and Society (Zeitschrift)
AR	The Accounting Review (Zeitschrift)
arqus	Arbeitskreis Quantitative Steuerlehre
Art.	Artikel
ASB	Accounting Standards Board
Aufl.	Auflage
BB	Betriebs-Berater (Zeitschrift)
BBK	Zeitschrift für Buchführung, Bilanzierung, Kostenrechnung; ab 2009: NWB Rechnungswesen
BdB	Bundesverband deutscher Banken
BDI	Bundesverband der Deutschen Industrie
BFH	Bundesfinanzhof
BFuP	Betriebswirtschaftliche Forschung und Praxis (Zeitschrift)
BGBl.	Bundesgesetzblatt
BilMoG	Bilanzrechtsmodernisierungsgesetz

BiRiLiG	Bilanzrichtliniengesetz
BMF	Bundesministerium der Finanzen
Bsp.	Beispiel
bspw.	beispielsweise
BStBl	Bundessteuerblatt
BT-Drs.	Bundestags-Drucksache
Buchst.	Buchstabe
BVerfG	Bundesverfassungsgericht
BVerfGE	Entscheidungen des Bundesverfassungsgerichts
BVK	Bundesverband Deutscher Kapitalbeteiligungsgesellschaften
bzw.	beziehungsweise
ca.	cirka
CA	Companies Act
Cal.Corp.Code	California Corporations Code
CAPM	Capital Asset Pricing Model
CAR	Contemporary Accounting Research (Zeitschrift)
CCCTB	Common Consolidated Corporate Tax Base
CF law	Corporate Finance law (Zeitschrift)
CGU	Cash generating unit
Cornell L. Rev.	Cornell Law Review (Zeitschrift)
DB	Der Betrieb (Zeitschrift)
DBW	Die Betriebswirtschaft (Zeitschrift)
Del.GCL	Delaware General Corporation Law
ders.	derselbe
DG	Directorate General
d. h.	das heißt
dies.	dieselbe(n)
DIHK	Deutscher Industrie- und Handelskammertag
DK	Der Konzern (Zeitschrift)
D & O	Directors and Officers
DStJG	Deutsche Steuerjuristische Gesellschaft
DStR	Deutsches Steuerrecht (Zeitschrift)

DStZ	Deutsche Steuer-Zeitung (Zeitschrift)
DSWR	Datenverarbeitung - Steuer - Wirtschaft - Recht (Zeitschrift)
DZWIR	Deutsche Zeitschrift für Wirtschafts- und Insolvenzrecht
EAR	European Accounting Review (Zeitschrift)
ebd.	ebenda
EBIT	Earnings before interest and taxes
EBITDA	Earnings before interest, taxes, depreciation and amortization
EBLR	European Business Law Review (Zeitschrift)
EBOR	European Business Organization Law Review (Zeitschrift)
ECFR	European Company and Financial Law Review (Zeitschrift)
ECTR	EC Tax Review (Zeitschrift)
EFRAG	European Financial Reporting Advisory Group
EG	Europäische Gemeinschaft
EGHGB	Einführungsgesetz zum Handelsgesetzbuch
EP	Economic Policy (Zeitschrift)
Erg.-Lief.	Ergänzungslieferung
EStG	Einkommensteuergesetz
EStH	Einkommensteuerhinweise
EStR	Einkommensteuerrichtlinien
ET	European Taxation (Zeitschrift)
et al.	et alii
EU	Europäische Union
EuGH	Europäischer Gerichtshof
EuR	Europarecht (Zeitschrift)
EURIBOR	Euro InterBank Offered Rate
Eur J Law Econ	European Journal of Law and Economics (Zeitschrift)
EUV	Vertrag über die Europäische Union
EWG	Europäische Wirtschaftsgemeinschaft
EWS	Europäisches Wirtschafts- und Steuerrecht (Zeitschrift)
F	Framework
f., ff.	folgende, fortfolgende
FA	FinanzArchiv (Zeitschrift)

FB	Finanz-Betrieb (Zeitschrift)
FEE	Fédération des Experts Comptables Européens
FG	Finanzgericht
Fifo	First in first out
FM	Financial Management (Zeitschrift)
Fn.	Fußnote
FR	Finanz-Rundschau (Zeitschrift)
FRSME	Financial Reporting Standard for Mid-Sized Entities
GE	Geldeinheiten
gem.	gemäß
GER	German Economic Review (Zeitschrift)
GesRZ	Der Gesellschafter (Zeitschrift)
GG	Grundgesetz
gl. A.	gleicher Ansicht
GmbH	Gesellschaft mit beschränkter Haftung
GmbHG	Gesetz betreffend die Gesellschaften mit beschränkter Haftung
GmbHR	GmbH-Rundschau (Zeitschrift)
GoB	Grundsätze ordnungsmäßiger Bilanzierung
GuV	Gewinn- und Verlustrechnung
Hervorh.	Hervorhebung
HFA	Hauptfachausschuss
HGB	Handelsgesetzbuch
HHL	Handelshochschule Leipzig
h. M.	herrschende(r) Meinung
Hrsg.	Herausgeber
HS	Halbsatz
IAS	International Accounting Standards
IASB	International Accounting Standards Board
ICAEW	Institute of Chartered Accountants in England and Wales
ICAS	Institute of Chartered Accountants of Scotland
i. d. R.	in der Regel

IDW	Institut der Wirtschaftsprüfer
IDW-FN	IDW Fachnachrichten (Zeitschrift)
IfM	Institut für Mittelstandsforschung
IFRS	International Financial Reporting Standards
i. H. v.	in Höhe von
IKB	Deutsche Industriebank AG
insb.	insbesondere
InsO	Insolvenzordnung
IRZ	Zeitschrift für internationale Rechnungslegung
i. S., i. S. d.	im Sinne, im Sinne der
IStR	Internationales Steuerrecht (Zeitschrift)
ITPF	International Tax and Public Finance (Zeitschrift)
i. V. m.	in Verbindung mit
IWB	Internationale Wirtschafts-Briefe; ab 2009: NWB Internationales Steuer- und Wirtschaftsrecht (Zeitschrift)
JAAF	Journal of Accounting, Auditing and Finance (Zeitschrift)
JAE	Journal of Accounting and Economics (Zeitschrift)
JAL	Journal of Accounting Literature (Zeitschrift)
JAPP	Journal of Accounting and Public Policy (Zeitschrift)
JAR	Journal of Accounting Research (Zeitschrift)
JB	The Journal of Business (Zeitschrift)
JBF	Journal of Banking and Finance (Zeitschrift)
JBFA	Journal of Business Finance and Accounting (Zeitschrift)
JCF	Journal of Corporate Finance (Zeitschrift)
JCL	Journal of Corporation Law (Zeitschrift)
JEP	Journal of Economic Perspectives (Zeitschrift)
JF	The Journal of Finance (Zeitschrift)
JfB	Journal für Betriebswirtschaft (Zeitschrift)
JFE	Journal of Financial Economics (Zeitschrift)
JFQA	Journal of Financial and Quantitative Analysis (Zeitschrift)
JIBS	Journal of International Business Studies (Zeitschrift)
JIFMA	Journal of International Financial Management and Accounting (Zeitschrift)

JLE	Journal of Law and Economics (Zeitschrift)
JoA	Journal of Accountancy (Zeitschrift)
JPE	Journal of Political Economy (Zeitschrift)
JPM	The Journal of Portfolio Management (Zeitschrift)
Kap.	Kapitel
KfW	Kreditanstalt für Wiederaufbau
KG	Kommanditgesellschaft
KMU	Kleine und mittlere Unternehmen
KoR	Zeitschrift für internationale und kapitalmarktorientierte Rechnungslegung
KStG	Körperschaftsteuergesetz
KSzW	Kölner Schrift zum Wirtschaftsrecht (Zeitschrift)
KuK	Kredit und Kapital (Zeitschrift)
KWG	Gesetz über das Kreditwesen
LBO	Leveraged buyout
Lifo	Last in first out
MBCA	Model Business Corporation Act
MBG	Mittelständische Beteiligungsgesellschaft
m. E.	meines Erachtens
Mio.	Million(en)
MLR	Modern Law Review (Zeitschrift)
MoMiG	Gesetz zur Modernisierung des GmbH-Rechts und zur Bekämpfung von Missbräuchen
m. w. N.	mit weiteren Nennungen
NJW	Neue Juristische Wochenschrift (Zeitschrift)
Nr.	Nummer
NTJ	National Tax Journal (Zeitschrift)
N.Y. Bus.Corp.Law	New York Business Corporation Law
NZG	Neue Zeitschrift für Gesellschaftsrecht (Zeitschrift)
NZI	Neue Zeitschrift für das Recht der Insolvenz und

	Sanierung (Zeitschrift)
ÖStZ	Österreichische Steuerzeitung (Zeitschrift)
OHG	Offene Handelsgesellschaft
PiR	Praxis der internationalen Rechnungslegung; ab 2009: NWB Internationale Rechnungslegung (Zeitschrift)
PS	Prüfungsstandard
PwC	PricewaterhouseCoopers
PWP	Perspektiven der Wirtschaftspolitik (Zeitschrift)
QJE	Quarterly Journal of Economics (Zeitschrift)
RAS	Review of Accounting Studies (Zeitschrift)
RefE	Referentenentwurf
RegE	Regierungsentwurf
RFS	Review of Financial Studies (Zeitschrift)
RH	Rechnungslegungshinweis
RIW	Recht der internationalen Wirtschaft (Zeitschrift)
RL-E	Richtlinien-Entwurf
RMBCA	Revised Model Business Corporation Act
Rs.	Rechtssache
RWZ	Zeitschrift für Recht und Rechnungswesen
Rz.	Randziffer
S.	Seite, Satz
Sec.	Section
Slg.	Sammlung der Rechtsprechung des Gerichtshofes und des Gerichts Erster Instanz
SMEs	Small and medium sized enterprises
SMU L. Rev.	SMU Law Review (Zeitschrift)
sog.	sogenannte
Sp.	Spalte
SPE	Societas Privata Europaea

S:R	Status:Recht (Zeitschrift)
ST	Der Schweizer Treuhänder (Zeitschrift)
Stbg	Die Steuerberatung (Zeitschrift)
SteuerStud	Steuer & Studium; ab 2009: NWB Steuer und Studium (Zeitschrift)
StGeG	Gesetz zur Steuerlichen Gewinnermittlung
StuB	Steuern und Bilanzen; ab 2009: NWB Unternehmensteuern und Bilanzen (Zeitschrift)
StuW	Steuer und Wirtschaft (Zeitschrift)
Swed. J. of Economics	The Swedish Journal of Economics (Zeitschrift)
SWI	Steuer und Wirtschaft International (Zeitschrift)
TIJA	The International Journal of Accounting (Zeitschrift)
TLR	Tax Law Review (Zeitschrift)
u. a.	unter anderem, und andere
Ubg	Die Unternehmensbesteuerung (Zeitschrift)
UFCA	Uniform Fraudulent Conveyance Act
UFTA	Uniform Fraudulent Transfer Act
UG	Unternehmergesellschaft
UK GAAP	Generally Accepted Accounting Practice in the UK
UM	Unternehmensbewertung und Management (Zeitschrift)
US, USA	United States, United States of America
US-GAAP	United States Generally Accepted Accounting Principles
v.	vom
v. a.	vor allem
Verf.	Verfasser
Vgl.	Vergleiche
WACC	Weighted Average Cost of Capital
WiSt	Wirtschaftswissenschaftliches Studium (Zeitschrift)
WPg	Die Wirtschaftsprüfung (Zeitschrift)
WPK-Mitt.	Mitteilungen der Wirtschaftsprüferkammer (Zeitschrift)

WTJ	World Tax Journal (Zeitschrift)
z. B.	zum Beispiel
ZBB	Zeitschrift für Bankrecht und Bankwirtschaft
ZfB	Zeitschrift für Betriebswirtschaft
ZfbF	Zeitschrift für betriebswirtschaftliche Forschung
ZfCM	Zeitschrift für Controlling und Management
ZfgG	Zeitschrift für das gesamte Genossenschaftswesen
ZfgK	Zeitschrift für das gesamte Kreditwesen
ZfhF	Zeitschrift für handelswissenschaftliche Forschung
ZfKE	Zeitschrift für KMU und Entrepreneurship
ZGR	Zeitschrift für Unternehmens- und Gesellschaftsrecht
ZHR	Zeitschrift für das gesamte Handelsrecht und Wirtschaftsrecht
ZIP	Zeitschrift für Wirtschaftsrecht
ZRP	Zeitschrift für Rechtspolitik
Zsteu	Zeitschrift für Steuern & Recht
ZVglRWiss	Zeitschrift für Vergleichende Rechtswissenschaft
zzgl.	zuzüglich

Symbolverzeichnis

Symbol	Bedeutung
A_t	Ausschüttungen in Periode t
B_t	Buchwert des Eigenkapitals zum Zeitpunkt t
$E(\ldots)$	Erwartungswertoperator
E_t	Einzahlungen aus der Aufnahme von Eigenkapital in Periode t
F_t	Einzahlungen aus der Aufnahme von Fremdkapital in Periode t
G_t	Gewinn in Periode t
I_t	Auszahlungen für Investitionen in Periode t
L_t	Einzahlungen aus der Liquidation von Vermögensgegenständen in Periode t
PA_t	Periodenabgrenzungen in Periode t
r	Kalkulationszins
r , r_s	Rendite vor/nach Steuern
RG_t	Residualgewinn in Periode t
s	Umweltzustand
s_{eff}	effektive Grenzsteuerbelastung
V_t	Unternehmenswert zum Zeitpunkt t
Z_t	Zins- und Tilgungszahlungen in Periode t
$ZÜ_t$	Zahlungsüberschuss aus dem Umsatzprozess in Periode t
ν_t	Informationsvariable zur Berücksichtigung von Informationen über künftige Residualgewinne außerhalb des Rechnungswesens zum Zeitpunkt t
ω , γ	Persistenz-/Nachhaltigkeitsfaktor
ε_1 , ε_2	Störterm

1 Einleitung

1.1 Problemstellung

Das deutsche Handels- und Steuerbilanzrecht sah sich in den letzten Jahren mit tief greifenden Veränderungen konfrontiert. Ausgangspunkt war eine Neuordnung der Harmonisierungsbestrebungen im Rahmen der Rechnungslegung auf EU-Ebene: Dem zunehmenden Verlangen kapitalmarktorientierter Unternehmen nach international vergleichbaren Rechnungslegungsinformationen im immer stärker globalisierten Wettbewerb sah sich die frühere Rechnungslegungsstrategie der EU nicht mehr gewachsen. Die über Jahrzehnte verfolgte Harmonisierung der Rechnungslegungssysteme über die 4. (Bilanzrichtlinie)[1] und 7. EG-Richtlinie (Konzernabschlussrichtlinie)[2] basierte im Wesentlichen auf Kompromisslösungen zwischen den gegensätzlichen Rechnungslegungstraditionen in Europa, beließ den Einzelstaaten eine Vielzahl an Umsetzungswahlrechten und wurde daher von der Europäischen Kommission als „für internationale Kapitalmarktzwecke nicht länger verwendbar“[3] eingestuft. Die im Folgenden eingeschlagene neue Rechnungslegungsstrategie der EU fand ihren vorläufigen Höhepunkt im Erlass der sog. IAS-Verordnung[4], wonach die Konzernabschlüsse kapitalmarktorientierter Unternehmen innerhalb der EU seit 2005 nunmehr verbindlich auf Basis der International Financial Reporting Standards (IFRS) zu erstellen sind.[5]

Die weiteren Wahlrechte der IAS-Verordnung, die IFRS auch im Konzernabschluss nicht kapitalmarktorientierter Unternehmen sowie im Einzelabschluss anzuwenden,[6] wurden in Deutschland nur zögerlich umgesetzt. Während für den Konzernabschluss nicht kapitalmarktorientierter Unternehmen ein Wahlrecht gewährt wurde (§ 315a Abs. 3 HGB), blieb die generelle Verpflichtung zur Erstellung eines handelsrechtlichen Jahresabschlusses, der in Deutschland traditionell der Ausschüttungsbemessung sowie aufgrund des Maßgeblichkeitsprinzips (§ 5 Abs. 1 EStG) der Steuerbemessung dient, erhalten.[7] Ursächlich hierfür waren Bedenken, dass die IFRS, die sich

---

1 Vgl. Vierte Richtlinie 78/660/EWG v. 25.07.1978, Abl. EG v. 14.08.1978, Nr. L 222, S. 11.

2 Vgl. Siebte Richtlinie 83/349/EWG v. 13.06.1983, Abl. EG v. 18.07.1983, Nr. L 193, S. 1.

3 EU-Kommission (1995), S. 5.

4 Vgl. Verordnung (EG) Nr. 1606/2002 des Europäischen Parlaments und des Rates vom 19.07.2002 betreffend die Anwendung internationaler Rechnungslegungsstandards, Abl. EG v. 11.09.2002, Nr. L 243, S. 1.

5 Vgl. § 315a Abs. 1, 2 HGB.
Vgl. umfassend zu den bisherigen Harmonisierungsbemühungen der EU im Rahmen der Rechnungslegung Najderek (2009); vgl. auch Haller (2002), S. 153 ff.; Kleindiek (2006), S. 91 ff.; ders. (2010), S. 1334 f. Vgl. zu den ökonomischen Auswirkungen der zunehmenden Verbreitung der IFRS weltweit Daske et al. (2008), S. 1085 ff. und den Grenzen der Harmonisierung der Rechnungslegung Ball (2006), S. 5 ff.; Leuz (2010), S. 248 ff.

6 Vgl. IAS-Verordnung, Art. 5.

7 Lediglich für Zwecke der Offenlegung im Bundesanzeiger wird die Möglichkeit zur befreienden Erstellung eines IFRS-Abschlusses gewährt (§ 325 Abs. 2a HGB).

monofunktional nur der Informationsvermittlung verpflichten, nicht mit diesen Bilanzierungsaufgaben kompatibel sind. Es führt jedoch unweigerlich zu Friktionen, wenn auf Dauer zwei Bilanzierungssysteme nebeneinander bestehen. Für kapitalmarktorientierte Unternehmen ergeben sich aus diesem Zustand hohe Belastungen zur Erfüllung der unterschiedlichen Rechnungslegungspflichten. Daher wurde vielfach gefordert, die Anwendung der IFRS auf den Einzelabschluss auszudehnen.[8] Auch für nicht kapitalmarktorientierte Unternehmen wurden hierbei zunehmend Argumente für eine international vergleichbare Rechnungslegung vorgebracht, da diese etwa für die Erlangung internationaler Aufträge, bei internationalen Akquisitionen oder Kooperationen Vorteile bieten könnte.[9]

Der Gesetzgeber reagierte auf die Diskussion mit dem am 28.05.2009 veröffentlichten Bilanzrechtsmodernisierungsgesetz (BilMoG)[10]. Das BilMoG stellt die weitreichendste Reform des Handelsbilanzrechts seit 1985 dar und intendierte, die Informationsfunktion des Handelsbilanzrechts durch eine gewisse, begrenzte Annäherung an die IFRS sowie die Abschaffung von Wahlrechten zu stärken. Gleichzeitig wurde aber der handelsrechtliche Jahresabschluss als Grundlage der Ausschüttungsbemessung beibehalten; weiterhin soll dieser zudem durch das Festhalten am Maßgeblichkeitsprinzip (§ 5 Abs. 1 EStG) Grundlage der steuerlichen Gewinnermittlung sein.[11] Diese tradierten Funktionen des handelsrechtlichen Jahresabschlusses sowie das klassische GoB-System sollen auch in Zukunft „mittelstandsfreundliche[.] Eckpfeiler der handelsrechtlichen Bilanzierungsvorschriften“[12] darstellen. Das HGB sollte zu einer „dauerhaften und im Verhältnis zu den internationalen Rechnungslegungsstandards vollwertigen, aber kostengünstigeren und einfacheren Alternative“[13] fortentwickelt werden, um so dem zunehmenden Druck für die Unternehmen zur IFRS-Rechnungslegung zu begegnen.

Gleichwohl stellt sich die Frage, ob der Gesetzgeber hiermit eine dauerhafte Lösung geschaffen hat. Die Abgrenzungsprobleme und Auslegungsfragen aufgrund der Koexistenz von HGB und IFRS nehmen aufgrund der Annäherung der beiden Bilanzierungssysteme zu, was sich bereits an einer Diskussion über die Frage zeigt, ob die IFRS als Auslegungshilfe des modernisierten Han-

---

8 Vgl. statt vieler Böcking (2007a), S. 68 ff.; ders. (2007b), S. 27 ff.
9 Vgl. Trageser (2008), S. 22; Janssen (2009), S. 56 ff.; Meth (2007), S. 65 f.
10 Vgl. Gesetz zur Modernisierung des Bilanzrechts (Bilanzrechtsmodernisierungsgesetz – BilMoG) v. 25.05.2009, BGBl I 2009, S. 1102.
11 Vgl. zu den Zielsetzungen des BilMoG im Einzelnen BT-Drs. 16/10067, S. 1, 32-34.
12 BT-Drs. 16/10067, S. 34.
13 BT-Drs. 16/10067, S. 1; BT-Drs. 16/12407, S. 1.

delsbilanzrechts herangezogen werden können;[14] es ist fraglich, ob das HGB auf Dauer seine Eigenständigkeit zu bewahren vermag. Für kapitalmarktorientierte Unternehmen stellt sich der Rechtszustand weiterhin als unbefriedigend dar, da sich die Komplexität der Rechnungslegung aufgrund der Koexistenz mehrerer Systeme kaum vermindert hat. Gleichzeitig wird der Fokus internationaler Harmonisierungsbemühungen verstärkt auf die nicht kapitalmarktorientierten Unternehmen gelenkt. Das für den Erlass der IFRS verantwortlich zeichnende IASB veröffentlichte mittlerweile für kleine und mittlere Unternehmen einen vereinfachten Standard, den IFRS for Small and Medium-sized Entities (IFRS for SMEs). Auf EU-Ebene wird momentan eine Reform der Bilanzrichtlinie erwogen, im Rahmen derer über ein mögliches Wahlrecht zur Anwendung des IFRS for SMEs nachgedacht wird.[15]

Durch die Veränderungen im Rahmen der Informationsfunktion der Rechnungslegung stellt sich gleichzeitig die Frage nach der Zukunft der Ausschüttungs- und Steuerbemessung. Das BilMoG führte zu einer wachsenden Bedeutung von Ausschüttungssperren im deutschen Bilanzrecht. Möglicherweise würde ein Ausbau dieser Regelungen auch die Anwendung der IFRS für Zwecke der Ausschüttungsbemessung zulassen. Andererseits wird diskutiert, ob ein liquiditätsbasierter Solvenztest, wie er vor allem im US-amerikanischen Raum zur Anwendung kommt, eventuell diese Möglichkeit bieten könnte.[16] Auch der bereits zuvor intensiv geführten Diskussion über die Zukunft des Maßgeblichkeitsgrundsatzes konnte das BilMoG kein Ende bereiten. Vielmehr haben die Forderungen nach einem eigenständigen Steuerbilanzrecht weiter zugenommen.[17] Handels- und Steuerbilanz divergieren nach dem BilMoG mehr denn je, da durch neue Durchbrechungen der Maßgeblichkeit ein Durchschlagen der an der Informationsfunktion orientierten handelsrechtlichen Neuregelungen auf die Steuerbilanz verhindert wurde.[18] Indessen drohen andere "Einfallstellen" zu einem wachsenden Einfluss der IFRS auf die steuerliche Gewinnermittlung zu führen, sei es durch die Rechtsprechung des EuGH oder einzelne Regelungen, die mittlerweile die IFRS punktuell in das Steuerrecht inkorporieren.[19] Schließlich schreiten auch die Harmonisierungsbestrebungen im Rahmen der steuerlichen Gewinnermittlung auf EU-Ebene voran. Nachdem das Projekt der Common Consolidated Corporate Tax Base (CCCTB) zwi-

---

14 Vgl. Moxter (2009), S. 7 ff.; Hennrichs/Pöschke (2009), S. 532 ff.; dies. (2010), S. 47 ff.

15 Vgl. EU-Kommission – DG Internal Market and Services (2010), S. 1, 27 ff.

16 Einen instruktiven Überblick über die verschiedenen Möglichkeiten zur Reform der Ausschüttungsbemessung geben Maul/Lanfermann/Richard (2010), S. 280 ff.; Lanfermann/Röhricht (2009), S. 1219 ff.

17 Vgl. Weber-Grellet (2010b), S. 2303; Prinz (2010), S. 2075; ders. (2011a), S. 164 f.; Herzig (2009b), S. 764 f.; Esterer (2010), S. 642 ff.; Thiel (2010), S. 751 f.

18 Vgl. statt vieler Herzig/Briesemeister (2010b), S. 66 ff.; Schneeloch (2009), S. 390 f.

19 Vgl. Kahle/Dahlke/Schulz (2008), S. 266 ff.; Buschhüter/Striegel (2009), Rz. 11 ff. zu § 2.

schenzeitlich ins Stocken geraten war, wurde nun der lange erwartete Richtlinienvorschlag[20] vorgelegt. Diese Entwicklungen lassen insbesondere die Zukunftsfähigkeit der Maßgeblichkeit fraglich erscheinen.

1.2 Zielsetzung und Aufbau der Arbeit

Diese vielfältigen, offenen Fragestellungen sind Anlass der Arbeit. Ziel der Untersuchung ist es, durch Anwendung von Ergebnissen der ökonomischen Theorie die Möglichkeiten und Grenzen bilanzieller Vermögens- und Gewinnermittlung vor dem Hintergrund der mit dem deutschen Bilanzrecht anvisierten Aufgaben, die in der Informations-, Ausschüttungs- und Steuerbemessung gesehen werden können, grundlegend aufzuzeigen. Auf diese Weise sollen das momentan vorliegende Bilanzierungsumfeld und verschiedene Reformalternativen gewürdigt, Gestaltungsempfehlungen für die künftige Rechnungslegungskonzeption abgeleitet und insbesondere die Frage beantwortet werden, ob die Reform des Handelsbilanzrechts durch das BilMoG und die Zurückdrängung der IFRS auf den Konzernabschluss vorrangig kapitalmarktorientierter Unternehmen eine dauerhafte Lösung darstellt. Hierbei werden insbesondere auch empirische Untersuchungen in die Analyse mit eingeflochten. Diese können wertvolle Hinweise für diese Arbeit liefern, da z. B. mittlerweile viele Studien zur Erfüllung der Informationsfunktion durch die IFRS oder Befragungen zu den Informationsbedürfnissen kapitalmarktferner Unternehmen vorliegen.

Die Untersuchung ist neben Einleitung und Schluss in drei Kapitel gegliedert. Diese Gliederung folgt der Unterteilung des geltenden Bilanzrechts in die Funktionen der Informationsvermittlung (Kapitel 2) und Ausschüttungsbemessung (Kapitel 3) sowie der durch den Maßgeblichkeitsgrundsatz hinzutretenden Funktion der Steuerbemessung (Kapitel 4). Diese Funktionen werden jeweils gesondert untersucht und gewürdigt. Hierbei folgen die Kapitel weitgehend einem einheitlichen Aufbau. Zunächst werden die Ausgestaltung der jeweiligen Rechnungslegungsfunktion im geltenden Bilanzrecht sowie Änderungen im Rahmen des BilMoG vorgestellt. Im Anschluss erfolgt eine Identifikation von Kritikpunkten an der geltenden Ausgestaltung und die Darstellung aktueller Entwicklungen, die eine mögliche Änderung oder Weiterentwicklung ratsam erscheinen lassen. Sodann wird im Rahmen einer kritischen Analyse die Bewältigung der jeweiligen Funktion aus ökonomischer Sicht gewürdigt, wobei Stärken und Schwächen des der-

---

[20] Vgl. EU-Kommission (2011b). Vgl. grundlegend zur CCCTB die Beiträge in Lang/Pistone/Schuch/Staringer (2008); Schön/Schreiber/Spengel (2008).

zeitigen Rechts sowie möglicher Reformkonzepte aufgezeigt werden. Hierdurch werden schließlich Vorschläge zur künftigen Ausgestaltung abgeleitet.

Das folgende Kapitel 2 widmet sich der kritischen Würdigung der Informationsvermittlung durch die Rechnungslegung und zeigt zu Beginn die Grenzen der Erfüllung von Informationsbedürfnissen mittels Rechnungslegungsinformationen auf. Insbesondere werden die Bestrebungen des IASB, das eine entscheidungsnützliche Rechnungslegung bereitzustellen verspricht und sich immer stärker diesem Ziel verschreibt, einer kritischen Analyse unterzogen. Im Besonderen richtet sich der Blick sodann auf die kapitalmarktfernen, eher mittelständisch orientierten Unternehmen. Es stellt sich die Frage, ob diese Unternehmen der Informationsfunktion der Rechnungslegung überhaupt eine hohe Bedeutung zumessen und wer bei dieser Unternehmensgruppe die maßgeblichen Informationsinteressenten sind. Vor diesem Hintergrund ist die Eignung des HGB, der IFRS sowie des IFRS for SMEs zu prüfen.

Mit Kapitel 3 schwenkt die Analyse zu der Funktion der Ausschüttungsbemessung. Die ökonomische Leistungsfähigkeit der bilanziellen Kapitalerhaltung de lege lata wird auf den Prüfstand gestellt und mit anderen Lösungsmöglichkeiten wie privatrechtlichen Verträgen oder einem finanzplanbasierten Solvenztest verglichen. Hierbei erfährt das am Vorsichtsprinzip orientierte geltende Bilanzrecht eine besondere Würdigung, da gerade dessen Effizienz in den letzten Jahren vielfach kritisch hinterfragt wurde. Dies erlaubt im Anschluss eine Aussage hinsichtlich der Eignung der IFRS für Zwecke der Ausschüttungsbemessung sowie der Wirksamkeit alternativer Schutzmechanismen, wie des Solvenztests oder ergänzender Ausschüttungssperren.

Anschließend widmet sich Kapitel 4 der steuerlichen Gewinnermittlung. Mit Hilfe der grundlegenden ökonomischen Leitlinien, denen die steuerliche Gewinnermittlung zu genügen hat und die sich nach überaus h. M. in der Entscheidungsneutralität und der Gleichmäßigkeit der Besteuerung konkretisieren, wird geprüft, ob das geltende Steuerbilanzrecht ökonomischen Anforderungen gerecht wird, wie die IFRS vor diesem Hintergrund zu beurteilen sind und welche Empfehlungen zur künftigen Ausgestaltung der steuerlichen Gewinnermittlung gegeben werden können. Aufgrund der besonderen Stellung des Steuerrechts als Eingriffsrecht in die private Vermögensordnung wird die Betrachtung hier ergänzt um verfassungsrechtliche Aspekte.

Die Arbeit schließt mit einer thesenförmigen Zusammenfassung (Kapitel 5).

2 Informationsvermittlung durch HGB oder IFRS: Ausgestaltung, Reformbedarf, Fortentwicklungsmöglichkeiten und -grenzen

2.1 Die Bedeutung der Informationsfunktion im Jahres- und Konzernabschluss de lege lata

2.1.1 Die Stellung der Informationsfunktion im Jahresabschluss

2.1.1.1 Traditioneller Vorrang der Ausschüttungsbemessung und Abkopplungsthese

Es ist nicht gesetzlich festgeschrieben, zu welchen Zwecken der handelsrechtliche Jahresabschluss zu erstellen ist. Die Jahresabschlusszwecke sind deshalb in einer Gesamtschau aus den Gesetzesvorschriften abzuleiten.[1] Nach überwiegender Auffassung sind die Funktionen des handelsrechtlichen Einzelabschlusses in der Informations- und Ausschüttungsbemessungsfunktion zu sehen.[2] Mitunter wird daneben die Dokumentationsfunktion als dritter, gesonderter Zweck genannt.[3] Doch die Dokumentation kann auch als Grundlage der Informations- und Ausschüttungsbemessung gesehen werden, denn hierfür werden objektive Informationen und damit eine ordnungsgemäße Dokumentation der Geschäftsvorfälle benötigt.[4]

Nach h. M. besteht der vorrangige Zweck der handelsrechtlichen Gewinnermittlung in der Ausschüttungsbemessungs- und insbesondere der Gläubigerschutzfunktion, während die Informationsfunktion zurücktritt.[5] Dies wird in der herausragenden Stellung des Vorsichtsprinzips und der daraus folgenden Grundsätze ordnungsmäßiger Bilanzierung, des Realisations- sowie Imparitätsprinzips (§ 252 Abs. 1 Nr. 4 HGB), deutlich.[6] Das Realisationsprinzip verwirklicht eine umsatzbezogene Gewinnermittlung, indem der Gewinn erst bei einem Umsatzakt zu realisieren ist; eine reine Wertsteigerung genügt nicht.[7] Dagegen ist nach dem Imparitätsprinzip ein Verlust unabhängig vom Umsatzakt zu erfassen, sobald er bekannt ist.[8] Diese zentralen GoB führen zu einer imparitätischen Erfassung von Chancen und Risiken und sind nur mit der Orientierung am

---

1 Vgl. Leffson (1987), S. 41; Baetge/Kirsch/Thiele (2011a), S. 91.

2 Vgl. etwa Leffson (1987), S. 41-63; Moxter (1984a), S. 156; ders. (1995a), S. 31; ders. (2003), S. 3 ff.; Schildbach (1986), S. 5 f.; Ballwieser (1996b), S. 7; ders. (1997a), S. 26; Hommel/Schmidt/Wüstemann (2004), S. S89; Coenenberg/Haller/Schultze (2009), S. 18 f.

3 Vgl. Baetge/Zülch (2010), Rz. 31 f.

4 Vgl. Coenenberg/Haller/Schultze (2009), S. 18.

5 Vgl. schon Döllerer (1959), S. 1219 f.; ders. (1983), S. 163 ff. sowie Beisse (1993), S. 77-97; ders. (2001), S. 741; Moxter (1984a), S. 157 ff.; ders. (1986), S. 17 f.; Schildbach (2009a), S. 43.
A. A. aber Leffson (1987), S. 59 ff. und Baetge/Kirsch/Thiele (2011a), S. 100 ff., die für eine Gleichgewichtung der Bilanzzwecke eintreten.

6 Vgl. Moxter (1986), S. 17; ders. (2000a), S. 499 f.; Ballwieser (1996b), S. 8.
Vgl. zur systematischen Einordnung des Realisationsprinzips und des Imparitätsprinzips unter das Prinzip der Vorsicht Ballwieser (1992), S. 57; ders. (2009a), Rz. 25.

7 Vgl. Moxter (1984b), insb. S. 1783 f.; ders. (2002), Sp. 1047 f.; Hommel/Berndt (2009), S. 2190.

8 Vgl. Moxter (1987), S. 365; ders. (2002), Sp. 1048 f.

Schutz der Gläubiger zu begründen, nicht mit dem Ziel der Informationsvermittlung.[9] Ein nach diesen Grundsätzen ermittelter Gewinn ist auf die Ausschüttungsbemessung zugeschnitten, nicht aber auf eine Informationsfunktion.[10]

Hieran ändert auch der in § 264 Abs. 2 S. 1 HGB kodifizierte Grundsatz des true and fair view nichts, wonach der Jahresabschluss einer Kapitalgesellschaft „ein den tatsächlichen Verhältnissen entsprechendes Bild der Vermögens-, Finanz- und Ertragslage" zu vermitteln hat. Dieser Grundsatz beeinträchtigt die GoB nicht, vielmehr genießen diese Vorrang.[11] Mögliche Informationsverzerrungen durch die im Konfliktfall vorrangige Ausschüttungsbemessung sollen dagegen traditionell in erster Linie durch Angaben im Anhang geheilt werden (**Abkopplungsthese**).[12]

2.1.1.2 Bedeutungsgewinn der Informationsfunktion im Rahmen des BilMoG

Mit dem BilMoG beabsichtigte der Gesetzgeber, die Informationsfunktion des Handelsbilanzrechts zu stärken.[13] Durch die Bilanzrechtsmodernisierung gewann die Informationsfunktion im Rahmen der Gewinnermittlung an Bedeutung, womit die bislang im Konfliktfall vorgenommene Funktionenteilung zwischen der bilanziellen Gewinnermittlung und dem Anhang teilweise verschwimmt.[14] Während die Stärkung der Informationsfunktion zum einen durch die Abschaffung von Wahlrechten[15] und die Streichung der umgekehrten Maßgeblichkeit[16] erfolgte, kam es zum anderen auch zu einer teilweisen Aufweichung des Vorsichtsprinzips aufgrund einer Anlehnung der Neuregelungen an die singulär der Informationsvermittlung dienenden IFRS. So wurde erstmalig ein Aktivierungswahlrecht für selbst erstellte immaterielle Vermögensgegenstände des Anlagevermögens geschaffen (§ 248 Abs. 2 S. 1 HGB).[17] Auch kam es mit dem Ziel der Stärkung der Informationsfunktion zu vereinzelten Durchbrechungen des Realisationsprinzips. Bei der nunmehr für Finanzinstrumente des Handelsbestands von Kredit- und Finanzdienstleistungsinstituten verpflichtend vorzunehmenden Bewertung zum beizulegenden Zeitwert (§ 340e Abs. 3

---

9 Vgl. Ballwieser (1992), S. 56 f.; ders. (2009a), Rz. 43, 70 f.
Zu den hiervon abweichenden Informations-GoB vgl. Moxter (2002), Sp. 1049 ff.; ders. (2003), S. 221 ff.; Ballwieser (2002a), S. 115-121; ders. (2009a), Rz. 73 ff.

10 Vgl. Moxter (1995a), S. 33; ders. (2003), S. 6 f., 34.

11 Vgl. auch den Wortlaut des § 264 Abs. 2 S. 1 HGB; vgl. Beisse (1988), S. 34 ff.; ders. (1989), S. 21 ff.; ders. (1997), S. 404 f.; ders. (2001), S. 733 f.

12 Vgl. Moxter (1984a), S. 157 f.; ders. (1986), S. 67 f.; ders. (1995b), S. 426 f.; hierzu auch Hommel/Schmidt/Wüstemann (2004), S. S93; Wehrheim/Fross (2010a), S. 85 ff.; Wüstemann/Wüstemann (2010a), S. 758; kritisch statt vieler Winkeljohann/Schellhorn (2010), Rz. 30 f. zu § 264 HGB.

13 Vgl. BT-Drs. 16/10067, S. 1; BT-Drs. 16/12407, S. 1.

14 Vgl. (kritisch) Hommel (2009), S. 72; Moxter (2008), S. 1517; Wehrheim/Fross (2010a), S. 87 f.

15 Exemplarisch hierfür ist die vollständige Streichung der Wahlrechte bei den Aufwandsrückstellungen (§ 249 Abs. 1 S. 3, Abs. 2 HGB a. F.).

16 Vgl. zu den Folgen der Abschaffung der umgekehrten Maßgeblichkeit im Einzelnen Kap. 4.1.2.

17 Vgl. zur Kritik Moxter (2008), S. 1514 ff.

S. 1 HGB) kommt es zu einer Durchbrechung für einen Teil der Bilanzierenden.[18] Generell wird das Realisationsprinzip durch die Zeitbewertung des Planvermögens, das mit Altersvorsorge- oder ähnlichen Verpflichtungen zu saldieren ist (§ 246 Abs. 2 S. 2 HGB), durchlöchert. Auch hinsichtlich der nunmehr vorgeschriebenen Abzinsung von Rückstellungen (§ 253 Abs. 2 HGB) wird kritisch diskutiert, ob diese mit dem Realisationsprinzip vereinbar ist.[19]

Jedoch ist die Bedeutung der Informationsfunktion weiterhin begrenzt. Denn eine Zielsetzung des BilMoG war auch, die Eckpunkte des HGB beizubehalten, worunter der Gesetzgeber insbesondere die Ausschüttungsbemessung subsumierte.[20] Das bisherige System der GoB sollte explizit fortgelten; das Vorsichtsprinzip mit seinen Ausprägungen behält weiterhin seine dominierende Stellung.[21] Da das Vorsichts-, das Realisations- und das Imparitätsprinzip der Informationsvermittlung Grenzen setzen, können die Neuerungen nicht dahingehend verstanden werden, dass nun die Informations- die Ausschüttungsbemessungsfunktion dominiert. Die Stärkung der Informationsfunktion wurde vielmehr mit Bedacht darauf zu erreichen versucht, negative Konsequenzen hinsichtlich der Ausschüttungsbemessung zu vermeiden.[22] Dass der Informationsfunktion weiterhin keine Vorrangstellung zukommt, zeigt sich auch daran, dass im Vorfeld diskutierte Regelungen, denen im Schrifttum teilweise ein höherer Informationsgehalt zugesprochen wurde, gerade mit Hinweis auf den potenziellen Verstoß gegen die GoB nicht eingeführt wurden. Als ein Beispiel hierfür ist die Nichtanwendung der in den IFRS für langfristige Auftragsfertigungen vorgesehenen percentage of completion-Methode (IAS 11.22 ff.) zu nennen.[23]

Es ist deshalb fraglich, ob nach der Modernisierung die Funktionen der Informationsvermittlung und der Ausschüttungsbemessung auf gleicher Ebene stehen.[24] Vielmehr spricht die stetige

---

18 *Böcking/Torabian* sahen in der Bewertung zum beizulegenden Zeitwert in Bezug auf den RefE des BilMoG, der dies noch für Finanzinstrumente des Handelsbestands aller Kaufleute vorsah, eine Konkretisierung des Realisationsprinzips, da ein quasisicherer Ertrag vorliege, vgl. Böcking/Torabian (2008), S. 267; vgl. auch Böcking/Flick (2009), S. 186. Da aber kein aktiver Markt oder objektivierter Marktwert gefordert wird, wird das Realisationsprinzip eindeutig durchbrochen. Gegen eine Konkretisierung des Realisationsprinzips spricht zudem in der endgültigen Fassung, dass die Regelung nur einen Teil der Kaufleute trifft, GoB aber nicht branchenspezifisch ausgestaltet sein können (vgl. Ballwieser (1995), S. 62). Vgl. kritisch zur Zeitbewertung im HGB statt vieler Fülbier/Gassen (2007), S. 2608; Schulze-Osterloh (2008a), S. 69; Krawitz/Kalbitzer (2008), S. 156; Siegel (2008c), S. 4; Kußmaul/Weiler (2009), S. 163; Mujkanovic (2009), S. 333.

19 Vgl. ablehnend Schulze-Osterloh (2008a), S. 70; ders. (2010b), Rz. 18; Hommel (2009), S. 72, 80 ff.; offener Moxter (2003), S. 166 f.; Hommel/Berndt (2009), S. 2193. Vgl. im Einzelnen hierzu Kap. 3.5.2.1.1.

20 Vgl. BT-Drs. 16/10067, S. 1, 32; BT-Drs. 16/12407, S. 1, 108.

21 Vgl. BT-Drs. 16/10067, S. 1, 32, 34 f.; BT-Drs. 16/12407, S. 1.

22 Dies zeigen die Ausschüttungs- und Abführungssperre der §§ 268 Abs. 8 HGB, 301 S. 1 AktG sowie der Risikoabschlag sowie -puffer gem. § 340e Abs. 3 S. 1, 4 HGB. Vgl. zu diesen Regelungen im Einzelnen Kap. 3.1.2.

23 Vgl. BT-Drs. 16/10067, S. 38.

24 So Baetge/Kirsch/Solmecke (2009), S. 1214; Baetge/Kirsch/Thiele (2011a), S. 101 jeweils mit Verweis auf BT-Drs. 16/10067, S. 59.

Beachtung der Folgen für die Ausschüttungsbemessung im Gesetzgebungsprozess für eine **weitergehende Dominanz der Ausschüttungsbemessungsfunktion.**[25] Dass der Gesetzgeber der Abkopplungsthese auch künftig eine gewisse Bedeutung beimisst, zeigt sich z. B. in dem Hinweis, dass eventuell verzerrenden Effekten aufgrund der weiterhin nicht erlaubten anteiligen Gewinnrealisierung bei langfristiger Auftragsfertigung durch entsprechende Angaben im Anhang Rechnung zu tragen sei.[26] Auch in Zukunft richtet sich das Handelsbilanzrecht stark am Gläubigerschutz aus; die Bedeutung der Informationsfunktion im Rahmen der handelsrechtlichen Bilanzierung ist nach wie vor durch die Dominanz der vorsichtigen Gewinnermittlung begrenzt.

Es wird jedoch zu bedenken gegeben, dass sich die **Auslegung der GoB** ändern könnte, wenn diese verstärkt aus der nun wichtiger gewordenen Informationsfunktion und weniger aus dem Gläubigerschutzgedanken abgeleitet werden sollten.[27] Allerdings wurde vom Gesetzgeber explizit betont, dass die bisherigen handelsrechtlichen Grundsätze und das System der GoB nicht aufgegeben werden sollen. Das Vorsichtsprinzip ist weiterhin eines der zentralen Prinzipien des HGB, denn der Gläubigerschutzgedanke sollte von den Änderungen gerade nicht berührt werden. Trotz einzelner Durchbrechungen wurde zudem insgesamt am Realisationsprinzip festgehalten. Die bisherige Bedeutung und Gewichtung der klassischen GoB sollte sich damit durch die Neuerungen des BilMoG nicht ändern.[28] Zusammenfassend ist zu konstatieren, dass die Informationsfunktion des Einzelabschlusses im Zuge des BilMoG deutlich an Bedeutung gewonnen hat. Jedoch legt die weiterhin bedeutsame Ausschüttungsbemessung der Möglichkeit der Informationsvermittlung starke Grenzen auf.

2.1.2 Die Informationsfunktion des Konzernabschlusses

Der Konzernabschluss stellt die Zusammenfassung der Einzelabschlüsse rechtlich selbständiger, wirtschaftlich jedoch einer Muttergesellschaft untergeordneter Unternehmen dar.[29] Die wirtschaftliche Einheit Konzern besitzt keine eigene Rechtspersönlichkeit und kann somit nicht eigenständiger Träger von Rechten und Pflichten sein.[30] Gewinnansprüche können nur gegen die

---

25 Vgl. auch Bieker (2008b), S. 367; Wüstemann/Wüstemann (2010a), S. 759; Wüstemann/Koch (2010), S. 330 f.; Marx (2011), S. 1004; Winkeljohann/Schellhorn (2010), Rz. 35 zu § 264 HGB.

26 Vgl. BT-Drs. 16/10067, S. 38; so auch Gros (2010), S. 163.

27 Vgl. dies befürchtend Fülbier/Gassen (2007), S. 2605; Hachmeister (2008a), S. 3 f.; Schildbach (2010a), S. 153 f.; Ballwieser (2011a), S. 588 ff.

28 So auch Stibi/Fuchs (2009), S. 12 f.; Wüstemann/Wüstemann (2010a), S. 759; Wüstemann/Koch (2010), S. 331; Hennrichs/Pöschke (2010), S. 54; Schulze-Osterloh (2010b), Rz. 17.

29 Vgl. Baetge/Kirsch/Thiele (2011b), S. 7 f.; Coenenberg/Haller/Schultze (2009), S. 594.

30 Vgl. Baetge/Kirsch/Thiele (2011b), S. 7.

rechtlich selbständigen Einzelgesellschaften bestehen. Daher kommt dem Konzernabschluss keine Zahlungsbemessungs-, sondern eine **reine Informationsfunktion** zu.[31] Seine Aufgabe besteht nach § 297 Abs. 2 S. 2 HGB darin, ein den tatsächlichen Verhältnissen entsprechendes Bild der Vermögens-, Finanz- und Ertragslage des Konzerns zu vermitteln. Das Interesse von Investoren am Kapitalmarkt bezieht sich i. d. R. auch primär auf den Konzernabschluss und nicht auf die Einzelabschlüsse, die häufig gar nicht zur Verfügung gestellt werden.[32]

Während der Einzelabschluss für Zwecke der Ausschüttungs- und Steuerbemessung stets verpflichtend auf Basis des HGB zu erstellen ist, haben Konzernabschlüsse konsolidierungspflichtiger, kapitalmarktorientierter Unternehmen in Folge der IAS-Verordnung auf den IFRS zu basieren (§ 315a Abs. 1 und 2 HGB). Nicht kapitalmarktorientierten Konzerngesellschaften wird ein Wahlrecht zu deren Anwendung gewährt (§ 315a Abs. 3 HGB). Damit fallen Einzel- und Konzernabschluss bei kapitalmarktorientierten Konzernen stets und anderenfalls bei Ausübung der Optionsmöglichkeit zugunsten der IFRS auseinander. Einige größere nicht kapitalmarktorientierte Unternehmen haben das Wahlrecht zur Anwendung der IFRS genutzt; bezogen auf die Gesamtzahl der Unternehmen dominiert aber nach wie vor deutlich der Konzernabschluss auf Basis des Handelsbilanzrechts.[33]

Durch das BilMoG wurde an dieser **Zweiteilung** und somit am handelsrechtlichen Konzernabschluss explizit festgehalten. Intention war es, diesen für nicht kapitalmarktorientierte Konzerne als einfache und kostengünstige Alternative zu den IFRS dauerhaft beizubehalten.[34] An der grundlegenden Anknüpfung an die handelsrechtlichen Vorschriften des Einzelabschlusses hat sich damit nichts geändert. Für Unternehmen, die ihren Konzernabschluss nach handelsrechtlichen Vorschriften erstellen, sind daher weiterhin gem. § 298 Abs. 1 HGB die für den Einzelabschluss maßgebenden Vorschriften hinsichtlich Ansatz, Bewertung und Gliederung zu übernehmen. Des Weiteren steht auch die Generalnorm des true and fair view nach § 297 Abs. 2 S. 2 HGB unter dem Vorbehalt der Beachtung der GoB.[35] Durch diesen Verweis sind die vorwiegend aus dem Ziel des Gläubigerschutzes abgeleiteten GoB auch im Konzernabschluss nach HGB zu

---

31 Vgl. Schildbach (2008a), S. 13; Coenenberg/Haller/Schultze (2009), S. 595.

32 Vgl. Busse von Colbe (2000), S. 501; Böcking (2001), S. 1435.

33 *Küting/Lam* zeigen die Dominanz des handelsrechtlichen Konzernabschlusses in einer aktuellen empirischen Untersuchung deutlich auf. Demnach bilanzieren 94,8 % der kapitalmarktfernen Unternehmen einer repräsentativen Stichprobe weiterhin nach HGB, vgl. Küting/Lam (2011), S. 994.

34 Vgl. BT-Drs. 16/10067, S. 34.

35 Vgl. ADS (1996), Rz. 30 ff. zu § 297 HGB; Förschle/Kroner (2010), Rz. 186 zu § 297 HGB.

beachten.[36] Einzel- und Konzernabschlüsse nach HGB basieren auf denselben Grundsätzen, obwohl der Konzernabschluss allein der Informationsvermittlung dient. Die im Rahmen des Einzelabschlusses bestehenden Beschränkungen hinsichtlich der Informationsfunktion, die aus der Ausschüttungsbemessungsfunktion resultieren, erreichen mithin – auch nach dem BilMoG – ebenso den handelsrechtlichen Konzernabschluss.

2.2 Modernisierung des Handelsbilanzrechts als dauerhafte Lösung?

2.2.1 Inkonsistenzen und Mehrfachkosten der Rechnungslegung

Das BilMoG als umfassendste Reform des Handelsbilanzrechts seit 1985 stellt ein deutliches Signal für die zumindest mittelfristige Beibehaltung des handelsrechtlichen Einzel- sowie des Konzernabschlusses für nicht kapitalmarktorientierte Unternehmen dar. Eine weitergehende Ausdehnung des Anwendungsbereichs der IFRS, wie sie die IAS-Verordnung zulässt und wie dies in den letzten Jahren kontrovers diskutiert wurde,[37] wird durch den Gesetzgeber eindeutig abgelehnt. Vielmehr sollte mit der Modernisierung des HGB gerade einem eventuellen Druck für die Unternehmen zur Einführung der IFRS begegnet werden.[38] Das HGB sollte zu einer ebenbürtigen, aber preiswerteren und einfacheren Alternative zu den IFRS fortentwickelt werden.[39] Die IFRS wurden vom Gesetzgeber zum einen als für kleine und mittlere Unternehmen zu kompliziert und in der Anwendung zu aufwendig eingestuft, zum anderen wurden Konflikte mit der Ausschüttungs- und Steuerbemessungsfunktion des Einzelabschlusses befürchtet.[40]

Es wird jedoch bereits kritisch hinterfragt, ob die Beibehaltung des Handelsbilanzrechts und die im Rahmen des BilMoG nur punktuell vorgenommene Annäherung an die IFRS eine dauerhafte Lösung darstellt.[41] Durch das BilMoG erfolgte zwar eine Annäherung an die IFRS, jedoch verbleiben weiterhin erhebliche Unterschiede zwischen den beiden Regelwerken.[42] Diese ergeben

---

36 Nach h. M. sind mit § 279 Abs. 2 S. 2 HGB die Grundsätze ordnungsmäßiger Konzernrechnungslegung gemeint. Diese umfassen die GoB, die Grundsätze ordnungsmäßiger Konsolidierung sowie ergänzende Grundsätze (allgemeine Anforderungen an die Handelsbilanz II oder den Summenabschluss), vgl. Ballwieser (1995), S. 51 ff.; Pottgießer (2006), S. 126 ff. jeweils m. w. N.

37 Vgl. eine Ausweitung der Verpflichtung zur Bilanzierung nach IFRS (mit unterschiedlicher Reichweite) fordernd Arbeitskreis Externe Unternehmensrechnung der Schmalenbach Gesellschaft für Betriebswirtschaft (2001), S. 161; dies. (2003), S. 1585 ff.; ferner vor allem Böcking (2001), S. 1435 ff.; ders. (2002), S. 925 ff.; ders. (2007a), S. 68 ff.; ders. (2007b), S. 27 ff.; kritisch hingegen statt vieler Arbeitskreis Bilanzrecht der Hochschullehrer Rechtswissenschaft (2002), S. 2380 f.; Euler (2002), S. 880; Kahle (2003b), S. 274 f.; Moxter (2001), S. 606; Schulze-Osterloh (2003a), S. 101; Watrin (2001b), S. 936 ff.

38 Vgl. BT-Drs. 16/10067, S. 33 f.; Ernst/Seidler (2008a), S. 632.

39 Vgl. BT-Drs. 16/10067, S. 1; BT-Drs. 16/12407, S. 1.

40 Vgl. BT-Drs. 16/10067, S. 33; Ernst (2008), S. S 91 f.; Ernst/Seidler (2008a), S. 632, 634; dies. (2008b), S. 121.

41 Vgl. etwa Böcking (2008a), S. 85 f.; Böcking/Gros (2010a), S. 425; Mayer (2009), S. 129 f.; Hütten (2010), S. 177 ff.; Lüdenbach/Hoffmann (2007b), S. 3, 20; Pellens (2010b), S. 53.

42 Vgl. zu den Divergenzen im Überblick nur Hennrichs (2008d), S. 481 f.; Kirsch (2009), S. 185 ff.

sich etwa aufgrund der Bewertung zum beizulegenden Zeitwert bzw. fair value, die nach IFRS eine hohe Bedeutung hat, aber durch das BilMoG nur in einem eng abgegrenzten Rahmen umgesetzt wurde,[43] der Nichtanwendung der percentage of completion-Methode (IAS 11.22 ff.) sowie des impairment only approach, der nach IFRS 3.55 nur eine außerplanmäßige Abschreibung des Geschäfts- oder Firmenwerts vorsieht. Des Weiteren wurde bspw. am handelsrechtlichen Begriff des Vermögensgegenstands festgehalten, anstatt den weiteren asset-Begriff der IFRS (F.4.4 (a)) zu übernehmen. Eine bessere Vergleichbarkeit der Abschlüsse nach HGB und IFRS wurde insgesamt nur sehr eingeschränkt erreicht.[44]

Auch weiterhin besteht ein Parallelsystem sich unterscheidender Rechnungslegungsregelungen. Es stellt sich daher unter anderem die Frage, wie es dauerhaft begründet werden kann, dass die Informationsaufgabe des Einzel- und des Konzernabschlusses durch verschiedene Regelungen erfüllt wird.[45] Zudem führt es unweigerlich zu **Abgrenzungsschwierigkeiten und Friktionen**, wenn auf Dauer zwei Bilanzierungssysteme nebeneinander bestehen und sich die Systeme zudem annähern.[46] Dies zeigt sich schon an der aktuellen Diskussion darüber, ob die IFRS nicht als Auslegungshilfe der handelsrechtlichen Vorschriften herangezogen werden könnten,[47] da die Änderungen des BilMoG und vor allem die Gesetzesbegründung sich teilweise an diese anlehnen.[48] Analog zu der h. M. in der Literatur ist zwar nach wie vor eine Auslegung des HGB im Lichte der klassischen GoB vorzunehmen.[49] Allenfalls wäre eine Heranziehung der IFRS zur Ableitung GoB-konformer Lösungen denkbar, womit die IFRS eine Erkenntnisquelle des Rechtsvergleichs sein können.[50] Gegen eine Auslegung der Neuregelungen anhand der IFRS spricht schon, dass die Anlehnung an diese in der endgültigen Gesetzesfassung (im Unterschied zum ursprünglichen Referentenentwurf) nur sehr punktuell erfolgte.[51] Die Auslegung von Einzelregelungen hat sich zudem stets an den übergeordneten Zwecken eines Regelwerks zu orientieren. Die mit dem Han-

---

43 Die Bewertung zum beizulegenden Zeitwert kommt im Rahmen der allgemeinen Regelungen zum Einzelabschluss nach dem BilMoG nur bei der Bewertung von Vermögensgegenständen eines sog. "Planvermögens" (§ 246 Abs. 2 S. 2, 3 i. V. m. § 253 Abs. 1 S. 4 HGB), bei Finanzinstrumenten des Handelsbestands von Kredit- und Finanzdienstleistungsinstituten (§ 340e Abs. 3 S. 1 HGB) und bei Rückstellungen für wertpapiergedeckte Altersversorgungsverpflichtungen (§ 253 Abs. 1 S. 3 HGB) zur Anwendung.

44 Vgl. Rammert (2010), Rz. 2 zu § 51.

45 Vgl. Ballwieser (2001a), S. 163; Niehus (2001), S. 741; Busse von Colbe (2002), S. 167 f.

46 Vgl. Mayer (2009), S. 130; so auch Börstler (2006), S. 317 ff.

47 So etwa Heuser/Theile (2009), Rz. 158; Buschhüter/Striegel (2009), Rz. 21 zu § 2.

48 Vgl. bspw. die in der Gesetzesbegründung gegebenen Definitionen von Forschung und Entwicklung (vgl. BT-Drs. 16/10067, S. 60), welche die Definitionen des IAS 38.8 zum Vorbild nehmen.

49 Vgl. Moxter (2009), S. 7 ff.; Hennrichs (2009b), S. 595 ff.; Hennrichs/Pöschke (2009), S. 539; dies. (2010), S. 61; Kahle/Haas (2010), S. 39; Schulze-Osterloh (2010b), Rz. 17, 27; Wüstemann/Koch (2010), S. 317. So schließlich auch BT-Drs. 16/10067, S. 35.

50 Vgl. Hennrichs/Pöschke (2009), S. 536; dies. (2010), S. 60 f.; siehe auch Winkeljohann/Schellhorn (2010), Rz. 31 zu § 264 HGB.

51 Vgl. Hennrichs (2008c), S. 538; ders. (2009b), S. 594.

delsbilanzrecht weiterhin vorrangig verfolgte Zielsetzung der Ausschüttungsbemessung widerspricht einer Auslegung anhand eines rein informationsorientierten Regelungswerks.[52] Es ist jedoch nicht auszuschließen, dass gerade bei neueren Bilanzierungsfragen in der Praxis doch verstärkt auf die IFRS geschaut wird. Durch die Annäherungen an die IFRS läuft das HGB damit Gefahr, langfristig zumindest teilweise seine Eigenständigkeit einzubüßen.[53]

Zudem führt die Anwendung zweier Rechnungslegungssysteme zu einem beträchtlichen Mehraufwand. Unternehmen, die die IFRS im Konzernabschluss anzuwenden haben bzw. die in einen IFRS-Konzernabschluss einbezogen werden, sehen sich weiterhin einer erheblichen **Komplexität der Rechnungslegung** aufgrund der parallelen Anwendung unterschiedlicher Rechnungslegungssysteme ausgesetzt.[54] Dies kann auch kleine und mittlere Unternehmen betreffen, die in kapitalmarktorientierte Konzerne einbezogen sind und für Konsolidierungszwecke eine Handelsbilanz II auf Basis der IFRS an das Mutterunternehmen liefern müssen.[55] Der Arbeitsaufwand dürfte sich durch das BilMoG sogar in der Summe erhöht haben, denn die Komplexität des handelsrechtlichen Jahresabschlusses nahm, bspw. durch die Änderung der Rückstellungsbewertung oder einen Bedeutungsgewinn latenter Steuern,[56] merklich zu. Die Regelungen unterscheiden sich jedoch noch immer beachtlich von den IFRS. So bestehen bei der Rückstellungsbewertung erhebliche Divergenzen, schon allein indem jeweils unterschiedliche Zinssätze zur Anwendung gelangen. Auch latente Steuern unterscheiden sich aufgrund der unterschiedlichen Wertansätze und sind daher separat zu ermitteln.[57] Da sich Investoren kapitalmarktorientierter Konzerne ohnehin vorrangig über den Konzernabschluss informieren, ist der Nutzen des komplexeren Handelsbilanzrechts für diese Unternehmen fraglich. Indem sich das Handelsbilanzrecht auf der anderen Seite z.B. im Bereich der Rückstellungsbewertung mittlerweile auch erheblich vom Steuerbilanzrecht unterscheidet,[58] haben nach IFRS bilanzierende Konzernunternehmen sogar drei deutlich divergierende Bilanzen zu erstellen. Der Arbeitsaufwand könnte wohl beträchtlich

52 Vgl. Moxter (2009), S. 10; Wüstemann/Wüstemann (2009), S. 39.
53 Vgl. kritisch Siegel (2008b), S. 54; Hommel (2009), S. 72; Fülbier/Gassen (2008), S. 144 f.
54 Vgl. zur Bilanzierungsvielfalt im Konzern eindrücklich Hütten (2010), S. 165 ff.
55 Vgl. Kahle (2003b), S. 272; Ballwieser (2004a), S. 13; Lüdenbach/Hoffmann (2004), S. 601.
56 Vor dem BilMoG war ein Aktivüberhang latenter Steuern der Regelfall, da sich Steuerlatenzen insbesondere aus höheren handelsrechtlichen Rückstellungsbeträgen ergaben. Von dem Aktivierungswahlrecht des § 274 Abs. 1 S. 2 HGB a.F. machten die Unternehmen kaum Gebrauch, da dies eher als Zeichen für finanzielle Schwierigkeiten eines Unternehmens interpretiert wurde. Nach dem BilMoG dürfte dies zwar meist weiterhin der Fall sein. Aufgrund der mittlerweile vorliegenden vielzähligen Durchbrechungen der Maßgeblichkeit und der Abschaffung der umgekehrten und formellen Maßgeblichkeit kann aber in Einzelfällen auch ein Passivüberhang latenter Steuern vorliegen. Kommt dies in Frage, müssen die Abweichungen ermittelt werden, vgl. Herzig (2010a), S. 1 f., 5; Herzig/Vossel (2010), S. 59. Zudem haben große Kapitalgesellschaften unabhängig von der Aktivierung im Anhang in qualitativer Form über latente Steuern zu berichten (§ 285 Nr. 29 HGB).
57 Vgl. Herzig/Vossel (2010), S. 60.
58 Vgl. im Einzelnen Kap. 4.2.1.1.

reduziert werden, wenn die IFRS für diese Unternehmen auch im Einzelabschluss zugelassen würden.[59]

Schließlich wird auch die Meinung vertreten, dass das BilMoG und die hiermit erfolgte zumindest teilweise Annäherung an die IFRS für **nicht international tätige, kapitalmarktferne Unternehmen** wenig zielführend gewesen sei. Es sei fraglich, ob diese Unternehmen an einer Verbesserung der Informationsvermittlung überhaupt interessiert sind und ein Druck zur IFRS-Anwendung sei für diese kaum ersichtlich. Der zunehmenden Komplexität des handelsrechtlichen Jahresabschlusses und dem Mehraufwand durch die mit dem BilMoG ausgeweiteten Differenzen zur Steuerbilanz würde für diese Unternehmen **wenig Nutzen** gegenüberstehen.[60] Ohnehin waren gerade die IFRS in jüngerer Zeit Gegenstand von heftiger Kritik und es wird zunehmend hinterfragt, ob diese ihr erklärtes Ziel der Informationsvermittlung überhaupt zu erreichen vermögen.[61] Aufgrund dieser vielfältigen Kritikpunkte ist zu prüfen, ob der momentane Rechtszustand aus ökonomischer Sicht eine dauerhafte Lösung darstellen kann.

2.2.2 Der IFRS for SMEs als Alternativmodell

Neuer Konkurrenzdruck für das HGB könnte sich durch den IFRS for Small and Medium-sized Entities (IFRS for SMEs) ergeben. Um die IFRS auch für kleine und mittlere Unternehmen anwendbar zu machen und deren vielfach konstatierte hohe Komplexität zu verringern, schuf das IASB mittlerweile diesen vereinfachten Standard.[62] Diesem kommt zwar noch keine verbindliche Rechtswirkung zu. Auf EU-Ebene wird jedoch momentan eine Überarbeitung der 4. EG-Richtlinie diskutiert, wobei erwogen wird, den Mitgliedstaaten die Anwendung des IFRS for SMEs zu ermöglichen.[63] Derzeit zeigt sich innerhalb der EU eine starke Zersplitterung der Rechnungslegung kapitalmarktferner Unternehmen, da die 4. und 7. EG-Richtlinie den Mitgliedstaaten vielerlei Umsetzungswahlrechte gewähren und das Mitgliedstaaten-Wahlrecht der IAS-Verordnung, die Anwendung der IFRS auf nicht kapitalmarktorientierte Unternehmen auszudehnen,

[59] Vgl. dies fordernd trotz BilMoG Hennrichs (2008d), S. 485; Böcking (2008b), S. 463, 465; Böcking/Gros (2010a), S. 425; Gros (2010), S. 199 f.; Hütten (2010), S. 175 ff.
[60] Vgl. Gros (2010), insb. S. 204 f.; Böcking/Gros (2010a), S. 424; Wallek (2010), S. 491.
[61] Vgl. nur die Polemik bei Bieg et al. (2008), S. 2549 ff.
[62] Dieser wurde im Jahr 2009 veröffentlicht, vgl. zu einem Überblick über den Standard Beiersdorf/Eierle/Haller (2009), S. 1549 ff.; Bömelburg/Landgraf/Pöppel (2009), S. 290 ff.; Winkeljohann/Morich (2009), S. 1630 ff.
[63] Vgl. EU-Kommission – DG Internal Market and Services (2010), S. 27 ff.

äußerst heterogen ausgeübt wurde.[64] Ein Weg zur Vereinheitlichung in diesem Bereich könnte die Übernahme des IFRS for SMEs sein.

Die Modernisierung des Handelsbilanzrechts kann dahingehend verstanden werden, dass der IFRS for SMEs in Deutschland auf absehbare Zeit keine Rolle spielen soll. Schließlich wurde das BilMoG gerade als nationale Antwort auf die IFRS konzipiert. Womöglich kann aber die nationale Lösung des deutschen Gesetzgebers gegen das **Konkurrenzprodukt IFRS for SMEs** nicht dauerhaft Bestand haben. Andere Staaten in der EU, allen voran Großbritannien, sind einer Anwendung des IFRS for SMEs gegenüber sehr viel positiver eingestellt und forcieren stark dessen Anwendung.[65] Mögliche Entwicklungen auf EU-Ebene werden daher momentan in der Einführung eines Wahlrechts zur Anwendung des IFRS for SMEs oder die inhaltliche Annäherung der 4. sowie der 7. EG-Richtlinie an den neuen Standard gesehen.[66]

Auch weltweit gewinnt der IFRS for SMEs an Bedeutung. Insbesondere kleinere Staaten, die nicht die personellen und zeitlichen Ressourcen zur (Fort-)Entwicklung eines eigenständigen Bilanzrechts haben (und die teilweise zwischenzeitlich die IFRS als nationale Normen übernahmen), sind an dem Standard interessiert bzw. haben diesen teilweise schon umgesetzt.[67] Für Deutschland könnte sich mittel- bis langfristig ein **faktischer Anwendungszwang** ergeben, „wenn eines Tages Länder wie China [oder] Indien [...] flächendeckend – d.h. auch für KMU – einen IFRS Dialekt einführen."[68] Es ist daher durchaus möglich, dass der IFRS for SMEs langfristig auch für deutsche Unternehmen eine Rolle spielen wird. Viele Unternehmen mit Tochtergesellschaften im Ausland werden sich mittel- bis langfristig ohnehin mit dem IFRS for SMEs auseinanderzusetzen haben, da diese durch die nationale Rechtslage der Verpflichtung unterlie-

---

64 Vgl. Nobes (2010), S. 214 f.; vgl. zur Anwendung der IFRS in der EU EU-Kommission (2010); Deloitte (2011). Einen institutionenökonomischen Erklärungsansatz für die unterschiedliche Ausübung der Mitgliedstaatenwahlrechte liefert Rokitta (2011).

65 Vgl. Haller (2009), S. 240 f.; Senger (2010), S. 145 f.
Der britische Standardsetter, das Accounting Standards Board, veröffentlichte bereits einen Vorschlag, die bisherigen UK GAAP für kapitalmarktferne Unternehmen (außer für kleine Unternehmen) durch ein neues Regelwerk – genannt FRSME – zu ersetzen, welches auf dem IFRS for SMEs basiert, vgl. ASB (2010).

66 Eine Übernahme des IFRS for SMEs in europäisches Recht durch das in der IAS-Verordnung vorgesehene Komitologieverfahren (vgl. IAS-Verordnung, Art. 3 Abs. 1 i.V.m. Art. 2 Abs. 2) scheidet aus, da die IAS-Verordnung in ihrem Anwendungsbereich auf kapitalmarktorientierte Unternehmen begrenzt ist, vgl. Beiersdorf/Davis (2006), S. 990; Kleindiek (2010), S. 1333; Homeier (2011), S. 187. Eine Erweiterung der Verordnung auf nicht kapitalmarktorientierte Unternehmen oder eine separate Verordnung wird von der EU nicht ernsthaft erwogen. Vielmehr wird vor allem diskutiert, ein Anwendungswahlrecht auf Ebene der Mitgliedstaaten zu gewähren, falls die Vereinbarkeit mit der 4. und 7. EG-Richtlinie bestätigt werden kann, vgl. Winkeljohann/Morich (2009), S. 1633; Bömelburg/Landgraf/Pöppel (2009), S. 297. Die EFRAG identifizierte mittlerweile einzelne Abweichungen zu den Richtlinien, vgl. EFRAG (2010). Eine Reaktion der Europäischen Kommission bzw. eine Diskussion der Empfehlungen steht jedoch noch aus.

67 Vgl. mit Beispielen Eierle/Haller (2010), S. 3; Senger (2010), S. 145; Kirsch/Schellhorn (2011), S. I.

68 Morich (2009), S. 62.

gen können, einen IFRS for SMEs-Abschluss zu erstellen.[69] Auch deutsche mittelständische Unternehmen, die in internationale, nicht kapitalmarktorientierte Konzernstrukturen eingebunden sind, können sich aufgrund der Rechtslage im Ansässigkeitsstaat des Mutterunternehmens einer faktischen Anwendungspflicht des IFRS for SMEs ausgesetzt sehen.

Anwendbar soll der neue Standard größen- und rechtsformunabhängig für Unternehmen ohne öffentliche Rechenschaftspflicht sein, die Mehrzweckabschlüsse für externe Adressaten veröffentlichen.[70] Hierunter versteht der IFRS for SMEs im Wesentlichen nicht kapitalmarktorientierte Unternehmen, die nicht treuhänderisch tätig sind.[71] Der endgültige Standard hebt sich deutlich von den "full IFRS" ab. In der Endfassung wurde die Eigenständigkeit des IFRS for SMEs nochmals gestärkt, da der Standard entgegen der aus diesem Grund heftig kritisierten Entwurfsfassung bis auf eine Ausnahme bei Finanzinstrumenten (hier ist gem. IFRS for SMEs, 11.2 eine wahlweise Anwendung von IAS 39 möglich) keine direkten Verweise auf die IFRS mehr enthält. Der IFRS for SMEs soll ein **eigenständiges Regelwerk** darstellen, bei dem keinerlei Verpflichtung besteht, ergänzend auf die IFRS zurückzugreifen. Bei Regelungslücken ist dies aber optional möglich.[72] Eine weitgehende Abkopplung von den "full IFRS" wird sich langfristig zudem dadurch ergeben, dass für den IFRS for SMEs ein Überarbeitungsturnus von drei Jahren vorgesehen ist,[73] womit Änderungen der IFRS nur mit Verzögerung einfließen.

Der IFRS for SMEs basiert auf denselben Zielen und Grundsätzen wie die IFRS, da er in einem Top-Down-Ansatz ausgehend von diesen entwickelt wurde.[74] Aufgrund von Kosten-Nutzen-Betrachtungen wurden jedoch einige komplexe Ansatz- und Bewertungskonzepte der IFRS aufgegeben. Der IFRS for SMEs weicht daher in mehreren Punkten erheblich von den IFRS ab. Ausgewählte Divergenzen ergeben sich bspw. bei den folgenden Regelungen:

- Während selbst erstellte immaterielle Vermögenswerte des Anlagevermögens im Rahmen der IFRS grundsätzlich zu aktivieren sind (IAS 38.51 ff.) greift für diese nach dem IFRS for SMEs ein generelles Aktivierungsverbot (IFRS for SMEs, 18.4 und 18.14-15).

---

69 Vgl. Senger (2010), S. 159 f.; Kirsch/Schellhorn (2011), S. I.

70 Vgl. IFRS for SMEs, 1.2.

71 Nicht unter SMEs fallen Unternehmen, die Vermögen als Treuhänder verwalten und dies deren Hauptgeschäftstätigkeit darstellt (z. B. Banken und Versicherungen), vgl. IFRS for SMEs, 1.3-1.4.

72 Regelungslücken sind zunächst unter Rückgriff auf die im Framework des IFRS for SMEs dargelegten Prinzipien zu füllen. Dem nachgeordnet ist ein Rückgriff auf die "full IFRS" vorgesehen, vgl. IFRS for SMEs, 10.5-6.

73 Vgl. IFRS for SMEs, P17.

74 So wurden die wesentlichen Grundsätze und Definitionen des Rahmenkonzepts übernommen, vgl. IFRS for SMEs, BC95 sowie im Einzelnen Beiersdorf/Eierle/Haller (2009), S. 1550, 1552.

- Sachanlagen und erworbene immaterielle Vermögenswerte des Anlagevermögens sind stets zu fortgeführten Anschaffungs- oder Herstellungskosten zu bewerten (IFRS for SMEs, 17.15 und 18.18). Die nach IFRS alternativ zulässige Neubewertungsmethode, die eine optionale Bewertung zum fair value erlaubt (IAS 16.29, 38.72), wurde nicht übernommen. Bei immateriellen Vermögenswerten ist zudem stets eine begrenzte Nutzungsdauer zu unterstellen, während es nach IAS 38.107-108 auch immaterielle Vermögenswerte ohne begrenzte Nutzungsdauer gibt, die keiner planmäßigen Abschreibung unterliegen. Sofern keine verlässliche Schätzung für die Nutzungsdauer möglich ist, sind nach dem Standard zehn Jahre anzunehmen (IFRS for SMEs, 18.19-20).
- Während die Bewertung zum fair value im Rahmen der IFRS einen breiten Anwendungsbereich hat und auch zunehmend an Bedeutung gewinnt,[75] kommt diese innerhalb des IFRS for SMEs nur eingeschränkt zur Anwendung.[76] Beibehalten wurde diese, analog zu IAS 40.33, bei als Finanzinvestitionen gehaltenen Immobilien. Anstelle des Wahlrechts nach IAS 40.33 sieht der vereinfachte Standard aber eine verpflichtende Bewertung zum fair value vor, sofern sich dieser verlässlich und ohne unverhältnismäßig hohe Aufwendungen und Kosten ermitteln lässt (IFRS for SMEs, 16.7).
- Sogar bei Finanzinstrumenten, bei denen die fair value-Bewertung nach IFRS ihren Ausgangspunkt nahm und von hoher Bedeutung ist,[77] greift diese nach dem neuen IFRS for SMEs nur in einem eingeschränkten Umfang. Einfache Finanzinstrumente sind stets zu fortgeführten Anschaffungskosten zu bewerten (IFRS for SMEs, 11.4). Hierunter sollen die typischerweise in mittelständischen Unternehmen zum Einsatz kommenden Finanzinstrumente fallen, wie Forderungen, Verbindlichkeiten, Anleihen und Bankkredite (IFRS for SMEs, 11.5).[78] Allerdings greift für Beteiligungen an Kapitalgesellschaften regelmäßig weiterhin die Bewertung zum fair value.[79] Komplexere Finanzinstrumente, worunter z. B. sämtliche derivative Finanzinstrumente fallen, werden stets erfolgswirksam zum fair value bewertet (IFRS for SMEs, 12.8). Eine weitergehende fair value-Option besteht jedoch nicht. Alternativ kann IAS 39 vollumfänglich angewandt werden.
- Der Geschäfts- oder Firmenwert ist planmäßig abzuschreiben, womit der impairment only approach des IFRS 3.55, der nur eine außerplanmäßige Abschreibung vorsieht, nicht übernommen wurde. Auch hier ist bei fehlender verlässlicher Schätzung eine Nutzungsdauer von zehn Jahren zu unterstellen (IFRS for SMEs, 19.23). Ein Wertminderungstest ist jeweils nur vorzunehmen, wenn Indikatoren für eine Wertminderung vorliegen (IFRS for SMEs, 27.7 ff.). Konzeptionell ist dieser mit IAS 36 vergleichbar.

Diese vielfältigen aktuellen Entwicklungen machen es notwendig, die Informationsfunktion der Rechnungslegung und die verschiedenen Rechnungslegungssysteme zu untersuchen. Begonnen wird hierbei mit einer grundlegenden Analyse von Möglichkeiten und Grenzen der Informati-

---

[75] Vgl. hierzu im Einzelnen Kap. 2.3.3.3.2.1.

[76] Außer bei den hier dargelegten Sachverhalten erlaubt oder fordert der IFRS for SMEs eine Bewertung zum fair value beim Finanzierungsleasing (IFRS for SMEs, 20.9), der Bewertung biologischer Vermögenswerte (IFRS for SMEs, 34.2), der Bilanzierung von Beteiligungen an assoziierten Unternehmen, Tochterunternehmen und joint ventures in separaten Einzelabschlüssen (IFRS for SMEs, 9.26) sowie der Bilanzierung assoziierter und gemeinschaftlich geführter Unternehmen im Konzernabschluss (IFRS for SMEs, 14.4 und 15.9).

[77] Vgl. im Einzelnen Kap. 2.3.3.3.2.1.

[78] Vgl. Winkeljohann/Morich (2009), S. 1631; Bömelburg/Landgraf/Pöppel (2009), S. 293.

[79] Dies gilt für unkündbare Stamm- oder Vorzugsaktien sowie nicht wandelbare Vorzugsaktien. Voraussetzung ist jeweils, dass die Aktien öffentlich gehandelt werden oder ihr fair value anderweitig verlässlich geschätzt werden kann, vgl. IFRS for SMEs, 11.14 (c)(i).

onsvermittlung mittels Rechnungslegungsdaten. Hiermit kann die generelle (Un-)möglichkeit der Erfüllung der Informationswünsche von Investoren mittels Rechnungslegungsinformationen aufgezeigt und vor allem die Zielsetzung des IASB, das sich immer mehr dem Postulat der Entscheidungsnützlichkeit verschreibt, grundlegend gewürdigt werden. Es wird sich jedoch zeigen, dass diese Analyse vor allem für kapitalmarktorientierte sowie größere nicht kapitalmarktorientierte Unternehmen von Relevanz ist. Der typische "Mittelstand" stellt andere Anforderungen an die Rechnungslegung, die im Anschluss (Kap. 2.4) aufgezeigt werden.

2.3 Ökonomische Analyse der Informationsfunktion der Rechnungslegung im Allgemeinen

2.3.1 Notwendigkeit und Funktionen der Informationsvermittlung

2.3.1.1 Prognosefunktion (Informationsfunktion im engeren Sinne)

Als maßgebliche Zielträger einer Unternehmung und damit Adressaten von Rechnungslegungsinformationen werden regelmäßig die Unternehmenseigner angesehen.[80] Die Zielsetzungen und Informationsbedürfnisse der Anteilseigner dürften in praxi sehr heterogen sein.[81] Wird aber davon ausgegangen, dass das Ziel aller Wirtschaftssubjekte letztlich Bedürfnisbefriedigung durch Konsum ist und dieser einzig durch Zahlungsmittel(-äquivalente) alimentiert werden kann, streben Investoren nach der Maximierung des Barwerts des an sie fließenden Zahlungsstroms.[82] Ihr Informationsinteresse sollte sich daher primär auf die Höhe, den zeitlichen Anfall sowie die Unsicherheit des Zahlungsstroms richten, den sie aus dem Unternehmen erwarten können.[83] Die Informationsfunktion der Rechnungslegung zielt deshalb darauf ab, den Kapitalgebern des Unternehmens eine Prognose dieser zu erwartenden Zahlungsströme zu ermöglichen.[84]

Die Notwendigkeit der Informationsvermittlung wird maßgeblich durch das Vorliegen **asymmetrischer Information** begründet. Auf einem vollkommenen Kapitalmarkt und somit unter neoklassischen Annahmen wäre eine Informationsvermittlung redundant, da hier der Marktpreis

---

80 Vgl. Wagner (1995), S. 739; ders. (2006a), S. 281; Busse von Colbe (1995), S. 713.
Hier wird zunächst davon ausgegangen, dass die Informationsinteressen von Fremdkapitalgebern mit denjenigen der Eigenkapitalgeber übereinstimmen. Eine differenzierte Analyse zu dieser Thematik erfolgt in Kap. 2.4.2.1. Die Informationsbedürfnisse anderer Gruppen, z.B. der Arbeitnehmer oder der Öffentlichkeit, die teilweise als Rechnungslegungsadressaten genannt werden, dürften eher qualitativer Art und nur eingeschränkt mit Rechnungslegungsinformationen erfüllbar sein. Diese Gruppen werden im Wesentlichen nur dann ein Interesse an der Rechnungslegung haben, wenn sie gleichzeitig mit der Unternehmung ein Kapitalüberlassungsverhältnis eingehen. Vgl. zu weiteren potenziellen Adressatengruppen nur Neus (2009), S. 392 f.

81 Vgl. Kaiser (2009), S. 77; Wich (2009), S. 42 sowie detaillierter hierzu Kap. 2.3.2.1.

82 Vgl. Moxter (1966), S. 38 f.; ders. (1982), S. 5 ff. sowie eingehend auch Schmidt/Terberger (1997), S. 46 ff.; Wüstemann (2002), S. 55 ff.

83 Vgl. Moxter (1964), S. 11; ders. (1966), S. 38; ders. (1982), S. 5 ff.; Wagner (1993), S. 3; Streim (1998), S. 338.

84 Vgl. Moxter (1966), S. 38 f.; ders. (1995a), S. 35 ff.; Busse von Colbe (1994), S. 47.

bereits das gesamte Wissen aller Marktteilnehmer über die künftigen Zahlungsströme widergespiegelt.[85] In der Neoklassik gibt es kein Informationsproblem, da jedes Wirtschaftssubjekt über das gesamte Marktgeschehen, insbesondere über Art und Qualität der gehandelten Güter und Preise, vollständig informiert ist, ohne dass ihm hierfür Kosten entstehen.[86] Das Kapital würde durch die Signalfunktion der Preise stets in die gesamtgesellschaftlich optimale Allokation gelenkt.[87] Mit der Annahme vollkommener Information wird das Informationsproblem jedoch wegdefiniert.

Auf unvollkommenen Märkten werden Rechnungslegungsinformationen benötigt, um aus Wissen der Vergangenheit Erwartungen über die Zukunft zu bilden.[88] Vor Vertragsabschluss werden Informationen benötigt, um ex ante bestehende Informationsasymmetrien zu verringern. Denn es besteht Unsicherheit über die Qualität kapitalsuchender Unternehmen (hidden characteristics), was dazu führen kann, dass vorteilhafte Kooperationen überhaupt nicht oder nur zu ungünstigen Konditionen eingegangen werden; es besteht die **Gefahr adverser Selektion** und im Extremfall des Marktzusammenbruchs.[89] Dem vorvertraglichen Informationsungleichgewicht kann durch **signalling-** und **screening-**Aktivitäten[90] der Vertragspartner begegnet werden. Hierzu kann die Bereitstellung von Rechnungslegungsinformationen dienen, wobei diese glaubhaft sein müssen. Die Rechnungslegung stellt somit eine Institution dar, die zum Ziel hat, die Kapitalgeber mit intersubjektiv nachprüfbaren Informationen zu versorgen, um Wohlfahrtsverluste durch asymmetrische Information zu verringern.

---

85 Vgl. Schneider (1985), S. 1490; im Einzelnen Beaver (1998), S. 38-67; Eichinger (1993), S. 87-102.

86 Die Annahme vollkommener Märkte unterstellt vollständige Konkurrenz, das Nichtvorliegen von Transaktionskosten, Steuern oder Zugangsbeschränkungen sowie symmetrisch und vollkommen informierte, rationale Marktteilnehmer mit homogenen Erwartungen und vollständiger Voraussicht. Damit setzt die Neoklassik insbesondere vollständige Markttransparenz voraus, vgl. etwa Fama (1978), S. 273.

87 Vgl. Wenger/Terberger (1988), S. 507; Schmidt/Terberger (1997), S. 58 f.
Das neoklassische Modell kann deshalb auch als Nullpunkt zur Analyse realiter resultierender Wohlfahrtseinbußen dienen, vgl. Franken (2001), S. 9, 16; Barnea/Haugen/Senbet (1985), S. 6.

88 Vgl. Schneider (1985), S. 1490; ders. (2008b), S. 334.

89 Vgl. Walz (1993), S. 98, 103 f. Zur adversen Selektion vgl. grundlegend Akerlof (1970), S. 488 ff. sowie im Überblick Healy/Palepu (2001), S. 407-410.
Ohne zuverlässige Informationen können Anleger Unternehmen mit guten oder schlechten Ertragsaussichten nicht trennen, weshalb sie diese mit einem Durchschnittspreis bewerten. Unternehmen mit guten Ertragsaussichten haben aufgrund der relativ hohen Kapitalkosten einen Anreiz, sich anderweitig zu finanzieren. Antizipieren die Anleger dies, werden sie ihre Renditeforderung anpassen, womit sich weitere Unternehmen vom Markt zurückziehen und es im Extremfall zu einem Marktzusammenbruch kommt, vgl. Hartmann-Wendels (1991), S. 133 f. Die Gefahr adverser Selektion führt daher ohne Schutzinstitutionen zu einer Abnahme der Liquidität von Wertpapieren, vgl. Leuz/Verrecchia (2000), S. 92 m. w. N.

90 Beim signalling gibt der besser Informierte Vertragspartner durch das Senden bestimmter Signale Informationen preis, vgl. grundlegend Spence (1973), S. 355 ff. Dagegen werden unter screening Aktivitäten des schlechter Informierten Vertragspartners zur Informationsbeschaffung subsumiert, vgl. grundlegend Stiglitz (1975), S. 283 ff. Zudem wird die Möglichkeit der self selection diskutiert. Hierbei unterbreitet die schlechter informierte Partei einen Vertragsvorschlag, den nur gute Vertragspartner annehmen können, vgl. hierzu statt vieler Spremann (1990), S. 578 ff.

Auf diesem Wege kommt der Rechnungslegung eine hohe Bedeutung für die Effizienz der Kapitalmärkte zu. Rechnungslegungsinformationen sollen dazu beitragen, dass die Marktpreise der Unternehmenstitel die Barwerte der künftigen Zahlungsströme möglichst zutreffend widerspiegeln und so die Investitionsentscheidungen bestehender und potenzieller Kapitalgeber möglichst effizient getroffen werden. Hierdurch soll die Fähigkeit der Kapitalmärkte zur Lenkung des Kapitals in die rentabelsten Verwendungsmöglichkeiten bzw. deren Allokationseffizienz gefördert werden (**Funktionenschutz durch Rechnungslegung**).[91]

2.3.1.2 Informationsvermittlung zur Rechenschaftslegung

Zusätzlich zu Informationen, die ihnen zur Entscheidungsunterstützung dienen, benötigen die Unternehmenseigner nach Vertragsabschluss Kontrollinformationen bzw. Informationen zur Rechenschaftslegung. Der Bedarf nach Kontrollinformationen resultiert aus der Trennung von Eigentum und Verfügungsgewalt: Es werden Informationen benötigt, um die Verwendung des dem Management anvertrauten Kapitals zu kontrollieren.[92] Denn zwischen Managern und Eignern besteht nun eine typische **Agency-Beziehung**, die dadurch gekennzeichnet ist, dass die Akteure unterschiedliche Interessen verfolgen und die Informationen asymmetrisch verteilt sind.[93]

Aufgrund der regelmäßigen Trennung von Eigentum und Verfügungsgewalt erlangt der Konflikt zwischen Eignern und Managern zumeist im Falle größerer Unternehmen eine besondere Relevanz. Dieser Konflikt entsteht daraus, dass die Manager ihren eigenen Nutzen maximieren werden, was nicht unbedingt dem Interesse der Eigner entspricht, die Eigner aber gleichzeitig die Aktivitäten des Managements nur eingeschränkt beobachten können (**moral hazard**[94]).[95] So haben Manager Anreize, zur Erhöhung ihres Konsums am Arbeitsplatz (z. B. teure Dienstwagen, Bürogebäude und Reisen) sowie zur Steigerung von Macht, Prestige und Einfluss die unter ihrer Kontrolle stehenden Ressourcen zu maximieren. Es können sogar Überinvestitionsprobleme

---

91 Vgl. Hax (1964), S. 645; Schneider (1981), S. 7; Wagner (1982), S. 763; Siegel et al. (1999), S. 2078.

92 Vgl. Schneider (1995), S. 52 ff.; ders. (1997), S. 199, 395; ders. (2000), S. 39; Hettich (2006), S. 10. Historisch gesehen war die Rechenschaft sogar ein Hauptgrund für die Verpflichtung zur Erstellung und Veröffentlichung von Rechnungslegungsinformationen, vgl. Schneider (1992c), S. 4; Busse von Colbe (1994), S. 44 f.

93 Vgl. zum Begriff der Agency-Beziehung grundlegend Ross (1973), S. 134; Jensen/Meckling (1976), S. 308; Pratt/Zeckhauser (1985), S. 2 ff.
Potenziell gleichzeitig auftretende Konflikte zwischen Eigner/Manager sowie Eigner und Gläubiger werden i. d. R. mit dem Ziel der Komplexitätsreduktion getrennt betrachtet, vgl. nur Jensen/Meckling (1976), S. 312 ff. und S. 333 ff. Dem wird auch in dieser Arbeit gefolgt.

94 Vgl. zum Begriff des moral hazard im Einzelnen Arrow (1985), S. 37 ff.
Moral hazard kann sich dabei nicht nur daraus ergeben, dass der Eigner das Handeln des Managements nicht beobachten kann und dieser das zu seinem Vorteil nutzt (hidden action), sondern auch daraus, dass der Manager nach Vertragsabschluss Informationen erlangt und auf deren Basis eigennützige Aktionen trifft (hidden information), vgl. zu dieser Charakterisierung Jost (2001), S. 25-31.

95 Vgl. grundlegend Fama (1980), S. 290 ff.; Fama/Jensen (1983), S. 304.

resultieren, wenn Manager Strategien der Unternehmensexpansion durchführen, obwohl diese einen negativen Kapitalwert aufweisen (free cash flow hypothesis).[96] Zudem haben Eigner und Manager typischerweise eine divergierende Risikoeinstellung. Während die Unternehmenseigner sich am Kapitalmarkt diversifizieren können und deshalb eher an ertragreichen, wenn auch risikobehafteten Investitionen interessiert sind, streben Manager typischerweise eher eine Diversifikation der Investitionen auf Ebene des Unternehmens an.[97]

Durch die dargestellten Principal-Agent-Probleme kann es zu einer aus gesamtwirtschaftlicher Sicht suboptimalen Unternehmenspolitik kommen. Gegenüber der effizienten Kapitalallokation im Sinne der neoklassischen Theorie wird nur ein second best-Optimum erreicht, denn die Maßnahmen zur Verringerung der Informationsasymmetrien verursachen Kosten und es verbleibt zumeist ein Wohlfahrtsverlust (sog. residual loss).[98] Die Effizienzeinbußen resultieren aus Antizipationsmöglichkeiten der Prinzipale. Da rationale Eigner die Schädigungsmöglichkeiten der Manager erwarten und bei Eintritt in ein Unternehmen höhere Anteilspreise verlangen werden,[99] sind diese im Vergleich zum Optimum überhöht oder ein eigentlich effizientes Kapitalüberlassungsverhältnis kommt nicht zustande. Rechnungslegungsinformationen können als ein Mittel zur Minderung dieser Principal-Agent-Problematik und der daraus entstehenden Effizienzverluste dienen.[100]

Unter der Informationsfunktion der Rechnungslegung können zusammenfassend zwei Aspekte subsumiert werden.[101] Zum einen soll der Rechnungslegung eine **Informationsfunktion im engeren Sinne** zukommen, indem diese Informationen bereitstellt, die dem Kapitalgeber eine Prognose seines künftigen Nettoauszahlungsstroms ermöglicht. Zum anderen soll diese der **Rechenschaftslegung** dienen, um den Kapitalgebern eine Kontrolle ihrer Anlageentscheidungen ex post zu ermöglichen. Es wird in diesem Zusammenhang auch von „pre-decision“ und „post-decision“ Informationen gesprochen.[102]

---

96 Vgl. grundlegend Jensen (1986), S. 323; ferner Wagenhofer/Ewert (2007), S. 224 ff.

97 Dies resultiert daraus, dass vom Bestehen des Unternehmens der Wert ihres Humankapitals abhängt, vgl. Fama (1980), S. 291 f.; Schildbach (1986), S. 73 f.; Wagenhofer/Ewert (2007), S. 226.

98 Vgl. Schmidt/Terberger (1997), S. 402 ff.; Elschen (1988), S. 249 f.
Monitoring costs, bonding costs sowie residual loss bilden die sog. agency costs, die die Differenz zum Optimum im vollkommenen Kapitalmarkt darstellen, vgl. Jensen/Meckling (1976), S. 308.

99 Vgl. Wagenhofer/Ewert (2007), S. 224.

100 Vgl. Wagenhofer (1993), S. 251; Beaver (1998), S. 32; Feldhoff (1994), S. 529.

101 Vgl. zu dieser Systematik auch Moxter (1982), S. 219-228; Busse von Colbe (1993), S. 13 f., 19; Krönert (2001), S. 31; Kahle (2002c), S. 23; Pfaff/Kukule (2006), S. 544; Ballwieser (2008b), S. 5.

102 Vgl. bspw. Hartmann-Wendels (1991), S. 46 f. (auch Zitate; Hervorh. im Original).

2.3.2 Die (Un-)Möglichkeit informativer Rechnungslegung im Lichte ökonomischer Theorien

2.3.2.1 Informationsökonomische Ergebnisse zum Informationswert der Rechnungslegung

Es stellt sich die Frage, wie der Nutzen der Rechnungslegung für die Entscheidungen von Investoren ermittelt werden kann. Die Bestimmung des Wertes von Informationen und unterschiedlicher Informationssysteme, worunter auch die Rechnungslegung subsumiert werden kann, ist insbesondere Gegenstand der Informationsökonomie.[103] Grundlage der **informationsökonomischen Untersuchungen** ist das entscheidungstheoretische Grundmodell unter Unsicherheit. Eine Information ist von Nutzen für den Entscheidungsträger, wenn durch diese eine Entscheidungsrevision gegenüber der Ausgangssituation erfolgt.[104] Ein Informationssystem stellt hiernach eine Menge von Signalen dar, welche die Unsicherheiten über den Eintritt künftiger Umweltzustände reduzieren (Partitionierung), was dem Entscheidungsträger eine bessere Aktionswahl ermöglicht.[105] Rechnungslegungssysteme könnten mithin danach beurteilt werden, inwiefern sie nützliche Signale über künftige Umweltzustände vermitteln.

Aus diesen Überlegungen kann das sog. ***Blackwell*-Theorem** abgeleitet werden, wonach Informationsempfänger bei kostenloser Informationsvermittlung ein feineres, also ein detaillierteres Informationssystem stets vorziehen, da dieses differenziertere Rückschlüsse auf die künftig möglichen Umweltzustände erlaubt.[106] Nach diesem Theorem ist ein Rechnungslegungssystem, welches ausführlichere Informationen gewährt, bspw. durch zusätzliche Anhangsangaben, stets einem anderen überlegen.

Dieses Ergebnis hilft jedoch bei der Beurteilung realer Rechnungslegungssysteme wenig weiter. Zum einen werden Informationskosten in dem Modell völlig ausgeblendet, die den Informationsnutzen einer Rechnungslegungsinformation (über-)kompensieren können.[107] Zum anderen ist die Möglichkeit der Beurteilung verschiedener Rechnungslegungssysteme nach dem Feinheitskriterium eng begrenzt. Nicht alle Informationssysteme können hiernach geordnet werden. Da ein feineres Informationssystem dadurch gekennzeichnet ist, dass dieses alle Informationen des

---

[103] Vgl. zu informationsökonomischen Analysen der Informationsfunktion der Rechnungslegung Ballwieser (1982), S. 780 ff.; ders. (1985a), S. 24 ff.; ders. (1985b), S. 50 f.; Christensen/Demski (2003); Wagenhofer/Ewert (2007), S. 45 ff.

[104] Vgl. Ballwieser (1982), S. 780 f.; Beaver (1998), S. 23.

[105] Vgl. zu einer formalen Darstellung Christensen/Demski (2003), S. 82 ff.; Wagenhofer/Ewert (2007), S. 49 ff.

[106] Dies gilt für beliebige Nutzenfunktionen, Wahrscheinlichkeitsverteilungen, Aktionsräume und Ergebnisfunktionen. Vgl. Blackwell/Girshick (1954), S. 330 f.; hierzu Faß (1992), S. 52 f.; Wagenhofer/Ewert (2007), S. 61 ff.

[107] Vgl. Marshall (1972), S. 307; Ballwieser (1982), S. 782; Wagenhofer/Ewert (2007), S. 65 f.

jeweils gröberen Systems als Teilmenge enthält, stellt das Feinheitskriterium nur ein **unvollständiges Ordnungskriterium** dar.[108] So lassen sich z. B. bei einer Gegenüberstellung der Bilanzierungsregelungen nach HGB und IFRS weder eine Bewertung zum fair value mit einer Bewertung zu Anschaffungskosten noch die Gewinnrealisierung mittels der percentage of completion- mit derjenigen nach der completed contract-Methode hiernach vergleichen.[109]

Die allgemeine Beurteilung von Rechnungslegungsinformationen hinsichtlich ihrer Entscheidungsnützlichkeit muss völlig scheitern, wenn man einen **Mehrpersonenkontext** betrachtet. Existieren Informationssysteme, die nicht durch das Feinheitskriterium geordnet werden können, ist die Auswahl eines Systems nicht ohne Kenntnis des individuellen Entscheidungsproblems möglich. Investoren haben realiter einen unterschiedlichen Informationsstand, divergierende Erwartungen und Risikoeinstellungen und ziehen daher aus einer Information unterschiedlichen Nutzen. Aus individuellen Informationswertkalkülen können deshalb keine Schlüsse auf gesamtgesellschaftliche Wohlfahrtseffekte gezogen werden.[110] Im Mehrpersonenkontext entsteht ein Abstimmungsproblem über das zu verwendende Rechnungslegungssystem, das unter realen Bedingungen als nicht lösbar angesehen wird.[111] Die Beurteilung der Nützlichkeit von Rechnungslegungsinformationen hängt nun stets vom spezifischen Entscheidungskontext ab. Allgemeine Aussagen über ein optimales Rechnungslegungssystem aus Sicht aller Adressaten lassen sich auf realen Märkten nicht treffen.[112] Zudem sind die Informationsstände anderer Marktteilnehmer zu beachten. Wird der Informationsstand eines Investors relativ gesehen verschlechtert, kann eine Information für diesen nicht nur einen positiven, sondern auch keinen oder gar einen negativen Wert haben.[113] Insgesamt ist es daher generell nicht möglich, allgemeingültige, normative Empfehlungen für die Ausgestaltung von Rechnungslegungsinformationen vorzugeben.

2.3.2.2 Entscheidungsnützlichkeit der Rechnungslegung am Kapitalmarkt

Für Investoren kapitalmarktorientierter Unternehmen haben Rechnungslegungsinformationen besondere Bedeutung, da diese aufgrund ihres i. d. R. nur begrenzten Zugangs zu Unternehmensin-

---

[108] Vgl. Demski (1973), S. 723; ders. (1976), S. 654 f.; Christensen/Demski (2003), S. 86-88 und 109-112; Ballwieser (1982), S. 782; Wagenhofer/Ewert (2007), S. 64.
[109] Vgl. Ballwieser (2001b), S. 641; Zimmermann/Werner (2004), S. 154.
[110] Vgl. Beaver/Demski (1974), S. 176; Ballwieser (1985a), S. 30 f.
[111] Bei mehreren Nutzern resultiert das sog. **Unmöglichkeitstheorem** von *Arrow*: In einer einfachen Mehrheitsabstimmung kann nicht verhindert werden, dass bei transitiven Präferenzen der Individuen eine intransitive Präferenzordnung der Gruppe resultiert und die Abstimmung scheitert, vgl. Arrow (1963) sowie Demski (1974), S. 230; Beaver/Demski (1974), S. 175; Ballwieser (2004b), S. 60.
[112] Vgl. grundlegend Demski (1973), S. 721 f.; ebenso ders. (1976), S. 655; hierzu auch Ballwieser (1982), S. 782 f.; Wagenhofer/Ewert (2007), S. 67, 69; Fülbier/Gassen (2010), S. 18.
[113] Vgl. Schredelseker (2008), S. 161.

formationen u. a. auf die Rechnungslegung zur Unterstützung ihrer Investitionsentscheidung angewiesen sind. Eine effiziente Verarbeitung am Kapitalmarkt kann aber wiederum verhindern, dass der Rechnungslegung tatsächlich eine entscheidungsnützliche Funktion zukommt.

Angesprochen ist die Informationseffizienz von Kapitalmärkten, die nach *Fama* vorliegt, wenn die Kurse jederzeit alle verfügbaren Informationen vollständig widerspiegeln.[114] Auf einem informationseffizienten Kapitalmarkt verarbeiten die Teilnehmer Informationen unverzüglich und korrekt, so dass sich durch deren Auswertung keinerlei Informationsvorsprünge erzielen lassen.[115] Für die Rechnungslegung hat die **mittelstrenge Informationseffizienz** besondere Relevanz, da hier davon ausgegangen wird, dass alle öffentlich verfügbaren Informationen, also auch die externe Rechnungslegung, in den Kursen verarbeitet sind.[116] Rechnungslegungsinformationen könnten dann für Investitionsentscheidungen keinen Nutzen bringen, da sie sofort in den Kurs inkorporiert werden.[117]

Ob mittelstrenge Informationseffizienz realiter vorliegt, ist fraglich. Dies könnte ohnehin nur für große Publikumsaktiengesellschaften zutreffen, deren Anteile aktiv und zahlreich gehandelt werden. Das Konzept ist aber schon theoretisch widerlegbar. Denn es würde sich für einen rationalen Anleger nicht lohnen, öffentlich verfügbare Informationen zu analysieren, da er ohne diese dieselbe Rendite erzielen könnte. Werden aber Informationen nicht ausgewertet, kann der Markt diesbezüglich nicht informationseffizient sein (Informationsparadoxon).[118] Daher wird es als realistischer angesehen, dass der Markt nur mit endlicher Anpassungsgeschwindigkeit reagiert, was informierten Investoren mindestens Gewinne ermöglicht, die ihre Kosten decken.[119] Hierfür spricht auch, wenn in die Betrachtung einbezogen wird, dass Investoren in der Realität nicht völlig rational handeln (sog. noise trader[120]). Dies ist durch Untersuchungen der Behavioral Finance-

---

114 Vgl. Fama (1970), S. 383; so auch ders. (1991), S. 1575.

115 Vgl. Krämer (2001), Sp. 1267; Rudolph (2006), S. 87.

116 Es werden üblicherweise die drei Grade der schwachen, mittelstrengen und strengen Informationseffizienz unterschieden, vgl. Fama (1970), S. 383; Jensen (1978), S. 97. Bei der schwachen Form der Informationseffizienz sind definitionsgemäß nur die Informationen über die Kursverläufe der Vergangenheit in den Marktpreisen verarbeitet. Strenge Informationseffizienz liegt dagegen vor, wenn sämtliche vorhandenen Informationen in den Preisen reflektiert werden. Damit ließen sich auch durch Insiderinformationen keine Überrenditen erzielen, weshalb die strenge Form nur als theoretischer Grenzfall angesehen wird, vgl. Jensen (1978), S. 97; Schneider (1981), S. 23. Vgl. zu den verschiedenen Graden und deren Bedeutung statt vieler Franke/Hax (2009), S. 435 f.; Schremper (2002), S. 687 f.; Steiner/Bruns (2007), S. 39 ff.

117 Vgl. Wagner (1982), S. 761; Schmidt (1982), S. 732; Schildbach (1986), S. 16.

118 Vgl. Grossman/Stiglitz (1980), S. 404 f.; dies. (1976), S. 247 f.; Grossman (1976), S. 582; vgl. hierzu auch Lindemann (2004), S. 26 ff.; Steiner/Bruns (2007), S. 41.

119 Vgl. Franke/Hax (2009), S. 437; Coenenberg/Haller/Schultze (2009), S. 1271.

120 Vgl. hierzu Black (1986), S. 530 ff.

Forschung vielfach belegt[121] und führt dazu, dass Marktpreise nicht mehr nur die verfügbaren Informationen widerspiegeln, sondern auch den Störfaktor "noise". Informationseffizienz könnte zwar begründet werden, wenn rationale Anleger das unsystematische Verhalten durch Arbitrage ausgleichen.[122] Allerdings sollte dies nur begrenzt gelingen, denn Arbitrage ist riskant und nur begrenzt möglich.[123] Schließlich ist auch eine Reihe empirisch feststellbarer Anomalien an den Kapitalmärkten mit der Annahme, dass alle Informationen unverzüglich und korrekt verarbeitet werden, wenig kompatibel.[124]

Selbst wenn mittelstrenge Informationseffizienz unterstellt würde, wären Rechnungslegungsinformationen jedoch nicht redundant. Der Grad der Informationseffizienz beschreibt schließlich nur die **Geschwindigkeit der Informationsverarbeitung**, er sagt hingegen nichts über Umfang und Qualität der verarbeiteten Informationen aus.[125] Informationseffizienz ist eine notwendige, aber keine hinreichende Bedingung der Allokationseffizienz. Denn diese erfordert zusätzlich, dass die "richtigen" Informationen verarbeitet werden, damit die Kurse die erwarteten Zahlungsströme zutreffend widerspiegeln.[126] Daher kann die Rechnungslegung durch Bereitstellung von möglichst relevanten Informationen die Abschätzung des fundamentalen Werts der Anteile unterstützen und so die Tendenz der Kapitalmärkte zur Allokationseffizienz fördern.[127]

In einer Vielzahl an Studien konnte ein statistisch signifikanter **Zusammenhang zwischen Rechnungslegungs- und Kapitalmarktdaten**, der als Indiz für die Entscheidungsnützlichkeit von Rechnungslegungsinformationen angesehen werden kann,[128] bestätigt werden.[129] Entscheidungswirkungen sind aber regelmäßig mit zeitlichem Vorlauf vor der Jahresabschlussveröffentlichung zu verzeichnen, da die Informationen i. d. R. bereits über andere Informationskanäle wie

121 Es kann etwa beobachtet werden, dass Investoren dauerhaft an verlustbringenden Aktien festhalten oder kurzfristige Kursverläufe in die Zukunft extrapolieren, vgl. hierzu und zu weiteren Formen Shleifer (2000), S. 10 ff.
122 Vgl. Wagenhofer/Ewert (2007), S. 91.
123 Vgl. Shleifer/Summers (1990), S. 20 ff.; Shleifer (2000), S. 13 ff., 28 ff.
124 So reagieren laut einer Vielzahl an Studien Kurse regelmäßig nur zeitlich verzögert auf unerwartete Gewinninformationen (sog. post-earnings-announcement drift), vgl. für den deutschen Kapitalmarkt Burghof/Johannsen (2009), S. 68-74, 87. Zum Phänomen vgl. Bernard/Thomas (1990), S. 307 f., 318 ff.; Bernard/Thomas/Wahlen (1997), S. 129. Ein weiteres hiergegen sprechendes Phänomen ist, dass Investoren die Nachhaltigkeit von Periodenabgrenzungen regelmäßig systematisch zu überschätzen scheinen (sog. accrual anomaly). Vgl. für Deutschland Kaserer et al. (2008), S. 212 ff.; Kaserer/Klingler (2008), S. 853 ff. Zum Phänomen vgl. Sloan (1996), S. 303 ff. sowie etwa Dechow/Richardson/Sloan (2008), S. 555 f.
125 Vgl. Menken (1993), S. 73 f.; so auch Schneider (2008b), S. 333 f.; ders. (2011), S. 166 f.
126 Vgl. zu diesem Zusammenhang im Einzelnen Bienert (1996), S. 31-33.
127 Vgl. Wagner (1982), S. 763; Krönert (2001), S. 28 f.; Vollmer (2008), S. 104.
128 Vgl. detaillierter hierzu Kap. 2.3.6.
129 Vgl. bezüglich Deutschland etwa Harris/Lang/Möller (1994), S. 187 ff.; Stromann (2003), insb. S. 244 sowie den Überblick über verschiedene Studien bei Möller/Hüfner (2002), S. 437 ff. oder Leuz/Wüstemann (2004), S. 468 ff. Vgl. eine sinkende Bewertungsrelevanz feststellend Vorstius (2004), insb. S. 212.

Gewinnprognosen an den Markt gelangen.[130] Die Jahresabschlussveröffentlichung hat eher einen bestätigenden Charakter. Bei Beachtung des Gesamteffekts lässt sich zwar ein Informationsgehalt von Rechnungslegungsinformationen konstatieren,[131] dieser sollte jedoch nicht überschätzt werden. Befragungen zeigen, dass die Rechnungslegung sogar für institutionelle Investoren nur eine Informationsquelle unter vielen darstellt und anderen Quellen eine äquivalente oder bisweilen sogar höhere Bedeutung zukommt.[132]

2.3.3 Informativer Vermögensausweis: Möglichkeiten und Grenzen

2.3.3.1 Die Unvereinbarkeit von Vermögens- und Gewinnermittlung und die Problematik bilanzieller Effektivvermögensapproximation

Es wurde gezeigt, dass zwar grundsätzlich ein Bedarf an entscheidungsrelevanten Informationen besteht, eine normative Empfehlung für ein "richtiges" Rechnungslegungssystem aufgrund realiter vorliegender unterschiedlicher Präferenzen, Erwartungen und Entscheidungssituationen jedoch nicht gegeben werden kann. Eine verbreitete Vorgehensweise in der Rechnungslegungstheorie ist daher – wie bereits in Kap. 2.3.1.1 angeklungen – anzunehmen, dass die Unternehmenseigner „unter finanziellem Aspekt versuchen, einen zur Deckung ihrer Konsumausgaben dienenden, an sie fließenden künftigen Zahlungsstrom [...] zu optimieren“, womit die Rechnungslegung idealerweise Auskunft über den aus dem Unternehmen zu erwartenden Nettozahlungsstrom und dessen Änderung in der Abrechnungsperiode geben sollte.[133] Hierbei wird i. d. R. unterstellt, dass das Zahlungsstromprofil des Unternehmens zur Repräsentation der eigentlich interessierenden individuellen Nettozahlungsströme herangezogen werden kann.[134]

Diese messtheoretische Perspektive[135] ist stark in die Annahme einer neoklassischen Idealökonomie eingebettet, in der die Zielgrößen der Investoren eindeutig definiert wären.[136] Die Bilanz

---

130 Vgl. zu einer Zusammenfassung von Studien mit diesem Resultat Coenenberg/Haller/Schultze (2009), S. 1281 f.

131 So auch Mölls/Strauß (2007), S. 84 f.; Lindemann (2006), S. 968.

132 Deutsche Privatanleger nutzen eher die öffentlichen Medien als den Geschäftsbericht. Für institutionelle Investoren ist der direkte Unternehmenskontakt ähnlich bedeutend wie der Jahresabschluss, vgl. Ernst/Gassen/Pellens (2009), S. 28 f. und 47 f.; Gassen/Schwedler (2010), S. 501 f. Vgl. zu der eingeschränkten Bedeutung von Jahresabschlussinformationen selbst für professionelle Investoren auch Elschen (2009), S. 556 ff.; Küting/Kaiser (2010), S. 198 ff.

133 Vgl. Moxter (1966), S. 38 (auch Zitat; teilweise Hervorh. im Original); ders. (1995a), S. 35; Wüstemann (2002), S. 58.

134 Vgl. Wüstemann (2002), S. 58.

135 Insbesondere im angloamerikanischen Schrifttum werden die sog. measurement perspective sowie die sog. information perspective, die im Wesentlichen auf den bereits vorgestellten informationsökonomischen Ansätzen basiert, unterschieden. Im Rahmen des ersteren wird die Rechnungslegung als Messinstrument verstanden, welches eine Approximation bzw. "Messung" von vorab definierten Zielgrößen anzustreben hat. In unvollkommenen Märkten müssen für die Auswahl des Abbildungsziels Werturteile herangezogen werden, vgl. zu einem Überblick über die verschiedenen Ansätze Liang (2001), S. 223 ff.; Demski et al. (2002), S. 161-163; im deutschsprachigen Schrifttum Hitz (2005b), S. 154-156; Pellens et al. (2011), S. 18-25.

würde idealerweise auf der Aktivseite den Barwert der Einzahlungen, auf der Passivseite den Barwert der Auszahlungen und als Differenz den Ertragswert des Unternehmens ausweisen.[137] Die Verzinsung des Ertragswerts zu Beginn der Periode ergäbe den ökonomischen Gewinn, auf den sich alle Anteilseigner als Zielgröße einigen könnten.[138] Die Umsetzung derartiger **Konzepte kapitaltheoretischer Bilanzierung** wurde vor allem in den 1960er Jahren diskutiert.[139] Unter der Annahme vollkommener Märkte ließe sich der Zukunftserfolg für alle Teile eines Unternehmens, mithin auch für deren Gesamtheit, eindeutig und intersubjektiv nachprüfbar bestimmen.[140] Der ökonomische Gewinn wäre in diesem Fall eindeutig definiert. Seine Kenntnis wäre aber überflüssig, da zu seiner Ermittlung der Ertragswert und damit die künftigen Zahlungsströme bekannt sein müssten.[141] Die Rechnungslegung wäre unter diesen Bedingungen redundant.

Auf unvollkommenen Märkten sind Konzepte kapitaltheoretischer Bilanzierung mit kaum überwindbaren Problemen behaftet. Vermögen und Gewinn verlieren hier ihre eindeutige Definition.[142] Zudem wird eine Priorisierung von Vermögens- oder Gewinnermittlung notwendig, denn Bilanzierungsregeln, die eine "richtige" (i. S. einer periodengerechten) Gewinnermittlung bezwecken, widersprechen regelmäßig solchen, die einer "richtigen" Vermögensermittlung dienen.[143]

Ein Rechnungslegungssystem mit der Zielsetzung, das Vermögen i. S. des Ertragswerts des Unternehmens zu "messen", hätte den Vorteil, dass die Rechnungslegung direkt den Wert der Unternehmensanteile kommunizieren würde. Dieses **Ziel der Effektivvermögensapproximation** ist aber auf unvollkommenen Märkten stark problembehaftet. Es wird eine äußerst subjektive Schätzung der künftigen Zahlungsströme erforderlich.[144] Zudem stellt sich das Problem der Bestimmung der weiteren Inputparameter des Barwertkalküls, vor allem des Kapitalisierungszin-

[136] Vgl. Beaver (1998), S. 3 f., 76; Christensen/Demski (2003), S. 4 f.
[137] Vgl. zu einer solchen "Unternehmenswertbilanz" etwa Blaufus (2005), S. 164-166.
[138] Da der ökonomische Gewinn den Betrag anzeigt, der entnommen werden könnte, ohne dass der Ertragswert und damit die wirtschaftliche Leistungsfähigkeit des Unternehmens geschmälert wird, entspricht er der finanziellen Zielsetzung der Investoren, vgl. Schneider (1963), S. 466. Grundlegend für die Entwicklung des ökonomischen Gewinns war der Gewinnbegriff von Fisher (1906), S. 52, der wesentlich von Lindahl (1933), S. 399 ff. und Hicks (1946), S. 171 ff. modifiziert wurde. Vgl. zur Ermittlung des ökonomischen Gewinns im Einzelnen Schneider (1997), S. 264 ff.; Kahle (1995), S. 214 sowie weiterführend Kap. 4.3.2.1.
[139] Canning (1929) versuchte bereits, das Konzept des ökonomischen Gewinns auf die Rechnungslegung zu übertragen. In den 1960er Jahren folgten dann intensive Bemühungen, auf bilanziellem Wege den Ertragswert bzw. den ökonomischen Gewinn des Unternehmens zu ermitteln, vgl. insbesondere Hansen (1962); Honko (1965), S. 611 ff. sowie Hax (1964), S. 642 ff.; Münstermann (1966), S. 579 ff.; Schneider (1963), S. 457 ff.; ders. (1966), S. 571 ff; Wegmann (1971), S. 733 ff.
[140] Vgl. Scott (2003), S. 10, 21.
[141] Vgl. Wagner (1993), S. 5; ders. (1994), S. 1184; Kahle (2002c), S. 30.
[142] Vgl. Beaver/Demski (1979), S. 41 f.; Beaver (1998), S. 4; Scott (2003), S. 41.
[143] Vgl. nur Moxter (1984a), S. 6.
[144] Vgl. Busse von Colbe (1966), S. 95 f.; Wagner (2000), S. 190.

ses.[145] Vorschläge, zu Informationszwecken eine „Unternehmenswertbilanz" zu erstellen, können aufgrund dieser Objektivierungsprobleme kaum überzeugen.[146] Ohnehin wäre eine bloße Kommunikation des Unternehmenswertes (sowie der Gesamtbeträge der Ein- und Auszahlungserwartungen) nicht hinreichend. Dies resultiert nicht nur aus der mangelnden intersubjektiven Nachprüfbarkeit solcher Globalgrößen.[147] Bei einer derart aggregierten Berichterstattung würden auch wesentliche Informationen verloren gehen. Ein Investor könnte bspw. nicht erkennen, ob die erwarteten Einzahlungen auf risikoarmen Anlagen oder auf hoch riskanten Geschäften beruhen.[148]

Wird realistischerweise von der Annahme einer Gesamtbewertung abstrahiert, kann sich nur die Forderung ergeben, weitestgehend alle positiven und negativen Ertragswertbeiträge als Aktiva und Passiva zu erfassen, um den Ertragswert möglichst zutreffend zu approximieren.[149] Jedoch lassen sich für den größten Teil der im Unternehmen vorhandenen Erfolgspotenziale derartige isolierte Ertragswertbeiträge nicht ermitteln. Es bedürfte einer Zurechnung der aus **internen Synergie- und Verbundeffekten** generierten Zahlungen auf einzelne Positionen, die nur willkürlich möglich ist.[150] Die Problematik der Zurechnung von Ertragswertbeiträgen zeigt sich in besonderem Maße bei den im Leistungserstellungsprozess eingesetzten Produktionsfaktoren, die keinen Marktbezug aufweisen. Diesen könnten potenzielle Einzahlungen aus dem Verkauf der Endprodukte schließlich nur willkürlich zugerechnet werden.[151]

Zum Zwecke der Effektivvermögensapproximation müsste daher zwingend vom Grundsatz der Einzelbewertung abgegangen werden. Das Vermögen eines Unternehmens lässt sich unter Unsicherheit nicht synthetisch durch Einzelbewertung nachbilden.[152] Es bedürfte einer Bilanzierung, die auf Positionen aufbaut, die keine Verbundeffekte zueinander ausweisen. Eine solche Bilanzierung kann nicht auf einzelnen Vermögensgegenständen oder -werten basieren, außer in dem speziellen Fall, dass deren Ertragswert unabhängig von den weiteren Geschäftstätigkeiten ist.[153] Die Bilanzierung müsste insgesamt auf einer höheren Ebene ansetzen. Es bedürfte einer Bilan-

---

145 Es treten dieselben Probleme auf wie bei jeder Unternehmensbewertung, vgl. Langecker (2009), S. 203.
146 Vgl. dies erwägend etwa Sigloch (2005), S. 563 f. (auch Zitat).
147 Vgl. Reifschneider (2007), S. 35; Ballwieser (2009b), S. 32.
148 Vgl. (mit weiteren Gegenargumenten) Mujkanovic (2002), S. 268-270.
149 Vgl. zu dieser Interpretation von Bilanzposten Ballwieser (1997b), S. 53; Streim/Bieker/Leippe (2001), S. 191 f.; Streim/Bieker/Esser (2003), S. 470.
150 Vgl. schon Gutenberg (1926), S. 499 sowie Hax (1964), S. 650; Schneider (1969), S. 305 ff. Vgl. zudem Schildbach (2010b), S. 71 oder Wagner (2008a), S. 101, der das Zurechnungsproblem als unlösbar bezeichnet.
151 Vgl. Ordelheide (1988a), S. 292; so auch Schildbach (2010b), S. 71.
152 Vgl. Schildbach (2007a), S. 14; ders. (2009b), S. 377.
153 Dies ist bspw. bei nicht betriebsnotwendigem Vermögen oder Finanzinstrumenten der Fall, vgl. Schmidt (2005), S. 198 f.; Streim/Bieker/Esser (2005), S. 100 f.

zierung von Vermögenskonglomeraten, denen Zahlungsströme nachvollziehbar zuordenbar sein müssten. Für derartige Vermögensgesamtheiten könnten aber aufgrund der Individualität betrieblicher Verbundeffekte keine allgemeingültigen Abgrenzungskritierien vorgegeben werden, womit der Bilanzinhalt nicht mehr abstrakt definierbar wäre.[154]

Wird hingegen aus Gründen der Objektivierung am Einzelbewertungsprinzip festgehalten, kann das bilanzielle Vermögen nicht dem Effektivvermögen i. S. d. Ertragswerts und der bilanzielle Gewinn nicht der Effektivvermögenssteigerung des Geschäftsjahrs entsprechen.[155] *Moxter* spricht daher vom **„Bilanzvermögensmythos"** und **„Gewinnmythos"**[156]. Bilanzen enthalten aufgrund der objektivierungsbedingten Restriktionen aktivierungs- und passivierungsfähiger Sachverhalte nicht alle Ein- und Auszahlungspotenziale. Schließlich entspricht die Summe der Einzelwerte auch bei einer weiten Definition der Aktiven und Passiven nicht dem Gesamtwert der Unternehmung. Stets verbleibt ein Rest an nicht einzelbewertbaren Gütern, die im Geschäfts- oder Firmenwert aufgehen, welcher die Residualgröße zwischen Effektivvermögen und dem durch additive Einzelbewertung ermittelten Wert des Unternehmens darstellt.[157] Es kann geschlossen werden, dass die Bilanz ein Informationsinstrument mit inhärent begrenztem Aussagegehalt darstellt, da sich Mehrwertigkeit und Unsicherheit des Zielstroms nicht durch einwertige Bilanzierungsgrößen abbilden lassen.[158] Geeigneter wäre ein prospektiver, mehrwertiger Finanzplan,[159] dessen Anwendung anstelle einer auf Periodisierungen basierenden Rechnungslegung jedoch aufgrund der hiermit verbundenen immensen Objektivierungsprobleme ausscheiden muss.

2.3.3.2 Würdigung der Vermögensdarstellung mittels handelsrechtlicher Bilanzierung

Das Handelsbilanzrecht ist auf die Bemessung von Gewinnansprüchen und nicht auf eine Messung des Effektivvermögens ausgerichtet. „Der primäre Zweck einer vom Realisationsprinzip

---

[154] Vgl. schon Schneider (1963), S. 472, wonach sich eine solche Bilanzgliederung an ökonomischen Sachzusammenhängen, nämlich den Investitionsprozessen, zu orientieren hätte.

[155] Vgl. Moxter (2003), S. 23. Letzteres wäre nur möglich bei einem im vergangenen Geschäftsjahr unverändert gebliebenen Geschäfts- oder Firmenwert, vgl. Moxter (2000d), S. 2144.

[156] Moxter (2000d), S. 2143 f. (beide Zitate).

[157] Vgl. zu dieser Definition des Geschäfts- oder Firmenwerts Duhr (2006), S. 12. Vgl. kritisch zur sog. Marktwert-Buchwert-Lücke nur Moxter (1966), S. 43, 46; ders. (1995a), S. 35; ders. (2005b), S. 1012; Ballwieser (2002b), S. 299; ders. (2005a), S. 740; Hommel/Schmidt/Wüstemann (2004), S. S89; Haaker (2008), S. 82-90, 230 f. Verschiedentlich findet sich in der Literatur die Forderung nach der Aktivierung des originären Geschäfts- oder Firmenwerts. Betrachtet man die erheblichen Manipulationsspielräume, die hiermit einhergehen würden, vermögen diese Vorschläge m. E. aber kaum zu überzeugen. Vgl. hierzu bspw. Mujkanovic (2002), S. 284-305; Schmidt (2007), S. 236-238; Haaker (2008), S. 323 f., 497-530; Pellens/Neuhaus/Schmidt (2008), S. S86 f.

[158] Vgl. Moxter (1995a), S. 38; Hommel (1998), S. 43 f.; Wüstemann/Duhr (2005), S. 121.

[159] Vgl. Moxter (1996), S. 676; ders. (2003), S. 251 f.
Vgl. zu der Forderung, die Bilanz durch eine vergangenheitsbezogene Kapitalflussrechnung, ergänzt um einen prospektiven Finanzplan, zu ersetzen Busse von Colbe (1966), S. 97 ff.; Moxter (1966), S. 51 ff.

dominierten Bilanz besteht nicht in der Einsicht in ein echtes Stichtagsvermögen, sondern vielmehr in der vorsichtigen Bestimmung einer umsatzgebundenen Ausschüttungsrichtgröße."[160] Das HGB hat sich im Laufe der Zeit weg von einer vermögensorientierten, statischen Bilanzierung hin zu der von *Moxter* geprägten **Ausschüttungsstatik** entwickelt, welche die vorsichtige und objektivierte **Ermittlung des entziehbaren Gewinns als Primärziel** der Bilanzierung ansieht.[161] Diese Grundwertung bleibt auch nach dem BilMoG erhalten, auch wenn die Informationsfunktion an Bedeutung gewinnt. Die bilanzielle Approximation eines Effektivvermögens ist auch nach dem BilMoG nicht Intention des Gesetzgebers.[162] Jedoch gelangen durch die Hinwendung zu den IFRS vermehrt an einer zutreffenden Vermögensdarstellung orientierte Regelungen in das Handelsbilanzrecht.[163] Dies wird an der – wenn auch nur sehr begrenzt zulässigen – Bewertung zum beizulegenden Zeitwert deutlich.[164] Auch die Abzinsung von Rückstellungen unabhängig von ihrem Zinsanteil (§ 253 Abs. 2 HGB) wurde vor allem mit dem Ziel einer zutreffenden Vermögensermittlung in das HGB implementiert.[165] Schließlich verspricht auch die Möglichkeit zur Aktivierung selbst erstellter immaterieller Vermögensgegenstände des Anlagevermögens (§ 248 Abs. 2 HGB) eine Verringerung der Differenz zwischen Buch- und Effektivvermögen.

Dass die Annäherung an ein Effektivvermögen aber nicht Ziel des Gesetzgebers sein kann, zeigt schon, dass es sich hierbei um Einzelregelungen handelt. Dieses Ziel würde eine sehr weite Definition aktivierbarer immaterieller Werte fordern.[166] Durch das Ansatzwahlrecht (§ 248 Abs. 2

---

160 Wüstemann (1995), S. 1032.

161 Vgl. grundlegend Moxter (1993), S. 73-79; Hommel/Schmidt/Wüstemann (2004), S. S90-S93.
Das Handelsbilanzrecht war einst am Ziel der zutreffenden Vermögensermittlung ausgerichtet. So sah Art. 31 ADHGB, das 1861 erstmals ein einheitliches Bilanzrecht in Deutschland schuf, die allgemeine Bewertung zum objektiven, aktuellen Zeitwert vor. Um den massiven Missbrauch von Zeitwertansätzen durch die Ausschüttung fiktiver Gewinne einzudämmen, wurde zwar 1884 das Realisationsprinzip kodifiziert, dies jedoch nur als Verteilungsregel für unter das AktG fallende Gesellschaften. Im Allgemeinen wurde Art. 31 ADHGB in das im Jahr 1900 in Kraft getretene HGB übernommen (dort § 40 HGB) und es setzte sich das Bilanzverständnis der (Fortführungs-)Statik im Sinne *Simons* durch, wonach Aufgabe der Bilanzierung sei, eine Übersicht über den augenblicklichen Wert des Kaufmannsvermögens zu geben (vgl. Simon (1899), insb. S. 2, 303). Es kam zu einem Wechsel in der Fokussierung weg vom objektiven hin zum subjektiven Wert für den Besitzer, weshalb *Simon* eine Bewertung des Umlaufvermögens zu Veräußerungspreisen, des Anlagevermögens aber zu fortgeführten historischen Kosten vorsah. Kritik am Ziel bilanzieller Vermögensermittlung übte insbesondere *Schmalenbach*, der im Rahmen seiner dynamischen Bilanztheorie die Ausrichtung der Bilanzierung an einer periodengerechten, vergleichbaren Gewinnermittlung forderte (vgl. Schmalenbach (1962), insb. S. 49-52) und sich mit dieser Auffassung ab den 1920er Jahren durchsetzen konnte. Die mit der dynamischen Bilanztheorie einhergehende erhebliche Entobjektivierung der Bilanz führte schließlich ab den 1960er Jahren zu einer stärken Betonung von Objektivierungserfordernissen. Es entwickelte sich die von *Moxter* geprägte Ausschüttungsstatik. Das hierbei zentrale Realisationsprinzip wurde mit dem BiRiLiG von 1985 rechtsformunabhängig kodifiziert. Vgl. zur Entwicklung des HGB Schön (1997a), S. 133 ff.; Spindler (2005), S. 95-152; Hommel/Berndt (2009), S. 2190.

162 Vgl. Kahle/Schulz (2009), Rz. 342 zu § 255 HGB.

163 Vgl. zu dieser Zielsetzung der IFRS im Einzelnen Kap. 2.3.3.3.1.

164 Vgl. hierzu bereits Kap. 2.1.1.2.

165 Vgl. BT-Drs. 16/10067, S. 54.

166 Vgl. Hommel (1997), S. 348; Streim/Bieker/Leippe (2001), S. 191 f.; Streim/Esser (2003a), S. 838.

S. 1 HGB), das explizite Festhalten an den tradierten handelsrechtlichen Aktivierungskriterien[167] sowie das Ansatzverbot für Forschungskosten und bestimmte immaterielle Güter (§§ 255 Abs. 2 S. 4, 248 Abs. 2 S. 2 HGB) ist das Aktivierungspotenzial von selbst erstellten immateriellen Gütern im Handelsbilanzrecht aber nach wie vor begrenzt. Vor allem aber lässt sich das Festhalten an der zentralen Stellung des Vorsichtsprinzips sowie der hieraus folgenden GoB mit einer informationsorientierten Bilanzierung aus ökonomischer Sicht kaum vereinbaren. So schränkt insbesondere die grundlegende Ausrichtung des HGB am Anschaffungswertprinzip die Möglichkeit der Ertragswertapproximation deutlich ein. Eine Bewertung zu fortgeführten Anschaffungskosten kann nicht mit dem Ziel der Effektivvermögensermittlung erklärt werden.[168] Gerade die Entscheidung des Gesetzgebers, im Rahmen des BilMoG von einer umfassenden, branchenübergreifenden Zeitbewertung im Rahmen der Finanzinstrumente abzusehen, macht deutlich, dass das HGB nicht die Ermittlung eines Effektivvermögens beabsichtigt.[169]

Vor dem Hintergrund der oben abgeleiteten,[170] typisierten Informationsinteressen müsste das Urteil über das Handelsbilanzrecht vernichtend ausfallen. Angesichts des ohnehin stark begrenzten Aussagegehalts einer Bilanz muss die Kritik jedoch relativiert werden.[171] Selbst bei einer weiteren Einschränkung der vorsichtigen Gewinnermittlung könnte eine Bilanz nicht den Informationsinteressen der Kapitalgeber entsprechen. Der Informationsgehalt einer Summe von Einzelwerten bleibt aus ökonomischer Sicht stets fragwürdig, denn durch Einzelbewertung errechnet man das Effektivvermögen allenfalls zufällig.[172] Vielmehr ist zu beachten, dass gerade mit den Regelungen, die an der Approximation des Effektivvermögens orientiert sind, eine verstärkte Entobjektivierung einhergeht, die den Informationsnutzen fraglich erscheinen lässt. Dies zeigt sich insbesondere an der wahlweise erlaubten Aktivierung selbst erstellter immaterieller Vermögensgegenstände. Deren fehlende Körperlichkeit, schwierige Bewertbarkeit und fragliche Werthaltigkeit schafft erhebliche Objektivierungsprobleme.[173] Das HGB nach BilMoG steht in einem **nicht unproblematischen Spannungsfeld** zwischen dem Festhalten an dem Ziel der Ausschüt-

---

[167] Der RegE des BilMoG verlangt explizit, dass ein immaterieller Vermögensgegenstand nur aktiviert werden darf, sofern dieser einzeln verwertbar ist, vgl. BT-Drs. 16/10067, S. 50. Durch die Nennung des Kriteriums der Einzelverwertbarkeit wird dem weiteren asset-Begriff der IFRS eine klare Absage erteilt. Vgl. zum Kriterium der Einzelverwertbarkeit Lamers (1981), S. 205-216; Fabri (1986), S. 48-51; ADS (1998), Rz. 26 ff. zu § 246 HGB; Lutz/Schlag (2010), Rz. 26 ff.

[168] Vgl. Ballwieser (1997b), S. 54 f.

[169] Vgl. Kahle/Schulz (2009), Rz. 342 zu § 255 HGB.

[170] Vgl. Kap. 2.3.1.1 sowie Kap. 2.3.3.1.

[171] Vgl. Euler (1998), S. 19; Kahle (2002c), S. 32.

[172] Vgl. Moxter (1978b), S. 1631.

[173] Vgl. nur Moxter (1978a), S. 821 ff.; ders. (1979), S. 1102 ff.; ders. (2008), S. 1515 f.; Hennrichs (2008c), S. 537; Küting/Ellmann (2010), S. 1306.

tungsstatik und vereinzelten Normen, die vermögensstatisch ausgerichtet sind. Dies ist nicht unbedenklich, da die Erreichung des Primärzwecks der Ausschüttungsbemessung sowie die Konsistenz des handelsrechtlichen GoB-Systems gefährdet wird, während die Adäquanz der Regelungen unter der Zielsetzung der Entscheidungsnützlichkeit unbestimmt ist.[174]

Von *Ordelheide* stammt der Versuch, die handelsrechtliche Bilanzierung in einem kapitaltheoretischen Sinne zu deuten. Die handelsrechtlichen Bilanzpositionen werden hierbei als antizipierte Ein- und Auszahlungen angesehen.[175] Nach dieser Interpretation handelt es sich bei den handelsbilanziellen Vorschriften um Regelungen zur vorsichtigen Abschätzung künftiger Zahlungsströme. So werden nach dem Anschaffungswertprinzip nicht die tatsächlich, sondern die mindestens erwarteten Einzahlungen ausgewiesen.[176] Es wird davon ausgegangen, dass künftig mindestens Einzahlungen in dieser Höhe zufließen, da ein rational handelndes Management keine Investitionen mit negativem Kapitalwert realisiert. Da die Schulden künftige Auszahlungen repräsentieren, stellt der Saldo der handelsrechtlichen Bilanz laut *Ordelheide* einen besonderen Ertragswert, nämlich den „Ertragswert[.] unter Unsicherheit" dar und der kaufmännische Erfolg wird als „Sonderform des kapitaltheoretischen Gewinns unter Unsicherheit" gedeutet.[177]

Die Interpretation realer Bilanzierungsvorschriften mittels Kriterien, die nur im vollkommenen Kapitalmarkt eindeutig bestimmt sind, ist jedoch problematisch.[178] Anschaffungskosten können zwar im Anschaffungszeitpunkt i. d. R. noch als konservative Schätzung des Barwerts der künftigen Zahlungsüberschüsse interpretiert werden,[179] sodann geht jedoch der Bezug zu den prognostizierten Zahlungen verloren. Schließlich müsste auch der Restbuchwert stets die erwarteten Zahlungsüberschüsse (bzw. deren Untergrenze) abbilden, was jedoch nur durch eine Ertragswertabschreibung erreicht würde. Da schließlich bei jeder Einzelbewertung wesentliche Ertragswertbeiträge in zudem unbekannter Höhe nicht erfasst werden, muss diese Interpretation höchst fraglich bleiben. Dass das **Interesse der Investoren** durch die handelsbilanzielle Vermögensdarstellung **wenig erfüllt** wird, kann kaum widerlegt werden. Denn diese dürften schließlich

---

174 So auch Wüstemann/Koch (2010), S. 317, 330 f., 333; Schildbach (2010a), S. 153.
Zudem stellt sich die Frage, ob diese Entwicklung den Interessen der typischen kleinen und mittleren Unternehmen, die die primären Adressaten des BilMoG waren, überhaupt gerecht wird. Vgl. hierzu Kap. 2.4.

175 Vgl. Ordelheide (1988a), S. 279, 293; ders. (2000), S. 510.

176 Vgl. Ordelheide (1988b), S. 279 f.; ders. (1989), S. 27.

177 Vgl. Ordelheide (1988a), S. 293 (erstes Zitat) sowie S. 279 (zweites Zitat).

178 Vgl. Ballwieser (1996a), S. 515 f.; höchst kritisch zudem Schneider (1997), S. 271.

179 Dem wird daher im Schrifttum auch zugestimmt, vgl. etwa Ballwieser (2004b), S. 61.
Es ist zu beachten, dass durch Principal-Agent-Konflikte in Einzelfällen Anreize bestehen können, Projekte mit negativem Kapitalwert durchzuführen, worauf *Ordelheide* selbst hinweist, vgl. Ordelheide (1989), S. 27.

nicht an der Untergrenze der zu erwartenden Zahlungen interessiert sein, sondern an den darüber hinaus bestehenden Einzahlungspotenzialen.[180] Im Folgenden wird daher zu untersuchen sein, ob die IFRS diesbezüglich den nationalen Periodisierungsregelungen überlegen sind.

2.3.3.3 Informativere Vermögensdarstellung durch Anwendung der IFRS?

2.3.3.3.1 Umfassende Vermögensdarstellung als (problematisches) Leitbild des IASB

Alleinige Zielsetzung der IFRS ist die Informationsvermittlung. Maßgeblicher Zweck eines IFRS-Abschlusses ist die Vermittlung entscheidungsnützlicher Informationen für (bestehende und potenzielle) Kapitalgeber, die diesen zur Fundierung von Investitionsentscheidungen dienen sollen (F.OB2). Die Rechnungslegung nach IFRS soll die Kapitalgeber maßgeblich bei der Prognose der künftig zu erwartenden Nettozahlungspotenziale, welche das Unternehmen voraussichtlich generiert, unterstützen. Hierfür soll sie über die ökonomischen Ressourcen und die Ansprüche an das Unternehmen informieren, sowie Informationen darüber bereitstellen, wie effizient das Management mit diesen Ressourcen gearbeitet hat (F.OB3-4).[181]

Die IFRS erfuhren in den vergangenen Jahren im Schrifttum erhebliche Kritik, da sie sich nicht für eines der auf unvollkommenen Märkten konfliktären Ziele der Vermögens- oder Gewinnermittlung aussprachen und auch auf Ebene der Einzelregelungen keine klare Fokussierung auf eine der Zielsetzungen erkennen ließen. Denn in einer Rundschau der Standards lassen sich sowohl statisch an der Vermögensdarstellung als auch dynamisch an einer periodengerechten Gewinnermittlung orientierte Regelungen festmachen.[182] Unter anderem aus dem Grund, dass das verfolgte Vermögens- oder Gewinnkonzept weitgehend im Unklaren blieb, wurde den IFRS bspw. „Konzeptionslosigkeit" vorgeworfen oder sie wurden als „eine Vielzahl von Einzelvorschriften, deren Systemgedanke nicht erkennbar ist", bezeichnet.[183]

Infolge dieser Kritik richtet das IASB die Zielsetzung der Standards neu aus und revidiert das Framework, welches die maßgeblichen konzeptionellen Grundlagen der IFRS enthält. Der Teil

---

180 Das Ziel der Ertragswertapproximation müsste des Weiteren eine konsequente Barwertbetrachtung zur Folge haben. Die Frage der Abzinsung wird jedoch von *Ordelheide* ausgeklammert, vgl. Ordelheide (1988a), S. 279.

181 Die hierbei implizit zum Ausdruck kommende Rechenschaftsfunktion ist gegenüber der primären Bewertungsfunktion als nachrangig anzusehen, vgl. Pellens et al. (2011), S. 121; so zum bisherigen Framework Ballwieser (2003), S. 341 f.; Coenenberg/Straub (2008), S. 25.

182 Vgl. Hettich (2006), S. 145 f.; Antonakopoulos (2007), S. 26 ff.

183 Vgl. Ballwieser (2005a), S. 727 (erstes Zitat; Hervorh. im Original); Hachmeister (2008a), S. 4 (zweites Zitat). Vgl. auch zu weitergehender Kritik an den bislang teils unklar formulierten sowie unvereinbaren Zielsetzungen und Bilanzierungsgrundsätzen der IFRS sowie der teilweise inkonsistenten Ausgestaltung der Standards Ballwieser (2005a), S. 730 ff.; Wüstemann/Wüstemann (2010c), S. 9 ff.; Wüstemann/Bischof/Kierzek (2007a), Rz. 103 f.; Preißler (2005), S. 296 und passim; Schildbach (2005), S. 50 f.; ders. (2007a), S. 13.

des Framework, der sich mit den Zielen und Grundsätzen der IFRS beschäftigt, wurde bereits neu festgeschrieben. Die obigen Erläuterungen basieren auf der Neuformulierung.[184] Dem überarbeiteten Teil kann nun die aktuelle Fokussierung des IASB, die sich auch bei den jüngeren Projekten und neueren Standards zeigt,[185] entnommen werden, nämlich die deutliche Hinwendung zu einer auf die möglichst zutreffende Darstellung des Unternehmensvermögens orientierten Bilanzierung, dem sog. **asset liability approach**.[186] Es ist eine sukzessive Neuausrichtung der IFRS hin zu einer zeitwertstatischen Bilanzierung zu erkennen, die das **Ziel eines umfassenden Vermögensausweises** anstrebt und hierbei im Rahmen der Bewertung dem fair value eine erhebliche Bedeutung beimisst.[187] Diese Entwicklung wird in den Erläuterungen des neuen Framework besonders deutlich, welches in F.OB4 der Rechnungslegung die Aufgabe zuweist, die Ressourcen, über die das Unternehmen verfügt, und die Ansprüche, die gegen dieses bestehen, darzustellen. Von der konfliktären Zielsetzung der Bestimmung eines periodengerechten Gewinns ist keine Rede mehr, diese rückt zunehmend in den Hintergrund.[188] Die Bilanz dient als zentrales Informationsinstrument.[189] Der Gewinn stellt nach dieser „statischen Wende“[190] nur die Veränderung des Reinvermögens in einer Periode dar.[191]

Die IFRS verfolgen damit zunehmend einen messtheoretischen Ansatz.[192] Dass diese Vorgehensweise aus ökonomischer Sicht kritisch zu sehen ist, wurde bereits oben deutlich, denn eine Bilanz ist ein zur Vermögensmessung grundsätzlich wenig taugliches Instrument.[193] Auch die IFRS beruhen – wie jedes Rechnungslegungssystem – objektivierungsbedingt auf dem Einzelbewertungsprinzip, weshalb nur ein **Buch- und nicht das Effektivvermögen** ausgewiesen werden kann.[194] Auch in einem IFRS-Abschluss wird nur ein Teil der zukünftigen Zahlungserwartungen erfasst, nämlich derjenige, der die Kriterien des asset bzw. der liability erfüllt. Die

---

[184] Vgl. zum Projekt und dessen Verlauf bspw. Coenenberg/Straub (2008), S. 17 ff.; Pelger (2009), S. 156 ff.

[185] Vgl. z. B. hinsichtlich der Reform der Rückstellungsbilanzierung Hommel/Schmidt/Wüstemann (2010), S. 557, 559; zur Überarbeitung der Ertragsrealisierung Wüstemann/Wüstemann (2010b), S. 2040; zur Reform der Leasingbilanzierung Kroner/Leuchtenstern/Ranker (2010), S. 532 f.

[186] Vgl. zur asset liability theory, die als weitgehendes Äquivalent zur statischen Bilanztheorie von *Simon* im US-amerikanischen Schrifttum angesehen werden kann, deren maßgebliche Vertreter Sprouse/Moonitz (1962).

[187] Vgl. nur Ballwieser (2009b), S. 25; Benston et al. (2006), S. 261; Dichev (2008), S. 453 ff.; Hitz (2005a), S. 1017 f.; ders. (2007), S. 328 f.; Hommel (2005), S. 290 ff.; Schildbach (2009b), S. 371 f.; ders. (2011b), S. 71; Wich (2009), S. 35 ff.; Wüstemann/Bischof (2006), S. 78, 84 f.; Wüstemann/Wüstemann (2010c), S. 12 f.

[188] Die Bestimmung eines periodengerechten Gewinns wäre Ziel des revenue expense approach, der grob der dynamischen Bilanztheorie von *Schmalenbach* entspricht. Vgl. hierzu deren bedeutendste Vertreter im angloamerikanischen Raum Paton/Littleton (1940).

[189] Vgl. Hommel (2005), S. 290; Lienau/Zülch (2006), S. 320.

[190] Wüstemann/Kierzek (2005a), S. 430.

[191] Vgl. Ronen (2008), S. 184; Nissim/Penman (2008), S. 13.

[192] Vgl. Wüstemann/Bischof/Kierzek (2007a), Rz. 123; Wüstemann/Bischof (2006), S. 85.

[193] Vgl. Kap. 2.3.3.1.

[194] Vgl. Kahle (2002b), S. 98; Hommel/Schmidt/Wüstemann (2004), S. S89; Ballwieser (2008b), S. 9.

Lückenhaftigkeit der Vermögensdarstellung kann stichprobenhaft aufgezeigt werden: Ein asset ist definiert als Ressource, die aufgrund von Ereignissen der Vergangenheit in der Verfügungsmacht des Unternehmens steht, und von der erwartet wird, dass dem Unternehmen künftig wirtschaftlicher Nutzen zufließt (F.4.4 (a)).[195] Zudem muss dieser Nutzenzufluss wahrscheinlich sein und die Position muss verlässlich bewertet werden können (F.4.38). Damit verfolgen die IFRS zwar eine breite Ansatzkonzeption, jedoch bleibt auch ein erheblicher Teil der Ertragspotenziale unberücksichtigt. So werden z. B. aufgrund des fehlenden Vergangenheitsbezugs Einzahlungserwartungen aus lediglich geplanten Transaktionen nicht erfasst[196] oder Mitarbeiterfähigkeiten vom Ansatz ausgeschlossen, da diese nicht in der Verfügungsmacht des Unternehmens liegen (IAS 38.15).[197]

Auch nach IFRS ist ein bedeutender Teil des immateriellen Erfolgspotenzials eines Unternehmens von der Aktivierung ausgeschlossen. Bei immateriellen Vermögenswerten ist zusätzlich zu den allgemeinen asset-Kriterien das Kriterium der Identifizierbarkeit zu beachten (IAS 38.11). Dieses bedingt eine klare Abgrenzung vom Geschäfts- oder Firmenwert[198] und führt damit zu einem Ansatzverbot sämtlicher geschäftswertbildender Faktoren (z. B. Standortvorteile).[199] Analog zu den HGB-Regelungen, dessen Vorbild insoweit die IFRS waren, wird ein umfassender Potenzialausweis auch dadurch verhindert, dass eine Aktivierung von Forschungskosten oder bei nicht verlässlicher Unterscheidbarkeit von Forschungs- und Entwicklungsphase untersagt ist (IAS 38.53, 38.54). Zudem wird der Ausweis immaterieller Güter weiter eingeschränkt, indem innerhalb der Entwicklungsphase spezielle Ansatzkriterien gefordert werden (IAS 38.57)[200] und bestimmte Positionen sogar generell vom Ansatz ausgeschlossen werden (IAS 38.63, 38.69).

Schon anhand dieser Beispiele wird deutlich, dass auch nach IFRS ein **bedeutender Teil der Effektivvermögensträger unerfasst** bleibt.[201] Angesichts der inhärenten Grenzen bilanzieller Vermögensermittlung strebt das IASB aber wohl auch keine strikte Effektivvermögensmessung

---

195 Vgl. zum asset-Begriff statt vieler Kahle/Heinstein/Dahlke (2010), Rz. 411 f.; Lüdenbach/Hoffmann (2011), Rz. 85 ff. zu § 1; Lüdenbach/Freiberg (2009), S. 131 ff.

196 Vgl. Streim (1998), S. 338 ff.; Barth (2006), S. 278 f.

197 Vgl. Streim/Bieker/Leippe (2001), S. 192 f.

198 Die Identifizierbarkeit muss entweder durch Separierbarkeit (z. B. durch die Möglichkeit zur selbständigen Übertragung) oder durch Entstehen aus einem vertraglichen oder gesetzlichen Recht (IAS 38.12) gegeben sein. Vgl. hierzu im Einzelnen Hüttche/Moser (2008), S. 368 f.; Kahle/Günter (2008), S. 85 f.; Hoffmann (2011b), Rz. 14, 17 zu § 13.

199 Vgl. Streim/Bieker/Leippe (2001), S. 188, 193.

200 Vgl. im Einzelnen nur Hüttche/Moser (2008), S. 371 f.; Hülsberg/Thiele (2010), S. 688 f.; Hoffmann (2011b), Rz. 29, 34 f. zu § 13.

201 Vgl. Streim/Bieker/Leippe (2001), S. 192 f.; Streim/Bieker/Esser (2004), S. 232; Haaker (2007), S. 258; Schildbach (2003), S. 253 f.; ders. (2005), S. 47 f.; Kaiser (2006), S. 146 ff.

an und akzeptiert die Unvereinbarkeit von Bilanzierung und Gesamtbewertung. Das IASB bekennt schließlich im neu überarbeiteten Framework: „financial reports are not designed to show the value of a reporting entity“[202]. Gleichwohl sind die jüngeren Standards und Projekte deutlich an der Zielsetzung eines umfassenden Vermögensausweises orientiert. So ist bspw. künftig geplant, dass Leasingnehmer jeweils sämtliche Leasingverträge bilanziell zu erfassen haben, da „eine vollständige bilanzielle Abbildung der vom Unternehmen kontrollierten Nutzenzuflüsse“ angestrebt wird.[203] Im Rahmen der Reform der Rückstellungsbilanzierung soll künftig eine Mindestwahrscheinlichkeit der Inanspruchnahme für die Passivierung nicht mehr notwendig sein, um eine umfassende Abbildung potenzieller Risiken zu gewährleisten.[204]

Welches Vermögen die IFRS abbilden wollen, wenn es nicht das Effektivvermögen ist, muss aber aus ökonomischer Sicht im Unklaren bleiben. Das Ziel der IFRS wird im Schrifttum zusammengefasst als möglichst „marktobjektivierte[.] Reinvermögensermittlung“, also eine möglichst durch Marktwerte bestätigte „Annäherung [...] an das Effektivvermögen“.[205] Nach den bisherigen Erläuterungen muss diese Zielsetzung jedoch kritisch in Frage gestellt werden. Neben der breiten Ansatzkonzeption versuchen die IFRS dies insbesondere durch die Bewertung zum fair value zu erreichen, die auf eine Stichtagsvermögensmessung mittels objektiver Einzelveräußerungswerte abzielen soll.[206] Diese hoch umstrittene Bewertungskonzeption wird im folgenden Kapitel ausführlich gewürdigt.

2.3.3.3.2 Möglichkeiten und Grenzen des fair value accounting

2.3.3.3.2.1 Konzeption und Entscheidungsnützlichkeit der Bewertung zum fair value

Im Rahmen der Bewertung von Finanzinstrumenten stellt der fair value die dominante Wertkonzeption dar. Die Pläne des IASB ließen in diesem Bereich lange Zeit sogar das Streben hin zu einem "full fair value accounting" erkennen.[207] Der nunmehr veröffentlichte IFRS 9, der künftig die Bilanzierung von Finanzinstrumenten anstelle des bisherigen IAS 39 regelt, hält nun zwar doch an einer teilweisen Bewertung zu historischen Kosten fest. Zu fortgeführten Anschaffungskosten zu bewerten sind aber künftig nur noch Schuldinstrumente mit vertraglich vereinbarten

---

[202] F.OB7.

[203] Vgl. zu einer Darstellung der geplanten Änderungen etwa Kroner/Leuchtenstern/Ranker (2010), S. 532 ff. und 605 ff. (Zitat auf S. 533); Küting/Koch/Tesche (2011), S. 425 ff.

[204] Vgl. zur geplanten Abschaffung des Wahrscheinlichkeitskriteriums im Rahmen des Rückstellungsansatzes und der Kritik hieran nur Hommel/Wich (2007), S. 513 f.; Hommel/Schmidt/Wüstemann (2010), S. 557.

[205] Vgl. Hommel/Schmidt/Wüstemann (2010), S. 557 (erstes Zitat); Coenenberg/Straub (2008), S. 21 (zweites Zitat); vgl. zu einer ähnlichen Umschreibung der Zielsetzung der IFRS auch Hommel (2007), S. 323.

[206] Vgl. Wüstemann/Bischof (2006), S. 85; Bischof (2008), S. 6.

[207] Vgl. Bieker (2006), S. 145 f.; ders. (2008a), S. 394, 399 mit weiterführenden Hinweisen zur älteren Diskussion.

Zins- und Tilgungszahlungen, die im Rahmen eines Geschäftsmodells gehalten werden, das darauf abzielt, diese im Bestand zu halten und die vertraglich vereinbarten Zahlungsströme zu vereinnahmen (IFRS 9.4.1.2).[208] Alle anderen Finanztitel, etwa sämtliche Eigenkapitalinstrumente, sollen in Zukunft der Bewertung zum fair value unterliegen, was die Bedeutung dieses Wertmaßstabes zeigt.[209] Auch für nicht-finanzielle Vermögenswerte kommt die Zeitbewertung in zunehmendem Maße zur Anwendung. So ist bei als Finanzinvestitionen gehaltenen Immobilien wahlweise (IAS 40.30, 40.35) und biologischen Vermögenswerten verpflichtend (IAS 41.12, 41.26) eine erfolgswirksame Bewertung zum fair value vorgesehen. Bei der Folgebewertung von Sachanlagen und langfristigen immateriellen Vermögenswerten ist eine optionale Zeitbewertung – wenn auch erfolgsneutral – erlaubt (IAS 16.29, 16.39 und 38.72, 38.85).[210] Die steigende Bedeutung der fair value-Bewertung wird gar einem „**Paradigmenwechsel**"[211] gleichgesetzt.

Die Konzeption des fair value entstammt der Vorstellung einer **neoklassischen Idealökonomie**, in der durch Bewertung aller Bilanzpositionen zu deren Marktwert der Wert eines Unternehmens ermittelt werden kann. Zum einen entspricht hier der Marktwert eines Gutes dem Barwert der zugehörigen Zahlungsströme, da alle Individuen durch den vollkommenen Wettbewerb nur eine risikoadäquate Verzinsung ihres Kapitals erreichen.[212] Zum anderen muss der Wert der Zahlungsströme der Einzelpositionen mit dem Wert der Zahlungsströme des Unternehmens übereinstimmen, denn eine Differenz würde Gelegenheiten zur Arbitrage eröffnen (Konzept der Wertadditivität).[213] Die Bilanz würde als alleiniges, ideales Bewertungsinstrument genügen. Im Falle vollkommener und vollständiger Märkte bestünde auch kein Ermittlungsproblem, denn es könnten für alle Positionen eindeutige Marktpreise beobachtet werden.[214]

Auf unvollkommenen Märkten verliert der fair value jedoch seine eindeutige Definition. Es kommen drei Ausprägungsformen in Frage, die alle eine lange bilanztheoretische Tradition

---

[208] Vgl. zu den Neuregelungen des IFRS 9 im Einzelnen Märkl/Schaber (2010), S. 65 ff.; Kuhn (2010), S. 103 ff.; Wenk/Straßer (2010), S. 102 ff.

[209] Vgl. Märkl/Schaber (2010), S. 65; zu einer kritischen Würdigung Gschrey (2010), S. S7 f.

[210] Diese wird bei immateriellen Vermögenswerten allerdings kaum zur Anwendung gelangen, da die hierfür notwendige Voraussetzung des aktiven Marktes (IAS 38.75) nur in seltenen Fällen vorliegt, vgl. Baetge/von Keitz (2010), Rz. 110 ff. zu IAS 38; Heuser/Theile (2009), Rz. 161.

[211] Küting/Dawo (2003), S. 241 (Hervorh. durch Verf.); so auch Hitz (2006a), S. 109.

[212] Vgl. mit formalem Nachweis Scott (2003), S. 20 f.

[213] Vgl. Hax/Hartmann-Wendels/von Hinten (1988), S. 703; Franke/Hax (2009), S. 336 f.

[214] Dieses Idealbild der fair value-Konzeption wird vielfach kritisiert, vgl. Barth/Landsman (1995), S. 99 und passim; Ballwieser/Küting/Schildbach (2004), S. 530 f.; Pfaff/Kukule (2006), S. 544; Schildbach (2006a), S. 9 f.; ders. (2009b), S. 373 f.; Schneider (2003a), S. 15 f.; ders. (2003c), S. 656 f.

aufweisen. Dies sind der **entry value** ((Wieder-)beschaffungswert)[215], der **exit value** (Veräußerungswert)[216] und der **value in use** (individueller Nutzungswert)[217]. Zudem sind diese Werte auf realen Märkten häufig nicht beobachtbar, womit Ermittlungsprobleme auftreten.[218]

Da Begriff und Ermittlung des fair value bisher im Rahmen der IFRS nicht einheitlich geregelt waren, wurde im Mai 2011 ein neuer Standard veröffentlicht, der allgemeingültige Regelungen zur Zeitbewertung bereitstellen soll. Der fair value wird nunmehr standardübergreifend definiert als „price that would be received to sell an asset or paid to transfer a liability in an orderly transaction between market participants at the measurement date" (IFRS 13.9). Hiermit wird eindeutig klargestellt, dass dieser als exit value, also als **Einzelveräußerungspreis**, konzipiert ist.[219] Er kann als „hypothetischer Marktpreis unter idealisierten Bedingungen"[220] charakterisiert werden. Da der Blickwinkel eines fiktiven Dritten – also eine „Außenperspektive"[221] – einzunehmen ist, dürfen unternehmensindividuelle Wertkomponenten bei der Ermittlung nicht einbezogen werden. Der fair value ist mithin strikt **vom value in use abzugrenzen**, der den aus Sicht des Unternehmens durch das Objekt erzielbaren anteiligen Ertragswert darstellt.[222]

Die Informationsvermittlung durch die fair value-Bewertung unterliegt jedoch erheblichen konzeptionellen Grenzen. Dass die Anwendung dieser Bewertungskonzeption bei Finanzinstru-

---

215 Die Bewertung zu Wiederbeschaffungswerten forderte schon *F. Schmidt* im Rahmen seiner organischen Bilanztheorie. Er beabsichtigte, das "richtige" Vermögen im Sinne des Reproduktionswerts des Unternehmens zu bestimmen, vgl. Schmidt (1929), S. 74. Zudem sollte die Bewertung zu Wiederbeschaffungskosten der Substanzerhaltung dienen, vgl. Schmidt (1929), S. 77. Im US-amerikanischen Schrifttum sind maßgebliche Vertreter Edwards/Bell (1961); Revsine (1973) und Sweeney (1936), der aber weniger auf die Informationsvermittlung, sondern auf die Substanzerhaltung abstellte. Vgl. zu diesen Ansätzen im Einzelnen Dohrn (2004), S. 103-105. Eine Bilanzierung zu Wiederbeschaffungskosten geht von der Idee aus, dass deren Summe regelmäßig dem Marktwert des Unternehmens entsprechen sollte, da am Markt kein höherer Betrag bezahlt wird als der zum „Nachbau auf der grünen Wiese" notwendige, vgl. Moxter (1982), S. 104 (auch Zitat; Hervorh. im Original). Es soll demnach eine Preisobergrenze des potenziellen Käufers ermittelt werden. Hiergegen spricht schon, dass der Wiederbeschaffungswert eines Unternehmens nur unvollständig ermittelt werden kann, denn vor allem immaterielle Werte lassen sich nicht einzeln beschaffen. Zwischen dem allenfalls ermittelbaren Teilreproduktionswert und dem Unternehmenswert kann aber kaum eine Beziehung hergestellt werden, vgl. Blaufus (2005), S. 205; kritisch zudem Moxter (1984a), S. 69-79. Wiederbeschaffungswerte werden mittlerweile im Allgemeinen als wenig relevante Wertkonzeption angesehen, da die Wiederbeschaffung keine relevante Handlungsalternative für das Unternehmen darstellt, vgl. Wüstemann/Bischof (2007), S. 214.

216 Die Bewertung zu Einzelveräußerungspreisen vertrat, wie bereits gezeigt (vgl. Fn. 161), schon *Simon*. Dieser intendierte die Ermittlung des individuellen Unternehmenswerts, wobei die Bilanzpositionen gemäß ihrer Bestimmung bewertet werden sollten, vgl. Simon (1899), S. 303-306. Der Einzelveräußerungspreis wurde daher als idealer Wertmaßstab für die zur Veräußerung bestimmten Güter angesehen, während ansonsten eine anschaffungswertbasierte Bewertung greifen sollte. Bedeutende Vertreter einer Bewertung zu Einzelveräußerungspreisen im US-amerikanischen Schrifttum sind etwa Chambers (1966); Sterling (1973); vgl. im Überblick zu diesen Ansätzen Bieker (2006), S. 114-116.

217 Vgl. die Ausführungen und Quellen zur kapitaltheoretischen Bilanzierung in Kap. 2.3.3.1.

218 Vgl. Barth/Landsman (1995), S. 100 f.

219 Vgl. Zülch/Gebhardt (2007), S. 148; Löw/Antonakopoulos/Weiland (2007), S. 732 (zu einem vorhergehenden Discussion Paper).

220 Hitz (2005a), S. 1014 (Hervorh. im Original); ähnlich auch Tanski/Zeretzke (2006), S. 54.

221 Hitz/Kuhner (2002), S. 280.

222 Vgl. zur Abgrenzung Barth/Landsman (1995), S. 101; Barth (2006), S. 273; Wagenhofer (2000), S. 309.

menten ihren Ausgangspunkt nahm und dort am weitesten verbreitet ist, gründet in der Annahme informationseffizienter Kapitalmärkte. Unterstellt wird ein effizient funktionierender Marktmechanismus, welcher eine weitgehend unverzerrte **Aggregation der Erwartungen aller Marktteilnehmer** bezüglich der Höhe, des zeitlichen Anfalls und der Unsicherheit der aus der Position zu erwartenden Cashflows in den Preisen sicherstellt, wodurch der Marktpreis als eine „heuristische Annäherung an den Ertragswert" angesehen werden könnte.[223] Doch selbst für Finanzinstrumente, deren Marktpreise auf organisierten Märkten ermittelt werden können, erscheint diese Vorstellung als idealistisch. Vielmehr sprechen die Erkenntnisse der Behavioral Finance-Forschung dafür, dass Marktpreise nicht selten durch unsystematische Abweichungen vom Fundamentalwert geprägt sind.[224] Derart verzerrte Informationen sind für die Unterstützung von Investitionsentscheidungen nicht nur wenig geeignet. Vielmehr besteht sogar die Gefahr, dass durch erneute Kommunikation ineffizienter Preise und hierauf basierenden fehlerhaften Investitionsentscheidungen der Trend weg von den Fundamentalwerten verstärkt wird.[225] Die Eignung von Marktpreisen zur Prognose von Cashflows muss daher stets kritisch hinterfragt werden.[226]

Doch vor allem kann die Zweckmäßigkeit des fair value als **Wertmaßstab nicht-finanzieller Positionen** in Frage gestellt werden. Der Veräußerungspreis eines Gutes kann jeweils nur dann unmittelbar dessen Wert für einen Investor ausdrücken, wenn letzterer allein von der Änderung der Marktpreise abhängig ist.[227] Dies ist bspw. der Fall, wenn ein Unternehmen unabhängig von dessen Geschäftsmodell passive Investitionen in Wertpapiere tätigt. Bei betriebsnotwendigen Vermögenswerten hingegen, welche zum spezifischen Einsatz im Rahmen des Unternehmens bestimmt sind, kann der Veräußerungspreis kaum Informationen über deren Zahlungspotenzial vermitteln. Veräußerungspreise sind hier wenig relevant, da das Unternehmen gerade nicht deren Veräußerung beabsichtigt.[228] Über das künftige Nutzenpotenzial im Rahmen des betrieblichen Einsatzes sagen Veräußerungspreise hingegen regelmäßig wenig aus; dieses dürfte i. d. R. höher sein, da das Unternehmen das Gut ansonsten veräußern würde.[229]

---

[223] Vgl. Pellens/Fülbier (2000), S. 584 (auch Zitat); Hitz/Kuhner (2000), S. 893; Hitz (2005b), S. 33.
[224] Vgl. Shiller (2003), S. 90 sowie im Einzelnen Kap. 2.3.2.2.
[225] Vgl. Ballwieser/Küting/Schildbach (2009), S. I; Nissim/Penman (2008), S. 33 f.; Schildbach (2011b), S. 74 f.
[226] Zusätzlich zu Verzerrungen durch "noise" und Blasen kann auf Verzerrungen durch Transaktionen mit größeren Aktienpaketen oder die Gefahr der systematischen Einflussnahme interessierter Parteien auf den Preis verwiesen werden, vgl. Ballwieser/Küting/Schildbach (2004), S. 535 f.; Kußmaul/Weiler (2009), S. 170.
[227] Vgl. zum Folgenden ausführlich Nissim/Penman (2008), S. 23 ff.; Penman (2007), S. 38 f.; Schildbach (2009c), S. 587 ff.
[228] Vgl. Ballwieser (2002b), S. 299; ders. (2008b), S. 8 f.; Straub (2007), S. 437; Thiele (2007), S. 636 f.
[229] Der Veräußerungspreis kann zwar die Opportunitätskosten der "Alternative Verkauf" anzeigen und so darüber informieren, ob die interne Nutzung vorzugswürdig ist, vgl. Ronen (2008), S. 186 f. Diese Interpretation weist

Für Vermögenswerte im operativen Leistungsverbund ist vielmehr der Barwert der aus der jeweiligen Nutzung zu erwartenden Zahlungsströme relevant, welcher maßgeblich durch die aus der Verknüpfung mit komplementären Gütern realisierbaren **Synergieeffekte** im betrieblichen Leistungserstellungsprozess determiniert wird. Da diese unternehmensspezifischen Wertkomponenten explizit nicht in die fair value-Ermittlung einfließen dürfen,[230] werden die maßgeblich interessierenden Wertdeterminanten gerade nicht erfasst.[231] Durch die fair value-Bewertung wird damit zwar i. d. R. die Marktwert-Buchwert-Lücke verringert, indem die Differenz zwischen historischen Kosten und aktuellem Marktpreis aufgedeckt wird.[232] Gleichzeitig verbleibt aber eine bedeutende **Differenz in Höhe des originären goodwill**, der die nicht berücksichtigten Synergieeffekte und weitere nicht durch Marktpreise erfassbare Positionen wie Wettbewerbsvorteile umfasst.[233] Die Summe der fair values unterschätzt damit i. d. R. den Unternehmenswert.[234]

Die Problematik der Synergieeffekte wird auch vom IASB gesehen. Resultat ist IFRS 13.31 (a), wonach bei derartigen Vermögenswerten unterstellt wird, dass auch der externe Erwerber Zugang zu den entsprechenden Komplementärgütern hat und den betreffenden Vermögenswert in deren Verbund nutzt. Doch wiederum wird die Perspektive der Marktteilnehmer und somit eine „für das betriebsnotwendige Vermögen unzweckmäßige[.] Perspektive" eingenommen.[235] Offen bleibt zudem, wie die beabsichtigte **Abgrenzung von branchenüblichen und unternehmensspezifischen Synergieeffekten** überhaupt gelingen sollte.[236] Der für den Investor relevante Bewertungsmaßstab, der value in use, wird außerhalb des Wertminderungstests nach IAS 36 weiterhin abgelehnt. Hiermit würden subjektive Einflüsse bei der Wertermittlung einhergehen, die hingegen durch die fair value-Bewertung minimiert werden sollen, indem der Markt als Bewertungsinstanz an die Stelle des Unternehmens tritt.[237] Doch auch dies muss aufgrund der im Folgenden dargestellten Ermessensspielräume kritisch hinterfragt werden.

---

jedoch Probleme auf, da der fair value ein hypothetischer Wert ist und daher fraglich ist, ob das Unternehmen die Position zu diesem Preis tatsächlich verkaufen könnte, vgl. Wagenhofer (2006a), S. 35.

230 Vgl. exemplarisch IFRS 13.89.

231 Zur Problematik der Vernachlässigung von Synergieeffekten und Geschäftsmodell vgl. Schildbach (2011b), S. 74; ders. (2010b), S. 71; ders. (2009c), S. 588; Wagenhofer (2009), S. 581 f.; Kaiser (2009), S. 97 f.

232 Vgl. Baetge/Zülch (2001), S. 560; Ballhaus/Futterlieb (2003), S. 568. Diese Beziehung ist jedoch nicht allgemein gültig, vgl. zu verschiedenen Gegenbeispielen Ballwieser (2005a), S. 740 f.

233 Vgl. Bromwich (2004), S. 35 f.; Ballwieser (2005a), S. 740; ders. (2008b), S. 9; Ewert/Wagenhofer (2010), S. 221 f.

234 Vgl. Benston et al. (2006), S. 263; Wagenhofer (2006a), S. 35; Hitz (2007), S. 337 f.

235 Vgl. Bieker (2007), S. 94 (auch Zitat).

236 Vgl. zur Kritik an dieser Vorstellung Hitz (2006b), S. 367 f.; ferner Schildbach (2011b), S. 76.

237 Vgl. Bromwich (2004), S. 41 f.

2.3.3.3.2.2 Probleme und Ermessensspielräume bei der Wertermittlung

IFRS 13 enthält erstmals standardübergreifende Vorgaben zur Ermittlung des fair value auf realen, unvollkommenen Märkten. In Abhängigkeit von der Marktnähe wird in IFRS 13.72-90 eine **dreistufige fair value-Hierarchie** vorgegeben, bei der Preisnotierungen auf aktiven Märkten für identische Vermögenswerte und Schulden die höchste Priorität zugesprochen wird.[238] Liegen solche nicht vor, ist bei der Wertermittlung ersatzweise auf andere am Markt beobachtbare Inputfaktoren, ggf. unter Modifikationen, zurückzugreifen (z. B. quotierte Preise ähnlicher Vermögenswerte oder Schulden auf aktiven Märkten, identischer und ähnlicher Objekte auf inaktiven Märkten, Zinssätze und Zinskurven). Wiederum nachrangig kommen schließlich auf der dritten Stufe nicht beobachtbare Inputfaktoren, mithin unternehmensinterne Projektionen, zur Anwendung. Die Kodifizierung dieser Hierarchie kann als Konkretisierung der bisherigen Vorgaben verstanden werden, wonach zwar standardspezifisch unterschiedliche Regelungen bestanden, denen aber ebenfalls eine grundlegende dreistufige Bewertungshierarchie zugrunde lag.[239]

Im Falle von Finanzinstrumenten dürften noch vergleichsweise häufig aktive Märkte vorliegen. Jedoch gilt dies selbst hier, z. B. bei GmbH-Anteilen, nicht uneingeschränkt. Außerhalb des Wertpapierbereichs fehlt es sogar regelmäßig an notierten Marktpreisen. Im Schrifttum wird geschätzt, dass sich für mehr als 95 % aller Vermögenswerte keine objektiv feststellbaren Marktpreise ermitteln lassen.[240] Auch der Rückgriff auf Preise ähnlicher Objekte (unter entsprechenden Anpassungen) unterliegt erheblichen konzeptionellen Grenzen, wie am Beispiel der fair value-Bewertung von Immobilien nach IAS 40 gezeigt werden kann. Denn deren wertbeeinflussende Faktoren (z. B. Baujahr, Lage oder Größe) divergieren regelmäßig derart, dass diese Vorgehensweise gänzlich ausscheidet.[241] Für andere nicht-finanzielle Vermögenswerte ergibt sich ein durchaus ähnliches Bild, weshalb hier der Rückgriff auf **investitionstheoretische Bewertungsmodelle** zur Wertfindung der Regelfall darstellt.[242]

Ziel investitionstheoretischer Bewertungsmodelle ist es, den Preis zu approximieren, der sich auf einem hinreichend liquiden Markt einstellen würde, also die „Simulation des Preisbildungs-

[238] Ein aktiver Markt wird in Appendix A zu IFRS 13 definiert als „A market in which transactions for the asset or liability take place with sufficient frequency and volume to provide pricing information on an ongoing basis."
[239] Vgl. zur allgemeinen fair value-Hierarchie statt vieler Hitz (2005b), S. 86-97; ders. (2006a), S. 110 f.
[240] Vgl. Küting (2009), S. 834; Küting/Kaiser (2010), S. 195.
[241] Vgl. Baetge/Zülch/Matena (2002), S. 419; Zülch (2008), Rz. 239 zu IAS 40; Burkhardt/Hachmeister (2006), S. 357; Hachmeister (2009), S. 426.
[242] Vgl. Baetge (2003), S. 230; Dawo (2004), S. 73; Vater (2003), S. 143.

prozesses für die in Frage stehende Position“[243]. Regelmäßig werden hierbei Barwertkalküle zum Einsatz kommen. Die Inbezugnahme von Barwertkalkülen für Zwecke der Rechnungslegung wirft jedoch besondere Probleme auf, da diese eine **hohe Sensitivität** gegenüber Änderungen in den Bewertungsannahmen aufweisen und darüber hinaus sowohl bei Bemessung des Zählers als auch des Nenners **Ermessensspielräume** eröffnen.[244] Diese Problematik wird im Rahmen der IFRS noch dadurch verschärft, dass die Vorgaben zur Bewertungsmethodik überaus vage bleiben. Im Wesentlichen verbleibt das IASB bei der allgemeinen Vorgabe der fair value-Hierarchie in IFRS 13.72-90, wonach öffentlich verfügbaren Daten, auch bei Bewertungsmodellen, stets die strikte Priorität vor unternehmensspezifischen Annahmen einzuräumen ist.

Im Zähler bringt die **Schätzung der künftigen Zahlungsströme** erhebliche Ermessensspielräume mit sich. In der Mehrzahl der Fälle kann eine große Bandbreite an Werten gerechtfertigt werden, wie etwa bei der Schätzung künftiger Mietpreise bei Anwendung des IAS 40. Da sich die Zahlungsströme nur in seltenen Fällen aus dem Marktgeschehen ableiten lassen, wird es sich zumeist kaum vermeiden lassen, dass der Bewertende seine subjektiven Erwartungen in die Schätzung einfließen lässt.[245] Die durch Anwendung des fair value angestrebte Objektivierung dürfte hier regelmäßig verfehlt werden. Die Abgrenzung zu einem subjektiven, entobjektivierten value in use verschwimmt bei der Zahlungsstromprognose zwangsläufig.[246]

Im Nenner kommt schon bei der **Ermittlung des Basiszinses** das Ermessen des Bilanzierenden zum Tragen, da IFRS 13 hierzu keine Vorgaben macht.[247] Da es in der Realität den einen "risikolosen Zinssatz" nicht gibt, bestehen Spielräume hinsichtlich der Auswahl des Referenzzinssatzes. Darüber hinaus bleibt offen, wie die Ableitung des Basiszinses aus dem Referenzzinssatz zu erfolgen hat. Die h. M. in der Theorie der Unternehmensbewertung stellt auf die Anwendung sog. spot rates ab, die die Effektivverzinsung risikoloser Nullkuponanleihen gleicher Laufzeit darstellen und durch die periodenspezifische Zinssätze abgebildet werden können.[248] Dieses Vorgehen basiert zudem auf einer objektivierten Datenbasis, denn entsprechende Zinsstrukturkurven

---

[243] Hitz (2006a), S. 111; vgl. ähnlich Wüstemann/Bischof (2006), S. 90.

[244] Vgl. Wagenhofer (2006a), S. 34; Freiberg (2010), Rz. 5-7. *Baetge* stuft Barwertkalküle für Zwecke der Bilanzierung (außer im Falle des Niederstwerttests) sogar als gänzlich ungeeignet ein, vgl. Baetge (2010), S. 26.

[245] Vgl. Starbatty (2001), S. 549; ähnlich auch Ernst & Young (2005), S. 4 f.

[246] Vgl. Hitz (2005a), S. 1022; Dohrn (2004), S. 132.

[247] IAS 39.AG82, der (vage) Angaben zur Ermittlung des Basiszinssatzes bei der fair value-Bewertung von Finanzinstrumenten enthielt, ist mit dem Erscheinen von IFRS 13 entfallen.

[248] Dies kann in der Theorie der Unternehmensbewertung mittlerweile als geklärt angesehen werden, vgl. Hachmeister/Wiese (2009), S. 55. Vgl. im Einzelnen Obermaier (2006), S. 472 ff.; ders. (2008), S. 493 ff.; Reese/Wiese (2007), S. 38 ff.; Schwetzler (1996), S. 1093 ff.

werden von der Deutschen Bundesbank und der Europäischen Zentralbank veröffentlicht.[249] Angesichts der Erkenntnisse aus der Unternehmensbewertung muss es überraschen, wie unbestimmt die Vorgaben des IASB bleiben.

Bei **Bestimmung der Risikoprämie** kann in Analogie zu der Theorie der Unternehmensbewertung auf die Risikozuschlags- oder die Sicherheitsäquivalentmethode zurückgegriffen werden (IFRS 13.B25-B26).[250] Die Praxis der Unternehmensbewertung zeigt, dass die Risikozuschlagsmethode die gangbarere Methode darstellt.[251] Für die Bestimmung des Risikozuschlags schlägt das IASB insbesondere das CAPM vor (IFRS 13.B26). Zusätzlich zur Problematik seiner engen Voraussetzungen[252] muss beachtet werden, dass die Anwendung des CAPM wiederum deutliche Spielräume gewährt, etwa bei der Wahl des Aktienindex, der Art der Mittelwertbildung, der Länge der Messperiode oder dem Renditeintervall.[253] Bezüglich der Bewertung einzelner Vermögenswerte ist zudem kritisch zu hinterfragen, ob das CAPM tatsächlich eine geeignete Grundlage zur Ermittlung der Risikostruktur darstellt. Zum einen berücksichtigt das CAPM nur das systematische Risiko und gerade nicht das Risiko, welches sich auf das spezifische Bewertungsobjekt bezieht.[254] Zum anderen ergibt sich ein Datenproblem, denn eine verlässliche Bestimmung der Kovarianz zwischen der Rendite des Bewertungsobjekts und der Marktrendite für vergleichbare Vermögenswerte als Inputfaktor des CAPM dürfte für einzelne Bilanzpositionen nicht möglich sein.[255] „Mangels geeigneter Alternativen […] zur Bestimmung der angemessenen Risikokompensation und den wenig konkreten Ausführungen zum Risiko bleibt regelmäßig ein erheblicher Ermessensspielraum […] bzw. nur die Möglichkeit einer subjektiven Schätzung.“[256]

---

249 Vgl. Wiese/Gampenrieder (2008), S. 1722 ff. Auch im Rahmen der IFRS hierauf abzustellen empfehlen Baetge (2009), S. 19 f.; Obermaier (2009), S. 550 ff.; Freiberg/Hoffmann (2011), Rz. 58 zu § 11; Freiberg (2010), Rz. 105, 177.

250 Nach IFRS 13.B17 sind zur Risikoberücksichtigung entweder eine sog. discount rate adjustment technique oder eine sog. expected present value technique vorgesehen. Erstere kann zur Anwendung kommen, wenn für Positionen mit vergleichbarem Zahlungsstromprofil Marktpreise vorhanden sind, so dass deren interner Zins bestimmt und zur Diskontierung der Zahlungsströme der zu bewertenden Position herangezogen werden kann. Der Ansatz wird hauptsächlich geeignet gehalten für finanzielle Vermögenswerte, deren Zahlungsstrom vertraglich festgelegt ist. Für die Bewertung nicht-finanzieller Positionen ist er nicht geeignet, vgl. (in Bezug zu einer Regelung der US-GAAP, die hierfür Vorbild stand) Hitz/Kuhner (2000), S. 894 f.; Starbatty (2001), S. 545 f.; Kümmel (2002), S. 149-154. Die expected present value technique entspricht der üblichen Vorgehensweise der Unternehmensbewertung und kann in Risikozuschlags- und Sicherheitsäquivalentmethode unterteilt werden.

251 Vgl. (auch weiterführend zur Methodik) Ballwieser (2011b), S. 81 ff.

252 Das CAPM stellt ein neoklassisches Gleichgewichtsmodell dar. Auch hinsichtlich seiner empirischen Validität bestehen erhebliche Zweifel, vgl. zur Kritik bspw. Hachmeister (2000), S. 174 ff.; Wiese (2006), S. 42 ff. Vgl. grundlegend zum Modell Sharpe (1964), S. 425 ff.; Lintner (1965), S. 13 ff.; Mossin (1966), S. 768 ff.

253 Vgl. Hachmeister (2008b), S. 260; Hachmeister/Wiese (2009), S. 58.

254 Vgl. Baetge (2009), S. 21.

255 Vgl. Kümmel (2002), S. 186; Baetge (2009), S. 21; Freiberg (2010), Rz. 164, 171, 321.

256 Freiberg (2010), Rz. 165.

Wagenhofer vermutet, dass aufgrund der vielfältigen Ermessensspielräume im Rahmen von Bewertungsmodellen fair values „ab einem bestimmten Moment weniger entscheidungsnützlich sind als Anschaffungskosten.“[257] Die Komplexität der Wertermittlung induziert zudem nicht unerhebliche **Kosten** durch Erstellung der Schätzungen oder die Einschaltung von Gutachtern.[258] Aber auch die Hinzuziehung von Gutachtern kann die Ermessensspielräume oftmals kaum kompensieren, da die Problematik gerade darin liegt, dass eine Bandbreite von Werten sachlich gerechtfertigt werden kann. Zudem verlagert sich die Problematik sodann auf die subjektive Gutachterwahl.[259] Zur Begrenzung der Ermessensspielräume könnte es wohl allein kommen, wenn das IASB – zumindest soweit möglich – objektivierende Vorgaben, also eine Art Referenzrahmen für die Bewertung mittels Barwertkalkülen, vorgeben würde.[260] Doch auch der neue IFRS 13, der diese Chance geboten hätte, stellt keinen Schritt in diese Richtung dar.

Zusammenfassend kann einer Bewertung zu Veräußerungspreisen höchstens bei nicht betriebsnotwendigem Vermögen, wie Finanzinstrumenten und nicht für Betriebszwecke genutztem Immobilienvermögen, zugestimmt werden. Hier ist der Wert weitgehend unabhängig vom zu bewertenden Unternehmen und der jeweiligen Geschäftstätigkeit und zumindest bei Finanzinstrumenten liegt eine gewisse Marktnähe vor.[261] Auch das IASB scheint mittlerweile von den Vorstellungen einer umfassenden Bewertung zum fair value doch immer mehr abzurücken. Während z. B. zu Beginn des momentan stattfindenden Projekts zur Neukonzeption der Ertragsrealisierung noch eine vollständige zeitwertstatische Ertragsvereinnahmung angestrebt wurde, was bei einem Vertragsabschluss die Bewertung aller vertraglichen Rechte und Pflichten zum fair value zur Folge gehabt hätte, orientiert sich das IASB nunmehr an Ertragsrealisierungsgrundsätzen, die im Wesentlichen den handelsrechtlichen GoB entsprechen.[262] Auch das IASB erkennt wohl mittlerweile (zumindest teilweise) die konzeptionellen Grenzen der Bewertung zum fair value.

2.3.3.3.3 Fortentwicklung in Richtung einer "CGU-Bilanz"?

Die Erfassung des Effektivvermögens bedürfte einer Ausweitung der Ansatz- und Bewertungskonzeption hin zu einer umfangreichen Erfassung von Ertragspotenzialen. Im Schrifttum findet

---

[257] Wagenhofer (2008b), S. 189.
[258] Vgl. kritisch Wagenhofer (2008a), S. 321.
[259] Vgl. Ballwieser/Küting/Schildbach (2004), S. 537; Schildbach (2004a), S. 850.
[260] Vgl. dies fordernd Freiberg (2010), Rz. 407-411; Baetge (2009), S. 23.
[261] Vgl. gl. A. statt vieler Bieker (2006), S. 192 f.; ders. (2007), S. 94, 134; Pellens/Neuhaus/Schmidt (2008), S. S86; Ballwieser (2002b), S. 299; ders. (2009b), S. 119; Dichev (2008), S. 461 ff., der schließt, dass der fair value für 98 – 99 % der Vermögenswerte nicht den relevanten Wert darstellt.
[262] Vgl. Wüstemann/Wüstemann (2010b), S. 2040; Hommel/Berndt (2009), S. 2194; vgl. zu früheren Überlegungen hingegen Zülch/Fischer/Willms (2006), S. 6 ff.; Wüstemann/Kierzek (2005b), S. 85 ff.

sich die Auffassung, dass die IFRS mit dem Konzept der cash generating unit (CGU) im Rahmen des Wertminderungstests nach IAS 36 ein geeignetes Konzept hierfür aufwiesen. Auf Basis einer CGU ist eine eventuelle Wertminderung zu bemessen, wenn dies für einen einzelnen Vermögenswert nicht möglich ist (IAS 36.66). Zudem ist bei Unternehmenserwerben der Geschäfts- oder Firmenwert auf einzelne CGUs aufzuteilen, auf deren Ebene der Werthaltigkeitstest stattfindet (IAS 36.80). Es wird argumentiert, dass dieses Konzept zu einer an Vermögensgesamtheiten orientierten Bilanzierung fortentwickelt werden könnte, um auch Synergieeffekte zu erfassen.[263] So würde die „**Informationsbilanz auf der Basis zahlungsmittelgenerierender Einheiten**"[264] die Ertragswerte einzelner CGUs ausweisen. Da eine CGU als kleinste identifizierbare Gruppe von Vermögenswerten definiert ist, welche unabhängige Zahlungszuflüsse erzeugt (IAS 36.6), stellt sie dieser Ansicht nach die ideale Berichtseinheit dar.[265] Zu bewerten wäre diese mit dem bislang nur als imparitätischem Korrekturwert zulässigen value in use. Aufgrund der Vielzahl dieser Vorschläge sollen diese im Folgenden gewürdigt werden.

Auch bei einer an derartigen Vermögensgesamtheiten orientierten Berichtsstruktur gäbe es Synergieeffekte, die auf einer noch höheren Ebene angesiedelt sind. So blieben bei einer Berichterstattung auf CGU-Ebene z. B. Verbundeffekte aus zentraler Beschaffung unberücksichtigt oder müssten wiederum willkürlich zugeteilt werden.[266] Auch bei einer vollständigen Berichterstattung auf der Basis von CGUs wird daher nicht der Unternehmenswert ausgewiesen, was nur bei Aktivierung des originären Geschäftswerts erreicht würde.[267] Sehr viel problematischer erscheint aber noch die **erhebliche Entobjektivierung**, die mit diesen Vorschlägen einherginge.

In die Ermittlung des value in use fließen unternehmensspezifische immaterielle Ressourcen, Synergien und Wachstumsaussichten mit ein.[268] Die Schätzung dieser Faktoren, zudem für einen ganzen Unternehmensbereich, bringt erhebliche Freiräume mit sich. Dies zeigt sich im Besonderen an der Schätzung der Wachstumsrate zur Extrapolation der prognostizierten Zahlungsströme, die einen bedeutenden Einfluss auf die Wertermittlung haben kann. Vorgaben hierzu enthalten

---

263 Vgl. umfassend Bieker (2006), S. 219 ff.; vgl. zu einem ähnlichen Vorschlag Haaker (2008), S. 497 ff. sowie zu dieser Forderung Streim/Bieker/Esser (2005), S. 101, 106 f.; Pellens et al. (2011), S. 1009 f.

264 Bieker (2006), S. 219.

265 Vgl. Haaker (2007), S. 334; Pellens et al. (2011), S. 1009.

266 Dies wird selbst von den Vertretern dieses Ansatzes eingeräumt. Ziel soll daher nur eine „Unternehmenswertapproximation" sein, vgl. Bieker (2006), S. 222 (auch Zitat); ähnlich Streim/Bieker/Esser (2003), S. 472.

267 *Haaker* macht daher den Vorschlag der Aktivierung und Zuteilung des originären Geschäfts- oder Firmenwerts auf die einzelnen CGUs, vgl. Haaker (2008), S. 510 ff., was jedoch zu noch stärkeren Entobjektivierungen führen würde.

268 Vgl. Barth/Landsman (1995), S. 101.

die Reformvorschläge nicht.[269] Es ist ohnehin fraglich, ob hierfür überhaupt objektivierende Restriktionen gefunden werden können, schließlich kann im Einzelfall ein hohes Wachstum durchaus sachgerecht sein. So wird auch hinsichtlich der Vorschriften des IAS 36 angemerkt, dass „nahezu sämtliche Restriktionen [...] ausgehebelt werden können, solange sich Wachstumsannahmen plausibel begründen lassen."[270]

Daher wird eher auf die Möglichkeit der Objektivierung des Nenners verwiesen.[271] Auch de lege lata sollen die Ermessensspielräume bei Ermittlung des value in use abgeschwächt werden, indem der Diskontierungssatz marktorientiert ermittelt wird.[272] Es wurde jedoch bereits gezeigt, dass die Möglichkeit der Objektivierung durch marktgestützte Kapitalkosten begrenzt ist. Bei Ermittlung der Kapitalkosten einer CGU ist zu beachten, dass diese häufig nicht börsennotiert sein dürfte und damit ein (zumindest ansatzweise objektivierender) Beta-Faktor nicht direkt ermittelt werden kann.[273] Alternativ muss auf Ersatzlösungen zurückgegriffen werden, wie den Beta-Faktor des Gesamtunternehmens unter Anpassungen[274] oder den Beta-Faktor von der CGU vergleichbaren Unternehmen(-sgruppen), wobei deren Auswahl und eventuelle Korrektur (z. B. um einen Größenkorrekturfaktor) wiederum subjektive Einschätzungen erfordert.[275]

Das Verlassen der Einzelbewertungsebene impliziert insbesondere immense Ermessensspielräume bei **Abgrenzung der Berichtseinheit**. Je nachdem wie die CGU gebildet wird, können sich die Zahlungsströme der enthaltenen Positionen kompensieren. Aufgrund der Individualität der Verbundeffekte können jedoch kaum allgemeine Abgrenzungskritierien vorgegeben werden. Dies zeigt auch IAS 36, der weitgehend nur Anhaltspunkte für die Abgrenzung vorgibt.[276] Ein

---

[269] Aus Objektivierungsgründen wird nur vorgeschlagen, dass Cashflows aus lediglich geplanten, aber noch nicht eingeleiteten Investitionen nicht berücksichtigt werden sollten, vgl. Bieker (2006), S. 222. Dies entspricht weitgehend der aktuellen Regelung (IAS 36.44-45). Jedoch zeigt die Praxis, dass die Abgrenzung, ab welchem Planungsstadium Investitionen sodann zu berücksichtigen sind, äußerst schwierig ist, vgl. Hachmeister (2006a), S. 265. Da auch die Prognose der Cashflows von am Bilanzstichtag vorhandenen Erfolgsfaktoren vielfältige Freiräume beinhaltet, dürfte die sich hieraus ergebende Objektivierung ohnehin nicht genügen.

[270] Koelen (2009), S. 204. Vgl. kritisch zu den Freiheiten bei der Cashflow-Prognose im Rahmen der Ermittlung des value in use und den wenig restriktiven Vorschriften des IAS 36 nur Beyhs (2002), S. 257 ff.; Koelen (2009), S. 183 ff.

[271] Vgl. Bieker (2006), S. 223.

[272] Vgl. IAS 36.55-56, 36.A16, 36.BC60 sowie Lienau/Zülch (2006), S. 321.
IAS 36.A17 verweist als einen möglichen Ausgangspunkt der Ermittlung auf die WACC des Gesamtunternehmens unter Verwendung des CAPM, vgl. jedoch kritisch zur insgesamt festzustellenden Inkonsistenz der Vorschriften zur Ermittlung Zinssatzes Mandl (2005), S. 142 ff.; Ballwieser (2008c), S. 356 ff.

[273] Vgl. Beyhs (2002), S. 140.

[274] Der Beta-Faktor des Unternehmens ist nur bedingt geeignet, da zwischen dem systematischen Risiko von Unternehmensteilen und dem des Gesamtunternehmens keine additive Beziehung besteht, vgl. Freiberg/Lüdenbach (2005), S. 484. Richtigerweise muss der Beta-Faktor daher individuell für eine CGU ermittelt werden.

[275] Vgl. umfassend hierzu Lienau/Zülch (2006), S. 325; Freiberg/Lüdenbach (2005), S. 483 f. Kritisch vgl. Mandl (2005), S. 150; Hachmeister (2008b), S. 260.

[276] Vgl. IAS 36.69-73, 36.IE1-22.

solcher ist, wie das Management die Unternehmensaktivitäten überwacht (IAS 36.69), womit explizit an interne, vom Unternehmen gestaltbare Reportingstrukturen angeknüpft wird (management approach).[277] In der Literatur wird daher auch konstatiert, dass das Management den Umfang einer CGU gezielt in seinem Sinne beeinflussen kann.[278]

Die aufgezeigten massiven Objektivierungsprobleme bezüglich nahezu aller Einflussfaktoren des Bewertungskalküls lassen die Umsetzbarkeit der Reformvorschläge fraglich erscheinen. Aufgrund der jeweils betriebsindividuell unterschiedlichen Abgrenzung würde zudem die zwischenbetriebliche Vergleichbarkeit erheblich beeinträchtigt. Weitere gravierende Probleme, wie die mit der Erstellung und Prüfung der umfangreichen Prognoseinformationen verbundenen Kosten für die Unternehmen sowie die Problematik der Vermittlung prospektiver Informationen unter Wettbewerbsaspekten,[279] werden vernachlässigt. Völlig zu recht steht daher die Ausweitung des Anwendungsbereichs der CGU-Konzeption nicht auf der Agenda des IASB, vielmehr muss diese in der aktuellen Ausgestaltung aufgrund der gezeigten Schwächen kritisch hinterfragt werden. Es folgt wiederum, dass jegliche Fortentwicklung der Rechnungslegung in Richtung einer Gesamtbewertung an einem unabdingbaren Mindestmaß an Objektivierung scheitern muss.

2.3.4 Auswirkungen der unterschiedlichen Gewinnkonzepte

2.3.4.1 Prognoseeignung als zentrale Anforderung an den Periodengewinn

Voraussetzung für einen Informationsnutzen des Periodengewinns wäre, dass ein Bezug zum Entscheidungsmodell der Kapitalgeber hergeleitet werden könnte.[280] Abstrahiert man jedoch von den engen Annahmen der neoklassischen Idealökonomie, muss die Entscheidungsnützlichkeit des Bilanzgewinns ungewiss bleiben. Einem Investor, der annahmegemäß an den künftigen Zahlungsstromerwartungen aus der Investition interessiert ist, sollte der Gewinn idealerweise Auskunft über die Änderung des Effektivvermögens während des Geschäftsjahrs geben.[281] Hierfür ist jedoch ein auf bilanziellem Wege ermittelter Gewinn kaum geeignet, da er die Veränderung des originären Geschäfts- oder Firmenwerts nicht berücksichtigt.[282]

---

277 Dies gilt zudem explizit für eine CGU, der ein Geschäfts- oder Firmenwert zugeordnet wurde. Untergrenze ist hier zwingend die kleinste Ebene, auf der dieser überwacht wird, wobei zudem als Obergrenze die Ebene der Segmente vorgegeben wird (IAS 36.80), vgl. hierzu statt vieler Schmusch/Laas (2006), S. 1049 f.

278 Vgl. Hachmeister (2008b), S. 255; so auch Kuhner (2008), S. 24; Wagenhofer (2009), S. 184, die aber einschränkend auf das Gebot der Stetigkeit nach IAS 36.72 verweisen.

279 Vgl. Langecker (2009), S. 206 f.

280 Vgl. Langecker (2009), S. 233, 237.

281 Vgl. Moxter (2000a), S. 501 f.; Wüstemann (2002), S. 67.

282 Vgl. Moxter (2000d), S. 2144; ders. (2000a), S. 502; Wüstemann (2002), S. 67 f.

Unter bestimmten Voraussetzungen kann zwar auch der künftige Gewinn ohne Transformation in Cashflow-Größen als entscheidungsrelevante Größe herangezogen werden. Denn folgt ein Rechnungslegungssystem dem Kongruenzprinzip (clean surplus relation)[283], kann gezeigt werden, dass der Unternehmenswert nicht nur durch Diskontierung künftiger Cashflows, sondern auch durch den Buchwert des Eigenkapitals zum Bewertungszeitpunkt zuzüglich der Summe der diskontierten Residualgewinne bestimmt werden kann (**Residualgewinnmodell**).[284] Der Residualgewinn (auch Übergewinn) einer Periode ist hierbei definiert als Periodengewinn abzüglich der kalkulatorischen Zinsen auf den Buchwert des Eigenkapitals zu Beginn der Periode.[285] Es resultiert folgende Formel:[286]

$$V_t = B_t + \sum_{\tau=1}^{\infty} (1 + r)^{-\tau} E(RG_{t+\tau})$$

Durch diese Erkenntnis ergibt sich jedoch für das zentrale Problem der Informationsvermittlung, die Zukunftsprognose, keine Lösung. Dieses hat sich nunmehr nur von der Prognose künftiger Cashflows auf die Schätzung künftiger Residualgewinne verlagert.[287]

Es wird allerdings teilweise angenommen, dass sich künftige Residualgewinne leichter bestimmen lassen als künftige Cashflows. Nach dem **Ohlson-Modell** wird der künftige Residualgewinn vom gegenwärtigen bestimmt.[288] Unterstellt wird, dass aufgrund wettbewerblicher Mechanismen auf lange Frist keine positiven Übergewinne erzielt werden können und diese gegen null konvergieren.[289] Daher kann der künftige Residualgewinn nach *Ohlson* durch einen autoregressiven Prozess, die sog. lineare Informationsdynamik, beschrieben werden:[290]

---

283 Das Kongruenzprinzip verlangt, dass alle Eigenkapitalveränderungen, die nicht auf Transaktionen mit den Eignern beruhen, im Periodengewinn zu erfassen sind. So wird sichergestellt, dass die Summe der Periodengewinne der Summe der Zahlungsüberschüsse entspricht, vgl. hierzu Peasnell (1982), S. 363; Ordelheide (1998a), S. 516; Schildbach (1999), S. 1813 f.

284 Vgl. zur Herleitung Ohlson (1995), S. 666 f. Es handelt sich um den gleichen Zusammenhang, der hierzulande als Lücke-Theorem diskutiert wird, vgl. Preinreich (1937), S. 220; Lücke (1955), S. 314 f.

285 Vgl. Ordelheide (1998a), S. 517; Zimmermann/Prokop (2003), S. 135.

286 Mit V_t = Unternehmenswert und B_t = Buchwert des Eigenkapitals zum Zeitpunkt t sowie RG_t = Residualgewinn in Periode t, vgl. zu dieser Darstellung Ohlson (1995), S. 667. Zum Residualgewinnmodell in der Unternehmensbewertung vgl. den Überblick bei Zimmermann/Prokop (2002), S. 272 ff.

287 Vgl. zur Kritik am begrenzten Erkenntnisgewinn durch das Residualgewinnmodell Streim (2000), S. 122 f.; Mujkanovic (2002), S. 72 f.

288 Vgl. grundlegend Ohlson (1995), S. 661 ff. sowie die Erweiterung in Feltham/Ohlson (1995), S. 689 ff. Diese Arbeiten haben (vor allem aufgrund der hierdurch geschaffenen theoretischen Fundierung der empirischen Forschung über den Zusammenhang von Rechnungslegungsgrößen und Kapitalmarkt) eine erhebliche Bedeutung in der Rechnungslegungsforschung erlangt. Vgl. etwa Bauman (1996), S. 4 ff.; Bernard (1995), S. 733 ff.; Lundholm (1995), S. 749 ff. Einen aktuellen Überblick geben Ohlson (2009), S. 231 ff.; Easton (2009), S. 261 ff.

289 Vgl. Zimmermann/Prokop (2002), S. 273; Prokop (2003), S. 171.

290 Vgl. Ohlson (1995), S. 668. Hierbei stehen v_t für weitere Informationen, die sich im Rechnungswesen noch nicht niedergeschlagen haben (z. B. Gewinnprognosen von Analysten), ω und γ für exogen gegebene Persistenz- bzw. Nachhaltigkeitsfaktoren und ε_1 und ε_2 für Störgrößen mit einem Erwartungswert von Null.

$$RG_{t+1} = \omega RG_t + \nu_t + \varepsilon_{1,t+1}$$

$$\nu_{t+1} = \gamma \nu_t + \varepsilon_{2,t+1}$$

Vereinfacht gesagt wird der Residualgewinn des Folgejahres durch den gegenwärtigen Residualgewinn zuzüglich weiterer Informationen außerhalb des Rechnungswesens determiniert, die jeweils mit einem bestimmten Nachhaltigkeitsfaktor ω bzw. γ in die Zukunft fortgeschrieben werden können. Der Nachhaltigkeitsfaktor ω gibt an, zu welchem Grad der Residualgewinn auch in der folgenden Periode erhalten bleibt. Aufgrund der unterstellten langfristigen Konvergenz gegen null nimmt dieser einen Wert zwischen 0 und 1 an.[291] Kann dieser Parameter bestimmt werden, sind die aktuellen Gewinne direkt bewertungsrelevant.[292]

Allerdings bedarf es für diesen Nachweis der Unterstellung, dass die Residualgewinne einer Gesetzmäßigkeit folgen.[293] Vergangene und künftige (Residual-)Gewinne stehen realiter aber nicht in einer einfachen logischen Abhängigkeit zueinander. In empirischen Studien konnten auch nur selten Anzeichen für das Vorliegen eines derartigen **linearen Zusammenhangs** gefunden werden.[294] Ohnehin hilft das Modell für die Fragestellung dieser Arbeit wenig weiter, da es unabhängig von den angewandten Rechnungslegungsgrundsätzen gilt (sofern nur das Kongruenzprinzip erfüllt ist) und daher grundsätzlich **keine Aussagen über die Qualität verschiedener Rechnungslegungssysteme** abzuleiten erlaubt.[295]

Möglicherweise stellt jedoch der Periodengewinn eine gute Ausgangsbasis für die Schätzung künftiger Gewinne bzw. mittelbar künftiger Zahlungsströme dar. Als Qualitätseigenschaften einer Gewinngröße werden regelmäßig deren **Beständigkeit sowie Prognosefähigkeit** gefordert. Der Periodengewinn sollte demnach möglichst nachhaltig in die Zukunft weiterwirken sowie eine möglichst gute Prognosegrundlage künftiger Gewinne bzw. Cashflows darstellen, um so die Zukunftsprognose der Kapitalgeber möglichst adäquat zu unterstützen.[296] Es gilt: „ ‚Richtiger'

291 Vgl. Ohlson (1995), S. 668.
292 Die Parameter werden empirisch anhand historischer Daten geschätzt, vgl. Zimmermann/Prokop (2002), S. 274.
293 Vgl. Streim (2000), S. 124.
294 Vgl. zu diesem Schluss nach Auswertung verschiedener Studien Prokop (2003), S. 182. Andere Annahmen hinsichtlich der Informationsdynamik führen dagegen häufig zu Inkonsistenzen im Modell, vgl. Myers (1999), S. 6.
295 Vgl. Holthausen/Watts (2001), S. 60 ff.
Zwar werden in späteren Versionen des *Ohlson*-Modells verschiedene Rechnungslegungsmethoden, wie eine konservative Bilanzierung, modelliert. Allerdings wird die Bilanzierungsmethode stets exogen vorgegeben, eine ökonomische Begründung für die jeweilige Methode enthalten die Arbeiten nicht, vgl. ebd., S. 61.
296 Vgl. Schipper/Vincent (2003), S. 99 ff.; Barker (2004), S. 160 f.; Barton/Hansen/Pownall (2010), S. 757; Wagenhofer/Dücker (2007), S. 271 ff.; Ewert/Wagenhofer (2010), S. 226.

Gewinn [i. S. der Informationsfunktion] [...] ist nur ein prognoserelevanter Gewinn."[297] Im Residualgewinnmodell finden die solchermaßen geschätzten Gewinne unmittelbar Verwendung. Aber auch im Rahmen des Discounted Cashflow-Verfahrens werden i. d. R. Cashflows nicht auf direktem Wege prognostiziert, sondern es werden in einem ersten Schritt künftige Gewinne geschätzt und aus diesen in einem zweiten Schritt die erwarteten Cashflows abgeleitet.[298]

Es spricht viel dafür, den Gewinn anstelle vergangener Zahlungsüberschüsse als Prognosebasis heranzuziehen, da letztere durch Zufallsballungen beeinflusst sein können, welche durch die Rechnungslegung geglättet werden.[299] Eine Prognose auf der Basis vergangener Zahlungsüberschüsse würde den Verzicht auf die Auswertung von Erfahrungswissen bedeuten, das im Rahmen der Bilanzierung erfasst wird. So zeigt die Aktivierung von Auszahlungen das Minimum der erwarteten Einzahlungspotenziale an, während durch die Passivierung künftig erwartete Auszahlungen erfasst werden.[300] Diese Informationen enthalten vergangene Zahlungsüberschüsse nicht. Die Prognoseeignung des Gewinns sollte jedoch keinesfalls überschätzt werden. Periodenerfolge können nur einen Indikator für künftige Erfolge darstellen, wenn die **ökonomischen Rahmenbedingungen relativ stabil** bzw. statisch bleiben. Unter realitätsgerechten Umweltbedingungen ist die Prognosegüte eines vergangenheitsorientierten Periodengewinns ungewiss.[301] Einen direkt "prognoserelevanten Gewinn" können daher weder HGB noch IFRS ermitteln, da aufgrund des weitgehend unbekannten Zusammenhangs zwischen gegenwärtigen Gewinnen und zukünftigen Gewinnen oder Zahlungsströmen unklar ist, wie dieser auszusehen hätte.[302] *Moxter* wendet sich daher gegen einen solchen „**Extrapolationsmythos**"[303].

Die große Bedeutung der Analyse der Ertragskraft für Kapitalgeber in der Praxis zeigt jedoch, dass diese mangels besserer Informationsmöglichkeiten darauf angewiesen sind, das Zustandekommen des Erfolgs zu analysieren und möglichst nachhaltige Erfolgskomponenten zu isolieren. Mehrere Befragungen zeigen, dass die GuV häufig den wichtigsten Bestandteil des Jahresab-

297 Berndt/Jenny (2006), S. 2185.

298 Vgl. White/Sondhi/Fried (2003), S. 704; Penman (2010), S. 127 f.

299 Vgl. Wagner (2006a), S. 283; Wagenhofer/Dücker (2007), S. 267 f.; Ewert/Wagenhofer (2010), S. 225. Auch empirische Studien bestätigen hiermit übereinstimmend eine tendenziell höhere Prognosefähigkeit von Gewinnen im Vergleich zu Cashflows, vgl. Dechow/Kothari/Watts (1998), S. 163; Barth/Cram/Nelson (2001), S. 56 f.

300 Vgl. Wagner (1994), S. 1186; Beaver (1998), S. 6.

301 Vgl. kritisch Streim (2000), S. 125; Ballwieser/Hachmeister (2000), S. 591; Moxter (2005a), S. 221.

302 Vgl. prägnant Schneider (1985), S. 1492; ders. (1997), S. 201 f.; ders. (2008b), S. 328.

303 Moxter (2000d), S. 2147.

schlusses für Investoren darstellt.[304] Ein entsprechend erläuterter und aufgegliederter Gewinn gilt daher auch als wichtiger, subsidiärer Informationsträger über die Effektiv-Ertragslage.[305] Ziel der Erfolgsanalyse sollte hierbei aber keinesfalls sein, die gegenwärtigen Gewinne pauschalierend in die Zukunft fortzuschreiben. Vielmehr kann dieses Vorgehen dazu dienen, **grobe Anhaltspunkte** über mögliche künftige Ertragsdeterminanten zu gewinnen.[306] Auch das *Ohlson*-Modell bestätigt indirekt, dass für die Entscheidungsnützlichkeit des Gewinns dessen Nachhaltigkeit (dort in Gestalt des Persistenzfaktors ω) ausschlaggebend ist.

2.3.4.2 Beurteilung der Ergebnisgrößen nach HGB und IFRS

Ein Vergleich von HGB- und IFRS-Ergebnisgrößen hinsichtlich ihrer Prognosefähigkeit wirft Probleme auf, da der Eignung von Jahresabschlüssen als Prognosegrundlage aus logisch-deduktiver Sicht wie gezeigt erhebliche Grenzen gesetzt sind. Die Gewinnermittlung nach HGB ist zudem vorrangig auf die Ermittlung eines entziehbaren Gewinns ausgerichtet, was deren Informationsgehalt naturgemäß einschränkt. So kann das handelsrechtliche GoB-System nicht mit der Zielsetzung einer periodengerechten, möglichst vergleichbaren Gewinnermittlung erklärt werden, da vor allem das Vorsichts- und das Objektivierungsprinzip die Periodisierungsfunktion einschränken.[307] Die Analyse der Ertragskraft eines Unternehmens wird durch die – auch nach dem BilMoG – dominierende Rolle des Vorsichtsprinzips erschwert, denn aus Analysesicht bedarf es der „Bereinigung der einseitigen Färbung".[308]

Die Unterstützung von Investoren bei der Schätzung künftiger Zahlungsströme aus dem Unternehmen sehen die IFRS als zentrale Zielsetzung an (F.OB3). Ob aber die IFRS den nationalen Periodisierungsregelungen hinsichtlich der Prognosefähigkeit der Ergebnisgröße überlegen sind, ist fraglich. Die IFRS weisen aufgrund des (trotz Fortentwicklung des Framework und einzelner Standards hin zum Ziel der Vermögensdarstellung) auf Ebene vieler Standards weiterhin bestehenden Nebeneinanders von asset liability approach und revenue expense approach und vor allem der Bewertung zu historischen Kosten einerseits und fair value andererseits **keine klare Konzeption zur Messung der Ertragskraft** auf.[309] Die Problematik wird durch zahlreiche

---

[304] Vgl. Ernst/Gassen/Pellens (2009), S. 30, 48 f.; PwC (2007), S. 5. Vgl. auch Tomlinson (2007), S. 76, die aus Sicht der Praxis die Bedeutung der Analyse des Erfolgs für Investitionsentscheidungen herausstellt.
[305] Vgl. Wüstemann (2002), S. 69 mit Bezug auf Moxter (1996), S. 677.
[306] Vgl. Schildbach (2009a), S. 36 f.
[307] Vgl. Moxter (2000d), S. 2145; vgl. auch Euler (1996), S. 90; Küting (2006), S. 1443.
[308] Vgl. Schildbach (1998), S. 71 (auch Zitat); so auch Coenenberg/Straub (2008), S. 21. Vgl. zur Erfolgsanalyse und -spaltung nach HGB umfassend Coenenberg/Haller/Schultze (2009), S. 1102 ff.
[309] Vgl. Ballwieser (2005a), S. 735; Hettich (2006), S. 169 ff.; dies. (2007), S. 10.

Wahlrechte verstärkt, wie der lediglich optionalen Neubewertung von Sachanlagen und immateriellen Vermögenswerten (IAS 16.29, 38.72). Das derzeitige Erfolgskonzept der IFRS ist durch Uneinheitlichkeit gekennzeichnet. Bestimmte Erträge werden nicht unmittelbar in der GuV, sondern ergebnisneutral erfasst,[310] wobei es bislang an einem klaren konzeptionellen Abgrenzungsmerkmal fehlt, welches die unterschiedliche Behandlung rechtfertigt.[311] Auch die spätere Behandlung bei Realisation ist uneinheitlich. So unterliegen einige der ergebnisneutral erfassten Beträge einem sog. recycling, indem diese in die GuV umzugliedern sind. Dies erfolgt jedoch ohne systematische Begründung nur bei manchen Positionen.[312] Aufgrund der zahlreichen ungeklärten konzeptionellen Fragen muss der Informationsgehalt sowohl des profit, also der erfolgswirksamen Gewinnbestandteile, als auch des comprehensive income, das zusätzlich die nicht erfolgswirksam erfassten Positionen umfasst, fraglich bleiben.[313]

Die zunehmende Ausrichtung der IFRS am asset liability approach wird als bedenklich gesehen, berücksichtigt man, dass Investoren elementar an einer nachhaltigen und prognosetauglichen Gewinngröße interessiert sind.[314] Mit zunehmender Hinwendung zu dieser Konzeption verliert der Gewinn an Aussagekraft, da er nur noch einen **Annex der Vermögensermittlung** darstellt. Dies wäre unproblematisch, sofern das Ziel, mit der Bilanz ein umfassendes, alleinig aussagekräftiges Informationsinstrument zur Verfügung zu stellen, realisierbar wäre. Da sich das Effektivvermögen aber nicht auf bilanziellem Wege ermitteln lässt, können sich die Analyse des Gewinns sowie die Bestimmung eines nachhaltig erzielbaren Erfolgs auch nach IFRS keinesfalls erübrigen.[315] Die Problematik zeigen Aussagen von Investoren auf, wie: „I want to value the company and I do not want it done for me. And I want to use income as the predominant factor

---

310 Vgl. bereits die Erläuterungen in Kap. 2.3.3.3.2.1 zur fair value-Bewertung.

311 Vgl. kritisch Kerkhoff/Diehm (2005), S. 345 ff.; Hettich (2006), S. 166; Bogajewskaja (2007), S. 214 f.

312 Nicht etwa bei Sachanlagen und immateriellen Vermögenswerten, vgl. IAS 16.41, 38.87. Ein fehlendes recycling führt zudem zu problematischen, da endgültigen Verstößen gegen das Kongruenzprinzip, vgl. Schildbach (1999), S. 1819 f.; Gaber (2005), S. 287 ff.; Ballwieser (2009b), S. 123 f.

313 So Ballwieser/Hettich (2004), S. 82; Hettich (2006), S. 187.
Eine Lösung dieser Probleme wurde vom Projekt Financial Statement Presentation erhofft, dessen Bearbeitung jedoch aufgrund dringlicherer Projekte derzeit vertagt ist. Zentrale Fragen, welche über die reine Darstellung hinausgehen, wie die Erarbeitung eines systematischen Abgrenzungskriteriums zur Erfolgs(un)wirksamkeit von Erträgen, wurden ohnehin vom Projektumfang ausgeschlossen. Zur Linderung der Problematik wurde im Juni 2011 IAS 1.82A eingeführt. Hiernach ist das other comprehensive income nunmehr danach zu untergliedern, ob die jeweiligen Positionen einem recycling unterliegen. Die zentralen Probleme bleiben damit aber ungelöst.

314 Vgl. Dichev (2008), S. 464 f.; Dichev/Tang (2008), S. 1453 ff. Hierzulande wendet sich vor allem *Schildbach* u. a. mit dieser Kritik gegen den asset liability approach und setzt sich für den revenue expense approach ein, vgl. Schildbach (2009c), S. 583 ff.; ders. (2010b), S. 69 f.; ders. (2011b), S. 72. Es ist jedoch zu beachten, dass auch der revenue expense approach die letztlich nur begrenzte Eignung von Jahresabschlüssen zur Prognose künftiger Zahlungen nicht überwinden kann, wie hierbei teilweise suggeriert wird.

315 Vgl. Ballwieser/Küting/Schildbach (2004), S. 543.

in so doing. Taking away my income numbers will remove the major tool I want to use. It is no wonder that investors find this so perplexing."[316]

Vor allem gegen die (erfolgswirksame) Bewertung zum fair value werden aufgrund ihrer Gewinnauswirkungen Bedenken vorgebracht.[317] Die fair value-Bewertung führt eine verstärkte **Volatiliät und Zufälligkeit** in die Ergebnisrechnung ein, denn die Gewinnermittlung wird verstärkt von Ereignissen bestimmt, die durch das Unternehmen regelmäßig wenig beeinflussbar sind, wie etwa Konjunktureinflüsse oder Zinsänderungen. Die resultierenden Bewertungsgewinne können daher nicht unmittelbar zur Beurteilung der nachhaltigen Ertragskraft herangezogen werden. Zwar könnte mit *Hitz* gegen eine solch pauschale Kritik eingewendet werden, dass dem der Vorteil entgegengehalten werden müsse, dass neue, bewertungsrelevante Ereignisse im Vergleich zu einer Anschaffungskostenbilanzierung vollständiger erfasst werden.[318] Daher könnte auch argumentiert werden, dass die fair value-Bewertung eben das "tatsächliche Auf und Ab" der wirtschaftlichen Lage darstelle.[319] Hiergegen müssen aber wiederum Bedenken vorgebracht werden, wenn die Wertermittlung durch Bewertungsmodelle erfolgt. Es ist zu schließen, dass Gewinne aus der fair value-Bewertung im Rahmen einer Erfolgsquellenanalyse stets separat betrachtet und analysiert werden sollten. Denn dass solch marktinduzierte Bewertungserfolge nicht ohne Weiteres auf vergleichbare künftige Gewinne schließen lassen, dürfte außer Frage stehen.

Eine detaillierte Analyse des Erfolgs nach IFRS bedarf jedoch eines nicht unerheblichen Aufwands. Im Schrifttum wird kritisiert, dass es nicht nur an einer klaren Konzeption der IFRS zur Ermittlung der Ertragskraft, sondern auch zu deren Darstellung fehle.[320] Es werden vor allem die **uneinheitlichen Darstellungsmöglichkeiten**, aber auch die unzureichende Disaggregation von Erfolgskomponenten und die häufig nicht unmittelbare Erkennbarkeit der Herkunft der Erfolgskomponenten (fair value oder historische Kosten) bemängelt.[321] Ein Grund hierfür liegt darin, dass die Gliederungsvorschriften zur Erfolgsrechnung nur eine äußerst grobe Mindeststruktur vorgeben.[322] Gerade zur Identifikation von fair value-Gewinnen ist infolgedessen eine detaillierte

---

316 Tomlinson (2007), S. 76.

317 Vgl. auch zum Folgenden Ballwieser/Küting/Schildbach (2004), S. 543 f.; Schildbach (2004a), S. 853 ff.; ders. (2006a), S. 21 ff.; ders. (2011b), S. 72 f.; Kley (2001), S. 2257 ff.; Kußmaul/Weiler (2009), S. 210 ff.

318 Vgl. Hitz (2005a), S. 1023 f.; ders. (2007), S. 350 ff.

319 So Laux/Leuz (2009), S. 829, die argumentieren, dass z.B. ein Sinken der Gewinne aus der fair value-Bewertung als Warnsignal für Investoren dienen könne.

320 Vgl. Haller/Schloßgangl (2003), S. 317 und passim; Bogajewskaja (2007), S. 6; Hettich (2006), S. 170 ff.

321 Vgl. Ballwieser/Hettich (2004), S. 80; Kerkhoff/Diehm (2005), S. 342.

322 So werden nach IAS 1.82 ff. zwar einzelne mindestens auszuweisende Posten vorgegeben, jedoch – im Gegensatz zu § 275 HGB – kein festes, zwingend anzuwendendes Gliederungsschema. Die Positionen sind zudem we-

Analyse des Anhangs meist unverzichtbar, da diese in der Erfolgsrechnung nicht ohne weiteres herauszulesen sind.[323]

Zusammenfassend ist der Informationsnutzen des Periodengewinns im Hinblick auf die Abschätzung künftiger Zahlungspotenziale aus logisch-deduktiver Sicht in Frage zu stellen. Zudem zeigt die Gewinnkonzeption der IFRS erhebliche Mängel. Ob aber die IFRS im Vergleich zum nationalen Recht zu einer über- oder unterlegenen Prognoseeignung führen, kann letztlich nicht eindeutig beantwortet werden, da schon die Prognosehypothese einer ökonomischen Begründung kaum zugänglich ist. *Ewert/Wagenhofer* schließen aufgrund dieser Einschränkungen: „Unterschiede in der Beständigkeit und Prognosefähigkeit zwischen IFRS und lokalem Recht sind [...] eine empirische Frage.“[324]

2.3.5 Berücksichtigung der besonderen Anforderungen der Rechenschaftsfunktion

Es wurde bereits gezeigt, dass Informationen zur Rechenschaftslegung notwendig werden, um den Eignern ex post eine Kontrolle des Managements zu ermöglichen. Bei Trennung von Eigentum und Verfügungsgewalt bedarf es einer Überprüfung der von der Unternehmensführung getroffenen Entscheidungen, weshalb die Unternehmenseigner Auskunft darüber erhalten müssen, wie gut das Management mit den ihm anvertrauten Mitteln gearbeitet hat.[325] Die Zwecke Entscheidungsnützlichkeit und Rechenschaft weisen auf den ersten Blick große Überschneidungen auf, da auch Kontrollinformationen der Entscheidungsverbesserung dienen.[326] Modelltheoretisch konnte jedoch gezeigt werden, dass die beiden Funktionen Rechenschaftslegung (hierunter wird meist auch die Anreizsetzung zur Steuerung des Managerverhaltens subsumiert) und Vermittlung entscheidungsnützlicher Informationen zu unterschiedlichen Informationsanforderungen führen. Das **Modell von *Gjesdal*** zeigt, dass für beide Funktionen jeweils eine (unvollständige) Rangordnung von Informationssystemen nach der Feinheit ähnlich dem Blackwell-Theorem möglich ist, die Rangordnungen aber nur zufällig übereinstimmen werden.[327] Dieses und weitere Modelle, die unterschiedliche Anforderungen an die Ziele Entscheidungsnützlichkeit und Rechenschaft modelltheoretisch ableiten, können jedoch für Zwecke dieser Arbeit kaum nutzbar gemacht

---

der zwingend in der angegebenen Reihenfolge noch unter der angegebenen Bezeichnung auszuweisen (IAS 1.86). Schließlich können optional weitere Posten, Überschriften oder Zwischensummen aufgenommen werden (IAS 1.85). Vgl. zur Kritik Hollmann (2003), S. 215 ff.; Haller/Schloßgangl (2003), S. 320 f., 324 f.

323 Vgl. Antonakopoulos (2010), S. 126 f.
324 Ewert/Wagenhofer (2010), S. 227.
325 Vgl. Leffson (1987), S. 64; Schneider (1992c), S. 7; ders. (1997), S. 395.
326 Vgl. Ballwieser (2002a), S. 115.
327 Vgl. Gjesdal (1981), insb. S. 222 ff.; hierzu auch Ballwieser (1985a), S. 33 f.

werden. Denn die Modelle arbeiten auf einem Abstraktionsniveau, welches die Beurteilung konkreter Rechnungslegungsvorschriften oder die Ableitung praktischer Empfehlungen für die Ausgestaltung der Rechnungslegung unmöglich macht.[328]

Unmittelbar einsichtig ist aber, dass aus der Zielsetzung der Rechenschaft eine **höhere Gewichtung der Verlässlichkeit** im Verhältnis zur Relevanz der Informationen abgeleitet werden kann. Zwar müssen auch entscheidungsrelevante Informationen einen gewissen Grad an Verlässlichkeit aufweisen, jedoch ist bei Kontrollinformationen dieses Kriterium erheblich bedeutender, da ausgeschlossen werden muss, dass die Informationen vom Kontrollierten beeinflusst werden.[329] Wären die Informationen nicht nachprüfbar, so wären diese für Kontrollzwecke weitgehend wertlos.[330] Daher sind Wahlrechte und Ermessensspielräume nach h. M. möglichst zu vermeiden.[331]

In Agency-Modellen konnte zwar gezeigt werden, dass Wahlrechte dem Management ermöglichen, durch deren bewusste Ausübung Erwartungen über die Zukunft zu signalisieren, und damit für die Kapitalgeber auch vorteilhaft sein können.[332] Dieses Ergebnis erfordert jedoch äußerst restriktive Bedingungen. So verfügt der Prinzipal in einem solchen Modell von *Hartmann-Wendels* über unbeschränkte Rationalität, er kennt das Entscheidungskalkül des Agenten und kann dessen Entscheidung stets nachvollziehen.[333] Damit wird der Spezialisierungsvorteil des Agenten jedoch quasi wegdefiniert.[334] Da zudem insbesondere vernachlässigt wird, dass andere Informationsinstrumente der Wahlrechtsausübung wohl überlegen sind, kann davon ausgegangen werden, dass das **signalling über Wahlrechte** in der Praxis keine wesentliche Rolle spielt.[335]

Indem das BilMoG eine Vielzahl an Wahlrechten entfallen ließ, wurden die Möglichkeiten zur Bilanzpolitik im Rahmen des Handelsbilanzrechts eingeschränkt. Allerdings wurden gleichzeitig Wahlrechte beibehalten (so § 250 Abs. 3 HGB oder § 274 Abs. 1 S. 2 HGB) und sogar neue eingeführt (§ 248 Abs. 2 S. 1 HGB). Vor allem wurden im Rahmen der Bilanzrechtsmodernisierung

---

[328] So auch *Gjesdal* selbst, vgl. Gjesdal (1981), S. 224; vgl. auch Ballwieser (1985a), S. 34. Weitere Modelle zu dieser Thematik zeigen bspw. Christensen/Demski (2003), S. 284-297; Wagenhofer/Ewert (2007), S. 132-141.

[329] Vgl. zur besonderen Bedeutung der Verlässlichkeit im Rahmen der Rechenschaftsfunktion Baetge (1970), S. 16 f.; Gjesdal (1981), S. 218; Schneider (1997), S. 199 f., 395 ff.; ders. (2000), S. 39; Kirchner (2006), S. 305; Coenenberg/Straub (2008), S. 18 f.

[330] Vgl. Kahle (2002b), S. 104.

[331] Vgl. Schneider (1997), S. 199 f., 395 ff.; Ballwieser (1996a), S. 522 f.; ders. (1997a), S. 30, 39; Busse von Colbe (1994), S. 45; Ordelheide (1998b), S. 25 ff.

[332] Vgl. zu diesem Ergebnis bspw. das Modell von Hartmann-Wendels (1991), S. 344 ff.

[333] Vgl. Hartmann-Wendels (1991), S. 346, 349.

[334] Vgl. Ballwieser (1996a), S. 523; kritisch auch zu weiteren Annahmen des Modells Langecker (2009), S. 191.

[335] So auch Wagenhofer/Ewert (2007), S. 316.

aber statt expliziter, leicht zu erkennender Wahlrechte Regelungen geschaffen, die nur schwer einschätzbare Ermessensspielräume gewähren, was die Vorteile durch die Wahlrechtsbeseitigung konterkarieren könnte. Erhebliche Spielräume ergeben sich bspw. bei der Schätzung von Preis- und Kostensteigerungen im Rahmen der Rückstellungsbewertung (§ 253 Abs. 1 S. 2 HGB), bei der Abgrenzung von Forschung und Entwicklung, der Zurechnung von Herstellungskosten und der Bestimmung des genauen Aktivierungszeitpunktes bei immateriellen Vermögensgegenständen (§ 255 Abs. 2a HGB), der Prognose der künftigen steuerlichen Ertragslage als Basis des Ansatzes aktiver latenter Steuern auf Verlustvorträge (§ 274 Abs. 1 S. 4 HGB) sowie – wenn auch nur in engem Rahmen – der Ermittlung von Zeitwerten durch Bewertungsmodelle (§ 255 Abs. 4 S. 2 HGB).[336] Das Handelsbilanzrecht liefert mithin nach wie vor deutliche Stellschrauben zur bilanzpolitischen Beeinflussung.[337]

Diese impliziten Ermessensspielräume resultieren vor allem durch die im Rahmen des BilMoG erfolgte Anlehnung des HGB an die IFRS. Dies zeigt schon, dass die Eignung letzterer für die Rechenschaftslegung kritisch zu hinterfragen ist. Zwar gewähren die IFRS nur wenige explizite Wahlrechte, doch kommt es durch die faktisch immer stärkere Betonung der Entscheidungsnützlichkeit zu erheblichen **Entobjektivierungen** in Form impliziter Ermessensspielräume. Diese sind, trotz der Zunahme im HGB, nach IFRS ausgeprägter.[338] Im Folgenden werden diese anhand einiger Beispiele, zusätzlich zu den oben dargestellten Vorschriften, bei denen die Entobjektivierungen der IFRS in ähnlicher Weise schon in das HGB Einzug hielten, gewürdigt.

Zunächst ist wiederum die **fair value-Bewertung** zu nennen, der trotz der teilweisen Übernahme in das HGB nach IFRS eine weitaus größere Bedeutung zukommt. Die Eignung der fair value-Bewertung für Rechenschaftszwecke ist kritisch zu sehen, denn das Management kann insbesondere im Rahmen der zur Wertfindung heranzuziehenden investitionstheoretischen Bewertungsmodelle erheblichen Einfluss auf die Wertbestimmung nehmen.[339]

---

336 Vgl. zur Kritik an den durch das BilMoG eingeräumten Ermessensspielräumen Böcking/Dutzi (2010), S. 795 f.; Hennrichs (2008d), S. 483; ders. (2009a), S. 110 ff.

337 Zudem kann die positive Wirkung der Abschaffung von Wahlrechten kompensiert werden, indem die Bilanzierenden vermehrt auf reale Sachverhaltsgestaltungen zurückgreifen, vgl. Ewert/Wagenhofer (2005), S. 1101 ff.; Wagner (2006a), 286 f. Möglichkeiten zur Sachverhaltsgestaltung sind jedoch systemimmanent und treten in jedem Rechnungslegungssystem auf. Diese können nie gänzlich verhindert werden, weshalb dieses Argument m. E. nicht gegen das Ziel einer objektiven Rechnungslegung spricht.

338 Vgl. weitergehend zu Wahlrechten und Ermessensspielräumen der IFRS Engel-Ciric (2002), S. 780 ff.; Baetge/Hollmann (2004), S. 349 ff.; Moxter (2004c), S. 181 ff.; Wagenhofer (2009), S. 569 ff.

339 Vgl. zu den Bewertungsspielräumen im Einzelnen Kap. 2.3.3.3.2.2.

Trotz der Aktivierungspflicht für **Entwicklungskosten** bei Erfüllung bestimmter Kriterien (IAS 38.57) im Vergleich zum Aktivierungswahlrecht des § 248 Abs. 2 S. 1 HGB wird keine höhere Objektivierung erreicht. Denn diese Regelung kommt faktisch ohnehin einem Aktivierungswahlrecht gleich. Die Aktivierung von Entwicklungskosten lässt sich einfach umgehen, indem das Vorliegen der Ansatzkriterien des IAS 38.57 widerlegt wird, wofür schon der Nachweis des Nichtvorliegens eines der Kriterien genügt. Eine entsprechende Auslegung dürfte dem Bilanzierenden nicht schwer fallen, da die Kriterien kaum intersubjektiv nachprüfbar sind.[340]

Beispiel für die Gewährung erheblicher bilanzpolitischer Spielräume ist auch der **Wertminderungstest nach IAS 36**. Die Entobjektivierungen erlangen im Falle des Geschäftswerts sowie immaterieller Vermögenswerte mit unbegrenzter Nutzungsdauer besondere Relevanz, da diese nur außerplanmäßig abgeschrieben werden (IFRS 3.55, IAS 38.107 f.). Spielräume bestehen schon bei der Ermittlung des Korrekturwerts (recoverable amount), der sich aus dem höheren der Beträge aus fair value less costs to sell und value in use ergibt (IAS 36.6). Beim fair value less costs to sell treten sämtliche Probleme der fair value-Bewertung zu Tage. Der value in use ist explizit ein subjektiver Wert, dessen Ermittlung im Rahmen eines Barwertkalküls deutliche Stellschrauben zur Beeinflussung bietet.[341] Auch bei Abgrenzung von CGUs, auf deren Ebene der Wertminderungstest des Geschäfts- oder Firmenwerts stets vorzunehmen ist (IAS 36.80 ff.),[342] bestehen Möglichkeiten zur Bilanzpolitik. Durch die Abgrenzung lässt sich der Abschreibungsbedarf gezielt steuern: Je höher die Ebene, auf der die CGU gebildet wird, umso stärker kompensieren sich einzelne Wertveränderungen.[343] Der Geschäftswert ist zudem im Rahmen eines Unternehmenszusammenschlusses jenen CGUs zuzuordnen, die von den erwarteten Synergien profitieren (IAS 36.80). Durch diese subjektive Zuordnungsregel besteht die Möglichkeit, diesen z. B. ertragsstarken Einheiten zuzuordnen, um Wertminderungen zu vermeiden.[344]

Beträchtliche Ermessensspielräume gewährt beispielsweise auch die Gewinnrealisierung nach der **percentage of completion-Methode** bei langfristiger Auftragsfertigung (IAS 11.22 ff.). Der

---

[340] Vgl. statt vieler Rammert (2010), Rz. 25 zu § 51; Kuntschik (2004), S. 195; Blasius (2006), S. 330; Heuser/Theile (2009), Rz. 1040; Wagenhofer (2009), S. 221.

[341] Vgl. im Einzelnen bereits Kap. 2.3.3.3.3.

[342] Vgl. zum Anwendungsbereich und zur Abgrenzung von cash generating units bereits Kap. 2.3.3.3.3.

[343] Vgl. Hachmeister (2008b), S. 238; wobei aber einschränkend auf das Gebot der Stetigkeit nach IAS 36.72 zu verweisen ist, vgl. Kuhner (2008), S. 24.

[344] Vgl. Hachmeister (2008b), S. 243.
Vgl. zur Kritik hinsichtlich der erheblichen Spielräume bei der Abgrenzung von CGUs und der Zuordnung des Geschäfts- oder Firmenwerts statt vieler Hommel (2001), S. 1946; Hitz/Kuhner (2002), S. 283; Saelzle/Kronner (2004), S. S162 f.; Dobler (2005), S. 29; Brösel/Zwirner (2009), S. 195; Kuhner (2008), S. 24; Reinke (2010), S. 206-215; Freiberg/Hoffmann (2011), Rz. 168 zu § 11.

Fertigstellungsgrad zum Bilanzstichtag, die gesamten Auftragserlöse und schließlich die bis zur Fertigstellung noch anfallenden Kosten müssen geschätzt werden, wobei jeweils Ansatzpunkte zur opportunistischen Einflussnahme bestehen. Das Management kann die Gewinnrealisierung im Rahmen der percentage of completion-Methode in erheblichem Umfang steuern.[345]

Das letztgenannte Beispiel wird zwar an Bedeutung verlieren, da die percentage of completion-Methode im Rahmen der momentan geplanten Reform der Ertragsrealisierung abgeschafft werden soll.[346] Insgesamt ist jedoch zu beobachten, dass die **Rechenschaftsfunktion** im Rahmen der IFRS immer stärker **in den Hintergrund gedrängt** wird. Nicht nur die Entwicklung der Standards, sondern auch die Diskussion um die Reform des Framework zeigt die zunehmend alleinige Ausrichtung am Ziel der Entscheidungsnützlichkeit. So strebte das IASB zwischenzeitlich an, die Rechenschaft sogar nicht mehr als eine Zielsetzung der IFRS im überarbeiteten Framework aufzuführen, sondern diese durch den Zweck der Entscheidungsnützlichkeit als implizit erfüllt anzusehen.[347] Im nun mittlerweile bereits vorliegenden Teil des neuen Framework wird zwar wieder angeführt, dass die Rechnungslegung nach IFRS auch darüber berichten solle, wie effizient das Management mit den ihm anvertrauten Ressourcen gearbeitet hat (F.OB4). Angesichts des faktisch zu beobachtenden Bedeutungsverlusts der Rechenschaftsfunktion innerhalb der Standards ist die Änderung jedoch nur terminologischer Natur.

Zusammenfassend ist die Zweckmäßigkeit des Handelsbilanzrechts zur Rechenschaftslegung zwar fraglich. Die **zunehmende Unterordnung des Rechenschaftszwecks** und damit der Verlässlichkeit der Daten durch die IFRS lässt deren Eignung bezüglich dieser Funktion jedoch noch kritischer erscheinen. Hiermit stimmt überein, dass im Schrifttum schon davor gewarnt wird, dass die zu beobachtende Hinwendung der IFRS zur Bewertungsfunktion und die damit einhergehende Verwendung einer Vielzahl entobjektivierter Informationen langfristig dazu führen könnte, dass zusätzliche Rechenwerke zur Rechenschaftslegung erstellt werden müssen.[348]

---

345 Vgl. statt vieler Grau (2002), S. 145-158; Schildbach (2002a), S. 266; Pottgießer/Velte/Weber (2005), S. 315 f.; Wüstemann/Kierzek (2005a), S. 429; Dobler (2006), S. 168; Heuser/Theile (2009), Rz. 1727.

346 Vgl. hierzu Wüstemann/Wüstemann (2010b), S. 2039; Hommel/Berndt (2009), S. 2194.

347 Vgl. kritisch zu diesen Plänen Coenenberg/Straub (2008), S. 24 f.; Gassen/Fischkin/Hill (2008), S. 41 ff.; Wiedmann/Schwedler (2007), S. 704 ff. Vgl. weiterführend zu dieser Thematik auch Gassen (2008).

348 Vgl. Watts (2006), S. 59 f.

2.3.6 Ergebnisse ausgewählter Kapitalmarktstudien bezüglich ökonomischer Wirkungen der IFRS-Bilanzierung

Die logisch-deduktive Analyse lässt fraglich erscheinen, ob die IFRS tatsächlich eine den nationalen Periodisierungsregelungen überlegene Informationsvermittlung zu erreichen vermögen. Im Folgenden werden ergänzend ökonometrische Kapitalmarktstudien untersucht, welche die ökonomischen Effekte der IFRS-Bilanzierung empirisch untermauern. Auch hier zeigt sich, wie *Ballwieser* zusammenfasst, dass „mehrere, der Umstellung auf IFRS in der politischen Diskussion zugesprochene Effekte bisher kaum zu zeigen sind. Das kann an den statistischen Schwierigkeiten einer Messung dieser Effekte liegen, aber auch auf die Rechnungslegungsregeln und deren Anwendung zurückzuführen sein.“ Die Studien lassen „Zweifel an der Geltung der in der politischen Diskussion vorgebrachten Argumente, insbesondere solcher zur Senkung von Eigenkapitalkosten aufkommen“.[349]

Von der Verpflichtung konsolidierungspflichtiger, kapitalmarktorientierter Unternehmen zur Bilanzierung nach IFRS wurde erhofft, dass sich hierdurch die **Bewertungsrelevanz** der Rechnungslegung erhöht.[350] Studien zur Bewertungsrelevanz untersuchen den statistischen Zusammenhang zwischen Rechnungslegungs- und Kapitalmarktdaten, welcher als Indiz für die Entscheidungsnützlichkeit von Rechnungslegungsinformationen gewertet wird.[351] Die vorliegenden Ergebnisse sind diesbezüglich jedoch äußerst gemischt. Während einige Studien zu einem positiven Ergebnis kommen,[352] können andere keinen Unterschied in der Bewertungsrelevanz von Rechnungslegungsgrößen nach IFRS oder HGB feststellen.[353] Teilweise weisen die Untersuchungen auch eine höhere Bewertungsrelevanz für das HGB aus.[354] Die bisherigen empirischen Ergebnisse lassen zusammenfassend keineswegs auf eine eindeutig höhere Bewertungsrelevanz der IFRS für den deutschen Kapitalmarkt schließen.

---

349 Vgl. Ballwieser (2010), S. 140 (beide Zitate). Hier können aufgrund der Fülle der mittlerweile vorliegenden empirischen Arbeiten nur einige repräsentative Studien angesprochen werden. Aufgrund der Unterschiede im institutionellen Umfeld erfolgt zudem, sofern vorhanden, eine Konzentration auf Untersuchungen, welche die Einführung der IFRS in Deutschland betreffen. Vgl. zu einer Zusammenfassung verschiedener empirischer Arbeiten auch bezüglich weiterer Fragestellungen ebd., S. 139 ff.; ders. (2008a), S. 1 ff.; Brüggemann/Hitz/Sellhorn (2010), S. 1 ff.

350 Vgl. Auer (1999), S. 253, 311.

351 Vgl. zu einer Vorstellung und Diskussion dieser mittlerweile weit verbreiteten Untersuchungskonzeption Holthausen/Watts (2001), S. 3 ff.; Barth/Beaver/Landsman (2001), S. 77 ff.

352 Vgl. Bartov/Goldberg/Kim (2005), S. 108 f., 116; Jermakowicz/Prather-Kinsey/Wulf (2007), S. 181-183; Frank (2011), S. 239-242; Gassen/Sellhorn (2006), S. 379 f., die jedoch nur eine insignifikant höhere Bewertungsrelevanz der IFRS feststellen. Auch in einer Studie von *Ernstberger* ist diese im Vergleich zum HGB zwar höher, die Unterschiede sind aber nicht erheblich, vgl. Ernstberger (2009), S. 184.

353 Vgl. Hung/Subramanyam (2007), S. 643 f.; Günther et al. (2009), S. 27; Gegenfurtner (2010), S. 161.

354 Vgl. Vorstius (2004), S. 222 f.; Devalle/Onali/Magarini (2010), S. 110, 113 f.

Vor allem wurde von den IFRS erhofft, dass diese durch eine höhere Informationsqualität zu einer **Senkung der Eigenkapitalkosten** und einer **Erhöhung der Liquidität des Kapitalmarkts** führen.[355] Dies diente häufig als das zentrale Argument für die internationale Rechnungslegung.[356] Während Studien zu den Auswirkungen einer freiwilligen Umstellung eine Erhöhung der Marktliquidität tatsächlich eher bestätigen,[357] zeigen sich bei den Auswirkungen auf die Eigenkapitalkosten deutscher Unternehmen höchst unterschiedliche, gerade nicht immer positive Ergebnisse.[358] Da außerdem gerade bei dieser Untersuchungsfrage die Ergebnisse bei freiwilliger Umstellung z. B. durch Signaleffekte verzerrt sein können, sind Studien zu den Auswirkungen der verpflichtenden Umstellung im Jahr 2005 interessanter. Die Untersuchungen kommen hier, sowohl in Bezug auf die Liquidität des Kapitalmarkts als auch die Kapitalkosten, zwar zu eher positiven Ergebnissen, allerdings sind die Kapitalkosteneffekte häufig nicht bedeutend.[359] Es ist zudem zu beachten, dass die meisten Arbeiten den gesamten europäischen Raum heranziehen und spezielle Untersuchungen für Deutschland nach der verpflichtenden Umstellung kaum existieren. Studien, die die Ergebnisse getrennt nach Ländern analysieren, kommen aber überwiegend zu dem Ergebnis, dass die landesspezifischen Auswirkungen innerhalb Europas stark divergieren und für Deutschland positive Effekte eher nicht resultierten.[360]

Auch Studien zu **weiteren Fragestellungen**, wie der Prognoseeignung von Rechnungslegungsgewinnen[361], können bislang kaum eine einheitliche Präferenz für ein Rechnungslegungssystem oder gar die IFRS begründen. Mehrere Untersuchungen kommen zudem zu der interessanten Schlussfolgerung, dass hinsichtlich der untersuchten Kapitalmarktfolgen das Rechnungslegungs-

---

355 Vgl. Auer (1999), S. 287.

356 So der bekannte Ausspruch „The truth is, high standards lower the cost of capital" von Levitt (1998), S. 82.

357 Vgl. Leuz/Verrechia (2000), S. 121; Gassen/Sellhorn (2006), S. 382 f.; vgl. aber Brüggemann/Homburg (2007), S. 15; Dumontier/Maghraoui (2007), S. 12, die dies nur für größere Unternehmen feststellen. Als Maß für die Marktliquidiät wird hierbei regelmäßig die Geld-Brief-Spanne herangezogen.

358 *Daske* kann keine statistisch signifikante Abweichung der Eigenkapitalkosten und bei einem Wechsel keine signifikante Änderung feststellen, vgl. Daske (2006), S. 360, 363. Zum gegenteiligen Ergebnis vgl. aber Ernstberger/Vogler (2008), S. 379, 381.

359 Vgl. Li (2010), S. 620 ff. oder Prather-Kinsey/Jermakowicz/Vongphanith (2008), S. 20, die zu dem Ergebnis kommen, dass sich durch die Umstellung die Kapitalkosten in Europa signifikant reduzierten. Nach *Hail/Leuz* sind die Kapitalkosten in Europa durch die Umstellung zwar gesunken, jedoch nur schwach und nicht robust gegenüber weiteren Analysen. Die Marktliquidität hat sich jedoch signifikant verbessert, vgl. Hail/Leuz (2007), S. 47. Bei Lee/Walker/Christensen (2008), S. 15 ergeben sich kaum signifikante Kapitalkostensenkungen. Vgl. zudem Daske et al. (2008), S. 1131, die die Effekte der verpflichtenden Umstellung weltweit untersuchen. Hiernach hat sich die Liquidität der Kapitalmärkte signifikant erhöht, jedoch ist nur ein schwacher Effekt hinsichtlich der Kapitalkosten zu verzeichnen.

360 Vgl. Lee/Walker/Christensen (2008), S. 15 ff., die für Deutschland keine Kapitalkostensenkung feststellten. Vgl. auch Platikanova/Nobes (2006), S. 23, die zeigen, dass für Investoren in Deutschland die Unsicherheit durch die IFRS-Einführung eher zunahm. Nach einer weiteren Studie erhöhte sich in Deutschland die Marktliquidität durch freiwillige Anwendung der IFRS vor 2005, dieser Effekt kehrte sich jedoch im Zeitablauf um. Nach der verpflichtenden Umstellung sind sogar die HGB-Bilanzierer im Vorteil, vgl. Schrödl/Klein (2009), S. 16.

361 So kann eine aktuelle länderübergreifende Studie keine Überlegenheit der IFRS hinsichtlich Beständigkeit und Prognosefähigkeit der Ergebnisgröße feststellen, vgl. Atwood et al. (2011), S. 114-116.

system nur eine Determinante unter vielen ist. Vielmehr sind **vielfältige andere Einflüsse** zu beachten, wie das regulatorische Umfeld, die oftmals einen äquivalenten oder höheren Einfluss auf die konkrete Rechnungslegungspraxis haben.[362] Zudem können die Unternehmen die bedeutenden Freiräume der IFRS in ganz unterschiedlicher Weise nutzen – was wiederum zu unterschiedlichen ökonomischen Konsequenzen führt.[363]

Die bis dato vorliegenden Studien erlauben hinsichtlich der Frage, ob die Rechnungslegung nach IFRS Investoren nützlichere Informationen bereitstellt, letztlich keine eindeutige Schlussfolgerung. Die Ergebnisse müssen zudem mit **starken Vorbehalten** betrachtet werden, da die Studien unterschiedliche Untersuchungsdesigns heranziehen, die teilweise höchst umstritten sind,[364] sowie weitgehend die Übergangsphase zu den IFRS analysieren. Es ist nicht ausgeschlossen, dass langfristig andere Effekte resultieren, wenn die Investoren mit den Vorschriften vertrauter sind.[365] Viele Studien zeigen jedoch letztlich, dass die ökonomischen Effekte aus der Anwendung der IFRS zumindest nicht überschätzt werden sollten.

Damit wird auch durch die empirischen Ergebnisse das Ergebnis untermauert, dass nicht zu hohe Erwartungen an die Verbesserung der Informationsfunktion durch Anwendung der IFRS gestellt werden sollten. Die inhärenten Grenzen informativer Vermögens- und Gewinnermittlung lassen auch die Entscheidungsnützlichkeit eines IFRS-Abschlusses fraglich erscheinen. Es wird deutlich, dass die Erwartungen an die Informationsfunktion der Rechnungslegung, die in den letzten Jahren oftmals aufgebaut wurden, vielfach nicht erfüllt werden können. Für kapitalmarktorientierte Unternehmen liegt jedoch der zentrale Vorteil der IFRS in der internationalen Vergleichbarkeit. Für einen international funktionierenden Kapitalmarkt sind einheitliche Rechnungslegungsstandards unabdingbar. Die Bilanzierung kapitalmarktorientierter Konzernunternehmen nach IFRS ist ein Faktum; eine internationale Rechnungslegung bringt für die Integration der Kapitalmärkte Vorteile. Es stellt sich jedoch die Frage, wie dies für nicht kapitalmarktorientierte Unternehmen zu beurteilen ist und welche Implikationen sich für die Diskussion um IFRS, IFRS

---

362 Vgl. Hail/Leuz/Wysocki (2010), S. 359 f.; Leuz (2010), S. 248 ff., die daher schließen, dass allein die Vorgabe, auf Basis der IFRS zu bilanzieren, für eine internationale Harmonisierung der Rechnungslegung nicht genügt.

363 Vgl. Daske et al. (2009), S. 30 ff.

364 Vgl. zur grundlegenden Kritik an der empirischen Kapitalmarktforschung Schneider (1997), S. 366 ff.; ders. (2000), S. 33 ff. oder Holthausen/Watts (2001), S. 3 ff. im speziellen Bezug zu Wertrelevanzstudien. Besonders strittig sind die Studien in Bezug auf die Kapitalkostenauswirkungen der IFRS, da über die adäquate Methode zur Schätzung der Eigenkapitalkosten bislang kein Konsens besteht, vgl. hierzu Daske (2005), S. 462-466.

365 Vgl. Daske (2006), S. 369.

for SMEs und HGB nach BilMoG für diese Unternehmensgruppe ergeben, worauf im Folgenden näher eingegangen wird.

2.4 Informationsvermittlung, internationale Rechnungslegung und kapitalmarktferne Unternehmen

2.4.1 Informationsanforderungen der Eigner nicht kapitalmarktorientierter Unternehmen und deren Erfüllung durch HGB oder IFRS

Es stellt sich die Frage, ob ein Interesse an Rechnungslegungsinformationen zum Zwecke der Unterstützung von Entscheidungen potenzieller oder bestehender Kapitalgeber überhaupt bei allen Unternehmensgruppen vorliegt. Für die Mehrzahl an Unternehmen, die den Kapitalmarkt nicht in Anspruch nehmen, ist ein solches Informationsbedürfnis kritisch zu hinterfragen. Die nicht kapitalmarktorientierten Unternehmen stellen die Masse der Unternehmen in Deutschland dar.[366] Die überwiegende Mehrheit dieser Unternehmensgruppe zeichnet sich wiederum durch eine kleine bis mittlere Unternehmensgröße aus, weshalb die Begriffe "kleine und mittlere" bzw. "mittelständische" sowie "nicht kapitalmarktorientierte" Unternehmen häufig gleichgesetzt werden.[367] Dem wird auch in dieser Arbeit gefolgt.

Die Bereitstellung von Prognoseinformationen zur Unterstützung von (Des-)Investitionsentscheidungen spielt als Jahresabschlussaufgabe bei kapitalmarktfernen Unternehmen regelmäßig eine geringe Rolle.[368] Nicht kapitalmarktorientierte Unternehmen weisen insgesamt eine eher **geringe Bereitschaft zur Aufnahme außenstehender Gesellschafter** auf, da diese befürchten, zu viele Informationen nach außen abgeben zu müssen oder sogar die Herrschaft über das Unternehmen zu gefährden.[369] Die Eigner der Unternehmen sind oftmals Personen mit einem persönlichen Interesse an der Gesellschaft, die größere, wenig fungible Anteile halten.[370] Eine Anteilsveräußerung kommt für diese aufgrund des langfristig ausgerichteten, persönlichen Engagements häufig nicht in Frage und ist aufgrund der geringen Fungibilität der Anteile auch nur mit Schwierigkeiten

---

366 Ca. 1.000 Unternehmen mit Sitz in Deutschland sind kapitalmarktorientiert, vgl. Burger/Fröhlich/Ulbrich (2006), S. 118. Dagegen beläuft sich die Gesamtzahl der Unternehmen nach dem Unternehmensregister des statistischen Bundesamts auf rund 3,6 Mio., vgl. Statistisches Bundesamt (2010).

367 Vgl. etwa Ballwieser (2006), S. 24; Börstler (2006), S. 18; Fülbier/Windhorst (2010), S. 5; Küting/Lam (2011), S. 992. Vgl. schließlich auch die Gleichsetzung durch das IASB, das die Abgrenzung der unter den IFRS for SMEs fallenden Unternehmen von der Kapitalmarktorientierung abhängig macht, vgl. IFRS for SMEs, 1.2.

368 Vgl. Fülbier/Windhorst (2010), S. 18 f.; Fülbier/Gassen (2010), S. 33 ff.

369 Vgl. Schneeloch (2008), S. 547 f.

370 Vgl. Göbel/Kormaier (2007), S. 527; Kormaier (2008), S. 46.

möglich. Nicht selten ist die Veräußerbarkeit darüber hinaus gesellschaftsvertraglichen Beschränkungen unterworfen.[371]

Viele kapitalmarktferne, eher mittelständisch orientierte Unternehmen sind zudem durch eine enge Verflechtung und weitgehende **Einheit von Eigentum und Leitung** geprägt; der Gesellschafterkreis der Unternehmen ist nicht selten eng begrenzt und quasi mit der Geschäftsführung identisch.[372] Aufgrund des engen Verbundes von Eigentum und Leitung ist die Informationsasymmetrie zwischen Anteilseignern und dem Management typischerweise wenig ausgeprägt.[373] Auch eigenfinanzierungsbedingten Principal-Agent-Konflikten und damit der Rechenschaftslegung zum Zwecke der Kontrolle des Managements als Jahresabschlussaufgabe kommt damit i. d. R. eine vergleichsweise geringe Bedeutung zu.

Diejenigen Gesellschafter, die an der **Unternehmensleitung** beteiligt sind, sollten nicht auf die externe Rechnungslegung als Informationsquelle angewiesen sein. Diese haben einen tiefen Einblick in das gesamte Unternehmensgeschehen und können insbesondere auf das interne Rechnungswesen zurückgreifen, das ihnen frühere und detailliertere Einblicke zur Prognose künftiger Zahlungen (z. B. durch die Finanzplanung) liefern sollte.[374] Je kleiner das Unternehmen, desto weniger wird allerdings aus Kostengründen eine gesonderte interne Datenbasis zur Verfügung stehen und es wird auf den Jahresabschluss als Informationsquelle zurückgegriffen.[375] Auf der anderen Seite werden mit zunehmender Unternehmensgröße i. d. R. auch nicht an der Geschäftsführung beteiligte Eigner vorhanden sein, welche auf die externe Rechnungslegung als Informationsinstrument angewiesen sind.[376] Dies kann auch bei nicht fremdgeführten Unternehmen der Fall sein. Principal-Agent-Konflikte können schließlich nicht nur zwischen Eignern und externem Management, sondern auch zwischen den Eignern auftreten. So könnte bspw. ein zur Geschäftsführung berechtigter, vermögensloser OHG-Gesellschafter riskante Investitionsent-

---

371 Vgl. Meth (2007), S. 57; Reuther (2009), S. 5; Fink/Heidbreder/Schäfer (2010), S. 167.

372 Vgl. Mandler (2003), S. 681; Ull (2006), S. 22, 24 f.; Schildbach (2006b), S. 134; Janssen (2009), S. 10, 13; Mages (2009), S. 48 f.; Kaminski (2008), S. 41 ff.; 67; Lühr (2010), S. 28, 39.
Ohnehin ist das Einzelunternehmen die am häufigsten vorkommende Rechtsform, vgl. Statistisches Bundesamt (2010). Laut IfM Bonn können zudem ca. 95 % aller Unternehmen als eignergeführt charakterisiert werden (das Kriterium wurde als erfüllt angesehen, wenn bis zu zwei natürliche Personen oder ihre Familienmitglieder mindestens 50 % der Anteile halten und der Geschäftsführung angehören), vgl. IfM Bonn (2011).

373 Vgl. Fülbier/Gassen (2010), S. 25 f.; Ballwieser (2004a), S. 14; Kahle/Dahlke (2007), S. 313.

374 Vgl. Kußmaul (2006), S. 320; Kahle/Dahlke (2007), S. 314.
Im Falle von Familiengesellschaftern wurde ein uneingeschränkter Datenzugang in einer empirischen Untersuchung in fast allen untersuchten Fällen bestätigt, vgl. Fink/Heidbreder/Schäfer (2008), S. 604.

375 Vgl. Mandler (2003), S. 683; ders. (2004), S. 83.

376 Vgl. Streim (1988), S. 18; Ballwieser (2005b), S. 39; Kirsch/Meth (2007), S. 9 f.

scheidungen zu Lasten eines vermögenderen Gesellschafters treffen, der laut Gesellschaftsvertrag von der Geschäftsführung ausgeschlossen ist.[377]

Diese logisch-deduktive Analyse kann durch empirische Studien untermauert werden. Befragungen nicht kapitalmarktorientierter Unternehmen zeigen, dass diese der Information potenzieller Investoren als Jahresabschlussfunktion kaum eine Bedeutung beimessen. Die Information aktueller Eigner sowie der Geschäftsführung wird aber als wichtige Aufgabe angesehen. Allerdings kommt der Information einer anderen Adressatengruppe, nämlich der Kreditgeber, zumeist eine gleich hohe oder höhere Bedeutung zu. Zudem zeigt sich, dass kapitalmarktferne Unternehmen wenig an einer monofunktional der Informationsvermittlung dienenden Rechnungslegung interessiert sind, denn diese messen den weiteren Jahresabschlussfunktionen Ausschüttungs- und Steuerbemessung meist eine ähnlich hohe Bedeutung bei.[378]

Es ist somit zu beachten, dass der Jahresabschluss als Informationsinstrument bei nicht kapitalmarktorientierten Unternehmen nur eine **eingeschränkte Bedeutung** hat. Dieser sollte vor allem als kostengünstiger Indikator für die Wirtschaftlichkeit der Unternehmung dienen, der von den geschäftsführenden Gesellschaftern, falls keine ausdifferenzierte interne Unternehmensrechnung besteht, und den externen Eignern genutzt werden kann.[379] Hierbei ist zudem zu beachten, dass nicht an der Geschäftsführung beteiligte Eigner kapitalmarktferner Unternehmen sich in der Praxis oftmals Einblicksrechte außerhalb der normierten Rechnungslegung zusichern lassen.[380] Diesen sollte der Jahresabschluss daher ermöglichen, die auf informellem Wege erhaltenen Informationen durch verlässliche Daten zu verifizieren[381] und so die Entscheidungen der geschäftsführenden Eigner einer Kontrolle zu unterwerfen.

Daher können die oben abgeleiteten Ergebnisse zum Gewinn und zur Rechenschaftsfunktion im Wesentlichen übertragen werden. Insbesondere kann man so zu dem Ergebnis gelangen, dass die überwiegende Mehrheit nicht kapitalmarktorientierter Unternehmen an einer Rechnungslegung nach IFRS wenig Interesse haben dürfte, da deren Eignung für die Wirtschaftlichkeitsmessung und die Rechenschaft zweifelhaft ist. Die in den aktuellen Standards deutlich werdende Hinwen-

---

[377] Vgl. im Einzelnen Schmiel (2005a), S. 24 f.; dies. (2007a), S. 702 ff.
[378] Vgl. zu solchen, teils im Detail abweichenden aber in der Tendenz ähnlichen Ergebnissen Eierle/Haller/Beiersdorf (2007), S. 9 f.; Hane/Müller (2011), S. 248 f.; BDI/Ernst & Young (2005), S. 40.
[379] Vgl. Schildbach (2009e), S. 40; ähnlich auch Bischof/Staß (2008), S. 174 f.
[380] Vgl. Kormaier (2008), S. 48; Kußmaul/Henkes (2006), S. 2240; Peemöller/Schmalz (2007), S. 209.
[381] Vgl. Kormaier (2008), S. 34; Di Pietra et al. (2008), S. 37.

dung zum asset liability approach und einer Bewertung zum fair value sollte für die typischen Informationsinteressen **im Mittelstand wenig geeignet** sein.[382] Schließlich interessiert hier kaum der für einen Unternehmensanteil aktuell erzielbare Marktpreis, den das IASB mit dieser Konzeption zu ermitteln versucht. Die zunehmende Hinwendung zu einer statisch orientierten Vermögensdarstellung schränkt die Aussagefähigkeit des Periodenerfolgs ein. Durch die Bewertung zum fair value werden Erträge ausgewiesen, die möglicherweise eher der aktuellen Marktentwicklung zuzuschreiben sind als der Unternehmensleistung.[383] Gleichzeitig kommt es zu einer verstärkten Entobjektivierung der Rechnungslegung. Angesichts dieser Erkenntnisse muss es als zweifelhaft erscheinen, dass die teilweise Anpassung von Regelungen des HGB an die IFRS, wie durch das Aktivierungswahlrecht für selbst geschaffene immaterielle Vermögensgegenstände des Anlagevermögens (§ 248 Abs. 2 S. 1 HGB), für die Information der Eigner abseits des Kapitalmarkts notwendig war.

2.4.2 Informationsversorgung von Fremdkapitalgebern als zentrale Anforderung kapitalmarktferner Unternehmen an die Informationsfunktion

2.4.2.1 Bedeutung der Rechnungslegung für die Beurteilung der Kreditwürdigkeit

Als zentrale Rechnungslegungsadressaten nicht kapitalmarktorientierter Unternehmen können deren Fremdkapitalgeber angesehen werden.[384] Denn traditionell stellt bei diesen Unternehmen die **Kreditfinanzierung** neben der Innenfinanzierung die **bedeutendste Finanzierungsform** dar. Die nach wie vor bestehende Dominanz dieser beiden klassischen Finanzierungsformen bestätigen aktuelle Studien.[385] Wichtigste Gläubiger sind dabei auch heute noch meist ein oder wenige Hausbanken.[386] Bei vielen kapitalmarktfernen Unternehmen treten daher die Konflikte zwischen Eignern und Gläubigern in den Vordergrund.

Auch Kreditgeber sind ex ante an Informationen über die künftigen Zahlungsströme des Unternehmens interessiert, denn um die Insolvenzwahrscheinlichkeit des Unternehmens beurteilen zu können und über die Kapitalvergabe (bzw. -verlängerung) zu entscheiden, benötigen auch diese Informationen über Höhe, zeitliche Verteilung und Unsicherheit des künftigen Zahlungsstroms.[387]

---

382 Vgl. gl. A. Schildbach (2009e), S. 39 f.; Reuther/Fink (2010), S. 364; Fink/Heidbreder/Schäfer (2010), S. 167; Kleindiek (2010), S. 1339.

383 Vgl. bereits Kap. 2.3.4.2 sowie Schildbach (2009e), S. 40.

384 Vgl. Göbel/Kormaier (2007), S. 525 f.; Kirsch/Meth (2007), S. 9; Kußmaul/Henkes (2006), S. 2239; Janssen (2009), S. 100; Zülch/Güth (2010), S. 502.

385 Vgl. etwa KfW (2009), S. 40 ff.; eine Zusammenfassung verschiedener Studien zum Finanzierungsverhalten von KMU, die zu diesem Ergebnis kommen, zeigt Müller (2009), S. 67 f.

386 Vgl. Müller (2009), S. 64, 68.

387 Vgl. Franken (2001), S. 80; Kahle (2002c), S. 126; Baetge/Lienau (2005), S. 67, 80.

Nach Vertragsabschluss sind auch die Gläubiger auf verlässliche Kontrollinformationen angewiesen, da diese nicht davon ausgehen können, dass die Eigner in ihrem Interesse handeln.[388] Die Gefahr opportunistischer Handlungen zu Lasten der Gläubiger wird im Falle kleiner und mittlerer Unternehmen noch erhöht durch die oftmals fehlende Trennung zwischen Eignern und Management, die Unmöglichkeit des Austauschs der Geschäftsführung bei inhabergeführten Unternehmen sowie die fehlende Kontrolle durch den Kapitalmarkt.[389] Kontrollinformationen für die Gläubiger haben damit bei kapitalmarktfernen Unternehmen eine besondere Relevanz.[390]

Damit haben Fremdkapitalgeber durchaus ähnliche Informationsbedürfnisse wie Eigenkapitalgeber. Jedoch unterscheidet sich das Informationsinteresse im Detail. Im Falle der Kreditfinanzierung stehen die Höhe und die zeitliche Verteilung der Zahlungen in Form von Zins- und Tilgungsleistungen fest. Daher ist für die Beurteilung eines Kreditengagements die Unsicherheit des Zahlungsstroms, d. h. die Fähigkeit des Schuldners zur fristgerechten Erfüllung der Zins- und Tilgungszahlungen, die primär interessierende Größe. Der Kreditgeber hat die Wahrscheinlichkeit einer Insolvenz sowie die Höhe der sodann eintretenden Kreditverluste zu beurteilen. Darüber hinaus gehende Ertragspotenziale sind weniger von Relevanz, da die Gläubiger nur einseitig an den Risiken, nicht aber an den Chancen des Unternehmens partizipieren.[391] Daher sind Kreditinstitute eher an verlässlichen anstatt an risikobehafteten Informationen interessiert.[392] Meist haben diese aufgrund der typischen, immer noch weit verbreiteten Hausbankbeziehung zudem die Möglichkeit, außerhalb der Rechnungslegung an Informationen zu gelangen.[393] Zur Plausibilisierung der informell erhaltenen Daten sind sie sodann in besonderem Maße auf **objektivierte Rechnungslegungsinformationen** angewiesen.[394]

Auch auf dem Fremdkapitalmarkt besteht die Gefahr adverser Selektion aufgrund der Informationsasymmetrien vor Vertragsabschluss. Können Gläubiger nicht zwischen den Schuldnern differenzieren, bieten diese nur einen das durchschnittliche Ausfallrisiko widerspiegelnden Zinssatz. Aufgrund der vergleichsweise hohen Zinsforderung kann der Fall eintreten, dass dies nur relativ bonitätsschwache Unternehmen akzeptieren und im Markt verbleiben. Antizipieren die Gläubiger dies und erhöhen ihre Zinsforderung weiter, kann im Extremfall der Fremdkapitalmarkt zusammenbrechen. Vgl. Eidenmüller/Engert (2005a), S. 106 f.; Eidenmüller/Grunewald/Noack (2006), S. 24.

388 Vgl. Kahle (2002c), S. 126; zu den Ausprägungen der opportunistischen Handlungen im Falle des Eigner-Gläubiger-Konflikts vgl. Einzelnen Kap. 3.5.1.1.

389 Vgl. Nikoleyczik (2007), S. 16 ff.

390 Es soll jedoch bereits darauf hingewiesen werden, dass eine reine Informationsvermittlung bei haftungsbeschränkten Unternehmen nicht hinreichend zur Lösung des Eigner-Gläubiger-Konflikts ist. Hier bedarf es zwingend zusätzlicher Ausschüttungsbeschränkungen, vgl. im Einzelnen Kap. 3.5.1.2.1.

391 Vgl. Streim (1995), S. 718; Schmidt/Terberger (1997), S. 413; Streim/Bieker/Leippe (2001), S. 181.

392 Vgl. hierzu vor allem Watts (2003), S. 212; vgl. gl. A. Kessler (2005), S. 75; Baetge/Klaholz (2006), S. 35; Rammert (2010), Rz. 47 zu § 51; Zülch/Güth (2010), S. 502.

393 Vgl. Mandler (2007), S. 388; Di Pietra et al. (2008), S. 37. Z. B. durch monatliche Betriebswirtschaftliche Auswertungen, vgl. Schorr/Walter (2006), S. 1092.

394 Vgl. Schorr/Walter (2006), S. 1092.

Zusammenfassend kommt Jahresabschlussdaten im Rahmen der Kreditvergabe und -überwachung eine hohe Bedeutung zu. Diese fließen in das nach Basel II vorgeschriebene **Rating** ein, welches mittels standardisierter, statistischer Methoden die potenzielle Ausfallwahrscheinlichkeit der Kreditnehmer beurteilt. Das Rating-Ergebnis ist dann maßgeblich für die Kreditvergabeentscheidung sowie die Konditionen. Aufgrund der jüngst weiter verschärften Eigenkapitalanforderungen an Kreditinstitute durch Basel III dürfte die Bedeutung eines guten Ratings für die Kreditvergabeentscheidung weiter steigen.[395] In den Rating-Prozess werden sowohl quantitative als auch qualitative Kriterien einbezogen; bei den meist gewichtigeren quantitativen Kriterien handelt es sich vor allem um bilanzielle Kennzahlen.[396] Die hohe Bedeutung von Rechnungslegungsdaten für die Bonitätsbeurteilung zeigen auch verschiedene empirische Studien.[397]

2.4.2.2 Funktionsadäquanz der reformierten HGB-Regelungen

Es stellt sich die Frage, ob das HGB nach BilMoG die Informationsinteressen der Kreditinstitute zu erfüllen vermag. Aufgrund der gezeigten Präferenz von Gläubigern für verlässliche Daten ist zu erwarten, dass die Ergebnisse zur Rechenschaftsfunktion[398] im Wesentlichen übertragen werden können und die Abschaffung von Wahlrechten durch das BilMoG positiv war, während die im Rahmen des BilMoG eingeführten impliziten Ermessensspielräume durch Annäherung an die IFRS für Kreditinstitute eher keine Vorteile bringt. Mittlerweile wurde von *Haller et al.* eine Befragung durchgeführt, die die Adäquanz der Regelungen des HGB für diese Adressatengruppe zum Thema hat. Auf diese und ergänzend weitere Studien wird im Folgenden zurückgegriffen.

Wie erwartet, wird die weitgehende Abschaffung von Wahlrechten durch das BilMoG positiv gewürdigt, da die Beurteilung im Rahmen der Bonitätsanalyse einen vermeidbaren Aufwand darstelle.[399] Es stellt sich aber sodann die Frage, ob die Entobjektivierung der Rechnungslegung durch das **Aktivierungswahlrecht für selbst erstellte immaterielle Vermögensgegenstände** (§ 248 Abs. 2 S. 1 HGB) aus Sicht der Fremdkapitalgeber zielführend war. Aufgrund der erheblichen Ermessensspielräume, die die intertemporale und zwischenbetriebliche Vergleichbarkeit

---

395 Vgl. Hane/Kreipl/Müller (2011), S. 122; vgl. zu Basel III nur Schmitt (2011), S. 105 ff.

396 Vgl. im Einzelnen zum Ratingverfahren im Rahmen der Kreditvergabeentscheidung Massenberg/Borchardt (2007), S. 347 ff.; BdB (2009), S. 9 ff.; Gramlich (2007), S. 183 ff.; Vincenti/Hollmann (2009), S. 304 ff.

397 Vgl. Haller et al. (2008), S. 10 f.; KPMG/HHL (2008), S. 25 f.; Ruhnke/Schmiele/Sanyang (2009), S. 2727. Die Bedeutung des Jahresabschlusses für die Kreditvergabe unterstreicht auch § 18 KWG, wonach Kreditinstitute bei Krediten, die 750.000 € oder 10 % des haftenden Eigenkapitals des Kreditinstituts übersteigen, verpflichtet sind, sich die Jahresabschlüsse vorlegen zu lassen.

398 Vgl. Kap. 2.3.5.

399 So wird das mit dem BilMoG eingeführte generelle Wertaufholungsgebot (§ 253 Abs. 5 HGB) genauso begrüßt wie die Abschaffung bestimmter Wahlrechte im Rahmen der Herstellungskostenbemessung (§ 255 Abs. 2 HGB), vgl. Haller et al. (2008), S. 34 f., 38.

der Abschlüsse beeinträchtigen, beeinflussen selbst erstellte immaterielle Vermögensgegenstände Kreditvergabeentscheidungen meist nicht.[400] In Anbetracht der problematischen intersubjektiven Nachprüfbarkeit und der fraglichen Werthaltigkeit im Zerschlagungsfall wird oft die gesamte Bilanzposition "Immaterielle Vermögensgegenstände" mit dem Eigenkapital verrechnet oder es werden nur einzelne, derivative immaterielle Werte bei Analyse der Aktiva berücksichtigt.[401] Die meisten Kreditinstitute wollen an dieser Praxis auch nach dem BilMoG festhalten, weshalb das Wahlrecht eher als nachteilige Steigerung des Analyseaufwands eingestuft wird.[402] In einer weiteren Studie wurde festgestellt, dass die Aktivierung bei einem ungeprüften Abschluss auf Kreditvergabe und -konditionen sogar einen negativen Einfluss nehmen kann, während im Falle der Prüfung nur ca. ein Viertel der befragten Banken angab, dass die Aktivierung wesentlicher immaterieller Werte positiv auf die Vergabeentscheidung einwirken könnte.[403] Betrachtet man die Ergebnisse zusammenfassend, so ist die Relevanz selbst erstellter immaterieller Werte für Kreditvergabeentscheidungen begrenzt.[404]

Selbiges gilt für **aktive latente Steuern**. Auch diese werden aufgrund ihrer fraglichen Werthaltigkeit im Rahmen der Bonitätsanalyse zumeist nicht berücksichtigt, was sich nach den Befragungsergebnissen auch nach dem BilMoG nicht ändern dürfte.[405] Der Übergang zu dem international bekannteren, aber aufwendigeren temporary concept im Rahmen des BilMoG ist aus Sicht der Kreditinstitute von fraglichem Nutzen. Die mangelnde Relevanz für die Bonitätsanalyse gilt des Weiteren für den **derivativen Geschäfts- oder Firmenwert** (Aktivierungspflicht gem. § 246 Abs. 1 S. 4 HGB). Auch dieser wird als zu unsicherer Posten eingestuft und – unabhängig von eventuellen Abschreibungsregeln – bei der Bonitätsanalyse meist korrigiert.[406]

Hinsichtlich der Bewertung wird, wie zu erwarten, die (letztlich im Rahmen der allgemeinen Regelungen kaum umgesetzte) fair value-Bewertung von den Kreditinstituten nur bei vorhandenen Marktpreisen als entscheidungsnützlich angesehen, während die Anwendung von Bewer-

---

400 Vgl. Haller et al. (2008), S. 27; zu einem ähnlichen Ergebnis vgl. Ruhnke/Schmiele/Sanyang (2009), S. 2727 f.

401 Vgl. Haller et al. (2008), S. 27.

402 In der Befragung von *Haller et al.* beurteilte ca. die Hälfte der Kreditinstitute das Aktivierungswahlrecht als nachteilig, während nur 17 % einen Vorteil in dem Aktivierungswahlrecht sahen, vgl. Haller et al. (2008), S. 27 f.

403 Vgl. Ruhnke/Schmiele/Sanyang (2009), S. 2728.

404 So auch Haller/Löffelmann/Etzel (2009), S. 221; Weinand/Wolz (2010), S. 135 f.; Küting/Ellmann (2010), S. 1306. *Jerzembek/Siegler* nehmen an, dass schon aufgrund des Aktivierungswahlrechts zumeist standardmäßig eine Korrektur vorgenommen wird, um die unternehmensübergreifende Vergleichbarkeit sicherzustellen, vgl. Jerzembek/Siegler (2010), S. 385. Vgl. aber Bantleon/Schorr (2010), S. 1493, die bei glaubwürdiger Werthaltigkeit keine Korrekturnotwendigkeit sehen.

405 Vgl. Haller et al. (2008), S. 44 f. Vgl. auch BDI/BdB/Ernst & Young (2008), S. 15 f., wonach bspw. die IKB sämtliche aktive latente Steuern sowohl nach HGB als auch nach IFRS korrigiert.

406 Vgl. Haller et al. (2008), S. 29 f.

tungsmodellen stark kritisiert wird.[407] Dies bestätigt, dass eine (selektive) fair value-Bewertung zwar grundsätzlich im Interesse der Jahresabschlussadressaten wäre, die erheblichen Objektivierungsprobleme die Entscheidungsnützlichkeit jedoch überwiegend kompensieren. Das Festhalten des Gesetzgebers am tradierten Anschaffungswertprinzip stellt sich auch aus dieser Sicht als begründet dar. Kreditinstitute begrüßen schließlich etwa die realitätsnahe Bewertung von Rückstellungen durch Abstellen auf den Erfüllungsbetrag (§ 253 Abs. 1 S. 2 HGB), da hierdurch die Risiken des Unternehmens adäquater aufgezeigt werden.[408] Da diese aber besonders an den künftigen Risikopotenzialen interessiert sind, werden hingegen die Abschaffung des Wahlrechts zur außerplanmäßigen Abschreibung bei künftigen Wertschwankungen sowie die Streichung der meisten Aufwandsrückstellungen eher negativ beurteilt.[409]

Zusammenfassend ist zu konstatieren, dass sich insbesondere durch die Abschaffung von Wahlrechten der handelsrechtliche Abschluss an die Informationsinteressen der Kreditgeber angenähert hat. Teilweise kann jedoch die handelsrechtliche Bilanzierung, insbesondere durch die Aktivierungsmöglichkeit für immaterielle Vermögensgegenstände, mittlerweile **sogar als zu "unvorsichtig"** angesehen werden. Gerade der Nutzen dieses Aktivierungswahlrechts sowie die durch das BilMoG gestiegene Bedeutung latenter Steuern scheinen angesichts der Informationsinteressen von Kreditinstituten eher fragwürdig.

2.4.2.3 Senkung der Fremdkapitalkosten durch Anwendung der IFRS?

Als Kreditinstitute durch Basel II erstmals zur Erstellung von Ratings im Rahmen der Kreditvergabeentscheidung verpflichtet wurden, wurde vielfach erwartet, dass diese einen IFRS-Abschluss verlangen oder eine harmonisierte Rechnungslegung befürworten, allein um nicht getrennte Rating-Module für zwei Rechnungslegungssysteme betreiben zu müssen.[410] Dies ist jedoch nicht eingetreten. Vielmehr betonen Vertreter der Branche immer wieder, dass sie **kein bestimmtes Rechnungslegungssystem fordern.**[411] Häufig wird im Schrifttum dennoch argumentiert, dass ein IFRS-Abschluss zu einer besseren Kreditbeurteilung im Rahmen des Ratings und infolgedessen zu einem verbesserten Fremdkapitalzugang führen könnte.[412] Hieraus ergebe

---

[407] Vgl. Haller et al. (2008), S. 32 f., 36 f., 40 f.
[408] Vgl. Haller et al. (2008), S. 47.
[409] Vgl. Haller et al. (2008), S. 39, 46.
[410] Vgl. statt vieler Peemöller/Spanier/Weller (2002), S. 1800; Bauer/Neubauer (2006), S. 195; Winkeljohann/Ull (2007), S. 14 f.; Schulte/Kraft/Littkemann (2009), S. 274.
[411] Vgl. Guthoff (2006), S. 182; Massenberg/Borchardt (2007), S. 348 f.; BdB (2009), S. 25 f.; BDI/BdB/Ernst & Young (2008), S. 12 ff.
[412] Vgl. Fink (2010), S. 737; Reuther/Fink (2010), S. 367; Lüdenbach (2010), S. 40.

sich ein großer Anreiz für nicht kapitalmarktorientierte Unternehmen zur Bilanzierung nach internationalen Standards. Auch die im Rahmen des BilMoG erfolgte Übernahme einzelner, den IFRS entlehnter Regelungen wurde unter anderem damit begründet, dass die Unternehmen im Wettbewerb um günstiges Fremdkapital unterstützt werden sollten.[413]

Begründet wird die Überlegenheit der IFRS teilweise damit, dass sich die marktnahe Bewertung positiv auswirke und ein eher den tatsächlichen Verhältnissen entsprechendes Bild der wirtschaftlichen Lage des Unternehmens zeige.[414] Dies kann aber durch das in den Kap. 2.4.2.1 und 2.4.2.2 abgeleitete Ergebnis, wonach Kreditinstitute für die Bonitätsanalyse gerade verlässliche, objektivierte Daten bevorzugen und besonders an den Risiken des Unternehmens interessiert sind, mehr als in Frage gestellt werden. Vielmehr zeigt sich, dass die Kreditinstitute bei den Neuerungen des BilMoG gerade die Regelungen kritisch beurteilen, die eine hohe Unsicherheitskomponente beinhalten und sich an den IFRS orientieren (vgl. insbesondere die Analyse bezüglich der Aktivierung aktiver latenter Steuern und der Entwicklungskosten). Es ist zu beobachten, dass Kreditgeber regelmäßig dazu geneigt sind, bei der Analyse eines IFRS-Abschlusses vorsichtig zu verfahren und diesen durch Bereinigungen **einem HGB-Abschluss anzunähern**.[415] So wird etwa auch dem aufwendigen impairment only approach (IFRS 3.55) in der beschriebenen Befragung kaum ein Nutzen beigemessen, da ein Geschäfts- oder Firmenwert aufgrund seiner hohen Unsicherheitskomponente bei der Bonitätsanalyse ohnehin nicht berücksichtigt werde.[416]

Insgesamt muss kritisch hinterfragt werden, ob die IFRS bei der Information von Kreditgebern einen zusätzlichen Nutzen bringen können oder sich aus deren Informationsbedürfnis eine Notwendigkeit zur Bilanzierung nach IFRS ergibt. Dies zeigt sich auch an den weiteren Argumenten, die hierfür vorgebracht werden. So wird etwa darauf rekurriert, dass eine Rechnungslegung nach IFRS für die Kreditinstitute mehr Transparenz und ein Mehr an Informationsvermittlung bedeute, z. B. durch die umfassenderen Anhangsangaben.[417] Jedoch können derartige Angaben

---

[413] Vgl. BT-Drs. 16/10067, S. 34.
[414] Vgl. Böcking/Herold/Müßig (2004), S. 669; Jebens (2003), S. 2349; Weißenberger/Stahl/Vorstius (2004), S. 7.
[415] Vgl. Rammert (2010), Rz. 47 zu § 51. Vgl. zu Empfehlungen für die Bilanzanalyse nach IFRS, die insgesamt als stark vorsichtsgeprägt anzusehen sind, Küting/Wohlgemuth (2004), S. 11 ff.; Gramlich (2007), S. 188 f.; Küting/Weber (2009), S. 103-110; Rammert (2010), Rz. 60-70 zu § 51; Fentz/Hoeren/Totzek (2009), S. 737 ff. Auch in einer Studie hinsichtlich der IFRS wurde von den Kreditinstituten wiederum die Korrektur aktiver latenter Steuern, immaterieller Vermögenswerte, der Abschreibung des Geschäftswerts, der fair value-Bewertung sowie der percentage of completion-Methode unter den dringlichsten Maßnahmen im Rahmen der Analyse eines IFRS-Abschlusses eingeordnet, vgl. KPMG/HHL (2008), S. 35.
[416] Vgl. Haller et al. (2008), S. 30.
[417] Vgl. DIHK/PwC (2005), S. 17; Winkeljohann/Ull (2007), S. 14.

aufgrund der bei kapitalmarktfernen Unternehmen verbreiteten Hausbankbeziehung bereits **im direkten Gespräch mit dem Kreditnehmer** erfragt werden.[418]

Die Literatur beruft sich auf weitere Argumente. So führe die Anwendung der IFRS zu einer **Verbesserung bilanzieller Kennzahlen**, insbesondere durch Erhöhung des Eigenkapitals.[419] Empirischen Studien zufolge trifft dieser Effekt zwar tendenziell tatsächlich zu.[420] Eine derartige Generalisierung vernachlässigt aber, dass die genaue Wirkung des Wechsels eines Rechnungslegungssystems unternehmensabhängig stark variiert. Zudem ist zu beachten, dass es sich bei den in der Tendenz eigenkapitalerhöhend wirkenden Positionen teilweise um solche handelt, die im Rahmen der Bonitätsanalyse zumeist eher kritisch hinterfragt werden, wie aktive latente Steuern auf Verlustvorträge.[421] Aus ökonomischer Sicht ist das Argument ohnehin kritisch zu hinterfragen. Da sich die wirtschaftliche Lage des Unternehmens durch eine Rechnungslegungsumstellung nicht ändert, muss eine **effektive Kreditbeurteilung** entsprechende Kennzahlenänderungen bereinigen.[422] Zwar verwenden die meisten Kreditinstitute Branchenvertretern zufolge ein einheitliches Rating-System für die unterschiedlichen Rechnungslegungssysteme, allerdings bereiten diese die Bilanzen auf und leiten diese auf eine einheitliche Strukturbilanz über.[423] Auf diesem Wege werden die Unterschiede zwischen HGB und IFRS eliminiert. Es zeigt sich, dass die Kreditbeurteilung relativ unabhängig vom zugrunde liegenden Rechnungslegungssystem erfolgt. Erfolgt keine derartige Korrektur,[424] ist zu beachten, dass Rating-Systeme verpflichtend einer regelmäßigen Validierung unterliegen. Hier sollte spätestens auffallen, dass Abschlüsse nach IFRS differenziert zu beurteilen sind.[425] In einem funktionierenden Kapitalmarkt dürften zudem Kreditinstitute, die fälschlicherweise nicht nach dem Rechnungslegungssystem unterscheiden, langfristig Verluste erleiden und aus dem Markt ausscheiden.[426] Insgesamt ist die Sen-

---

[418] Vgl. Massenberg/Borchardt (2007), S. 351; Zülch/Güth (2010), S. 504.

[419] Vgl. Pawelzik (2006), S. 795 f.; Kirsch/Meth (2006), S. 93; von Keitz/Stibi/Stolle (2007), S. 515.

[420] Vgl. Haller/Ernstberger/Froschhammer (2009), S. 271; Kehrel et al. (2009), S. 294; Zwirner (2010), S. 1660; Coenenberg et al. (2011), S. 140, 142.

[421] So lässt sich in der Studie von *Zwirner* der größte Effekt auf die Aktivierung latenter Steuern auf Verlustvorträge zurückführen, vgl. Zwirner (2010), S. 1660 f. *Kehrel et al.* gelangen zu dem Ergebnis, dass sich andere Kennzahlen und damit auch das Rating auf Basis eines HGB-Bilanzratingmodells tendenziell verschlechtern dürften, vgl. Kehrel et al. (2009), S. 305 f.

[422] Vgl. Küting/Ranker/Wohlgemuth (2004), S. 101; Guthoff (2006), S. 183; Kußmaul (2006), S. 323; Kahle (2006b), S. 244; Bieg/Sopp (2009), S. 493; Küting/Weber (2009), S. 549.

[423] Vgl. BdB (2009), S. 25; vgl. auch BDI/BdB/Ernst & Young (2008), S. 12 ff.

[424] In Befragungen gaben auch einige Kreditinstitute an, keine Korrekturen vorzunehmen. Dies waren vor allem kleinere Banken, die hiermit möglicherweise Probleme haben oder die kaum mit IFRS-Abschlüssen in Berührung kommen, vgl. KPMG/HHL (2008), S. 30 f.; Haller et al. (2008), S. 23 f.

[425] Vgl. Oehler (2005), S. 167; Schorr/Walter (2006), S. 1092.

[426] Vgl. Küting/Ranker/Wohlgemuth (2004), S. 101; Oehler (2005), S. 177.

kung von Fremdkapitalkosten aufgrund von Kennzahleneffekten eines Rechnungslegungssystems ein wenig tragfähiges Argument.[427]

Zusammenfassend ist ein Nutzen der IFRS im Rahmen des Eigner-Gläubiger-Verhältnisses fraglich.[428] Vielmehr gehen mit den IFRS neue **Schwierigkeiten im Rahmen der Bonitätsanalyse** einher. So erschweren die immanenten Ermessensspielräume und die fehlenden standardisierten Gliederungsschemata die Erstellung der einheitlichen Strukturbilanz und den Vergleich verschiedener Kreditnehmer.[429] Aus den häufigen Änderungen der IFRS resultieren Probleme beim intertemporalen Vergleich.[430] Bislang fehlen auch belastbare empirische Studien, die einen Vorteil der Anwendung von IFRS in Form geringerer Fremdkapitalkosten bestätigen würden.[431] Hingegen wird auf Basis eines spieltheoretischen Modells davor gewarnt, dass durch die erhöhte Transparenz der IFRS der relative Informationsvorteil von Hausbanken verloren gehen könnte und ein IFRS-Abschluss im hiesigen institutionellen Umfeld eher nachteilig wirken könnte.[432]

2.4.2.4 Vorteile der Bilanzierung nach IFRS bei der Akquise ausländischen Kapitals oder alternativer Finanzierungsformen?

Am typischen Finanzierungsverhalten nicht kapitalmarktorientierter Unternehmen hat sich in den letzten Jahren wenig geändert. Jedoch steht regelmäßig wieder zur Diskussion, ob sich kleine und mittlere Unternehmen nicht hinsichtlich ihrer Finanzierung viel stärker diversifizieren müssten. Jeweils in Krisenzeiten führt die verbreitete Fokussierung auf Bankkredite zu problematischen Finanzierungsengpässen. Deutsche Unternehmen haben aufgrund der hohen Bedeutung der Fremdfinanzierung traditionell relativ geringe Eigenkapitalquoten.[433] Die tendenziell geringe Eigenkapitalausstattung kann eine Kreditaufnahme gerade in Krisenzeiten erschweren.

---

427 Die Kreditinstitute verneinen generell die Möglichkeit zur Senkung der Fremdkapitalkosten durch Anwendung der IFRS ebenfalls, vgl. BdB (2009), S. 25 f.; BDI/BdB/Ernst & Young (2008), S. 12-17.

428 Ein positiver Einfluss dürfte aber möglich sein, wenn eine freiwillige Umstellung im Rahmen der qualitativen Faktoren des Ratings positiv gewertet wird. So zeigt *Wielenberg* anhand eines spieltheoretischen Modells, dass durch eine freiwillige Umstellung Rückschlüsse auf den Typ des Kreditnehmers gezogen werden können, was sodann geringere Kapitalkosten zur Folge haben kann, vgl. Wielenberg (2007), S. 732 ff.

429 Vgl. Rammert (2010), Rz. 53 zu § 51.

430 Vgl. Oehler (2006a), S. 119; Rammert (2010), Rz. 52 zu § 51.

431 *Kiefer/Schorn* untersuchen den Einfluss der IFRS-Umstellung auf die Risikoprämien von Unternehmensanleihen und finden einen positiven Effekt, vgl. Kiefer/Schorn (2009), S. 352. Die Ergebnisse sind jedoch kaum auf die in Deutschland immer noch dominierende Bankfinanzierung übertragbar. Zum Einfluss der IFRS im Rahmen der Kreditfinanzierung liegen zwar länderübergreifende Studien vor, deren Ergebnisse jedoch höchst unterschiedlich ausfallen und zudem aufgrund des unterschiedlichen institutionellen Umfelds m. E. nicht verallgemeinert werden dürfen, vgl. hierzu Florou/Kosi (2009); Kim/Tsui/Yi (2010).

432 Vgl. Bigus/Schorn (2008), S. 101; dies befürchten auch Wüstemann/Kierzek (2007), S. 364.

433 Vgl. statt vieler Arnsfeld/Hieb (2004), S. 664; Paul (2007), S. 333 ff.; Vincenti/Hollmann (2009), S. 304 f. Die Eigenkapitalausstattung deutscher Unternehmen hatte sich in den vergangenen Jahren stetig verbessert. In Folge der Finanzkrise wurde dieser Trend jedoch gebremst, vgl. KfW (2010), S. 27 ff.

Unter dem Ziel der Erhöhung der Eigenkapitalquote wird vor allem die Finanzierung über **Private Equity** diskutiert. Dieses nicht börsengehandelte Eigenkapital stellen meist Banken, Pensionsfonds, Versicherungen oder spezielle Beteiligungsgesellschaften bereit.[434] Es ist davon auszugehen, dass Private Equity-Gesellschaften aufgrund ihrer zumeist globalen Tätigkeit regelmäßig einen international vergleichbaren Abschluss verlangen.[435] Ein hoher Anteil des Investitionsvolumens stammt zudem ohnehin von ausländischen Beteiligungsgesellschaften.[436] Wollen Unternehmen diese oder auch andere **ausländische Kapitalgeber** ansprechen, dürfte ein international ausgerichteter Abschluss Vorteile bringen.[437] Es ist fraglich, ob von ausländischen Eigen- oder Fremdkapitalgebern ein HGB-Abschluss – auch nach BilMoG – aufgrund der deutlichen Unterschiede zu den internationalen Regelungen akzeptiert wird.

Empirische Untersuchungen zeigen jedoch eindrücklich, dass die Ansprache ausländischer Kapitalgeber im Falle nicht kapitalmarktorientierter Unternehmen kaum von Bedeutung ist. So geben in einer Studie jeweils 88 % bzw. 91 % der befragten nicht kapitalmarktorientierten Unternehmen an, dass die Eigen- oder Fremdkapitalaufnahme im Ausland keine oder eine eher geringe Bedeutung für sie habe.[438] Für viele Unternehmer kommt auch die Beteiligung von Private Equity-Gesellschaften nicht in Frage, da sie eine Gefährdung ihrer Unabhängigkeit befürchten.[439] Schließlich verlangen diese Gesellschaften meist umfangreiche Kontroll- und Mitspracherechte.[440] Die Notwendigkeit zur Anwendung internationaler Rechnungslegungsstandards aus diesem Grund dürfte daher nur selten tatsächlich von Bedeutung sein.[441]

Mezzanine-Kapital[442] stellt hingegen eine Finanzierungsalternative dar, die die Gesellschafterstruktur unverändert lässt und dem Kapitalgeber nur eingeschränkte Kontroll- und Informations-

---

434 Vgl. Burkhart (2006), S. 202; Achleitner/Schraml/Tappeiner (2008), S. 11. Vgl. weitergehend zu Private Equity statt vieler Kaserer et al. (2007); Becker/Schulte-Krumpen/Graneß (2011).

435 Vgl. Niehus (2006), S. 2530; Ull (2006), S. 40 f.; Egner (2008), S. 93.

436 Vgl. BVK (2009), S. 2 f.

437 Vgl. Bruns/Beiersdorf (2006), S. 49; Kruth (2006), S. 173; von Keitz/Stibi/Stolle (2007), S. 515.

438 Vgl. Eierle/Haller (2010), S. 12 f. Auch scheint die Bedeutung nicht zuzunehmen. Denn in einer Vorgängerstudie aus dem Jahr 2007 resultierten Werte von 89 % bzw. 90 %, vgl. Eierle/Haller/Beiersdorf (2007), S. 10 f.

439 Vgl. Achleitner/Schraml/Tappeiner (2008), S. 25 f.; Achleitner/Wahl (2004), S. 1323.

440 Vgl. Achleitner/Wahl (2004), S. 1326.

441 Zudem könnten kleinere mittelständische Unternehmen alternativ auch auf inländische, förderorientierte Beteiligungsgesellschaften zurückgreifen. Beispielhaft hierfür sind die Mittelständischen Beteiligungsgesellschaften (MBG's) der Bundesländer, die Kapital zumeist durch typisch stille Beteiligungen zur Verfügung stellen, vgl. hierzu Lühr (2010), S. 190 f. Eine derartige Beteiligung würde auch die unternehmerische Unabhängigkeit nicht gefährden. Aufgrund des öffentlichen Förderauftrags für mittelständische und häufig junge Unternehmen ist hierfür ein IFRS-Abschluss nicht notwendig, vgl. Janssen (2009), S. 69; Lühr (2010), S. 191.

442 Unter die typischen Mezzaninen Finanzierungsinstrumente fallen stille Beteiligungen, Genussrechte sowie partiarische und nachrangige Darlehen. Zu einem Überblick über Mezzanine-Kapital und dessen Charakteristika vgl. Golland et al. (2005), S. 1 ff.; Plankensteiner/Rehbock (2005), S. 790 ff. sowie Brokamp et al. (2008).

rechte zugesteht.[443] Allerdings kommt Mezzanine-Kapital ebenfalls nur im Einzelfall als Finanzierungslösung in Frage. Mezzanine-Kapitalgeber unterliegen aufgrund der typischen Nachrangigkeit ihrer Forderung einem erhöhten Risiko, weshalb mit dieser Finanzierungsform eine aufwendige Prüfung einhergeht, die sich nur bei großen Investitionsvolumina auszahlt.[444] Der Markt für standardisierte Mezzanine-Programme, der auch für kleine und mittlere Unternehmen Finanzierungsmöglichkeiten mittels kleinerer Volumina bot, ist in Folge der Finanzkrise bis dato völlig zum Erliegen gekommen. Individuell zugeschnittene Mezzanine-Finanzierungen, die häufig teurere Konditionen und höhere Mindestvolumina bedeuten, sind zumeist nur für größere Unternehmen attraktiv. Hierfür sollten die bereits abgeleiteten Ergebnisse gelten: Es dürfte ein Abschluss nach internationalen Standards im Wesentlichen nur dann notwendig werden, wenn es sich um internationale Mezzanine-Kapitalgeber handelt.[445]

Eine Umstellung auf die IFRS könnte aber bei solchen Unternehmen von Vorteil sein, die künftig eine **Inanspruchnahme des Kapitalmarkts** planen, um so im Zweifelsfall einen schnelleren Zugang zu haben und sich auf die Rechnungslegungspflichten vorzubereiten.[446] Doch selbst dieses Argument ist keinesfalls allgemeingültig, denn mittlerweile bieten mehrere Börsen auch Segmente für mittelständische Unternehmen an, bei denen eine geringere Regulierung anvisiert und daher keine Anwendung der IFRS verlangt wird.[447] Zusammenfassend ist zu schließen, dass ein IFRS-Abschluss aus Finanzierungsgründen nur in Einzelfällen notwendig ist. Hieraus ergibt sich nur im Individualfall ein Vorteil einer freiwilligen Umstellung, aber kaum ein Argument zur generellen Anwendung internationaler Rechnungslegungsstandards bei nicht kapitalmarktorientierten Unternehmen.

2.4.3 Weitere Argumente für eine internationale Rechnungslegung bei nicht kapitalmarktorientierten Unternehmen

Einem international vergleichbaren Abschluss werden weitere Vorzüge für kapitalmarktferne Unternehmen zugeschrieben. Durch die zunehmende Internationalisierung der Unternehmenstätig-

443 Vgl. Plankensteiner/Rehbock (2005), S. 791 f.; Kamp/Solmecke (2005), S. 624.
444 Vgl. Bettermann (2009), S. 203.
445 Es wurde zudem diskutiert, ob ein IFRS-Abschluss wiederum einen positiven Einfluss auf die Zuordnung der Mezzaninen Instrumente zu Eigen- oder Fremdkapital im Rahmen des Ratings der Kreditinstitute haben könnte. Grundsätzlich richtet sich aber die Behandlung von Mezzanine-Kapital im Kreditvergabe-Prozess nach dem Rating-Verfahren und hierbei nach den jeweiligen institutseigenen Regelungen, die nicht von der bilanziellen Zuordnung abhängen, vgl. Kahle (2006b), S. 245 f. Vgl. zu typischerweise angewandten Kriterien zur Zuordnung von Mezzanine-Kapital im internen Rating Arnsfeld/Müller (2008), S. 335 ff.
446 Vgl. Kahle/Dahlke (2007), S. 316; von Keitz/Stibi/Stolle (2007), S. 515.
447 Vgl. hierzu Schlitt/Kasten (2011), S. 97 ff.

keit spielen mittlerweile Auslandsaktivitäten für Unternehmen fast aller Größenordnungen eine Rolle.[448] Eine internationale Rechnungslegung kann daher zur **Erlangung internationaler Aufträge** von Vorteil sein.[449] Auch bei Teilnahme an internationalen, öffentlichen Ausschreibungen dürfte die Vorlage eines international verständlichen Abschlusses Nutzen bringen. Schließlich erleichtert ein möglichst vergleichbarer Abschluss generell die Kommunikation und Kooperation mit ausländischen Geschäftspartnern.[450] Insbesondere bei Geschäftsbeziehungen oder einer Expansion nach Osteuropa sind diese Argumente von Relevanz, da die IFRS hier weite Verbreitung gefunden haben.[451]

Jedoch wird ein Bedarf nach international vergleichbaren Rechnungslegungsinformationen von vielen nicht kapitalmarktorientierten Unternehmen in Befragungen verneint, obwohl diese für Ex- und Importe gleichzeitig eine vergleichsweise hohe Bedeutung angeben.[452] Hiermit stimmt überein, dass die Information von Kunden und Lieferanten generell als vergleichsweise wenig gewichtige Jahresabschlussaufgabe eingestuft wird.[453] Ausländische Kunden und Lieferanten scheinen tatsächlich in geringerem Umfang als häufig angenommen Jahresabschlussdaten zu verlangen.[454] Doch nimmt das Bedürfnis nach internationalen Rechnungslegungsinformationen offensichtlich zu: Während von im Jahr 2007 befragten Unternehmen nur 12 % hohen bis sehr hohen Bedarf bekundeten, waren dies im Jahr 2010 bereits 23 %. Das Interesse an einer international vergleichbaren Rechnungslegung hängt hierbei deutlich von der Unternehmensgröße und der Bedeutung der Exporttätigkeit ab.[455]

Eine Bilanzierung nach international einheitlichen Regelungen kann zudem der **Vereinheitlichung des Rechnungswesens** dienen. Dies stellt zum einen ein Argument für Unternehmen dar, die in den Konzernabschluss einer kapitalmarktorientierten Muttergesellschaft einbezogen werden. Zum anderen kommt diesem Argument für Unternehmen mit ausländischen Tochtergesellschaften Bedeutung zu. Einheitliche Bilanzierungsstandards erleichtern die Erstellung des Konzernabschlusses und die Überwachung, Steuerung sowie unternehmensinterne Kommuni-

---

[448] Nach einer Studie von *Eierle/Haller* haben für 55 % der befragten nicht kapitalmarktorientierten Unternehmen Exporte eine mittlere bis sehr hohe Bedeutung. Bei Importen waren dies 42 %, vgl. Eierle/Haller (2010), S. 13. Ein ähnliches Bild zeigt sich bei KfW (2008), S. 48 ff.; Hane/Kreipl/Müller (2011), S. 123.

[449] Vgl. Böcking/Herold/Müßig (2004), S. 671 f.; Beiersdorf/Zeimes (2005), S. 123; Trageser (2008), S. 22.

[450] Vgl. Winkeljohann/Ull (2007), S. 23.

[451] Vgl. zur Implementierung der IFRS in den EU-Mitgliedstaaten die Hinweise in Fn. 64.

[452] In der Studie von *Eierle/Haller* gaben 62 % der Unternehmen an, keinen oder einen eher geringen Bedarf nach international vergleichbaren Rechnungslegungsinformationen aufzuweisen, vgl. Eierle/Haller (2010), S. 14.

[453] Vgl. Eierle/Haller/Beiersdorf (2007), S. 9.

[454] So auch Schneeloch (2008), S. 550; Eierle/Haller (2009), S. 204; Böcking/Gros (2010b), S. 127 f.

[455] Vgl. Eierle/Haller (2010), S. 14 f.; hingegen noch Eierle/Haller/Beiersdorf (2007), S. 13 f.

kation der Gesellschaften, da aufwendige Anpassungen entfallen.[456] Vor allem bei Tochtergesellschaften in Ländern, die die IFRS befreiend zur Anwendung zulassen, ist eine einheitliche IFRS-Bilanzierung von Vorteil. Die Erleichterung der Konzernberichterstattung ist empirischen Studien zufolge sogar der maßgebliche Grund kleiner und mittlerer Unternehmen für ein Bedürfnis nach international harmonisierten Bilanzierungsregelungen.[457]

Nach verbreiteter Ansicht bietet eine Bilanzierung nach IFRS zudem den weiteren Vorteil der möglichen **Konvergenz von externem und internem Rechnungswesen**, da beide Systeme das Ziel der Bereitstellung entscheidungsrelevanter Informationen verfolgen.[458] Einer integrierten Unternehmensrechnung auf Basis des HGB sind dagegen aufgrund der vorrangigen Orientierung an der Ausschüttungsbemessung und der großen Bedeutung des Vorsichtsprinzips Grenzen gesetzt. Auch nach dem BilMoG dürften durch die Beibehaltung dieser Grundwertung die beiden Rechnungskreise weiterhin deutlich divergieren. Das Konvergenzargument sollte jedoch nicht überbewertet werden, wie im Folgenden deutlich werden wird.

Auch auf Basis der IFRS ist stets nur eine partielle Harmonisierung von in- und externem Rechnungswesen möglich, da vor allem die Kostenrechnung weiterhin erforderlich bleibt, um operative Entscheidungen auf Produkt- oder Prozessebene zu treffen.[459] Eine Harmonisierung sollte daher im Wesentlichen in Frage kommen, wenn die Steuerung und Kontrolle dezentralisierter Einheiten und nicht die operative Steuerung auf Produktebene im Vordergrund steht.[460] Dies dürfte jedoch wiederum nur bei vergleichsweise großen Unternehmen der Fall sein, weshalb diesem Argument abseits des Kapitalmarkts nur eine begrenzte Bedeutung zukommt. Zudem muss darauf hingewiesen werden, dass eine Inbezugnahme der IFRS als Basis des internen Rechnungswesens auch für größere Unternehmen nicht unproblematisch ist. So ist z. B. die An-

---

456 Vgl. Winkeljohann/Ull (2007), S. 19 ff.; Trageser (2008), S. 22; Lüdenbach (2010), S. 26 f.

457 In Befragungen zeigt sich immer wieder, dass die Mehrzahl der Unternehmen, die Interesse an einer IFRS-Anwendung signalisieren, in kapitalmarktorientierte oder ausländische Konzernstrukturen eingebunden sind, vgl. Eierle/Haller (2010), S. 15 f.; von Keitz/Stibi/Stolle (2007), S. 510 f., 518; Hane/Kreipl/Müller (2011), S. 123 f. Das Vorliegen ausländischer Tochtergesellschaften stellte sich zudem als maßgebliche Determinante in einer Studie über die tatsächliche IFRS-Anwendung abseits des Kapitalmarkts heraus, vgl. Küting/Lam (2011), S. 995 f.

458 Vgl. Jonen/Lingnau (2006), S. 5 f.; Weißenberger (2007), S. 196 f.; Simons/Weißenberger (2008), S. 138, 141; Egner (2008), S. 96. Eine Annäherung von IFRS und Controlling ergibt sich ohnehin daraus, dass das Controlling viele Daten der IFRS-Rechnungslegung bereitstellt, z. B. bei der Segmentberichterstattung, vgl. Kley (2006), S. 150; Wagenhofer (2006b), S. 4 ff.; Weißenberger (2011), S. 547 ff.

459 Vgl. Wala/Knoll/Messner (2007), S. 1835, 1883; Troßmann/Baumeister (2005), S. 646; vgl. zudem die Vorschläge bei Weißenberger/Arbeitskreis „Controller und IFRS" (2006), S. 356 ff.; Weißenberger (2011), S. 555 ff.

460 Vgl. Jahnke/Wielenberg/Schumacher (2007), S. 367. Diese kommen in einer Studie zur Umstellung auf die IFRS im Mittelstand zu dem Ergebnis, dass eine wesentliche Zunahme der Integration des Rechnungswesens nach einer Umstellung empirisch nicht feststellbar ist, obwohl dies häufig als Umstellungsmotiv genannt wurde. Die vielfache Nennung dieses Motivs beruht ihrer Meinung nach eher auf der Popularität des Themas in der Presse als auf den tatsächlichen Bedürfnissen mittelständischer Unternehmen, vgl. ebd., S. 374 f.

knüpfung von Vergütungssystemen an die fair value-Bewertung zu überdenken, da diese problematische Anreizeffekte entfachen kann und zudem eine hinreichende Manipulationsfreiheit kaum sichergestellt wäre.[461] Als weiteres Problem eines integrierten Rechnungswesens wird die Änderungshäufigkeit der IFRS und die hieraus resultierende Abhängigkeit der internen Rechnungslegung von der Standardsetzung genannt.[462] Die Konvergenz von externem und internem Rechnungswesen ist insgesamt auch auf Basis der IFRS nur begrenzt möglich.

Zusammenfassend kann die Erstellung eines IFRS-Abschlusses für nicht kapitalmarktorientierte Unternehmen durchaus Vorteile bieten. Dies hängt jedoch stark von verschiedenen individuellen Parametern, wie der Unternehmensgröße, der Konzernzugehörigkeit und der internationalen Ausrichtung, ab.[463] Tendenziell dürften die genannten Vorteile jedoch eher größere nicht kapitalmarktorientierte Unternehmen tangieren. Für die Mehrzahl der Unternehmen überwiegen hingegen die direkten und indirekten Kosten einer IFRS-Anwendung.

Als hauptsächliche Nachteile der "full IFRS" gelten deren hohe **Komplexität** und die hohe **Arbeits- und Kostenbelastung** bei Umstellung und laufender Anwendung.[464] Hohe Umstellungskosten ergeben sich nicht nur im Rechnungswesen, sondern auch durch Anpassung der IT-Systeme und des Controllings, durch Mitarbeiterschulungen und die fast immer notwendig werdende externe Beratung.[465] Die laufenden Kosten der Rechnungslegung und externen Beratung steigen zum einen aufgrund der erhöhten Komplexität und zum anderen aufgrund der relativ häufigen Änderungen der Standards.[466] Zwar dürften einige der komplizierteren Standards bei vielen mittelständischen Unternehmen mangels entsprechender Geschäftsvorfälle nicht greifen.[467] Dennoch käme es im Vergleich zum HGB zu erheblichen Komplexitätserhöhungen. Als Beispiele seien nur der Wertminderungstest mit der Abgrenzung von CGUs und der Ermittlung der Kor-

---

[461] Vgl. Crasselt (2010), S. 711 f.; Pellens/Crasselt/Sellhorn (2009), S. 109 ff. Vgl. auch Weißenberger (2007), S. 197 f., 214 ff., die empfiehlt, auch für die Unternehmenssteuerung alle fair value-Komponenten daraufhin zu überprüfen, ob diese einen Rückschluss auf die Managementleistung zulassen und sie anderenfalls für Steuerungszwecke zu eliminieren. Vgl. weiterführend zur Kritik an einer Verwendung der IFRS für Zwecke der Unternehmenssteuerung zudem Kahle (2003a), S. 773 ff.; ders. (2002c), S. 79 ff.

[462] Vgl. den Erfahrungsbericht bei BDI/BdB/Ernst & Young (2008), S. 21.

[463] Vgl. Beiersdorf/Morich (2009), S. 4; Hane/Kreipl/Müller (2011), S. 124.

[464] Vgl. aus Unternehmenssicht Schreiner (2010), S. S21 sowie die Umfrageergebnisse bei BDI/Ernst & Young (2005), S. 27; Ochs/Leibfried (2006), S. 187; Kajüter et al. (2007), S. 1881; Mages (2009), S. 219 ff.

[465] Vgl. von Keitz/Stibi/Stolle (2007), S. 515; Kahle/Dahlke (2007), S. 317; Hennrichs (2008d), S. 480.

[466] Vgl. von Keitz/Stibi/Stolle (2007), S. 515 f.; Senger (2007), S. 414; Kahle/Dahlke (2007), S. 317. Ein Vergleich von HGB und IFRS hinsichtlich ihres Komplexitätsgrads findet sich bei Küting (2011), S. 131 ff.

[467] Vgl. mit Beispielen Schleyer (2008), S. 392 ff. Vgl. auch Hoffmann (2008), S. 193 ff.; Lüdenbach/Hoffmann (2005), S. 884 ff., die eine höhere Komplexität der IFRS im Mittelstand generell anzweifeln.

rekturwerte mittels Barwertkalkülen oder allgemein die Ermittlung des fair value unter Anwendung solcher genannt.

Bei Anwendung der IFRS steigt der Arbeitsaufwand allein schon dadurch, dass die verpflichtenden Abschlussbestandteile deutlich zunehmen. Ein IFRS-Abschluss hat stets aus Bilanz, Gesamtergebnisrechnung, Eigenkapitalveränderungsrechnung, Kapitalflussrechnung und Anhang zu bestehen (IAS 1.10). Insbesondere die im Vergleich zum HGB deutlich **umfangreicheren Anhangsangaben** führen zu einer erheblichen Mehrbelastung, was noch dadurch verstärkt wird, dass die IFRS keine größen- oder rechtsformabhängigen Erleichterungen vorsehen.[468] Eine Offenlegung dieser Informationen könnte auf der anderen Seite erhebliche Nachteile für kapitalmarktferne Unternehmen bedeuten. Da diese häufig auf Nischenmärkten tätig oder stark auf wenige Produkte spezialisiert sind, ist es für kleine und mittlere Unternehmen essenziell, dass nicht zu viele wettbewerbsrelevante Informationen von Konkurrenten und Vertragspartnern einsehbar sind.[469] Zudem ist zu beachten, dass die nicht kapitalmarktorientierten internationalen Wettbewerber häufig – wie in den USA – keiner öffentlichen Rechnungslegungspflicht unterliegen und deren Informationen daher meist nicht einsehbar sind.[470]

Die Mehrzahl der Unternehmen beurteilt demgemäß auch die Kosten-Nutzen-Relation einer Umstellung auf die IFRS negativ und lehnt eine Anwendung ab.[471] Eine gesetzliche Verpflichtung zur Anwendung der IFRS wäre daher wenig zielführend und für die Mehrzahl der Unternehmen nachteilig; allein ein Wahlrecht zur befreienden Anwendung ist gerechtfertigt, um diejenigen Unternehmen, die Vorteile aus der IFRS-Anwendung ziehen, von einer doppelten Rechnungslegung zu entlasten. Für diese Fälle dürfte aber oftmals die Optionsmöglichkeit des § 315a Abs. 3 HGB ausreichen. Wie dies vor dem Hintergrund des IFRS for SMEs zu beurteilen ist, wird im Folgenden untersucht. Doch schon jetzt zeichnet sich ab, dass eine weitere, verpflichtende Harmonisierung der Rechnungslegung außerhalb des Kapitalmarkts für viele Un-

---

468 Vgl. Reuther (2007), S. 323; Schildbach (2009e), S. 74; Lüdenbach (2010), S. 38 f.

469 Vgl. Niehus (2008), S. 884; Reuther (2009), S. 8; Fink (2010), S. 735.

470 Generell steigt die Kritik an den international höchst unterschiedlichen Publizitätspflichten, vgl. Gros (2010), S. 59-68; Böcking/Gros (2010b), S. 122; Ebke (2007), S. 92 f.; Schildbach/Grottke (2011), S. 951.

471 Die Mehrheit der nicht kapitalmarktorientierten Unternehmen hat keine Umstellungsabsicht, stuft das Kosten-Nutzen-Verhältnis negativ ein oder zieht das modernisierte HGB nach BilMoG vor, vgl. etwa Ochs/Leibfried (2006), S. 186, 188; Oehler (2006b), S. 27; Kajüter et al. (2007), S. 1881, 1883; Danne/Wielenberg/Reuther (2007), S. 584 ff.; Kajüter et al. (2008), S. 598 f.; Fink/Heidbreder/Schäfer (2008), S. 607 f.

ternehmen nicht zielführend erscheint.[472] Der Hauptgrund, der für eine Ausdehnung des Anwendungsbereichs internationaler Rechnungslegungsregelungen spricht, ist den in kapitalmarktorientierte oder internationale Konzernstrukturen eingebundenen Unternehmen die bisher notwendig werdende Mehrfachbilanzierung zu ersparen.

2.4.4 Beurteilung des IFRS for SMEs anhand der gewonnenen Erkenntnisse

2.4.4.1 Erfüllung der Informationsinteressen kapitalmarktferner Unternehmen?

Der IFRS for SMEs beabsichtigt in erster Linie, entscheidungsnützliche Informationen über die Vermögens-, Finanz- und Ertragslage eines Unternehmens zur Verfügung zu stellen. Diese sollen sich an eine breite Gruppe von Nutzern richten, die nicht in der Position sind, auf direktem Wege die zur Erfüllung ihrer Informationsinteressen erforderlichen Informationen zu erlangen (IFRS for SMEs, 2.2). Gleichzeitig und damit nachgeordnet soll der Standard der Rechenschaftsfunktion dienen (IFRS for SMEs, 2.3). Die Funktionen der Ausschüttungs- und Steuerbemessung, denen nicht kapitalmarktorientierte Unternehmen eine hohe Relevanz beimessen, verfolgt der IFRS for SMEs analog zu den "full IFRS" nicht.[473] Die monofunktionale Ausrichtung der auf die Bedürfnisse des Kapitalmarkts abstellenden IFRS wurde damit weitgehend undifferenziert auf den Mittelstand-Standard übertragen; auch der IFRS for SMEs fokussiert die Bewertungsfunktion.[474] Schon die **Zielsetzung des Standards** kann kritisch hinterfragt werden, da diese den Interessen nicht kapitalmarktorientierter Unternehmen kaum gerecht wird und es hier auch nur wenige Adressaten gibt, die nicht in der Lage sind, Informationen auf direktem Wege zu erhalten.[475]

Auf Ebene der Einzelnormen zeigt sich jedoch eine deutlich abweichende Ausgestaltung im Vergleich zu den "full IFRS".[476] Aufgrund von Kosten-Nutzen-Vergleichen wurden komplexe Vor-

---

[472] Vgl. auch das empirische Ergebnis bei Fülbier/Gassen (2010), S. 80 f. die zu dem Schluss kommen, dass sich die regulatorischen Bedingungen für KMU in Europa zu stark unterscheiden, als dass eine weitere Harmonisierung der Rechnungslegung notwendig und zielführend wäre; vgl. auch Fülbier/Gassen/Ott (2010), S. 1358, 1360.

[473] Vgl. IFRS for SMEs, BC49-52.

[474] Vgl. kritisch Fülbier/Gassen (2010), S. 36 f.; Fülbier/Windhorst (2010), S. 22 f.

[475] Allgemein kann bezweifelt werden, ob die Interessen nicht kapitalmarktorientierter Unternehmen bei Entwicklung des Standards in ausreichendem Maße berücksichtigt wurden und ob das IASB die geeignete Institution ist, um Rechnungslegungsregelungen für diese Unternehmen zu entwickeln. So setzt sich das IASB aus (ehemaligen) Mitgliedern der größeren Wirtschaftsprüfungsgesellschaften, großer Konzerne und kapitalmarktregulierender Institutionen (z. B. nationale Rechnungslegungsgremien) zusammen. Kein Board-Mitglied repräsentiert kleine und mittlere Unternehmen. Ähnliches gilt für die Finanzierungsstruktur. Das IASB finanziert sich maßgeblich über Spenden großer Wirtschaftsprüfungsgesellschaften und kapitalmarktorientierter Unternehmen, vgl. Homeier (2011), S. 187 f. sowie im Einzelnen Fülbier/Windhorst (2010), S. 7-16; Fülbier/Gassen (2010), S. 39-43.

[476] Das IASB begibt sich damit in den eklatanten Widerspruch, dass Bilanzierungsmethoden, die nach dem IFRS for SMEs das gleiche Ziel der Entscheidungsnützlichkeit verfolgen, in den IFRS als unsachgemäß abgelehnt werden (z. B. das nach IFRS for SMEs, 18.14 vorgesehene strenge Aktivierungsverbot für Entwicklungskosten). Aus diesem Grund stimmte ein Mitglied des IASB dem Standard nicht zu, vgl. IFRS for SMEs, DO1 ff.; kritisch zu dieser Problematik bereits Ballwieser (2006), S. 28; Coenenberg (2005), S. 112; Ull (2006), S. 133 ff.

schriften der IFRS gestrichen.[477] Mit der Einschränkung der fair value-Bewertung, der wesentlich enger gefassten Aktivierungskonzeption durch das Ansatzverbot sämtlicher Entwicklungskosten und der planmäßigen Abschreibung aller immateriellen Vermögenswerte einschließlich des Geschäfts- oder Firmenwerts[478] ist auf Ebene der Einzelnormen durchaus eine Abkehr von dem durch die IFRS zunehmend verfolgten und für kleine und mittlere Unternehmen wenig passenden Ziel der marktmäßigen Effektivvermögensapproximation zu erkennen.

Allerdings findet dies nur teilweise und als implizites Ergebnis der Kosten-Nutzen-Betrachtungen statt. Grundlegend geht das IASB davon aus, dass die Konzepte und Prinzipien der IFRS für alle Unternehmen geeignet sind.[479] Aufgrund der gemeinsamen Zielsetzungen und Grundsätze ist bei künftigen Änderungen der IFRS wahrscheinlich, dass diese durch den IFRS for SMEs nachvollzogen werden.[480] Mit zunehmender Hinwendung der IFRS zum asset liability approach – die schließlich noch stark im Fluss ist, denn viele Projekte zur Überarbeitung der IFRS stehen in nächster Zeit erst noch auf der Agenda – steigt die Wahrscheinlichkeit, dass Teile dieser komplexen Bilanzierungskonzeption auch in den IFRS for SMEs übernommen werden. Für die Bilanzierenden ergibt sich zudem eine relativ große Unsicherheit, da die künftigen Entscheidungen des IASB über die Übernahme von Standards wenig absehbar sind, denn die **Abwägung nach Kosten-Nutzen-Gesichtspunkten** stellt stets eine subjektive Wertungsentscheidung dar.[481] Dies zeigt sich schon darin, dass im Rahmen des IFRS for SMEs zwar komplexe Regelungen gestrichen, andere – wie die percentage of completion-Methode – aber durchaus beibehalten wurden, wie im folgenden Kapitel im Einzelnen aufzuzeigen sein wird.

Eine generelle Beurteilung, ob der IFRS for SMEs oder das HGB nach BilMoG die Informationsinteressen nicht kapitalmarktorientierter Unternehmen besser erfüllen kann, erscheint kaum möglich. Beide Systeme zeigen unterschiedliche Anlehnungen an die für diese Unternehmen wenig geeignete Bewertungsfunktion der IFRS. Da das BilMoG bereits an mehreren Stellen entobjektivierende Regelungen der internationalen Rechnungslegung vorweggenommen hat, weisen beide Systeme an verschiedenen Stellen **Objektivierungsdefizite** auf, deren Nützlichkeit

---

477 Vgl. die Begründungen in IFRS for SMEs, BC98-136.
478 Vgl. im Überblick zu diesen Regelungen bereits Kap. 2.2.2.
479 Vgl. IFRS for SMEs, BC95-97.
480 Vgl. Fülbier/Gassen (2010), S. 38.
481 Vgl. kritisch zu diesem Kriterium bereits Lüdenbach/Hoffmann (2004), S. 611; Börstler (2006), S. 291 ff.; vgl. zudem zur Kritik an der mangelnden bilanztheoretischen Fundierung des IFRS for SMEs Wüstemann/Kierzek (2007), S. 358 ff.

für viele kapitalmarktferne Unternehmen fraglich ist. Schließlich sind hier sowohl die Gläubiger als auch die externen Eigner in besonderem Maße an verlässlichen Informationen interessiert, um die oftmals bereits auf informellem Wege erhaltenen Informationen zu verifizieren. Zuzustimmen ist daher der Entscheidung des IASB, ein Aktivierungsverbot für Entwicklungskosten zu implementieren.[482] Jedoch hat andererseits die Ermessensspielräume mit sich bringende fair value-Bewertung im Rahmen des IFRS for SMEs eine im Vergleich zum HGB größere Bedeutung, z. B. bei der Bewertung von Kapitalgesellschaftsanteilen oder als Finanzinvestitionen gehaltenen Immobilien.[483] Des Weiteren kommt es bspw. dadurch zu erheblichen Entobjektivierungen, dass eine Ansatzpflicht für sämtliche aktive latente Steuern vorgeschrieben wird. Dies gilt sogar für Verlustvorträge unabhängig vom Zeitpunkt ihrer voraussichtlichen Realisierung (IFRS for SMEs, 29.15). Da Kreditinstitute als zentrale Rechnungslegungsadressaten nicht kapitalmarktorientierter Unternehmen dem Ansatz aktiver latenter Steuern kritisch gegenüberstehen und diese zumeist im Rahmen der Bonitätsanalyse nicht berücksichtigen, ist der Nutzen dieser Vorschrift fraglich.[484] Kritikwürdig ist schließlich, dass der IFRS for SMEs, analog zu den IFRS, weder für die Bilanz noch für die Gesamtergebnisrechnung ein festes Gliederungsschema sondern nur bestimmte Mindestangaben verlangt (IFRS for SMEs, 4.2 und 5.5). Dies kann insbesondere den standardisierten Unternehmensvergleich der Kreditinstitute deutlich erschweren.

Insgesamt kann aber eine eindeutige Aussage darüber, ob der IFRS for SMEs oder das HGB nach BilMoG für die Informationsinteressen nicht kapitalmarktorientierter Unternehmen geeigneter ist, kaum getroffen werden. Kann aber eine Verbesserung der Informationsfunktion durch den IFRS for SMEs nicht nachgewiesen werden, stellt sich die Frage, ob anderweitige Gründe für eine Anwendung des IFRS for SMEs außerhalb des Kapitalmarkts sprechen und ob der maßgebliche Kritikpunkt an den IFRS, der hohe Rechnungslegungsaufwand, im neuen Standard gelöst wurde.

2.4.4.2 Umstellungsnutzen versus Komplexität und Erstellungsaufwand

Bislang ist noch nicht abzusehen, inwieweit sich der IFRS for SMEs als internationaler Rechnungslegungsstandard für kapitalmarktferne Unternehmen durchsetzt. Zwar stehen viele Länder

---

[482] Das IASB führt bemerkenswerterweise als eine maßgebliche Begründung zu dieser Regelung an, dass Kreditinstitute als die maßgeblichen Rechnungslegungsadressaten abseits des Kapitalmarkts diese Position eher skeptisch beurteilen, vgl. IFRS for SMEs, BC113.

[483] Es ist auch hier nach der allgemeinen, dreistufigen Bewertungshierarchie der IFRS vorzugehen (IFRS for SMEs, 11.27). Vgl. zum Anwendungsbereich der fair value-Bewertung bereits Kap. 2.2.2.

[484] Vgl. hierzu Kap. 2.4.2.2.

einer Anwendung offen gegenüber oder haben den IFRS for SMEs bereits implementiert.[485] Andererseits liegen auch sehr ablehnende Haltungen vor. So wurde mittlerweile in den USA ebenfalls ein Projekt zur Entwicklung von Rechnungslegungsregelungen für kleine und mittlere Unternehmen initiiert. Hierbei wurde ein Anknüpfen an den IFRS for SMEs explizit abgelehnt. Vielmehr sollen die Informationsbedürfnisse der Unternehmen grundlegend eruiert und auf dieser Basis eigenständige Vorschriften entwickelt werden, deren gedanklicher Ausgangspunkt die US-GAAP sind. Abseits des Kapitalmarkts wird keine Notwendigkeit zur Konvergenz mit den IFRS gesehen.[486] Ob ein Abschluss nach dem IFRS for SMEs bei der Ansprache ausländischer Kapitalgeber oder der Erlangung internationaler Aufträge Vorteile bringen könnte, ist momentan noch sehr offen; der Nutzen einer freiwilligen Umstellung ist zumindest auf absehbare Zeit ungewiss. Ein allgemeiner Umstellungszwang ergibt sich hierdurch ohnehin nicht, bedenkt man, dass die internationale Vergleichbarkeit nur für einen Teil der Unternehmen Relevanz besitzt.

Die deutlichen Unterschiede bei Ansatz- und Bewertungsmethoden führen zu einer **mangelnden Vergleichbarkeit** von nach "full IFRS" und dem IFRS for SMEs erstellten Abschlüssen.[487] Eine verpflichtende Anwendung des IFRS for SMEs im Konzernabschluss nicht kapitalmarktorientierter Unternehmen brächte das Problem mit sich, dass hierdurch der Vergleich mit kapitalmarktorientierten Unternehmen litte. Größeren kapitalmarktfernen Unternehmen könnten die Unterschiede zu gravierend sein, da ihr Vergleichsmaßstab gerade die kapitalmarktorientierten Konkurrenten sind.[488] Ein Wahlrecht würde hingegen die Vergleichbarkeit der Abschlüsse wohl zu sehr beeinträchtigen, da sodann im Konzernabschluss nicht kapitalmarktorientierter Unternehmen drei verschiedene Rechnungslegungssysteme zur Anwendung kämen. Denn will man den Unternehmen auch künftig eine kostengünstige Ableitung des Konzernabschlusses aus dem Einzelabschluss erlauben, sollte der handelsrechtliche Konzernabschluss nicht fallen.[489] Zudem stellt sich die Frage, inwiefern ein solches Wahlrecht angenommen würde. Denn eine Bilanzierung größerer Unternehmen nach dem IFRS for SMEs könnte möglicherweise auch als Signal verstanden werden, dass sich diese einen Übergang zu den "full IFRS" nicht zutrauen.[490]

485 Vgl. Kirsch/Schellhorn (2011), S. I; Senger (2010), S. 145; Eierle/Haller (2010), S. 3.
486 Vgl. hierzu DeFelice (2010), S. 24 ff.
487 Vgl. Beiersdorf/Eierle/Haller (2009), S. 1557; kritisch schon Coenenberg (2005), S. 112.
488 Vgl. Fülbier/Windhorst (2010), S. 49; in diese Richtung äußersten sich bereits die Vertreter eines größeren nicht kapitalmarktorientierten Konzerns, vgl. Reuther/Fink (2010), S. 367.
489 Vgl. m. E. diese Argumente übersehend Baetge/Brembt (2011), S. 579 f., die eine verpflichtende Anwendung des IFRS for SMEs im Konzernabschluss fordern.
490 Vgl. Egner (2008), S. 92, 99. Diese Befürchtung wurde auch von Unternehmensseite geäußert, vgl. Beiersdorf/Morich (2009), S. 4.

Eine befreiende Anwendung des IFRS for SMEs im Einzelabschluss (von der Vereinbarkeit mit den Funktionen der Ausschüttungs- und Steuerbemessung einmal abgesehen) könnte kaum eine Verbesserung des jetzigen Rechtszustands bewirken. Denn das **Problem des doppelten Rechnungslegungsaufwands** für Unternehmen, die in einen Konzernabschluss nach IFRS einbezogen werden, bliebe durch Anwendung des IFRS for SMEs ungelöst. Aufgrund der deutlichen Unterschiede zu den IFRS wären ebenso aufwendige Überleitungen notwendig.[491] Ein zentrales Bedürfnis vieler Unternehmen würde der IFRS for SMEs daher nicht erfüllen. Aufgrund der Unterschiede zwischen den beiden Rechnungslegungssystemen könnte ein langfristiger Wechsel des Gesetzgebers zum IFRS for SMEs anstelle des HGB die Problematik der Koexistenz mehrerer Rechnungslegungssysteme nicht lösen.

Insgesamt stellt sich der Nutzen einer freiwilligen oder regulatorisch verpflichtenden Anwendung des IFRS for SMEs als fraglich dar. Gleichwohl dürfte auch der IFRS for SMEs zu einer im Vergleich zum HGB **erhöhten Rechnungslegungskomplexität** führen, obwohl das BilMoG komplexe Normen der internationalen Rechnungslegung teilweise bereits vorweggenommen hat. Dass sich das IASB bei der Entwicklung des Standards wenig an den Bedürfnissen kleiner und mittlerer Unternehmen orientierte, zeigt schon, dass auf größenabhängige Erleichterungen gänzlich verzichtet wurde und ein vollständiger Abschluss analog zu den IFRS stets aus Bilanz, Gesamtergebnisrechnung, Eigenkapitalveränderungsrechnung, Kapitalflussrechnung und Anhang zu bestehen hat.[492] Eine Verpflichtung zur Anwendung des IFRS for SMEs ohne größen- und/ oder rechtsformabhängige Erleichterungen kann m. E. allein schon aus diesem Grund nicht in Frage kommen. Eine regelmäßige Mehrbelastung für mittelständische Unternehmen würde zudem die alle drei Jahre stattfindende Überarbeitung bedeuten, wobei bei dringenden Änderungen sogar eine frühere Überarbeitung in Betracht kommt.[493]

Ohnehin ist fraglich, ob bei Anwendung des IFRS for SMEs nicht doch vielfach ergänzend auf die "full IFRS" zurückgegriffen werden muss. Zwar soll der IFRS for SMEs ein eigenständiges Rechnungslegungssystem darstellen, dessen Anwendung einen solchen Rückgriff gerade nicht erfordert.[494] Zumeist wird jedoch erwartet, dass dies in der praktischen Anwendung nicht der Fall sein wird, sondern der bei Regelungslücken vorgesehene Hinweis, optional auf die IFRS zurück-

---

[491] Vgl. Winkeljohann/Morich (2009), S. 1634; Reuther/Fink (2010), S. 364.
[492] Vgl. IFRS for SMEs, 3.17; zu Erleichterungen bei der Eigenkapitalveränderungsrechnung IFRS for SMEs, 3.18.
[493] Vgl. IFRS for SMEs, P17.
[494] Vgl. IFRS for SMEs, BC83.

zugreifen, häufig dazu führt, dass eine **Auslegung anhand der IFRS** erfolgen muss.[495] Denn ein Abweichen von den IFRS bei der Ausfüllung von Regelungslücken dürfte schwer zu begründen sein, da beide Systeme auf den gleichen Zielen und Prinzipien basieren.[496] Mittelständische Unternehmen müssten sich sodann faktisch auch mit den "full IFRS" beschäftigen.

Wie gezeigt, wurden mehrere **komplexe Bilanzierungsvorschriften** der IFRS nicht in den IFRS for SMEs übernommen. Auf dieser Begründung basieren das Ansatzverbot von Entwicklungskosten, der Verzicht auf die Neubewertungsmethode sowie die Annahme einer begrenzten Nutzungsdauer bei immateriellen Vermögenswerten inklusive Geschäfts- oder Firmenwert.[497] Gleichzeitig wurden aber aufwendige Vorschriften beibehalten. So würde die Bilanzierungspflicht sämtlicher latenter Steuern nach dem temporary concept (IFRS for SMEs, 29.15) ein aufwendiges tax accounting notwendig machen. Die Komplexität der Jahresabschlusserstellung würde hierdurch gegenüber dem HGB deutlich erhöht. Denn auch nach dem BilMoG dürfte ein Aktivüberhang latenter Steuern aufgrund der eingeschränkten Möglichkeiten der steuerlichen Rückstellungsbildung die Regel sein. Wird sodann nicht von dem Aktivierungswahlrecht des § 274 Abs. 1 S. 2 HGB Gebrauch gemacht, ist eine differenzierte Ermittlung latenter Steuern – anders als im Falle der Ansatzpflicht gem. IFRS for SMEs, 29.15 – nicht notwendig.[498] Zu einer Komplexitätserhöhung gegenüber dem HGB dürften des Weiteren z. B. die percentage of completion-Methode (IFRS for SMEs, 23.17 ff.) oder der verpflichtend anzuwendende Komponentenansatz (IFRS for SMEs, 17.16) führen. Die percentage of completion-Methode verlangt umfangreiche Dokumentationen und Schätzungen und bedingt daher ein zeitnahes Projektcontrolling, um die Aktualität von Fertigungsfortschritt und -kosten sicherzustellen. Zahlreiche mittelständische Bauunternehmen müssten hierfür ihr Rechnungswesen erweitern.[499] Auch der Komponentenansatz wird in der praktischen Anwendung als sehr aufwendig eingeschätzt.[500]

---

[495] Vgl. Lüdenbach (2010), S. 412 ff.; Homeier (2011), S. 188; Winkeljohann/Morich (2009), S 1630, 1634; Schildbach (2009e), S. 69; ders. (2011a), S. 117.

[496] Vgl. Lüdenbach (2010), S. 413 f.

[497] Vgl. IFRS for SMEs, BC113, BC84 (d) und (h), BC112.

[498] Vgl. auch Hoffmann (2011a), S. 241 f.; hierzu bereits Fn. 56.
Zudem ist zu beachten, dass lege lata viele Gesellschaften gar nicht unter den Anwendungsbereich latenter Steuern fallen, während nach dem IFRS for SMEs alle Unternehmen hiervon betroffen wären.

[499] Vgl. Buchholz (2002), S. 1281; Baetge/Klaholz (2006), S. 39; Kahle/Dahlke (2007), S. 317.

[500] Vgl. Eierle/Haller/Beiersdorf (2007), S. 33.
Im Rahmen des Komponentenansatzes wird ein abnutzbarer Vermögensgegenstand des Sachanlagevermögens in seine wesentlichen Komponenten unterschiedlicher wirtschaftlicher Nutzungsdauer zerlegt und abgeschrieben. Auch im HGB wird aufgrund der Streichung der Aufwandsrückstellung des § 249 Abs. 2 HGB a. F. in Folge des BilMoG diskutiert, inwieweit die Komponentenabschreibung zulässig ist, um Ergebnisverzerrungen zu vermeiden. Das IDW bejaht dies in IDW RH HFA 1.016. Gleichwohl ist die Anwendung nicht verpflichtend, sondern es handelt sich um ein Wahlrecht, vgl. Kahle/Heinstein/Dahlke (2010), Rz. 177d m. w. N. Vgl. zum Komponenten-

Als bedeutendstes Problem ist jedoch wiederum der **Umfang der Anhangsangaben** zu sehen. Obwohl dieser gegenüber den IFRS reduzier wurde, käme es im Vergleich zum geltenden Recht immer noch zu einer deutlichen Ausweitung. Die Erhebung der Daten dürfte zu nicht unerheblichen Mehraufwendungen führen. Vor allem aber würde sich die Gefahr der Preisgabe wettbewerbsrelevanter Daten nach dem IFRS for SMEs drastisch verschärfen.[501] Als Beispiele seien nur genannt, dass im Anhang stets über vertragliche Verpflichtungen hinsichtlich des künftigen Erwerbs von Grundstücken, Sachanlagen und Betriebs- und Geschäftsausstattung (IFRS for SMEs, 17.32 (b)) sowie immaterieller Vermögenswerte (IFRS for SMEs, 18.28 (d)) zu berichten ist. Auch der Gesamtbetrag der Forschungs- und Entwicklungsaufwendungen ist stets anzugeben (IFRS for SMEs, 18.29). Wettbewerber erhalten hierdurch unmittelbare Hinweise darauf, in welcher Höhe und in welchen Bereichen das Unternehmen in Zukunft Investitionen tätigen will[502] und in welchem Umfang dieses derzeit Forschungsaktivitäten durchführt. Es besteht weitgehende Einigkeit darüber, dass es ohne eine massive Kürzung der Anhangsangaben „keine sinnvolle Anwendung der IFRS im deutschen Mittelstand geben [wird].“[503]

Insgesamt ist der IFRS for SMEs damit wohl eine wenig sinnvolle Bilanzierungsalternative, sondern ähnelt eher „einem Gewand, das keinem richtig passt“[504]. Einer aktuellen Befragung zufolge ist die Bereitschaft zur Anwendung des neuen Standards gering: Wäre eine befreiende Anwendung möglich, würden dennoch 83 % der befragten Unternehmen diese nicht in Anspruch nehmen wollen.[505] Strebt die EU eine weitergehende Vereinheitlichung für nicht kapitalmarktorientierte Unternehmen an, etwa um deren grenzüberschreitende Finanzierung, die bislang noch eine eher untergeordnete Rolle spielt, zu fördern, wäre daher der sinnvollere Weg, über die **Abschaffung von Wahlrechten der Bilanzrichtlinie** nachzudenken.[506] Die Wahlrechtsreduktion im Rahmen des BilMoG könnte hierfür Vorbild stehen.[507]

---

ansatz nach HGB und IFRS im Einzelnen Hommel/Rößler (2009), S. 2526 ff.; Husemann (2010), S. 507 ff; Mujkanovic/Raatz (2008), S. 245 ff.

501 Vgl. eingehend hierzu Grottke/Haendel (2010), S. 1147 ff.; Schildbach/Grottke (2011), S. 947 ff.

502 Vgl. Grottke/Haendel (2010), S. 1148; Schildbach/Grottke (2011), S. 947.

503 Hoffmann (2010), S. 328.

504 Fülbier/Windhorst (2010), S. 49.

505 Vgl. Eierle/Haller (2010), S. 29.

506 Vgl. Hennrichs (2008d), S. 484 f.; Kleindiek (2010), S. 1339 f.; zu Vorschlägen vgl. Haag (2010), S. 2324 f.

507 Vgl. Günther (2010), S. S26; Breker (2010), S. I; Schildbach (2011a), S. 119.

2.4.5 Zur künftigen Stellung der Informationsfunktion im Handelsbilanzrecht

Fasst man die bisherigen Überlegungen zusammen, so zeigt sich, dass zwar für einige nicht kapitalmarktorientierte Unternehmen durchaus ein Anreiz besteht, nach IFRS zu bilanzieren. Für die Masse der mittelständischen Unternehmen hingegen ist mit den in jüngerer Zeit zu beobachtenden Versuchen, etwa im Rahmen des BilMoG oder mit dem IFRS for SMEs die Informationsfunktion der Rechnungslegung generell zu stärken, kaum ein positives Kosten-Nutzen-Verhältnis verbunden. Es stellt sich die Frage, ob die Rechnungslegung nicht kapitalmarktorientierter Unternehmen sich stattdessen vielmehr wieder auf die Ausschüttungs- und Steuerbemessung als für diese Unternehmensgruppe bedeutendste Jahresabschlussaufgaben fokussieren sollte.[508]

Hauptsächliches Argument für ein kodifiziertes Informationssystem ist aus Sicht der ökonomischen Theorie die hiermit einhergehende **Einsparung von Transaktionskosten**. Denn durch die gesetzliche Informationspflicht wird die Vereinbarung und Kontrolle einer Vielzahl an Einzelverträgen obsolet.[509] Die gesetzliche Regelung **ersetzt quasi als Standardvertrag privatautonome Verhandlungsprozesse**.[510] So wäre im Fall kapitalmarktorientierter Unternehmen mit einer Vielzahl an Anteilseignern ein individueller Abschluss von Verträgen zur Informationsversorgung kaum möglich. Für Kleinanleger würde sich zudem der Erwerb von Informationen zur Fundierung von Investitionsentscheidungen häufig nicht lohnen. Kleinere, uninformierte Investoren könnten daher ohne gesetzliche Informationspflichten auf Dauer gesehen Vermögensverluste erleiden und sich tendenziell vom Markt zurückziehen, was die Liquidität des Kapitalmarkts erheblich beeinträchtigen würde.[511] Eine gesetzlich erzwungene Informationspflicht kann daher dadurch begründet werden, dass sie die Allokationsfunktion des Kapitalmarkts sichert.[512]

Auf viele kapitalmarktferne Unternehmen kann diese Überlegung nicht übertragen werden. Vertraglich ausbedungene Informationsrechte lassen sich schließlich in kleineren, nicht kapitalmarktorientierten Unternehmen erheblich einfacher durchsetzen. Diese weisen häufig eine geringe Anzahl von Unternehmensbeteiligten auf, die relativ **kostengünstig über Einzelverträge** abgesichert werden können.[513] Es wurde in dieser Arbeit deutlich, dass die Vertragspartner nicht

---

508 Hiermit wird aber keineswegs die Abschaffung von Wahlrechten durch das BilMoG in Frage gestellt (diese ist auch aus Sicht aller Jahresabschlussfunktionen vorteilhaft).

509 Vgl. Schildbach (1986), S. 91; Streim (1988), S. 24; Walz (1993), S. 94; Hax (1988), S. 198; Pellens et al. (2011), S. 10; Fülbier/Gassen (2010), S. 21.

510 Vgl. Schmidt (1982), S. 746; Wüstemann (2002), S. 53 f.

511 Vgl. Schmidt (1982), S. 741.

512 Vgl. Watrin (2001a), S. 65; so auch Schmidt (2000), S. 43.

513 Vgl. Ballwieser (2006), S. 26; hierzu auch Meth (2007), S. 58-62; Mages (2009), S. 87.

kapitalmarktorientierter Unternehmen, wie externe Gesellschafter oder Kreditinstitute, häufig die Möglichkeit haben, auf direktem Wege an die erforderlichen Informationen zu gelangen.[514] Bei einem eher kleinen Unternehmen ist daher eine gesetzliche Rechnungslegung zur Informationsvermittlung oftmals nicht notwendig. Die Vorteilhaftigkeit einer normierten Rechnungslegung nimmt sodann mit der Unternehmensgröße und der Zahl der Adressaten zu. Gleichzeitig ist zu beachten, dass die gesetzliche Regulierung Befolgungskosten der Unternehmen verursacht. Kodifizierte Informationspflichten sind deshalb letztlich nur zu rechtfertigen, soweit die Kosten der verpflichtenden Informationsbereitstellung die der vertraglichen Vereinbarung nicht übersteigen.[515] Es ist daher darauf zu achten, dass die Rechnungslegungspflichten hinsichtlich der Unternehmensgröße abgestuft werden.

Vor diesem Hintergrund muss die Ausgestaltung der Informationsfunktion verstärkt von den hiermit einhergehenden **Kosten** abhängig gemacht und der Nutzen der Unternehmen aus einer entsprechenden Erhöhung der Rechnungslegungskomplexität stets kritisch hinterfragt werden. Eine Fokussierung der Informationsfunktion bei allen Unternehmen, sei es durch die IFRS, den IFRS for SMEs oder durch die Anlehnung an die internationalen Regelungen, wie dies im Rahmen des BilMoG zunächst umfassend vorgesehen war, letztlich aber nur partiell umgesetzt wurde, vermag sodann aber kaum zu überzeugen. Denn der Nutzen ist für viele Unternehmen aufgrund des geringen Bedarfs nach an der Bewertungsfunktion ausgerichteten Informationen gering, während sich alle Unternehmen einer Komplexitätssteigerung ausgesetzt sehen. Infolgedessen ist die Entscheidung des Gesetzgebers, im Rahmen des BilMoG an der Ausschüttungsbemessung als Primärfunktion des handelsrechtlichen Jahresabschlusses festzuhalten, zu begrüßen. Auch künftig sollte diese Ausrichtung beibehalten werden. Die allgemeine Annäherung der Vorschriften für alle Kaufleute an die IFRS im Rahmen des BilMoG ist vor diesem Hintergrund eher kritisch zu sehen und sollte nicht fortgeführt werden.[516]

2.5 Zusammenfassende Ableitung von Empfehlungen zur künftigen Ausgestaltung der Informationsfunktion

Eine logisch-deduktive Aussage über die Entscheidungsnützlichkeit von Rechnungslegungssystemen muss scheitern, da die subjektiven Entscheidungskalküle der Rechnungslegungsadres-

---

514 Vgl. im Einzelnen Kap. 2.4.1 und Kap. 2.4.2.1.

515 Vgl. Pellens/Fülbier (2000), S. 578; Watrin (2001a), S. 103 ff.

516 Folglich ist auch der zunehmenden Forderung nach einer Deregulierung der Offenlegungspflichten nicht kapitalmarktorientierter Unternehmen (§ 325 HGB) zuzustimmen, vgl. hierzu Fülbier/Gassen (2007), S. 2607; Hennrichs (2009b), S. 592 f.; Gros (2010), S. 201 f.; Böcking/Gros (2010b), S. 139 f.

saten nicht bekannt sind. Eine international einheitliche "Bilanzierungssprache" ist jedoch auf den zusammenwachsenden globalen Kapitalmärkten notwendige Voraussetzung zur Förderung einer effizienten Kapitalallokation. Die IFRS haben sich als maßgebliches Rechnungslegungssystem herauskristallisiert, zu dem es keine absehbare Alternative gibt. Gleichwohl sollte die **inhaltliche Ausrichtung der Standards** einer kritischen Überprüfung zugeführt werden. Es ist fraglich, ob der momentan vom IASB verfolgte asset liability approach mit dem Zweck einer marktmäßigen Annäherung an das Effektivvermögen realiter tatsächlich zielführend ist. „Damit das bilanzielle Eigenkapital gleichzeitig den Unternehmenswert widerspiegelt, müssten sämtliche Ansprüche und Verpflichtungen des Unternehmens bilanziert werden. Jeder Vertrag, jede wirtschaftliche Kooperation, kartellrechtliche Auflagen, eigenerstelltes know how, ja der Fair Value eines jeden Mitarbeiters wäre in der Bilanz zu erfassen. [...] Die Rechnungslegung würde zu einem Erfassungsmodul völlig unsinniger Werte verkommen.“[517] Der hierbei zunehmend fokussierte Wertmaßstab des fair value besitzt nur für wenige Bilanzpositionen einen zusätzlichen Informationsgehalt und sollte weiterhin nur für einen engen Anwendungsbereich greifen. Auf der anderen Seite kommt es durch die zunehmend in die Rechnungslegung einfließenden Prognoseinformationen zu einer problematischen Entobjektivierung und zu einem erheblichen Erstellungsaufwand für die Unternehmen.

Die **Anwendung der IFRS bei kapitalmarktfernen Unternehmen** ist jedoch eine andere Frage. Deren Informationsinteressen unterscheiden sich wesentlich von denjenigen kapitalmarktorientierter Unternehmen. Generell kommt der Informationsfunktion gegenüber der Ausschüttungs- und Steuerbemessung keine vorrangige Bedeutung zu. Durch das BilMoG wurde im Großen und Ganzen ein für die meisten kapitalmarktfernen Unternehmen adäquates Bilanzierungssystem geschaffen.[518] Teilweise ging die Reform sogar zu weit. Speziell die in das Handelsbilanzrecht Einzug haltende Entobjektivierung aufgrund des Aktivierungswahlrechts für selbst erstellte immaterielle Vermögensgegenstände des Anlagevermögens gem. § 248 Abs. 2 S. 1 HGB ist aufgrund der fehlenden Relevanz für die zentralen Abschlussadressaten kapitalmarktferner Unternehmen von fraglichem Nutzen.

---

[517] Kley (2001), 2262.

[518] In Befragungen zeigt sich, dass die meisten mittelständischen Unternehmen IFRS und HGB nach BilMoG hinsichtlich der Güte in Bezug auf die Informationsvermittlung recht ähnlich einstufen, vgl. Hane/Kreipl/Müller (2011), S. 124; Hane/Müller (2011), S. 249.

Die Mehrzahl der nicht kapitalmarktorientierten Unternehmen signalisiert wenig Interesse an international vergleichbaren Rechnungslegungsinformationen. Eine weitere, zwingende Internationalisierung der Rechnungslegung für alle Unternehmen wäre daher auf absehbare Zeit wenig zielführend. Für manches kapitalmarktferne Unternehmen kann ein IFRS-Abschluss in internationalen Geschäftsbeziehungen zwar durchaus vorteilhaft sein. Überwiegend vollzieht sich das Auslandsengagement aber über Im- und Exporte, wobei der Information von Kunden und Lieferanten über die Rechnungslegung eine vergleichsweise geringe Bedeutung zukommt. Die Finanzierung spielt sich hauptsächlich auf nationalen Märkten ab. Für nicht kapitalmarktorientierte Unternehmen, die keinen langfristigen Gang an den Kapitalmarkt planen oder ausländisches Kapital akquirieren möchten, ist eine Rechnungslegung nach IFRS nicht notwendig. Die vom IASB postulierten Vorteile einer internationalen Rechnungslegung auch für diese Unternehmen[519] laufen realiter häufig ins Leere. Dies dürfte sich erst mittel- bis langfristig ändern, falls der Internationalisierungsgrad nicht kapitalmarktorientierter Unternehmen signifikant steigt. Dagegen besitzen die IFRS eine Komplexität, die viele Unternehmen überfordern dürfte.

Selbiges gilt für den **IFRS for SMEs**, für dessen Anwendung wenig spricht. Auch dieser verfolgt – analog zu den IFRS – weitgehend die für kleine und mittlere Unternehmen wenig geeignete Bewertungsfunktion. Zwar wurde der IFRS for SMEs gegenüber den IFRS stark vereinfacht, allein die umfangreichen Anhangsangaben würden viele Unternehmen aber weiterhin überfordern. Zudem scheint der Nutzen einer Anwendung des IFRS for SMEs unbestimmt. Viele der kleinen und mittleren Unternehmen, die bisher freiwillig nach IFRS bilanzieren, geben als Grund hierfür die Vorgabe einer kapitalmarktorientierten Muttergesellschaft an. Gerade diesen Unternehmen brächte der IFRS for SMEs wenig, da er sich beträchtlich von den "full IFRS" unterscheidet und wieder aufwendige Überleitungsrechnungen bei Erstellung des Konzernabschlusses notwendig wären. Mit dem IFRS for SMEs würde nur eine Bilanzierungskonvention (HGB nach BilMoG) durch eine andere (IFRS for SMEs) ersetzt, ohne die bisherigen Probleme, die aufgrund der Koexistenz mehrerer Rechnungslegungssysteme bestehen, zu lösen.

Auf EU-Ebene sollte der Fokus auf die **Fortentwicklung der Richtlinien** anstelle einer Übernahme des wenig geeigneten IFRS for SMEs gelegt werden. Strebt die EU eine weitergehende Vereinheitlichung auch für nicht kapitalmarktorientierte Unternehmen an, so kann dies schließ-

---

519 Vgl. IFRS for SMEs, BC36-37.

lich über die Abschaffung von Wahlrechten der Bilanzrichtlinie geschehen. Die Reduktion expliziter Wahlrechte im Rahmen des BilMoG könnte hierfür eine Vorbildfunktion einnehmen. Ein Mitgliedstaaten- oder Unternehmenswahlrecht zur Anwendung des IFRS for SMEs würde die Rechtszersplitterung weiter fördern und wäre daher wenig sinnvoll.[520]

Gleichwohl gilt zu überlegen, ob nicht eine **Wahlmöglichkeit zur Anwendung der IFRS im Einzelabschluss** geschaffen werden sollte. Das maßgebliche Argument hierfür ist jedoch nicht die erhoffte Informationsverbesserung, sondern der Rechnungslegungsaufwand von Unternehmen, die in kapitalmarktorientierte Konzernstrukturen eingebunden sind. Die Bilanzierung nach HGB verursacht für diese Unternehmen Aufwendungen, denen zumindest aus Sicht der Informationsfunktion kein Nutzen gegenübersteht. Da dem Einzelabschluss de lege lata aber die Funktionen der Ausschüttungs- und Steuerbemessung zukommen, und diese Frage nicht ohne eine Lösung für diese Funktionen beantwortet werden kann, werden diese Rechnungslegungsfunktionen und deren Ausgestaltung im Folgenden untersucht.

---

[520] Auch der jüngst von *Baetge/Brembt* vorgebrachte Vorschlag scheidet somit m. E. aus. Demnach sollte den Unternehmen ein generelles Wahlrecht zur Anwendung des IFRS for SMEs ermöglicht werden. Alle Unternehmen, die die Option nicht ausüben, hätten im Anhang in einer Art Überleitungsrechnung über die Unterschiede zum IFRS for SMEs zu berichten, vgl. Baetge/Brembt (2011), S. 577 ff. Da aber in dieser Arbeit herausgearbeitet wurde, dass nur wenige Unternehmen einen zusätzlichen Nutzen aus einer stärkeren internationalen Harmonisierung und ausgeweiteten Informationspflichten ziehen, bleibt der Nutzen dieser Alternative, die mit erheblichen Aufwendungen für die Unternehmen einhergehen würde, für die Mehrzahl der Unternehmen offen.

3 Ausschüttungsbemessung und Kapitalerhaltung: Ausgestaltung, Reformbedarf, Fortentwicklungsmöglichkeiten und -grenzen

3.1 Ausgestaltung der Ausschüttungsbemessungsfunktion im Handelsbilanzrecht de lege lata

3.1.1 Gläubigerschutz durch Ausschüttungsbeschränkung als primäre Jahresabschlussfunktion

Der dominierende Zweck der handelsrechtlichen Gewinnermittlung ist – wie bereits verdeutlicht wurde – in der Ausschüttungsbemessungsfunktion zu sehen.[1] Dem Handelsbilanzrecht kommt hierbei die Funktion zu, eine Grundlage für die Bemessung der möglichen periodischen Ausschüttungen an die Unternehmenseigner zu liefern. Unter diese Funktion fällt auf der einen Seite die Bemessung und Sicherung der Ansprüche der Eigenkapitalgeber, auf der anderen Seite aber vor allem die Aufgabe, deren Entnahmen zu begrenzen, um eine Schädigung der Gläubiger aufgrund des Entzugs von Haftpotenzial zu verhindern.[2] Dem letztgenannten **Ziel des Gläubigerschutzes** durch Ausschüttungsbeschränkung kommt dabei nach h. M. die **dominierende Bedeutung** zu.[3] Es soll ein grundsätzlich ausschüttungsfähiger bzw. dem Unternehmen entziehbarer Gewinn ermittelt werden.[4] Dementsprechend soll der ohne Reinvermögensverzehr und ohne ausschüttungsinduzierte Gläubigergefährdung entnehmbare Betrag angezeigt werden.[5]

Das deutsche Bilanzrecht trifft damit eine Wertungsentscheidung zugunsten der Gläubiger, indem eine objektivierte, vorsichtig bemessene, umsatzabhängige und verlustantizipierende Ausschüttungsrichtgröße ermittelt werden soll.[6] Aus dieser Zielsetzung ergibt sich die bedeutende Stellung des Vorsichtsprinzips sowie der hieraus abgeleiteten GoB, des Realisations- und Imparitätsprinzips. Das Realisationsprinzip verhindert durch die Anknüpfung der Gewinnrealisierung an den erfolgten Umsatzakt, dass reine Wertsteigerungen zur Ausschüttung gelangen, während das Imparitätsprinzip darüber hinaus Ausschüttungen durch eine frühzeitige Verlustverrechnung begrenzt.[7] Das Bilanzrecht fördert damit traditionell die Überbewertung von Risiken und die Unterbewertung von Chancen, um den ausschüttbaren Gewinn zu verringern und die Vermögenssubstanz zu erhöhen, was den Gläubigern zusätzliche Sicherheit verschaffen soll.[8] Ziel dieses

---

1 Vgl. im Einzelnen bereits Kap. 2.1.1.1.
2 Vgl. Ewert (1986), S. 6.
3 Vgl. nur Beisse (1993), S. 77-97; ders. (2001), S. 741; Moxter (1984a), S. 157 ff.; ders. (1986), S. 17 f.
4 Vgl. Döllerer (1959), S. 1219 f.; Moxter (1994), S. 98 f.
5 Vgl. Moxter (2000c), S. 62 f.; ders. (2004a), S. 280; ders. (2007), S. 409.
6 Vgl. Beisse (1984), S. 4; Moxter (1987), S. 366; ders. (1989), S. 236; Ballwieser (1996b), S. 8.
7 Vgl. Schreiber (1986), S. 67; Ballwieser (2009a), Rz. 43.
8 Vgl. Kübler (1995a), S. 553; ders. (1995b), S. 363.

Vorgehens ist, Gewinne nicht zu früh auszuweisen, um die Gefahr zu mindern, dass diese zu Lasten der Gläubiger dem haftenden Vermögen entzogen werden.[9]

3.1.2 Veränderung der Ausschüttungsbemessungskonzeption im Zuge des BilMoG

Im Zuge der Modernisierung des HGB wurde explizit an der Ausschüttungsbemessungsfunktion als Eckpunkt des Handelsbilanzrechts festgehalten.[10] Auch nach dem BilMoG stellt die Ausschüttungsbemessung die vorrangige handelsrechtliche Jahresabschlussaufgabe dar, was schon daran deutlich wird, dass das Vorsichtsprinzip mit seinen Ausprägungen – trotz einzelner Durchbrechungen – seine dominierende Stellung behielt.[11] Die Fortentwicklung in Richtung der Informationsfunktion sollte nur insoweit erfolgen, wie die Ausschüttungsbemessungsfunktion nicht gefährdet wird. Der Gesetzgeber beabsichtigte einen „Spagat zwischen der Aufrechterhaltung der klassischen Prinzipien des deutschen Bilanzrechts und dem […] Grundgedanken, durch den Jahresabschluss entscheidungsnützliche Informationen bereitzustellen."[12]

Zur Erreichung dieses Spagats mussten Korrekturmechanismen für die mit der Stärkung der Informationsfunktion einhergehenden Erträge geschaffen werden, die aufgrund ihrer hohen Unsicherheitskomponente nicht in eine vorsichtig bemessene Ausschüttungsrichtgröße einfließen können. Daher wurde für die Erträge aus dem Ansatz selbst erstellter immaterieller Vermögensgegenstände des Anlagevermögens und der Zeitbewertung des sog. Planvermögens, sofern diese die Anschaffungskosten übersteigt, eine **Ausschüttungs- und Abführungssperre** (§§ 268 Abs. 8 S. 1, 3 HGB, 301 S. 1 AktG) eingeführt. Dies gilt ebenso im Falle eines Aktivüberhangs latenter Steuern (§ 268 Abs. 8 S. 2 HGB). § 268 Abs. 8 HGB untersagt eine Ausschüttung, wenn nicht nach der Ausschüttung mindestens frei verfügbare Rücklagen (zuzüglich Gewinn- und abzüglich Verlustvortrag) in Höhe der angesetzten Beträge (abzüglich passiver latenter Steuern) im Unternehmen verbleiben, womit ein zusätzlicher Eigenkapitalpuffer in Höhe der als unsicher eingestuften Positionen vorgeschrieben wird.[13] Die Ausschüttungen werden hierdurch gerade auf den

---

Im Zuge des BilMoG wurde zwar die Möglichkeit, stille Reserven z. B. durch Wahlrechtsabschreibungen zu bilden, deutlich eingeschränkt. Die Grundintention des Handelsbilanzrechts bleibt jedoch dieselbe; die stark kritisierten Wahlrechte des Handelsbilanzrechts vor BilMoG waren auch dem Gläubigerschutz nicht zuträglich.

[9] Dies ist insbesondere bei Haftungsbeschränkung relevant, vgl. Kap. 3.5.1.1 und Schildbach (2009a), S. 14.

[10] Vgl. BT-Drs. 16/10067, S. 1, 32; BT-Drs. 16/12407, S. 1, 108.

[11] Vgl. Wüstemann/Wüstemann (2010a), S. 759; Wüstemann/Koch (2010), S. 330 f.; vgl. im Einzelnen zum Verhältnis der Jahresabschlussfunktionen nach BilMoG und den Durchbrechungen der GoB bereits Kap. 2.1.1.2.

[12] Küting et al. (2011), S. 1.

[13] Vgl. zur technischen Ausgestaltung der Ausschüttungs- und Abführungssperre im Einzelnen Gelhausen/Althoff (2009), S. 584 ff. und 629 ff.; Simon (2009), S. 1083 ff.; Küting et al. (2011), S. 1 ff.
Die Kürzung um passive latente Steuern ist geboten, da diese das Ausschüttungspotenzial bereits gemindert haben. In der Literatur wird jedoch auf die missverständliche Formulierung des § 268 Abs. 8 HGB hingewiesen.

Betrag beschränkt, der sich auch ohne die mit Unsicherheit behafteten, aktivierten Beträge ergeben würde.[14] Da die ausschüttungsgesperrten Eigenkapitalbestandteile bei dieser Technik nicht aus der Bilanz ersichtlich sind, ist der Gesamtbetrag der ausschüttungsgesperrten Beträge, aufgegliedert nach Positionen, im Anhang anzugeben (§ 285 Nr. 28 HGB).[15]

Die nunmehr verpflichtend vorzunehmende Zeitbewertung von Finanzinstrumenten des Handelsbestands bei Kreditinstituten wurde dagegen durch einen **Risikoabschlag** (§ 340e Abs. 3 S. 1 HGB) **und -puffer** (§ 340e Abs. 4 HGB) ergänzt. Der Risikopuffer ist dergestalt aufzubauen, dass in jedem Geschäftsjahr mindestens 10 % der Nettoerträge des Handelsbestands dem "Fonds für allgemeine Bankrisiken" zuzuführen sind. Der Posten ist nur aufzulösen, wenn entweder Nettoaufwendungen des Handelsbestands vorliegen oder wenn er 50 % des Durchschnitts der Nettoerträge der letzten fünf Jahre übersteigt. In den Risikopuffer gehen daher sowohl realisierte als auch unrealisierte Erträge aus dem Handelsbestand ein. Entgegen dem spezifischen Vorgehen bei der Ausschüttungssperre wird in diesem Fall ein pauschaler Eigenkapitalpuffer aufgebaut.

Durch die Instrumente der Ausschüttungssperre und des Risikoabschlags/-puffers werden die Funktionen der Informationsvermittlung und Ausschüttungsbemessung teilweise entkoppelt; mögliche Konkurrenzen zwischen Informations- und Ausschüttungsbemessungsfunktion sollen so vermieden werden.[16] Durch die Ausschüttungssperre kann die Orientierung der handelsrechtlichen Gewinnermittlung an Ausschüttungsbemessung und Gläubigerschutz trotz der teilweise hiermit in Konflikt geratenden Neuregelungen beibehalten werden. Bei den Instrumenten des Risikoabschlags und -puffers ist dies jedoch nicht unbedingt gewährleistet, wie später in einer detaillierteren Analyse aufgezeigt wird.[17] Es zeigt sich aber teilweise ein verändertes Gläubiger-

---

Denn ausschüttungsgesperrt ist bei immateriellen Vermögensgegenständen und zum Zeitwert bewertetem Planvermögen jeweils der Betrag nach Abzug passiver latenter Steuern. Berücksichtigt man diese nochmals bei Berechnung des Aktivüberhangs latenter Steuern, kommt es zu einem doppelten Abzug und einer zu geringen Sperre, vgl. Streim/Bieker (2009), S. 813 f., die sogar von einem Konstruktionsfehler sprechen. Allerdings sollte die Formulierung des § 268 Abs. 8 HGB teleologisch dahingehend reduziert werden, dass die bereits zum Abzug gebrachten passiven latenten Steuern bei Berechnung des Aktivüberhangs latenter Steuern nicht mehr berücksichtigt werden, vgl. Küting/Seel (2010), S. 691; Küting et al. (2011), S. 9.

14 Es handelt sich um eine bilanzorientierte Ausschüttungssperre, die in den Folgeperioden das Schicksal der entsprechenden Bilanzposition teilt. Der gesperrte Betrag ist daher gemäß der Entwicklung der jeweiligen Bilanzposition von Jahr zu Jahr fortzuschreiben. So ist z. B. im Falle der Abschreibung immaterieller Vermögensgegenstände des Anlagevermögens in den Folgeperioden wiederum die Höhe der Ausschüttungssperre anzupassen, vgl. Gelhausen/Althoff (2009), S. 586; Simon (2009), S. 1084.

15 Vgl. kritisch Simon (2009), S. 1083, 1087, der darauf hinweist, dass diese Vorgehensweise eine aus der Bilanz nicht ersichtliche Nebenrechnung erfordert.

16 Vgl. Hennrichs (2009a), S. 116; ders. (2009b), S. 594; Kahle/Günter (2008), S. 89.

17 Auch die Abschaffung von gewinnverkürzenden Wahlrechten, etwa zur Bildung von Aufwandsrückstellungen, wird unter Gläubigerschutzaspekten teilweise kritisiert. Letztlich entfällt hierdurch aber nur die Möglichkeit, dass die Gläubiger zufällig zu Nutznießern der Wahlrechtsausübung werden, vgl. Haaker (2010b), S. 665.

schutzkonzept: Die Ausschüttungsbeschränkung zugunsten der Gläubiger wird künftig in gewissem Umfang weniger von einer vorsichtigen Ergebnisermittlung gewährleistet, sondern von einer Beschränkung der Ergebnisverwendung. Unsichere Erträge werden zwar ausgewiesen, aber durch außerbilanzielle Restriktionen der Ausschüttung entzogen. Es werden somit zumindest in gewissem Umfang „die Vorsichtskomponente aus dem Bereich der Gewinnermittlung in den Bereich der Gewinnverwendung verlagert“ [18] und zum Teil „implizite Ausschüttungssperren durch vorsichtige Gewinnermittlung [...] durch explizite Ausschüttungssperren im Rahmen der Gewinnverwendung ersetzt“[19]. Die Vorgehensweise erinnert an das Konzept der **"gläsernen, aber verschlossenen Taschen"**, das im Rahmen des AktG 1965 diskutiert wurde.[20]

Das Bilanzrecht ordnet sich mit der Wertung zugunsten des Gläubigerschutzes – auch nach dem BilMoG – systematisch in das Wirtschaftsrecht ein.[21] Durch das Zusammenwirken des Bilanz- und des im folgenden Kapitel dargestellten Gesellschaftsrechts wird ein umfassender Schutz der Gläubiger angestrebt. Im Bilanzrecht werden überwiegend durch vorsichtige Gewinnermittlung (und nunmehr auch durch explizite Ausschüttungssperren) Ausschüttungsansprüche der Eigner eingeschränkt; dieser vorsichtig ermittelte Gewinn unterliegt dann den Ausschüttungs- und Kapitalerhaltungsvorschriften des Gesellschaftsrechts.[22] Das Bilanzrecht soll somit den Kapitalschutz sichern. Gesellschafts- und Bilanzrecht verstärken sich gegenseitig und bewirken ein System, welches dem Gläubigerschutz einen privilegierten Stellenwert einräumt.[23]

3.2 Ausschüttungsregulierung im Gesellschaftsrecht

Die gesellschaftsrechtlichen Vorschriften zur Ausschüttungsregulierung dienen zum einen der Bestimmung der Ausschüttungsansprüche der Eigner. Diesen soll eine Mindestausschüttung garantiert werden, denn durch Ausschüttungen üben die Unternehmenseigner ihr Mitspracherecht über Teile des Vermögens aus.[24] Aktionäre haben deshalb Anspruch auf den Bilanzgewinn (§ 58 Abs. 4 AktG)[25] und GmbH-Gesellschafter auf den Jahresüberschuss zuzüglich eines Gewinn-

---

18 Böcking/Gros (2009), S. 361.

19 Gros (2008), S. 476 f. Vgl. zu dieser veränderten Konzeption auch Böcking/Gros (2009), S. 358, 361; Fülbier/Gassen (2008), S. 145; Rammert/Thies (2009), S. 36 f.; Gros/Wallek (2009), S. 546; Hennrichs (2009a), S. 116.

20 Vgl. Rammert/Thies (2009), S. 36 mit Verweis auf Kronstein/Claussen (1960), S. 136.

21 Vgl. Beisse (1993), S. 82; ders. (2001), S. 741.

22 Die Ausschüttungssperre des § 268 Abs. 8 HGB ist hierbei als lex specialis zu den im Folgenden dargestellten Ausschüttungsbeschränkungen des Gesellschaftsrechts zu sehen, vgl. Küting et al. (2011), S. 8.

23 Vgl. Scholz (2008), S. 1; siehe auch Hennrichs (2004), S. 124.

24 Dies dient vor allem der Eindämmung des Eigner-Manager-Konflikts, vgl. Wagner (1982), S. 765.

25 Dieser darf hierbei nicht durch Gesetz, Satzung, Hauptversammlungs- oder Gewinnverwendungsbeschluss von der Verteilung ausgeschlossen sein (§ 58 Abs. 4 AktG).

und abzüglich eines Verlustvortrags (§ 29 Abs. 1 S. 1 GmbHG).[26] Gesellschafter einer OHG sowie Komplementäre haben einen Anspruch darauf, 4 % ihres Kapitals zu entnehmen und, soweit es nicht zum offenbaren Schaden der Gesellschaft gereicht, den Gewinnanteil (§ 122 Abs. 1 HGB). Ein Kommanditist hat Anspruch auf Auszahlung des auf ihn entfallenden Gewinnanteils, sofern sein Kapitalanteil nicht durch Verluste gemindert ist (§ 169 Abs. 1 HGB).

Neben diesen Schutzvorschriften zugunsten der Eigner enthält das Gesellschaftsrecht für Kapitalgesellschaften umfangreiche Bestimmungen, die auf den Schutz der Gläubiger abzielen. Die besondere Gefährdung der Gläubiger durch die **Haftungsbeschränkung** macht hier eine Ergänzung des bilanziellen Gläubigerschutzes mittels gesellschaftsrechtlicher Vorschriften notwendig. Da die Kapitalgesellschaft selbst Schuldnerin ihrer Verbindlichkeiten ist (§§ 1 Abs. 1 S. 1 AktG, 13 Abs. 1 GmbHG), haftet den Gläubigern schließlich nur das Gesellschaftsvermögen (§§ 1 Abs. 1 S. 2 AktG, 13 Abs. 2 GmbHG). Die Gesellschafter sind weder zu Nachschüssen über das Grund- oder Stammkapital hinaus verpflichtet (§§ 54 Abs. 1 AktG, 26 ff. GmbHG), noch müssen sie rechtmäßig erlangte Dividenden zurückzahlen, falls die Gesellschaft in späteren Jahren Verluste erleidet (§§ 62 Abs. 1 S. 2 AktG, 32, 53 Abs. 3 GmbHG).[27] Während deshalb bei haftungsbeschränkten Gesellschaften Regelungen getroffen werden müssen, die verhindern, dass zu Lasten der Gläubiger Vermögen vom haftenden in den nichthaftenden Bereich fließt,[28] können sich die Gläubiger bei nicht haftungsbeschränkten Gesellschaften im Insolvenzfall an die unbeschränkt haftenden Gesellschafter und deren Privatvermögen halten.[29] Aus diesem Grund gibt es hier keine derartige Regulierung zugunsten der Gläubiger.[30]

Um den Gläubigern von Kapitalgesellschaften einen hinreichenden Schutz zu gewährleisten, werden hier **Regelungen zur Sicherung des Grund- bzw. Stammkapitals** getroffen.[31] Die gesellschaftsrechtlichen Regelungen hierzu beruhen auf drei Säulen.[32] Dieses System ist für die AG auch europarechtlich durch die Kapitalrichtlinie[33] normiert.

---

26 Dieser Betrag darf nicht von der Ausschüttung ausgeschlossen sein (§ 29 Abs. 1 S. 1 2. HS GmbHG). Wird die Bilanz unter Berücksichtigung der teilweisen Ergebnisverwendung aufgestellt (§ 268 Abs. 1 HGB) oder werden Rücklagen aufgelöst, tritt an dessen Stelle der Bilanzgewinn (§ 29 Abs. 1 S. 2 GmbHG).
27 Vgl. zu diesem sog. Haftungsprivileg Hennrichs (2005a), S. 257; ders. (2005b), S. 260 f.
28 Vgl. Moxter (1984a), S. 93; ders. (1997a), S. 348.
29 Vgl. Niedernhuber (1988), S. 37 f.; Schulze-Osterloh (1996), S. 124 f.; Strobl (1996), S. 402.
30 Allerdings wird im Falle eines Kommanditisten bei Rückzahlung der Einlage oder bei Entnahme von Gewinnen, obwohl die Einlage durch Verluste gemindert ist, eine Haftung begründet (§ 172 Abs. 4 HGB).
31 Vgl. Schmidt (2002), S. 541.
32 Vgl. Mülbert (2004), S. 154; Jungmann (2006), S. 640; Pellens/Kemper/Schmidt (2008), S. 384 f.
33 Vgl. Zweite Richtlinie 77/91/EWG v. 13.12.1976, Abl. EG v. 31.01.1977, Nr. L 026, S. 1 (im Folgenden: Kapitalrichtlinie). Für die GmbH hingegen fehlen derartige gemeinschaftsrechtliche Bestimmungen.

Zunächst wird ein **Mindestkapital** in Höhe von 50.000 € (§ 7 AktG) bzw. 25.000 € (§ 5 Abs. 1 GmbHG) verlangt.[34] Einzige Ausnahme hiervon ist mittlerweile die Unternehmergesellschaft (haftungsbeschränkt) im GmbH-Recht, die bereits mit einem Mindestkapital von 1 € gegründet werden kann, ihr geringeres Stammkapital aber durch einen Rechtsformzusatz kenntlich machen muss (§ 5a Abs. 1 GmbHG). Zudem hat diese solange ein Viertel des Jahresüberschusses in eine Rücklage einzustellen, bis das reguläre Mindestkapital erreicht wird (§ 5a Abs. 3 GmbHG).[35]

Den zweiten gesellschaftsrechtlichen Baustein des Gläubigerschutzes bilden **Regelungen zur Kapitalaufbringung**, deren Ziel es ist, dass die Gründer der Kapitalgesellschaft deren finanzielle Mindestausstattung auch wirklich und vollwertig zur Verfügung stellen.[36] Aktionäre und GmbH-Gesellschafter können deshalb nicht von ihrer Einlagepflicht befreit werden (§§ 66 Abs. 1 S. 1 AktG, 19 Abs. 2 S. 1 GmbHG). Eine Unterpari-Emission ist grundsätzlich verboten (§ 9 Abs. 1 AktG).[37] Für Sacheinlagen bestehen jeweils Sondervorschriften zur Sicherstellung ihrer Werthaltigkeit (§§ 27, 34 Abs. 1 Nr. 2, 38 Abs. 2 AktG, 5 Abs. 4, 19 Abs. 4 GmbHG).[38]

Drittens sichern **Regelungen zur Kapitalerhaltung**, dass die Eigner die Gläubiger nicht schädigen, indem sie der Gesellschaft ihre finanzielle Mindestausstattung nachträglich entziehen.[39] Die geleisteten Einlagen dürfen grundsätzlich nicht zurückgewährt werden (§§ 57 Abs. 1 AktG, 30 Abs. 1 GmbHG).[40] Die Zahlung fester Zinsen auf die Einlage ist verboten (§ 57 Abs. 2 AktG).[41] Bei einer AG ist eine Ausschüttung nur bis zur Höhe des Bilanzgewinns zulässig (§ 57 Abs. 3 AktG).[42] Im GmbH-Recht sind Auszahlungen nicht zulässig, wenn dadurch das Nettovermögen das Stammkapital unterschreitet (§ 30 Abs. 1 S. 1 GmbHG). Die Vermögensbindung ist somit

---

34 Für die AG ist hierbei europarechtlich ein Mindestkapital von mindestens 25.000 € vorgeschrieben, vgl. Kapitalrichtlinie, Art. 6 Abs. 1.

35 Vgl. zur Unternehmergesellschaft (haftungsbeschränkt) im Einzelnen statt vieler Veil (2009), S. 623 ff.; Hennrichs (2009c), S. 923 ff.; Weber (2009), S. 842 ff.

36 Vgl. Kübler/Assmann (2006), S. 157 f.; Hüffer (2010), Rz. 11 zu § 1 AktG.

37 Das Verbot der Unterpari-Emission ist zwar bei der GmbH nicht gesetzlich verankert, jedoch ist dies nach h.M. auch hier unzulässig, vgl. Kübler/Assmann (2006), S. 274.

38 Als weitere Regulierungsmaßnahme ist vorgesehen, dass die Aufrechnung des Gesellschafters mit einer Forderung gegen die AG unzulässig ist. Bei der GmbH ist dies nur in eingeschränkter Form möglich (§§ 66 Abs. 1 S. 2 AktG, 19 Abs. 2 S. 2 GmbHG). Zudem steht eine Gründung einer GmbH und alsbaldige Darlehensvergabe an den Gesellschafter der wirksamen Kapitalaufbringung nur bei voller Werthaltigkeit und jederzeitiger Fälligkeit der Forderung nicht entgegen (§ 19 Abs. 5 GmbHG).

39 Vgl. Kübler/Assmann (2006), S. 158; Hüffer (2010), Rz. 12 zu § 1 AktG.

40 Sowohl im Aktienrecht als auch im GmbH-Recht werden hiervon Ausnahmen kodifiziert (§§ 57 Abs. 1 S. 2-4 AktG, 30 Abs. 1 S. 2, 3 GmbHG).

41 Für die GmbH verbietet dies implizit § 30 GmbHG, vgl. Escher-Weingart (2001), S. 109.

42 Andere Gewinnausschüttungen sind verboten, egal ob diese offen oder verdeckt erfolgen, vgl. Schmidt (2002), S. 890 f. Daher entspricht das Vermögen der AG nach der Ergebnisverwendung mindestens dem Vermögen zu Beginn der Periode (Kapitalerhaltung).

weniger stark reguliert wie im AktG.[43] Ein Abfluss von Vermögen an die Eigner wird des Weiteren bei beiden Rechtsformen dadurch verhindert, dass der Erwerb eigener Aktien bzw. eigener Anteile nur unter bestimmten Voraussetzungen erlaubt ist (§§ 71 ff. AktG, 33 GmbHG).[44]

Der Gläubigerschutz bei der AG wird noch verschärft, indem eine **gesetzliche Rücklage** zu bilden ist, die ebenfalls der Ausschüttung entzogen wird.[45] Die gesetzliche Rücklage dient als zusätzliches Instrument des Gesellschafts- und Gläubigerschutzes, denn sie verhindert, dass durch geschäftliche Rückschläge sofort das Grundkapital angegriffen wird, weshalb ihre Auflösung nur unter strengen Voraussetzungen möglich ist (§ 150 Abs. 3, 4 AktG).[46] Ergänzt werden die Regelungen bei beiden Rechtsformen schließlich durch eine **Verlustanzeigepflicht**. Der Vorstand (§ 92 Abs. 1 AktG) bzw. Geschäftsführer (§ 49 Abs. 3 GmbHG) hat eine Haupt- bzw. Gesellschafterversammlung einzuberufen, wenn die Bilanz zeigt, dass die Hälfte des Grund- oder Stammkapitals durch Verluste aufgezehrt wurde.[47]

Das Handelsbilanzrecht ermittelt nicht nur die maßgeblichen Größen zur Bemessung der Entnahmeansprüche bei Kapitalgesellschaften (Bilanzgewinn und Jahresüberschuss) und stellt den Ausgangspunkt für die Berechnung der auf die Gesellschafter entfallenden Gewinnanteile bei Personengesellschaften dar (§§ 120 Abs. 1, 121 Abs. 1 HGB für die OHG, §§ 167, 168 HGB für die KG).[48] Es zeigt sich insbesondere auch eine überaus enge **Verzahnung von Bilanz- und Gesellschaftsrecht** im Rahmen der Kapitalerhaltungsvorschriften. Das AktG knüpft bei den Vorschriften zur Kapitalerhaltung explizit an den Bilanzgewinn als bilanzielle Bezugsgröße an (§ 57 Abs. 3 AktG). Auch die Vermögensdeckung des § 30 Abs. 1 GmbHG wird auf Basis des Handelsbilanzrechts ermittelt.[49] Das Handelsbilanzrecht stellt somit dem gesellschaftsrechtlichen Kapitalschutzsystem die rechenmäßige Grundlage.[50]

---

[43] Vgl. Hueck/Fastrich (2010), Rz. 6 zu § 30 GmbHG; Mülbert (2004), S. 159; Bayer (2007), S. 278. Verbotene Auszahlungen müssen jeweils nach § 62 Abs. 1 AktG und § 31 Abs. 1 GmbHG der Gesellschaft zurückgewährt werden, vgl. hierzu im Einzelnen Schmidt (2002), S. 891 f. und 1138 ff.

[44] Vgl. zu den Regelungen des AktG nur Hüffer (2010), Rz. 1 ff. zu § 71 AktG. Zu den Regelungen des GmbHG vgl. im Einzelnen Hueck/Fastrich (2010), Rz. 1 ff. zu § 33 GmbHG.

[45] In diese sind 5 % des um einen Verlustvortrag geminderten Jahresüberschusses einzustellen, bis die Rücklage zusammen mit den Kapitalrücklagen der § 272 Abs. 2 Nr. 1-3 HGB 10 % des Grundkapitals erreicht (§ 150 Abs. 2 AktG).

[46] Vgl. Kübler/Assmann (2006), S. 241.

[47] Zusätzlich wird der Gläubigerschutz schließlich durch insolvenzrechtliche Beschränkungen sichergestellt, vgl. hierzu im Einzelnen Scholz (2008), S. 37-51.

[48] Vgl. zu den Verknüpfungen von Bilanz- und Gesellschaftsrecht im Einzelnen Strobl (1996), S. 401 f.; Kahle (2002c), S. 144 ff.; Merkt (2006b), S. 93 f.; Kleindiek (2003), S. 125 f.

[49] Vgl. Hueck/Fastrich (2010), Rz. 17 zu § 30 GmbHG.

[50] Vgl. Hennrichs (2005a), S. 257; ders. (2008a), S. 418 f.

Änderungen im Handelsbilanzrecht haben damit unmittelbare Auswirkung auf die Funktionsweise des gesellschaftsrechtlichen Kapitalschutzsystems.[51] Ohne korrespondierende Bilanzregeln wäre das System der Kapitalaufbringung und -erhaltung unvollständig; dieses darf nicht durch allzu freigebige Bilanzierungsvorschriften unterlaufen werden.[52] Insbesondere die Regelungen zum Gläubigerschutz sind jedoch in die Diskussion geraten. Grund hierfür ist zum einen die Diskussion um die Übernahme der IFRS in den Einzelabschluss, die die Frage aufwirft, ob das System bilanzieller Kapitalerhaltung in diesem Falle aufgrund deren alleiniger Informationsorientierung beibehalten werden könnte. Zum anderen erfuhr die bilanzielle Kapitalerhaltung in den letzten Jahren Druck von verschiedenen Seiten, wie im Folgenden dargestellt wird.

3.3 Das System bilanzieller Kapitalerhaltung im Lichte aktueller Entwicklungen

3.3.1 Die Reformdiskussion um die bilanzielle Kapitalerhaltung

3.3.1.1 Anlässe der Diskussion um das Kapitalerhaltungssystem

Druck auf das tradierte Kapitalschutzsystem ergab sich in den letzten Jahren bereits aus der **EuGH-Rechtsprechung**. Dies betraf in Deutschland die Regelungen im GmbH-Recht. In den Urteilen *Centros*[53], *Überseering*[54] und *Inspire Art*[55] stellte der EuGH fest, dass ein Unternehmen, das nach dem Recht eines Mitgliedstaates gegründet wurde, bei einer Verwaltungssitzverlegung in einen anderen Mitgliedstaat von diesem als rechtsfähig anzuerkennen ist.[56] Durch diese Hinwendung von der Sitz- zur Gründungstheorie[57] im Falle des Zuzugs ist es einem Mitgliedstaat verwehrt, ausländischen Gesellschaften, die ihren Verwaltungssitz in den Staat verlegen, seine Vorschriften über ein Mindestkapital und dessen Aufbringung aufzuerlegen.[58] Der EuGH verwies darauf, dass ein ausreichender Gläubigerschutz auch durch Publizität erreicht werden könne und es hierfür nicht unbedingt eines Mindestkapitals bedürfe. Die Gläubiger könnten sich schließlich darüber informieren, dass das Unternehmen den (mäßigeren) Rechtsvorschriften des anderen

---

51 Vgl. Ekkenga (2006), S. 390; Merkt (2006b), S. 95.
52 Vgl. Hennrichs (2005a), S. 257; ders. (2008a), S. 421; so auch Merschmeyer (2005), S. 55 f.
53 Vgl. EuGH v. 09.03.1999, Rs. C-212/97, „Centros“, Slg. 1999, S. I-1459.
54 Vgl. EuGH v. 05.11.2002, Rs. C-208/00, „Überseering“, Slg. 2002, S. I-9919.
55 Vgl. EuGH v. 30.09.2003, Rs. C-167/01, „Inspire Art“, Slg. 2003, S. I-10155.
56 Vgl. zu dieser Rechtsprechung statt vieler Altmeppen (2004), S. 97 ff.; Kahle/Cortez (2009), Rz. 202 ff. zu § 12 KStG; Kußmaul/Richter/Ruiner (2009), S. 3 ff.; Merkt (2004a), S. 309 f.; ders. (2004b), S. 1 ff.; Roth (2005), S. 973 ff.; Hirte (2006), S. 1 ff.; Schön (2006b), S. 122 ff.; Teichmann (2006), S. 402 ff.
57 Nach der Sitztheorie ist die Rechtsordnung anzuwenden, in deren Geltungsbereich das Unternehmen den effektiven Sitz der Hauptverwaltung (Verwaltungssitz) hat, während die Gründungstheorie an das Recht des Gründungsorts, der regelmäßig mit dem satzungsmäßigen Sitz zusammenfällt, anknüpft, vgl. Teichmann (2006), S. 403 f.; Kußmaul/Richter/Ruiner (2009), S. 1 f.; Kahle/Cortez (2009), Rz. 191 ff. zu § 12 KStG.
58 Vgl. Merkt (2004a), S. 310.

Staates unterliegt.[59] In Folge dieser Rechtsprechung erfuhr die GmbH erhebliche Konkurrenz von anderen europäischen Rechtsformen, da das GmbH-Recht nicht harmonisiert ist und andere Mitgliedstaaten für ähnliche Rechtsformen häufig kein Mindestkapital verlangen. Es setzte eine Gründungswelle englischer Limiteds ein, die ohne Mindestkapital gegründet werden können.[60] Reaktion hierauf war die Einführung der Unternehmergesellschaft (haftungsbeschränkt), die nur eines Mindestkapitals von 1 € bedarf (§ 5a Abs. 1 GmbHG).[61] Zwar konnte hierdurch die Diskussion um die Konkurrenzfähigkeit des GmbH-Rechts größtenteils beendet werden, der erste – wenn auch wohl schwächste – Baustein des in Deutschland für AG und GmbH analog umgesetzten gesellschaftsrechtlichen Kapitalschutzsystems wurde jedoch bereits angegriffen.

Auf EU-Ebene wurde zudem eine grundlegende **Reform der Kapitalrichtlinie**, die das für Aktiengesellschaften europaweit einheitliche Kapitalschutzsystem regelt, angeregt und kontrovers diskutiert. Die Anlässe dieser Diskussion waren vielfältig. Zum einen ist das europäische Kapitalerhaltungskonzept traditionell mit der Gewinnermittlung nach der Bilanzrichtlinie verwoben, welche durch das Vorsichts-, Realisations- und Imparitätsprinzip geprägt ist.[62] Der Erlass der IAS-Verordnung war deshalb ein Hauptanlass der Diskussion. Da die EU-Mitgliedstaaten den Unternehmen gestatten oder vorschreiben können, die IFRS auch im Einzelabschluss anzuwenden, können diese Einfluss auf die Ausschüttungsbemessung nehmen. Eine ähnliche Problematik ergibt sich schon dadurch, dass die Bilanzrichtlinie selbst in den letzten Jahren zunehmend an die IFRS angepasst wurde.[63] Daher stellt sich die Frage, ob die Vorschriften der Kapitalrichtlinie, die vor allem auf den Gläubigerschutz ausgerichtet sind, mit den IFRS, die einzig auf die Informationsfunktion abzielen, kompatibel sind. Durch die zunehmende Internationalisierung der Rechnungslegung stellt sich die Frage nach der Zukunftsfähigkeit des europäischen Kapitalerhal-

---

59 Vgl. EuGH v. 09.03.1999, Rs. C-212/97, „Centros“, Slg. 1999, S. I-1459, Rz. 36, 39; v. 30.09.2003, Rs. C-167/01, „Inspire Art“, Slg. 2003, S. I-10155, Rz. 135, 141.

60 Vgl. Kirchner/Painter/Kaal (2005), S. 163 f.; Hirte (2006), S. 20 f.; Schüppen (2008), S. 18. Vgl. zu den Gründungserfordernissen der Limited nur Mellert (2006), S. 10 f.

61 Vgl. im Einzelnen bereits Kap. 3.2.

62 Vgl. Bilanzrichtlinie, Art. 31 Abs. 1 c) sowie Abs. 1a. Vgl. zu dieser Verbindung Pellens/Jödicke/Schmidt (2007), S. 429 f.; Richard (2007), S. 83 ff.; Janssen (2010), S. 17 f., 55.

63 Durch die Fair Value-Richtlinie wurde erlaubt, bestimmte Finanzinstrumente zum fair value zu bewerten. Die Mitgliedstaaten können dies den Unternehmen vorschreiben, ein Wahlrecht zulassen oder die Anwendung auf bestimmte Unternehmen (z.B. Banken) begrenzen. Vgl. Richtlinie 2001/65/EG v. 27.09.2001, Abl. EG v. 27.10.2001, Nr. L 283, S. 28. Durch die Modernisierungsrichtlinie wurde diese Möglichkeit auf weitere Vermögensgegenstände ausgedehnt sowie den Mitgliedstaaten eine Anpassung des nationalen Rechts an die IFRS in bestimmen Bereichen ermöglicht. Vgl. Richtlinie 2003/51/EG v. 18.06.2003, Abl. EU v. 17.07.2003, Nr. L 178, S. 16. Die Abänderungsrichtlinie ergänzt die Bestimmungen der Fair Value-Richtlinie, indem sie wahlweise die vollständige Anwendung des IAS 39 im nationalen Recht erlaubt. Vgl. Richtlinie 2006/46/EG v. 14.06.2006, Abl. EU v. 16.08.2006, Nr. L 224, S. 1. Vgl. im Einzelnen Pottgießer (2006), S. 40 ff.; Kleindiek (2006), S. 97 f.; Janssen (2009), S. 50 f.

tungssystems, da dieses bislang mit der Bilanzrichtlinie eine geschlossene Konzeption darstellte, deren Funktionsfähigkeit nunmehr kritisch hinterfragt werden kann.[64]

In Deutschland wurden die IFRS gerade im Hinblick auf Konflikte mit der Ausschüttungsbemessung nicht für den Einzelabschluss zugelassen.[65] Aber auch das deutsche Bilanzrecht kann sich dem Einfluss der IFRS kaum entziehen, wie die Annäherungen an die IFRS im Rahmen des BilMoG zeigen. Bislang kann die vorsichtige, handelsrechtliche Ausschüttungsbemessung beibehalten werden, indem einzelne "unvorsichtige" Neuregelungen durch Ausschüttungssperren kompensiert werden. Es stellt sich aber die Frage, ob der Einzelabschluss tatsächlich dauerhaft von den IFRS abgeschottet werden kann und sollte.[66] Vor allem wäre eine Änderung aufgrund des bestehenden Nebeneinanders verschiedener Rechnungslegungssysteme plausibel. Um die hieraus resultierende Arbeitsbelastung kapitalmarktorientierter Konzernunternehmen zu mindern, wäre es durchaus sinnvoll, eine Ausschüttungsbemessung auf Basis der IFRS zu ermöglichen.[67]

Aber auch die bilanzgestützte Kapitalerhaltung selbst wurde in den letzten Jahren mit erheblicher Kritik konfrontiert. Wiederholt wurden Zweifel bezüglich der **Effektivität des vergangenheitsorientierten europäischen Kapitalerhaltungssystems** geäußert. Dieses wurde als unflexibel und zu rigide kritisiert. Das System verhindere ökonomisch sinnvolle und flexible Ausschüttungsentscheidungen.[68] Vielfach wurde eine Reform auf europäischer Ebene gefordert. Vorbild für die vorgebrachten Reformvorschläge war hierbei zumeist der aus dem US-amerikanischen Raum bekannte finanzplanbasierte Solvenztest, der durch Haftungsregelungen ergänzt wird.[69]

3.3.1.2 Reformvorschläge verschiedener Expertengruppen auf EU-Ebene

Eine von der Europäischen Kommission eingesetzte Expertengruppe, die High Level Group of Company Experts, die zum Auftrag hatte, Empfehlungen für moderne gesellschaftsrechtliche Rahmenbedingungen in der EU auszuarbeiten,[70] kam in ihrem Bericht aus dem Jahr 2002 zu dem

---

64 Vgl. Fuchs/Stibi (2007a), S. 94; Lanfermann/Röhricht (2007), S. 8; Maul/Lanfermann/Richard (2010), S. 279.
65 Vgl. zu dieser Begründung für die Ablehnung der IFRS und die Entscheidung für die Modernisierung des Bilanzrechts im Rahmen des BilMoG Ernst/Seidler (2008b), S. 121.
66 Vgl. Kap. 2.2.1.
67 Vgl. zu dieser Forderung bspw. Pellens/Sellhorn (2006), S. 464 ff.; Pellens/Jödicke/Richard (2006), S. 116 f.; Richard (2007), S. 139; Hennrichs (2008d), S. 485; Böcking/Gros (2010a), S. 425; Hütten (2010), S. 175 f.
68 Vgl. kritisch bezüglich der Effizienz des europäischen Kapitalerhaltungssystems Armour (2000), S. 355 ff.; ders. (2006), S. 5 ff.; Enriques/Macey (2001), S. 1184 ff.; Kübler (1989), S. 59 ff.; ders. (1995b), S. 361 ff.; ders. (1998), S. 345; ders. (2000), S. 556 f.; Kuhner (2005), S. 769 ff.; Mülbert (2004), S. 154 ff.; Mülbert/Birke (2002), S. 716 ff.
69 Vgl. zum US-amerikanischen Gesellschaftsrecht im Einzelnen Kap. 3.4.
70 Vgl. High Level Group (2002), S. 1.

Schluss, dass die Kritik am europäischen Kapitalerhaltungssystem so schwerwiegend sei, dass ein Alternativsystem erarbeitet werden müsse.[71] Die Europäische Kommission legte daraufhin in einem Aktionsplan die Zielsetzung fest, mittelfristig ein Alternativkonzept zur bisherigen Kapitalrichtlinie zu prüfen, welches gegebenenfalls langfristig umgesetzt werden sollte.[72] Zwischenzeitlich wurden von verschiedenen Expertengruppen Alternativmodelle entwickelt, die nahezu alle einen vollständigen Wandel des europäischen Gläubigerschutzsystems vorsahen.[73]

Die **High Level Group** entwickelte bereits Vorschläge für die grundlegenden Elemente eines optionalen Alternativsystems. Die Gruppe schlug vor, Unternehmen vor einer Ausschüttung eine Solvenzprüfung durchführen zu lassen, welche einen Bilanztest und eine Liquiditätsprüfung umfasst. Im Rahmen des Bilanztests würde nach dem Vorschlag der High Level Group für eine Ausschüttung genügen, wenn im Anschluss die Aktiva die Schulden decken.[74] Kumulativ wäre zu prüfen, ob das Umlaufvermögen den kurzfristigen Verbindlichkeiten, die innerhalb von zwölf Monaten fällig werden, mindestens entspricht.[75] Die Unternehmensleitung sollte nach dem Vorschlag verpflichtet werden, eine Solvenzbescheinigung auszustellen, für deren Richtigkeit sie haftet.[76] Der Vorschlag der High Level Group sah mithin noch keinen vollständigen Systemwechsel etwa zu einem auf Finanzplänen basierenden Solvenztest vor, sondern strebte eine eher moderate Reform unter Beibehaltung einer bilanziellen Betrachtungsweise an.

Die britische Interdisciplinary Group on Capital Maintenance (sog. **Rickford Group**) schlug hingegen einen alleinigen finanzplanbasierten Solvenztest an Stelle der bisherigen bilanziellen Kapitalerhaltung vor.[77] Im Rahmen des Solvenztests wäre nach dem Vorschlag zu prüfen, ob das Unternehmen erstens direkt nach der Ausschüttung seine Verbindlichkeiten sowie zweitens die im folgenden Geschäftsjahr fällig werdenden Zahlungsverpflichtungen erfüllen kann.[78] Der Vorstand hätte eine Solvenzerklärung offenzulegen sowie bei Nichteinhaltung seiner Sorgfaltspflichten zu haften; zudem sollten Aktionäre bei Verschulden unrechtmäßige Ausschüttungen zu-

---

[71] Vgl. High Level Group (2002), insb. S. 14, 87.
[72] Vgl. EU-Kommission (2003a), S. 21, 29 f.
[73] Vgl. für weitere, ähnliche Vorschläge Boschma/Lennarts/Schutte-Veenstra (2006); FEE (2007).
[74] Vgl. High Level Group (2002), S. 95. Die Berechnungsbasis wäre nach dem Vorschlag aber nicht notwendigerweise der geprüfte Jahresabschluss, vielmehr wurde vorgeschlagen, auch andere Bewertungsmethoden anzuerkennen, die hinsichtlich der Lage der Gesellschaft (Fortführung, Liquidation) angemessen sind.
[75] Vgl. High Level Group (2002), S. 95.
[76] Vgl. High Level Group (2002), S. 95 f. Weitere Detailfragen wurden nicht ausgearbeitet, sondern explizit weiteren Untersuchungen überlassen.
[77] Vgl. Rickford (2004), S. 921, 966-996.
[78] Vgl. Rickford (2004), S. 921, 979 f.

rückgewähren.[79] Insgesamt hätte die Umsetzung dieses Vorschlags eine erhebliche Abkehr vom bisherigen System bedeutet, denn ein Bilanztest entfiele diesem Modell zufolge völlig.[80]

In Deutschland brachten die Arbeitsgruppe Kapital in Europa, auch als **Lutter-Arbeitskreis** bekannt, und das **IDW** Vorschläge vor. Diese sprachen sich gegen eine grundlegende Reform der Kapitalrichtlinie aus. Ausgangsbasis des Lutter-Arbeitskreises war das Ziel, kapitalmarktorientierte Konzernunternehmen von der Arbeitsbelastung durch die parallele Aufstellung mehrerer Abschlüsse zu entlasten.[81] Der Arbeitskreis schlug eine duale Lösung vor, die für nach HGB bilanzierende Unternehmen keine Änderungen bedeutet hätte. Jedoch wäre nach den Vorstellungen des Lutter-Arbeitskreises alternativ auch die Heranziehung des IFRS-Einzelabschluss unter Anwendung der tradierten Kapitalerhaltungsregeln für die Ausschüttungsbemessung möglich, wenn zusätzlich ein ein- bis zweijähriger finanzplanbasierter Solvenztest durchgeführt wird.[82] Der Vorstand wäre nach dem Vorschlag verpflichtet, eine Solvenzerklärung offenzulegen, für deren Richtigkeit er bei Vernachlässigung seiner Sorgfaltspflichten haftet.[83] Der Arbeitskreis wies selbst kritisch darauf hin, dass „diese Lösung alle Schwächen und Inkonsequenzen eines Kompromisses in sich trägt"; dennoch hielt er „diese Lösung im Interesse der Vermeidung von wesentlichen Kosten für die Gesellschaften [...] nicht für ideal, aber für vertretbar".[84] Dieses duale Konzept wurde im Anschluss in ähnlicher Form auch vom IDW empfohlen.[85] Der Solvenztest soll diesem Konzept zufolge als zusätzliche Stütze dienen, um die Schwächen der IFRS für die Ausschüttungsbemessung zu kompensieren. Einen alleinigen Solvenztest lehnte auch das IDW ab, da dieser langfristige Verpflichtungen vernachlässige.[86]

3.3.1.3 Machbarkeitsstudie und langfristige Strategie der EU-Kommission

Eine von der EU-Kommission beauftragte **Machbarkeitsstudie** über die beabsichtigte Reform der Kapitalrichtlinie wurde im Jahr 2008 vorgelegt. Deren Ziel war zum einen eine vergleichen-

---

79 Eine Prüfungspflicht wurde hingegen nicht für notwendig gehalten, vgl. Rickford (2004), S. 979 ff.

80 Zwar dürfte dem Vorschlag zufolge eine Ausschüttung nur erfolgen, wenn nach Ansicht der Unternehmensleitung der Solvenztest unter Berücksichtigung des letzten geprüften Jahresabschlusses erfüllt ist. Allerdings wäre auch eine Ausschüttung erlaubt, wenn der Jahresabschluss dies nicht rechtfertigt, sofern die Unternehmensleitung erklärt, warum der Solvenztest dennoch positiv verlief, vgl. Rickford (2004), S. 980.

81 Vgl. Lutter (2006), S. 10.

82 Vgl. Lutter (2006), S. 11.

83 Der Solvenztest sollte zudem einer Prüfungspflicht unterliegen, vgl. Pellens/Sellhorn (2006), S. 483-484.

84 Vgl. Lutter (2006), S. 11 (beide Zitate).

85 Vgl. IDW (2006), S. 677.

86 Vgl. IDW (2006), S. 677 f.
Bemerkenswert erscheint, dass das IDW auf die eingeschränkten Möglichkeiten zur Prüfung des Solvenztests hinweist. Eine Prüfung der Solvenzerklärung wäre nach Ansicht des IDW nur insoweit möglich, als dass geprüft werden könnte, ob die Annahmen und Absichten der gesetzlichen Vertreter glaubhaft und deren Folgerungen schlüssig seien. Vgl. IDW (2006), S. 679; Naumann (2007), S. 439 f.

de Kostenanalyse, um zu prüfen, ob ein Alternativsystem die Effizienz und Wettbewerbsfähigkeit europäischer Unternehmen steigern könnte. Zum anderen sollten die Auswirkungen der IFRS auf die Ausschüttungsregelungen in Europa aufgezeigt werden.[87] Die Kostenanalyse ergab, dass in allen Staaten die Befolgungskosten der Kapitalschutzregelungen eher niedrig sind.[88] Obwohl sich die Systeme in den Nicht-EU-Ländern meist stark vom europäischen System unterscheiden, indem typischerweise Solvenztests zur Ausschüttungsbemessung herangezogen werden (und kein Mindestkapital gefordert wird), divergieren die Befolgungskosten nur marginal und sollten demzufolge keine bedeutende Rolle bei möglichen Reformüberlegungen spielen.[89]

Um den Einfluss der IFRS auf das europäische Kapitalerhaltungssystem zu erheben, wurde deren Anwendung für Ausschüttungszwecke in den 27 EU-Mitgliedstaaten untersucht. Die Ergebnisse visualisiert folgende Abbildung:

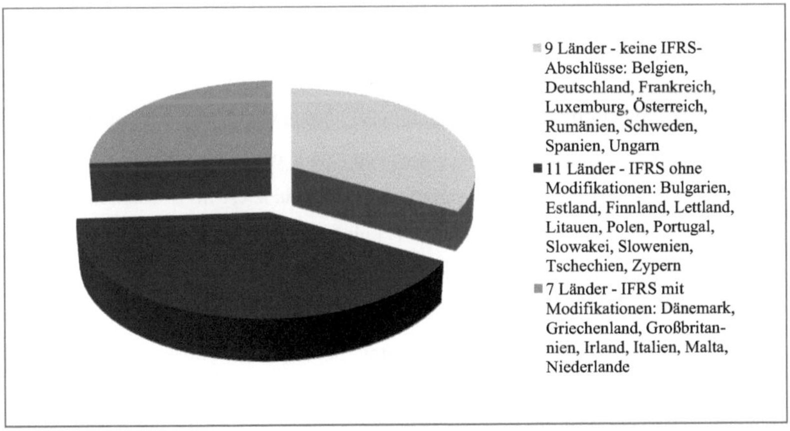

Abbildung 1: Anwendung der IFRS für Ausschüttungszwecke in Europa[90]

[87] Vgl. KPMG (2008), S. 1. Vgl. zu einer Zusammenfassung der Studie Lanfermann/Richard (2008c), S. 39 ff.; Schruff/Lanfermann (2008), S. 1099 ff.; hierzu auch Maul/Lanfermann/Richard (2011), S. 221 ff.
Es wurden die Kapitalaufbringungs- und Erhaltungsregeln sowie deren Befolgungskosten in fünf EU-Mitgliedstaaten mit vier außereuropäischen Staaten (USA, Kanada, Australien und Neuseeland) verglichen. Zudem wurden anhand einer Unternehmensbefragung die Befolgungskosten vier in der Literatur vorgeschlagener Modelle (diejenigen der High Level Group, der Rickford Group, des Lutter-Arbeitskreises und einer niederländischen Gruppe) untersucht, vgl. KPMG (2008), S. 1 f.

[88] Vgl. KPMG (2008), S. 311-314.

[89] Vgl. KPMG (2008), S. 314.
Die Kosten der Literaturmodelle konnten nicht beurteilt werden, da diese insbesondere hinsichtlich des Solvenztests keine ausreichend detaillierten Vorgaben enthalten, die eine Quantifizierung ermöglichen würden. Jedoch lassen alle Modelle die wirtschaftlich belastenden Aspekte der Kapitalrichtlinie, wie die Vorbereitung der Hauptversammlung, unberührt und versprechen daher keine Kostensenkung, vgl. KPMG (2008), S. 309.

[90] Quelle: Eigene Darstellung.

Wie die vorige Abbildung zeigt, zieht bereits die **Mehrheit der EU-Staaten** die IFRS für Zwecke der Ausschüttungsbemessung heran. 18 Mitgliedstaaten erlauben die IFRS hierfür, wobei nur in sieben eine Bereinigung für Ausschüttungszwecke vorgesehen ist.[91] Deutschland befindet sich damit in der Minderheit der Länder, die die IFRS noch nicht als Ausschüttungsbasis vorschreiben bzw. deren Anwendung ermöglichen. Die Studie kommt zu dem Ergebnis, dass sich kein grundsätzlicher Nachweis finde, dass die IFRS nicht für die Ausschüttungsbemessung herangezogen werden könnten.[92] Allerdings wird darauf hingewiesen, dass vor allem die Bewertung zum fair value in Einzelfällen übermäßige Ausschüttungen ermöglichen könnte, weshalb hierfür geeignete Sicherungsmaßnahmen zu erwägen wären.[93] So sehen auch diejenigen Länder, die die IFRS für Ausschüttungszwecke modifizieren, hauptsächlich die Eliminierung von unrealisierten Gewinnen vor, die aus Bewertungen zum fair value resultieren.[94]

In Folge der Studie sieht die Europäische Kommission jedoch **keinen unmittelbaren Handlungsbedarf** für eine Änderung der Kapitalrichtlinie mehr. Die Studie zeige, dass die derzeitigen Regelungen keine Hindernisse für die Unternehmenstätigkeit darstellten.[95] Die meisten Alternativmodelle anderer Länder oder der Expertengruppen würden ohnehin eine Kombination von Bilanz- und Solvenztest verlangen. Den Mitgliedstaaten stünde es jedoch frei, auf nationaler Ebene neben dem nach der Kapitalrichtlinie vorgeschriebenen Bilanztest als zusätzliche Sicherungsmaßnahme einen Solvenztest vorzuschreiben.[96] Damit ergebe sich keine wesentliche Entlastung durch die Einführung eines Alternativsystems. Auch zeige die Studie, dass die Kapitalrichtlinie genügend Freiraum lasse, um die IFRS für Ausschüttungszwecke heranzuziehen und ggf. ergänzende Überleitungsrechnungen vorzusehen.[97] Damit plant die Kommission in naher Zukunft keinen grundlegenden Wechsel mehr zu einem System unter der Ägide eines Solvenztests. Die Regelungen zu Mindestkapital, Kapitalaufbringung sowie zur bilanziellen Ausschüttungsbemessung im AktG werden mithin auf absehbare Zeit Bestand haben.[98]

---

91 Vgl. KPMG (2008), S. 319-322.
92 Vgl. KPMG (2008), S. 8 f.
93 Vgl. KPMG (2008), S. 393 f.; Lanfermann/Richard (2008c), S. 1929.
94 Vgl. Schruff/Lanfermann (2008), S. 1104.
95 Vgl. EU-Kommission (2008a), S. 1.
96 Vgl. EU-Kommission (2008a), S. 1 f.
97 Vgl. EU-Kommission (2008a), S. 2.
98 In die Linie der Abkehr von weitreichenden Reformen im Kapitalerhaltungsrecht passt auch die Entwicklung bei der SPE (Societas Privata Europaea). Diese soll künftig als neue supranationale Rechtsform für kleine und mittlere Unternehmen, z. B. als Alternative zur GmbH, dienen. In ersten Entwürfen einer SPE-Verordnung war noch eine erhebliche Abkehr vom europäischen Gläubigerschutzkonzept unter Aufgabe des Nennkapitalerfordernisses und Anlehnung an US-amerikanische Regelungen vorgesehen. Neuere Kompromissvorschläge hätten nun keine derart erhebliche Veränderung im Vergleich zum GmbH-Recht mehr zur Folge, vgl. diesbezüglich Wicke (2011),

Die Europäische Kommission weist jedoch explizit darauf hin, dass in den meisten Alternativvorschlägen eine Ergänzung des Bilanztests um einen Solvenztest für notwendig befunden wird.[99] Sie verweist diese Entscheidung aber an die einzelnen Mitgliedstaaten. Es ist nun an dem jeweiligen Mitgliedstaat, über die Einführung eines Solvenztests oder einer Überleitungsrechnung zu befinden; faktisch handelt es sich um ein **Mitgliedstaaten-Wahlrecht**.[100] Die Diskussion über die Reform der Ausschüttungsbemessungsfunktion in Deutschland ist deshalb keinesfalls beendet, denn weiterhin steht die Forderung der Ausschüttungsbemessung auf Basis der IFRS – zumindest für kapitalmarktorientierte Konzernunternehmen – im Raum.[101]

Es ist daher zu prüfen, ob das Festhalten am tradierten, vorsichtsorientierten Handelsbilanzrecht aus ökonomischer Sicht überzeugen kann und die fehlende Eignung der IFRS für Zwecke der Ausschüttungsbemessung zutrifft. Denn teilweise wird aus modelltheoretischen Überlegungen auch gefolgert, dass das vorsichtsgeprägte Handelsbilanzrecht zum Schutze der Gläubiger gar nicht notwendig, sondern eher schädlich wäre.[102] Diese Argumente sollen in Kap. 3.5 geprüft werden. Hierbei wird auch die Eignung möglicher Kompensationsmechanismen wie des Solvenztests einer kritischen Analyse unterzogen. Die KPMG-Studie hilft hier nur begrenzt weiter. Denn es wurde explizit „darauf verzichtet, […] Kosten-/Nutzeneffekte, z. B. hinsichtlich der Auswirkungen auf den Gläubigerschutz, zu quantifizieren."[103] Die Studie beschränkte sich auf die Sicht der ausschüttenden Unternehmen und untersuchte gerade nicht die Auswirkungen unterschiedlicher Lösungsmöglichkeiten auf das Gläubigerschutzniveau.[104] Auch hinsichtlich der IFRS muss eine Anwendung in anderen Ländern nicht bedeuten, dass diese für die Ausschüttungsbemessung geeignet sind. So hat etwa in Großbritannien, das die IFRS für Ausschüttungszwecke erlaubt und durch Überleitungsrechnungen korrigiert, die Forderung eines Systemwechsels hin zu einem alleinigen Solvenztest großen Anklang gefunden, da die Überleitungen und die Anleitungen hierfür eine überaus hohe Komplexität angenommen haben.[105]

S. 572 f.; Hommelhoff/Teichmann (2010), S. 339 f.; vgl. hingegen zum ursprünglichen Verordnungsentwurf EU-Kommission (2008b); Lanfermann/Richard (2008b), S. 1612; Maul/Röhricht (2008), S. 1576.

99 Vgl. EU-Kommission (2008a), S. 1 f.

100 Vgl. Pellens/Jödicke/Schmidt (2008), S. 9; Scholz (2008), S. 89.

101 Vgl. Scholz (2008), S. 89; Lanfermann/Richard (2008a), S. 1932, vgl. bereits Kap. 3.3.1.1.

102 Vgl. Böcking/Dutzi (2006), S. 4 f.; Ewert/Wagenhofer (2003), S. 609; Wagenhofer/Ewert (2007), S. 220.

103 Schruff/Lanfermann (2008), S. 1100.

104 Vgl. kritisch Haaker (2009b), S. 200 f.; ders. (2010a), S. 1059, 1077. Bemängelt werden kann zudem die Vernachlässigung indirekter Kosten (z. B. durch ineffiziente Einbehaltungserfordernisse) der jeweiligen Systeme.

105 Vgl. Rickford (2006), S. 170 f.; das System Großbritanniens wird später in Kap. 3.5.4.2.2 im Einzelnen beschrieben.

3.3.2 Zunehmende Bedeutung des Solvenztests im nationalen Gesellschaftsrecht

Im Schrifttum findet sich die Ansicht, dass das Gesellschaftsrecht schon nach geltendem Recht ohnehin bereits Solvenzprüfungen fordere und daher die gesetzliche Einführung eines Solvenztests als ergänzende Maßnahme im Falle der Ausschüttungsbemessung nach IFRS keine erhebliche Veränderung wäre.[106] Das Institut des Solvenztests ist dem deutschen Recht tatsächlich nicht fremd, wenn auch nicht unbedingt bei der Bemessung von Ausschüttungen. Sowohl die Geschäftsleiter als auch die Wirtschaftsprüfer haben bei vielfältigen Anlässen die Solvenz des Unternehmens zu beurteilen.[107] Doch kann darüber hinaus festgestellt werden, dass es „de lege lata bereits eine zweistufige Ausschüttungsprüfung, bestehend aus Bilanz- und Solvenztest [gibt].“[108] *Hennrichs* weist zutreffend darauf hin, dass zur Erfüllung von Sorgfaltspflichten bei einer Auszahlung an die Gesellschafter im gesamten Prozess von der Feststellung des Jahresabschlusses bis hin zur Gewinnverwendungsbeschlussfassung eine Prüfung der Liquidität des Unternehmens vorzunehmen ist, was inhaltlich einem Solvenztest gleichkommt.[109]

Die Prüfung der künftigen Solvenz im Rahmen von Ausschüttungsentscheidungen hat durch die Änderung des § 64 GmbHG im Zuge des MoMiG[110] an Bedeutung gewonnen. Der Geschäftsführer einer GmbH haftet demnach für Zahlungen an die Gesellschafter, wenn diese die Zahlungsunfähigkeit der Gesellschaft zur Folge haben mussten, es sei denn dies war bei angemessener Sorgfalt nicht erkennbar (§ 64 S. 3 GmbHG). Die Regelung soll Lücken im bilanzorientierten Gläubigerschutzsystem schließen, indem die Liquiditätssituation des Unternehmens in den Blick genommen wird.[111] Jede Zahlung an die Gesellschafter beinhaltet damit die konkludente Erklärung des Geschäftsführers, dass die Gesellschaft dennoch weiterhin in der Lage ist, ihre Verpflichtungen bei Fälligkeit zu erfüllen.[112] Nach h. M. hat sich hierdurch die Haftungsgefahr der

---

[106] Vgl. etwa Böcking/Dutzi (2006), S. 14 f.; dies. (2007), S. 440 f.

[107] So sind die Geschäftsleiter nach h. M. aufgrund ihrer allgemeinen Sorgfaltspflicht (§§ 91 Abs. 2, 92 Abs. 2, 93 Abs. 1 S. 1 AktG, 43 Abs. 1 GmbHG) zur ständigen Überwachung der Solvenz des Unternehmens verpflichtet. Um den Insolvenzantragspflichten der §§ 17-19 InsO zu entsprechen, muss darüber hinaus bei wirtschaftlichen Schwierigkeiten des Unternehmens die Zahlungsfähigkeit des Unternehmens anhand von Finanzplänen geprüft werden (vgl. IDW PS 800.42 ff.). Zudem ist bei Prüfung der Unternehmensfortführungsprämisse (§ 252 Abs. 1 Nr. 2 HGB) im Falle von Zweifeln am Fortbestand des Unternehmens die Unternehmensfortführung anhand interner Planungsdaten, insbesondere mittels eines Finanzplans, zu beurteilen (vgl. IDW PS 270.10). Vgl. im Einzelnen Pellens/Jödicke/Schmidt (2008), S. 23 ff.; Hennrichs (2008e), S. 44 f.; Grottke (2009b), S. 360.

[108] Hommelhoff/Sokol (2010), S. 152; vgl. auch Hommelhoff/Teichmann (2010), S. 340.

[109] Vgl. im Einzelnen Hennrichs (2008e), S. 44-46.

[110] Vgl. Gesetz zur Modernisierung des GmbH-Rechts und zur Bekämpfung von Missbräuchen (MoMiG) v. 23.10.2008, BGBl. I 2008, S. 2026.

[111] Vgl. Knof (2007), S. 1537.

[112] Vgl. Knof (2007), S. 1540.

Geschäftsführer bei Zahlungen an die Gesellschafter deutlich verschärft.[113] Dieselbe Regelung wurde zudem in § 92 Abs. 2 S. 3 AktG kodifiziert.[114]

Der Geschäftsführer muss in Folge des § 64 S. 3 GmbHG die Zahlungsfähigkeit der Gesellschaft anhand eines zukunftsorientierten Finanzplans überprüfen, um den Entlastungsbeweis zu erbringen, dass er ordentlich und gewissenhaft gehandelt hat.[115] In der Literatur wird auf die **starke Ähnlichkeit** der liquiditätsbezogenen Zahlungssperre mit dem US-amerikanischen Solvenztest hingewiesen, zumal auch die Gesetzesbegründung des MoMiG explizit auf diesen abstellt.[116] Die Regelungen nach dem MoMiG stellen damit einen Kompromiss dar, indem grundsätzlich auf das bilanziell bemessene Ausschüttungsverbot in Höhe der Stammkapitalziffer abgestellt wird, das aber quasi durch eine Solvenzprüfung ergänzt wird. Letztere soll die bilanzielle Kapitalerhaltung im Sinne eines mehrstufigen Konzepts ergänzen.[117] Die Geschäftsführer einer GmbH haben damit vor Zahlungen an die Gesellschafter sowohl die Deckung des Stammkapitals nach § 30 GmbHG als auch die Solvenz des Unternehmens gem. § 64 Satz 3 GmbHG zu prüfen (**kumulierter Kapitaldeckungs- und Solvenztest**).[118]

Zusammenfassend ist zu schließen, dass eine Art Solvenztest bereits nach geltendem Recht gefordert wird. Es ist deshalb zu fragen, ob ein solcher (sei es nach der beschriebenen Regelung oder durch eine anderweitige Kodifizierung) auch die Anwendung der IFRS für Zwecke der Ausschüttungsbemessung ermöglichen könnte. Da dieser bislang immer wieder zur Sprache kommende, jedoch noch nicht genauer erläuterte Solvenztest auf dem Vorbild des Gläubigerschutzsystems der USA beruht, wird dieses im Folgenden vorgestellt.

---

[113] Vgl. Greulich/Rau (2008), S. 284 ff.; Niesert/Hohler (2009), S. 350 f.; Kleindiek (2009), S. 900. Die Neuregelung verlagert das bisherige Auszahlungsverbot zeitlich vor. Denn zuvor war die Haftung des Geschäftsführers auf solche Zahlungen beschränkt, die nach Eintritt der Zahlungsfähigkeit oder Überschuldung der Gesellschaft geleistet wurden. Ansonsten drohte dem Geschäftsführer nur eine Haftung bei Ausschüttungen, wenn diese das Vermögen in Höhe des Stammkapitals gefährdeten. Nun besteht ein weitgehendes Zahlungsverbot, das nicht auf Zahlungen aus dem zur Erhaltung des Stammkapitals erforderlichen Vermögen beschränkt ist, sondern alle Zahlungen erfasst, die eine Zahlungsunfähigkeit herbeiführen müssen und tatsächlich auch herbeiführen. Vgl. Schmidt (2010), Rz. 65 zu § 64 GmbHG.

[114] Dem wird aber de lege lata eine relativ geringe Wirkung zugesprochen, da im Falle der AG ohnehin nur der Bilanzgewinn ausgeschüttet werden darf (§ 57 Abs. 3 AktG), was die strengere Grenze darstellt, vgl. Spindler (2008), Rz. 70 zu § 92 AktG.

[115] Vgl. Meyer (2008), S. 1746; Knof (2007), S. 1540 f., 1584; Haas (2010), Rz. 95 zu § 64 GmbHG.

[116] Besonders prägnant: „Das bei der Neufassung des § 30 verschmähte Prinzip des Solvenztests hat insofern in § 64 Satz 3 gewissermaßen Asyl gefunden", Schmidt (2010), Rz. 65 zu § 64 GmbHG; vgl. des Weiteren auch der Regierungsentwurf zum MoMiG, BT-Drs. 16/6140, S. 46 sowie Schmidt (2007), S. 5 f.; Knof (2007), S. 1536 f.; Hirte (2008), S. 292; Kleindiek (2009), S. 902; Hommelhoff/Sokol (2010), S. 152 f.

[117] Vgl. Hennrichs (2009c), S. 923.

[118] Vgl. Schmidt (2010), Rz. 71 zu § 64 GmbHG.

3.4 Alternativsystem: Ausschüttungsbemessung in den USA

3.4.1 Überblick über das Gesellschaftsrecht der USA und die Problematik des traditionellen Nennkapitalsystems

In den USA unterliegen Kapitalgesellschaften dem Gesellschaftsrecht des Bundesstaates, in dem sie gegründet wurden.[119] Deshalb müssen bei einer Analyse des US-amerikanischen Ausschüttungssystems die Regelungen einzelner Bundesstaaten unterschieden werden. Allerdings ergibt sich eine teilweise Vereinheitlichung dadurch, dass viele Staaten die Regelungen des Model Business Corporation Act (MBCA), eines Modellgesetzes zur Rechtsvereinheitlichung, übernommen oder ihre Ausschüttungsrestriktionen erheblich hieran angelehnt haben.[120] Für die Ausschüttungsbemessung sind die ältere Fassung des MBCA und die im Jahr 1984 reformierte Fassung, der Revised Model Business Corporation Act (RMBCA[121]), von Bedeutung, da diese grundverschiedene Regelungen enthalten und einige Staaten auch heute noch der älteren Fassung folgen.[122] Trotz der teilweisen Vereinheitlichung bestehen aber weiterhin beträchtliche Unterschiede im Gesellschaftsrecht der Einzelstaaten. Besondere Bedeutung unter den Regelungen der Bundesstaaten haben diejenigen von Delaware, da hier die Mehrheit der Aktiengesellschaften inkorporiert ist, sowie von New York und Kalifornien aufgrund ihrer wirtschaftlichen Bedeutung.[123] Kennzeichnend für das US-amerikanische System ist zudem, dass außer den Einzelstaatengesetzen weitere Rechtsinstitute zu beachten sind. Zusätzlich werden die Gläubiger durch insolvenzrechtliche Vorschriften und das common law geschützt.[124]

Anders als in Deutschland entscheidet über den ausschüttbaren Betrag regelmäßig das Management (board of directors) und die Aktionäre haben keinen dem § 58 Abs. 4 AktG vergleichbaren Dividendenanspruch.[125] Wenn das board gewisse Sorgfalts- und Treuepflichten beachtet, entzieht sich der Gewinnverwendungsbeschluss einer richterlichen Überprüfung.[126] Da die Aktionäre Ausschüttungen nur selten gerichtlich erstreiten können, geht es bei den US-amerikanischen Rege-

---

119 Vgl. Merkt/Göthel (2006), Rz. 165, 182 ff. Detaillierte Beschreibungen des Rechtssystems im US-amerikanischen Raum finden sich bei Krüger (2005), S. 115 ff.; Gros (2010), S. 114 ff.

120 Vgl. Bauer (1995), S. 130 f.

121 Der RMBCA wurde später in MBCA umbenannt, vgl. Booth (2006), S. 725. Zur Verdeutlichung der Unterschiede wird jedoch im Folgenden die Bezeichnung RMBCA für die Fassung von 1984 verwendet.

122 Vgl. Richard (2007), S. 94 f.; Siegel (2007), S. 106.

123 Vgl. Wüstemann (1996), S. 424; Scholz (2008), S. 92 f.; Booth (2006), S. 718. Allein in Delaware sind die Hälfte der public corporations (vergleichbar mit der deutschen Aktiengesellschaft) inkorporiert, vgl. Booth (2006), S. 731. Da die Unternehmensgründer durch die Wahl des Bundesstaates das maßgebliche Gesellschaftsrecht beeinflussen können, versuchen die Einzelstaaten ihre gesellschaftsrechtlichen Regelungen so attraktiv wie möglich zu gestalten, weshalb es zu einem Wettbewerb der einzelstaatlichen Gesellschaftsrechte gekommen ist, von dem vor allem Delaware profitiert hat. Vgl. zum "Wettbewerb der Gesellschaftsrechte" Merkt (2001), S. 143 f., 148; Watrin (2001a), S. 185.

124 Vgl. Kuhner/Sabiwalsky (2006), S. 506; Marx (2006b), S. 401.

125 Vgl. bspw. § 6.40 (a) RMBCA; vgl. auch Wüstemann (1999), S. 51; Bainbridge (2002), S. 793.

126 Vgl. Merkt/Göthel (2006), Rz. 534.

lungen allein um die Festlegung einer Ausschüttungsobergrenze zur Lösung des Eigner-Gläubiger-Konflikts; der Eigner-Manager-Konflikt soll durch andere Institute gelindert werden.[127]

Im US-amerikanischen Recht ist dabei im Wesentlichen zwischen zwei Formen von Ausschüttungsbeschränkungen zu unterscheiden, die oftmals als traditionelles und modernes System bezeichnet werden.[128] Das **traditionelle System**, dem der MBCA ursprünglich folgte, schreibt ein Nennkapital (legal capital) vor.[129] Ähnliche Regelungen sind z. B. noch in New York und Delaware vorzufinden.[130] Das System folgt grundsätzlich der Idee der Nominalkapitalerhaltung und ähnelt auf den ersten Blick dem kontinentaleuropäischen Vorgehen. Ausschüttungen werden hierbei durch einen surplus test reguliert. Hiernach dürfen diese grundsätzlich nur aus dem Gewinn der betreffenden Periode sowie den thesaurierten Gewinnrücklagen (sog. earned surplus) erfolgen, unter der Bedingung, dass die Gesellschaft nicht insolvent wird (§ 45 (a) MBCA).

Im Vergleich zu den Kapitalerhaltungsregelungen in Europa zeigen sich jedoch deutliche Unterschiede. So ist die durch den MBCA postulierte Begrenzung des ausschüttbaren Betrags auf den Gewinn realiter nahezu bedeutungslos. Die meisten Staaten mit Nennkapitalsystem dehnen inzwischen das Ausschüttungspotenzial auch auf die Kapitalrücklagen (sog. capital surplus) aus, erlauben also eine uneingeschränkte Ausschüttung der gesamten Rücklagen.[131] Dem Management werden bei der Bestimmung der bilanziellen Bezugsgrößen große Ermessensspielräume eingeräumt. So schreiben die Bundesstaaten kein bestimmtes Rechnungslegungssystem – wie etwa die US-GAAP – vor. Vielmehr wird sogar eine Bewertung von Vermögenswerten zum aktuellen Marktwert und die Ausschüttung der hieraus resultierenden Rücklagen für grundsätzlich zulässig erachtet.[132] Zumeist ist auch die Ausgabe von Aktien ohne oder mit geringem Nennwert zu-

---

127 Vgl. Schildbach (1998), S. 74; Kahle (2002c), S. 152. Ein hauptsächlicher Lösungsmechanismus für den Eigner-Manager-Konflikt wird in aktienkursorientierten Entlohnungssystemen gesehen, vgl. Schildbach (2002b), S. 11.

128 Vgl. Merkt/Göthel (2006), Rz. 442.

129 Vgl. Manning/Hanks (1990), S. 20 ff.; Kübler (1989), S. 23.

130 Vgl. §§ 501, 506, 510 (b) N.Y. Bus.Corp.Law; §§ 154, 170 (a) Del.GCL.

131 Bspw. ist in Delaware und New York die Ausschüttung aus dem gesamten surplus möglich, vgl. § 170 (a) Del.GCL; § 510 (b) N.Y. BusCorp.Law; vgl. auch Bainbridge (2002), S. 775; Schildbach (2002b), S. 12 f. Auch nach § 46 MBCA ist eine Ausschüttung aus den Kapitalrücklagen (dem sog. capital surplus) erlaubt, wenn die Satzung dies vorsieht oder die Mehrheit der Aktionäre zustimmt.

132 Vgl. Engert (2006a), S. 763; Booth (2006), S. 733; Siegel (2007), S. 106.
Eine Verschärfung der Ermessensproblematik tritt zudem durch die in manchen Staaten, wie Delaware, erlaubten nimble dividends ein. Hiernach ist erlaubt, die Gewinne des laufenden und vorigen Geschäftsjahres auszuschütten, obwohl durch frühere Verluste die Rücklagen des Unternehmens völlig aufgezehrt sind und somit durch die Ausschüttung das Nennkapital geschmälert wird oder gar ein negatives Eigenkapital resultiert, vgl. § 170 (a) Del.GCL; vgl. hierzu Richard (2007), S. 115 f.; Scholz (2008), S. 97 f.

gelassen. Dies schwächt den surplus test weiter ab, da in diesem Fall quasi das gesamte Kapital ausgeschüttet werden kann.[133]

3.4.2 Modernes System: Aufgabe des Nennkapitalkonzepts

Da dieses System als zu kompliziert und manipulationsanfällig kritisiert wurde,[134] wurde mit dem RMBCA eine vollständige Abkehr vom System des legal capital vollzogen. Ca. 40 Staaten haben die Regelungen des RMBCA – wenn auch mit Abweichungen – mittlerweile übernommen.[135] Nach dem sog. **modernen System** ist kein Nennwert für die Aktien und kein Nennkapital mehr vorgeschrieben; auch ein Mindestkapital wird nicht verlangt.[136] Aktionäre müssen nur Einlagen in der Höhe leisten, die in der Satzung festgelegt wurde, wobei das Management für einen angemessenen Ausgabepreis sorgen muss.[137] Als Voraussetzung einer Ausschüttung ist ein zweistufiges Testverfahren in Form eines Bilanz- und Solvenztests zu durchlaufen, wonach durch die Ausschüttung weder die Überschuldung (balance sheet test) noch die Zahlungsunfähigkeit (equity insolvency test) eintreten darf (§ 6.40 (c) RMBCA). Doch auch dieses Testverfahren ist nicht weniger ermessensbehaftet, wie im Folgenden deutlich wird.

Der **balance sheet test** ist erfüllt, wenn das Gesamtvermögen nach der Ausschüttung mindestens der Summe der Schulden entspricht (§ 6.40 (c) (2) RMBCA).[138] Ein Polster in Form des Grundkapitals gibt es in diesem System nicht – auch dieses, und damit das gesamte Eigenkapital, kann ausgeschüttet werden.[139] Es werden auch hier grundsätzlich keine Rechnungslegungsregelungen und insbesondere keine Bindung an die US-GAAP vorgegeben. Vielmehr kann das Management die Bilanzierungsvorschriften anwenden, die es für angemessen erachtet. Nach § 6.40 (d) RMBCA kann hierbei zum einen der Jahresabschluss herangezogen werden. Zum anderen wird explizit gestattet, eine Bewertung zum Marktwert oder eine andere den Umständen angemessene Methode zu wählen.[140] Eine Bewertung über die Anschaffungs- und Herstellungskosten hinaus ist

---

133 In Delaware legen z. B. die Manager bei der Ausgabe der Aktien fest, welcher Teil des Erlöses als capital und welcher als surplus ausgewiesen wird (§ 154 Del.GCL). Das Nennkapital muss nur mindestens dem Nennwert der Aktien entsprechen. Bei Emission von nennwertlosen Aktien kann hier ein Nennkapital von null ausgewiesen und der Großteil der Einlage in das surplus eingestellt und ausgeschüttet werden, vgl. Engert (2006a), S. 762 f.; Siegel (2007), S. 106; Maul/Lanfermann/Richard (2011), S. 225.

134 Vgl. American Bar Association (2008), S. 6-72 f.; Kübler (1989), S. 29 ff.; Manning/Hanks (1990), S. 91 ff.

135 Vgl. Ebke (2007), S. 83.

136 Vgl. Kübler (1995a), S. 556; Bauer (1995), S. 318 f. Allerdings steht es den Gründern frei, in der Satzung einen Nennwert festzulegen, vgl. § 2.02 (b) (2) (iv) RMBCA.

137 § 6.21 RMBCA; vgl. Manning/Hanks (1990), S. 180; Bainbridge (2002), S. 772.

138 Den Schulden werden die Ansprüche der Vorzugsaktionäre auf den Liquidationserlös hinzuaddiert. Dies ist jedoch in der Satzung abdingbar, vgl. § 6.40 (c) (2) RMBCA.

139 Vgl. Wüstemann (1996), S. 426; Siegel (2007), S. 107.

140 Vgl. Wüstemann (1999), S. 64; Kahle (2002c), S. 154 f.; Schildbach (1998), S. 76 f.; Ebke (2007), S. 83.

grundsätzlich möglich, wenn von der Unternehmensfortführung ausgegangen werden kann und dies für alle Vermögenswerte und Schulden einheitlich erfolgt.[141] Aufgrund der vielen Freiräume stellt der balance sheet test keine restriktive Ausschüttungsrestriktion dar.

Nach dem **equity insolvency test (Solvenztest)** ist eine Ausschüttung nur erlaubt, wenn das Unternehmen im Anschluss an die Ausschüttung seine Verbindlichkeiten im gewöhnlichen Geschäftsverlauf begleichen kann (§ 6.40 (c) (1) RMBCA). Nach der offiziellen Kommentierung des RMBCA wird in den meisten Fällen keine eingehendere Analyse hinsichtlich des Solvenztests notwendig sein.[142] Demnach kann i. d. R. von der Solvenz ausgegangen werden, wenn das Unternehmen regelmäßig uneingeschränkt testierte Jahresabschlüsse vorweisen kann, der jüngste Bestätigungsvermerk die Annahme der Unternehmensfortführung nicht einschränkt und es seitdem zu keinen für die Liquidität negativen Ereignissen gekommen ist. Liegen jedoch Anzeichen vor, die auf wirtschaftliche Schwierigkeiten oder Liquiditätsengpässe hindeuten, sind weitergehende Untersuchungen vorzunehmen. Solche Indikatoren können z. B. die Einreichung einer Schadenersatzklage mit existenzbedrohendem Streitwert, ein Konjunkturabschwung oder ein starker Umsatzrückgang sein.[143] Das Management muss in diesem Fall prüfen, ob künftig in ausreichender Höhe Einzahlungen erwirtschaftet werden können, um die Verpflichtungen bei Fälligkeit zu erfüllen und beurteilen, ob die Refinanzierung kurzfristiger Verbindlichkeiten gesichert ist.[144] Eine rein stichtagsbezogene Betrachtung mittels Bilanzdaten wird für die Beurteilung als nicht ausreichend erachtet.[145] Vielmehr sollte eine Analyse künftiger Cashflows auf der Basis von Prognosen des Geschäftsverlaufs über eine angemessene Zeitdauer erfolgen.[146]

Wie dies zu erfolgen hat, bleibt jedoch ohne nähere Konkretisierung. Insgesamt ist zu konstatieren, dass konkrete Handlungsanweisungen zur Durchführung des Solvenztests fehlen und Freiräume der Geschäftsführer das Testverfahren dominieren. So werden die Ausgestaltung der Cashflow-Planung im Einzelnen sowie die adäquate Länge des Prognosezeitraums gänzlich of-

Das board kann sich aber grundsätzlich auf nach US-GAAP erstellte Bilanzen verlassen. Dies gilt nur dann nicht, wenn Umstände eingetreten sind oder neue Informationen vorliegen, die diese als unangemessen erscheinen lassen, vgl. American Bar Association (2008), S. 6-231.

141 Vgl. American Bar Association (2008), S. 6-232; Bainbridge (2002), S. 779; Rickford (2004), S. 1017. Vgl. zu einer Übersicht über verschiedene Gerichtsentscheidungen, die grundsätzlich Ausschüttungen nach Vornahme von Neubewertungen erlaubten, American Bar Association (2008), S. 6-248 ff.

142 Vgl. auch im Folgenden American Bar Association (2008), S. 6-228 f.

143 Vgl. Marx (2006a), S. 107; Pellens/Sellhorn (2006), S. 473; Richard (2007), S. 99.

144 Vgl. American Bar Association (2008), S. 6-228 f.

145 Vgl. Pellens/Jödicke/Richard (2006), S. 103 f.; Richard (2007), S. 98 f.; Marx (2006a), S. 108 f.

146 Vgl. American Bar Association (2008), S. 6-229.

fen gelassen. Wie die Prognose im Einzelnen auszugestalten ist, ist vielmehr Teil der Einschätzung des Managements, womit diesem ein erheblicher Ermessensspielraum gewährt wird.[147]

Große Beachtung in der europäischen Diskussion um die Kapitalerhaltung hat auch das **Gesellschaftsrecht Kaliforniens** gefunden. Dort wurde ein eigenes System entwickelt, welches ebenfalls kein Nennkapital, jedoch andere Ausschüttungsregelungen im Vergleich zum RMBCA vorsieht.[148] Deren Besonderheit besteht darin, dass explizit eine Bindung an den Konzernabschluss nach US-GAAP vorgeschrieben wird.[149] Eine Ausschüttung ist erlaubt, wenn diese durch Gewinnrücklagen (sog. retained earnings) gedeckt werden kann.[150] Andernfalls ist eine Ausschüttung möglich, wenn das Unternehmen zwei kumulative Bilanztests besteht.[151] Erstens muss die Summe der Vermögenswerte ohne Geschäfts- oder Firmenwert, aktivierte Entwicklungsaufwendungen sowie bestimmte Abgrenzungsposten[152] nach der Ausschüttung mindestens 125 % der Summe der Schulden ohne passive latente Steuern sowie bestimmte negative Abgrenzungsposten[153] betragen. Nach der Ausschüttung muss demnach eine Eigenkapitalquote von mindestens 20 % verbleiben. Zweitens muss das Umlaufvermögen nach der Ausschüttung die kurzfristigen Verbindlichkeiten mindestens decken.[154] Die beschriebenen Korrekturen intendieren, die Positionen nicht zu berücksichtigen, die im Falle der Liquidation mit hoher Wahrscheinlichkeit nicht realisierbar sind oder die nur für Zwecke der periodengerechten Erfolgsermittlung ausgewiesen wurden.[155] Es wird jedoch kritisiert, dass diese wenigen Korrekturen keinesfalls ausreichen, um entobjektivierte bzw. nicht werthaltige Positionen nach US-GAAP von der Ausschüttung auszuschließen.[156] Ergänzend ist auch hier ein Solvenztest durchzuführen, wonach Ausschüttungen unzulässig sind, wenn das Unternehmen im Anschluss hieran wahrscheinlich nicht mehr in der

---

147 Vgl. zu dieser Schlussfolgerung Wüstemann (1996), S. 426; ders. (1999), S. 56 f.; Brandt/Jödicke/Richard (2007), S. 358; Lienau (2008), S. 83; Marx (2006a), S. 109 f.; Mock (2008), S. 304.

148 Vgl. ausführlich zum kalifornischen System Pellens/Brandt/Richard (2006), S. 2022 ff.

149 Vgl. §§ 114, 500 (c) Cal.Corp.Code; Kahle (2002c), S. 156; Booth (2006), S. 735; Pellens/Brandt/Richard (2006), S. 2023. Von der Pflicht zur Anwendung der US-GAAP sind hierbei Gesellschaften mit weniger als 100 Aktionären ausgenommen, vgl. § 1501 Cal.Corp.Code.

150 Vgl. § 500 (a) Cal.Corp.Code.

151 Vgl. auch im Folgenden § 500 (b) Cal.Corp.Code.

152 Diese sog. deferred charges entsprechen im Wesentlichen den aktiven Rechnungsabgrenzungsposten des Handelsbilanzrechts, vgl. Schildbach (2002b), S. 79 ff.

153 Hierbei handelt es sich um das deferred income (Kundenanzahlungen) sowie die deferred credits, welche im Wesentlichen den passiven Rechnungsabgrenzungsposten entsprechen, vgl. Scholz (2008), S. 106.

154 Wenn im Durchschnitt der beiden vorigen Geschäftsjahre das operative Ergebnis vor Zinsen und Steuern (EBIT) niedriger als die Zinsaufwendungen war, wird eine Deckung von mindestens 125 % verlangt. Auch hier ist eine Ausnahme von den US-GAAP vorgesehen. Das Umlaufvermögen darf um Beträge erhöht werden, die von Kunden auf vertraglicher Basis erwartungsgemäß gezahlt werden. Außerdem müssen Unternehmen, die nicht nach US-GAAP in Anlage- und Umlaufvermögen trennen, dies nicht einhalten (§ 500 (b) (2) Cal.Corp.Code), vgl. auch Schildbach (2002b), S. 14.

155 Vgl. Richard (2007), S. 129; Wüstemann/Bischof/Kierzek (2007b), S. 17.

156 Vgl. Wüstemann/Bischof/Kierzek (2007b), S. 17.

Lage ist, seine Verbindlichkeiten bei Fälligkeit zu begleichen.[157] Genaue Vorgaben für die Durchführung finden sich jedoch auch hier nicht.[158]

Insgesamt lassen sich deutliche Unterschiede im Vergleich von US-amerikanischem und kontinentaleuropäischem Gläubigerschutzsystem erkennen. Während der Gläubigerschutz im kontinentaleuropäischen Raum vor allem durch die Erhaltung einer Stammkapitalziffer und eine Bindung des Gesellschaftsrechts an die handelsrechtliche Rechnungslegung verwirklicht wird, ist im US-amerikanischen Recht zumeist ein Nennkapital oder eine Bindung an die US-GAAP – mit Ausnahme von Kalifornien – nicht explizit vorgeschrieben.[159] Gläubigerschutz durch Rechnungslegung soll vor allem durch eine ausreichende **Information des Kapitalmarkts** erfolgen.[160] Hinsichtlich des in den letzten Jahren als Reformvorbild für Europa vorgeschlagenen Solvenztests lässt sich feststellen, dass dieser nie das alleinige Gläubigerschutzinstrument darstellt, sondern stets durch einen Bilanztest flankiert wird. Sowohl im Rahmen der Solvenz- als auch der Bilanztests werden dem Management erhebliche Gestaltungsfreiräume zugestanden; konkrete Vorgaben finden sich kaum. Insgesamt zeigt sich, dass das US-amerikanische Gesellschaftsrecht für Gläubiger aufgrund der Unbestimmtheit der Regelungen und der damit einhergehenden Ermessensspielräume ex ante nur eine geringe Schutzwirkung entfalten dürfte.[161] Im US-amerikanischen Raum wird daher eher auf eine Anfechtung unzulässiger Ausschüttungen ex post sowie einzelvertragliche Absicherungen vertraut.

3.4.3 Haftung von Management und Aktionären

Zur Kompensation der durch die Ausschüttungsrestriktionen gewährten Ermessensspielräume dienen im US-amerikanischen Raum regelmäßig umfangreiche Haftungsvorschriften.[162] Nach dem RMBCA resultiert eine **Haftung von Mitgliedern der Geschäftsleitung** in Höhe des unzulässigen Teils einer Ausschüttung, wenn diese einer gegen § 6.40 RMBCA verstoßenden Ausschüttung zugestimmt haben.[163] Zu einer solchen Haftung kann es kommen, wenn eine Missach-

---

[157] Vgl. § 501 Cal.Corp.Code.
[158] Vgl. Pellens/Jödicke/Richard (2006), S. 105; Scholz (2008), S. 107 f.; Maul/Lanfermann/Richard (2010), S. 287.
[159] Vgl. Kahle (2002a), S. 698 f.
[160] Vgl. Merkt (2006b), S. 96.
[161] Vgl. Bainbridge (2002), S. 780 oder Siegel (2007), S. 105, mit der Zwischenüberschrift: „State Laws Regulating Corporate Distributions Vary Widely, and Few, If Any, Provide Effective Creditor Protection" (Hervorh. im Original).
[162] Vgl. zu einem Überblick über die möglichen Haftungstatbestände Merkt/Göthel (2006), Rz. 545 ff.
[163] Vgl. § 8.33 (a) RMBCA. Die Zustimmung wird bei Stimmenthaltung oder Abwesenheit fingiert.

tung der einem Geschäftsführer obliegenden Sorgfaltspflichten nachgewiesen werden kann.[164] Weitere Pflichten und Haftungstatbestände der Geschäftsführer können sich zudem durch das common law ergeben.[165] Jedoch wird das Management auch jeweils durch die von den Gerichten angewandte business judgement rule abgesichert, wonach die Rechtsprechung stets von der widerlegbaren Vermutung ausgeht, dass das Management seine Entscheidung gutgläubig, frei von Interessenkonflikten, auf Basis angemessener Informationen und im besten Interesse der Gesellschaft getroffen habe; der Kläger muss den Gegenbeweis erbringen.[166] Das Management kann daher bspw. nicht für eine spätere ungünstige Entwicklung verantwortlich gemacht werden, wenn die Cashflow-Planung auf einer hinreichenden Informationsgrundlage basierte.[167]

Neben der Haftung der Geschäftsführer besteht eine auf verschiedenen Anspruchsgrundlagen beruhende **Aktionärshaftung** im Falle von unrechtmäßigen Ausschüttungen. So sieht der RMBCA vor, dass einem Geschäftsführer, der aus diesem Grund in Anspruch genommen wurde, ein Regressanspruch gegenüber den Aktionären zusteht, vorausgesetzt diese wussten von der Unrechtmäßigkeit (§ 8.33 (b) (2) RMBCA). Eine Haftung der Aktionäre kann sich auch nach dem common law ergeben, wonach ein Anspruch der Gläubiger gegen die Aktionäre u. a. für zulässig gehalten wurde, wenn die Ausschüttung zur Insolvenz führte.[168] In den meisten Staaten wird daher aus der primären gesetzlichen Haftung des board auch eine sekundäre Haftung der Aktionäre abgeleitet.[169] In einzelnen Staaten, wie Kalifornien, ist sogar eine primäre gesetzliche Haftung der Aktionäre bei unzulässigen Ausschüttungen vorgesehen.[170]

Eine Haftung der Aktionäre kann sich auch aus der im common law bedeutenden Durchgriffshaftung (piercing the corporate veil) ergeben. Während die Bedeutung des Haftungsdurchgriffs in Deutschland gering ist, existiert in den USA eine umfangreiche Rechtsprechung

---

164 Gem. § 8.30 RMBCA muss der director in gutem Glauben, im besten Interesse der Gesellschaft und mit einer Sorgfalt, die eine Person in einer ähnlichen Situation und unter ähnlichen Umständen hätte walten lassen, gehandelt haben. Vgl. zu den Elementen dieser Sorgfaltspflicht im Einzelnen Richard (2007), S. 104 f.

165 So wurde von der Rechtsprechung teilweise angenommen, dass die Geschäftsführer in einer Insolvenz oder deren Nähe die Pflicht haben, das Vermögen der Gesellschaft für die Gläubiger zu schützen und dass deshalb zu diesem Zeitpunkt die Auswirkungen von Entscheidungen auf alle Interessengruppen abzuwägen sind, vgl. hierzu Engert (2006a), S. 781 ff.; Kuhner/Sabiwalsky (2006), S. 508 f.; Marx (2006a), S. 124 ff.

166 Vgl. American Bar Association (2008), S. 8-230. Die business judgement rule ist ein über die Jahre entwickeltes Konzept des common law. Sie basiert auf der Grundidee, dass unternehmerische Ermessensentscheidungen nicht im Nachhinein durch Gerichte ausgelegt werden sollen. Diese sollen vielmehr erst dann eingreifen, wenn das Management gegen elementare Pflichten verstoßen hat, vgl. zu einschlägiger Rechtsprechung American Bar Association (2008), S. 8-230 ff.; Merkt/Göthel (2006), Rz. 843 ff.

167 Vgl. American Bar Association (2008), S. 6-229; Kuhner/Sabiwalsky (2006), S. 513; Scholz (2008), S. 116.

168 Vgl. mit Rechtsprechungsnachweisen Bauer (1995), S. 246-249; Kuhner/Sabiwalsky (2006), S. 508.

169 Vgl. Merkt/Göthel (2006), Rz. 547.

170 Vgl. § 506 (a) Cal.Corp.Code; Merkt/Göthel (2006), Rz. 547.

hierzu.[171] Die Durchgriffshaftung kommt jedoch vor allem bei Unterkapitalisierung zu Beginn der Unternehmenstätigkeit und nicht bei überhöhten Ausschüttungen in Frage. Diese ist daher vor allem für die Pflichten zur Kapitalaufbringung von Bedeutung.[172]

Infolge unrechtmäßiger Ausschüttungen kann sich für Aktionäre zudem ein Haftungstatbestand aufgrund von insolvenzrechtlichen Vorschriften ergeben.[173] Nach h. M. sind diese auch auf Dividendenzahlungen anzuwenden.[174] Auch hier folgen die meisten Bundesstaaten einem Mustergesetz, dem Uniform Fraudulent Transfer Act (UFTA), welches Gläubiger vor einer betrügerischen Vermögensübertragung durch die Gesellschaft schützen soll.[175] Dabei ist ein betrügerisches Verhalten im wörtlichen Sinne nicht zwingend erforderlich, vielmehr wird dieses bei Vorliegen objektiver Tatbestandsmerkmale fingiert.[176] Ein betrügerischer Vermögenstransfer liegt demnach vor, wenn die Gesellschaft für die Transaktion keinen ausreichenden Gegenwert erhält[177] und a) hierdurch eine unverhältnismäßig geringe Eigenkapitalausstattung verbleibt oder b) das Unternehmen Verbindlichkeiten eingegangen ist, von denen es wusste, dass es diese bei Fälligkeit nicht würde erfüllen können oder c) das Unternehmen insolvent ist bzw. es durch die Vermögensübertragung wird.[178] Im Falle einer erfolgreichen Klage sind die ausgeschütteten Mittel an die Gesellschaft zurückzuführen, wobei auch gutgläubige Aktionäre zur Herausgabe verpflichtet sind.[179] Da die business judgement rule mit ihrer beweislastumkehrenden Wirkung nicht greift, ist es aussichtsreicher, die Unzulässigkeit einer Ausschüttung gerichtlich nachzuweisen.[180] Den Regelungen des UFTA kommt deshalb eine weitreichende Bedeutung zu. *Merkt* bezeichnet das Anfechtungsrecht des UFTA sogar als „Kernstück des Gläubigerschutzes“[181].

3.4.4 Bedeutung einzelvertraglicher Vereinbarungen

Anstelle der Anfechtung unzulässiger Ausschüttungen ex post sichern sich Gläubiger im angloamerikanischen Raum häufig durch zusätzliche Schutzklauseln auf einzelvertraglichem Wege ab. Es ist hier weit verbreitet, den aufgezeigten lückenhaften gesetzlichen Gläubigerschutz ex ante

171 Vgl. Bainbridge (2002), S. 151 ff.; Merkt/Spindler (2006), S. 253 ff.
172 Vgl. im Einzelnen Bruns (2003), S. 97 ff.; Böckmann (2005), S. 223-296.
173 Vgl. ausführlich hierzu Engert (2006a), S. 769 ff.
174 Vgl. Manning/Hanks (1990), S. 64 f.; Bauer (1995), S. 250 f.; Böckmann (2005), S. 82 f.
175 Wenige Staaten folgen noch dem vorhergehenden Mustergesetz, dem Uniform Fraudulent Conveyance Act (UFCA). Vgl. im Einzelnen Merkt/Göthel (2006), Rz. 541.
176 Vgl. Engert (2006a), S. 769; Kuhner/Sabiwalsky (2006), S. 507.
177 Dies ist bei Ausschüttungen stets der Fall, da keine Gegenleistung erfolgt, vgl. Marx (2006a), S. 133.
178 Vgl. §§ 4 (a) (2), 5 (a) UFTA.
179 Vgl. Bauer (1995), S. 252; Marx (2006a), S. 139 f.; Richard (2007), S. 109.
180 Vgl. Marx (2006a), S. 140; Kuhner/Sabiwalsky (2006), S. 519.
181 Merkt (2004a), S. 316; vgl. auch Engert (2006a), S. 769; Gelter (2004), S. 187.

auf privatautonomem Wege nachzubessern.[182] Während sich Warenlieferanten oder Dienstleister hierbei meist dinglicher Sicherheiten bedienen, vereinbaren langfristige Finanzgläubiger, wie Kreditinstitute, häufig Nebenabreden in den Kreditverträgen. Diese sog. **covenants** sichern den Fremdkapitalgebern bestimmte Informations-, Kontroll- und Mitspracherechte zu. Die vertraglichen Regelungen bilden aufgrund ihrer hohen Bedeutung einen oder den **Schwerpunkt des US-amerikanischen Gläubigerschutzsystems.**[183]

Covenants haben das Ziel, Kreditrisiken zu senken, indem sie dem Schuldner Verhaltenspflichten auferlegen und so seinen Spielraum für gläubigerschädigendes Verhalten begrenzen.[184] Inhaltlich werden mit production/investment policy covenants[185], dividend covenants, financial covenants[186] und bonding covenants[187] im Schrifttum regelmäßig vier Gruppen unterschieden.[188] Die für die Ausschüttungsentscheidung relevanten dividend covenants enthalten direkte Restriktionen für die im Zeitraum der Kapitalüberlassung erlaubten Ausschüttungen.[189] Bei einer Verletzung von covenants stehen dem Gläubiger diverse Sanktionsmöglichkeiten zu. In der Regel hat er das Recht, den Kredit sodann sofort fällig zu stellen; meist werden der Kreditvertrag bzw. die Konditionen bei einer Verletzung von covenants jedoch nachverhandelt.[190]

Covenants haben im US-amerikanischen Raum ihren Ursprung und spielen hier schon seit langer Zeit eine bedeutende Rolle.[191] Viele Studien belegen ihre häufige Verwendung. Regelungen zur Begrenzung von Ausschüttungen (dividend covenants) gehören hierbei zu den am häufigsten

---

182 Vgl. Manning/Hanks (1990), S. 98 ff.; Kahle (2002a), S. 704; Merkt/Göthel (2006), Rz. 542; Merkt (2004a), S. 313 f.; Bainbridge (2002), S. 770, 780.

183 Vgl. Alberth (1997), S. 744; Kästle (2003), S. 51.

184 Vgl. zu Arten und Wirkungsweise von covenants im Einzelnen Drukarczyk (1993), S. 328 ff.; Kästle (2003), S. 23 ff.; Streit/Below/Baar (2006), S. 91 ff.
Covenants werden i. d. R. unterteilt in positive bzw. affirmative covenants, die vom Schuldner die Einhaltung bestimmter Pflichten verlangen, und negative covenants, die das Unterlassen bestimmter Handlungen, wie Dividendenzahlungen, fordern, vgl. etwa Kästle (2003), S. 53 ff.; Haghani et al. (2009), S. 7 f.

185 Diese enthalten Regelungen für die Produktions- und Investitionstätigkeiten des Unternehmens, bspw. dass nur in bestimmte Projekte investiert werden darf oder eine Investition Mindestbedingungen erfüllen muss. Hierdurch resultieren indirekte Ausschüttungsrestriktionen, vgl. im Einzelnen Alberth (1997), S. 745; Velte (2007), S. 540.

186 Mit financial covenants wird die Einhaltung finanzwirtschaftlicher Kennzahlen festgeschrieben, womit der ungehinderten Aufnahme von Fremdkapital oder anderen Verbindlichkeiten entgegengewirkt wird. Auch hiermit ist eine indirekte Ausschüttungsrestriktion verbunden, vgl. Alberth (1997), S. 745.

187 Unter bonding covenants fallen bspw. accounting covenants, die Bestimmungen über die zugrunde zu legenden Rechnungslegungsvorschriften enthalten, reporting covenants, die vom Schuldner eine zusätzliche Berichterstattung verlangen oder compliance covenants, die erhöhte Prüfungsanforderungen vorsehen, vgl. Alberth (1997), S. 745; Velte (2007), S. 640 f.

188 Vgl. zu dieser Unterteilung schon Smith/Warner (1979), S. 125 ff.; eine etwas andere Einteilung nehmen bspw. Haghani et al. (2009), S. 7 ff. vor.

189 Vgl. Alberth (1997), S. 745; Bratton (2006), S. 54 f.

190 Vgl. zu den Rechtsfolgen einer Vertragsverletzung Kästle (2003), S. 72 ff.; Streit/Below/Baar (2006), S. 101 f.

191 Vgl. Bratton (2006), S. 40 ff.

verwendeten covenants.[192] Dieses Ergebnis bestätigen aktuelle Studien von Bankkrediten in den USA, die in den Jahren 1990-2001 in durchschnittlich ca. 85 % bzw. in den Jahren 1996-2005 in durchschnittlich ca. 81 % der untersuchten Verträge Ausschüttungsbeschränkungen vorfanden.[193] Zwar finden covenants mittlerweile auch in Deutschland eine zunehmende Verbreitung. Hierbei scheinen aber vor allem financial covenants und nicht Dividendenbeschränkungen von Bedeutung zu sein.[194] Die hohe Bedeutung von dividend covenants im US-amerikanischen Raum wird u. a. darauf zurückgeführt, dass die Gläubiger sich hier aufgrund der ermessensbehafteten gesetzlichen Ausschüttungsrestriktionen selbst durch die privatvertragliche Vereinbarung restriktiver Ausschüttungssperren schützen müssen, während sich die Kreditgeber in Deutschland auf einen umfassenden gesetzlichen Schutz stützen können. Im US-amerikanischen Raum werden damit quasi über den Markt **gesellschaftsrechtliche Kapitalerhaltungsregeln simuliert**.[195]

Es wird deutlich, dass das US-amerikanische Gläubigerschutzsystem auf mehreren Pfeilern beruht. Es ergibt sich ein Zusammenspiel von Solvenz- und Bilanztests, Haftungsvorschriften und einer hohen Bedeutung der einzelvertraglichen Absicherung.[196] Im Folgenden wird untersucht, ob die bilanzielle Ausschüttungsregulierung, wie sie in Deutschland de lege lata vorliegt, ökonomisch gerechtfertigt ist. Insbesondere stellt sich sodann die Frage, ob alternativ auch eine Ausschüttungsbemessung auf Basis der IFRS möglich wäre bzw. welche Schutzmaßnahmen eine solche Inbezugnahme der IFRS ermöglichen würden. Die Erfahrungen aus dem US-amerikanischen Raum können hierbei z. B. hinsichtlich des Solvenztests wertvolle Hinweise liefern.

---

192 Vgl. die älteren Studienergebnisse bei Smith/Warner (1979), S. 122 f.; Kalay (1982), S. 211 ff.; Duke/Hunt (1990), S. 45 ff.; Press/Weintrop (1990), S. 65 ff.; El-Gazzar/Pastena (1990), S. 381 ff.; dies. (1991), S. 132 ff.

193 Vgl. Bradley/Roberts (2004), S. 12; Nini/Smith/Sufi (2009), S. 404; Li (2010), S. 1115 (die beiden letzteren arbeiteten jeweils mit der gleichen Datenbasis).

194 Z.B. wird als bedeutend die Kennzahl "EBITDA Interest Cover" als Verhältnis von EBITDA zu Zinsaufwand herausgestellt, vgl. Haghani/Voll/Holzamer (2008), S. 13; Haghani et al. (2009), S. 12 f., 15 f.

195 Vgl. Leuz (1996), S. 240, 242 ff.; Leuz/Deller/Stubenrath (1998), S. 112, 122 ff.; Leuz/Wüstemann (2004), S. 452; Merkt (2004a), S. 313; Servatius (2008), S. 38.
A. A. aber Richard (2007), S. 202 f., der aus einer Auswertung von empirischen Studien schließt, dass die Bedeutung von dividend covenants abgenommen habe und das US-amerikanische System faktisch doch einen ausreichenden Gläubigerschutz biete. Hierbei verweist er vor allem auf Begley/Freedman (2004), S. 81 ff. Eine abnehmende oder nicht sehr hohe Bedeutung von dividend covenants ergibt sich auch in den Studien von Nash/Netter/Poulsen (2003), S. 218; Chava/Kumar/Warga (2010), S. 1129.
Diese Studien behandeln allerdings weitgehend öffentliche Platzierungen (z.B. Industrieanleihen). Covenants werden aufgrund der besseren Nachverhandlungsmöglichkeiten und -kosten und der besseren Kontrollmöglichkeiten eher in Privatplatzierungen vereinbart, vgl. Chava/Roberts (2008), S. 2089; Armstrong/Guay/Weber (2010), S. 214, was auch empirische Untersuchungen zeigen, vgl. Bratton (2006), S. 63 ff. Auf dem öffentlichen Markt können wegen der fehlenden Möglichkeit zu individuellen Vereinbarungen regelmäßig nur die wenig riskanten Firmen auftreten, während die riskanten Unternehmen nur Zugang zu privaten Platzierungen erhalten, bei denen restriktive covenants vereinbart werden können, vgl. Bratton (2006), S. 74 f. Die oben erläuterten Studien belegen die nach wie vor hohe Bedeutung von dividend covenants in Kreditverträgen.

196 Vgl. Merkt (2004a), S. 315 f.

3.5 Ökonomische Analyse der Ausschüttungsbemessungsfunktion de lege lata und alternativer Reformkonzeptionen

3.5.1 Notwendigkeit und Funktionen der gesetzlichen Ausschüttungsbegrenzung

3.5.1.1 Principal-Agent-Konflikte als Ursache der Ausschüttungsregulierung

Auch die Notwendigkeit von Regelungen zur Ausschüttungsbemessung ergibt sich maßgeblich durch das Vorliegen asymmetrischer Information. Ginge man von den Annahmen der neoklassischen Theorie aus, so wären Entscheidungen über die Gewinnausschüttung eines Unternehmens irrelevant. Unter der Annahme vollkommener und vollständiger Kapitalmärkte sind bei gegebener Investitionsstrategie nicht nur die Finanzierungsentscheidungen, also die Kapitalstruktur sowie die Ausschüttungspolitik, für den Wert eines Unternehmens unbedeutend.[197] Die Gesellschafter können darüber hinaus unabhängig von der Ausschüttungspolitik ihre gewünschten Konsumpläne realisieren, denn sie können den Ausschüttungsstrom durch Inanspruchnahme des Kapitalmarkts ohne Hindernisse in die gewünschte Form transformieren.[198] Auch Gläubigerschutzmaßnahmen sind in einer solchen Welt überflüssig. Die Gläubiger könnten beispielsweise durch eine Erhöhung des Verschuldungsgrades und dadurch resultierende Verwässerung ihrer Forderungen nicht geschädigt werden.[199] Bei symmetrischer Information werden die Gläubiger sämtliche Konsequenzen aus einer möglichen Schädigung kennen und dies durch risikogerechte Zuschläge in ihren Kapitalkostenforderungen berücksichtigen.[200]

Regulierungen der Ausschüttungspolitik eines Unternehmens können wiederum begründet werden, wenn diese restriktiven Annahmen aufgegeben und Marktunvollkommenheiten, insbesondere Informationsasymmetrien, in die Betrachtung einbezogen werden. Speziell die sowohl zwischen Managern und Eignern als auch zwischen Eignern und Gläubigern vorliegende **Agen-**

---

[197] Vgl. zur Irrelevanz der Kapitalstruktur für den Unternehmenswert grundlegend Modigliani/Miller (1958), S. 261 ff.; hinsichtlich der Dividendenpolitik Miller/Modigliani (1961), S. 411 ff.

[198] In aller Regel werden die Gesellschafter eines Unternehmens unterschiedliche Konsumpräferenzen, also divergierende Wünsche über die zeitliche Strukturierung der Ausschüttungen eines Unternehmens haben. Auf einem vollkommenen Kapitalmarkt entfällt diese Problematik, da jeder Gesellschafter die durch die Investitionen des Unternehmens erzielten Einzahlungen am Kapitalmarkt gemäß seinen Konsumpräferenzen in die gewünschte zeitliche Struktur transformieren kann, indem er zum Einheitszins Geld anlegt oder sich verschuldet. Investitions- und Konsumentscheidungen können voneinander getrennt werden; das Investitionsvolumen eines Unternehmens kann unabhängig von den subjektiven Entnahmewünschen anhand des Kapitalwertkriteriums festgelegt werden (Separationstheorem von Fisher), vgl. Fisher (1932), S. 222 ff.; Wilhelm (1983), S. 523 ff.; Drukarczyk (1993), S. 34 ff., 46 ff.

[199] Nimmt eine Unternehmung zusätzliches Fremdkapital auf und ändert ihren Verschuldungsgrad, so kann dies jederzeit revidiert werden, indem Eigen- und Fremdkapital des Unternehmens erworben und dann im ursprünglichen Verhältnis am Markt selbst wieder emittiert wird, um so das ursprüngliche Verhältnis wieder herzustellen. Dies ist möglich, da im Modell jeder zum Einheitszins Kapital aufnehmen und anlegen kann. Es besteht kein Unterschied zwischen privater und unternehmerischer Kapitalaufnahme/-anlage, vgl. Fama (1978), S. 277 f.; Barnea/Haugen/Senbet (1985), S. 13 f.

[200] Vgl. Fama (1978), S. 278; Haugen/Senbet (1978), S. 387; Drukarczyk (1993), S. 318 f.

cy-Beziehung[201] kann eine Ausschüttungsregulierung begründen. Hierbei lassen sich zum einen Mindestausschüttungsregelungen zugunsten der Eigner rechtfertigen. Im Hinblick auf die Anreize des Managements, die unter seinem Einfluss stehenden Ressourcen zu maximieren,[202] kann die Regulierung durch Mindestausschüttungen sinnvoll sein. Zwangsausschüttungen sind ein Mittel, um überschüssige Ressourcen dem Verfügungsbereich des Managements zu entziehen und die Interessen der Eigner zu wahren.[203]

Auch Ausschüttungsbeschränkungen zugunsten der Gläubiger erfahren nun ihre Begründung. Nach der Kreditvergabe haben die Gläubiger nur begrenzte Einblicksmöglichkeiten in die Geschäftspolitik des Unternehmens. Der besser informierte, nutzenmaximierende Eigner wird versuchen, die Aufteilung der Überschüsse nach seinen Präferenzen zu gestalten.[204] Eine den Gesamtwert der Unternehmung maximierende Investitions- und Finanzierungspolitik ist für den Eigner oft nicht mehr optimal, vielmehr wird er nur den Marktwert des Eigenkapitals maximieren.[205] Eine Gefährdung der Gläubiger kann hierbei entstehen, wenn deren Anspruch zumindest partiell ausfallbedroht ist, was vor allem bei **haftungsbeschränkten Gesellschaften** der Fall ist.[206] Zudem muss für eine Gläubigergefährdung die Insolvenz im Bereich des Möglichen liegen, da dann Zins- und Tilgungszahlungen nicht mehr mit Sicherheit geleistet werden können.[207]

Es können hierbei im Wesentlichen zwei Formen von Agency-Problemen bei Fremdfinanzierung nach Vertragsabschluss (moral hazard) unterschieden werden. Zum einen kann **moral hazard im Rahmen der Ausschüttungspolitik** auftreten. Die Eigner könnten die bisherigen Investitionsprogramme ganz oder teilweise liquidieren und den Liquidationserlös vor Fälligkeit des Kreditvertrags ausschütten, womit den Gläubigern im Extremfall nur eine leere Unternehmenshülse

---

201 Vgl. zum Begriff der Agency-Beziehung im Einzelnen bereits Kap. 2.3.1.2.

202 Vgl. bereits Kap. 2.3.1.2.

203 Vgl. weiterführend hierzu Wagenhofer/Ewert (2007), S. 226 ff. m. w. N.

204 Vgl. Schmidt/Terberger (1997), S. 415 f.

205 Vgl. Leuz (1996), S. 57; Ewert (1984), S. 825.

206 Vgl. Jensen/Meckling (1976), S. 342; Wagenhofer (1993), S. 248; Leuz (1996), S. 56; ders. (1998), S. 582. Da die Gläubiger im Insolvenzfall nicht auf das Privatvermögen der Eigentümer durchgreifen können, verlieren sie einen Teil oder ihre gesamten Ansprüche, vgl. Leuz (1996), S. 56. *Niedernhuber* zeigt, dass die im Folgenden aufgezeigten Strategien zur Reichtumsverlagerung auch bei unbeschränkter Haftung relevant sein können, da die Eigner durch frühzeitigen Konsum oder Vermögenstransfer auf Dritte Haftungskapital des Privatvermögens dem Gläubigerzugriff entziehen könnten. Insoweit gelten die für den Fall der Haftungsbeschränkung abgeleiteten Ergebnisse grundsätzlich auch für Gesellschaften mit unbeschränkter Haftung, wenn das Privatvermögen der Eigner begrenzt ist, vgl. Niedernhuber (1988), S. 38-44. Die Haftungsbeschränkung verstärkt die Anreize jedoch stark, vgl. Rammert (2000), S. 94 f.

207 Vgl. Wagenhofer (1993), S. 240, 254; Neus (2009), S. 337.

bliebe (**liquidationsfinanzierte Ausschüttungen**).[208] Ebenso wäre eine weitere Aufnahme von gleichberechtigtem oder vorrangigem Fremdkapital und anschließende Ausschüttung an die Eigenkapitalgeber denkbar (**fremdfinanzierte Ausschüttungen**).[209] Die neuen Gläubiger können hierbei eine risikoadäquate Verzinsung vereinbaren, während den bisherigen Fremdkapitalgebern des Unternehmens ein nachträgliches Ausfallrisiko aufgebürdet wird, da im Konkursfall zusätzliche Kreditgeber Ansprüche geltend machen können.[210] Im Extremfall ist in beiden Fällen eine vollständige Entwertung der Ansprüche der Altgläubiger möglich.[211]

Zum anderen kann **moral hazard im Rahmen der Investitionspolitik** auftreten. Die Eigenkapitalgeber haben einen Anreiz, bestehende Investitionsprojekte zu liquidieren und stattdessen riskantere Projekte durchzuführen bzw. eine riskantere Investitionspolitik auszuführen als bei Aufnahme des Fremdkapitals vereinbart wurde (**Risikoanreizproblem bzw. asset substitution**).[212] Diese Anreize resultieren, da die höheren Gewinnchancen voll den Eignern zugute kommen, sofern sie den Anspruch der Gläubiger übersteigen, während der Verlustanteil der Eigner auf das eingesetzte Eigenkapital begrenzt ist. Daher können Verluste auf die Gläubiger überwälzt werden. Im Extremfall führt dies sogar dazu, dass Investitionsprojekte mit negativem Kapitalwert attraktiv werden (**Überinvestitionsproblem**).[213] Es bestehen in schlechten Umweltlagen zudem Anreize, ein Projekt mit positivem Kapitalwert nicht durchzuführen, wenn die Überschüsse vor allem den Gläubigern zugute kommen bzw. vorrangig deren Ansprüche absichern, während die Investitionsauszahlung zu Lasten der Eigenkapitalgeber geht (**Unterinvestitionsproblem**).[214]

Bereits in Kap. 2.3.1.2 wurde gezeigt, dass aufgrund dieser Probleme Wohlfahrtsverluste im Vergleich zur neoklassischen Theorie entstehen. Eigner und Gläubiger erreichen üblicherweise nicht das gleiche Nutzenniveau wie im neoklassischen Modell. Diese Allokationsverzerrungen zu verringern ist das Ziel von Ausschüttungsregulierungen, nicht die Verhinderung der Schädigungsmöglichkeiten an sich.[215] Analog zu rationalen Eignern, die aufgrund der Schädigungsmöglichkeiten der Manager höhere Anteilspreise verlangen, werden auch rationale Gläubiger

---

208 Vgl. Black (1976), S. 7; Black/Scholes (1973), S. 651; Myers (1977), S. 162 f.; Smith/Warner (1979), S. 118; Ewert (1986), S. 14 f.; Wagenhofer/Ewert (2007), S. 193 f.
209 Vgl. Kim/McConnell/Greenwood (1977), S. 789 ff.; Smith/Warner (1979), S. 118; Ewert (1986), S. 17 f.; Wagenhofer/Ewert (2007), S. 194 f.
210 Vgl. Hartmann-Wendels (1986), S. 30.
211 Vgl. Leuz (1996), S. 64.
212 Vgl. Jensen/Meckling (1976), S. 334 ff.; Gavish/Kalay (1983), S. 21 ff.; Green/Talmor (1986), S. 391 ff.; Barnea/Haugen/Senbet (1981), S. 9; Ewert (1986), S. 15 ff.; Wagenhofer/Ewert (2007), S. 196 ff.
213 Vgl. Smith/Warner (1979), S. 119; Drukarczyk (1993), S. 311; Wagenhofer/Ewert (2007), S. 196.
214 Vgl. Myers (1977), S. 147 ff.; Ewert (1986), S. 19; Wagenhofer/Ewert (2007), S. 195 f.
215 Vgl. Franken (2001), S. 39; so auch Hax/Hartmann-Wendels/von Hinten (1988), S. 711.

mögliche Reichtumsverlagerungen durch die Eigner antizipieren und dies bei Gestaltung der Kreditkonditionen berücksichtigen.[216] Infolge der befürchteten Schädigungen kommen Kreditvereinbarungen überhaupt nicht oder nur zu ungünstigen Bedingungen zustande. Es treten Wohlfahrtseinbußen dadurch ein, dass der Zinssatz über dem Gleichgewicht liegt oder durch mangelnde Kapitalüberlassung vorteilhafte Projekte nicht durchgeführt werden.[217] So würden aus liquidations- und fremdfinanzierten Ausschüttungen selbst noch keine Allokations-, sondern nur Verteilungsprobleme resultieren. Antizipieren die Gläubiger die überhöhten Ausschüttungen jedoch, werden sie nicht zur Kreditvergabe an haftungsbeschränkte Unternehmen bereit sein, denn sie würden hierdurch eine Position eingehen, die später mit Sicherheit wertlos wird.[218] Ausschüttungsrestriktionen sind daher nicht nur ein beliebiges Instrument zur Verringerung von Allokationsverzerrungen aus Agency-Problemen im Rahmen der Ausschüttungspolitik. Vielmehr sind diese sogar zwingende Voraussetzung zur Erlangung von Fremdkapital bei haftungsbeschränkten Unternehmen.

Die folgende Analyse konzentriert sich auf die Ausschüttungsregelungen zur Begrenzung des Eigner-Gläubiger-Konflikts. Denn es wurde gezeigt, dass die Ermittlung einer Ausschüttungshöchstgrenze zum Schutze der Gläubiger vorrangige Aufgabe des Handelsbilanzrechts ist und es auch diese Jahresabschlussaufgabe ist, die im Fokus aktueller Reformdiskussionen steht.[219] Zudem kommt Eigner-Gläubiger-Konflikten aufgrund der in Deutschland traditionell verbreiteten Fremdfinanzierung über Hausbanken eine besondere Relevanz zu.[220]

3.5.1.2 Alternativen zum Gläubigerschutz durch gesetzliche Ausschüttungsregulierung

3.5.1.2.1 Gläubigerschutz durch Informationsvermittlung?

Es stellt sich die Frage, ob eine Begrenzung der Ausschüttungen für den Gläubigerschutz zwingend notwendig ist oder ob ein ausreichender Schutz nicht bereits durch Vermittlung adäquater Informationen erfolgen könnte. Entsprechend zu der Analyse im Rahmen der Eigner-Manager-Beziehung bedarf es, wie bereits in Kap. 2.4.2.1 aufgezeigt, auch im Eigner-Gläubiger-Verhältnis einer hinreichenden Informationsversorgung aufgrund vorvertraglicher Informationsasymmetrien. Diese resultieren aus dem Informationsvorsprung der Eigner bezüglich der unternehmens-

---

216 Vgl. z.B. Smith/Warner (1979), S. 119; Ewert (1984), S. 827; Hartmann-Wendels (1992), S. 414 f.
217 Vgl. Franken (2001), S. 52-56.
218 Vgl. Ewert (1986), S. 66; Leuz (1996), S. 65; Siegel (1997), S. 122.
219 Eigner-Manager-Konflikten kann zudem durch eine Vielzahl anderer Regelungen begegnet werden, wie etwa durch anreizkompatible Entlohnungen, vgl. Watrin (2001a), S. 37.
220 Vgl. bereits Kap. 2.4.2.1.

spezifischen Markt- und Wettbewerbssituation.[221] Die vorvertragliche Informationsasymmetrie macht eine zutreffende Antizipation der Kreditrisiken durch die Gläubiger weitgehend unmöglich.[222] Diese sind daher auf Informationen zur Beurteilung der Kreditwürdigkeit des Unternehmens angewiesen. Gelingt ein Vertragsabschluss, könnten die Eigner zudem die infolge der nicht vollständig möglichen Antizipation von Risiken bestehenden Vertragslücken ex post opportunistisch ausnutzen. Auch im laufenden Vertragsverhältnis bedürfen die Kreditgeber daher stets ausreichender Information zur Kontrolle des Kreditnehmers.[223]

Unabhängig von dem zugrunde liegenden Rechnungslegungssystem und dessen Eignung zur Erfüllung der Informationsinteressen der Gläubiger kann ein Gläubigerschutzsystem aber nie allein auf der Gewährung von Informationen basieren.[224] Denn rationale Gläubiger fordern nicht nur Risikozuschläge zur Kompensation des Ausschüttungsrisikos, vielmehr werden sie bei Haftungsbeschränkung eine Kreditvergabe völlig ablehnen, da sie den vollständigen Entzug der gewährten Mittel in den nichthaftenden Bereich befürchten müssen. Das Risiko der Reichtumsverlagerung nach Vertragsabschluss kann aber durch Informationsvermittlung nicht reduziert werden, denn dieses besteht auch in einer Welt ohne Informationsasymmetrie.[225] So könnte ein Finanzplan aufzeigen, dass in allen künftigen Umweltlagen ausreichende Mittel zur Befriedigung der Gläubiger vorliegen. Dennoch besteht die Gefahr, dass diese ausgeschüttet werden. Die Informationsversorgung kann damit stets nur ergänzenden Schutz bieten und **Grundlage für privatvertragliche Begrenzungen** von Ausschüttungen sein.[226] Dies zeigt auch das Beispiel der USA, wo sich die Gläubiger nicht auf die Informationsvermittlung und moderate Ausschüttungsvorschriften verlassen, sondern sich durch covenants selbst schützen. Es stellt sich somit nicht die Frage nach Gläubigerschutz durch Information, sondern ob Gläubigerschutz durch private oder gesetzliche Ausschüttungssperren erfolgen sollte,[227] was im folgenden Kapitel untersucht wird. Zudem ist zu beachten, dass Informationen unfreiwilligen Gläubigern (z. B. im Umwelt- oder Produkthaftungsbereich) oder kleinen Vertragsgläubigern nichts nützen, da diese nicht die Möglichkeit haben, diese auszuwerten und im Rahmen von vertraglichen Vereinbarungen hieraus

[221] Vorvertragliche Informationsasymmetrien werden im Rahmen der im vorigen Kapitel dargestellten Principal-Agent-Modelle zur isolierten Analyse der Reichtumsverlagerungsmöglichkeiten nach Vertragsabschluss ausgeschlossen, weshalb dort eine vollständige Antizipation der Gläubigerrisiken gelingt, vgl. nur Leuz (1996), S. 57 ff. Kreditnehmer haben aber schon aufgrund der Kosten der Informationsbeschaffung realiter meist einen beträchtlichen Informationsvorsprung vor den Kreditgebern, vgl. Armour (2000), S. 359; Merkt (2006a), S. 99.
[222] Vgl. Beckmann (2008), S. 299.
[223] Vgl. zu diesem Absatz detaillierter bereits Kap. 2.4.2.1.
[224] So bspw. auch Siegel (1997), S. 124; Franken (2001), S. 63.
[225] Vgl. Franken (2001), S. 63; Schildbach (2009e), S. 57.
[226] Vgl. Holzamer (2007), S. 182 f.
[227] Vgl. ähnlich Schmiel (2003), S. 156 ff.

Konsequenzen zu ziehen.[228] Sie blieben in einem System, das Gläubigerschutz nur auf die Informationsvermittlung stützt, gänzlich ungeschützt.

3.5.1.2.2 Einzelvertragliche Ausschüttungsbegrenzungen

3.5.1.2.2.1 Die Problematik unvollständiger Verträge und hoher Transaktionskosten

Oftmals wird gefordert, dass Ausschüttungssperren – was eher dem Vorgehen im US-amerikanischen Raum entsprechen würde – direkt zwischen den Parteien ausgehandelt und nicht gesetzlich vorgeschrieben werden sollten.[229] Aus ökonomischer Sicht wäre dieses Vorgehen ideal, da die Regelungen dann in optimaler Weise dem Willen der Beteiligten entsprechen könnten, denn sie könnten individuell formuliert und an die **spezifischen Investitions- und Finanzierungsmöglichkeiten** eines Unternehmens angepasst werden, was eine pauschale gesetzliche Regelung nie zu erreichen vermag.[230] Individuelle Vereinbarungen könnten daher die mit einer pauschalen gesetzlichen Restriktion stets verbundenen Effizienzverluste verhindern.[231]

Auch die Erkenntnisse aus der Principal-Agent-Theorie lassen schließen, dass auf gesetzliche Ausschüttungssperren verzichtet werden könnte. Rationale Fremdkapitalgeber werden die opportunistischen Strategien der Eigner antizipieren und einen angemessenen Risikozuschlag verlangen bzw. den Vertrag bei Haftungsbeschränkung nicht eingehen.[232] Fremdkapital wird für das Unternehmen teurer oder nicht erreichbar. Da die Eigner die Kosten ihres opportunistischen Verhaltens letztlich selbst tragen, haben diese ein Interesse, sich Selbstbindungsmechanismen zu unterwerfen und Ausschüttungsregelungen auf privatvertraglichem Wege zu vereinbaren.[233]

Es ist aber zu beachten, dass die Principal-Agent-Modelle von sehr engen Prämissen ausgehen. Insbesondere durch die strikten Annahmen hinsichtlich Informationsstand und Rationalität der Gläubiger können die Ergebnisse nur eingeschränkt auf die Realität übertragen werden.[234] Dem Gläubiger wird unbeschränkte Rationalität unterstellt; er kennt annahmegemäß vor Vertragsbe-

---

228 Vgl. Böcking/Dutzi (2006), S. 8; Bieker (2006), S. 49.
229 Vgl. zu dieser Forderung bspw. Wagenhofer/Ewert (2007), S. 220 ff.
230 Vgl. Schreiber (1999), S. 886; Kahle (2003b), S. 270; Ewert/Wagenhofer (2003), S. 611.
231 Vgl. Rammert (2000), S. 177. Beispiel sind die durch zu hohe Einbehaltungserfordernisse resultierenden restriktionsinduzierten Überinvestitionen, vgl. hierzu Kap. 3.5.2.2.1.
232 Vgl. Ewert (1987), S. 289 f.; Wagenhofer/Ewert (2007), S. 199 f.; Rammert (2004), S. 581.
233 Vgl. Ewert (1986), S. 59 ff.; Wagenhofer (1993), S. 249 f.; Wagenhofer/Ewert (2007), S. 200 ff.
234 Kritik an den Prämissen der Modelle findet sich bei Kahle (2002c), S. 134 f.; Richter/Furubotn (2010), S. 239; Rammert (2000), S. 73 ff.; ders. (2004), S. 581.

ginn alle Aktionsmöglichkeiten und Präferenzen des Eigners.[235] Eine solche Kenntnis kann jedoch selbst bei einer Kreditvergabe durch große Finanzgläubiger nicht angenommen werden. Schon aufgrund von Transaktionskosten wird stets eine Informationsdifferenz verbleiben.[236] Zur Antizipation des künftigen Schuldnerverhaltens bedürfte es vollkommener Voraussicht, die realistischerweise nicht unterstellt werden kann.[237] Denn sogar der Schuldner wird bei Vertragsabschluss nicht alle künftigen Handlungsmöglichkeiten kennen.[238]

Ewert/Wagenhofer argumentieren, dass die Aufgabe der Prämissen nichts an den grundlegenden Wirkungszusammenhängen ändere, nur hätten die Gläubiger nun selbst ein Interesse an der Vereinbarung von Ausschüttungsbeschränkungen.[239] Jedoch hat die Berücksichtigung von Informationsbeschaffungskosten und der Unsicherheit über die künftige Entwicklung die zusätzliche Konsequenz, dass ein vollständiger Vertrag, der alle künftigen Konstellationen und Strategien der Eigner berücksichtigt und wie ihn die Principal-Agent-Theorie unterstellt, nicht mehr möglich ist. Die **Problematik unvollständiger Verträge**[240] wird in der Agency-Theorie stets ausgeblendet.[241] Dies scheint im Falle von Ausschüttungssperren problematisch, denn die Eigner könnten die Vertragslücken opportunistisch nutzen; der Gläubiger begibt sich damit teilweise in eine ausbeutungsoffene Situation. Gesetzliche Vorschriften können hingegen eine **Institution zur Lückenschließung** der unvollständigen Verträge darstellen, indem sie für die nicht geregelten Probleme oder nicht absehbare Situationen grundlegende Regelungen bereitstellen.[242]

Schon in Kap. 2.4.5 wurde gezeigt, dass eine weitere bedeutende Funktion einer gesetzlichen Vorgabe darin gesehen werden kann, **als Standardvertrag privatautonome Verhandlungsprozesse zu ersetzen**, die ansonsten in einer Vielzahl durchzuführen wären. Durch die Vereinbarung und Kontrolle einzelvertraglicher Ausschüttungssperren würden schließlich erhebliche Trans-

---

235 Vgl. die Prämissen bei Smith/Warner (1979), S. 119; Ewert (1986), S. 28 f.; 59; Wagenhofer (1993), S. 249; Leuz (1996), S. 59 f.; Ewert/Wagenhofer (2003), S. 607.

236 Vgl. Rammert (2000), S. 74 f.

237 Vgl. Kahle (2002a), S. 701, 705; ders. (2002c), S. 134 f.

238 Die Annahmen sind zudem in sich nicht konsistent: Vor Vertragsabschluss ist der Gläubiger in der Lage, sämtliche Handlungsmöglichkeiten und Präferenzen des Schuldners zu antizipieren und einen vollständigen Vertrag abzuschließen. Nach Vertragsabschluss ist es ihm aber sodann nicht möglich, die tatsächlichen Anstrengungen des Schuldners zu kontrollieren, vgl. Swoboda (1987), S. 725 f.; Schneider (1996), S. 481.

239 Vgl. Ewert/Wagenhofer (2003), S. 612.

240 Nach der Theorie unvollständiger Verträge wäre ein vollständiger Vertrag mit solch hohen Informations- und Transaktionskosten verbunden, dass diese den Nutzen aus dem Vertrag überwiegen würden, weshalb stets Vertragspunkte offen bleiben müssen, vgl. Adams (2004), S. 76 f.; im Einzelnen Williamson (1979), S. 233 ff.; Hart (1995), S. 23 ff.

241 Vgl. Leuz (1996), S. 59 f.

242 Vgl. Kirchner (1997), S. 276, 279; Schäfer/Ott (2005), S. 426 ff.

aktionskosten anfallen.[243] Zudem wären Kollisionen zwischen Klauseln verschiedener Gläubiger möglich, wodurch private Vereinbarungen kostenintensiv und suboptimal werden könnten.[244]

Empirische Studien zeigen, dass die beteiligten Parteien in höherem Maße privatvertragliche Ausschüttungssperren vorsehen, wenn eine Jurisdiktion ein relativ geringes Gläubigerschutzniveau aufweist.[245] Auch dass für Deutschland bislang keine nennenswerte Bedeutung vertraglicher Ausschüttungssperren im Rahmen von Kreditvereinbarungen festgestellt werden konnte,[246] während diese im relativ unregulierten US-amerikanischen Raum häufig vorkommen, spricht dafür, dass die europäischen Kapitalerhaltungsregelungen einzelvertragliche Ausschüttungssperren größtenteils substituieren.[247] Insgesamt können die Ergebnisse dahingehend interpretiert werden, dass gesetzliche, typisierende Gläubigerschutz- und insbesondere Ausschüttungsregelungen ein Substitut für die individualvertragliche Ausschüttungsbegrenzung darstellen können.

Ob eine gesetzliche Regelung aber tatsächlich eine Kostenersparnis erreichen kann, ist kaum eindeutig zu beantworten. Da die Fremdfinanzierung in Deutschland immer noch maßgeblich durch das Hausbankprinzip und damit einer relativ geringen Anzahl von Fremdkapitalgebern je Unternehmen geprägt ist, wäre eine individuelle Vereinbarung zumindest denkbar. Auch die jeweiligen Kosten der gesetzlichen und privatvertraglichen Regelung empirisch zu ermitteln und zu vergleichen, scheint kaum möglich. Hinsichtlich der europäischen Kapitalerhaltungsregeln wurde in der KPMG-Studie zwar herausgefunden, dass deren Befolgungskosten gering sind.[248] Die Kosten einer alternativen privatvertraglichen Regelung oder der Befolgung von covenants im US-amerikanischen Raum wurden aber nicht untersucht.[249] Die Kostenersparnis wird zudem dadurch eingeschränkt, dass eine gesetzliche Ausschüttungssperre vertragliche Gläubigerschutzregelungen keinesfalls völlig ersetzen kann. So substituieren die Regelungen nur solche Vertragsklauseln, die Ausschüttungsbeschränkungen vorsehen. Schließlich zeigt auch die zunehmen-

---

243 Vgl. Kleindiek (2003), S. 135 f.; vgl. auch Hettich (2006), S. 108 f., die in der Einsparung von Transaktionskosten den maßgeblichen Grund gesetzlicher Ausschüttungssperren sieht.

244 Vgl. Kahle (2002a), S. 705.

245 Vgl. Brockman/Unlu (2009), S. 278, 298, die dies in einem länderübergreifenden Vergleich aufzeigen. Generell nimmt die Häufigkeit der Vereinbarung von covenants (unabhängig von der konkreten Ausgestaltung) bei sinkendem Gläubigerschutzniveau zu, vgl. Miller/Reisel (2009), S. 42 f.; Qi/Roth/Wald (2011), S. 255. Sogar im Vergleich einzelner US-Bundesstaaten steigt die Häufigkeit privatvertraglicher Vereinbarungen von Ausschüttungssperren mit abnehmender Strenge der gesetzlichen Regelungen an, vgl. Qi/Wald (2008), S. 203.

246 Zu diesem Ergebnis kam bspw. die Machbarkeitsstudie von KPMG, vgl. KPMG (2008), S. 74; vgl. zu dieser Feststellung bereits Leuz/Deller/Stubenrath (1998), S. 122 ff.; Leuz/Wüstemann (2004), S. 452.

247 Vgl. zu covenants im US-amerikanischen Raum bereits Kap. 3.4.4.

248 Vgl. KPMG (2008), S. 1.

249 Es wurden zwar die Kosten des US-amerikanischen Systems ermittelt. Nicht berücksichtigt wurden aber die Kosten von covenants. Es ist jedoch davon auszugehen, dass gerade deren Aushandlung und Überwachung zusätzliche Kosten für dieses System verursacht, vgl. KPMG (2008), S. 5.

de Bedeutung von financial covenants in Deutschland,[250] dass Ausschüttungsbeschränkungen stets nur einen Teil des Gläubigerschutzes darstellen.[251] In Deutschland werden mittlerweile häufig financial covenants vereinbart, die sich auf den EBITDA oder den Cashflow beziehen.[252] Zunehmend sind aber auch covenants bezüglich der Eigenkapitalquote vorgesehen.[253] Bereits heute fallen damit auch im europäischen Raum trotz gesetzlicher Ausschüttungsregulierung hohe Transaktionskosten für privatvertragliche Regelungen im Eigner-Gläubiger-Verhältnis an.

Problematisch an der Begründung gesetzlicher Ausschüttungsregelungen als Mittel zur Lückenschließung bei unvollständigen Verträgen und zur Senkung von Transaktionskosten ist zudem, dass diese beiden Ziele keine zwingende Vorgabe, sondern allein dispositives Recht rechtfertigen würden, welches nur greift, wenn die Vertragspartner keine abweichende Regelung vereinbaren.[254] Denn wollte der Gesetzgeber den beteiligten Parteien z. B. die Kosten für das Aushandeln von Ausschüttungsbeschränkungen ersparen, würde es genügen, die gesetzliche Regelung als abdingbare Alternative zur Verfügung zu stellen. Die Vertragspartner könnten sodann entscheiden, ob sich im Einzelfall die vertragliche Vereinbarung effizienter darstellt, indem bspw. höhere Verhandlungskosten durch eine erhöhte Flexibilität ausgeglichen werden. Die Argumente sprechen damit zwar tendenziell für eine dispositive, aber noch nicht für eine verpflichtende gesetzliche Regulierung.

3.5.1.2.2.2 Notwendigkeit gesetzlicher Regelungen aufgrund von Marktversagen

Eine zwingende gesetzliche Ausschüttungsregulierung wäre im Falle von Marktversagen gerechtfertigt. Dies kann im Falle der Ausschüttungsregulierung insbesondere aufgrund von ungleich verteilter Marktmacht bejaht werden, denn die vertragliche Absicherungsmöglichkeit von Gläubigern hängt stark von deren Verhandlungsposition ab.[255] **Gläubigern mit geringer Verhandlungsmacht** steht in der Realität oft nicht, wie im Principal-Agent-Modell unterstellt, die Möglichkeit offen, den Vertrag nicht einzugehen oder einen Risikoaufschlag durchzusetzen. Für

---

250 Nach einer Unternehmensbefragung enthält nahezu jeder Kreditvertrag auch in Deutschland mittlerweile financial covenants, wobei aber wohl die Vereinbarung von Ausschüttungsbeschränkungen keine Rolle spielt, vgl. Haghani et al. (2009), S. 12-15.

251 Covenants erfüllen vielfältige weitere Funktionen. Insbesondere dienen sie der Krisenfrüherkennung und damit dem früheren Einsatz eines adäquaten Krisenmanagements, vgl. Krolak/Morzfeld/Remmen (2009), S. 1419 ff.

252 Vgl. Haghani/Voll/Holzamer (2008), S. 12 f.; Haghani et al. (2009), S. 12 f., 15 f.

253 Vgl. Bantleon/Fengler/Peter (2009), S. 751, 754.

254 Vgl. Feldhoff (1994), S. 531; Armour (2000), S. 361 f., 375 f.; Ferran (2006), S. 189. Vgl. zur Funktion dispositiven Rechts als Entlastungsmechanismus bei hohen Vertragskosten allgemein Eidenmüller (2005), S. 64; Schäfer/Ott (2005), S. 426.

255 Vgl. Maier (1986), S. 160 f.; Kahle (2002a), S. 705; Raupach (2005), S. 1050.

viele Geschäfte lässt sich schließlich schwerlich ein alternativer Vertragspartner finden.[256] Für das Aushandeln und die Kontrolle der Einhaltung von Vertragsklauseln können zudem beachtliche Kosten anfallen. Deshalb lohnen sich privatvertragliche Regelungen erst ab einer bestimmten Kreditsumme und Laufzeit.[257] Während größere Vertragsgläubiger (wie Kreditinstitute) somit regelmäßig die Möglichkeit haben, eine vertragliche Absicherung zu vereinbaren, steht kleinen, verhandlungsschwachen Gläubigern dieser Weg i. d. R. nicht offen oder ist mit zu hohen Kosten behaftet. Dies betrifft vor allem kleine Zulieferer sowie Waren- und Dienstleistungsgläubiger.[258] Sieht sich bspw. ein kleiner Zulieferer einem großen Unternehmenskunden gegenüber, dem er zur Erhaltung der Geschäftsbeziehung einen Lieferantenkredit gewährt, wird der Kreditnehmer seine Vorstellungen diktieren können.[259]

Zudem lässt das Vertragsmodell **unfreiwillige Gläubiger** wie Deliktsgläubiger oder andere Inhaber gesetzlicher Forderungen (z. B. den Fiskus im Fall von Steuerschulden) ungeschützt. Diese Gruppe hat keine Möglichkeit, auf vertraglichem Wege einen angemessenen Risikoausgleich zu fordern.[260] Der Schutz dieser Gläubigergruppe ist zwingend gesetzlich zu regeln.[261] Die gesetzlichen Regelungen lassen sich hier als Teil eines hypothetischen Vertrages deuten, den die beteiligten Parteien ex ante geschlossen hätten, wäre ihnen dies möglich gewesen.[262] Schließlich hätten die Gläubiger in der Position eines Verhandlungspartners einen Schutz vor überhöhten Ausschüttungen gefordert.

Wären unfreiwillige Gläubiger nicht durch Kapitalerhaltungsregeln geschützt, müsste eine stärkere **persönliche Haftung der Eigner** eingeführt werden.[263] Dies ist jedoch aus ökonomischer Sicht kritisch zu sehen, da die für Anleger aus einer persönlichen Haftung resultierenden Risiken dazu führen könnten, dass diese ihre Renditeforderung erheblich erhöhen oder sich vom Kapi-

---

256 Vgl. Nikoleyczik (2007), S. 37.
257 Vgl. Bauer (1995), S. 106 f., 314; Alberth (1997), S. 749 f.; Schildbach (2002a), S. 272.
258 Vgl. zu einer Charakterisierung dieser Gläubigergruppen Mankowski (2006), S. 494 ff.
Prägnant ist das Beispiel des Klempners, der gerufen wird, um einen Wasserrohrbruch abzudichten. Dieser wird sich nicht erst Bilanzen vorlegen lassen und umfangreiche Vertragsverhandlungen führen. Er ist auch nicht durch andere dingliche oder persönliche Sicherheiten geschützt, vgl. Lutter (1998), S. 376; Siegel (1998), S. 594.
259 Vgl. Armour (2000), S. 358; Miola (2005), S. 472 f.; Kuhner (2005), S. 762.
Mülbert/Birke argumentieren, dass der typische Kleingläubiger nur an der kurzfristigen Liquidität interessiert sei, da er eine Forderung habe, die innerhalb weniger Monate fällig wird. Für die Prüfung und Sicherung der kurzfristigen Liquidität stünden ihm aber andere Sicherungsmaßnahmen, wie das Heranziehen von Ratings, offen, vgl. Mülbert/Birke (2002), S. 713 f.; so auch Enriques/Macey (2001), S. 1189. Allerdings ist diese Argumentation stark pauschalierend. So gehen schließlich viele Zulieferer oder Subunternehmer kurze, aber regelmäßig wiederkehrende Verträge ein und vertrauen daher auf die langfristige Bestandskraft des Unternehmens.
260 Vgl. Schön (2004a), S. 167; Hennrichs (2005a), S. 260; Haaker (2010a), S. 1065.
261 Vgl. Wüstemann/Bischof/Kierzek (2007b), S. 15; Mildebrath (2008), S. 157.
262 Vgl. Kirchner (1997), S. 279.
263 Vgl. dies befürwortend Kübler (1995a), S. 559; ders. (2004), S. 1032 f.; Escher-Weingart (2001), S. 138 ff.

talmarkt zurückziehen.[264] Hierdurch könnte die gesamtwirtschaftliche Funktion von Aktiengesellschaften als Kapitalsammelbecken zerstört werden.[265] Eine derartige Durchgriffshaftung sollte deshalb nur für eng abgegrenzte Tatbestände in Frage kommen. Aus ökonomischer Sicht wäre allerdings eine **Pflichtversicherung** für diese Gläubigergruppe die effizienteste Lösung, da über die Prämienzahlung eine genaue Internalisierung der aus der Haftungsbeschränkung resultierenden externen Effekte erfolgen könnte, während eine gesetzliche Ausschüttungsbeschränkung nur pauschal wirkt.[266] Es gibt aber nicht für alle denkbaren Gefahren die Möglichkeit zur Versicherungspflicht.[267] Will man eine verstärkte Durchgriffshaftung vermeiden und berücksichtigt, dass nicht alle unfreiwilligen Gläubiger über eine gesetzliche Versicherung geschützt werden können, kommt den Kapitalerhaltungsregeln eine Auffangfunktion zu.[268]

Es kann auch nicht dem Argument gefolgt werden, dass kleine und unfreiwillige Gläubiger indirekt an den Vereinbarungen der Großgläubiger partizipieren könnten.[269] Dieser Schutz ist höchst unvollkommen, denn hierfür muss ein Unternehmen überhaupt Großgläubiger haben und mit diesen allgemeine Bilanzierungs- und Ausschüttungsabreden treffen. Der Mechanismus wirkt bereits nicht, wenn die Großgläubiger nur spezifische Sicherheiten, wie Sachsicherheiten, vereinbaren.[270] Zum anderen wären kleine und unfreiwillige Gläubiger nur geschützt, wenn ein Großgläubiger Anreize hätte, im Sinne aller Gläubiger auf den Schuldner einzuwirken. Dieser wird aber selbst zu opportunistischem Verhalten neigen. Er könnte sich z. B. auf eine geringe Eigenkapitalausstattung einlassen und im Gegenzug die Gewährung von Sicherheiten aus dem Gesellschaftsvermögen akzeptieren.[271] Schließlich haben auch Großgläubiger in Einzelfällen womöglich geringe Anreize, sich auf individualvertraglichem Wege abzusichern. Dies kann vor allem der Fall sein, wenn diese stark diversifiziert sind.[272]

---

[264] Vgl. Watrin (2001a), S. 43, 233.
[265] Vgl. hierzu Watrin (2001a), S. 42 f., 232 f.; ders. (2001b), S. 937.
[266] Vgl. Mülbert/Birke (2002), S. 725 f.; Mülbert (2004), S. 157.
Dies zeigt auch das geltende Recht, da zahlreiche Deliktsgläubiger gesetzlich durch andere Instrumente, bspw. durch Haftpflichtversicherungen für Kfz-Halter, geschützt sind. Vgl. zu Pflichtversicherungen und deren Vorteilen im Einzelnen Kloße-Mokroß (1997), S. 87 ff.
[267] Vgl. Kuhner (2005), S. 781, der zudem darauf hinweist, dass eine lückenlose Versicherungspflicht aller deliktischen Forderungen mit dem Leitbild eines freien Kapitalverkehrs nicht vereinbar wäre. Zudem wäre dies mit enormen Kosten verbunden.
[268] Vgl. Schön (2000), S. 727 f.; ders. (2004a), S. 167.
[269] So aber Mülbert/Birke (2002), S. 714, 730; Mülbert (2004), S. 157; Mock (2008), S. 319 f.
[270] Vgl. Kuhner (2005), S. 763; Hennrichs (2005a), S. 260; Arnold (2007), S. 120.
[271] Vgl. Eidenmüller/Engert (2005a), S. 106; Engert (2006b), S. 308.
[272] Eine Risikoreduktion durch Diversifizierung kann mit geringeren Transaktionskosten verbunden und damit für den einzelnen Gläubiger effizienter sein, vgl. Whitehead (2009), S. 653.

Die mittelbare Sicherung von Gläubigern durch die Vereinbarungen anderer und die damit verbundenen Anreize zu **Trittbrettfahrerverhalten (free riding)** können zudem zu einer gänzlich unterbleibenden Kontrolle des Unternehmens führen.[273] Ein Kleingläubiger wird sich häufig darauf verlassen, dass die jeweils anderen Gläubiger sich um die Beschränkung und Kontrolle der Gesellschaft kümmern. Besteht aber eine Gläubigerstruktur, die durch viele Kleingläubiger mit relativ geringen Forderungen gekennzeichnet ist, dann ergibt sich, wenn rationales Verhalten der Akteure unterstellt wird, für keinen der Gläubiger ein Anreiz zur Vereinbarung von allgemeinen Vertragsklauseln.[274] Aufgrund ihres Anwendungszwanges können gesetzliche Vorschriften das Problem des Trittbrettfahrens vermindern, denn sie wirken zugunsten aller Gläubiger.[275]

Zusammenfassend können einzelvertragliche Regelungen zwingende gesetzliche Ausschüttungsrestriktionen nicht wirksam substituieren. Zwar sind Großgläubiger regelmäßig in der Lage, sich durch vertragliche Regelungen selbst abzusichern, womit für diese ein gesetzlicher Schutz nicht zwingend notwendig ist, aber eine Transaktionskostenreduktion bewirken kann. Will man aber Ausschüttungsrestriktionen auch Vertragsgläubigern mit geringer Handlungsmacht sowie unfreiwilligen Gläubigern zugute kommen lassen, erfordert dies ein regulierendes Tätigwerden des Gesetzgebers. Gesetzliche Ausschüttungsrestriktionen stellen für alle Gläubigergruppen ein Mindestmaß an Schutz bereit.[276]

3.5.2 Die bilanzielle Kapitalerhaltung des geltenden Rechts aus ökonomischer Sicht

3.5.2.1 Die Kapitalerhaltungsregelungen als Mittel zur Eindämmung von moral hazard im Rahmen der Ausschüttungspolitik

3.5.2.1.1 Eignung der bilanziellen Ausschüttungsbegrenzung de lege lata zur Vermeidung fremd- und liquidationsfinanzierter Ausschüttungen

Hauptmotiv der gesetzlichen Ausschüttungsbegrenzung im Rahmen der bilanziellen Kapitalerhaltung ist die Beschränkung der Anreize zu moral hazard durch fremd- und liquidationsfinanzierte Ausschüttungen.[277] Im Folgenden wird untersucht, ob diese Zielsetzung tatsächlich erreicht wird. Hierbei wird die geltende, am Vorsichtsprinzip orientierte Gewinnermittlung in die Analyse einbezogen, um deren Auswirkungen hinsichtlich der Ausschüttungsbegrenzung aufzuzeigen.

---

273 Vgl. Armour (2000), S. 361; Kuhner (2005), S. 763.
274 Vgl. Kuhner (2005), S. 763; Nikoleyczik (2007), S. 39.
275 Vgl. Nikoleyczik (2007), S. 43.
276 Vgl. Schön (2004a), S. 167.
277 Vgl. Kuhner (2005), S. 766; Grottke (2009a), S. 262. Ziel von Ausschüttungsrestriktionen kann es nicht sein, eine Insolvenz des Unternehmens aufgrund von operativen Verlusten zu vermeiden, vgl. Pellens (2010a), S. 56 f.

Betrachtet sei hierfür zunächst folgende allgemeine betriebliche Liquiditätsgleichung, die zu jedem Zeitpunkt erfüllt sein muss:[278]

$$(1) \qquad A_t + I_t + Z_t = ZÜ_t + F_t + E_t + L_t$$

Die Gleichung macht deutlich, dass der einfachste Schutz vor fremd- und liquidationsfinanzierten Ausschüttungen wäre, Ausschüttungen allein auf den Zahlungsüberschuss aus dem Umsatzprozess zu begrenzen.[279] Eine solche Restriktion würde aber erhebliche Abgrenzungsprobleme zwischen den Zahlungen aus dem Umsatzprozess und dem Investitions- und Finanzierungsbereich und damit deutliche Manipulationsspielräume mit sich bringen.[280] Die Wirkungen einer bilanziellen Ausschüttungssperre sind hingegen differenzierter zu beurteilen. Durch die Passivierung der aufgenommenen Mittel im Falle der Fremdkapitalaufnahme erhöhen sich das Vermögen sowie der Bilanzgewinn nicht, womit die entsprechenden liquiden Mittel automatisch für eine Ausschüttung an die Eigner gesperrt werden.[281] Die Möglichkeit zu fremdfinanzierten Ausschüttungen wird folglich durch die bilanzielle Ermittlung einer Ausschüttungsrichtgröße begrenzt. Liquidationsfinanzierte Ausschüttungen sind im Rahmen der bilanziellen Kapitalerhaltung hingegen grundsätzlich möglich, da ein Gewinn aus der Liquidation in die Ausschüttungsbemessungsgrundlage eingeht. Die Möglichkeit liquidationsfinanzierter Ausschüttungen wird aber dahingehend begrenzt, dass die bilanzielle Gewinnermittlung für den Teil des Liquidationserlöses, der dem Buchwert entspricht, eine Ausschüttungssperre schafft.[282]

Allerdings gelten diese Ausführungen nicht in gleichem Maße für jedes Rechnungslegungssystem. Denn das Ausmaß der Begrenzung fremd- und liquidationsfinanzierter Ausschüttungen hängt jeweils stark von der zugrunde liegenden Ertragsrealisierungs- und Bewertungskonzeption ab, wie anhand folgender Gleichungen gezeigt werden kann. Eine bilanzielle Ausschüttungsrestriktion limitiert üblicherweise die Ausschüttung auf das Maximum von Gewinn oder Null:[283]

---

[278] A_t stehe für die Ausschüttungen, I_t für die Auszahlungen für Investitionen, Z_t für die Zins- und Tilgungszahlungen, $ZÜ_t$ für den Zahlungsüberschuss aus dem Umsatzprozess, F_t für die Einzahlungen aus der Aufnahme von Fremdkapital, E_t für die Einzahlungen aus der Aufnahme von Eigenkapital sowie L_t für Einzahlungen aus der Liquidation von Vermögensgegenständen in Periode t, vgl. zu dieser Darstellung Leuz (1996), S. 71 f.

[279] Vgl. Ewert (1986), S. 199 ff.; Schildbach (1986), S. 66; Rammert (2004), S. 584.

[280] Vgl. Schildbach (1986), S. 66 f.

[281] Vgl. Schildbach (1986), S. 65.

[282] Vgl. Schildbach (1986), S. 64; Leuz (1996), S. 204.

[283] G_t stehe für den Gewinn und PA_t für die Periodenabgrenzungen (Differenz von Zahlungsüberschuss und Gewinn, z. B. Abschreibungen) in t, vgl. zu dieser Darstellung Leuz (1996), S. 146; Schildbach (2008b), S. 456. Im Folgenden soll nicht weiter auf Unterschiede bei der Kapitalerhaltung zwischen AG und GmbH eingegangen werden. Es ist jedoch darauf hinzuweisen, dass die Ausschüttung grds. nur bei der AG auf den Bilanzgewinn beschränkt ist (§ 57 Abs. 3 AktG). Dagegen muss bei der GmbH nur das Stammkapital erhalten werden (§ 30 Abs. 1 GmbHG). Dies bedeutet nach h. M. keine unmittelbare Bindung der Kapitalerhaltung an den bilanziell ermittelten Gewinn, vgl. Hueck/Fastrich (2010), Rz. 6 zu § 30 GmbHG. Doch auch bei der GmbH muss dem Teil des

$$(2) \qquad A_t \leq \max \{G_t; 0\}$$

Der Gewinn sei nunmehr zur Vereinfachung definiert als Summe des Zahlungsüberschusses aus dem Umsatzprozess abzüglich Periodenabgrenzungen bzw. Periodisierungen:

$$(3) \qquad G_t = ZÜ_t - PA_t \qquad \text{bzw.} \qquad ZÜ_t = G_t + PA_t$$

Fremd- und liquidationsfinanzierte Ausschüttungen sind demnach auch immer möglich, wenn negative Periodenabgrenzungen und damit einzahlungslose Erträge vorliegen, wie z. B. bei Zuschreibungen, Neubewertungen oder aber auch der Auflösung von Rückstellungen.[284] Da diese den Gewinn erhöhen, ohne dass dem Einzahlungen aus dem Umsatzprozess gegenüberstehen, können in gleicher Höhe Beträge aus der Aufnahme von Fremdkapital oder aus der Liquidation von Vermögensgegenständen zur Ausschüttung herangezogen werden. Die bilanzielle Kapitalerhaltung schränkt somit zwar die Möglichkeit fremd- und liquidationsfinanzierter Ausschüttungen ein, verhindert diese aber je nach zugrunde liegender Bewertung nicht völlig.[285]

Es ist darauf hinzuweisen, dass eine vollständige Beschränkung von fremd- und liquidationsfinanzierten Ausschüttungen nicht zwingend effizient ist, denn im Einzelfall können diese positive Rückwirkungen auf die Investitionspolitik haben.[286] Deren Möglichkeit muss jedoch auf ein akzeptables Maß eingeschränkt werden, da die Gläubiger ansonsten nicht zur Kreditvergabe bereit wären. Hieraus können zumindest tendenzielle Empfehlungen für das anzuwendende Rechnungslegungssystem abgeleitet werden. Es kommt entscheidend auf die Annäherung des ausschüttungsfähigen Gewinns an den **Überschuss aus dem Umsatz- bzw. Leistungsprozess** an.[287] Überbewertungen des Vermögens sollten möglichst vermieden werden. Es wird deutlich, dass „in bezug auf die Ausschüttungsbegrenzung einer Abweichung von den historischen Anschaffungswerten Grenzen gesetzt sein müssen."[288]

Das Handelsbilanzrecht mit seiner Orientierung an den klassischen Gewinnanspruchs-GoB erscheint tendenziell geeignet, um fremd- und liquidationsfinanzierte Ausschüttungen auf ein gewisses Maß zu begrenzen, da dieses vergleichsweise geringe einzahlungslose Erträge induziert.

Reinvermögens, der den Betrag des Stammkapitals übersteigt und der deshalb ausgeschüttet wird, schließlich auf der Passivseite eine frei verfügbare Rücklagen-, Gewinn- oder Gewinnvortragsposition gegenüberstehen, vgl. Altmeppen (2009), Rz. 9 zu § 30 GmbHG.

284 Vgl. Leuz (1996), S. 204; Rammert (2000), S. 197, der zudem darauf hinweist, dass auch bei Entnahmen aus Rücklagen fremd- und liqudiationsfinanzierte Ausschüttungen resultieren können.

285 Vgl. Rammert (2000), S. 197 f.; Leuz (1996), S. 207.

286 Vgl. Leuz (1996), S. 121.

287 Vgl. Beckmann (2008), S. 327.

288 Leuz (1996), S. 203.

Insbesondere das **Anschaffungskostenprinzip** verhindert, dass Zahlungen aus der Aufnahme von Fremdkapital oder der Liquidation von Vermögensgegenständen zur Ausschüttung gelangen können. Denn bei einer höheren Bewertung würden sich nicht durch den Umsatzprozess gedeckte Erträge ergeben, die den Ausschüttungsspielraum vergrößern. Gerade das Anschaffungskostenprinzip ist eine grundlegende Bedingung, derartige Ausschüttungen zu begrenzen.[289]

Demgemäß ist die Entscheidung des Gesetzgebers im Rahmen des BilMoG, die Ausschüttungsbemessungsfunktion weiterhin an den klassischen Gewinnanspruchs-GoB auszurichten, zu befürworten. Einzelne Regelungen, die diesen entgegenstehen, sind tendenziell kritisch zu hinterfragen. Dies gilt etwa für die Bewertung von mit Altersvorsorge- oder ähnlichen Verpflichtungen zu saldierendem Planvermögen zum beizulegenden Zeitwert (§§ 246 Abs. 2 S. 2, 253 Abs. 1 S. 4 HGB)[290] oder für die Generierung einzahlungsloser Erträge durch die wahlweise Aktivierung aktiver latenter Steuern (§ 274 Abs. 1 S. 2 HGB). Insbesondere durch die Aktivierung latenter Steuern auf Verlustvorträge (§ 274 Abs. 1 S. 3 HGB) werden einzahlungslose Erträge erfasst, deren spätere Realisierung hohen Unsicherheiten unterliegt. Die jeweilige Ausschüttungssperre (§ 268 Abs. 8 S. 2, 3 HGB) ist daher als folgerichtig anzusehen.

In diesem Zusammenhang ist die für Finanzinstrumente des Handelsbestands von Kredit- und Finanzdienstleistungsinstituten verpflichtend vorzunehmende Bewertung zum beizulegenden Zeitwert (unter Beachtung eines Risikoabschlags und Aufbau eines Risikopuffers) nach § 340e Abs. 3 S. 1, Abs. 4 HGB zu kritisieren. Die vorgesehenen Sicherungsinstrumente wirken pauschalierend. Möglicherweise tritt der Fall ein, dass der pauschale Risikoabschlag sowie der Risikopuffer nur einen Teil des Gewinns aus der Zeitbewertung umfassen.[291] Der Differenzbetrag könnte sodann ungehindert für Ausschüttungszwecke herangezogen werden, ohne dass sichergestellt ist, dass dieser Betrag später tatsächlich zufließt. Gerade die bei Nichtvorliegen eines aktiven Marktes anzuwendenden allgemein anerkannten Bewertungsmethoden (§ 255 Abs. 4 S. 2

---

289 Es ist zu beachten, dass schon das Realisationsprinzip zu fremd- und liquidationsfinanzierten Ausschüttungen führen kann, denn Zielverkäufe führen zu einer Vorwegnahme der Einzahlungen im Periodengewinn, vgl. Leuz (1996), S. 213, 216; Rammert (2004), S. 584. Die Möglichkeit zur Generierung von Ausschüttungen aus Zielverkäufen kann jedoch als wenig problematisch angesehen werden, da die Erträge durch die Kopplung an den Umsatzakt "quasi-sicher" sind. Vgl. zur hinreichenden Sicherheit und Liquidisierbarkeit von Forderungen als Begründung für das Realisationsprinzip Moxter (2003), S. 41; ders. (1986), S. 38 f.; Ballwieser (2009a), Rz. 33 f., 42.

290 Problematisch kann in diesem Fall zudem gesehen werden, dass aufgrund der Zweckbindung dieser Vermögensgegenstände die Gewinne aus der Zeitbewertung zumeist nur schwer zu realisieren sein dürften, da ein Verkauf nicht ohne weiteres möglich ist. Wird das Planvermögen nicht auf einem aktiven Markt gehandelt, müssen die Zeitwerte zudem geschätzt werden.

291 Vgl. zur Kritik an dieser Regelung auch Jessen/Haaker (2009), S. 505; Haaker (2010b), S. 665; Mujkanovic (2009), S. 333.

HGB) bergen eine hohe Unsicherheit. Zudem gewähren diese erhebliche Ermessensspielräume, die genutzt werden könnten, um die einzahlungslosen Erträge zu erhöhen.[292] Um den Anreiz zur Vornahme fremd- und liquidationsfinanzierter Ausschüttungen zu begrenzen, wäre vielmehr zu empfehlen, für die Zeitbewertung eine **vollständige Ausschüttungssperre** zu schaffen.[293]

Vor diesem Hintergrund kann des Weiteren die Generierung einzahlungsloser Erträge aus der Abzinsung von Rückstellungen unabhängig von ihrem Zinsanteil (§ 253 Abs. 2 HGB) kritisch hinterfragt werden. Durch die Diskontierung werden künftige, noch nicht realisierte Zinsgewinne antizipiert.[294] Möglicherweise genügen die im Unternehmen verbleibenden Mittel sodann nicht mehr zur Erfüllung der Verpflichtung. Eine Diskontierung dürfte aber vertretbar sein, sofern diese mit einem vergleichsweise moderaten Zinsfuß erfolgt.[295] Zwar ist dies durch die geltende Regelung nicht unbedingt der Fall. Dennoch wäre eine Ausschüttungssperre[296] für die Zinserträge wohl überdimensioniert, schon allein da der Diskontierungseffekt durch die Berücksichtigung künftiger Preis- und Kostensteigerungen in etwa kompensiert werden dürfte.

Insgesamt kann das an den Gewinnanspruchs-GoB orientierte Handelsbilanzrecht aber als ein Rechnungslegungssystem angesehen werden, das eine hinreichende Begrenzung fremd- und liquidationsfinanzierter Ausschüttungen tendenziell zu erreichen vermag.

3.5.2.1.2 Negative Anreize zur Liquidationsfinanzierung durch Unterbewertung

Liquidationsfinanzierte Ausschüttungen können jedoch nicht nur durch Über-, sondern auch durch Unterbewertungen ausgelöst werden. Um Ausschüttungen aus einem Liquidationsvorgang zu verhindern, müsste gewährleistet werden, dass dieser erfolgsneutral erfolgt und somit der Restbuchwert stets den erzielbaren Liquidationswert hinreichend approximiert. *Wielenberg* zeigt in diesem Zusammenhang problematische Wirkungen konservativer Bilanzierung im Rahmen einer mehrperiodischen Betrachtung auf.[297] Eine vorsichtige Gewinnermittlung kann zu einer Un-

---

[292] Auch die Ermittlung des Risikoabschlags ist ermessensbehaftet, da keine bestimmte Ermittlungsmethode vorgegeben wird, vgl. Mujkanovic (2009), S. 333, 335.
[293] Vgl. gl. A. Mujkanovic (2009), S. 335; Jessen/Haaker (2009), S. 505; Haaker (2010b), S. 665.
[294] Die Abzinsung unterstellt, dass das Unternehmen mit den gebundenen Mitteln eine Rendite mindestens in Höhe des Diskontierungszinses erwirtschaftet. Es werden Zinserträge vorweggenommen, die sich später nicht einstellen, wenn das Unternehmen in Finanz- oder Sachmittel investiert, deren Rendite unter dem von der Deutschen Bundesbank vorgegebenen, typisierten Diskontierungszinssatz liegt.
[295] Vgl. Moxter (2003), S. 166 f.; vgl. kritisch zur Abzinsung von Rückstellungen Schulze-Osterloh (2003b), S. 354 f.; ders. (2008a), S. 70; ders. (2010b), Rz. 18; Hommel (2009), S. 80 ff.; positiver Hommel/Berndt (2009), S. 2193; Mellwig (2010), S. 683 f.
[296] Vgl. dies fordernd Arbeitskreis Bilanzrecht der Hochschullehrer Rechtswissenschaft (2008b), S. 209.
[297] Vgl. auch im Folgenden Wielenberg (2009), S. 2-21; ähnlich Beckmann (2008), S. 326-331.

terbewertung von Vermögensgegenständen im Vergleich zu den erzielbaren Liquidationseinzahlungen führen, was ineffiziente Liquidationsanreize mit sich bringen kann. Denn sinkt der Buchwert eines Vermögensgegenstandes z. B. aufgrund überhöhter Abschreibungen unter seinen Liquidationserlös, wird ein Anreiz zur Veräußerung und anschließenden Ausschüttung geschaffen, obwohl die künftig erzielbaren Erträge aus der Nutzung möglicherweise höher sind, diese aber mit den Gläubigern geteilt werden müssten. Vorsichtige Rechnungslegung schafft stille Reserven, die sodann einen **Anreiz für liquidationsfinanzierte Ausschüttungen** bieten können.

Eine derartige problematische Unterbewertung kann schon aus planmäßigen Abschreibungen resultieren, da diese pauschalieren und sich nicht an tatsächlichen Marktwerten orientieren. Dagegen sind außerplanmäßige Abschreibungen unschädlich, denn diese richten sich am Marktwert eines Gutes aus und führen damit nicht zu ineffizienten Liquidationsentscheidungen.[298] Auch ein Verbot von Zuschreibungen über die fortgeführten Anschaffungskosten hinaus kann problematische Anreizwirkungen entfalten, denn der Liquidationserlös könnte über die fortgeführten Anschaffungskosten steigen.[299] Ist in diesem Fall keine Neubewertung erlaubt, werden Veräußerungsanreize geschaffen. Eine Bewertung zum fair value würde dagegen eine bessere Approximation des tatsächlichen Veräußerungswertes und damit eine Verringerung dieser Anreize bedeuten.[300] Problematisch wirkt auch eine Nichtaktivierung immaterieller Güter: Bei Veräußerung sind die Liquidationseinzahlungen in diesem Fall vollständig erfolgswirksam, weshalb die Eigner eventuell einen Anreiz haben, zu liquidieren und die Mittel sofort auszuschütten, anstatt die Erträge aus der Nutzung in späteren Perioden mit den Gläubigern zu teilen.[301] Die Unternehmensleitung kann zudem den zeitlichen Anfall der Ausschüttung über den Zeitpunkt der Veräußerung in ihrem Interesse steuern.[302] Das gleiche Ergebnis resultiert für die Ausschüttungssperre nach § 268 Abs. 8 S. 1 HGB hinsichtlich der Beträge aus der Aktivierung selbst erstellter immaterieller Vermögensgegenstände des Anlagevermögens.[303]

Allerdings zeigt gerade das Beispiel immaterieller Güter, dass ein **trade-off zwischen den Wirkungen einer vorsichtigen Gewinnermittlung** besteht. Die tatsächliche Existenz und Werthal-

[298] Vgl. Wielenberg (2009), S. 13.
[299] Vgl. Wielenberg (2009), S. 11 f., 18.
[300] Vgl. Beckmann (2008), S. 330.
[301] Vgl. Leuz (1996), S. 205; Wielenberg (2009), S. 17 f.; Beckmann (2008), S. 325.
[302] Vgl. Leuz (1996), S. 206.
[303] Vgl. Wielenberg (2009), S. 17 f.

tigkeit immaterieller Güter unterliegt starken Unsicherheiten.[304] Ist es uneingeschränkt möglich, diese zu aktivieren, wird zwar das Problem liquidationsfinanzierter Ausschüttungen gemindert. Dann aber haben die Eigner aufgrund der Unbestimmtheit immaterieller Güter den Anreiz, diese in optimistischer Weise zu definieren und durch deren Aktivierung (die zur Neutralisierung eigentlich dem Umsatzprozess zuordenbarer Auszahlungen führen kann) die bilanzielle Ausschüttungsrestriktion zu unterlaufen.[305] Da dieses Problem zeitlich vorgelagert auftritt, ist ein Aktivierungsverbot oder eine Ausschüttungsbeschränkung für die Erträge aus der Aktivierung sinnvoll.[306] Denn durch dieses opportunistische Verhalten der Eigner kann das Unternehmen bereits in Zahlungsschwierigkeiten geraten, wodurch sich das Problem der ineffizienten Liquidation evtl. gar nicht mehr stellt.

Eine Zuschreibung über die Anschaffungskosten hinaus wäre zwar in Einzelfällen effizient zur Verhinderung von Liquidationsfinanzierungen. In Höhe der Neubewertung könnten aber, wie in Kap. 3.5.2.1.1 aufgezeigt, bereits zum Zeitpunkt der Werterhöhung fremd- und liquidationsfinanzierte Ausschüttungen erfolgen. Zudem ist die Werthaltigkeit dieser Zuschreibungen meist mit erheblichen Unsicherheiten behaftet.[307] Daher würde nur ein Problem durch ein anderes (und zudem wohl gravierenderes) ersetzt. Letztlich sollte m. E. auch hier die Vermeidung fremd- und liquidationsfinanzierter Ausschüttungen aus der Höherbewertung Priorität haben, da diese zeitlich vorgelagert auftreten und sich durch eine vorhergehende Gläubigerschädigung durch Ausschüttung der Mittel aus der fair value-Bewertung das Problem der ineffizienten Veräußerung möglicherweise gar nicht mehr stellt. Dies gilt zudem, wenn berücksichtigt wird, für welche Bilanzpositionen diese Argumentation überhaupt von Relevanz ist. Eine Liquidation sollte schließlich nur bei relativ marktgängigen Vermögensgegenständen in Frage kommen. Der potenzielle Liquidationswert dürfte bei unternehmensspezifischen Gütern zudem regelmäßig den Wert aus der fortgeführten Nutzung nicht übersteigen. Daher greift die Argumentation ohnehin nur für vergleichsweise liquides Umlaufvermögen.[308]

Die bilanzielle Kapitalerhaltung de lege lata dürfte damit insgesamt grundsätzlich geeignet sein, um moral hazard-Probleme der Ausschüttungspolitik zumindest auf ein akzeptables Maß zu ver-

---

[304] Vgl. nur Moxter (1978a), S. 821 ff.; ders. (1979), S. 1102 ff.; ders. (2008), S. 1515 f.; Hennrichs (2008a), S. 423; ders. (2008c), S. 537. Vgl. zur Problematik immaterieller Vermögensgegenstände zudem bereits Kap. 2.3.3.2.
[305] Vgl. Leuz (1996), S. 205.
[306] So letztlich auch Wielenberg (2009), S. 18, 20; Beckmann (2008), S. 326.
[307] Vgl. zur Problematik der Ermittlung des fair value bereits eingehend Kap. 2.3.3.3.2.2.
[308] So auch Wielenberg (2009), S. 17.

ringern. Trotz der problematischen Wirkung einer vorsichtigen Gewinnermittlung hinsichtlich liquidationsfinanzierter Ausschüttungen ist eine solche zu befürworten, um zeitlich vorgelagerte Ausschüttungen zu verhindern. Im Folgenden werden die Rückwirkungen einer gesetzlichen Ausschüttungssperre sowie der vorsichtigen Gewinnermittlung auf die Investitionspolitik aufgezeigt, da gerade diese Wirkungen häufig als Argument gegen die bilanzielle Kapitalerhaltung nach geltendem Recht vorgebracht werden.

3.5.2.2 Rückwirkungen von Ausschüttungssperren auf die Investitionspolitik

3.5.2.2.1 Die Problematik restriktionsinduzierter Überinvestitionen

Da Ausschüttungsrestriktionen die Vermeidung von moral hazard-Problemen der Ausschüttungspolitik zum Ziel haben, bieten diese keinen Schutz vor dem Anreiz von Kreditnehmern, nach Vertragsabschluss riskantere Projekte einzugehen als vereinbart bzw. bestehende Investitionsprojekte zu liquidieren und stattdessen riskantere zu wählen (Risikoanreizproblem) oder sogar Unter- und Überinvestitionen zu tätigen, die die Gläubiger schädigen können.[309] Da keine Ausschüttung erfolgt, kommt die Ausschüttungssperre nicht zum Tragen. Dieser „Schwachpunkt des gesellschaftsrechtlichen Kapitalschutzes" muss deshalb im Rahmen einzelvertraglicher Regelungen, z. B. durch die Vereinbarung von Kreditsicherheiten oder covenants, gelöst werden.[310] Allerdings bieten Ausschüttungssperren nicht nur keinen Schutz vor diesen Strategien, sie sind sogar in der Lage, solche Anreizprobleme noch zu verstärken. Dies gilt für Ausschüttungssperren allgemein, wie vorab dargestellt wird, bevor in Kap. 3.5.2.2.3 untersucht wird, wie sich die am Vorsichtsprinzip orientierte Gewinnermittlung des geltenden Rechts hierauf auswirkt.

Durch Ausschüttungsrestriktionen ergeben sich zwangsweise sowohl positive als auch negative **Rückwirkungen auf die Investitionspolitik** des Unternehmens.[311] Geht man wieder von obiger Gleichung (1) aus und vernachlässigt vereinfachungsgemäß Zahlungen aus der Aufnahme von Fremd- und Eigenkapital, Zahlungen aus Desinvestitionen sowie Zins- und Tilgungsleistungen, können die Zahlungsüberschüsse aus dem Umsatzprozess entweder für Ausschüttungen oder für Investitionen verwendet werden. Es ergibt sich folgende vereinfachte Formel:[312]

$$(4) \qquad A_t + I_t = ZÜ_t$$

309 Vgl. Kuhner (2005), S. 768; Böcking (2007a), S. 58.
310 Vgl. Kuhner (2005), S. 768 (auch Zitat).
311 Vgl. Leuz (1996), S. 71 ff.; Kuhner (2005), S. 767 ff.; Wagenhofer/Ewert (2007), S. 202.
312 Vgl. hierzu Schildbach (2008b), S. 456.

Die Gleichung zeigt auf, dass bei einer Beschränkung der Ausschüttungen auf einen bestimmten Anteil am Umsatzüberschuss der einbehaltene Teil zwingend im Unternehmen investiert werden muss. Damit wirken Ausschüttungsrestriktionen wie eine **Mindestinvestitionsverpflichtung**.[313] Diese Rückwirkungen auf die Investitionspolitik können dazu führen, dass Ausschüttungsbegrenzungen gesamtwirtschaftlich und insbesondere auch für Gläubiger positive, aber auch negative Wirkungen entfalten können. Dies wird anhand des folgenden Beispiels aufgezeigt.[314]

Bsp. – Ausgangssituation:[315] *Betrachtet wird ein haftungsbeschränktes Unternehmen, das in t=2 liquidiert werden soll. In t=2 wird ein Kredit i. H. v. 500 GE zur Rückzahlung fällig. Aus dem bestehenden Investitionsprogramm sind in t=2 in Abhängigkeit von den Umweltzuständen s folgende Einzahlungsüberschüsse ($Zü_s$) zu erwarten, die jeweils gleich wahrscheinlich sind:*

s	*1*	*2*
$Zü_s$	*400*	*700*

Es wird deutlich, dass der Anspruch der Gläubiger im Zustand 1 ausfallbedroht ist, da die Rückflüsse nicht zur Rückzahlung des Fremdkapitals ausreichen.
In t=1 resultiere ein Umsatzüberschuss (liquide Mittel aus dem Umsatzprozess) in Höhe von 200 GE. Im Zeitpunkt t=1 haben die Eigner die Möglichkeit, diese Mittel auszuschütten, risikolos am Kapitalmarkt anzulegen oder die in den Folgebeispielen betrachteten Realinvestitionsprojekte zu tätigen, welche jeweils eine Anschaffungsauszahlung von 200 GE erfordern. Zur Vereinfachung wird von einem Kapitalmarktzins in Höhe von 0 % ausgegangen.

Durch die Mindestinvestitionsverpflichtung können sich positive Wirkungen für die Gläubiger und den Unternehmenswert ergeben. Denn das Einbehaltungserfordernis kann bewirken, dass die Eigner eine Investition ausführen, die sie ansonsten nicht durchgeführt hätten, da die Überschüsse vor allem den Gläubigern zugute kommen bzw. deren Ansprüche absichern. Ausschüttungsrestriktionen können durch die damit verbundene Mindestinvestitionsverpflichtung somit **Unterinvestititionsprobleme verringern** und die von den Eignern realisierte Investitionspolitik einer gesamtwertmaximalen Politik annähern.[316]

---

313 Vgl. Smith/Warner (1979), S. 131 ff.; Kalay (1982), S. 214 ff.; Ewert (1986), S. 131 f.; Leuz (1996), S. 71 ff.; Ewert/Wagenhofer (2003), S. 608.
Bei weiterer Variation der Gleichungen kann zudem gezeigt werden, dass dies auch eine Mindesteigenfinanzierungsverpflichtung für neue Investitionen impliziert. Es ist nicht nur ein Mindestbetrag zu investieren, dieser kann i. d. R. auch nicht alleine durch Fremdkapital finanziert werden, vgl. Wagenhofer/Ewert (2007), S. 212.

314 Dabei soll das sog. einfache Finanzierungsszenario unterstellt werden, bei dem neue Investitionen nur durch Eigenkapital finanziert werden können. Hierdurch können die grundlegenden Wirkungszusammenhänge deutlich aufgezeigt werden, vgl. hierzu Ewert (1986), S. 148 ff.; Leuz (1996), S. 77 ff. Vgl. zum komplexen Finanzierungsszenario, bei dem neue Investitionen auch über Neuverschuldung oder Liquidationen finanziert werden können, Ewert (1986), S. 195 ff. sowie zur Kritik Fn. 327.

315 In Anlehnung an Leuz (1996), S. 83 ff.; Kahle (2002c), S. 131 ff.

316 Vgl. Leuz (1996), S. 77; Ewert/Wagenhofer (2003), S. 608; Kuhner (2005), S. 766 f.; Wagenhofer/Ewert (2007), S. 212 ff.

Bsp. 1: Realinvestitionsprojekt I:

s	1	2
$Zü_s$	150	300

Das Projekt hat einen Kapitalwert von 25 GE und wäre vorteilhaft. Für die Eigner ist allerdings die optimale Strategie, die Mittel auszuschütten, denn es ergeben sich folgende Marktwerte:

	Marktwert EK	Marktwert FK	Marktwert gesamt
Ausschüttung	300	450	750
Realinvestition I	275	500	775
Anlage Kapitalmarkt	250	500	750

Sind aufgrund einer Ausschüttungsrestriktion keine Ausschüttungen möglich, so wird Projekt I aufgrund der relativen Vorteilhaftigkeit für die Eigner gegenüber der Anlage am Kapitalmarkt durchgeführt. Somit wird ein vorteilhaftes Projekt realisiert, das ohne die Ausschüttungsrestriktion nicht ausgeführt worden wäre. Die Restriktion führt zur Realisation des gesamtwirtschaftlich effizienten Investitionsprogramms und zu einer Verbesserung der Gläubigerposition.

Jedoch können sich durch eine Ausschüttungsrestriktion auch negative Auswirkungen ergeben. Durch die Begrenzung der Ausschüttung muss das Unternehmen Investitionen tätigen, auch wenn ihm keine Projekte mit positivem Kapitalwert zur Verfügung stehen. Es kann mithin der Fall auftreten, dass Projekte durchgeführt werden, die den Unternehmenswert mindern und die ohne Ausschüttungsrestriktion nicht realisiert worden wären; es kommt zu sog. **restriktionsinduzierten Überinvestitionen.**[317]

Bsp. 2: Realinvestitionsprojekt II:

s	1	2
$Zü_s$	-50	350

Für das Realinvestitionsprojekt II ergibt sich ein Kapitalwert von -50 GE; es ist somit gesamtwirtschaftlich nachteilhaft. Es ergeben sich folgende Marktwerte:

	Marktwert EK	Marktwert FK	Marktwert gesamt
Ausschüttung	300	450	750
Realinvestition II	275	425	700
Anlage Kapitalmarkt	250	500	750

Eine Ausschüttungsrestriktion kann dazu führen, dass das unvorteilhafte Projekt II durchgeführt wird, wenn keine anderen Projekte zur Verfügung stehen. Für die Eigner ist es gegenüber der Anlage am Kapitalmarkt vorteilhaft. In diesem Beispiel führt die Ausschüttungsrestriktion sowohl zu einer Schädigung der Eigner als auch der Gläubiger; der Gesamtunternehmenswert verringert sich gegenüber der Situation ohne Ausschüttungsrestriktion.

317 Vgl. Myers (1977), S. 160; Leuz (1996), S. 77 f.; Ewert/Wagenhofer (2003), S. 608; Wagenhofer/Ewert (2007), S. 216 ff.

Das Überinvestitionsproblem führt zu gesamtwirtschaftlich ineffizienten Allokationsverzerrungen. Die Wirkung auf die Position der Gläubiger ist hierbei nicht eindeutig. Erbringt das neue Projekt in allen Zuständen nichtnegative Überschüsse, kann die Position der Gläubiger sogar auf Kosten der Eigner gestärkt werden. Sobald die zur Verfügung stehenden Projekte aber sowohl einen negativen Kapitalwert als auch Auszahlungsüberschüsse in den Insolvenzzuständen aufweisen, verschlechtert sich die Position der Gläubiger gegenüber dem Ausschüttungsfall.[318]

Es wäre damit fehlerhaft zu folgern, dass Ausschüttungssperren in jedem Fall von Vorteil für die Gläubiger sind. Insbesondere wird durch Ausschüttungsrestriktionen nicht in jedem Falle sichergestellt, dass im Unternehmen ein Haftungsfonds zugunsten der Gläubiger verbleibt. Vielmehr hängt die Wirkung einer Ausschüttungssperre von den spezifischen Investitionsmöglichkeiten (dem sog. **investment opportunity set**) eines Unternehmens ab, die ihm jeweils zur Verfügung stehen.[319] Es ergibt sich für jedes Unternehmen ein trade-off der gegenteiligen Wirkungen von Unter- und Überinvestitionsproblemen, woraus sich die optimale Strenge einer Ausschüttungsrestriktion ableiten lässt. Eine gesetzliche, pauschalierende Ausschüttungssperre kann damit für manche Unternehmen und deren Gläubiger vorteilhaft sein, während sie für andere nachteilig wirkt. Eine pauschale Ausschüttungsrestriktion ist damit aus Effizienzgesichtspunkten problematisch, diese muss vielmehr idealerweise **unternehmensspezifisch formuliert** sein.[320]

3.5.2.2.2 Kritische Würdigung der Modellprämissen

Es stellt sich die Frage nach der Anwendungsbezogenheit der Probleme in der Praxis. Wieder sind die engen Prämissen zu beachten.[321] Zunächst muss das schädliche Projekt, um zu den gezeigten Effekten zu führen, zwar unvorteilhaft sein, zum anderen aber – um durchgeführt zu werden – alle anderen Projekte dominieren. Notwendige Voraussetzung für das Zustandekommen restriktionsinduzierter Überinvestitionen ist damit, dass nur in begrenztem Umfang Projekte mit nichtnegativem Kapitalwert und beliebiger Zahlungsstruktur zur Verfügung stehen.[322] Dies wird im Schrifttum insbesondere in Frage gestellt, wenn Finanzinvestitionen in die Betrachtung einbezogen werden. Denn auf einem hinreichend funktionierenden Kapitalmarkt dürften grund-

---

318 Vgl. Ewert/Wagenhofer (2003), S. 608.

319 Vgl. John/Kalay (1982), S. 457 ff.; Ewert (1986), S. 68 f., 192 f.; Leuz (1996), S. 76 ff.; Schreiber (1999), S. 881 f.; Ewert/Wagenhofer (2003), S. 608 f.; Wagenhofer/Ewert (2007), S. 220.

320 Vgl. Ballwieser (1996a), S. 517 f.; Böcking/Dutzi (2006), S. 10 f.; Wagenhofer/Ewert (2007), S. 220.

321 Selbst geringfügige Änderungen der zugrunde liegenden Parameter können das Ergebnis dieser Modellrechnungen gänzlich ändern, vgl. Böcking/Dutzi (2006), S. 5.

322 Diese Annahme wird als entscheidende Voraussetzung in der Agency-Theorie üblicherweise unterstellt, vgl. nur Ewert (1986), S. 180 ff.; Hartmann-Wendels (1986), S. 217; Leuz (1996), S. 77 ff.

sätzlich Finanzinvestitionen mit einem Kapitalwert von zumindest Null und einer Zahlungsstruktur, die die Investition für die Eigner gegenüber der Realinvestition vorteilhaft macht, vorliegen. Ist dies der Fall, würde aber nicht mehr die unvorteilhafte Realinvestition durchgeführt.[323]

Doch es ist der Erweiterung der Überlegungen durch *Ewert/Wagenhofer* zuzustimmen, wonach sich die Ergebnisse nicht bedeutend ändern, wenn kapitalwertneutrale Finanzinvestitionen zugelassen werden. Denn es ist zu beachten, dass die Eigner bei der Investition in die Finanzanlage sodann deren Überschüsse in den Insolvenzzuständen an die Gläubiger verlieren. Dieser Verlust übersteigt irgendwann denjenigen aus der Realinvestition, wodurch diese wiederum vorteilhaft wird.[324] Dennoch zeigen diese Überlegungen deutlich die Einzelfallbezogenheit der modelltheoretischen Ergebnisse. Denn damit Gläubigerschädigungen durch Ausschüttungsrestriktionen hervorgerufen werden, müssen zwingend **Projekte mit positivem Kapitalwert ausgeschlossen** sein, was nur eine Annahme unter mehreren ist.

Darüber hinaus ist zu beachten, dass es für die Eigner erst bei einer signifikanten Bestandsgefährdung des Unternehmens attraktiv wird, Projekte mit negativem Kapitalwert zu Lasten der Gläubiger durchzuführen. Es stellt sich die Frage, ob dem Unternehmen in einer solchen Situation überhaupt noch die **liquiden Mittel** zur Verfügung stehen, um das Projekt zu finanzieren.[325] Eine Finanzierung durch zusätzliches Fremdkapital erscheint in der Krise ebenfalls wenig wahrscheinlich. Allein eine Finanzierung über die Liquidation bisheriger Vermögensgegenstände wäre eher denkbar, was in der bisherigen Betrachtung ausgeklammert wurde. Beispielsweise könnte Liquidität durch sale-and-lease-back geschaffen werden.[326] Jedoch kommt dies nur in Frage, wenn sich die Gläubiger hiergegen nicht abgesichert haben, wie es z. B. durch Eigentumsvorbehalte oder Sicherungsübereignungen üblich ist.[327]

---

[323] Vgl. Watrin (2001a), S. 227; zu dieser Einschränkung zudem Leuz (1996), S. 78.
Hiergegen wurde argumentiert, dass in praxi eine Begrenzung von Finanzanlagen vertraglich vereinbart werden dürfte, denn ansonsten könnte durch Finanzmarkttransaktionen und beliebige Strukturierung der Zahlungsströme die Ausschüttungssperre an Wirksamkeit verlieren, vgl. Ewert/Wagenhofer (2003), S. 608; Ewert (1986), S. 189 f. Mit *Watrin* wirft dies jedoch die berechtigte Frage auf, „ob eine besser formulierte vertragliche Beschränkung von Finanzinvestitionen nicht dem Problem der Überinvestitionen aufgrund von Ausschüttungsrestriktionen abhelfen könnte", Watrin (2001a), S. 227 f.

[324] Vgl. Ewert/Wagenhofer (2003), S. 609.

[325] Vgl. Kuhner (2005), S. 770; ähnlich Schildbach (2007b), S. 137.

[326] So auch Janssen (2010), S. 74.

[327] Vgl. Schildbach (2008b), S. 458 f., der aufgrund der Schwierigkeit zur Gewinnung von Neugläubigern in der Krise sowie aufgrund der oftmalig vorliegenden Klauseln hinsichtlich der Verwendung bisheriger Investitionsprojekte das komplexe Finanzierungsszenario, in dem Projekte durch Neuverschuldung oder Liquidationsfinanzierung ermöglicht werden (vgl. Fn. 314), nur für begrenzt denkbar hält.

Damit das Problem der Verringerung sowohl des Gesamt- als auch des Fremdkapitalwerts auftreten kann, wird schließlich auch das Investitionsprojekt typischerweise in bestimmter Weise modelliert, nämlich in der Form, dass es positive Zahlungsüberschüsse in den Solvenz- und negative in den Insolvenzzuständen aufweist.[328] Werden die Annahmen nur minimal verändert, wird die Problematik der Gläubigerschädigung vermindert, wie im Folgenden gezeigt wird:

Bsp. 4: Im Folgenden sollen verschiedene Variationen des Realinvestitionsprojektes II (Bsp. 2) und deren Einfluss auf das Überinvestitionsproblem aufgezeigt werden:

s	*1*	*2*
$Zü_s$ (II)	*-50*	*350*
$Zü_s$ (IIa)	*0*	*350*
$Zü_s$ (IIb)	*50*	*350*

Es ergeben sich folgende Marktwerte:

	Marktwert EK	*Marktwert FK*	*Marktwert gesamt*
Ausschüttung	*300*	*450*	*750*
Realinvestition II	*275*	*425*	*700*
Realinvestition IIa	*275*	*450*	*725*
Realinvestition IIb	*275*	*475*	*750*

Das Überinvestitionsproblem bei gleichzeitiger Schädigung der Gläubiger resultiert nur bei Auszahlungsüberschüssen im Insolvenzzustand. Treten im Insolvenzzustand keine Zahlungen auf (wie bei Realinvestition IIa), wird das Überinvestitionsproblem im Ausmaß gemindert, die Schädigung geht aber nun allein zu Lasten der Eigner. Eine solche Überinvestition zu Lasten der Eigner wird im Beispiel bei Zahlungsüberschüssen im Insolvenzzustand zwischen 0 und 50 GE durchgeführt. Sobald die Zahlung im Insolvenzzustand einen gewissen Betrag erreicht (hier: 50 GE – der Kapitalwert ist hier null), tritt das Überinvestitionsproblem nicht mehr auf.

Schildbach zeigt überzeugend auf, dass ein Projekt, das **nur negative Zahlungen in den Zuständen der Insolvenz** mit sich bringt, schwer vorstellbar ist.[329] Schließlich müsste die Zahlungsverpflichtung dem Anspruch der bisherigen Gläubiger in der Insolvenz vorgehen. Dies wäre einerseits denkbar, wenn die negative Zahlung im Insolvenzzustand die Forderung eines bevorrechtigten Neugläubigers repräsentiert. In diesem Fall müssten sich jedoch in einer derart bestandsgefährdenden Situation neue Gläubiger finden lassen; die Eigner müssten zusätzliche Sicherheiten gewähren können, die den bisherigen Ansprüchen vorgehen. Eine solche Aufnahme von vorrangigem Fremdkapital ist aber in den meisten Kreditverträgen ausgeschlossen.[330] Der

[328] Vgl. Ewert/Wagenhofer (2003), S. 608.
[329] Vgl. auch im Folgenden Schildbach (2008b), S. 454 f.
[330] Vgl. Schildbach (2008b), S. 454.

zweite denkbare Fall wäre, dass die Neuinvestition die Zahlungsüberschüsse bisheriger Investitionen mindert. Hierfür müsste aber z. B. eine Entwicklung Kunden abschrecken und so die bisherigen Umsatzerlöse senken. Würde solch ein Extremfall eintreten, wäre dieser sicherlich auch in den Solvenzzuständen mit Zahlungsverpflichtungen verbunden.[331] Zahlungsverpflichtungen im Insolvenzzustand sind eher denkbar aus dem Abschluss verpflichtender Verträge im Zusammenhang mit dem Investitionsprojekt, wie Arbeitsverträgen. Diese führen aber zu Gläubigeransprüchen ohne Priorität und können den beschriebenen Effekt nicht auslösen.[332]

Eine Schädigung der Gläubiger durch restriktionsinduzierte Überinvestitionen dürfte damit nur in Extremfällen möglich sein. Allerdings ist eine durch ineffiziente Einbehaltungserfordernisse resultierende Schädigung der Eigner realistischer (vgl. Realinvestition IIa in Bsp. 4). Diese kann immer eintreten, wenn die Eigner die Mittel außerhalb des Unternehmens in effizienterer Weise einsetzen können. Auch dieser Fall kann zu gesamtwirtschaftlichen Ineffizienzen führen, da er zu einer Verringerung des Unternehmenswerts gegenüber dem Ausschüttungsfall führt.

Es stellt sich aber die Frage nach einer Alternativlösung. Aufgrund der Problematik der restriktionsinduzierten Überinvestitionen wurde vorgeschlagen, auf zwingende gesetzliche Regelungen zu verzichten, um den Parteien die Möglichkeit zu geben, die Ausschüttungssperre einzelfallabhängig nach den spezifischen Investitionsmöglichkeiten auszugestalten.[333] Die Problematik der Überinvestition dürfte jedoch tatsächlich nur in Einzelfällen auftreten und rechtfertigt diese Forderung m. E. allein nicht.[334] Eine gesetzliche Ausschüttungssperre ist bereits zum Schutz von kleinen und unfreiwilligen Gläubigern notwendig, denn auf realen Märkten werden neben Effizienz- auch **Gerechtigkeitsaspekte** relevant.[335] Zudem ist es aufgrund der realiter vorliegenden Unmöglichkeit vollständiger Verträge äußerst unwahrscheinlich, dass privatvertraglich wirklich eine derart spezifische Regelung getroffen werden könnte, die diese Probleme vermeidet.[336] *Ballwieser* weist darauf hin, dass sich bei einer vertraglichen Regelung allein **schon aus dem**

---

[331] Vgl. Schildbach (2008b), S. 455.
[332] Vgl. Schildbach (2008b), S. 455.
[333] Vgl. Ewert/Wagenhofer (2003), S. 611 f.; Wagenhofer/Ewert (2007), S. 220 f.
[334] Umgekehrt ist durch die dargestellte Argumentation aber natürlich auch keine Vorteilhaftigkeit von gesetzlichen Ausschüttungssperren für Investitionszwecke zu begründen, da bspw. die Möglichkeit zur Vermeidung von Unterinvestitionen stark vom Einzelfall und den gesetzten Modellannahmen abhängt.
[335] Vgl. Kap. 3.5.1.2.2.2.
[336] Vgl. Kahle (2002c), S. 134 f.; ders. (2003b), S. 267 f. Vgl. zu dieser Problematik auch Kap. 3.5.1.2.2.1.

Grund der Transaktionskostenreduktion Musterverträge entwickeln werden, die schematisch vorgehen und damit ähnliche Probleme hervorrufen wie eine gesetzliche Vorgabe.[337]

Die Problematik ineffizienter Überinvestitionen ist zudem jeder pauschalen Ausschüttungssperre immanent, sei es bei einer Bemessung auf der Basis von Zahlungen oder bei einer bilanziellen Ermittlung.[338] Allerdings können die Effekte insbesondere durch eine vorsichtige Gewinnermittlung aufgrund des hiermit einhergehenden höheren Einbehaltungserfordernisses verstärkt werden. Dies wird im Folgenden untersucht.

3.5.2.2.3 Verstärkung der Problematik durch vorsichtige Gewinnermittlung?

Die genaue Ausgestaltung einer Ausschüttungssperre kann die Auswirkungen auf die Investitionspolitik zusätzlich beeinflussen. Problematische Wirkungen werden insbesondere einer vorsichtigen Gewinnermittlung, wie sie das Handelsbilanzrecht impliziert, zugeschrieben. Denn diese ist mit vergleichsweise hohen Periodisierungen bzw. Periodenabgrenzungen verbunden, die nach Formel (3) den ausschüttbaren Betrag im Vergleich zu einer Zahlungsrechnung zusätzlich mindern. Hierzu kommt es etwa im Falle von außerplanmäßigen Abschreibungen aufgrund des Niederstwertprinzips oder allgemein der Bildung von Rückstellungen. Durch das hiermit verbundene Einbehaltungserfordernis können die Rückwirkungen der Ausschüttungsbegrenzung auf die Investitionspolitik verstärkt werden, da sich die **Mindestinvestitionsverpflichtung erhöht**. Dies lässt sich wie im Folgenden formelhaft aufzeigen. Durch Kombination von Gleichung (3) und (4) ergibt sich:[339]

$$(5) \qquad I_t = G_t + PA_t - A_t \qquad \text{bzw. } I_t = G_t - \max\{G_t; 0\} + PA_t \text{ und somit}$$

$$I_t \geq \min\{G_t; 0\} + PA_t$$

Die Mindestinvestitionsverpflichtung steigt damit mit den Periodenabgrenzungen. So führt die Kopplung der Ausschüttung an den Bilanzgewinn etwa dazu, dass ein Betrag in Höhe der Abschreibungen investiert werden sollte, will man ein sonstiges Brachliegen der überschüssigen Liquidität vermeiden. Das Vorsichtsprinzip erhöht die mit einer bilanziellen Gewinnermittlung einhergehende Investitionsverpflichtung nochmals. Dies führt zum einen dazu, dass hierdurch

---

[337] Vgl. Ballwieser (2007), S. 421.
Dies zeigen auch die Commentaries on Model Debenture Indenture Provisions, die standardisierte Vorgaben für covenants im US-amerikanischen Raum enthalten, vgl. American Bar Foundation (1986). Man greift in den USA, wo covenants eine hohe Bedeutung haben, mithin auf standardisierte Vertragsklauseln zurück.

[338] Vgl. Leuz (1998), S. 583; Kahle (2002c), S. 134; Schildbach (2007b), S. 137.

[339] Vgl. hierzu Wagenhofer/Ewert (2007), S. 210; Schildbach (2008b), S. 456.

Unterinvestitionsprobleme verringert werden können.[340] Die Wirkungen des Vorsichtsprinzips sind allerdings wiederum zweischneidig. Im Gegenzug kann nämlich durch die erhöhte Mindestinvestitionsverpflichtung die Gefahr von restriktionsbedingten Überinvestitionen verstärkt werden, wenn keine vorteilhaften Projekte zur Verfügung stehen.[341]

Jedoch wurde bereits im vorigen Kapitel deutlich, dass das Auftreten von Überinvestitionen nur unter bestimmten Prämissen möglich ist. *Schildbach* zeigt zudem, dass auch die Erhöhung dieser Gefahr durch die vorsichtige Gewinnermittlung auf Ausnahmefälle beschränkt sein dürfte.[342] Eine Schädigung der Gläubiger durch Überinvestitionen kann – wie gezeigt – nur auftreten, wenn das Unternehmen sich in einer bestandsgefährdenden Situation befindet. Das Vorsichtsprinzip kann aber in diesem Fall wiederum nur in bestimmten Konstellationen zu Verstärkungen der Problematik führen. Eine Überinvestition ist zum einen nicht möglich, wenn das Unternehmen ohnehin keine Zahlungsüberschüsse aufweist, denn dann kann sich aufgrund von Gleichung (4) keine Investitionsverpflichtung ergeben; eine vorsichtige Gewinnermittlung ändert hieran nichts.[343] Dass dies ein nicht unwahrscheinlicher Fall ist, wurde schon im vorigen Kapitel deutlich. Denn eine zusätzliche Fremdfinanzierung scheidet zumeist aus; auch Liquidationen zur Generierung von Liquidität dürften aufgrund von vertraglichen Beschränkungen oftmals nicht möglich sein.[344] Des Weiteren ist eine Erhöhung der Mindestinvestition durch das Vorsichtsprinzip auch im Verlustfall nicht möglich, denn dann erhöhen sich durch die vorsichtige Gewinnermittlung der Verlust und die Periodenabgrenzungen in gleichen Maßen. Nach Gleichung (5) ergeben sich keine Wirkungen auf die Investitionspolitik. Schließlich kommt eine Schädigung ebenfalls nicht in Frage, wenn das Unternehmen hohe negative Periodenabgrenzungen aufweist, die durch das Vorsichtsprinzip lediglich verringert werden. Dies ist wiederum nicht unwahrscheinlich, wenn man bedenkt, dass Unternehmen bei schlechter Geschäftslage etwa wachsende Lager- und Forderungsbestände aufbauen werden, womit solche einhergehen.

Zusammenfassend ist zu schließen, dass die Problematik hinsichtlich der Wirkungen des Vorsichtsprinzips in Bezug auf Investitionsentscheidungen nicht überzeichnet werden sollte.[345] Eine

[340] Vgl. Wagenhofer/Ewert (2007), S. 212 f.; Rammert (2000), S. 199; Kuhner (2005), S. 767.
[341] Vgl. Wagenhofer/Ewert (2007), S. 216 ff.; Rammert (2000), S. 198.
[342] Vgl. auch im Folgenden Schildbach (2008b), S. 456 f.
[343] Vgl. ähnlich Kuhner (2005), S. 770; Schildbach (2007b), S. 137.
[344] Vgl. bereits Kap. 3.5.2.2.2.
[345] Vgl. zu einer Erweiterung des Modells um Informationsasymmetrien zwischen den Gläubigern Bigus (2007), S. 567 ff. sowie einschränkend Schildbach (2008b), S. 459 ff.

vorsichtige Gewinnermittlung kann zwar die Problematik ineffizienter, restriktionsbedingter Investitionen verstärken. Die Wirkungen sind jedoch erheblich vom **spezifischen Einzelfall** abhängig und dürften nur im Ausnahmefall tatsächlich relevant werden. Hingegen konnte aufgezeigt werden, dass die bilanzielle Gewinnermittlung nach geltendem Recht zumindest zum großen Teil geeignet ist, um ihre Hauptaufgabe, die Gläubigergefährdung durch fremd- und liquidationsfinanzierte Ausschüttungen auf ein akzeptables Maß zu begrenzen, zu erfüllen.[346] Wiegt man diese Effekte gegeneinander ab, so sollte Letzteres die Kritik an den Investitionswirkungen im Einzelfall m. E. überwiegen.

3.5.2.3 Empirische Erkenntnisse zur Bedeutung vorsichtiger Gewinnermittlung für den Gläubigerschutz

Im Folgenden wird versucht, die logisch-deduktive Analyse durch empirische Erkenntnisse zu untermauern. Es wurde bereits gezeigt, dass im US-amerikanischen Raum oftmals Ausschüttungssperren auf privatvertraglichem Wege vereinbart werden.[347] Eine verbreitete Vorgehensweise ist, diese individuellen Restriktionen hinsichtlich ihrer Ausgestaltung zu untersuchen. Denn kann gezeigt werden, dass die vertraglichen Regelungen ebenfalls eine am Vorsichtsprinzip orientierte Gewinnermittlung vorsehen, könnte dies für die Effizienz des hiesigen Systems sprechen. Auf Basis älterer empirischer Studien wurde tatsächlich oftmals argumentiert, dass US-amerikanische Kreditverträge mit Ausschüttungsrestriktionen regelmäßig vorsichtig ausgerichtete Rechnungslegungsvorschriften vorsehen, die stark dem deutschen Handelsbilanzrecht nahekommen.[348] Hierfür spricht auch, dass die Commentaries on Model Debenture Indenture Provisions[349], die standardisierte Vorgaben für covenants in den USA enthalten, eine Vielzahl von Modifikationen in Richtung einer vorsichtigeren Gewinnermittlung im Vergleich zu den US-GAAP vorsehen, wie den Nichteinbezug des Geschäftswerts sowie immaterieller Vermögenswerte bei Berechnung des Eigenkapitals.[350]

Allerdings sind die Ergebnisse aktuellerer Studien eher gemischt. So bestätigt eine neue Studie einen positiven Zusammenhang zwischen der Verwendung von covenants und vorsichtiger Rech-

---

[346] Vgl. Kap. 3.5.2.1.1.
[347] Vgl. Kap. 3.4.4.
[348] Vgl. Leuz (1996), S. 235 f.; Schildbach (2005), S. 58 f.; ders. (2008b), S. 462; ders. (2009e), S. 59; Kahle (2002a), S. 701 f.; Kuhner (2005), S. 784 f.; Fülbier/Gassen/Sellhorn (2008), S. 1321; Watts (2003), S. 212; ders. (2006), S. 53 f. Vgl. zu einem Überblick über verschiedene ältere und zudem relativ klein angelegte Studien Leuz/Deller/Stubenrath (1998), S. 115 ff.
[349] Vgl. American Bar Foundation (1986).
[350] Vgl. Leftwich (1983), S. 32 ff.; hierzu auch Alberth (1998), S. 808 ff.

nungslegung; hier wird ein statistischer Zusammenhang zwischen der Verwendung von Ausschüttungsbeschränkungen und einer frühzeitigen Verlusterfassung durch die Unternehmen bejaht.[351] Im Ergebnis wird geschlossen: „This result highlights the importance of conservatism in mitigating bondholder-shareholder conflicts over dividend policy."[352] Allerdings kann eine andere, breit angelegte Untersuchung kaum konservative Anpassungen von US-GAAP-Zahlen in Kreditverträgen finden. Vielmehr werden den Studienergebnissen zufolge nur solche Größen eliminiert, die als nicht nachhaltig angesehen werden können.[353] Damit muss das verbreitete Argument, wonach im US-amerikanischen Raum „[e]ine vorsichtige Bilanzierung ähnlich derjenigen nach GoB und HGB [...] vertraglich vereinbart [wird]"[354], was die Effizienz des HGB zeige, auf Basis dieser Untersuchung eher offen bleiben.

Jedoch ist zu beachten, dass empirische Studien zu anderen Fragestellungen deutliche Anzeichen dafür liefern, dass eine vorsichtig orientierte Rechnungslegung, wie sie das HGB vorsieht, **auf realen Märkten im Interesse der Gläubiger** zu liegen scheint. So wurde gezeigt, dass die Tendenz eines Landes zur vorsichtigen Rechnungslegung, etwa durch eine frühzeitige Verlusterfassung oder eine imparitätische Behandlung von Gewinnen und Verlusten, signifikant mit der Bedeutung des Fremdkapitalmarktes korreliert und Fremdkapitalgeber als zentrale Nachfrager vorsichtiger Rechnungslegung anzusehen sind.[355] Weiteren Studien zufolge ist eine eher konservative Rechnungslegung mit einer Senkung der Informationsasymmetrien zwischen Eignern und Gläubigern[356] sowie der Fremdkapitalkosten verbunden.[357]Auch vergleichsweise restriktive Ausschüttungsbeschränkungen werden einer aktuellen Studie zufolge von den Gläubigern mit deutlich niedrigeren Fremdkapitalkosten entlohnt.[358]

Auch wenn die konkrete Ausgestaltung offen bleiben muss, scheinen Fremdkapitalgeber den Studien zufolge sowohl eine vorsichtige Gewinnermittlung als auch restriktive Ausschüttungsbe-

---

351 Vgl. Nikolaev (2010), S. 137 ff. und insb. S. 151 f. Eine weitere Studie untersuchte bestimmte Modifikationen bei covenants, die ein Mindesteigenkapital fordern. Ca. die Hälfte der Verträge berücksichtigt demnach immaterielle Vermögenswerte bei Berechnung des Eigenkapitals nicht, vgl. Beatty/Weber/Yu (2008), S. 156, 170.

352 Nikolaev (2010), S. 151 f.

353 Vgl. Li (2010), S. 1103 ff. und insb. die Tabellen auf S. 1117 ff.

354 Schildbach (2005), S. 59.

355 Vgl. Ball/Robin/Sadka (2008), S. 200.
Konservative Rechnungslegung wird allgemein in Beziehungen zu Fremdkapitalgebern auch aus Informationsaspekten als nutzbringend angesehen, da diese aufgrund ihres asymmetrischen Zahlungsanspruchs in erster Linie an den negativen Nachrichten über das Unternehmen interessiert sind. Zudem erlaubt eine eher konservative Rechnungslegung, eine schlechte Lage oder opportunistische Strategien der Eigner schneller zu erkennen und Schutzmaßnahmen zu ergreifen, vgl. Watts (2003), S. 212; Fülbier/Gassen/Sellhorn (2008), S. 1320 f.

356 Vgl. Wittenberg-Moerman (2008), S. 258.

357 Vgl. Ahmed et al. (2002), S. 888; Zhang (2008), S. 51.

358 Vgl. Mansi/Maxwell/Wald (2009), S. 716 ff., die dies im Vergleich der US-Bundesstaaten zeigen.

schränkungen tendenziell zu befürworten. Den problematischen "Nebenwirkungen" im Einzelfall wird offensichtlich eine begrenzte Bedeutung beigemessen, schließlich würden andernfalls stringente Ausschüttungssperren nicht mit geringeren Kapitalkosten entschädigt.

Abstrahiert man zusammenfassend von den rigiden Annahmen der Agency-Theorie, kann die geltende, vorsichtige Gewinnermittlung aus ökonomischer Sicht mithin als durchaus begründet angesehen werden. Denn integriert man **Unsicherheiten und real existierende Vertragsunvollkommenheiten** in die Betrachtung, erscheint es plausibel, dass Gläubiger Interesse an einem vorsichtig ermittelten Verlustpuffer haben, der nicht vorschnell angegriffen wird,[359] was auch die empirischen Studien tendenziell bestätigen. Aufgrund der dargestellten Probleme gilt aber: „Dennoch muss Gläubigerschutz im Wege der bilanziellen Ausschüttungsbeschränkung höchst unvollkommen bleiben.“[360] Da die bilanzielle Kapitalerhaltung vor bestimmten opportunistischen Strategien wie dem Risikoanreizproblem zudem keinen Schutz bieten kann, ist daran zu erinnern, dass Gläubiger stets weiterer Schutzinstrumente bedürfen und „gut beraten [sind], die ihnen offenstehenden Möglichkeiten zu deren Nutzung bei Bedarf wahrzunehmen.“[361]

3.5.2.4 Gläubigerschutz durch Nenn- und Mindestkapitalanforderungen?

In den bisherigen Ausführungen stand die bilanzielle Ausschüttungssperre des Nennkapitalsystems im Vordergrund, die grundsätzlich auch mit einem Nennkapital von null möglich wäre. Die in den letzten Jahren diskutierte Abschaffung des Nennkapitalsystems und Reform nach US-amerikanischem Vorbild wurde von der EU-Kommission bis auf weiteres abgelehnt.[362] Im Folgenden wird zur Abrundung der Analyse geprüft, wie diese Entscheidung aus ökonomischer Sicht zu würdigen und ob das Festhalten am tradierten Nennkapitalsystem zu begründen ist.

Gesellschaftsrechtlich wird dem Nennkapital die Funktion eines **Verlustpuffers** zugeschrieben, der dazu dient, dass Verluste nicht sofort zur Insolvenz führen.[363] Diese sollen zunächst zu Lasten des Eigenkapitals gehen, um das Ausfallrisiko der Gläubiger zu senken. Den Gläubigern soll ein **Haftungsfonds** gewährt werden, der ihnen als Ausgleich für die fehlende persönliche Haftung

[359] Vgl. Kahle (2002a), S. 701; Arnold (2005), S. 155.
[360] Kahle (2002c), S. 167.
[361] Schildbach (2008b), S. 463; ähnlich auch Kuhner (2005), S. 771 f.
[362] Vgl. Kap. 3.3.1.3.
[363] Vgl. Lutter (2006), S. 5; Krüger (2005), S. 47; Drygala (2006), S. 589 f. Dem wird insbesondere in der Anfangsphase Bedeutung beigemessen: Das Mindestkapitalerfordernis soll die sofortige Insolvenz durch Anlaufverluste verhindern, vgl. Lutter (1998), S. 375; ders. (2006), S. 5.

mindestens zur Befriedigung zur Verfügung steht.[364] Das Mindestkapital stellt hierbei den Mindestbetrag dar, der zur Erfüllung dieser Aufgaben dienen soll. Das Mindestkapital erscheint allerdings wenig geeignet, Gläubigerverluste in nennenswerter Höhe aufzufangen.[365] Es steht zudem nicht mit dem Unternehmensrisiko in Zusammenhang. Meist ist es schon kurz nach der Gründung wieder durch Ingangsetzungskosten verbraucht.[366] Auch ein evtl. höheres Nennkapital ist nur eine bilanzielle Rechengröße und erlaubt außer in dem kurzen Augenblick der Gründung keinen Rückschluss darüber, ob Reinvermögen in dieser Höhe vorhanden ist. Da es als Betriebskapital dient, kann es durch operative Verluste aufgezehrt sein.[367] Schließlich steht das Nennkapital in der Insolvenz, wenn die Gläubiger auf den Haftungsfonds zugreifen würden, i. d. R. nicht mehr zur Verfügung.[368] Die Erfüllung dieser Funktionen ist daher fraglich.[369]

Eine exakt zu quantifizierende **Nennkapitalgröße** ist zudem **ökonomisch nicht begründbar**.[370] Nach *Schneider* setzen die Regelungen über das Nennkapital eine Finanzierungshypothese voraus, die lautet: „Wenn am Bilanzstichtag mindestens das als Haftungsmasse eingelegte Vermögen vorhanden ist […] dann ist das Risiko der Gläubiger […] so begrenzt, daß über das Mindestmaß hinausgehendes Vermögen ausgeschüttet werden kann“[371]. Die Rechnungslegung misst, ob der Bedingungsteil der Hypothese bei einem Unternehmen erfüllt ist.[372] Die empirische Gültigkeit einer solchen Finanzierungshypothese ist jedoch nicht belegt.[373] Die nominelle Kapitalerhaltung kann ohnehin nicht die Erhaltung des Unternehmens als dauerhafte Einkommensquelle sichern. Um die wirtschaftliche Leistungsfähigkeit des Unternehmens zu wahren, müsste als entziehbarer Gewinn der ökonomische Gewinn dienen.[374] Dieser kann jedoch nur auf einem vollkommenen Kapitalmarkt ermittelt werden, wo Ausschüttungsentscheidungen irrelevant sind.[375]

---

[364] Vgl. Heider (2008), Rz. 95 zu § 1, Rz. 8 zu § 7 AktG; Hueck/Fastrich (2010), Rz. 14 zu § 3 GmbHG; Krüger (2005), S. 46 f. m. w. N.

[365] Ein für diese Funktionen effektives Mindestkapital müsste eine Höhe haben, die die Haftungsbeschränkung für viele kleinere Unternehmen unerreichbar machen würde, vgl. Bauer (1995), S. 136.

[366] Vgl. Schön (2004a), S. 165; Böcking/Dutzi (2007), S. 437; Grunewald/Noack (2005), S. 189.

[367] Vgl. Klose-Mokroß (1997), S. 62 f.; Escher-Weingart (2001), S. 120, 236 f.

[368] Vgl. Mülbert/Birke (2002), S. 718; Mülbert (2004), S. 154.

[369] Dass aber das Mindestkapital zumindest in der Anfangsphase eine bestimmte Grundausstattung an Kapitel sicherstellt, zeigen die Erfahrungen mit der Limited und der UG (haftungsbeschränkt). Diese sind aufgrund ihrer geringen Kapitalausstattung von Beginn an latent insolvenzgefährdet, vgl. Hennrichs (2009c), S. 922, 924.

[370] Vgl. Schneider (1987), insb. S. 98; so auch Bauer (1995), S. 128; Schreiber (1999), S. 884.

[371] Schneider (1997), S. 115 f.; vgl. hierzu auch ders. (2011), S. 151 f.

[372] Vgl. Schneider (1997), S. 116 ff.; so schon ders. (1983), S. 141 f.

[373] Nach *Schneider* könne schon die Hypothese, dass durch eine höhere Eigenkapitalausstattung das Insolvenzrisiko sinke, nicht belegt werden, vgl. Schneider (1987), S. 91 ff.; ders. (1986), S. 2296.

[374] Vgl. Schneider (1968), S. 14; ders. (1971a), S. 614.

Schneider schlug daher vor, die Ausschüttung nach dem "Prinzip des doppelten Minimums" zu ermitteln. Die Ausschüttung würde hiernach sowohl an den ökonomischen als auch an den buchhalterischen Gewinn anknüpfen, um die Unsicherheit der Ertragswertermittlung zu kompensieren. Relevant wäre jeweils der niedrigere der beiden Werte. Im Falle eines niedrigeren ökonomischen Gewinns müsste der Restbetrag in eine "unternehmenserhaltende Rücklage" eingestellt werden, die aufzulösen wäre, wenn der ökonomische Gewinn den buchhalteri-

Agency-theoretische Analysen zur Bestimmung eines angemessenen Nennkapitals sind bislang nicht bekannt. Auch durch Übertragung der Agency-Modelle zur Ausschüttungsbeschränkung lässt sich keine allgemein gültige Nennkapitalgröße bestimmen, da die Ergebnisse der Modelle von den jeweiligen Investitions- und Finanzierungsmöglichkeiten im Einzelfall abhängen.[376] Im juristischen Schrifttum finden sich Vorschläge, die Kapitalerfordernisse zumindest stärker am Geschäftsumfang auszurichten. Nach *Escher-Weingart* sollte z. B. das Basiskapital, das für Ausschüttungen gesperrt ist, stets 5 % der Bilanzsumme betragen; wird dieser Wert nicht erreicht, dürfen nach diesem Vorschlag nur 50 % des Gewinns ausgeschüttet werden.[377] Jedoch stellt auch eine solche Regelung nur eine pauschale Lösung dar, die eine ökonomische Begründung vermissen lässt und zudem die Gefahr impliziert, dass die Unternehmensexpansion durch zu hohe Einbehaltungserfordernisse eingeschränkt wird.[378]

Das Nennkapital wird in der Literatur auch als **Signal an die Gläubiger** und damit als Instrument zum Abbau von Informationsasymmetrien gewertet.[379] Eine solche Wirkung ergibt sich aber nur, wenn fakultativ ein höheres Nennkapital festgelegt wird. *Schön* bezeichnet darum das in der Satzung festgelegte Nennkapital als „kollektive[.] Haftungszusage“[380]. Die gesetzlichen Regelungen ermöglichten dieses "signalling", indem sie standardisierte Vorgaben, z. B. zur Prüfung der Einlagefähigkeit von Sacheinlagen, bereitstellten.[381] Hiergegen kann aber eingewandt werden, dass dem Nennkapital für Gläubiger oft nur eine untergeordnete Bedeutung zukommt, da diese im Rahmen der Kreditvergabeentscheidung das gesamte Eigenkapital betrachten.[382] Das Nennkapital ist z. B. bei börsennotierten Aktiengesellschaften in Relation zum restlichen Eigen-

---

schen wieder übersteigt. Nach *Schneider* stellt dieses Modell zwar eine Behelfslösung dar, da zur Berechnung des ökonomischen Gewinns auf realen Märkten bspw. der Zinssatz normiert und auf die Zukunftsschätzungen der Geschäftsleitung zurückgegriffen werden muss. Dies sei jedoch akzeptabel, vgl. hierzu Schneider (1963), S. 469; ders. (1968), S. 15 f.; ders. (1972), S. 180 ff.; ders. (1973), S. 39 ff. Durch Übertragung auf einen unvollkommenen Kapitalmarkt ergeben sich jedoch logische Widersprüche des Konzepts, vgl. Drukarczyk (1973), S. 184 ff.; ders. (1974), S. 768. Es ist zudem fraglich, ob der ökonomische Gewinn auf einem unvollkommenen Kapitalmarkt überhaupt ein anzustrebendes Ideal für die Ausschüttungsbemessung darstellt, vgl. Kahle (2002c), S. 140. Mittlerweile ist auch *Schneider* von diesem Konzept zugunsten eines strengen Realisationsprinzips abgerückt, vgl. etwa Schneider (1996), S. 486.

375 Vgl. Kap. 2.3.3.1 sowie insbesondere die Reaktion von *Drukarczyk* auf das Modell *Schneiders*, vgl. Drukarczyk (1974), S. 767 f.

376 So auch Ballwieser (2007), S. 421.

377 Vgl. Escher-Weingart (2001), S. 248. Zu einer kritischen Würdigung ähnlicher Vorschläge vgl. Bitz/Hemmerde/Rausch (1986), S. 155 ff.

378 Eine Regulierung von Eigenkapitalanforderungen, wie durch die Basel-Vorschriften, hat bei Banken aufgrund ihrer gesamtwirtschaftlichen Bedeutung ihre Berechtigung. Eine dauerhafte verstärkte Regulierung der Kapitalstruktur für alle Unternehmen ist jedoch aufgrund der hohen Verwaltungs- und Prüfanforderungen kostenintensiv und aufgrund der Einschränkung der Geschäftstätigkeit wohl nicht effizient, vgl. Watrin (2001a), S. 217 f.

379 Vgl. Schneider (1987), S. 103; modelltheoretisch Holzamer (2007), S. 114 ff.

380 Schön (2004a), S. 166; vgl. ähnlich ders. (2002), S. 4.

381 Vgl. Schön (2004a), S. 166.

382 Es ist zudem nicht die absolute Höhe, sondern das Verhältnis zum Fremdkapital bedeutend, vgl. Engert (2007), S. 337 ff., der aufzeigt, dass das Nennkapital bei Ratings kaum eine Rolle spielt.

kapital meist vergleichsweise gering.[383] Dass Kreditinstituten ein derartiges "signalling" nicht ausreicht, zeigt schon, dass sich diese in praxi in zunehmendem Maße über covenants absichern, die eine bestimmte Eigenkapitalquote fordern.[384]

Es zeigt sich, dass die Erwartungen an die Schutzwirkungen des Nennkapitals zurückgeschraubt werden müssen. Aus ökonomischer Sicht vermag m. E. nur das Argument zu überzeugen, dass die Vorschriften zur Aufbringung und Erhaltung eines Nennkapitals zur Folge haben, dass das Unternehmen zumindest partiell durch Eigenkapital finanziert werden muss. Damit **partizipieren die Eigner am Unternehmensrisiko**, was den Anreiz zu opportunistischen Handlungen, insbesondere zu riskanten Investitionen, mindern kann.[385] Durch die gesetzliche Mindestvorgabe wird auch für diejenigen Gläubiger eine Beteiligung der Eigner erreicht, die diese nicht vertraglich aushandeln können. Entsprechend dieser Begründung wird das Mindestkapitalerfordernis als **Preis der Haftungsbeschränkung** angesehen.[386] Hierdurch wird ein Präventivschutz angestrebt, der die Gründung unseriöser Unternehmen begrenzen soll.[387] Ansonsten könnte die Haftungsbeschränkung auch unrentable Unternehmensgründungen attraktiv werden lassen. Es könnten stark risikobehaftete Aktivitäten auf einzelne Gesellschaften mit geringem Kapital verteilt werden, womit diese von der restlichen Haftungsmasse abgeschnitten wären.[388] Durch ihren Beitrag werden die Eigner zumindest teilweise am Risiko des Scheiterns beteiligt.[389]

Es ist fraglich, ob die momentanen Mindestkapitalhöhen noch eine Schwelle für die Seriosität darstellen.[390] Dies kann nur noch bei kleineren GmbHs der Fall sein, die zudem auf die UG (haftungsbeschränkt) ausweichen können.[391] Die Erfahrungen mit der UG (haftungsbeschränkt) sind aber kritisch zu sehen: Die meisten Gesellschaftsgründer bleiben bei Bemessung des Stammkapitals am unteren Rand und die Gesellschaft ist insbesondere für Frühsterblichkeit und Insolvenz-

---

[383] Vgl. Ballwieser (2007), S. 420; dies bestätigt etwa die KPMG-Studie, vgl. KPMG (2008), S. 53 f.
[384] Vgl. Bantleon/Fengler/Peter (2009), S. 751, 754 sowie Kap. 3.5.1.2.2.1.
[385] Vgl. hierzu im Einzelnen Watrin (2001a), S. 212 ff.; zustimmend Rammert (2000), S. 200 f. Es wurde formaltheoretisch nachgewiesen, dass das Risikoanreizproblem umso schwächer ausfällt, je höher der Einsatz der Eigner ist, vgl. Green/Talmor (1986), S. 395 f.
[386] Vgl. Wiedemann (1968), S. 18; Lutter (1998), S. 375; Kleindiek (2005), S. 1369.
[387] Vgl. Fabricius (1970), S. 137 f.; Kleindiek (2007), S. 3; Hennrichs (2009c), S. 922.
[388] Vgl. Eidenmüller/Engert (2005b), S. 436.
[389] Vgl. Ballwieser (2007), S. 419; Engert (2006a), S. 747; Eidenmüller/Engert (2005a), S. 99.
[390] Vgl. zur Kritik an der Höhe des Mindestkapitals Enriques/Macey (2001), S. 1185 f.; Mülbert/Birke (2002), S. 717; Mülbert (2004), S. 154 f.; Grunewald/Noack (2005), S. 190; Eidenmüller/Grunewald/Noack (2006), S. 19; Fastrich (2006), S. 660 f.; Haas (2006), S. 994.
[391] Die Funktion der Seriositätsschwelle ist ohnehin eher für die GmbH relevant, da bei der AG mit den strengen Gründungsvorschriften und dem mit der Gründung einer AG verbundenen hohen Aufwand eine stärkere Abschreckung von unseriösen Gründern einhergeht, vgl. Krüger (2005), S. 234.

anfälligkeit bekannt.[392] Gerade die Erfahrungen mit der UG (haftungsbeschränkt) zeigen, dass schon die Vorgabe eines moderaten Mindestkapitals als Seriositätsschwelle wirken kann.

Zusammenfassend ist die **Leistungsfähigkeit** von gesetzlich fixierten Nenn- und Mindestkapitalanforderungen aus ökonomischer Sicht **begrenzt**. Doch ist zu beachten, dass die Vorschriften über das Nennkapital durch die Sicherstellung einer Risikopartizipation der Eigner das Risikoanreizproblem zumindest teilweise mindern. Das Mindestkapital stellt eine gewisse Schwelle für die Erreichung der Haftungsbeschränkung dar. Durch die gesetzliche Vorgabe gilt dies auch für kleine und unfreiwillige Gläubiger, die eine Kapitalbeteiligung nicht aushandeln könnten. Hierbei kann es jedoch nicht darum gehen, opportunistische Gründungen exakt zu vermeiden, denn hierfür bedürfte es eines Mindestkapitals, welches an das jeweilige Risiko des Unternehmens gekoppelt wäre.[393] Vielmehr ist der hauptsächliche Effekt, eine Beteiligung der Eigner am Unternehmensrisiko überhaupt sicherzustellen. Gerade die Erfahrungen mit der UG (haftungsbeschränkt) zeigen, dass auch langfristig eine weitere Senkung des Mindestkapitals für alle haftungsbeschränkten Unternehmen nicht angestrebt werden sollte und die Entscheidung der Europäischen Kommission für die Beibehaltung des Nennkapitalsystems als begründet erscheint.

3.5.3 Eignung von Solvenztests zur Ausschüttungsregulierung

3.5.3.1 Würdigung der Grundkonzeption des Solvenztests

Trotz der oben vorgestellten Erkenntnisse steht weiterhin die Frage nach der Eignung des Solvenztests als Gläubigerschutzinstrument im Raum. Insbesondere ist offen, ob dieser nicht möglicherweise eine Inbezugnahme der IFRS für Ausschüttungsbemessungszwecke erlauben könnte. Bevor dies untersucht wird, wird im Folgenden das Konzept des Solvenztests einer gesonderten kritischen Analyse unterzogen. Hierdurch können bereits erste Stärken und Schwächen der Konzeption aufgezeigt werden.

Das auf der Prognose künftiger Zahlungen beruhende Modell des Solvenztests stellt sich auf den ersten Blick als **theoretisch ideales Konzept der Ausschüttungsprüfung** dar. Der Solvenztest

---

[392] Vgl. Niemeier (2009), S. 184 f.; kritisch zudem Hennrichs (2009c), S. 925.
Bei der UG (haftungsbeschränkt) werden diese Funktionen nur im Laufe der Zeit durch die erforderliche Rücklagendotierung erreicht (§ 5a Abs. 3 GmbHG). Gläubiger werden hier vor allem darauf verwiesen, dass sie die geringe Eigenbeteiligung anhand der Firmenbezeichnung erkennen. Ob hierdurch ein ausreichender Gläubigerschutz (vor allem im Hinblick auf Deliktsgläubiger) resultiert, erscheint fraglich. Zudem läuft der Schutz durch die erforderliche Rücklagenbildung bei Verlustprojekten gänzlich leer.

[393] Vgl. Böcking/Dutzi (2007), S. 437 f., die u. a. mit dieser Begründung das Argument in Frage stellen.

prüft die künftige Zahlungsfähigkeit, indem der Ausschüttungsentscheidung eine prospektive Cashflow-Prognose zugrunde gelegt wird.[394] Eine Ausschüttung ist unzulässig, wenn die Finanzplanung zeigt, dass im Anschluss in einem bestimmten Zeitraum keine ausreichenden liquiden Mittel mehr vorhanden sind, um die Zahlungsverpflichtungen zu erfüllen.[395] Es handelt sich um eine situative Ausschüttungssperre, d. h. um die Bewertung einer konkreten Ausschüttungsentscheidung in einer bestimmten wirtschaftlichen Situation.[396]

Eine solche Ausschüttungsentscheidung auf Basis einer Prognose der zu erwartenden Liquidität des Unternehmens entspricht in idealer Weise dem Interesse der Gläubiger, die verlangen, dass die Ausschüttung die künftige Erfüllung ihrer Ansprüche nicht beeinträchtigt.[397] Denn die Fähigkeit des Unternehmens, die Verbindlichkeiten zum jeweiligen Fälligkeitszeitpunkt begleichen zu können, hängt maßgeblich von der künftigen Entwicklung der Ein- und Auszahlungen ab.[398] Ein **Finanzplan** zeigt die künftigen Zahlungsströme, deren zeitliche Struktur und Unsicherheit vollständig auf und ist somit der rein vergangenheitsorientierten Ausschüttungsentscheidung mittels einer bilanziellen Gewinnermittlung überlegen.[399] Ein traditioneller Jahresabschluss kann dies nicht leisten, denn dieser enthält keine vollständige Erfassung der künftigen Zahlungspotenziale und zudem keine Angaben über deren zeitlichen Anfall.[400]

Auf **unvollkommenen Märkten** wirft die Umsetzung einer finanzplanbasierten Ausschüttungsrestriktion jedoch eine Vielzahl an Problemen auf. Durch die Unsicherheit der künftigen Entwicklung und die hiermit einhergehende Komplexität der Prognose degeneriert der Solvenztest von dem idealtheoretischen Konzept eines vollständigen Finanzplans zu einer kurzfristigen, pauschalierenden Liquiditätsprognose.[401] Diese birgt zudem aufgrund des Zukunftsbezugs erhebliche Ermessensspielräume. Zwar zeigen *Olivier/Wielenberg* im Rahmen eines formaltheoretischen Modells, dass ein Solvenztest bei entsprechender Ausgestaltung nicht zwingend zu einer stärkeren Gläubigergefährdung im Vergleich zu einer bilanziellen Ausschüttungsrestriktion führt; viel-

---

394 Vgl. zum Grundkonzept des Solvenztests Coenenberg (2007), S. 277; Brandt/Jödicke/Richard (2007), S. 358; Fuchs/Stibi (2007b), S. 19 f.; Rammert (2008), S. 430; Grottke (2009b), S. 353; vgl. zudem bereits die Erläuterungen zum US-amerikanischen Recht.

395 Vgl. Rickford (2006), S. 171; Pellens/Jödicke/Richard (2006), S. 100.

396 Vgl. Kuhner (2007), S. 61.

397 Vgl. Moxter (1966), S. 53 f.

398 Vgl. Moxter (1966), S. 56. Vgl. zur betriebswirtschaftlichen Notwendigkeit des Zukunftsbezugs der Ausschüttungsregulierung auch Schneider (1972), S. 188; ders. (1973), S. 39.

399 Vgl. Maul (1968), S. 537; Moxter (1966), S. 54; ders. (1978d), S. 321 f.; ders. (2003), S. 251. So auch Schreiber (1999), S. 881; Ballwieser (1996b), S. 16; Wüstemann/Bischof/Kierzek (2007b), S. 17.

400 Vgl. Moxter (1978d), S. 321 f.; ders. (1986), S. 16; ders. (2005b), S. 1008 ff. Vgl. zu den Grenzen der bilanziellen Gewinnermittlung zudem bereits Kap. 2.3.3.1.

401 Vgl. Wüstemann/Bischof/Kierzek (2007b), S. 17.

mehr könne dieser sogar restriktiver wirken. Das Modell klammert jedoch Ermessensspielräume aus.[402] Es sind jedoch gerade diese, die zu Bedenken gegenüber einem Solvenztest führen müssen. Die grundsätzlich nicht revidierbaren Konsequenzen einer Ausschüttung machen eine **objektivierte Ermittlung der Ausschüttungsrichtgröße** erforderlich; Entobjektivierungen sind im Rahmen der Ausschüttungsbemessung möglichst zu vermeiden, da diese zu Lasten der Gläubiger genutzt werden können.[403] Eine Nachprüfung des Tests durch die Gläubiger – sofern dies bei Prognosedaten möglich wäre – muss aber schon daran scheitern, dass eine Offenlegung des Solvenztests kaum vorgeschrieben werden kann, da ansonsten interne Planungsdaten offengelegt werden müssten.[404] Auch die Erfahrungen in den USA, wo ergänzend zum gesetzlichen Schutz durch einen Solvenztest umfangreiche Haftungsvorschriften greifen und Gläubiger sich auf einzelvertraglichem Wege schützen, zeigen den begrenzten Schutz durch einen zahlungsbasierten Solvenztest in der praktischen Umsetzung.[405]

Im Schrifttum wird argumentiert, dass der Solvenztest zu vorteilhafteren Investitionswirkungen führe. So könne der Solvenztest das Problem restriktionsinduzierter Überinvestitionen vermeiden, da dieser unternehmensspezifische Besonderheiten berücksichtige und so eine zu hohe Einbehaltung verhindere.[406] Diese Argumentation unterstellt jedoch, dass die Geschäftsleitung die künftigen Investitionsmöglichkeiten und Zahlungsströme genau prognostizieren kann und damit eine neoklassische Idealwelt. Die Solvenzprognose unterliegt tatsächlich Unsicherheiten, die zu Annahmen und Pauschalierungen führen, weshalb auch der Solvenztest nicht in der Lage ist, flexibel die jeweilige Unternehmenssituation zu berücksichtigen. Damit kann aber auch der Solvenztest – wie der Jahresabschluss – nur einen **groben Indikator** für den ausschüttbaren Betrag liefern und zu überhöhten und ineffizienten Einbehaltungen führen.[407]

Die Problematik der Umsetzung eines Solvenztests wird besonders deutlich, wenn man, wie folgt, dessen einzelne Komponenten detaillierter betrachtet.

---

[402] Vgl. Olivier/Wielenberg (2010), S. 50 f. Vgl. zudem jüngst die Ergebnisse einer Monte-Carlo-Simulation, wonach unter Vernachlässigung von Manipulationsspielräumen der Solvenztest effektiver wirke als das Nennkapitalsystem, vgl. Eckert (2010), S. 211 f.

[403] Vgl. Moxter (1989), S. 234 f.; ders. (1994), S. 99 ff.; ders. (2003), S. 16 f.; Beisse (1993), S. 83 f.; vgl. auch Franken (2001), S. 229, 232; Kuhner (2007), S. 55; Wüstemann/Kierzek (2007), S. 363 f.

[404] Es kann mithin nur die Veröffentlichung einer Solvenzerklärung gefordert werden, vgl. Pellens/Jödicke/Richard (2005), S. 1401; Böcking (2007b), S. 28.

[405] So auch Schildbach (2009e), S. 58; ders. (2007b), S. 135.

[406] Vgl. Böcking/Dutzi (2006), S. 13; dies. (2007), S. 439; ähnlich auch Jungmann (2006), S. 648, wonach durch den Solvenztest eine optimale Ressourcenallokation erzielt würde.

[407] Vgl. ähnlich Wüstemann/Bischof/Kierzek (2007b), S. 17; Haaker (2010b), S. 667.

3.5.3.2 Ausgewählte Probleme des Konzepts

3.5.3.2.1 Dilemma des angemessenen Prognosezeitraums

Schon die **adäquate Länge des Prognosezeitraums** ist fraglich, der aber bedeutende Auswirkungen auf die Solvenzbeurteilung hat. Die meisten Vorschläge, die eine Ausschüttungsbemessung auf Basis von Solvenztests empfehlen, beschränken sich auf eine kurzfristige Prognose von ein bis zwei Jahren.[408] Denn Cashflows, die später anfallen, können meist nicht mit hinreichender Zuverlässigkeit prognostiziert werden.[409] Bei einer derart kurzfristigen Betrachtung sind jedoch langfristige Gläubiger auf eine anderweitige Absicherung angewiesen.[410] Ein kurzer Planungszeitraum bietet darüber hinaus Spielraum für opportunistische Maßnahmen. Denn es besteht sodann ein Anreiz, Einzahlungen in den Planungszeitraum und Auszahlungen auf den Folgezeitraum zu verlagern, um das Ausschüttungspotenzial zu steigern. Dies kann sogar dazu führen, dass allein aufgrund des Vorteils der zeitlichen Verlagerung eine suboptimale Investitionsstrategie gewählt wird.[411] Derartige Probleme resultieren aus dem allgemeinen Anreiz einer Zahlungsrechnung, Auszahlungen in die Zukunft zu verschieben und Einzahlungen vorzuziehen.[412] Eine rein kurzfristige Betrachtung muss daher höchst unvollständig bleiben.

In Anlehnung an die Unternehmensbewertung sehen andere Vorschläge zur Ausgestaltung eines Solvenztests zwei Prognosephasen vor. Für die erste (ca. 12-24 Monate) ist ein detaillierter Finanzplan und für die zweite Phase eine grobe Kapitalbedarfsplanung zu erstellen.[413] Zusätzlich zur ausreichenden Liquidität im Detailplanungszeitraum dürfen aus der langfristigen Kapitalbedarfsplanung keine Existenz gefährdenden Risiken erkennbar sein.[414] Ein Grobplanungszeitraum, der die bedeutendsten Verpflichtungen beinhaltet, müsste aber von beträchtlicher, meist unrealistischer Dauer sein, da z. B. Pensionsverpflichtungen Laufzeiten von ca. 30 Jahren haben können.[415] Je länger der Zeitraum, umso größere Unsicherheiten ergeben sich.[416] Mit zunehmender

---

408 Vgl. im Einzelnen zu den Vorschlägen verschiedener Expertengruppen bereits Kap. 3.3.1.2.

409 Vgl. Engert (2006b), S. 320 f.; Arnold (2007), S. 123; Knof (2007), S. 1582 f.

410 Vgl. Rammert (2008), S. 441; Schildbach (2009e), S. 59.

411 Bspw. könnte das Management die Qualität der Produkte verringern, womit die kurzfristigen Ausgaben gesenkt werden. Das hiermit einhergehende höhere Haftungs- und Reputationsrisiko wird im kurzfristigen Solvenztest nicht beachtet. Des Weiteren wäre die Verwendung von günstigeren, aber umweltschädlichen Produktionsverfahren denkbar, da die Umweltlasten erst spät anfallen. Eine andere Strategie wäre, Barvergütungen durch die Gewährung von Pensionsansprüchen zu ersetzen, vgl. Rammert (2008), S. 441 f.; Grottke (2009b), S. 355.

412 Dagegen wird dieser Anreiz durch eine bilanzielle Gewinnermittlung gemindert, vgl. Hettich (2006), S. 78.

413 So vor allem die Vorschläge aus der Literatur, vgl. Pellens/Jödicke/Richard (2006), S. 113 f.; Pellens/Sellhorn (2006), S. 481 f.; Brandt/Jödicke/Richard (2007), S. 358; Marx (2006a), S. 190 ff.; Coenenberg (2007), S. 278.

414 Vgl. Pellens/Sellhorn (2006), S. 482; Pellens/Jödicke/Richard (2006), S. 114.

415 Das gleiche Problem hätte auch der Vorschlag, die Prognose auf den Zeitraum der längsten Verbindlichkeit zu erstrecken, vgl. hierzu Kuhner/Sabiwalsky (2006), S. 513. Dies könnte im Einzelfall eine Prognose über die gesamte Lebensdauer des Unternehmens erfordern, vgl. Knof (2007), S. 1582.

Dauer wird zudem der Zusammenhang zwischen Ausschüttung und Insolvenz immer unklarer.[417] Es wäre ex post kaum nachprüfbar, ob eine Jahre später eintretende Insolvenz tatsächlich auf der Ausschüttung beruhte.[418] Eine Durchsetzung von Ansprüchen wäre auf dieser Basis für langfristige Gläubiger wenig aussichtsreich. Zudem ist der mit derartigen Prognosen verbundene Arbeitsaufwand zu kritisieren.[419]

Damit ist es kaum möglich, einen angemessenen Prognosezeitraum festzulegen. So macht auch das US-amerikanische Recht hierzu keine Vorgabe.[420] Da langfristige Verbindlichkeiten nicht vernachlässigt werden können und der Solvenztest aufgrund der Unsicherheit der Prognose nur einen kurzen Zeitraum erfassen kann, ist eine Ergänzung des Solvenz- um einen Bilanztest unverzichtbar.[421] Die meisten Rechtsordnungen, die einen Solvenztest vorsehen, fordern darum auch einen Bilanztest, der zumindest ein positives Reinvermögen nach der Ausschüttung sicherstellt.[422] Die Berechnung zur Sicherung eines zumindest nicht negativen Eigenkapitals wird mithin durch einen Solvenztest nicht eingespart.[423] Dies zeigt, dass der Solvenztest ohnehin nur ein ergänzendes Gläubigerschutzinstrument darstellen kann.

3.5.3.2.2 Problematik der einzubeziehenden Zahlungen sowie der adäquaten Komplexitätsreduktion

Große Ermessensspielräume sind wohl auch bei der **Entscheidung über die einzubeziehenden Zahlungen** nicht zu vermeiden. Weitgehend unstrittig dürfte sein, dass nicht nur Zahlungsströme aus der laufenden Geschäftstätigkeit, sondern auch solche aus Investitions- und Finanzierungstätigkeiten in einen Solvenztest einbezogen werden müssen,[424] da dieser ansonsten nur einen Ausschnitt der künftigen Liquidität wiedergeben würde. Viele dieser Größen unterliegen jedoch einer erheblichen Unsicherheit. Beispielhaft sei nur die Frage der Behandlung von geplanten

416 So kam auch die Machbarkeitsstudie von KPMG nach den Gesprächen mit Unternehmensvertretern zu dem Schluss, dass eine Prognose höchstens für drei bis fünf Jahre möglich ist und schon hierbei Pauschalisierungen vorgenommen werden müssen, vgl. KPMG (2008), S. 407, 409.

417 Vgl. Kuhner/Sabiwalsky (2006), S. 513; Pellens/Crasselt/Sellhorn (2007), S. 272.

418 Deshalb beschränkt sich auch die US-amerikanische Rechtsprechung hinsichtlich der Prüfung des Solvenztests auf sehr kurze Zeiträume, meist etwa ein Jahr, vgl. Kuhner (2007), S. 65; Kuhner/Sabiwalsky (2006), S. 513 m. w. N. zur Rechtsprechung.

419 A. A. Pellens/Sellhorn (2006), S. 482; Jödicke/Richard (2006), S. 9, die der Ansicht sind, dass Finanzpläne ohnehin jede Kapitalgesellschaft erstellen würde. Hinsichtlich derart langer Zeiträume trifft dies aber kaum zu. Der Solvenztest müsste zudem prüfungs- und gerichtsfest ausgestaltet sein und unterliegt damit höheren Anforderungen als unternehmensinterne Finanzpläne, vgl. Schildbach (2007a), S. 93; Eckert (2010), S. 80.

420 Vgl. Kap. 3.4.2.

421 Vgl. Böcking/Dutzi (2007), S. 439; Naumann (2007), S. 431 f.; Schön (2006a), S. 193; Schüppen (2008), S. 32. A. A. aber Pellens/Jödicke/Richard (2005), S. 1400; dies. (2006), S. 114.

422 Vgl. auch Kap. 3.4.2 zum US-amerikanischen Recht.

423 Vgl. Schildbach (2009e), S. 59.

424 Vgl. hierzu Pellens/Jödicke/Richard (2006), S. 113; Knof (2007), S. 1583 f.; Kuhner (2007), S. 63 f.; Hennrichs (2008e), S. 47.

Kapitalerhöhungen, Erweiterungsinvestitionen oder auch voraussichtlichen Kreditaufnahmen und -verlängerungen genannt.[425] Bezieht man die geplanten Ein- und Auszahlungen mit ein, wird der künftige Zahlungsstrom zu einer nahezu völlig entobjektivierten Größe. Vernachlässigt man diese aber, indem z. B. nur vertraglich festgelegte Zahlungen berücksichtigt werden, bleiben erhebliche Liquiditätszu- und abflüsse unberücksichtigt.[426]

Zur Linderung der Problematik könnten pauschale Zu- oder Abschläge als Sicherheitspuffer vorgeschrieben werden. Hierdurch würde der Test jedoch wiederum wenig treffgenau; pauschale Sicherheitsmargen wären nicht auf das Risiko eines Unternehmens zugeschnitten.[427] Zudem würde sich wiederum die Problematik ergeben, dass die Höhe entsprechender genereller Puffer ökonomisch nicht begründet werden könnte. Im Schrifttum findet sich daneben der Vorschlag, Wahrscheinlichkeitsschwellen, ab denen Zahlungen zu berücksichtigen sind, vorzugeben.[428] Zusätzlich zu der Problematik der Bestimmung einer solchen Schwelle ergäbe sich hier aber noch das Problem, dass den Zahlungen entsprechende Wahrscheinlichkeiten zumeist nur subjektiv zugeordnet werden können, was das Ermessen nicht verringern dürfte.[429] Aufgrund der immensen Unsicherheit wird schließlich angeregt, in Anlehnung an das Imparitätsprinzip strengere Kriterien für die Berücksichtigung künftiger Einzahlungen im Vergleich zu den Auszahlungen heranzuziehen.[430] Dies dürfte aber kaum ausreichen, um die Ermessensspielräume einzuschränken.

Des Weiteren stellt sich die Frage, wie die **Berücksichtigung der Unsicherheit** im Rahmen der Prognose erfolgen sollte. „Unsicherheit impliziert eine mehrwertige Finanzplanung, die auf einwertige Größen zu verdichten ist“[431]. Die Unsicherheit kann nicht einfach durch eine Prognose künftiger Entwicklungen und eine anschließende Erwartungswertbildung berücksichtigt werden. Der Erwartungswert kann schließlich gänzlich unterschiedliche Wahrscheinlichkeitsverteilungen repräsentieren.[432] Eine Ausschüttung bis zur Höhe des Erwartungswerts der Zahlungen könnte bei

---

425 Vgl. Rammert (2008), S. 447; Grottke (2009b), S. 354 f.

426 Es ist daher bspw. wenig zielführend, vorzugeben, dass die Cashflow-Prognose vollständig sein muss, so Lienau (2008), S. 85. Denn was "vollständig" heißt, muss offen bleiben. Auch eine Orientierung an IAS 7, der die Struktur von Kapitalflussrechnungen im Rahmen der IFRS regelt, wie sie teilweise vorgeschlagen wird (vgl. Pellens/Jödicke/Richard (2005), S. 1400; Lienau (2008), S. 85), ändert an der Problematik wenig. Denn dieser macht aufgrund seines Vergangenheitsbezugs zur Problematik geplanter Zahlungen naturgemäß keine Aussage.

427 Vgl. Engert (2006b), S. 328.

428 Vgl. Fuchs/Stibi (2007b), S. 21; Coenenberg (2007), S. 278.

429 In diesem Zusammenhang wird angeregt, auf die aus den IFRS bekannte Schwelle von 50 % (vgl. hierzu Kap. 3.5.4.1) abzustellen, vgl. Coenenberg (2007), S. 278. Im Rahmen der Ausschüttungsentscheidung erscheint es jedoch kaum akzeptabel, künftige Auszahlungen erst bei einer 50 %-igen Wahrscheinlichkeit zu berücksichtigen.

430 Vgl. Fuchs/Stibi (2007b), S. 21 f.; Krapf/Schürmann (2008), S. 178; Hennrichs (2008e), S. 47.

431 Haaker (2010b), S. 667.

432 Vgl. daher ablehnend hinsichtlich derartiger Vereinfachungen Pellens/Crasselt/Sellhorn (2007), S. 273 f.

Eintritt der weniger vorteilhaften Umweltzustände zur Insolvenz führen. Auch ein Rückgriff auf den wahrscheinlichsten Wert der künftig anfallenden Zahlungsströme wäre problematisch, da eine Identifikation dieses Betrags eine ermessensbehaftete Abgrenzung des gewöhnlichen, wahrscheinlichen Geschäftsverlaufs erfordert und zudem mögliche andere Wertausprägungen systematisch vernachlässigt werden.[433]

Eine ökonomisch fundierte Lösung wäre, die verschiedenen Umweltzustände und Wahrscheinlichkeiten durch eine Szenario- und anschließende Sensitivitätsanalyse zu berücksichtigen.[434] Doch auch diese Methodik birgt Probleme, denn sie unterliegt ebenfalls erheblichen subjektiven Einschätzungen, z. B. bei Ermittlung der relevanten Einflussfaktoren, der Zuordnung von Wahrscheinlichkeiten zu einzelnen Umweltzuständen oder der Verdichtung der Szenarien.[435] Vor allem aber bringen diese Verfahren einen beträchtlichen Arbeitsaufwand mit sich. Erst recht gilt dies für aufwendigere Modelle, wie die Monte-Carlo-Simulation.[436] Für die jährlich durchzuführende Ausschüttungsentscheidung sind diese Methoden eindeutig als überdimensioniert anzusehen.

Noch nicht berücksichtigt ist schließlich die Frage, wie hoch die **Insolvenzwahrscheinlichkeit** maximal sein darf, um eine Ausschüttung zu erlauben. Die Festlegung einer solchen Grenze ist notwendig, da prinzipiell jede Ausschüttung als Abfluss von Zahlungsmitteln das Insolvenzrisiko erhöht.[437] In der Literatur wird eine Orientierung an dem insolvenzrechtlichen Kriterium zur drohenden Zahlungsunfähigkeit vorgeschlagen, wonach die Summe der Wahrscheinlichkeiten der Szenarien, nach denen Zahlungsunfähigkeit zu erwarten ist, den Wert 50 % nicht übersteigen darf.[438] Dies wäre aber mit beträchtlichen Risiken für die Gläubiger verbunden.[439] Setzt man das Wahrscheinlichkeitsniveau für eine Solvenz aber zu hoch an, bestünde wiederum die Gefahr des ineffizienten Einbehalts liquider Mittel.

Insgesamt gelingt es nicht, allgemeingültige, zumindest ansatzweise objektivierende Kriterien für die Durchführung eines Solvenztests zu finden. Die mangelnde Objektivierbarkeit des

---

433 Vgl. Rammert (2008), S. 445 f.; Grottke (2009b), S. 356.
434 Vgl. Pellens/Crasselt/Sellhorn (2007), S. 274 ff.; Knof (2007), S. 1581 f.; Olivier/Wielenberg (2010), S. 51.
435 Vgl. Lienau (2008), S. 86; Grottke (2009b), S. 357. Vgl. zu den Spielräumen einer Szenarioanalyse im Einzelnen zudem Drukarczyk (2007), Rz. 36 ff. zu § 18 InsO.
436 Vgl. diese Methodik erwägend Pellens/Crasselt/Sellhorn (2007), S. 276 ff.
437 Würde man verlangen, dass die Solvenz nach der Ausschüttung sicher ist, wären faktisch keine Ausschüttungen mehr möglich, vgl. Pellens/Crasselt/Sellhorn (2007), S. 270.
438 Vgl. Lienau (2008), S. 86 sowie hierzu im Einzelnen Drukarczyk (2007), Rz. 32 ff. zu § 18 InsO.
439 Erst wenn das Unternehmen mit einer Wahrscheinlichkeit von mehr als 50 % insolvent würde, würden Ausschüttungen unterbunden. Vgl. Pellens/Crasselt/Sellhorn (2007), S. 274, die schon eine Insolvenzwahrscheinlichkeit von 10 % im Folgejahr als zu hoch erachten.

Solvenztests zeigt sich auch darin, dass das US-amerikanische Recht keine Vorgaben hinsichtlich der Ausgestaltung macht und bei regulärem Geschäftsverlauf nicht einmal eine Prüfung der künftigen Liquidität verlangt.[440] Auch die im Schrifttum vorgeschlagenen Modelle enthalten dem folgend kaum Angaben zur genauen Ausgestaltung der Solvenzprüfung. Ein Solvenztest kann sodann aber aufgrund der mangelnden Objektivierbarkeit als Instrument zur Begründung von Rechtsfolgen als nur wenig geeignet angesehen werden.[441]

3.5.3.3 Haftungsvorschriften als Mittel zur Eindämmung des moral hazard?

Die großen Spielräume des Solvenztests machen es notwendig, diesen an ein **effektives Sanktionssystem**, mithin entsprechende Haftungs- und Anfechtungsnormen, zu koppeln.[442] Auch in den USA ist die persönliche Haftung des Managements für unsachgemäße Ausschüttungsentscheidungen und ggf. auch der Aktionäre wichtiger Bestandteil des Gläubigerschutzsystems. Eventuell könnten durch eine effektive gerichtliche Kontrolle die Fehlanreize bei Durchführung des Tests vermieden werden, wenn das Management gerichtliche Sanktionen antizipiert und den Solvenztest sachgerecht gestaltet, um eine Haftung zu vermeiden.

Prognosen sind aber gerichtlich nur in sehr begrenztem Maße überprüfbar. Management und Eigner können nicht für Entwicklungen haftbar gemacht werden, die nach dem Ausschüttungszeitpunkt eintraten.[443] Deshalb kann gerichtlich nur beurteilt werden, ob das Management den Test mit der notwendigen Sorgfalt durchgeführt und alle maßgeblichen Tatsachen berücksichtigt hat.[444] Damit unterliegt das Gericht den gleichen Unsicherheiten und kann ebenfalls keine allgemeingültigen, justiziablen Kriterien ableiten und zugrunde legen.[445] Eine gerichtliche Überprüfung, die oft Jahre später erfolgt, ist folglich mit erheblichen Schwierigkeiten behaftet. Sowohl für die Gläubiger als auch für die Geschäftsleiter und Eigner ergibt sich aus dieser Problematik eine beträchtliche Rechtsunsicherheit.[446] Die schwierige gerichtliche Nachprüfung des Solvenz-

---

[440] Vgl. Kap. 3.4.2.

[441] Auch eine Prüfungspflicht für die Solvenzerklärung, wie verschiedentlich diskutiert, würde die Glaubwürdigkeit nicht wesentlich erhöhen. Eine Prüfung des Solvenztests ist nur sehr begrenzt möglich. Der Abschlussprüfer kann nur eine Plausibilisierung der Annahmen und der Methodik vornehmen. Er kann die Richtigkeit der Prognose nicht bestätigen, vgl. Naumann (2007), S. 440; Schruff/Stibi (2007), S. 1171 sowie Fn. 86.

[442] Vgl. zu dieser Forderung Jungmann (2006), S. 667; Böcking/Dutzi (2006), S. 14; Coenenberg (2007), S. 278; Richard (2007), S. 212; Wüstemann/Bischof/Kierzek (2007b), S. 18.

[443] Vgl. Coenenberg (2007), S. 278; Arnold (2007), S. 121; Wüstemann/Bischof/Kierzek (2007b), S. 18.

[444] Zu prüfen ist, ob die später eingetretenen Umstände, die zur Insolvenz führten, bei gewissenhafter Prüfung schon bei der Ausschüttung zu erkennen gewesen wären, vgl. Jungmann (2006), S. 667.

[445] Vgl. Wüstemann/Bischof/Kierzek (2007b), S. 18.

[446] Vgl. Arnold (2007), S. 121.

tests zeigt auch, dass die Gerichte im US-amerikanischen Raum tatsächlich nur selten eine Haftung allein aufgrund des equity insolvency test bejahen.[447]

Wird hingegen das Sanktionssystem zu streng ausgestaltet, werden die Manager dies antizipieren und die Ausschüttungsentscheidung vorsichtig treffen, womit eventuell sinnvolle Ausschüttungen unterbleiben.[448] Durch die gerichtliche Kontrolle kann es zu Allokationsverzerrungen kommen, wenn das Management abhängig von den vergangenen Gerichtsurteilen agiert und die Ausschüttungsentscheidung weniger an den Erwartungen, sondern eher pessimistisch an der Möglichkeit der späteren Rechtfertigung vor Gericht ausrichtet. Soll die Haftung mit einiger Sicherheit vermieden werden können, ist deshalb ein gewisser Beurteilungsspielraum zu gewähren.[449] Andererseits sollte aber auch eine verstärkte Durchgriffshaftung auf die Eigner nur in Einzelfällen in Frage kommen, da eine solche deren Investitionsbereitschaft und die Funktion der Kapitalgesellschaft als Kapitalsammelbecken beeinträchtigen kann.[450] Insgesamt dürfte eine gerichtliche Kontrolle ex post stets nur in gewissen Grenzen möglich sein, womit ein nicht unerheblicher Ermessensspielraum verbleiben muss.

Der Solvenztest ist zusammenfassend das theoretisch überlegene Konzept, jedoch in seiner praktischen Ausgestaltung mit erheblichen Problemen behaftet. Nach einer Rundschau der dargestellten Argumente ist dieser **als Gläubigerschutzinstrument kritisch zu sehen**. Bei Rechenschaftsinstrumenten, die der Reduktion von Agency-Problemen dienen, wie es Ausschüttungsrestriktionen darstellen, können nicht-objektivierbare Planungsrechnungen als wenig zweckdienlich und als einer bilanziellen Bemessung unterlegen angesehen werden.[451] Möglicherweise könnte der Solvenztest jedoch im Verbund mit einer IFRS-Bilanz diese Probleme überwinden. Dies ist Gegenstand von Kap. 3.5.4.2.1. Zuvor sollen jedoch die maßgeblichen Schwächen der IFRS in Bezug auf die Ausschüttungsbemessung herausgearbeitet werden.

---

[447] I. d. R. kommt eine Haftung nur in schwerwiegenden Fällen in Frage, d. h. wenn bereits vor der Ausschüttung finanzielle Schwierigkeiten vorlagen oder ein klarer Zusammenhang zwischen Ausschüttung und Insolvenz besteht, vgl. Kuhner/Sabiwalsky (2006), S. 511; Booth (2006), S. 736 f.; Veil (2006), S. 101, 108 m. w. N. zur Rechtsprechung.

[448] Vgl. Jungmann (2006), S. 667, 670; Grottke (2009b), S. 359; Mock (2008), S. 339.

[449] Vgl. Engert (2006b), S. 320; Jungmann (2006), S. 667; Grottke (2009b), S. 359.

[450] Vgl. bereits Kap. 3.5.1.2.2.2 sowie Watrin (2001a), S. 232 f.; Watrin/Scholz (2008), S. 350.

[451] Vgl. Baetge/Brüggemann/Melcher (2008). S. 264.
Scholz kommt in einem Laborexperiment zu dem Schluss, dass der Solvenztest nicht zu einer Verbesserung des Gläubigerschutzniveaus beiträgt, vgl. Scholz (2008), insb. S. 213; Watrin/Scholz (2008), S. 358. *Sabiwalsky* stellt modelltheoretisch fest, dass der Solvenztest bei einem LBO ein geringeres Gläubigerschutzniveau im Vergleich zur bilanziellen Kapitalerhaltung bietet, vgl. Sabiwalsky (2008), S. 561 f.

3.5.4 Adäquanz der IFRS für Zwecke des Gläubigerschutzes

3.5.4.1 Zweckadäquanz einzelner Ansatz- und Bewertungsvorschriften

Grundsätzlich sind die Regelungen zur bilanziellen Kapitalerhaltung unabhängig von dem zugrunde liegenden Rechnungslegungssystem anwendbar. Die IFRS sind aber nicht auf eine solche Funktion ausgerichtet, sondern dienen allein dem Zweck der Vermittlung entscheidungsnützlicher Informationen (F.OB2). Die Bemessung von Gewinnansprüchen ist diesen hingegen als Zielsetzung völlig fremd.[452] Im Folgenden wird untersucht, ob die IFRS dennoch für diese Aufgabe herangezogen werden könnten. Schließlich könnte hierdurch der Rechnungslegungsaufwand zumindest für kapitalmarktorientierte Unternehmen wohl beträchtlich reduziert werden.

Es wurde deutlich, dass grundsätzlich eine Annäherung des ausschüttungsfähigen Gewinns an den Zahlungsüberschuss aus dem Leistungsprozess angestrebt und ein Ausweis unrealisierter Gewinne vermieden werden sollte. Die Zweckmäßigkeit eines Bilanzierungssystems für Zwecke der Ausschüttungsbemessung hängt daher maßgeblich von der zugrunde liegenden Konzeption der Ertragsrealisierung ab.[453] Zu kritisieren ist vor diesem Hintergrund die Gewinnrealisierung nach Leistungsfortschritt mittels der **percentage of completion-Methode** (IAS 11.22 ff.), welche die Gefahr fremd- und liquidationsfinanzierter Ausschüttungen deutlich erhöhen würde. Gerade bei langfristiger Auftragsfertigung besteht aber ein beträchtliches Risiko, dass die vereinnahmten Erträge später nicht zu Einzahlungen führen.[454] Zudem wäre durch die mit der percentage of completion-Methode einhergehenden Ermessensspielräume[455] die Ausschüttung erheblich vom Ermessen des Managements abhängig.[456] Die Gewinnrealisierung nach Leistungsfortschritt müsste folglich für Zwecke der Ausschüttungsbemessung m. E. zwingend korrigiert werden. Die Problematik wird jedoch an Bedeutung verlieren, da im Rahmen der geplanten Neukonzeption der Ertragsrealisierung vorgesehen ist, diese abzuschaffen.[457]

Insbesondere die mit der hohen Bedeutung der **fair value-Bewertung** einhergehende Gefahr fremd- und liquidationsfinanzierter Ausschüttungen lässt die IFRS für Zwecke der Ausschüt-

---

452 Vgl. Cairns (2003), S. 81; vgl. auch Heuser/Theile (2009), Rz. 11-14.
453 Vgl. Kahle (2002c), S. 159 f.
454 Neben Preis-, Mengen- und Wechselkursrisiken können insbesondere bei Terminüberschreitung oder Nichterfüllung der geforderten Eigenschaften erhebliche Kosten auf das Unternehmen zukommen, die den ausgewiesenen Ertrag aufzehren können, vgl. ausführlich hierzu Leffson (1987), S. 284 ff. sowie etwa Kahle (2001), S. 1202; Krawitz (1997), S. 889, 891; Moxter (2004a), S. 278; Wüstemann/Wüstemann (2009), S. 40.
455 Vgl. im Einzelnen Kap. 2.3.5.
456 Vgl. Moxter (2004a), S. 278 f.; Franken (2001), S. 235 f.; Merschmeyer (2005), S. 248.
457 Vgl. hierzu bereits Kap. 2.3.5.

tungsbemessung als wenig geeignet erscheinen.[458] Eine erfolgsneutrale fair value-Bewertung – wie bei der Folgebewertung von Sachanlagen und immateriellen Vermögenswerten (IAS 16.39, 38.85) – ist hierbei noch unkritisch, sofern für die gebildete Neubewertungsrücklage eine Verwendungsbeschränkung geschaffen wird. Problematisch für Zwecke der Ausschüttungsbemessung ist vielmehr die erfolgswirksame Zeitbewertung, die – wie bereits gezeigt – insbesondere bei Finanzinstrumenten, biologischen Vermögenswerten sowie als Finanzinvestitionen gehaltenen Immobilien Bedeutung erlangt.[459] Im letztgenannten Fall verschärft sich die Problematik der Erfassung unrealisierter Gewinne noch, da aufgrund der Einmaligkeit von Immobilien im Rahmen der Wertermittlung i. d. R. keine Marktwerte herangezogen werden können und die ersatzweise zur Anwendung kommenden Bewertungsverfahren erhebliche Objektivierungsdefizite aufweisen,[460] welche für Zwecke der Ausschüttungsbemessung kaum akzeptabel sind.[461]

Die **fair value-Bewertung bei Finanzinstrumenten** kann zwar tendenziell als weniger problematisch eingestuft werden, da hier weitaus häufiger ein Marktpreis ermittelbar ist und sich Finanzinstrumente vergleichsweise einfach in Zahlungsmittel umwandeln lassen. In diesem Fall liegt oftmals ein aktiver Markt vor, auf dem die Wertänderung jederzeit realisierbar ist.[462] Allerdings ist selbst bei Preisen auf aktiven Märkten kritisch zu hinterfragen, ob diese einen zuverlässigen Ausschüttungsindikator darstellen, da auch diese z. B. durch Blasen verzerrt sein können.[463] Realisierbarkeit und tatsächliche Realisierung sollten m. E. für Zwecke der Ausschüttungsbemessung nicht gleichgesetzt werden.[464] Denn gelangen diese Buchgewinne zur Ausschüttung, tragen die Gläubiger das Risiko der nachträglichen Entwertung. Ist schließlich der fair value durch Bewertungsverfahren zu ermitteln, könnten wiederum höchst unsichere, entobjektivierte Werte zur Ausschüttung gelangen. Zusammenfassend ist zu schließen, dass die „Gewinnrealisierung vor dem Zeitpunkt der Lieferung oder Leistung […] die Zweckmäßigkeit dieser Standards für die Ausschüttungsbemessung erheblich [mindert].“[465]

---

[458] Vgl. statt vieler Hennrichs (2006), S. 518; ders. (2008a), S. 422; Rammert (2004), S. 587; Arnold (2005), S. 155; Kahle (2002c), S. 164; ders. (2003b), S. 269; Streim/Esser (2003c), S. 784; Kußmaul/Tcherveniachki (2005), S. 619; Kußmaul (2006), S. 322; Mock (2008), S. 237 ff.

[459] Vgl. zum Anwendungsbereich der fair value-Bewertung im Einzelnen Kap. 2.3.3.3.2.1.

[460] Vgl. Kap. 2.3.3.3.2.2.

[461] Vgl. Merschmeyer (2005), S. 232 ff.; Mock (2008), S. 245 f.

[462] Vgl. Böcking/Torabian (2008), S. 267; Böcking/Dreisbach/Gros (2008), S. 211. Daher hält *Hennrichs* eine fair value-Bewertung für Ausschüttungszwecke im Falle von börsengängigen Wertpapieren für vertretbar oder zumindest überlegenswert, vgl. Hennrichs (2004), S. 135; ders. (2008b), S. 374; ähnlich, jedoch im Ergebnis ablehnend zudem Schulze-Osterloh (2004b), S. 1136; ders. (2008b), S. 421 f.

[463] Vgl. im Einzelnen Kap. 2.3.3.3.2.1.

[464] Vgl. gl. A. Jessen/Haaker (2009), S. 501, 505; Haaker (2010a), S. 1068 ff.; vgl. zudem Kahle/Günter (2008), S. 90 f.

[465] Kahle (2002c), S. 162.

Für Zwecke der Ausschüttungsbemessung sollte des Weiteren eine Aktivierung erst bei hinreichender Konkretisierung künftiger Einzahlungen erlaubt sein.[466] Eine Aktivierung selbst erstellter immaterieller Vermögenswerte ist für Ausschüttungszwecke aufgrund der Unsicherheit ihrer Existenz und Werthaltigkeit abzulehnen. Zwar wird durch die Aktivierung das Problem liquidationsfinanzierter Ausschüttungen vermindert. Im Gegenzug haben die Eigner aber sodann den Anreiz, durch eine weite Definition immaterieller Vermögenswerte die Ausschüttungsrestriktion zu umgehen. Bringt das Projekt nicht den erwarteten Erfolg, reduziert die Ausschüttung die Haftungsmasse.[467] Der **Ansatz von Entwicklungskosten** bei Erfüllung bestimmter Kriterien (IAS 38.57) wird daher neben der Bewertung zum fair value als die mit dem Zweck der Ausschüttungsbemessung am wenigsten kompatible Regelung der IFRS angesehen.[468] Denn nicht zuletzt würden die Spielräume, die mit der Abgrenzung der Forschungs- von der Entwicklungsphase oder der Auslegung der Kriterien des IAS 38.57 einhergehen,[469] die Ausschüttungsentscheidung quasi in das Ermessen des Managements stellen.[470]

Diese Bedenken betreffen mit ähnlichen Unsicherheiten behaftete Positionen analog. Aufgrund der erheblichen Unsicherheit des Steueranspruchs ist daher auch die Erfassung **aktiver latenter Steuern** für Zwecke der Ausschüttungsbemessung als ungeeignet anzusehen. Die nach IFRS hierfür vorgesehene Aktivierungspflicht (IAS 12.24), die grundsätzlich auch aktive latente Steuern aufgrund von Verlustvorträgen umfasst (IAS 12.34 ff.), wäre analog zum geltenden Recht für Ausschüttungszwecke zu korrigieren.[471]

Problematisch kann des Weiteren der Wertminderungstest nach IAS 36 gesehen werden. Denn durch die hierbei gewährten vielfältigen Ermessensspielräume, wie etwa bei der Abgrenzung von CGUs, besteht die Gefahr, dass der Bilanzierende eine Ausschüttungsrestriktion unterläuft.[472] Insbesondere der im Falle der außerplanmäßigen Abschreibung des Geschäfts- oder Firmenwerts zur Anwendung kommende **impairment only approach** (IFRS 3.55) ist für Ausschüttungsbemessungszwecke wenig geeignet. Dieser kann eine Vermischung von derivativem und origi-

---

[466] Vgl. Franken (2001), S. 225; Kahle (2002c), S. 162.
[467] Vgl. Merschmeyer (2005), S. 179, 191; von der Laage/Reusch (2009), S. 247.
[468] Vgl. Arbeitskreis Bilanzrecht der Hochschullehrer Rechtswissenschaft (2002), S. 2374; Euler (2002), S. 877; Merschmeyer (2005), S. 189 ff.; Kahle (2003b), S. 269; Kahle/Dahlke (2007), S. 313; Kleindiek (2003), S. 129; ders. (2006), S. 104; von der Laage/Reusch (2009), S. 247; Hennrichs (2005a), S. 258; ders. (2008a), S. 422.
[469] Vgl. Kap. 2.3.5.
[470] Vgl. Euler (2002), S. 876; Kahle (2003b), S. 268; Kleindiek (2003), S. 129.
[471] Vgl. Merschmeyer (2005), S. 264 ff.; Mock (2008), S. 243; Hennrichs (2008b), S. 374. Vgl. zudem bereits Kap. 3.5.2.1.1 zur Problematik latenter Steuern in Bezug auf die Ausschüttungsbemessungsfunktion.
[472] Vgl. Rammert (2004), S. 588.

närem Geschäfts- oder Firmenwert zur Folge haben, was gerade für Zwecke der Ausschüttungsbemessung als schwerlich akzeptabel angesehen werden kann.[473] Bei Inbezugnahme der IFRS für diese Funktion wäre daher zumindest eine Nebenrechnung zur Berücksichtigung planmäßiger Abschreibungen auf den Geschäfts- oder Firmenwert zu fordern.[474]

Passivierungsregelungen können grundsätzlich für die Ausschüttungsbemessung als zweckmäßig angesehen werden, wenn sie zu einem vollständigen Ausweis der sicheren und unsicheren Schulden führen. Nur dann sind liquide Mittel in dieser Höhe vor einer Ausschüttung geschützt.[475] Kritisiert werden kann daher, dass die IFRS eine tendenziell späte Rückstellungsbildung vorsehen. Diese fordern für die Bildung einer Rückstellung, dass mehr für eine Verpflichtung und die Wahrscheinlichkeit eines Mittelabflusses als dagegen spricht (IAS 37.15 und 37.23). Hieraus wird nach h. M. eine vergleichsweise hohe Mindestwahrscheinlichkeit von 50 % abgeleitet.[476] Durch die Annäherung des HGB an die Rückstellungskonzeption der IFRS im Zuge des BilMoG würden sich jedoch nur noch wenige anderweitige Problempunkte bei Anwendung der IFRS für Zwecke der Ausschüttungsbemessung ergeben. Die IFRS sehen zwar keine Aufwandsrückstellungen vor (IAS 37.20).[477] Allerdings ist der Beitrag von Aufwandsrückstellungen zum Gläubigerschutz fraglich[478] und durch deren weitgehende Abschaffung im Zuge des BilMoG ergäbe sich bei Anwendung der IFRS zumindest kaum eine Verschlechterung gegenüber der geltenden Rechtslage. Hinsichtlich der Bewertung der Passiva ist zwar wiederum die generelle Abzinsung von Rückstellungen (IAS 37.45) als für Ausschüttungszwecke problematisch zu sehen. Die Erträge aus der Abzinsung könnten ausgeschüttet werden und die zur Verfügung stehenden Mittel nicht mehr zur Begleichung der Verpflichtung ausreichen.[479] Allerdings ergibt sich dieselbe Problematik, nur unter Heranziehung anderer Zinssätze, mittlerweile auch im Handelsbilanz-

---

473 Vgl. Hennrichs (2008a), 422; Haaker (2009b), S. 212.

474 Vgl. Haaker (2009b), S. 212; ders. (2010a), S. 1084.

475 Vgl. Franken (2001), S. 227 f.; Kahle (2003b), S. 269.

476 Vgl. statt vieler Heuser/Theile (2009), Rz. 2320 f.; Zülch/Hendler (2009), S. 345; eine starre Prozentgrenze ablehnend aber Hachmeister/Zeyer (2008), Rz. 140 f. zu IAS 37. Zieht man im Vergleich das HGB heran, ist dieses eindeutig restriktiver. So weist *Moxter* darauf hin, dass der BFH die von ihm angewandte ähnliche Formel, wonach mehr Gründe für als gegen den Eintritt einer Verpflichtung sprechen müssen (vgl. z. B. BFH v. 01.08.1984, I R 88/80, BStBl II 1985, S. 44), nie quantitativ ausgelegt hat. Daher ist auch bei einer Wahrscheinlichkeit < 50 % eine Rückstellung zu bilden, es sei denn der Kaufmann kann stichhaltige Gründe für den Nichteintritt vorbringen, vgl. Moxter (1999), S. 520; ders. (2004b), S. 1057 f., 1060; vgl. zudem Rüdinger (2004), S. 63-67.

477 Ausnahme sind sog. Restrukturierungsrückstellungen, die jedoch ebenfalls nur unter restriktiven Bedingungen gebildet werden können, vgl. im Einzelnen Wagenhofer (2009), S. 266.

478 Einerseits kann auch bei Innenverpflichtungen eine unkompensierte Last vorliegen, die bei einem Verbot der Bildung von Aufwandsrückstellungen nicht erfasst wird, vgl. Moxter (2003), S. 107; Franken (2001), S. 228 f. Andererseits ist der Beitrag von Aufwandsrückstellungen zum Gläubigerschutz aufgrund der damit verbundenen Ermessensspielräume kritisch zu sehen. Zumindest das bislang im HGB gewährte Wahlrecht führte letztlich nur dazu, dass die Gläubiger zufällig zu Nutznießern der Wahlrechtsausübung wurden, vgl. Haaker (2010b), S. 665.

479 Vgl. Franken (2001), S. 233 f.; Streim/Esser (2003c), S. 786; Brinkmann (2006), S. 218.

recht. Diese wird zudem deutlich dadurch gemindert, dass im Gegenzug Preis- und Kostensteigerungen berücksichtigt werden (IAS 37.48 - 37.50).[480]

Insgesamt ist festzustellen, dass die IFRS insbesondere aufgrund des Ausweises unrealisierter Gewinne, der Aktivierung unsicherer immaterieller Vermögenswerte sowie der impliziten Ermessensspielräume mit der Zwecksetzung der Ausschüttungsbemessung an vielen Stellen **nicht kompatibel** sind. Gerade die bei Ermittlung einer objektivierten Ausschüttungsrichtgröße problematischen impliziten Wahlrechte und Ermessensspielräume der IFRS dürften diejenigen nach HGB mittlerweile deutlich überwiegen.[481] Zumindest „[o]hne Korrekturen eignen sich die IFRS für Ausschüttungszwecke nicht.“[482] Ob ergänzende Schutzmaßnahmen wie ein Solvenztest oder Ausschüttungssperren die mangelnde Eignung der IFRS für die Ausschüttungsbemessung kompensieren können, wird im Folgenden untersucht.

Zuvor wird jedoch geprüft, ob die **Inbezugnahme des IFRS for SMEs** für Zwecke der Ausschüttungsbemessung unproblematischer wäre. Hierdurch soll für den Fall "vorgesorgt" werden, dass dieser künftig im Rahmen der Rechnungslegung nicht kapitalmarktorientierter Unternehmen an Bedeutung gewinnt. Der IFRS for SMEs dient analog zu den IFRS nicht der Zielsetzung der Ausschüttungsbemessung. Bemerkenswerterweise schlägt aber das IASB vor, dass der Mittelstand-Standard durch vom nationalen Gesetzgeber vorgegebene Überleitungsrechnungen auch für diesen Zweck in Bezug genommen werden könnte.[483] Positiv zu würdigen sind zudem das generelle Aktivierungsverbot für selbst erstellte immaterielle Vermögenswerte (IFRS for SMEs, 18.14), die verpflichtend vorzunehmende planmäßige Abschreibung des Geschäfts- oder Firmenwerts (IFRS for SMEs, 19.23) sowie die im Vergleich zu den "full IFRS" stark reduzierten ex- und impliziten Wahlrechte.[484] Gleichwohl enthält auch der IFRS for SMEs viele für die Ausschüttungsbemessung als ungeeignet anzusehende Regelungen. So ergeben sich hinsichtlich der

---

480 Vgl. Kap. 3.5.2.1.1 zur Bewertung der Regelung des Handelsbilanzrechts. Vgl. zur Rückstellungsbewertung im Rahmen der IFRS im Einzelnen Hachmeister (2006b), S. 125 ff.; Pellens et al. (2011), S. 432 ff.

481 Die Vielzahl von Wahlrechten und die hierdurch ermöglichte Bildung stiller Reserven und deren spätere stille Auflösung (insbesondere in Verlustjahren) wurde stets als Kritikpunkt gegen das HGB vorgebracht, vgl. insbesondere Kübler (1995a), S. 552 f.; ders. (2003), S. 360. Durch das BilMoG wurde diese Problematik jedoch stark gemindert.

482 Hennrichs (2009c), S. 927. So auch die ganz h.M., vgl. Arbeitskreis Bilanzrecht der Hochschullehrer Rechtswissenschaft (2002), S. 2373 f.; Ekkenga (2006), S. 395 f.; Euler (2002), S. 880; Hennrichs (2005a), S. 258 f.; ders. (2006), S. 517 f.; ders. (2008a), S. 422 f.; Kahle (2003b), S. 268 ff.; Kahle/Dahlke (2007), S. 313; Kleindiek (2003), S. 131; ders. (2006), S. 104 f.; Merkt (2006b), S. 95; Merschmeyer (2005), insb. S. 267 ff.; Mock (2008), S. 237 ff., 248 f.; Moxter (2000a), S. 63 f.; ders. (2006), S. I; Schildbach (2002a), S. 272; ders. (2007b), S. 133 f.; ders. (2009d), S. 56 f.; Schön (2001), S. S78 f.; ders. (2006a), S. 197.

483 Vgl. IFRS for SMEs, BC52.

484 Vgl. hierzu bereits Kap. 2.2.2.

Ertragsrealisierung gegenüber den "full IFRS" keine Unterschiede, da auch der IFRS for SMEs die percentage of completion-Methode vorsieht (IFRS for SMEs, 23.17 ff.). Zudem verringert der eingeschränkte Anwendungsbereich der fair value-Bewertung zwar die Gefahr fremd- und liquidationsfinanzierter Ausschüttungen. In bedeutenden Fällen greift die Zeitbewertung jedoch weiterhin.[485] Auch wird wiederum eine für die Ausschüttungsbemessung heikle, umfassende Aktivierung aktiver latenter Steuern gefordert (IFRS for SMEs, 29.15).[486] Der IFRS for SMEs kann daher im Vergleich zu den IFRS zwar als für Zwecke der Ausschüttungsbemessung tendenziell weniger problematisch eingestuft werden. Da jedoch auch dieser kritische Positionen vorsieht, sollte der IFRS for SMEs ebenso keinesfalls ohne ergänzende Schutzmaßnahmen der Ausschüttungsbemessung zugrunde gelegt werden.

3.5.4.2 Alternativen zur Kompensation des unzureichenden Gläubigerschutzes

3.5.4.2.1 Ergänzung der Ausschüttungsbemessung nach IFRS durch einen Solvenztest

Um die IFRS auch im Einzelabschluss anwenden zu können, wird vorgeschlagen, die Ausschüttungsbemessung auf Basis der IFRS vorzunehmen, diese aber an die Erstellung eines Solvenztests als zusätzliche Schutzmaßnahme zu koppeln.[487] Da ein Solvenztest ohnehin um einen Bilanztest ergänzt werden muss, um die Berücksichtigung langfristiger Verbindlichkeiten zu gewährleisten, könnten durch diese Lösung eventuell sogar die Schwächen beider Instrumente kompensiert werden. Möglicherweise stünden dann de lege lata mit den Sorgfaltspflichten der §§ 64 S. 3 GmbHG, 92 Abs. 2 S. 3 AktG schon geeignete Schutzmaßnahmen für eine Ausschüttungsbemessung auf Basis der IFRS bereit.[488]

Dass ein Solvenztest die Gefahr der Ausschüttung unrealisierter Gewinne mindern könnte, ist jedoch fraglich. Ziel einer zusätzlichen Schutzmaßnahme sollte sein, zu verhindern, dass noch nicht hinreichend durch Einzahlungen konkretisierte Erträge zur Ausschüttung gelangen. Dies kann aber ein Solvenztest bereits konzeptionsbedingt nicht leisten, da er selbst nur künftig mögliche Zahlungspotenziale prüft.[489] Theoretisch finden sich die aus der Informationsorientierung

---

485 Vgl. zum Anwendungsbereich der fair value-Bewertung im Einzelnen Kap. 2.2.2. Zu bedenken ist zudem die optionale Anwendung des IAS 39 bei der Bilanzierung von Finanzinstrumenten.

486 Die Erläuterungen zu den Rückstellungen gelten für den IFRS for SMEs analog, da dieser das Konzept des IAS 37 übernimmt, vgl. insbesondere IFRS for SMEs, 21.4 und 21.7.

487 Dies entspricht den Vorschlägen des Lutter-Arbeitskreises und des IDW, vgl. zu den Reformvorschlägen zur bilanziellen Kapitalerhaltung im Einzelnen Kap. 3.3.1.2; vgl. zu dieser Forderung wieder Lanfermann/Röhricht (2009), S. 1221 f.; Maul/Lanfermann/Richard (2010), S. 290 f.

488 Vgl. hierzu im Einzelnen Kap. 3.3.2.

489 Vgl. Haaker (2009a), S. 172; ders. (2010b), S. 667.

resultierenden, für die Ausschüttungsbemessung problematischen Positionen der IFRS auch im Solvenztest wieder. Dies wird vor allem am Beispiel der fair value-Bewertung deutlich. Wenn keine Ableitung des fair value aus Marktpreisen gelingt, werden insbesondere Barwertkalküle zur Wertfindung herangezogen. Die hierbei auftretende Problematik der Prognose künftiger Zahlungsströme, die mit einer starken Unsicherheit und zudem mit Ermessensspielräumen behaftet ist, tritt in genau gleicher Weise bei einer Prognose der künftigen Solvenz eines Unternehmens auf. Daher kann geschlossen werden, dass i. d. R. „Posten, die in einer IFRS-Bilanz unter Gläubigerschutzaspekten problematisch sind [...] ebenso im Solvenztest auftauchen, hier nur in anderem Gewand“[490]. Ein Solvenztest könnte daher die **Ausschüttung unrealisierter Gewinne nur höchst zufällig verhindern** und die Problematik einer Bilanzierung nach IFRS kaum ausgleichen.[491] Dieser könnte vielmehr gegenüber einem IFRS-Abschluss sogar zusätzliche Zahlungspotenziale erfassen, die sich noch nicht in Vermögenswerten konkretisiert haben.[492]

Auch der diese Lösung vorschlagende Lutter-Arbeitskreis weist darauf hin, dass der Solvenztest nicht in der Lage ist, genau die zusätzlichen Risiken zu kompensieren, die die Ausschüttungsbemessung auf Basis der IFRS hervorruft: „Realisation und Imparität können allenfalls zufällig durch einen Solvenztest ersetzt werden“[493]. Die Gruppe hält ihr Modell dennoch vor allem aufgrund der Kostenentlastung für Konzernunternehmen, die nach IFRS bilanzieren und für die hierdurch der HGB-Einzelabschluss entfiele, für vertretbar.[494] Ein geringeres Gläubigerschutzniveau unter dem Argument der Kostenentlastung hinzunehmen vermag aber kaum zu überzeugen. Zudem dürfte der Nutzen eines solchen Systemwechsels auch für kapitalmarktorientierte Unternehmen fraglich sein, denn die Kostenersparnis durch einen Solvenztest ist überaus ungewiss. Schließlich dürften im Falle einer steigenden Bedeutung von Solvenzprüfungen auf die Unternehmen **anderweitige Kosten**, vor allem aufgrund des komplementären Haftungsregimes zukommen (z. B. D & O-Versicherungen oder Sachverständigengutachten aufgrund der immanenten Rechtsunsicherheit).[495] Eine Ausschüttungsbemessung auf Basis der IFRS ergänzt um einen

---

[490] Hennrichs (2008e), S. 50; vgl. auch ders. (2008b), S. 371 sowie Olivier/Wielenberg (2010), S. 35, die im Rahmen eines formaltheoretischen Modells zu dem Ergebnis gelangen, dass IFRS-Bilanz und Solvenztest zu ähnlichen Ausschüttungen führen, wird nicht der Solvenztest besonders pessimistisch gehandhabt.
[491] Vgl. zu diesem Ergebnis gelangend Rammert (2008), S. 435; Hennrichs (2008a), S. 425; ders. (2008b), S. 371; Haaker (2010a), S. 1086; ders. (2010b), S. 666 f.
[492] Haaker (2010b), S. 667.
[493] Lutter (2006), S. 11; vgl. auch Pellens/Sellhorn (2006), S. 486.
[494] Vgl. Lutter (2006), S. 11.
[495] Vgl. Veil (2006), S. 111; Grottke (2009b), S. 361.

Solvenztest ist, auch für Unternehmen, die in einen IFRS-Konzernabschluss eingebunden sind, zusammenfassend kaum eine empfehlenswerte Reformkonzeption.

3.5.4.2.2 Anknüpfung der Ausschüttungsbemessung an die Steuerbilanz oder Ergänzung des IFRS-Einzelabschlusses durch Ausschüttungssperren

Um die derzeit bestehende Rechnungslegungsvielfalt zu reduzieren, wird des Weiteren vorgeschlagen, die an den handelsrechtlichen Einzelabschluss anknüpfenden Rechtsfolgen auf die ohnehin zu erstellende **Steuerbilanz** zu übertragen.[496] Wie allerdings in dieser Arbeit noch detaillierter aufgezeigt wird, ist eine Identität von Handels- und Steuerbilanz aus ökonomischer Sicht fragwürdig. Denn gewährt der Fiskus einen unbegrenzten Verlustausgleich, ist dieser zur Rückzahlung erhaltener Gewinnanteile verpflichtet, womit es steuerbilanziell keiner verlustvorsorgenden Maßnahmen durch das Vorsichts- und Imparitätsprinzip bedarf. Diese sind nur unter Gläubigerschutzaspekten begründet.[497] Zudem ist zu beachten, dass die steuerliche Gewinnermittlung de lege lata durch eine Vielzahl von Lenkungsnormen und fiskalpolitischen Maßnahmen durchsetzt ist, weshalb sich eine solche Form der "umgekehrten Maßgeblichkeit" ohnehin nur realisieren ließe, wenn es de lege ferenda gelänge, derartige Einflüsse zu verhindern. Ansonsten würden diese auf die Handelsbilanz durchschlagen bzw. deren Herausrechnung würde faktisch wiederum die Erstellung einer weiteren Bilanz bedeuten.[498]

Geeigneter wäre stattdessen, **Ausschüttungssperren auf Ebene der Gewinnverwendung** vorzugeben.[499] Diese Vorgehensweise entspräche weitgehend der schon nach dem BilMoG praktizierten außerbilanziellen Ausschüttungssperre des § 268 Abs. 8 HGB. Diese Sperre, die aufgrund der zunehmenden Bedeutung der Informationsfunktion und der hiermit einhergehenden Annäherung des HGB an die IFRS kodifiziert wurde, müsste bei Inbezugnahme der IFRS für Zwecke

---

496 Dies hat der Lutter-Arbeitskreis zunächst erwogen, vgl. Lutter (2006), S. 10; vgl. zudem etwa Pellens/Gassen (2001), S. 140 sowie jüngst wieder Gros (2010), S. 200 f.; sowie zu dieser Forderung für nicht kapitalmarktorientierte Unternehmen Böcking/Gros (2010b), S. 138 f.; Wallek (2010), S. 498; Esterer (2010), S. 647.

497 Vgl. im Einzelnen Kap. 4.3.5.1.3.

498 Vgl. daher zu Recht kritisch Schön (2001), S. S79; Lutter (2006), S. 10; Hennrichs (2009b), S. 588 ff.

499 Zum Vorschlag der Ausschüttungsbemessung auf Basis der IFRS unter Zuhilfenahme von Ausschüttungssperren vgl. Pellens/Gassen (2001), S. 140; Busse von Colbe (2002), S. 170; Haller (2003), S. 420 ff.; Kahle (2002a), S. 702 f.; Kahle/Dahlke (2007), S. 313; Gelter (2004), S. 183 f., 185 f.; Böcking (2007b), S. 27 f.; Hossfeld (2005), S. 166 ff.; Hennrichs (2008a), S. 425 ff.; ders. (2008b), S. 372 ff.; von der Laage/Reusch (2009), S. 249; Gros (2010), S. 169 ff., 200 f.; Hütten (2010), S. 175 f.; Treisch (2011), S. 153 f.
Abzulehnen sind jedoch pauschale Vorgehensweisen, wie die Erhöhung der gesetzlichen Rücklage oder die Festschreibung bestimmter einzuhaltender Mindesteigenkapitalquoten, wie in Kalifornien. Eine pauschale Rücklage berücksichtigt die individuelle Risikostruktur der Unternehmen nicht hinreichend, vgl. Arbeitskreis Bilanzrecht der Hochschullehrer Rechtswissenschaft (2002), S. 2376. Die hierdurch notwendigerweise sehr grob erfolgende Korrektur kann zu ineffizienten Einbehaltungserfordernissen führen, vgl. Schreiber (1999), S. 887 ff.; Kahle (2002a), S. 703. Wird eine pauschale Rücklage zu gering bemessen, wird zudem die Ausschüttung unrealisierter Gewinne nicht verhindert, vgl. Wüstemann/Bischof/Kierzek (2007b), S. 17.

der Ausschüttungsbemessung entsprechend erweitert werden. Erwägenswert für den Fall der Ausdehnung des Konzepts der Ausschüttungssperren auf weitere Bilanzpositionen wäre insbesondere ein Vorschlag von *Hennrichs*, der anregt, die für Zwecke der Ausschüttungsbemessung als nicht hinreichend sicher anzusehenden Erträge sogleich in gesonderten Konten der GuV zu separieren und diese Konten im Anschluss für Ausschüttungszwecke zu sperren.[500] Die Separierung der ausschüttungsgesperrten Erträge würde mithin unmittelbar bei der Buchung erfolgen. Diese Vorgehensweise hätte im Vergleich zu einer rein außerbilanziellen Überleitungsrechnung unter Herausrechnung der unrealisierten Erträge den Vorteil der Übersichtlichkeit und der erleichterten Möglichkeit zur Nachverfolgung in den Folgeperioden.

Denn vor allem die **Behandlung der ausschüttungsgesperrten Posten in den Folgejahren** ist ein neuralgischer Punkt des Konzepts der Ausschüttungssperren, schließlich müssen die unsicheren Erträge in jedem weiteren Jahr fortgeschrieben werden.[501] Sinkt bspw. der fair value im Folgejahr, macht dies eine Reduktion des ausschüttungsgesperrten Gewinns erforderlich, da es ansonsten zu ineffizienten Einbehaltungserfordernissen kommen würde. Wird andererseits der ausschüttungsgesperrte Ertrag durch Veräußerung des Gutes realisiert, muss die Ausschüttungssperre insoweit entfallen. Zum Zwecke der überperiodischen Nachverfolgung bedarf es daher grundsätzlich einer fortlaufenden Nebenrechnung, um die Entwicklung der Bilanzposten und eventuell anfallende Ansatz- und Bewertungsänderungen berücksichtigen zu können.[502] Eine Separierung der für die Ausschüttungsbemessung problematischen Erträge auf gesonderten Konten der GuV dürfte jedoch eine praktikable Konzeption darstellen, um die Nachverfolgung der ausschüttungsgesperrten Posten in den Folgejahren zu sichern. Ändert sich der Status der Beträge in den Folgejahren von "nicht ausschüttbar" zu "ausschüttbar", kann das Sperrkonto in dieser Höhe wieder aufgelöst werden.

Die Anzahl der für eine Ausschüttung zu sperrenden Sachverhalte würde sich bei einer Bilanzierung nach IFRS aber z. B. durch die größere Bedeutung der fair value-Bewertung gegenüber dem Rechtszustand nach BilMoG beträchtlich erhöhen.[503] Nach geltendem Recht sollte durch die geringe Anzahl der ausschüttungsgesperrten Posten der Aufwand für die Erfassung dieser Beträ-

---

500 Vgl. Hennrichs (2008a), S. 425 ff.; ders. (2008b), S. 375 ff.; hierzu auch Hommelhoff/Sokol (2010), S. 153. Diese Vorgehensweise wäre auch mit den IFRS vereinbar, denn IAS 1.38 lässt explizit die Darstellung zusätzlicher Posten in der GuV zu.

501 Vgl. Schön (2001), S. S79; Gelter (2004), S. 186; Merkt (2006b), S. 102; Pottgießer (2006), S. 195.

502 Vgl. Pottgießer (2006), S. 195.

503 Vgl. Lanfermann/Röhricht (2009), S. 1221; Maul/Lanfermann/Richard (2010), S. 282.

ge relativ gering sein.[504] Sowohl beim Ansatz immaterieller Vermögensgegenstände als auch aktiver latenter Steuern handelt es sich um Wahlrechte (§§ 248 Abs. 2 S. 1, 274 Abs. 1 S. 2, 3 HGB). Werden diese bspw. aufgrund der mit der hohen Unsicherheit dieser Posten einhergehenden fragwürdigen Informationswirkung nicht in Anspruch genommen, greift die Ausschüttungssperre nur in einem Fall, der zudem nur bei manchen Unternehmen auftreten dürfte, nämlich der Zeitbewertung des sog. Planvermögens (§ 246 Abs. 2 S. 2 i. V. m. § 253 Abs. 1 S. 4 HGB). Bei einer Bereinigung des nach IFRS ermittelten Gewinns könnte hingegen auf manche Unternehmen eine Arbeitsbelastung zukommen, die der **Aufstellung einer eigenständigen Ausschüttungsbilanz** nahe kommt. Es ist daher fraglich, ob mit einem System der Ausschüttungsbemessung auf Basis der IFRS unter Zuhilfenahme von Ausschüttungsrestriktionen tatsächlich Kosteneinsparungen im Vergleich zu der Erstellung einer Handelsbilanz einhergehen.[505]

Gegen eine solche Regelung spricht zudem die **Änderungsgeschwindigkeit der IFRS**. Werden die Ausschüttungssperren jeweils individuell festgeschrieben, müsste vom nationalen Gesetzgeber zeitnah bei einer Änderung der IFRS entschieden werden, ob diese zu ausschüttungsfähigen Ergebnissen führt.[506] Der legislatorische Aufwand dürfte beträchtlich zunehmen. Es ist zudem fraglich, ob dies im regulären Gesetzgebungsprozess geschehen könnte, da dieser womöglich zu lange dauern dürfte. Andererseits wäre es problematisch, diese Aufgabe privaten Verbänden zu übertragen, da sodann die Rechtsverbindlichkeit der Verlautbarungen fehlen würde.[507] Diese Problematik könnte nur gemindert werden, wenn die Ausschüttungssperren nicht – wie nach dem BilMoG – an einzelne Bilanzierungsnormen anknüpften, sondern prinzipienorientiert ausgestaltet würden, mithin eine Überleitung auf die klassischen Gewinnanspruchs-GoB vorgeschrieben würde.[508] Diese Lösung brächte jedoch wiederum den entgegengesetzten Nachteil mit sich, dass hiermit wohl erhebliche Auslegungsfragen und Ermessensspielräume einhergehen würden.[509]

Auch die **Erfahrungen in anderen europäischen Ländern** mit einem derartigen System sind gemischt. So dient in Großbritannien der Jahresabschluss in erster Linie Informationszwecken,

---

504 Vgl. Haaker (2010b), S. 666.
505 Vgl. skeptisch Kleindiek (2003), S. 132 f.; ders. (2006), S. 106; Merschmeyer (2005), S. 296; Lanfermann/Richard (2008a), S. 1930; Maul/Lanfermann/Richard (2010), S. 282; Pellens/Amshoff/Schmidt (2009), S. 272 f.; Rammert (2004), S. 588; Schildbach (2002a), S. 272; ders. (2009e), S. 57; Schön (2006a), S. 198.
506 Vgl. Kahle (2002c), S. 255; ders. (2003b), S. 271; Kuhner (2007), S. 68 f.; Haaker (2010b), S. 666.
507 Vgl. Wüstemann/Bischof/Kierzek (2007b), S. 17.
508 Vgl. dies vorschlagend Hütten (2010), S. 175.
509 Vgl. Gros (2010), S. 170 f., 183.

wobei wahlweise die Anwendung der IFRS zulässig ist.[510] Anschließend ist eine Überleitung zu einem für die Ausschüttungsbemessung maßgeblichen, realisierten Gewinn vorzunehmen.[511] Es werden umfangreiche Anleitungen zu dieser Überleitungsrechnung vorgegeben.[512] Dabei sind jedoch nicht alle nach handelsrechtlichem Verständnis unrealisierten Gewinne herauszurechnen. Ausgeschüttet werden können z. B. Erträge aus der fair value-Bewertung der meisten Finanzinstrumente.[513] Die Überleitungsrechnungen verursachen vor allem bei größeren Unternehmen einen hohen Arbeitsaufwand, weshalb die Forderung eines kompletten Systemwechsels hin zu einem alleinigen Solvenztest in Großbritannien großen Anklang gefunden hat.[514] Dabei wird das Wahlrecht zur Erstellung eines IFRS-Abschlusses hier nur wenig in Anspruch genommen; die meisten Unternehmen ziehen für die Ausschüttungsbemessung weiterhin die nach nationalem Recht erstellte Bilanz heran.[515] Bei einer Ausschüttungsbemessung auf Basis der IFRS würde der Aufwand daher möglicherweise noch zunehmen.

Da ein Solvenztest als wenig geeignet angesehen werden kann, um die Schwächen der IFRS für Zwecke der Ausschüttungsbemessung zu kompensieren, wäre eine Bereinigung des Gewinns nach IFRS auf Basis von Ausschüttungssperren jedoch die **einzige Alternative**, um die IFRS für den Einzelabschluss zumindest kapitalmarktorientierter Unternehmen zuzulassen. Der Bereinigungsaufwand sollte jedoch nicht unterschätzt werden, wie das Beispiel Großbritanniens aufzeigt. Hingegen ist das Argument abzulehnen, dass diese Vorgehensweise zu einer Ungleichbehandlung der Unternehmen führen würde,[516] da die kapitalmarktorientierten Unternehmen schließlich in diesem Fall die wesentlichen IFRS-Regelungen, die nicht den handelsrechtlichen Gewinnanspruchs-GoB entsprechen, für Ausschüttungszwecke zu korrigieren hätten.

---

510 Vgl. Sec. 393 (1), 396 (2) sowie 395 (1) CA 2006.

511 Vgl. Sec. 830 CA 2006. Vgl. zum System Großbritanniens im Einzelnen Scholz (2008), S. 130 f.; Wüstemann/Bischof/Kierzek (2007b), S. 16 f.; Lanfermann/Röhricht (2009), S. 1220 f.

512 Die Leitlinien werden vom Institute of Chartered Accountants in England and Wales (ICAEW) in Zusammenarbeit mit dem Institute of Chartered Accountants of Scotland (ICAS) erlassen. Aktueller Leitfaden ist der Technical Release 02/10 mit 168 Seiten, vgl. ICAS/ICAEW (2010).

513 Dies gilt, wenn der fair value "readily convertible into cash" und somit unmittelbar liquidisierbar ist, vgl. ICAS/ICAEW (2010), §§ 3.3, 3.12, 4.1 ff. Ausschüttungsgesperrt sind hingegen Erträge aus der fair value-Bewertung von als Finanzinvestitionen gehaltenen Immobilien (ICAS/ICAEW (2010), § 4.13).

514 Vgl. Rickford (2006), S. 170 f. Sogar das ICAEW selbst sprach sich für einen Systemwechsel aus, da die Anpassungsrechnungen aufgrund der zunehmenden fair value-Bewertungen immer komplexer würden, vgl. KPMG (2008), S. 399 f. Kleinere Unternehmen nehmen jedoch oft gar keine Überleitung vor, da sie keine derartigen Geschäftsvorfälle haben, vgl. KPMG (2008), S. 133.

515 Vgl. Rickford (2006), S. 170 f.; KPMG (2008), S. 132 f. In Großbritannien resultiert diese Ablehnung aber daraus, dass sich bei einer Ausschüttungsbemessung nach IFRS der ausschüttbare Betrag bspw. durch die Regelungen des IAS 19 erheblich verringern dürfte, vgl. Rickford (2006), S. 170.

516 Vgl. Mayer (2009), S. 131; dem folgend Haaker (2010a), S. 1079.

Für **nicht kapitalmarktorientierte Unternehmen** wäre diese Konzeption hingegen wenig vorteilhaft, da für die meisten dieser Unternehmen schon der Nutzen einer IFRS-Rechnungslegung nicht nachgewiesen werden konnte und die Kosten der Ausschüttungsbemessung im Vergleich zum bisherigen System steigen würden. Zwar wären die nach dem IFRS for SMEs erforderlichen Korrekturen im Vergleich zu den IFRS geringer. Gegenüber dem HGB wären zusätzliche Ausschüttungssperren nur notwendig für die Erträge aus der percentage of completion-Methode sowie der Bewertung als Finanzinvestitionen gehaltener Immobilien und mancher Finanzinstrumente zum fair value, während die Korrektur selbst erstellter immaterieller Vermögensgegenstände des Anlagevermögens entfiele. Allerdings wurde in Kap. 2.4.4 aufgezeigt, dass sich der Sinn einer Anwendung des IFRS for SMEs in Deutschland kaum erschließt. Die Ausschüttungsbemessung auf Basis eines um Ausschüttungssperren ergänzten Abschlusses nach IFRS ist damit höchstens für kapitalmarktorientierte Unternehmen eine überlegenswerte Konzeption, um für diese den handelsrechtlichen Jahresabschluss entfallen zu lassen.

3.6 Zusammenfassende Ableitung von Empfehlungen zur künftigen Ausgestaltung der Ausschüttungsbemessungsfunktion

In diesem Kapitel konnte gezeigt werden, dass ein effektives Gläubigerschutzsystem zwingend auf gesetzlich vorgeschriebenen Ausschüttungsrestriktionen zu basieren hat, da eine reine Informationsvermittlung oder privatautonom auszuhandelnde Regelungen kein ausreichendes Schutzniveau garantieren. Das System bilanzieller Kapitalerhaltung bildet eine Institution zur Lückenschließung unvollständiger Verträge sowie zur Transaktionskostenreduktion. Vor allem aber bewirkt es eine Mindestsicherung für kleine und unfreiwillige Gläubiger, denen die Vertragslösung nicht offensteht.

Die Analyse zeigte zudem, dass durch die bilanzielle Kapitalerhaltung de lege lata moral hazard im Rahmen der Ausschüttungspolitik durch fremd- und liquidationsfinanzierte Ausschüttungen zwar nicht völlig verhindert, aber zumindest auf ein akzeptables Maß beschränkt werden kann. Auch die im Rahmen des BilMoG geänderten Regelungen des HGB sind mit dieser Zielsetzung größtenteils kompatibel, was die Ausschüttungssperre des § 268 Abs. 8 HGB sicherstellt. Aus ökonomischer Sicht ergeben sich mithin keine gravierenden Änderungsbedürfnisse. Teilweise sollte jedoch nachgerüstet werden: Auch für die Erträge aus der Zeitbewertung des Handelsbestands bei Kreditinstituten sollte zur Erreichung eines adäquaten Gläubigerschutzniveaus eine **vollumfängliche Ausschüttungssperre** eingeführt werden.

Die tradierten Gewinnanspruchs-GoB und insbesondere das hieraus abgeleitete Anschaffungskostenprinzip können zwar Anreize zu liquidationsfinanzierten Ausschüttungen durch ineffiziente Veräußerungen hervorrufen. Unter dem Blickwinkel der Anreize zur Liquidationsfinanzierung würde eine fair value-Bewertung in bestimmten Situationen Vorteile bieten. Da jedoch das Problem der fremd- und liquidationsfinanzierten Ausschüttungen im Rahmen der Bewertung zeitlich vorgelagert auftritt, muss der Schutz vor letzterem Vorrang haben. Ähnliches gilt für die Aktivierung immaterieller Güter. In einer Gesamtschau sind die geltenden Regelungen begründet. Das oftmals gegen die Ausschüttungsbegrenzung des geltenden Rechts vorgebrachte Argument der restriktionsinduzierten Überinvestitionen aufgrund überhöhter Einbehaltungserfordernisse sollte nicht überbewertet werden. Diese Problematik wird nur unter sehr engen Prämissen evident, die nur in Ausnahmefällen tatsächlich auftreten dürften.

Weiterhin stellt sich aber die Frage, ob aufgrund des derzeitigen Rechnungslegungsaufwands die IFRS zumindest für den Einzelabschluss **kapitalmarktorientierter Konzernunternehmen** zugelassen werden sollten. Die IFRS sind vor allem aufgrund des Ausweises unrealisierter Gewinne durch die Bewertung zum fair value sowie der erheblichen impliziten Ermessensspielräume nicht mit der Funktion der Ausschüttungsbemessung kompatibel. Ohne ergänzende Schutzmaßnahmen sollten diese nicht dieser Aufgabe zugrunde gelegt werden. Auch aus der KPMG-Studie, die zeigt, dass die IFRS im internationalen Vergleich oftmals Grundlage der Ausschüttungsbemessung darstellen und dies teilweise ohne ergänzende Kompensationsmechanismen, kann nichts anderes gefolgert werden. Die Studie trifft schließlich keinerlei Aussagen zu den Auswirkungen dieses Vorgehens auf das Gläubigerschutzniveau.

Die im Schrifttum vorgeschlagene Kombination der Ausschüttungsbemessung auf Basis der IFRS und einem Solvenztest vermag die Probleme nicht zu kompensieren. Ein Solvenztest stellt aufgrund der ihm immanenten Ermessensspielräume ein nur begrenzt geeignetes Instrument des Gläubigerschutzes dar. Die problematischen Positionen der IFRS tauchen regelmäßig auch im Solvenztest auf, womit dieser die Ausschüttung unrealisierter Gewinne nur höchst zufällig verhindern könnte. Will man die Anwendung der IFRS im Einzelabschluss erlauben, sollte dies nur mit **gesetzlicher Implementierung von Ausschüttungssperren** erfolgen. Diese müssten insbesondere für die percentage of completion-Methode, die fair value-Bewertung, die Aktivierung immaterieller Vermögenswerte sowie aktiver latenter Steuern greifen. Zudem ist zu empfehlen, für Ausschüttungszwecke den impairment only approach zu korrigieren und eine Nebenrechnung zur Berücksichtigung planmäßiger Abschreibungen auf den Geschäfts- oder Firmenwert zu fordern. Das System der Ausschüttungssperren ist zwar nicht unproblematisch, denn die für eine Ausschüttung zu sperrenden Sachverhalte sind zahlreich. Dies erscheint allerdings als die einzige Möglichkeit, in kapitalmarktorientierte Konzernstrukturen eingebundenen Unternehmen die befreiende Anwendung der IFRS im Einzelabschluss zu ermöglichen und diese von der Mehrdimensionalität der Rechnungslegung zu entlasten.

Für **nicht kapitalmarktorientierte Unternehmen** stellt dies jedoch kein gangbares Konzept dar. Für die meisten der kapitalmarktfernen Unternehmen konnte schon kaum ein Nutzen der IFRS-Bilanzierung nachgewiesen werden. Durch das System der Ausschüttungssperren würde auf diese ein kaum vertretbarer Aufwand zukommen. Der IFRS for SMEs wäre hier zwar weniger problematisch. Zusätzliche Ausschüttungssperren im Vergleich zum HGB müssten nur für vereinzelte Sachverhalte eingeführt werden. Doch wäre ein solcher Systemwechsel überaus fraglich, da momentan ein Bedürfnis zur Bilanzierung nach dem IFRS for SMEs kaum ersichtlich ist. Für nicht kapitalmarktorientierte Unternehmen sollte die Ausschüttungsbemessung auf Basis der am Gläubigerschutz orientierten Handelsbilanz daher langfristig beibehalten werden.

4 Maßgeblichkeit handelsrechtlicher GoB: Ausgestaltung, Reformbedarf, Fortentwicklungsmöglichkeiten und -grenzen

4.1 Der Maßgeblichkeitsgrundsatz als Bindeglied von Handels- und Steuerbilanz

4.1.1 Überblick über Begriff und traditionelle Formen der Maßgeblichkeit

Durch den in § 5 Abs. 1 EStG kodifizierten Maßgeblichkeitsgrundsatz ist das Handelsbilanz- mit dem Steuerbilanzrecht verknüpft. § 5 Abs. 1 S. 1 EStG besagt, dass bei Gewerbetreibenden, die (aufgrund einer Buchführungspflicht gem. §§ 140, 141 AO oder freiwillig) Bücher führen und regelmäßig Abschlüsse erstellen, für den Schluss des Wirtschaftsjahres das Betriebsvermögen anzusetzen ist, das nach den handelsrechtlichen Grundsätzen ordnungsmäßiger Buchführung auszuweisen ist.[1] Diese sog. **materielle Maßgeblichkeit**[2] knüpft damit nicht – wie teilweise im Schrifttum vertreten[3] – an die gesamten handelsbilanziellen Regelungen zur Gewinnermittlung an. Maßgeblich für die steuerliche Gewinnermittlung sind vielmehr nur die handelsrechtlichen GoB sowie diejenigen handelsrechtlichen Vorschriften, die GoB konkretisieren.[4] Da die Steuerbilanz die Bestimmung von Gewinnansprüchen des Fiskus bezweckt, sind hiermit die Gewinnanspruchs-GoB gemeint; nicht maßgeblich sein können Regelungen, die vorwiegend auf die Informationsvermittlung abzielen.[5] Die materielle Maßgeblichkeit bezieht sich nach h. M. sowohl auf den Ansatz als auch auf die Bewertung.[6]

Während die materielle Maßgeblichkeit nur eine abstrakte Vereinbarkeit der steuerlichen Gewinnermittlung mit den handelsrechtlichen GoB verlangt, enthielt § 5 Abs. 1 S. 2 EStG a. F. bis zur Neufassung durch das BilMoG die sog. formelle Maßgeblichkeit und die umgekehrte Maßgeblichkeit als deren Unterform. Die **formelle Maßgeblichkeit**, nach der steuerrechtliche Wahl-

---

1 Vgl. zur Historie der Maßgeblichkeit Dziadkowski (2008), S. 470 ff.; Freidank/Velte (2010), S. 185 ff.; Schneider (1991), S. 176 ff.; ders. (2010a), S. 707 ff.

2 Vgl. zur Unterscheidung von materieller, formeller und umgekehrter Maßgeblichkeit statt vieler Knobbe-Keuk (1993), S. 21 ff.; Söffing (1995), S. 641 ff.

3 Vgl. Mathiak (1997), S. 325 ff.; Schön (1995), S. 374 f.; Hennrichs (1999), S. 140 f.

4 So auch die wohl h. M., vgl. etwa Schulze-Osterloh (1991), S. 285; ders. (2000a), S. 595 ff.; ders. (2011), S. 535; Ballwieser (1990), S. 479 f.; ders. (2011a), S. 579 f.; Euler (1998), S. 17; Dziadkowski/Henselmann (2004), Rz. 51; Hey (2010a), Rz. 40 zu § 17.
Diese Differenzierung hat Bedeutung, da nicht alle Normen des Handelsbilanzrechts als GoB-konform angesehen werden können. So wurde z. B. in Kap. 2.1.1.2 gezeigt, dass die Zeitbewertung nach BilMoG einen Verstoß gegen das Realisationsprinzip darstellt, womit diese folglich in der Steuerbilanz nicht zum Tragen kommen dürfte. Der Gesetzgeber setzte sich jedoch im Falle des Handelsbestands von Kreditinstituten hierüber hinweg, indem er mit § 6 Abs. 1 Nr. 2b EStG eine Durchbrechung der Maßgeblichkeit schuf.
Zudem ist die Unterscheidung bedeutend, da die GoB nach h. M. rechtsform- und branchenunabhängig zu sein haben und daher unmittelbar folgt, dass ohnehin nur die in den §§ 238-261 HGB enthaltenen Regelungen Ausfluss von GoB und damit maßgeblich sein können, vgl. Leffson (1987), S. 152 f.; Beisse (1990), S. 506; im Einzelnen Ballwieser (1995), S. 43 ff.; a. A. Döllerer (1987), S. 12, der sowohl rechtsform- als auch branchenspezifische Vorschriften unter die GoB fasst.

5 Vgl. Moxter (1997b), S. 196 f.; ders. (2000b), S. 159.

6 Vgl. Stobbe (2010), Rz. 1 zu § 5 EStG; Weber-Grellet (2011), Rz. 33 zu § 5 EStG; Förster/Schmidtmann (2009), S. 1343.

rechte nur in Übereinstimmung mit der handelsbilanziellen Vorgehensweise ausgeübt werden durften, bedeutete im Ergebnis eine Bindung der Steuerbilanz an die konkreten handelsbilanziellen Wertansätze (soweit dem keine steuerrechtlichen Regelungen entgegenstanden).[7] Die formelle Maßgeblichkeit führte zu einer sehr viel engeren Verknüpfung von Handels- und Steuerbilanz als die rein materielle Maßgeblichkeit, insbesondere beschränkte sie eine getrennte Optimierung der beiden Bilanzen durch Bilanzpolitik.[8]

Auch rein steuerlich motivierte, den GoB widersprechende Wahlrechte waren vor der Bilanzrechtsmodernisierung im Ergebnis in beiden Bilanzen in gleicher Weise auszuüben. Die **umgekehrte Maßgeblichkeit** ermöglichte im Zuge besonderer handelsrechtlicher Öffnungsklauseln deren Übernahme in die Handelsbilanz (§§ 247 Abs. 3, 254, 273 und 279 Abs. 2 HGB a. F).[9] Diese Umkehrung der Maßgeblichkeit war seit jeher Gegenstand heftiger Kritik, denn durch die Aufnahme steuerlicher Subventionsmaßnahmen wurde der Informationsgehalt der Handelsbilanz stark in Frage gestellt. Darüber hinaus wurde die Regelung als international unbekannt und unverständlich angesehen.[10] Gegenteilige Argumente konnten hingegen kaum überzeugen.[11]

Die Maßgeblichkeit gilt seit jeher nicht uneingeschränkt. Sie wird durchbrochen, sofern das Steuerrecht vorrangige Ansatz- und Bewertungsregelungen schafft, wobei der Bewertungsvorbehalt des § 5 Abs. 6 EStG dies für Bewertungsfragen explizit festschreibt.[12] Zudem engt auch die Rechtsprechung des BFH den Maßgeblichkeitsgrundsatz ein. Unter der Zielsetzung, im Sinne einer möglichst zutreffenden Abschnittsbesteuerung den "vollen Gewinn" zu ermitteln und dem Grundsatz der Gleichmäßigkeit der Besteuerung zu entsprechen, führen nach der bekannten Entscheidung des Großen Senats des BFH handelsrechtliche Aktivierungswahlrechte zu Aktivie-

---

7 Vgl. Schildbach (2009a), S. 109; Hey (2010a), Rz. 42 zu § 17; Weber-Grellet (2010a), S. 7.

8 Vgl. Dziadkowski/Henselmann (2004), Rz. 271.

9 Vgl. Weber-Grellet (2011), Rz. 65 zu § 5 EStG.

10 Die umgekehrte Maßgeblichkeit führte zudem zu ineffizienten Einbehaltungserfordernissen (und damit zu gesamtwirtschaftlichen Ineffizienzen durch Verhinderung des optimalen Investitionsprogramms), wenn der Gesellschafter außerhalb der Unternehmung eine höhere Rendite erzielen konnte, vgl. Wagner (2008b), S. 398. Vgl. zur allgemeinen Kritik Knobbe-Keuk (1993), S. 30 ff.; Schulze-Osterloh (2004b), S. 1134 f.; Bareis (2008), S. 36 f., 39 ff.; Arbeitskreis Bilanzrecht der Hochschullehrer Rechtswissenschaft (2008a), S. 1057 ff. m. w. N.

11 Hauptargument für die umgekehrte Maßgeblichkeit war, dass die steuerlichen Begünstigungen der Ausschüttung entzogen werden sollten, vgl. nur Hauser/Meurer (1998), S. 275. Dieses Argument konnte jedoch kaum überzeugen. Denn nur bei Aktiengesellschaften ist die Ausschüttung auf den Bilanzgewinn beschränkt, für andere Gesellschaften stand der Betrag auch unter Geltung der umgekehrten Maßgeblichkeit zur Ausschüttung zur Verfügung. Eine Ausschüttung war zudem ohnehin immer möglich, wenn in ausreichender Höhe Rücklagen vorhanden waren, vgl. nur Arbeitskreis Bilanzrecht der Hochschullehrer Rechtswissenschaft (2008a), S. 1058.

12 Vgl. Dziadkowski/Henselmann (2004), Rz. 60 ff.; Weber-Grellet (2010a), S. 45 f.

rungspflichten in der Steuerbilanz, während handelsrechtliche Passivierungswahlrechte steuerrechtliche Passivierungsverbote bewirken.[13]

4.1.2 Die Neukonzeption der Maßgeblichkeit im Zuge des BilMoG

Im Rahmen des BilMoG sollte neben der Ausschüttungsbemessungsfunktion explizit am Maßgeblichkeitsgrundsatz als Eckpunkt des Handelsbilanzrechts und mittelstandsfreundlichem Eckpfeiler der handelsrechtlichen Bilanzierungsvorschriften festgehalten werden.[14] § 5 Abs. 1 S. 1 EStG und damit die materielle Maßgeblichkeit wurde durch das BilMoG nicht angetastet, womit die handelsrechtlichen GoB auch weiterhin die Grundlage der steuerlichen Gewinnermittlung darstellen. Gleichwohl reagierte der Gesetzgeber auf die immense Kritik an der umgekehrten Maßgeblichkeit. Durch Streichung von § 5 Abs. 1 S. 2 EStG a. F. sowie der handelsrechtlichen Öffnungsklauseln wurde diese aufgegeben. Stattdessen erlaubt ein neuer 2. Halbsatz des § 5 Abs. 1 S. 1 EStG nunmehr eine von der Handelsbilanz **unabhängige Ausübung steuerlicher Wahlrechte**. Voraussetzung hierfür ist die Führung von laufenden Verzeichnissen (§ 5 Abs. 1 S. 2, 3 EStG).[15] Dieser steuerlichen Öffnungsklausel bedurfte es, um weiterhin die Inanspruchnahme nicht GoB-konformer steuerlicher Begünstigungswahlrechte zu ermöglichen.[16]

Die Änderung des § 5 Abs. 1 EStG im Zuge des BilMoG war nur der Aufgabe der umgekehrten Maßgeblichkeit geschuldet.[17] Es zeichnet sich jedoch immer stärker ab, dass das Verhältnis von Handels- und Steuerbilanz hierdurch elementaren Veränderungen unterworfen wurde. Vor Kodifizierung des § 5 Abs. 1 S. 2 EStG a. F. war die Reichweite der Maßgeblichkeit und insbesondere die Frage, ob von einer eher wörtlichen Auslegung des § 5 Abs. 1 S. 1 EStG im Sinne einer Bindung nur an abstrakte GoB oder von einer formellen Maßgeblichkeit auszugehen sei, stark umstritten.[18] Durch die Streichung dieser Vorschrift werden diese Auslegungsfragen wieder aufgeworfen, denn § 5 Abs. 1 S. 2 EStG a. F. hatte insofern klarstellenden Charakter.[19] Es wurde jedoch bereits aufgezeigt, dass § 5 Abs. 1 S. 1 EStG in einem engen Sinne auszulegen ist und nur die abstrakte Beachtung der tradierten Gewinnanspruchs-GoB bzw. hieraus ableitbarer Normen

13 Vgl. BFH v. 03.02.1969, GrS 2/68, BStBl II 1969, S. 291. Der BFH übertrug dies in einer weiteren Entscheidung auch auf die Bewertung, vgl. BFH v. 21.10.1993, IV R 87/92, BStBl II 1994, S. 176.

14 Vgl. BT-Drs. 16/10067, S. 1, 32, 34; BT-Drs. 16/12407, S. 1, 108.

15 Vgl. hierzu BMF v. 12.03.2010, IV C 6 - S 2133/09/10001, BStBl I 2010, S. 239, Rz. 19-23.

16 Vgl. Theile/Hartmann (2008), S. 2032; Theile (2009), S. 2384.

17 Vgl. BT-Drs. 16/10067, S. 99.

18 Bereits vor Kodifizierung des § 5 Abs. 1 S. 2 EStG a.F. entsprach die formelle Maßgeblichkeit einer verbreiteten Meinung und wurde auch von der Rechtsprechung praktiziert, vgl. etwa BFH v. 24.01.1990, I R 17/89, BStBl II 1990, S. 681 zur degressiven Abschreibung; vgl. zur Diskussion Raupach (1990), S. 516 ff.; Stobbe (1991), S. 178 ff.; Schmidt (1994), S. 48 ff. m.w.N.

19 Vgl. Schildbach (2009a), S. 109; Herzig (2008), S. 3 f.

meinen kann. Nach Streichung des § 5 Abs. 1 S. 2 EStG a. F. besteht daher keine gesetzliche Grundlage mehr, die eine Pflicht zur Übernahme konkreter handelsbilanzieller Wertansätze in die Steuerbilanz und damit eine formelle Maßgeblichkeit begründen könnte.

Dies bestätigt auch der neu kodifizierte § 5 Abs. 1 S. 1 2. HS EStG, der explizit eine unabhängige Wahlrechtsausübung in Handels- und Steuerbilanz ermöglicht. Die Einführung von § 5 Abs. 1 S. 1 2. HS EStG hat jedoch noch weitreichendere Konsequenzen. Zielsetzung dieser Vorschrift ist es, die unabhängige Ausübung rein steuerlich motivierter, GoB-inkonformer Wahlrechte zu ermöglichen.[20] Die weitgehend offene Formulierung lässt jedoch fraglich erscheinen, ob unter die nach dieser Vorschrift autonom von der Handelsbilanz ausübbaren Wahlrechte tatsächlich nur solche GoB-fremden Steuervergünstigungswahlrechte zu subsumieren sind.[21] Auch der Bundesrat wies im Gesetzgebungsverfahren auf die unklare Formulierung hin und bat um eine präzisere Ausgestaltung der Vorschrift.[22] Letztlich wurde die Regelung aber unverändert Gesetz. § 5 Abs. 1 S. 1 2. HS EStG stellt nun generell darauf ab, dass steuerliche Wahlrechte die Maßgeblichkeit der GoB durchbrechen können. Der Regelung kann keine Begrenzung auf rein subventionelle Wahlrechte entnommen werden, vielmehr gehen nach Wortlaut und systematischer Stellung **alle steuerlichen Wahlrechte** den handelsrechtlichen GoB vor.[23] Dies dürfte für jegliche Wahlrechte gelten, auch solche, denen etwa eine handelsrechtliche Pflichtvorschrift gegenübersteht. Diese Frage ist mittlerweile weitgehend geklärt, denn die Finanzverwaltung erkennt eine solch weite Interpretation des § 5 Abs. 1 S. 1 2. HS EStG explizit an.[24] Die Änderung des § 5 Abs. 1 EStG im Zuge des BilMoG lässt damit nicht nur für die umgekehrte und formelle Maßgeblichkeit keinen Raum mehr, vielmehr führt der neu eingefügte § 5 Abs. 1 S. 1 2. HS EStG dazu, dass auch die

---

20 Vgl. BT-Drs. 16/10067, S. 99.

21 Für eine Auslegung der Vorschrift im Sinne einer Begrenzung auf subventionelle Wahlrechte, welche vor allem mit dem Willen des Gesetzgebers im Rahmen des Gesetzgebungsprozesses abgeleitet wird, vgl. nur Arbeitskreis Bilanzrecht der Hochschullehrer Rechtswissenschaft (2009), S. 2570 ff.; Förster/Schmidtmann (2009), S. 1343 f.; Freidank/Velte (2010), S. 188 ff.; Hennrichs (2009d), S. 537 ff.; ders. (2010a), S. 269 ff.; Anzinger/Schleiter (2010), S. 395 ff.; Schulze-Osterloh (2011), S. 535 ff.

22 Vgl. BT-Drs. 16/10067, Anlage 3, S. 120.

23 Vgl. statt vieler Herzig/Briesemeister (2009a), S. 929 f.; dies. (2010b), S. 65; Herzig (2010a), S. 3 f.; Theile/Hartmann (2008), S. 2034; Prinz (2010), S. 2071; ders. (2011a), S. 155; Dörfler/Adrian (2009), S. 387; Werth (2009), S. 510; Thiel (2010), S. 743; Treisch (2011), S. 138.; Ballwieser (2011a), S. 591.

24 Vgl. BMF v. 12.03.2010, IV C 6 - S 2133/09/10001, BStBl I 2010, S. 239.
Allerdings ist die Vorgehensweise der Finanzverwaltung hierbei nicht völlig stringent. Während bei den meisten Wahlrechten eine unabhängige Wahlrechtsausübung anerkannt wird, verfolgt die Finanzverwaltung bei Bewertungswahlrechten ohne korrespondierende steuerliche Regelung eine formelle Maßgeblichkeit, die einer gesetzlichen Grundlage entbehrt. So wird das Einbeziehungswahlrecht für Fremdkapitalzinsen nach R 6.3 Abs. 4 EStR von der Vorgehensweise in der Handelsbilanz abhängig gemacht und eine steuerliche Einbeziehungspflicht für die Wahlrechtsbestandteile der Herstellungskosten des § 255 Abs. 2 S. 3 HGB konstatiert, vgl. BMF v. 12.03.2010, IV C 6 - S 2133/09/10001, BStBl I 2010, S. 239, Rz. 5 bis 8. Letzteres wurde mittlerweile korrigiert und wird bis zu einer Neufassung von R 6.3 Abs. 4 EStR nicht verpflichtend angewandt, vgl. BMF v. 22.06.2010, IV C 6 - S 2133/09/10001, BStBl I 2010, S. 597.

materielle Maßgeblichkeit nunmehr durch einen **generellen steuerlichen Wahlrechtsvorbehalt** eingeschränkt wird: Der Steuerpflichtige wird bei seiner Wahlrechtsausübung im Rahmen der steuerlichen Gewinnermittlung weder durch den handelsrechtlichen Wertansatz noch durch die handelsrechtlichen GoB beschränkt.

4.2 Die Maßgeblichkeit im Spannungsfeld nationaler und internationaler Einflüsse

4.2.1 Angriffspunkte auf die Maßgeblichkeit aus nationaler Sicht

4.2.1.1 Zunehmende Degenerierung des Maßgeblichkeitsgrundsatzes im geltenden Recht

Die langfristige Bestandsfähigkeit des Maßgeblichkeitsgrundsatzes scheint fraglich. Seit Mitte der 1990er Jahre kommt es durch Bestrebungen des Gesetzgebers zur Verbreiterung der ertragsteuerlichen Bemessungsgrundlage zu **erheblichen Durchbrechungen** der Maßgeblichkeit und Divergenzen zwischen Handels- und Steuerbilanz. Die Kritik an dieser Vorgehensweise des Steuergesetzgebers wurde vor allem im Zuge des Verbots der Drohverlustrückstellung (Kodifizierung von § 5 Abs. 4a EStG) und des Steuerentlastungsgesetzes 1999/2000/2002, im Rahmen dessen unter anderem die vollständige Abschaffung der Teilwertabschreibung diskutiert und letztlich die Voraussetzung der dauerhaften Wertminderung (§ 6 Abs. 1 Nr. 1 S. 2, Nr. 2 S. 2 EStG) geschaffen wurde, laut.[25] Im Schrifttum wird von einem in den letzten Jahren stattfindenden, schleichenden Paradigmenwechsel hin zu einem von steuerspezifischen Prinzipien beherrschten Steuerbilanzrecht gesprochen.[26] Auch die Rechtsprechung betont dem folgend – gerade in jüngeren Entscheidungen – immer wieder die Eigenständigkeit der Steuerbilanz.[27] Das geltende Recht weist allerdings aufgrund der einzelfallbezogenen, steuerverschärfenden Eingriffe mittlerweile eher den „Charakter eines Case Law“[28] auf.[29]

---

25 Vgl. die Erosion der Maßgeblichkeit nachzeichnend Herzig (2009b), S. 753-756. Zur damaligen Kritik vgl. etwa Groh (1998), S. 189 f.; Clemm (1999), S. 639 ff.; Sigloch (2000), S. 162 f.

26 Vgl. Hey (2010a), Rz. 41 zu § 17.

27 Vgl. BFH v. 26.09.2007, I R 58/06, BStBl II 2009, S. 294; v. 23.04.2009, IV R 62/06, BStBl II 2009, S. 778. Die Rechtsprechung zeigte im Zeitablauf immer wieder Tendenzen einer eigenständigen Betrachtung der Steuerbilanz, so z. B. schon durch die bekannte Forderung nach Besteuerung des "vollen Gewinns", vgl. BFH v. 03.02.1969, GrS 2/68, BStBl II 1969, S. 291; vgl. auch BFH v. 07.08.2000, GrS 2/99, BStBl II 2000, S. 632.

28 Böcking/Gros (2007), S. 2340.

29 Die Gefährdung der Maßgeblichkeit durch die zunehmenden Durchbrechungen wird noch dadurch verschärft, dass selbst das BVerfG dem nur geringe Grenzen setzt, wie ein jüngerer Beschluss im Rahmen der Jubiläumsrückstellungen deutlich aufzeigt. Hiernach diene die Steuerbilanz der vom Handelsbilanzrecht unabhängigen Zielsetzung der Messung der finanziellen Leistungsfähigkeit, weshalb die Maßgeblichkeit nur als untergeordnete Leitlinie zu sehen sei, die vor allem auf Praktikabilitätsgründen beruhe. Die Versagung bestimmter Rückstellungen in der Steuerbilanz sei daher verfassungsrechtlich nicht zu beanstanden, vgl. BVerfG v. 12.05.2009, 2 BvL 1/00, BVerfGE 123, S. 111. Damit kann vermutet werden, dass das Maßgeblichkeitsprinzip auch künftig weitgehend zur Disposition des Gesetzgebers steht, vgl. Herzig (2010c), Rz. 7. Zur Kritik an der starken Zurückhaltung des BVerfG vgl. Hey (2009), S. 2561 ff.; Hennrichs (2010b), S. 237 ff.; Schulze-Osterloh (2010a), S. 255 ff.; Hüttemann (2011), S. 627 ff.

Die Änderungen des BilMoG führen dazu, dass die kontroversen Diskussionen um die Maßgeblichkeit noch stärker als zuvor geführt werden. Schon die Aufgabe der umgekehrten Maßgeblichkeit führt per Definition zu einer Abweichung von Handels- und Steuerbilanz bei Inanspruchnahme steuerlicher Begünstigungsnormen.[30] Die nach neuer Rechtslage notwendige Verzeichnisführung wird bereits als beginnender Einstieg in eine selbständige Steuerbilanz angesehen.[31] Für weitere Friktionen sorgt das vom Gesetzgeber vorgegebene Zielsystem des BilMoG, das neben der Beibehaltung der Maßgeblichkeit das konfliktäre Ziel einer weitgehenden Steuerneutralität der handelsrechtlichen Änderungen anstrebte.[32] Eine unveränderte Steuerbilanz bei einer reformierten, zunehmend an der Informationsfunktion ausgerichteten Handelsbilanz bedingt neue Abweichungen zwischen den Rechenwerken, weshalb es wiederum zu Durchbrechungen kam. Im Bereich der Rückstellungen ist die Maßgeblichkeit nach BilMoG nur noch auf einen solch **minimalen Geltungsbereich** beschränkt, dass gar von einem eigenen „steuerlichen Rückstellungsrecht“ gesprochen wird.[33] Eine Einheitsbilanz dürfte nach der Bilanzrechtsmodernisierung selbst für kleine und mittlere Unternehmen weitgehend unmöglich sein.[34]

Wie gezeigt wird die materielle Maßgeblichkeit nunmehr durch einen weiteren steuerlichen Vorbehalt, die autonome Wahlrechtsausübung, durchbrochen. Künftig dürfte jeder Bilanzierende prüfen, ob eine unterschiedliche Wahlrechtsausübung vorteilhaft wäre, um die steuerliche Bemessungsgrundlage unabhängig von der Handelsbilanz zu optimieren. Ein Beispiel für eine solche Gestaltungsstrategie ist, eine Teilwertabschreibung bei dauerhafter Wertminderung trotz handelsrechtlicher Abschreibungspflicht zu unterlassen (§ 6 Abs. 1 Nr. 1 S. 2, Nr. 2 S. 2 EStG und § 253 Abs. 3 S. 3, Abs. 4 HGB). So lässt sich bei Beteiligungsbesitz einer Kapitalgesellschaft verhindern, dass durch die nicht steuerwirksame Teilwertabschreibung (§ 8b Abs. 3 S. 3 KStG) ein in Höhe von 5 % steuerbares Wertaufholungspotenzial geschaffen wird (§ 8b Abs. 2 S. 3 i. V. m. Abs. 3 S. 1 KStG).[35] Auch § 5 Abs. 1 S. 1 2. HS EStG führt mithin zu einer zunehmend separaten Betrachtung der Bilanzen und zu einer Schwächung der Maßgeblichkeit.

---

30 Vgl. Arbeitskreis Bilanzrecht der Hochschullehrer Rechtswissenschaft (2008a), S. 1060; Meurer (2009), S. 118.

31 Vgl. Weber-Grellet (2011), Rz. 61 zu § 5 EStG.

32 Vgl. BT-Drs. 16/10067, S. 41.

33 Vgl. Scheffler (2010c), Rz. 34 (auch Zitat; Hervorh. im Original). Einen Überblick über die Durchbrechungen der Maßgeblichkeit nach BilMoG geben Schneeloch (2009), S. 390 f.; Herzig/Briesemeister (2010b), S. 66 ff.

34 Vgl. Hennrichs (2009d), S. 542; Esterer (2010), S. 635, 637; Herzig (2010a), S. 2; vgl. dies bereits vor dem BilMoG als zumeist unmöglich ansehend Drüen (2001), S. 999; Lauth (2000), S. 1366 f. Letzteres wird bestätigt durch eine empirische Studie, die schon für die alte Rechtslage aufzeigt, dass abweichende Sachverhalte in der Unternehmenspraxis tatsächlich relativ häufig auftreten, vgl. Haller/Ferstl/Löffelmann (2011), S. 886.

35 Ebenso kann ein Verzicht auf die Teilwertabschreibung dazu dienen, Verlustabzugsbeschränkungen (§§ 10d, 15a EStG sowie 8c KStG) oder eine Verringerung des EBITDA für Zwecke der Zinsschranke zu vermeiden. Weiteres Gestaltungspotenzial bietet z. B. das Wahlrecht zur Anwendung der Lifo-Methode (§ 6 Abs. 1 Nr. 2a EStG). Vgl.

Nach dem BilMoG kommt dem Maßgeblichkeitsgrundsatz insgesamt nur noch ein begrenzter Anwendungsbereich zu. Dieser greift nur noch subsidiär, und zwar nur noch, wenn überhaupt keine steuerliche Regelung (weder eine zwingende Vorschrift noch ein Wahlrecht) besteht, was jedoch immer seltener der Fall ist.[36] Der steuerliche Wahlrechtsvorbehalt gem. § 5 Abs. 1 S. 1 2. HS EStG führt zudem zu einer zunehmend **unsystematischen Ausgestaltung** der steuerlichen Gewinnermittlung. Der Steuerpflichtige kann durch Wahlrechtsausübung die Höhe des steuerlichen Gewinns in bestimmtem Umfang beeinflussen, teilweise ohne dass hierfür sachliche Rechtfertigungen, wie eine angestrebte Investitionsförderung, vorliegen.[37] Wahlrechte widersprechen elementaren steuerlichen Prinzipien; insbesondere wird hierdurch das Postulat der Gleichmäßigkeit der Besteuerung konterkariert.[38]

4.2.1.2 Steigende Bedeutung eines eigenständigen tax accounting

Aufgrund der vielfältigen Durchbrechungen der Maßgeblichkeit und des steuerlichen Wahlrechtsvorbehalts gem. § 5 Abs. 1 S. 1 2. HS EStG dürfte die Notwendigkeit einer gesonderten Steuerbuchhaltung (**tax accounting**) zur Erstellung einer eigenständigen Steuerbilanz nach dem BilMoG steigen.[39] Ein derartiges tax accounting kann auch an Bedeutung für Gesellschaften gewinnen, die gem. § 274 HGB latente Steuern zu ermitteln haben. Das durch das BilMoG eingeführte temporary concept basiert auf einer Gegenüberstellung handels- und steuerrechtlicher Wertansätze.[40] Die Erstellung einer Steuerbilanz kann daher bei größeren Abweichungen vorteilhaft sein, da umfangreiche Abweichungen der Bilanzwerte mit einer reinen Überleitungsrechnung nur unter Schwierigkeiten zu ermitteln sein dürften.[41]

Die Bedeutung des Reporting für Steuerzwecke nimmt zudem aufgrund des **Projekts der E-Bilanz** zu. Gem. § 5b EStG haben Unternehmen für Wirtschaftsjahre, die ab dem 31.12.2011 beginnen, die Inhalte der Bilanz und GuV nach amtlich vorgeschriebenem Datensatz auf elektro-

zur Steuerbilanzpolitik nach BilMoG im Einzelnen Herzig/Briesemeister (2009b), S. 162 f.; Dörfler/Adrian (2009), S. 390 ff.; Schmiel (2010), S. 451 ff.

36 Vgl. Theile (2009), S. 2385; Thiel (2010), S. 740, 747.

37 Vgl. kritisch Arbeitskreis Bilanzrecht der Hochschullehrer Rechtswissenschaft (2009), S. 2572; Hennrichs (2010a), S. 270; Anzinger/Schleiter (2010), S. 397; Kahle (2011), S. 164; Schulze-Osterloh (2011), S. 537.

38 Vgl. Schneider (2002), S. 279, 294; zum Gleichmäßigkeitspostulat vgl. im Einzelnen Kap. 4.3.1.2.

39 Vgl. Herzig/Vossel (2010), S. 57; Herzig (2010d), S. 1900, 1905.

40 Vgl. zu einer grundlegenden Darstellung Küting/Seel (2010), S. 680 ff.; Streim/Bieker (2009), S. 802 ff.

41 Vgl. Herzig (2010a), S. 2. Die differenzierte Ermittlung latenter Steuern wird aufgrund des Aktivierungswahlrechts (§ 274 Abs. 1 S. 2 HGB) notwendig, wenn nicht generell von einem Aktivüberhang ausgegangen werden kann (sofern nicht die Option ausgeübt wird). Zwar dürfte letzteres aufgrund der höheren handelsrechtlichen Rückstellungsbeträge auch nach BilMoG die Regel sein. Allerdings kann durch die Abschaffung der umgekehrten Maßgeblichkeit und die zunehmenden Differenzen zwischen Handels- und Steuerbilanz auch der Umkehrfall vorliegen und die Ermittlung notwendig werden, vgl. auch Kap. 2.2.1 (Fn. 56) sowie Kap. 2.4.4.2.

nischem Wege an die Finanzverwaltung zu übermitteln. Der Steuerpflichtige hat hierbei die Möglichkeit, die handelsrechtliche Bilanz um eine steuerliche Überleitung zu ergänzen oder eine originäre Steuerbilanz zu übersenden (§ 5b Abs. 1 S. 2, 3 EStG). § 5b EStG stellt sich nur auf den ersten Blick als reine Verfahrensvorschrift zum Zwecke des Bürokratieabbaus dar. Die Regelung hat vielmehr weitreichende materielle Konsequenzen.

Die Finanzverwaltung hat die geforderte Taxonomie für eine in 2011 vorgesehene Pilotphase zum Test der elektronischen Datenübermittlung vorgelegt.[42] Zwar wird im Anschluss an die Pilotierung noch ein gesondertes Schreiben zu dem endgültig geforderten Aufbau ergehen, allerdings ist davon auszugehen, dass dieses hinsichtlich der geforderten Angaben nicht erheblich von der getesteten Taxonomie abweichen wird. Die Finanzverwaltung fordert einen sehr hohen, im Schrifttum heftig kritisierten **Detaillierungsgrad an Informationen**. Es werden Muss-Felder vorgegeben, die von den handelsrechtlichen Bilanz- und GuV-Positionen abweichen und teilweise erheblich über die nach §§ 266, 275 HGB vorgeschriebenen handelsrechtlichen Gliederungsvorschriften hinausgehen.[43] Mit den über das Handelsbilanzrecht hinausgehenden Anforderungen greift die Besteuerung tief in die Gestaltung von Kontenplänen und die Buchhaltung generell ein; bereits bei der Buchung sind die von der Finanzverwaltung geforderten zusätzlichen Informationen zu beachten.[44] Mit den differenzierten Vorgaben zur steuerlichen Taxonomie steigt die Wahrscheinlichkeit, dass sich die Steuerbilanz bei vielen Unternehmen zu einem eigenständig gepflegten Rechenwerk entwickelt, da eine reine Überleitungsrechnung von der Handelsbilanz nicht mehr ausreicht. Kleinere Unternehmen werden womöglich künftig die Handels- aus der differenzierteren Steuerbilanz ableiten, womit sich die Steuerbilanz hier zum maßgeblichen Rechenwerk entwickeln könnte.[45]

4.2.1.3 Infragestellung der tradierten Begründungen für den Maßgeblichkeitsgrundsatz

Mit der zunehmenden Wandlung des Maßgeblichkeitsprinzips verlieren viele der traditionellen Begründungen hierfür an Berechtigung. Hauptgrund der Anknüpfung an die handelsrechtlichen Vorschriften war aus historischer Sicht die durch Anwendung einheitlicher Rechnungslegungs-

---

[42] Vgl. BMF v. 16.12.2010, IV C 6 - S 2133-b/10/10001, BStBl I 2010, S. 1500.
[43] Vgl. im Überblick Richter/Kruczynski/Kurz (2010), S. 2489 ff.; Rust/Hülshoff/Kolbe (2011), S. 747 ff. Vgl. zur immensen Kritik an den übermäßigen Informationsanforderungen statt vieler Kußmaul/Weiler (2010), S. 17 ff.; Herzig (2010d), S. 1907; Loitz (2011), S. I; Wenk/Jagosch/Straßer (2011), S. 589 f.
[44] Vgl. Herzig (2010d), S. 1901.
[45] Vgl. Herzig/Briesemeister/Schäperclaus (2011), S. 9.

grundsätze in Handels- und Steuerbilanz erhoffte **Vereinfachung und Kosteneffizienz**.[46] Den Bilanzierenden sollte die zusätzliche Belastung durch die Erstellung eines weiteren Rechenwerks für Besteuerungszwecke erspart werden. Hinzu trat die Begründung der **Einheitlichkeit der Rechtsordnung**, welche zu einer Vereinfachung des Rechtssystems führen und die Rechtsanwendung erleichtern sollte. Als Argument für das Maßgeblichkeitsprinzip wurde des Weiteren häufig hervorgebracht, dass dieses als **Schutz vor überbordenden Eingriffen des Steuergesetzgebers** und damit überhöhter Besteuerung dienen könne.[47]

Vor allem durch die vielfältigen Durchbrechungen der Maßgeblichkeit können diese Begründungen, sofern sie nicht ohnehin kritisch zu sehen sind, **kaum noch überzeugen**. Da die Erstellung einer Einheitsbilanz mittlerweile die Ausnahme sein dürfte, ist der erhoffte Vereinfachungsaspekt weitgehend obsolet.[48] Die vielzähligen Durchbrechungen stellen auch die angestrebte Einheit der Rechtsordnung in Frage. Ob dieses Argument überhaupt stichhaltig ist, ist zudem fraglich. Einheitliche Gewinnermittlungsregelungen für Handels- und Steuerbilanz können im Grunde nur dann als sinnvoll angesehen werden, wenn davon ausgegangen wird, dass beide Bilanzen dieselben Zielsetzungen verfolgen.[49] Diese Frage wird in Kap. 4.3.3 näher untersucht. Die Schutzwirkung der Maßgeblichkeit schließlich wurde mittlerweile eindeutig widerlegt, denn „[d]as Schutzschild der handelsrechtlichen GoB wird mit fast jedem Steueränderungsgesetz angebrochen“[50]. Des Weiteren kann dieses Argument generell kritisiert werden, da die Beschränkung eines übermäßig agierenden Fiskus grundsätzlich eher Aufgabe des Verfassungsrechts und weniger des Handelsbilanzrechts sein sollte.[51]

Das Maßgeblichkeitsprinzip wird nach der bekannten **Teilhaberthese** von *Döllerer* oftmals damit begründet, dass der Fiskus als stiller Teilhaber des Unternehmens angesehen werden kann.[52] Da das Handelsbilanzrecht nach h. M. in erster Linie den entziehbaren Gewinn bestimmt, dessen

---

46 Vgl. Pannen (2000), S. 61 ff.; Schneider (2010a), S. 708; Freidank/Velte (2010), S. 186.

47 Vgl. zu diesen klassischen Argumenten für die Maßgeblichkeit im Einzelnen Ballwieser (1990), S. 492 f.; ders. (2011), S. 580 ff.; Beisse (1993), S. 85 f.; ders. (1994), S. 23; Schmidt (1994), S. 130 ff.; Söffing (1995), S. 655 f., 659 f.; Mössner (1998), S. 149 f.

48 Vgl. Kap. 4.2.1.1. Den Vereinfachungsaspekt im geltenden Recht konterkarieren zudem die durch Verwendung unterschiedlicher Begriffe (wie z. B. "Vermögensgegenstand" und "Wirtschaftsgut") entstehenden Auslegungsfragen. Darüber hinaus legt die Rechtsprechung mittlerweile sogar gleiche Begriffe, wie "dauernde Wertminderung", abweichend von der Handelsbilanz aus, vgl. BFH v. 26.09.2007, I R 58/06, BStBl II 2009, S. 294; v. 23.04.2009, IV R 62/06, BStBl II 2009, S. 778; v. 14.03.2006, I R 22/05, BStBl II 2006, S. 680.

49 Vgl. daher dezidiert gegen dieses Argument Schneider (2008a), S. 285.

50 Schneider (2010a), S. 714; nach *Herzig* hat die Schutzfunktion der GoB in der Praxis „in vollem Umfang versagt“, Herzig (1999), S. 786.

51 Vgl. Weber-Grellet (1999), S. 2662; Lauth (2000), S. 1369; Pannen (2000), S. 58.

52 Vgl. Döllerer (1971), S. 1334; ders. (1983), S. 172; ders. (1988), S. 238; gl. A. Moxter (2000b), S. 159 f.; Clemm (1999), S. 639; Schön (2005a), S. 51 f.; Wehrheim/Fross (2010b), S. 199 f.; Marx (2011), S. 1005 f.

Ausschüttung den Fortbestand des Unternehmens nicht gefährdet, kann dieser auch der Besteuerung zugrunde gelegt werden.[53] Denn geht man davon aus, dass der Fiskus nicht besser oder schlechter gestellt werden soll als die übrigen Teilhaber des Unternehmens, kann es keine spezifisch steuerrechtliche Leistungsfähigkeit geben.[54] Ob dies aus ökonomischer Sicht zutrifft, ist Gegenstand des Kap. 4.3.3.2.1. Vorab soll nur der Bedeutungsverlust der Teilhaberthese de lege lata aufgezeigt werden. Zum einen bewirken die Durchbrechungen der Maßgeblichkeit, dass der Gleichlauf von Ausschüttungs- und Steuerbemessungsgrundlage verloren geht und der Fiskus immer mehr die Stellung eines bevorrechtigten Teilhabers am Unternehmenserfolg einnimmt.[55] Andererseits hat die Teilhaberthese durch das BilMoG an Bedeutung verloren: Durch die Abschaffung der umgekehrten und formellen Maßgeblichkeit können Beträge ausgeschüttet werden, die nicht in derselben Periode der Besteuerung unterliegen.[56] Die eigenständige Wahlrechtsausübung (§ 5 Abs. 1 S. 1 2. HS EStG) ist mit der Teilhaberthese unvereinbar, denn mit diesem Instrument kann die Ausschüttungshöhe optimiert werden, während die Steuerbelastung (temporär) verzögert wird. Auch die Teilhaberthese ist damit deutlich angegriffen,[57] was die Zukunftsfähigkeit der Maßgeblichkeit ebenfalls fraglich erscheinen lässt.

4.2.1.4 Bedeutungsgewinn der IFRS im nationalen Steuerrecht

Das Festhalten am Handelsbilanzrecht im Rahmen des BilMoG und die explizite Ablehnung einer Übernahme der IFRS in den Einzelabschluss wurde neben den Konflikten mit der Ausschüttungsbemessung vor allem mit der fraglichen Zweckmäßigkeit der IFRS für die steuerliche Gewinnermittlung begründet.[58] Nicht nur aufgrund der Forderung, zumindest kapitalmarktorientierten Konzernunternehmen eine Anwendung der IFRS im Einzelabschluss zu ermöglichen,[59] stellt sich die Frage nach der Zukunftsträchtigkeit dieser Entscheidung.

Denn es ist schon heute eine gewisse **Relevanz der IFRS für die steuerliche Gewinnermittlung** festzustellen. So ist kritisch zu konstatieren, dass der Gesetzgeber zur Eignung der IFRS für Zwecke der Besteuerung eine durchaus zwiespältige Ansicht einnimmt. Viele Änderungen im

---

53 Vgl. Döllerer (1983), S. 169.
54 Vgl. Döllerer (1971), S. 1334.
55 Vgl. Freidank/Velte (2010), S. 187.
56 Vgl. kritisch Stobbe (2008), S. 2434.
57 Vgl. Herzig (2010d), S. 1901; Thiel (2010), S. 736.
Zwar wird durch die Bilanzierung latenter Steuern wieder ein gewisser Gleichlauf erreicht. Dies gilt aber nur für diejenigen Unternehmen, die latente Steuern zu bilanzieren haben.
58 Vgl. zu dieser Begründung für die Ablehnung der IFRS und die Entscheidung für die Modernisierung des Handelsbilanzrechts im Rahmen des BilMoG Ernst/Seidler (2008b), S. 121 f.
59 Vgl. bereits Kap. 2.2.1.

Rahmen des BilMoG, die eine Annäherung an die IFRS bezweckten, wurden bereits (wenn auch in teils deutlich abweichender Form) im Steuerrecht verankert, da der Steuergesetzgeber in früheren Reformen Anleihen bei den IFRS nahm – hierbei aber nur punktuell und steuerverschärfend.[60] Auch im Rahmen des BilMoG scheute sich der Gesetzgeber nicht, einzelne an die IFRS angelehnte Vorschriften in das EStG zu übertragen. So wird durch § 6 Abs. 1 Nr. 2b EStG die mit dem BilMoG eingeführte Zeitbewertung des Handelsbestands bei Kreditinstituten unter Abzug eines Risikoabschlags auch für die Besteuerung herangezogen, womit bei einem Teil der Steuerpflichtigen unrealisierte Gewinne besteuert werden.[61]

Sofern dem keine steuerliche Sonderregelung entgegensteht, hat zudem eine **Inbezugnahme der IFRS zur Auslegung handelsbilanzieller Fragestellungen** deren mittelbare Einwirkung auf die Steuerbilanz zur Folge. Zwar ist ein solcher Rückgriff bereits aufgrund der divergierenden Zielsetzungen von HGB und IFRS grundsätzlich kritisch zu sehen; ein Rekurs auf die IFRS als Erkenntnisquelle zur Ableitung GoB-konformer Lösungen ist jedoch denkbar.[62] Verwiesen werden kann etwa auf die Diskussion zum Komponentenansatz. Diese den IFRS entlehnte Regelung wird als möglicher Ausgleich für die mit der Streichung der Aufwandsrückstellungen im Rahmen des BilMoG einhergehenden Gewinnschwankungen angesehen und vom IDW in bestimmtem Umfang als zulässig erachtet.[63] Da die komponentenweise Abschreibung nach h. M. als GoB-konform eingestuft wird,[64] wäre diese grundsätzlich steuerlich relevant, stünde dem nicht der Bewertungsvorbehalt des § 5 Abs. 6 EStG entgegen.[65]

Auch außerhalb der Steuerbilanz gewinnen die IFRS an Bedeutung für die Besteuerung. Mit der durch das Unternehmensteuerreformgesetz 2008 eingeführten **Zinsschranke** (§§ 4h EStG, 8a KStG), die eine allgemeine Begrenzung des Betriebsausgabenabzugs für Zinsaufwendungen kodifiziert, greift erstmals eine ertragsteuerliche Gewinnermittlungsvorschrift direkt auf die

---

60 So vor allem im Zuge des Steuerentlastungsgesetzes 1999/2000/2002 bspw. mit der Einführung des Wertaufholungsgebots (§ 6 Abs. 1 Nr. 1 S. 4, Nr. 2 S. 3, § 7 Abs. 1 S. 7 EStG) oder der Abzinsungspflicht von Verbindlichkeiten und Rückstellungen (§ 6 Abs. 1 Nr. 3, Nr. 3a Buchst. e) EStG). Der Gesetzgeber berief sich unmittelbar auf die angestrebte Anpassung an internationale Standards, vgl. BT-Drs. 14/23, S. 126 f. Wie fragwürdig diese Vorgehensweise war, zeigt sich z. B. daran, dass andererseits die Berücksichtigung künftiger Preis- und Kostensteigerungen im Rahmen der Rückstellungsbewertung (bis heute) nicht übernommen wurde, vgl. zur Kritik Herzig (2000), S. 108 ff.; ders., (2010c), Rz. 85, 96.

61 Vgl. kritisch Helios/Schlotter (2009), S. 551 f.; Schmiel (2008), S. 346; Prinz (2010), S. 2070.

62 Vgl. im Einzelnen Kap. 2.2.1.

63 Vgl. im Einzelnen bereits Fn. 500 in Kap. 2.4.4.2.

64 Vgl. im Ergebnis Hennrichs/Pöschke (2009), S. 539 f.; Hennrichs (2009a), S. 107 f.; Kahle/Heinstein/Dahlke (2010), Rz. 177b.

65 Vgl. Hommel/Rößler (2009), S. 2530; Husemann (2010), S. 514; Herzig/Briesemeister (2010a), S. 300; Kahle/Heinstein/Dahlke (2010), Rz. 177g f.; vgl. dies offenlassend Prinz (2010), S. 2074; ders. (2011a), S. 163.

IFRS zurück.[66] Zwei der drei Verschonungstatbestände des § 4h Abs. 2 S. 1 EStG, die Ausnahmen von der Zinsabzugsbeschränkung vorsehen, nehmen auf die IFRS Bezug. Im Rahmen der sog. "Escape-Klausel", nach der im Falle eines konzernzugehörigen Betriebs und einer im Konzernvergleich mindestens äquivalenten Eigenkapitalquote die Begrenzung nicht greift,[67] werden die Eigenkapitalquoten vorrangig anhand der IFRS bestimmt (§ 4h Abs. 2 S. 1 Buchst. c S. 8 EStG).[68] Nur für den Fall, dass kein Konzernabschluss nach IFRS zu erstellen und offenzulegen ist und auch nicht in den letzten fünf Jahren erstellt wurde, kann auf die nationalen handelsrechtlichen Vorschriften bzw. (wiederum nachrangig) auf die US-GAAP zurückgegriffen werden (§ 4h Abs. 2 S. 1 Buchst. c S. 9 EStG). Ist auf die IFRS abzustellen, hat auch der einzelne Betrieb seine Eigenkapitalquote nach IFRS bzw. durch eine Überleitung auf diese zu ermitteln.[69] Es kommt mithin zu einer „steuerlich induzierte[n] Obliegenheit zur Bilanzierung nach IFRS“ auf Ebene der Betriebe.[70] Die sog. "Konzernklausel", nach der nicht konzernzugehörige Betriebe nicht unter die Zinsschranke fallen, stellt zur Prüfung der Konzernzugehörigkeit auf denselben Rechnungslegungsstandard und damit ebenfalls vorrangig auf die IFRS ab (§ 4h Abs. 3 S. 5 i. V. m. Abs. 2 S. 1 Buchst. c S. 8 EStG).[71] Zusammenfassend besitzen die IFRS – wenn auch sehr punktuell – bereits de lege lata Relevanz für die steuerliche Gewinnermittlung.

4.2.2 Herausforderungen für die Maßgeblichkeit aus internationaler Perspektive

4.2.2.1 Einfluss der EuGH-Rechtsprechung auf das Bilanzsteuerrecht

Die Bestandskraft der Maßgeblichkeit wird auch durch die Rechtsprechung des EuGH in Frage gestellt. Lange Zeit war strittig, inwiefern der EuGH zur **Vorabentscheidung in Fragen des Bilanzsteuerrechts** befugt ist. Ursache für diese Unsicherheit war, dass der Bereich der direkten Besteuerung nicht harmonisiert ist, jedoch durch das Maßgeblichkeitsprinzip ein mittelbarer Bezug zu der durch das Handelsbilanzrecht umgesetzten Bilanzrichtlinie besteht. Der EuGH entscheidet gem. Art. 19 EUV, 267 AEUV im Wege der Vorabentscheidung u. a. über die Auslegung der Handlungen der Organe der EU, also auch über die Auslegung der Richtlinien als sekun-

---

66 Vgl. Küting/Weber/Reuter (2008), S. 1602, 1606; Lüdenbach/Hoffmann (2007a), S. 636.
67 Ein Unterschreiten der Konzerneigenkapitalquote um bis zu 2 % ist erlaubt (§ 4h Abs. 2 S. 1 Buchst. c EStG).
68 Vgl. auch BMF v. 04.07.2008, IV C 7 - S 2742-a/07/10001, BStBl I 2008, S. 718, Rz. 77.
69 Vgl. § 4h Abs. 2 S. 1 Buchst. c S. 11 EStG.
Ob auf die IFRS zurückgegriffen werden muss, bestimmt sich nach dem auf Ebene der Konzernspitze zur Anwendung kommenden Rechnungslegungsstandard, vgl. Hick (2010), Rz. 48 zu § 4h EStG.
70 Vgl. Hennrichs (2007), S. 2105 (auch Zitat); kritisch Kußmaul et al. (2008), S. 140, die einen hieraus resultierenden Rechnungslegungsmehraufwand befürchten. Allerdings dürften i. d. R. für Konsolidierungszwecke bereits Handelsbilanzen II auf Basis der IFRS vorliegen, die als Ausgangspunkt herangezogen werden können.
71 Vgl. zur Thematik "IFRS und Zinsschranke" weiterführend Hennrichs (2007), S. 2101 ff.; Lüdenbach/Hoffmann (2007a), S. 636 ff.; Kahle/Dahlke/Schulz (2008), S. 270 ff.; Schulz (2008), S. 2043 ff.; Stibi/Thiele (2008), S. 2507 ff.; Heuser/Theile (2009), Rz. 6000 ff.

därem Gemeinschaftsrecht.[72] Damit stellte sich die Frage, inwiefern diese Vorabentscheidungszuständigkeit aufgrund der indirekten Inbezugnahme der Bilanzrichtlinie durch die Maßgeblichkeit auf steuerbilanzielle Fragestellungen durchschlägt. Diese Streitfrage ist mittlerweile geklärt, denn in der **Rechtssache *BIAO***[73] bejahte der EuGH seine Zuständigkeit bei Bilanzierungsfragen, die die Steuerbilanz betreffen, sofern das nationale Steuerrecht über die Maßgeblichkeit auf das Handelsbilanzrecht und damit (wenngleich nur mittelbar) die Bilanzrichtlinie zurückgreift.[74] Dies gilt zudem uneingeschränkt für alle Unternehmen, auch bei solchen, für die die Bilanzrichtlinie lediglich freiwillig umgesetzt wurde (wie in Deutschland für Einzelkaufleute oder Personengesellschaften).[75] Der EuGH macht damit seine Kompetenz zur Auslegung der Richtlinien in umfassendster Weise geltend.

In Folge der EuGH-Rechtsprechung wurde ein Verlust an Steuersouveränität auf dem Gebiet der direkten Steuern sowie ein Kompetenzverlust der nationalen Steuergerichte befürchtet.[76] Ob der EuGH aber Einfluss auf die steuerliche Gewinnermittlung nehmen kann, hängt maßgeblich von der Vorlagepraxis der deutschen Finanzgerichte ab, denn der EuGH kann die nationalen Gerichte nicht zur Anrufung zwingen.[77] Die nationalen Gerichte haben sowohl die Erforderlichkeit einer Vorabentscheidung als auch die Erheblichkeit der Fragestellung zu beurteilen, womit ein deutlicher Spielraum hinsichtlich der Beurteilung des Vorlageerfordernisses besteht.[78] Gleichwohl fördert die Rechtsprechung des EuGH die zunehmende Tendenz zur Betonung der Eigenständigkeit des Bilanzsteuerrechts. Denn Vorabentscheidungsverfahren in Fragen der Steuerbilanz kommen nur in Frage, wenn sich der Sachverhalt im Wesentlichen auf die Bilanzrichtlinie bezieht, die Regelungen der Richtlinie ohne materielle Änderungen übernommen wurden und keine diesen entgegenstehenden nationalen Bestimmungen bestehen.[79] Eine Vorlage an den EuGH scheidet demnach aus, sofern das Steuerrecht eigenständige Regelungen oder Begriffe (z. B. Teilwertbegriff, Betriebs-/Privatvermögen) schafft, die keine Äquivalente im Handelsrecht

---

72 Letztinstanzliche Gerichte sind zur Vorlage verpflichtet (Art. 267 Abs. 3 AEUV), andere Gerichte zur Vorlage berechtigt (Art. 267 Abs. 2 AEUV). Vgl. ausführlich zu Reichweite und Bedeutung der Vorabentscheidungskompetenz des EuGH Schön (2004c), S. 763 ff.; Jensen-Nissen (2007), S. 29-33; Najderek (2009), S. 59-69.

73 Vgl. EuGH v. 07.01.2003, Rs. C-306/99, „BIAO", Slg. 2003, S. I-1.
Vgl. hierzu etwa Dziadkowski (2004), S. 323 f.; Bärenz (2003), S. 492 ff.; ders. (2004), S. 207 ff.; de Weerth (2003), S. 460 ff.; Scheffler (2003), S. 298 ff.; ders. (2004), S. 776 ff.; Hennrichs (2005c), S. 783 ff.

74 Vgl. EuGH v. 07.01.2003, Rs. C-306/99, „BIAO", Slg. 2003, S. I-1, Rz. 88-94.

75 Vgl. EuGH v. 07.01.2003, Rs. C-306/99, „BIAO", Slg. 2003, S. I-1, Rz. 91.

76 Vgl. Broer (2001), S. 278 ff.; Hennrichs (2001), S. 328.

77 Vgl. Scheffler (2003), S. 300 f., 304; ders. (2004), S. 777.

78 Vgl. hierzu EuGH v. 07.01.2003, Rs. C-306/99, „BIAO", Slg. 2003, S. I-1, Rz. 88 m.w.N.; kritisch Hey (2010a), Rz. 51 zu § 17, die kritisiert, dass der EuGH bislang nicht die Frage beantwortete, ob sich aus § 5 Abs. 1 S. 1 EStG eine Vorlagepflicht des BFH auch für Steuerbilanzfragen ergibt, die sie bejaht; vgl. gl.A. Kahle (2006c), S. 91; Jensen-Nissen (2007), S. 31.

79 Vgl. Herlinghaus (2005), S. 1191.

haben.[80] Ebenso wenig kommt bei steuerrechtlichen Regelungen mit handelsrechtlicher Entsprechung eine Vorlage in Betracht, wenn nachgewiesen werden kann, dass es Zielsetzung des Steuergesetzgebers war, eine spezifisch steuerrechtliche Sachgesetzlichkeit zu regeln.[81] Die in den letzten Jahren zu beobachtende zunehmende Tendenz – gerade auch in der Rechtsprechung des BFH[82] – die Eigenständigkeit der steuerlichen Gewinnermittlung zu betonen, hat wohl eine (Mit-)Ursache darin, die Zuständigkeit des EuGH zur Vorabentscheidung von europarechtlichen Zweifelsfragen im Bilanzsteuerrecht auszuschließen.[83]

Große Beachtung im Schrifttum haben vor allem die weiteren Ausführungen des EuGH im Urteil *BIAO* hinsichtlich der **Bedeutung der IFRS im europäischen Bilanzrecht** gefunden. Hiernach ist im Falle des Fehlens einer Detailregelung der Bilanzrichtlinie für Auslegungsfragen das nationale Recht heranzuziehen, wobei gegebenenfalls ergänzend die IFRS zu berücksichtigen sind.[84] Aus diesen Ausführungen wurde abgeleitet, dass die IFRS bei Regelungslücken mittelbar Geltung für Fragen der steuerlichen Gewinnermittlung – und dies für alle Unternehmen – erlangen können, da der EuGH diesen im Falle fehlender Detailregelungen der Bilanzrichtlinie und Auslegungsspielräumen des nationalen Rechts die Funktion einer Auslegungshilfe zuspreche. Solange die Maßgeblichkeit handelsrechtlicher GoB bestehe, ergebe sich nicht nur ein latenter Einfluss des EuGH in Fragen des Steuerbilanzrechts, sondern zudem die Möglichkeit des schleichenden Eindringens der IFRS in die Steuerbilanz.[85]

Die materielle Reichweite des EuGH-Verweises auf die IFRS muss jedoch hinterfragt werden. Schließlich gelten diese verbindlich nur für Konzernabschlüsse kapitalmarktorientierter Unternehmen. Die enge Begrenzung des vom nationalen Gesetzgeber festzulegenden Anwendungsbereichs darf nun nicht durch eine umfassende Orientierung der Rechtsprechung an den IFRS

---

80 Vgl. Herlinghaus (2005), S. 1191 f.; Grotherr (2003), S. 431 f.; Mayer (2005), S. 190.

81 Vgl. Schön (1997b), S. 581 f.; so auch Herlinghaus (2005), S. 1192.
Dies sollte folgerichtig in gleicher Weise für Bewertungsfragen gelten, vgl. Schön (1997b), S. 583. Der BFH lehnt hier aufgrund des Bewertungsvorbehalts gem. § 5 Abs. 6 EStG eine Vorlage bislang generell ab, vgl. BFH v. 15.07.1998, I R 24/96, BStBl II 1998, S. 728.

82 Vgl. Kap. 4.2.1.1.

83 So auch Schön (2005a), S. 5 f.

84 Vgl. EuGH v. 07.01.2003, Rs. C-306/99, „BIAO", Slg. 2003, S. I-1, Rz. 103, 118.

85 Vgl. Scheffler (2004), S. 781; Jensen-Nissen/Lochmann (2006), S. 313; Jensen-Nissen (2007), S. 34 f.; Böcking (2008a), S. 84; Vater (2005), S. 69; Hey (2010a), Rz. 52 zu § 17; Treisch (2011), S. 139.
Das FG Hamburg nahm im Anschluss tatsächlich eine Auslegung des vorgelegten Falls anhand der IFRS vor (vgl. FG Hamburg v. 28.11.2003, III 1/01, BB 2004, S. 1220). Der BFH hob die Entscheidung des FG anschließend auf (vgl. BFH v. 15.09.2004, I R 5/04, BStBl II 2009, S. 100), dies jedoch aus zeitlichen Gründen, da die vom FG herangezogenen IFRS im Streitjahr 1989 noch gar nicht anwendbar waren.

umgangen werden.[86] Betrachtet man die Urteilsbegründung genauer, ist die Interpretation der Aussagen des EuGH, wie sie im Schrifttum oftmals vorgenommen wurde, wohl auch zu weitgehend. Aus der oben geschilderten Urteilsbegründung kann ebenso gefolgert werden, dass der EuGH die IFRS eben nur "gegebenenfalls" berücksichtigt wissen möchte, also nur falls das nationale Recht eine solche Einstrahlungswirkung tatsächlich vorsieht.[87] Die Anknüpfung des HGB an die IFRS erfolgt aber nur sehr selektiv, was sodann auch in der Interpretation des EuGH einen Rekurs auf die IFRS als generelle Auslegungshilfe ausschließt. Mit Blick auf die Bedeutung der IFRS wird die Reichweite des Urteils *BIAO* insgesamt wohl eher überzeichnet.[88]

4.2.2.2 Harmonisierung der steuerlichen Gewinnermittlung auf EU-Ebene

Ein möglicher langfristiger Druck auf den Maßgeblichkeitsgrundsatz ergibt sich des Weiteren durch das Projekt der EU-Kommission zur Harmonisierung der steuerlichen Gewinnermittlung auf EU-Ebene. Schon seit dem Jahr 2001 strebt die Kommission die Schaffung einer gemeinsamen konsolidierten Körperschaftsteuer-Bemessungsgrundlage vor allem für grenzüberschreitend tätige Kapitalgesellschaftskonzerne an.[89] Nachdem das Projekt zwischenzeitlich ins Stocken geraten war, wurde im März 2011 nunmehr der lange erwartete Richtlinienvorschlag vorgelegt.[90]

Anlass des Projekts sind in erster Linie die hohen steuerlichen Befolgungskosten grenzüberschreitend tätiger europäischer Unternehmen, die aus der derzeit bestehenden Heterogenität von 27 unterschiedlichen Steuersystemen innerhalb der EU resultieren.[91] Die Unterschiedlichkeit der Steuersysteme und -sätze induziert weitere Probleme, wie Verzerrungen von Standort-, Investitions- und Finanzierungsentscheidungen.[92] Die Europäische Kommission strebt daher in ihrem Projekt eine umfassende Lösung an, welche die Körperschaftsteuersysteme innerhalb der EU vereinfachen und effizienter gestalten, Entscheidungsverzerrungen durch die Besteuerung reduzieren und grenzüberschreitende Investitionen fördern soll. Neben einer Reduktion steuerlicher Befolgungskosten wird auf die Eliminierung von Doppelbesteuerungen und insbesondere die Ermöglichung eines grenzüberschreitenden Verlustausgleichs abgezielt.[93]

---

86 Vgl. Hennrichs (2005c), S. 786; ders. (2009b), S. 596 f.; Schulze-Osterloh (2010b), Rz. 25 ff.
87 Vgl. in dieser Auslegung Hennrichs (2009b), S. 595 f.; Hennrichs/Pöschke (2009), S. 536; vgl. bereits Hennrichs (2005c), S. 784; ähnlich Schulze-Osterloh (2010b), Rz. 25 ff.
88 Vgl. Kahle (2006c), S. 91.
89 Vgl. EU-Kommission (2001b), S. 17 ff.; vgl. auch dies. (2003b), S. 18 ff.
90 Vgl. EU-Kommission (2011b); vgl. zu einem Überblick Lenz/Rautenstrauch (2011), S. 726 ff.; Kahle/Schulz (2011), S. 296 ff.; Kahle/Dahlke (2011), S. 453 ff.; Scheffler/Krebs (2011), S. 13* ff.
91 Vgl. EU-Kommission (2011a), S. 4.
92 Vgl. Kahle (2006a), S. 1402 f.; Spengel (2006a), S. G 22 ff.; Spengel/Oestreicher (2009), S. 773, 775.
93 Vgl. zu den Zielsetzungen des CCCTB-Projekts im Überblick EU-Kommission (2011a), S. 16.

Das Modell der **Common Consolidated Corporate Tax Base (CCCTB)**[94] folgt einer dreistufigen Ermittlungstechnik.[95] Zunächst ermitteln die Tochtergesellschaften und Betriebsstätten ihre Gewinne separat nach einheitlichen Vorschriften, was die Einigung auf ein harmonisiertes steuerliches Gewinnermittlungsrecht innerhalb der EU bedingt. Im Anschluss werden die Einzelgewinne zu einem konsolidierten Gesamterfolg zusammengefasst. Dieser wird wiederum den Einzelgesellschaften in den jeweiligen Staaten mittels Schlüsselgrößen zugewiesen, wo der anteilige Erfolg dem jeweiligen nationalen Steuersatz unterliegt. Abbildung 2 gibt einen Überblick über die Ausgestaltung der CCCTB nach dem Richtlinienvorschlag:

Wesentliche Kernpunkte der CCCTB nach dem Richtlinienvorschlag
Optionale Teilnahme (Art. 6 RL-E); Bindung an Optionsausübung für zunächst mindestens fünf, später drei Jahre (Art. 105 Nr. 1 RL-E).
Teilnahmevoraussetzung: Muttergesellschaft hält unmittelbar oder mittelbar > 50 % der Stimmrechte und > 75 % der Beteiligung am Gesellschaftskapital oder Gewinn der betreffenden Tochtergesellschaft (Art. 54 Nr. 1 RL-E).
Konsolidierung: Vollständige Zwischengewinneliminierung innerhalb der Gruppe; Anwendung des Fremdvergleichsgrundsatzes entfällt für beteiligte Unternehmen (Art. 59 RL-E).
Sofortiger grenzüberschreitender Verlustausgleich durch Zusammenfassung aller Gewinne und Verluste der Gruppe.
Formelhafte Gewinnaufteilung: Allokation des konsolidierten Gesamterfolgs anhand der drei gleichgewichteten Faktoren Umsatz, Arbeit und Vermögenswerte auf die Sitzländer der teilnehmenden Gesellschaften (Art. 86 Nr. 1 RL-E).
Verfahrensrecht: Sog. "one stop"-Lösung, d. h. alleinige verwaltungstechnische Zuständigkeit der Finanzverwaltung im Sitzland der Muttergesellschaft (Art. 104 Nr. 1 RL-E).

Abbildung 2: Wesentliche Elemente der CCCTB nach dem Richtlinienvorschlag[96]

Ausgangspunkt zur Entwicklung der Regelungen der europaweit einheitlichen Bemessungsgrundlage stellen aufgrund ihrer weiten Verbreitung innerhalb der EU die **IFRS** dar. Diese werden aber nicht etwa im Rahmen einer Maßgeblichkeit übernommen, sondern sollen lediglich als Anhaltspunkt (**starting point**) bei der Entwicklung eigenständiger steuerlicher Gewinnermittlungsvorschriften im Rahmen der CCCTB dienen.[97] Durch Heranziehung international bekannter Regelungen als "gemeinsame Sprache" soll der Prozess zur Entwicklung der Bemessungsgrund-

---

[94] Zu Beginn des Projekts wurden noch vier unterschiedliche Harmonisierungsmodelle erwogen, vgl. hierzu EU-Kommission (2001a), S. 401-409; einen Überblick gibt etwa Frebel (2006), S. 84-87. Die Diskussion fokussierte sich jedoch schnell auf das Modell der CCCTB.

[95] Vgl. zu dieser grundsätzlichen Funktionsweise der CCCTB statt vieler Czakert (2008b), S. 435; Schön (2007), S. 427; Herzig (2010b), S. 219 f.; Spengel/Ernst/Finke (2010), S. 286; Kußmaul/Niehren/Pfeifer (2010), S. 178 ff.

[96] Quelle: Eigene Darstellung.

[97] Vgl. EU-Kommission (2011a), S. 92.

lage erleichtert werden.[98] Der Richtlinienvorschlag sieht folglich eigenständige steuerliche Gewinnermittlungsregelungen vor, die aber teilweise hinsichtlich ihres materiellen Regelungsgehalts Anleihen bei den IFRS nehmen. Bedeutende **Eckpunkte der Bemessungsgrundlagenermittlung** nach dem Richtlinienentwurf (RL-E) sind:

- Der Entwurf basiert grundsätzlich auf einer GuV-basierten Gewinnermittlung; anders als in Deutschland ist kein bilanzorientierter Betriebsvermögensvergleich vorgesehen (Art. 10 RL-E). Der Gewinn berechnet sich daher als Überschuss an Erträgen abzüglich abziehbarer Aufwendungen und sonstiger abziehbarer Posten (Art. 4 (9) RL-E).
- Der Richtlinienvorschlag folgt grundsätzlich dem Realisationsprinzip (Art. 9 Nr. 1, 18 RL-E). Dieser Grundsatz wird jedoch durchbrochen, indem bei zu Handelszwecken gehaltenen Finanzinstrumenten eine Bewertung zum beizulegenden Zeitwert greift (Art. 22 Nr. 1 e), 23 Nr. 2 RL-E) und die percentage of completion-Methode zur Anwendung kommen soll (Art. 24 Nr. 2 RL-E).
- Selbst erstellte immaterielle Wirtschaftsgüter des Anlagevermögens sind generell von einer Aktivierung ausgeschlossen (Art. 4 (14), 12 RL-E).
- Während Wirtschaftsgüter mit einer Nutzungsdauer ab 15 Jahren verpflichtend linear abzuschreiben sind (Art. 36 RL-E),[99] sind alle übrigen Wirtschaftsgüter in einem einheitlichen Pool zu erfassen, der einer degressiven Abschreibung zu jährlich 25 % unterliegt (Art. 39 Nr. 1 RL-E).
- Das Imparitätsprinzip wird im Rahmen der Bewertung eingeschränkt: Eine außerplanmäßige Abschreibung ist im Anlagevermögen nur bei nicht abnutzbaren Wirtschaftsgütern sowie dauerhafter Wertminderung vorgesehen (Art. 41 Nr. 1 RL-E). Im Umlaufvermögen soll jedoch ein strenges Niederstwertprinzip greifen (Art. 29 Nr. 4 RL-E).
- Hinsichtlich der Verbrauchsfolgeverfahren wird ein Wahlrecht zwischen dem Fifo-Verfahren oder der gewichteten Durchschnittsmethode gewährt (Art. 29 Nr. 1 RL-E).
- Generell ist nach dem Richtlinienvorschlag die Pflicht zur Bildung von Verbindlichkeits- und Drohverlust-[100], nicht aber von Aufwandsrückstellungen vorgesehen. Hierbei sollen aber nach dem Wortlaut nur rechtliche Verpflichtungen einen Ansatz rechtfertigen, während faktische Verpflichtungen nicht zu einer Rückstellungsbildung führen (Art. 25 Nr. 1 RL-E). Bewertet werden sollen diese unter Einbezug künftiger Preis- und Kostensteigerungen (Art. 25 Nr. 2 c) RL-E). Eine Abzinsung ist vorgesehen, sofern die Laufzeit der Rückstellung mindestens zwölf Monate beträgt. Diese erfolgt mit dem durchschnittlichen jährlichen EURIBOR-Zinssatz für Schuldtitel mit einer Restlaufzeit von zwölf Monaten (Art. 25 Nr. 2 b) RL-E).
- Hinsichtlich der Verlustberücksichtigung ist grundsätzlich ein zeit- und betragsmäßig unbegrenzter Verlustvortrag intendiert, nicht aber ein Verlustrücktrag (Art. 43 RL-E).

---

98 Vgl. zur Bedeutung der IFRS im Rahmen der CCCTB Gammie et al. (2005), S. 53 ff.; Herzig (2006), S. 159 f.; Kahle (2006c), S. 93 f.; Dahlke/Kahle (2009), S. 231; Essers/Russo (2009), S. 29 ff.; Wendt (2009), S. 113-127; Spengel/Malke (2008), S. 75 ff., 89 f.

99 Dies gilt stets für Gebäude und immaterielle Wirtschaftsgüter. Für Gebäude beträgt die normierte Nutzungsdauer 40 Jahre, für andere Wirtschaftsgüter 15 Jahre. Bei gebrauchten Wirtschaftsgütern besteht die Möglichkeit, eine kürzere Restnutzungsdauer nachzuweisen. Für immaterielle Werte gelten Sondervorschriften, vgl. Art. 36 RL-E.

100 Sofern man davon ausgeht, dass unter den Wortlaut des Art. 25 Nr. 1 RL-E Drohverlustrückstellungen fallen, vgl. zur Kritik an der auslegungsoffenen Rückstellungsdefinition Kap. 4.3.5.1.4.

Trotz der Vorlage des Richtlinienentwurfs ist eine kurz- oder mittelfristige Umsetzung des Projekts fraglich. Ursächlich sind vor allem die **vielfältigen Umsetzungsschwierigkeiten**, die mit dem Projekt der CCCTB einhergehen. Eine hohe Komplexität folgt schon daraus, dass die aus Gründen der praktischen Durchsetzbarkeit unabdingbare Begrenzung des Konsolidierungskreises auf die EU ("water's edge approach") zur Folge hat, dass das bisherige System unter Heranziehung des Fremdvergleichs im Verhältnis zu Drittstaaten weiterhin unabdingbar wäre.[101] Daher werden auch weiterhin Missbrauchsvermeidungsvorschriften wie bspw. eine Hinzurechnungsbesteuerung benötigt, um Gewinnverlagerungen in außereuropäische Niedrigsteuerländer zu vermeiden.[102] Die Probleme des bisherigen Systems fallen mithin keinesfalls weg, sondern werden an die Außengrenzen der EU verlagert. Schwierige Umsetzungsfragen und Einigungsprobleme ergeben sich zudem vor allem hinsichtlich des Aufteilungsschlüssels,[103] aber auch im Rahmen der Konsolidierung[104], der Bestimmung von Regelungen gegenüber Drittstaaten[105] oder der administrativen Ausgestaltung des Besteuerungsverfahrens[106].

Zudem wird hinsichtlich der ökonomischen Konsequenzen der CCCTB zu Bedenken gegeben, dass diese nicht nur uneingeschränkt positive Effekte mit sich brächte. Einerseits würden zwar die traditionellen Instrumente der Steuergestaltung innerhalb der EU, wie die Verlagerung von Buchgewinnen durch Verrechnungspreisgestaltungen, redundant. Die formelhafte Gewinnaufteilung schafft aber andererseits Anreize, die relevanten **Schlüsselgrößen in Niedrigsteuerländer zu verlagern** und hat damit ebenfalls Entscheidungswirkungen zur Folge.[107] Die nicht vorgesehene Harmonisierung der Körperschaftsteuersätze im Rahmen der CCCTB[108] könnte sogar dazu führen, dass der Steuerwettbewerb und der Umfang steuerlich motivierter Investitions- und Standortentscheidungen gegenüber der geltenden Rechtslage zunehmen.[109]

---

[101] Vgl. Oestreicher (2002), S. 356; Weiner (2002), S. 19; Treisch (2004), S. 337.
Nach dem Fremdvergleichsgrundsatz muss zudem weiterhin gegenüber den Unternehmen innerhalb der EU abgerechnet werden, die nicht in den Konsolidierungskreis einbezogen werden. Übernehmen nicht alle Mitgliedstaaten das Konzept der CCCTB, muss das bisherige System des Weiteren im Verhältnis zu den Nicht-CCCTB-Ländern innerhalb der EU fortbestehen, vgl. Schön (2007), S. 438 f.

[102] Vgl. Spengel (2008b), S. 560; Schreiber (2008b), S. 120.

[103] Vgl. zur Diskussion der Aufteilungsfaktoren etwa Agúndez-García (2006), S. 32 ff.; Oestreicher et al. (2008), S. 354-363; Weiner (2008), S. 100 ff.; Herzig/Teschke/Joisten (2010), S. 338 ff.

[104] Vgl. zu Einzelfragen hinsichtlich der Konsolidierung nur Fülbier (2006a); Frebel (2006), S. 87-117; Oestreicher et al. (2008), S. 318-352; Oestreicher (2008), S. 517 ff.

[105] Vgl. zu Drittstaatenfragen Spengel (2008b), S. 556 ff.; Spengel/Wendt (2007), S. 301 ff.; Ries (2009), S. 107 ff.

[106] Vgl. hierzu Mors/Rautenstrauch (2008), S. 104; Czakert (2008a), S. 155 ff.

[107] Vgl. Wellisch (2004), S. 272 f.; Oestreicher (2002), S. 353 f., 356; Sørensen (2004), S. 95 f.; Schreiber (2009a), S. 544 f.; Schreiber/Führich (2009), S. 260 f.; Sureth/Bäumer (2010), S. 193.

[108] Vgl. EU-Kommission (2011b), S. 4.

[109] Vgl. Schreiber (2004), S. 220, 226; Kahle (2007), S. 217; Spengel/Oestreicher (2009), S. 780.

Problematisch erscheint schließlich, dass die EU-Kommission die CCCTB lediglich als **Optionsmöglichkeit** für körperschaftsteuerpflichtige Steuersubjekte vorsieht.[110] Eine solche Koexistenz heterogener steuerlicher Gewinnermittlungsregelungen abhängig von Rechtsform und Auslandsbezug (da die Option wohl in erster Linie von grenzüberschreitend tätigen Unternehmen in Anspruch genommen würde) wäre jedoch hinsichtlich der Gleichmäßigkeit der Besteuerung höchst problematisch. Es wäre zudem mit erheblichen verwaltungstechnischen Aufwendungen verbunden, die vereinheitlichten Regelungen neben den nationalen steuerlichen Gewinnermittlungsregeln anzuwenden. Im Schrifttum wird daher gefordert, dass die harmonisierten Regelungen obligatorisch sowie (zumindest langfristig) auf alle Rechtsformen anwendbar sein müssten, zumal die Optionsmöglichkeit erhebliche Steuergestaltungspotenziale mit sich brächte.[111]

Aufgrund der vielfältigen Probleme werden die **Realisierungschancen** der CCCTB zumeist **eher skeptisch** beurteilt.[112] Eine Einigung auf EU-Ebene stellt sich aufgrund des hierfür erforderlichen Einstimmigkeitserfordernisses (Art. 115 AEUV, 114 Abs. 2 AEUV) als schwierig dar. Es könnte stattdessen der Weg der verstärkten Zusammenarbeit, der die Beteiligung von mindestens neun Mitgliedstaaten erfordern würde (Art. 20 EUV, 326-334 AEUV), gegangen werden. Ob dies gelingt, ist derzeit aber wenig absehbar, denn einige Länder zeigen momentan eine geringe Bereitschaft zu einer weiteren Harmonisierung im Bereich der direkten Steuern. Die Umsetzungschancen würden sich wohl nur erhöhen, wenn dem im Schrifttum gemachten Vorschlag gefolgt wird, sich zunächst auf die Schaffung einer einheitlichen Bemessungsgrundlage zu fokussieren (Common Corporate Tax Base).[113] Zwar werden die wesentlichen Vorteile der CCCTB erst durch die grenzüberschreitende Konsolidierung erreicht,[114] doch würde schon dieser Schritt für grenzüberschreitend tätige Unternehmen beträchtliche Vorteile bringen.

Aufgrund der kurz- und mittelfristig nicht abzusehenden Umsetzung der CCCTB sollen im Folgenden aber primär die Überlegungen zur Fortentwicklung der Steuerbemessungsfunktion auf nationaler Ebene im Fokus stehen. Allerdings ist im Falle einer Fortentwicklung der nationalen

---

[110] Vgl. Art. 6 sowie Art. 2 i. V. m. Anhang I und II RL-E.

[111] Vgl. zur Kritik an der Optionslösung bzw. einem Nebeneinander von CCCTB und nationalen Regelungen Mintz (2002), S. 6 ff.; ders. (2004), S. 226 f.; Mintz/Weiner (2003), S. 697, 700; Schreiber (2004), S. 225; Gammie et al. (2005), S. 4, 21.

[112] Vgl. Hey (2008), S. 4 f., 19 ff.; dies. (2011), S. 142; Herzig (2009a), S. 1037 f.; ders. (2010b), S. 220; Mayr (2008b), S. 289 f.; Kußmaul/Niehren/Pfeifer (2010), S. 184; Rödder (2010), S. 359 ff.

[113] Vgl. Herzig (2006), S. 161, 164; ders. (2010b), S. 221 f.; Mayr (2011), S. 348; Jacobs (2011), S. 252.

[114] Erst die Konsolidierung führt zum Wegfall der Verrechnungspreisproblematik und gewährleistet eine umfassende, grenzüberschreitende Verlustverrechnung im Konzern, vgl. Braunagel (2008), S. 190 f.; Spengel/Braunagel (2006), S. 47 f.; Oestreicher/Spengel/Koch (2011), S. 34 f.

steuerlichen Gewinnermittlungskonzeption eine Anlehnung an die vorläufigen Ergebnisse auf EU-Ebene zu prüfen, um Divergenzen möglichst zu vermeiden. Daher wird der vorgestellte Richtlinienentwurf bei den Überlegungen zur Zukunft der steuerlichen Gewinnermittlung einbezogen, um zu untersuchen, inwiefern dieser aus ökonomischer Sicht Implikationen für die Fortentwicklung des nationalen steuerlichen Gewinnermittlungsregimes liefern kann.

4.3 Ökonomische und verfassungsrechtliche Analyse der Maßgeblichkeit handelsrechtlicher GoB und alternativer Reformkonzeptionen

4.3.1 Ökonomische und verfassungsrechtliche Leitlinien der Besteuerung

4.3.1.1 Entscheidungsneutralität der Besteuerung

Die Besteuerung stellt einen hoheitlichen Eingriff in das Marktgeschehen dar, dessen Hauptzweck in der Einnahmenerzielung des Staates (Fiskalzweck) liegt.[115] Da das Steuerrecht als Teilgebiet des öffentlichen Rechts zwingend den Bindungen des Verfassungsrechts unterliegt (Art. 20 Abs. 3 GG), hat der Steuergesetzgeber zum einen verfassungsrechtliche Grundsätze zu beachten. Zum anderen ist gemeinhin anerkannt, dass ein solcher Eingriff in die Marktverhältnisse und die private Vermögensordnung der Steuerpflichtigen möglichst ökonomischen und ethischen Prinzipien folgen sollte.[116]

Als bedeutendstes ökonomisches Leitbild der Besteuerung gilt das Postulat der **Entscheidungsneutralität**, wonach die Besteuerung möglichst keine Entscheidungsänderungen gegenüber der Situation ohne Steuern zur Folge haben sollte.[117] Diese Forderung kann sowohl durch gesamt- als auch durch einzelwirtschaftliche Aspekte begründet werden. Aus **gesamtwirtschaftlicher Sicht** wird eine entscheidungsneutrale Besteuerung gefordert, um Verzerrungen der Ressourcenallokation zu vermeiden. Unter der Annahme, dass der Marktmechanismus zu einer effizienten Allokation der gesamtwirtschaftlichen Ressourcen führt, soll die Besteuerung dieses Gleichgewicht möglichst nicht stören.[118] Denn werden ökonomische Aktivitäten nicht neutral besteuert und damit bspw. bestimmte Investitionsarten diskriminiert, induziert dies Anpassungsreaktionen der Steuersubjekte, womit zusätzlich zum allgemeinen Einkommenseffekt der Besteuerung ein Sub-

---

[115] Vgl. zu den Aufgaben der Besteuerung grundlegend Tipke (2000), S. 1 f.

[116] Vgl. zur Notwendigkeit einer prinzipienorientierten steuerlichen Gewinnermittlung Schreiber (2009b), S. 424 ff.; Siegel (2009), S. 176 f.; kritisch Wagner (2004), S. 245 ff.; ders. (2005d), S. 620 ff.

[117] Vgl. zur Entscheidungsneutralität als steuerpolitisches Postulat vor allem Wagner (1989), S. 265; ders. (1992), S. 3 f.; ders. (1995), S. 741; zudem statt vieler Sigloch (1990), S. 229 f.; ders. (2004a), S. 335; Schreiber (1991), S. 61 f.; ders. (2009b), S. 427 f.; Bareis (2002a), S. 21; ders. (2007), S. 433 f.; Treisch (2001), S. 307; dies. (2004), S. 42 ff.

[118] Vgl. zu dieser Begründung Wagner (1989), S. 265; Schwinger (1992), S. 12 f.; Wissel (1997), S. 40.

stitutionseffekt eintritt. Hierdurch resultieren Nutzeneinbußen der Wirtschaftssubjekte, die letztlich das generierte Steueraufkommen übersteigen; es entstehen Zusatzlasten der Besteuerung (excess burden) und damit gesamtwirtschaftliche Wohlfahrtsverluste.[119]

Aus **einzelwirtschaftlicher Sicht** spricht für eine entscheidungsneutrale Besteuerung, dass diese zur Reduktion von Steuerplanungskosten führt. Denn beeinflusst die Besteuerung Entscheidungen nicht, kann diese im Rahmen subjektiver Entscheidungskalküle vernachlässigt werden, was eine erhebliche Komplexitätsreduktion zur Folge hat.[120] Die frei werdenden Ressourcen können sodann anderweitig einer produktiven Verwendung zugeführt werden, womit die einzelwirtschaftliche Ersparnis auch gesamtwirtschaftlich vorteilhaft ist.[121]

Entscheidungsneutralität liegt vor, wenn die Besteuerung „bei vernünftigen Steuerpflichtigen keine Ausweichhandlungen verursach[t]"[122]. Unter der Prämisse, dass der Kapitaleigner einer Unternehmung eine höchstmögliche finanzielle Zielerreichung anstrebt und in seinem Entscheidungskalkül Steuerzahlungen als negative Zielbeiträge berücksichtigt, sollen Steuerwirkungen, also die Veränderung von ökonomischen Entscheidungen als Folge der Besteuerung,[123] vermieden werden. Entscheidungsneutralität erfordert Rangfolgeinvarianz: Bedingung ist, dass die relative Vorteilhaftigkeit der Handlungsalternativen vor Steuern durch die Berücksichtigung der Steuerzahlungen nicht geändert wird.[124] Werden die Entscheidungen präzisiert, die von der Besteuerung unbeeinflusst bleiben sollen, so können verschiedene Neutralitätsbegriffe unterschieden werden. Neben den zumeist diskutierten Forderungen nach Investitionsneutralität und Konsumneutralität der Besteuerung werden im Schrifttum vor allem die Rechtsform- und Finanzierungsneutralität gefordert.[125] Die unterschiedlichen Neutralitätsforderungen können jedoch weitgehend auf die **Investitions- oder Konsumneutralität** verkürzt werden.[126] Während unter der Zielsetzung der Investitionsneutralität die Besteuerung keine Auswirkungen auf die Wahl von

---

[119] Vgl. im Einzelnen Musgrave/Musgrave/Kullmer (1993), S. 92-101; Homburg (2010), S. 141-146; Wellisch (2000), S. 26-31.
[120] Vgl. Wagner/Dirrigl (1980), S. 14; Wagner (2005b), S. 531; ders. (2005c), S. 97.
[121] Vgl. Kruschwitz/Schneider/Husmann (2003a), S. 328.
[122] Schneider (1992a), S. 193 (Hervorh. im Original).
[123] Vgl. zu dieser Definition Kahle (1995), S. 214; ders. (2002c), S. 188.
[124] Niveauinvarianz, d.h. unveränderte Messergebnisse (etwa Kapitalwerte) vor und nach Steuern, ist lediglich eine hinreichende, nicht aber notwendige Bedingung, vgl. Wagner (1986), S. 39; Wagner/Wissel (1995), S. 67.
[125] Vgl. zu einem Überblick über verschiedene Neutralitätspostulate Elschen/Hüchtebrock (1983), S. 257 f.; Herzig/Watrin (2000), S. 379 f.; König/Wosnitza (2004), S. 142 ff.
[126] Der Investitionsneutralität wird im Hinblick auf die Faktorallokation die maßgebliche Bedeutung zugesprochen. Hingegen können Finanzierungs- und Rechtsformneutralität als Voraussetzungen der Investitionsneutralität angesehen werden, denn diese sollen verhindern, dass Finanzierungs- oder Rechtsformentscheidungen die Investitionsentscheidung verändern und damit auf mittelbarem Wege Allokationsverzerrungen verursachen, vgl. Wagner (1995), S. 744; ders. (2006c), S. 105; Wissel (1997), S. 41.

Einzelinvestitionen ausüben soll (**intersektorale Neutralität**), fordert Konsumneutralität, dass die Besteuerung keine Verzerrung der intertemporalen Kapitalallokation bewirkt, also die Entscheidung zwischen Konsum und Sparen nicht beeinflusst (**intertemporale Neutralität**).[127]

In diesem Zusammenhang ist das **Produktionseffizienztheorem von *Diamond/Mirrlees*** von Bedeutung. Diese zeigten, dass eine Besteuerung, die zum Ziel hat, die Funktionsfähigkeit der Märkte möglichst unbeeinflusst zu lassen und die pareto-optimale Ressourcenallokation nicht zu verändern, Produktionsentscheidungen möglichst nicht verzerren sollte.[128] Die Besteuerung von Produktionsfaktoren ist mit Produktionsrückgängen und damit irreversiblen gesamtwirtschaftlichen Wohlfahrtseinbußen verbunden, weshalb steuerliche Verzerrungen in diesem Bereich zu vermeiden sind, während Konsumentscheidungen aus gesamtwirtschaftlicher Sicht durchaus verzerrt werden dürfen, da Konsumineffizienzen nur zu Verteilungseffekten führen.[129] Das Ziel der Investitionsneutralität kann daher als vorrangig angesehen werden, denn es dient unmittelbar dem übergeordneten, gesamtwirtschaftlichen Ziel der Produktionseffizienz.[130]

4.3.1.2 Gerechtigkeit bzw. Gleichmäßigkeit der Besteuerung

Neben oder anstelle der Entscheidungsneutralität wird im Schrifttum zumeist auf die Gerechtigkeit als Leitkriterium der Besteuerung rekurriert. Die Forderung nach **Gerechtigkeit bzw. Gleichmäßigkeit** der Besteuerung ist schon aus ökonomischer Sicht begründet. Nur in einem vollkommenen Kapitalmarkt wäre eine ungleiche steuerliche Behandlung irrelevant. Hier würde eine Steuervergünstigung vollständig in der Preisbildung berücksichtigt und der Marktpreis solange steigen, bis der Steuervorteil kapitalisiert ist und keine Gleichmäßigkeitsverletzungen mehr verursacht.[131] Hingegen gewinnt eine ungleichmäßige Besteuerung auf unvollkommenen Märkten an Relevanz. Denn in diesem Fall ist nicht mehr sichergestellt, dass die Marktteilnehmer die steuerliche Behandlung der gehandelten Leistungen in den Preisen berücksichtigen können, da diese Möglichkeit nunmehr z. B. vom Verhandlungsgeschick oder der Marktmacht der Verhand-

---

127 Vgl. Schwinger (1994), S. 41; ders. (1992), S. 10 f.; Treisch (2004), S. 48, 56.
Intertemporale Konsumneutralität erfordert ein Steuersystem, welches Zinsen nicht belastet, wie die Cashflow-Steuer oder die zinsbereinigte Einkommensteuer. Vgl. zur Cashflow-Steuer schon Brown (1948), S. 300 ff. sowie im Einzelnen nur Wagner (1989), S. 270 ff.; Schneider (1989), S. 10 ff.; Hiller (2003); zur zinsbereinigten Einkommensteuer vgl. grundlegend Wenger (1983), S. 207 ff.; Boadway/Bruce (1984), S. 231 ff. sowie im Einzelnen bspw. Kiesewetter (1999); Nguyen-Thanh/Rose/Thalmeier (2003), S. 169 ff.

128 Vgl. Diamond/Mirrlees (1971a), S. 8 ff. und (1971b), S. 261 ff.

129 Vgl. Homburg (2010), S. 163 ff., 239 f.

130 Vgl. Homburg (2010), S. 240.

131 Durch die aus der Erhöhung des Anschaffungspreises resultierende Renditeminderung kommt es zu **impliziten Steuern** bzw. zu **marktbestimmten Steuerlasten**, die zu der Steuerlast in Form der Steuerzahlung hinzutreten und den Steuervorteil aufzehren, vgl. hierzu im Einzelnen Scholes et al. (2009), S. 130-145; Schreiber (2008a), S. 620-624.

lungspartner abhängt. Es erscheint sodann notwendig, auch Verteilungswirkungen der Besteuerung und nicht alleinig Effizienzaspekte in den Blick zu nehmen.[132]

Die Forderung nach Gerechtigkeit der Besteuerung ist zudem bereits **verfassungsrechtlich** geboten, wobei diese aus dem allgemeinen Gleichheitssatz (Art. 3 Abs. 1 GG) abgeleitet wird.[133] Dem Steuergesetzgeber wird durch das Bundesverfassungsgericht zwar bei der Auswahl des Steuergegenstandes (und -satzes) ein weiter Spielraum zugestanden.[134] Diese Gestaltungsfreiheit wird jedoch dadurch eingeschränkt, dass der Gesetzgeber die mit der Wahl des Besteuerungsgegenstands einmal getroffene Belastungsentscheidung stets folgerichtig im Sinne von Belastungsgleichheit umzusetzen hat. Ist die Entscheidung für einen Steuergegenstand gefallen, hat der Gesetzgeber mithin eine möglichst sachgerechte Bemessungsmethode zu bestimmen, die sodann auf alle Steuerpflichtigen in gleicher Weise anzuwenden ist. Die Steuerlasten sind hierbei auf die Steuerpflichtigen nach Maßgabe ihrer finanziellen bzw. wirtschaftlichen Leistungsfähigkeit zu verteilen.[135] Das **Leistungsfähigkeitsprinzip** soll damit als steuerspezifischer Vergleichsmaßstab für die gerechte Aufteilung der Steuerlast fungieren.[136]

Auch Regelungen zur Ermittlung der ertragsteuerlichen Bemessungsgrundlage haben sich damit zwingend am Leistungsfähigkeitsprinzip zu orientieren. Hierbei verlangt das Prinzip horizontaler Leistungsfähigkeit, Steuerpflichtige in identischer wirtschaftlicher Lage gleich zu behandeln (Gleichmäßigkeit der Besteuerung). Hinzu tritt das Postulat vertikaler Leistungsfähigkeit, wonach Steuerpflichtige, die eine höhere Leistungsfähigkeit realisieren, relativ stärker besteuert werden sollten.[137] Als Maßgrößen steuerlicher Leistungsfähigkeit werden das Einkommen, der Konsum oder das Vermögen diskutiert.[138] In dieser Arbeit wird von der Prämisse ausgegangen, dass an der **Einkommensteuer** festgehalten wird. Da zudem mit der Forderung nach vertikaler Leistungsfähigkeit vor allem Umverteilungsfragen angesprochen sind, die nicht Gegenstand die-

---

132 Vgl. zu dieser Begründung Hundsdoerfer (2002), S. 27 ff.; Kahle (2002c), S. 203 f. Vgl. zur Forderung nach der Berücksichtigung von Verteilungsfragen zudem statt vieler Schneider (2002), S. 231 ff.; Bareis (2002b), S. 136; ders. (2007), S. 429; Schneeloch (2005), S. 259 f.; Siegel (1999b), S. 358 f.; ders. (2009), S. 177.

133 Vgl. Lang (2010), Rz. 70 zu § 4.

134 Ständige Rechtsprechung, vgl. z. B. BVerfG v. 06.07.2010, 2 BvL 13/09, DStR 2010, S. 1563 m. w. N.

135 Vgl. z. B. BVerfG v. 07.11.2006, 1 BvL 10/02, BVerfGE 117, S. 1; v. 09.12.2008, 2 BvL 1/07, 2 BvL 2/07, 2 BvL 1/08, 2 BvL 2/08, BVerfGE 122, S. 210; v. 21.07.2010, 1 BvR 611/07, 1 BvR 2464/07, DStR 2010, S. 1721 jeweils m. w. N.

136 Insbesondere in den Steuerrechtswissenschaften werden die Gerechtigkeit der Besteuerung und das hieraus abgeleitete Leistungsfähigkeitsprinzip daher als Fundamentalprinzipien der Besteuerung angesehen. Vgl. Tipke (2000), S. 240; ders. (2007), S. 201 ff.; ders. (2010), S. 30 ff.; Lang (2010), Rz. 77, 83 zu § 4; ders. (2006), S. 24; Hey (1999), Rz. 27 zu Einf. KSt; dies. (2010b), S. 10.

137 Vgl. zu dieser Abgrenzung Schneider (2002), S. 231-235; Hundsdoerfer/Kiesewetter/Sureth (2008), S. 70.

138 Letzteres wird jedoch weitgehend als wenig geeigneter Leistungsfähigkeitsindikator angesehen, vgl. eingehend Lang (2010), Rz. 92-123 zu § 4. Vgl. zudem zur Konsumbesteuerung die Quellen in Fn. 127.

ser Arbeit darstellen, wird im Folgenden nur auf die horizontale Leistungsfähigkeit bzw. die Gleichmäßigkeit der Besteuerung fokussiert.

4.3.1.3 Weitere ökonomische und verfassungsrechtliche Grundsätze

Aus ökonomischer Sicht wird als weitere Anforderung an ein Steuersystem häufig dessen **durchführungsorientierte Effizienz** genannt.[139] Dies impliziert die Forderung nach einfachen und praktikablen Regelungen. Von solchen wird erhofft, dass diese zur Verringerung von Kontrollkosten des Fiskus und Deklarationskosten der Steuerpflichtigen (administrative and compliance costs) beitragen und so den über die eigentliche Steuerlast hinausgehenden Ressourcenverbrauch minimieren.[140] Diese Anforderung an die steuerliche Gewinnermittlung kann analog aus verfassungsrechtlicher Sicht abgeleitet werden. Für die Besteuerung, wie für jede staatliche Maßnahme, gilt der Grundsatz der Verhältnismäßigkeit, wonach die Maßnahme auf Geeignetheit, Erforderlichkeit und Zumutbarkeit zu prüfen ist.[141] Hieraus wird ebenfalls gefolgert, dass steuerliche Gewinnermittlungsregelungen möglichst einfach und praktikabel auszugestalten sind.[142]

Das Steuerrecht hat des Weiteren formellen rechtsstaatlichen Grundsätzen zu genügen. Elementar ist hier der Grundsatz der **Gesetzmäßigkeit der Besteuerung**, welcher ein hinreichendes Maß an Rechtssicherheit gewährleisten soll.[143] Ausdruck findet das sog. Legalitätsprinzip im Grundsatz des Gesetzesvorbehalts, wonach die Besteuerung nur Kraft gesetzlicher Grundlage zulässig ist,[144] und in der Tatbestandsmäßigkeit der Besteuerung des § 3 Abs. 1 AO, indem der steuerliche Eingriff zwingend durch einen gesetzlichen Tatbestand gedeckt sein muss.[145] Zusammenfassend hat der Gesetzgeber alle wesentlichen Grundlagen der Besteuerung im parlamentarischen Verfahren durch Gesetz selbst zu bestimmen.[146]

Weiterer Ausfluss des Grundsatzes der Gesetzmäßigkeit der Besteuerung ist das Gebot der **Gesetzesbestimmtheit**.[147] Steuergesetze haben ein solches Ausmaß an Bestimmtheit aufzuweisen,

---

139 Vgl. etwa Alm (1996), S. 117, 129 f.; Hundsdoerfer (2002), S. 34 ff.; Knirsch/Niemann (2008), S. 104; Treisch (2004), S. 101 ff.
140 Vgl. Kaplow (1996), S. 143 und passim; hierzu auch Treisch (2004), S. 102.
141 Vgl. Lang (2010), Rz. 209 ff. zu § 4.
142 Vgl. Hennrichs (2001), S. 312 f.; Weber-Grellet (1999), S. 2661; Hausen (2009), S. 26, 41 f.
143 Vgl. Lang (2010), Rz. 53 zu § 4.
144 Dies kann vor allem aus Art. 2 Abs. 1 GG, 20 Abs. 3 GG abgeleitet werden, vgl. Tipke (2000), S. 126 f.
145 Vgl. im Einzelnen Tipke (2000), S. 120 ff.; Lang (2010), Rz. 150-160 zu § 4; Ruppe (1990), Rz. 511 f. zu Einf. ESt; Schön (2010), S. 31 ff.
146 Vgl. Kirchhof (2006), S. 6; Spindler (2008), S. 480 f.
147 Vgl. im Einzelnen Tipke (2000), S. 136 ff.; Lang (2010), Rz. 167-169 zu § 4; Ruppe (1990), Rz. 513 ff. zu Einf. ESt; Mellinghoff (2008), S. 508 ff.

dass der Steuerpflichtige die auf ihn entfallende Steuerlast im Voraus berechnen kann, um sich auf die belastende Maßnahme einstellen zu können. Es ist zudem eine intersubjektive Nachprüfbarkeit ex post zu gewährleisten, was insbesondere den Gerichten eine Überprüfung der Rechtsanwendung durch die Verwaltung ermöglichen soll.[148] Im Einklang mit dem Gebot der Gesetzesbestimmtheit kann daher gefordert werden, dass Bilanzierungsregelungen möglichst objektivierbar ausgestaltet und damit Wahlrechte sowie Ermessensspielräume möglichst vermieden werden sollten.[149] Dass die Forderung nach hinreichender **Objektivierung** steuerlicher Gewinnermittlungsregelungen von zentraler Bedeutung ist, zeigt zudem, dass erst durch hinreichende Beschränkung von Wahlrechten und Ermessensspielräumen das Postulat der Gleichmäßigkeit der Besteuerung überhaupt verwirklicht werden kann.[150]

4.3.2 Zur (Un-)Erreichbarkeit der zentralen Leitlinien und hieraus folgender Implikationen

4.3.2.1 Entscheidungsneutralität als umstrittenes Leitbild der Besteuerung

Ob Entscheidungsneutralität als Leitlinie der Besteuerung angesehen werden sollte, ist äußerst umstritten. Bereits die zentrale Begründung für das Ziel der Entscheidungsneutralität, Verzerrungen der gesamtwirtschaftlichen Ressourcenallokation zu vermeiden, kann kritisch hinterfragt werden. Dies unterstellt schließlich die nicht unproblematische Annahme, dass freie Märkte allokationseffizient sind oder zumindest eine Tendenz zum Konkurrenzgleichgewicht zeigen.[151] Selbst wenn eine Tendenz zum Gleichgewicht vorläge, wäre aber keinesfalls sicher, dass eine im Gleichgewicht neutrale Besteuerung diese Tendenz auf realen Märkten unterstützt.[152]

Zudem ist eine entscheidungsneutrale Steuer **kaum auf justiziablem Wege konstruierbar**. Entscheidungsneutralität i. S. v. Investitionsneutralität kann grundsätzlich auf zwei Wegen erreicht werden. Die erste Möglichkeit wäre eine entscheidungsfixe Steuer, typischerweise die sog. Kopfsteuer, die jedoch aufgrund ihres Widerspruchs zum Grundsatz der vertikalen Leistungsfähigkeit

---

148 Vgl. z. B. BVerfG v. 13.06.2007, 1 BvR 1550/03, 1 BvR 2357/04, 1 BvR 603/05, BVerfGE 118, S. 168.

149 Vgl. Hennrichs (2001), S. 313; Weber-Grellet (1999), S. 2661; Herzig (2000), S. 113; ders. (2004), S. 16.

150 Vgl. Hennrichs (2001), S. 313.
Als weiteres verfassungsrechtliches Postulat wird häufig das Prinzip eigentumsschonender Besteuerung, abgeleitet aus Art. 14 GG, genannt, vgl. Kirchhof (2000), S. 50 ff.; ders. (2006), S. 5. Die Bedeutung und Reichweite dieses Grundsatzes ist jedoch höchst umstritten (vgl. zur Kritik Tipke (2000), S. 452 ff.) und es lässt sich hieraus nach neuerer Rechtsprechung keine allgemein verbindliche, absolute Belastungsobergrenze für das Einkommensteuerrecht ableiten, vgl. BVerfG v. 18.01.2006, 2 BvR 2194/99, BVerfGE 115, S. 97. Die materielle Wirkungskraft dieses Grundsatzes ist daher stark begrenzt und kann zusammengefasst werden als „eine äußerste Verteidigungslinie gegen übermäßige Steuerbelastungen", Papier (2007), S. 975.

151 Vgl. insbesondere die Kritik bei Schmiel (2005b), S. 170-176; dies. (2007b), S. 3-10; dies. (2009), S. 1198-1201.

152 Vgl. Schneider (2002), S. 256; Schmiel (2007b), S. 6.

gesellschaftlich nicht konsensfähig wäre.[153] Im Falle der zweiten Alternative knüpft die Besteuerung direkt an die Zielgrößen der Wirtschaftssubjekte an.[154] Die Steuerzahlung kann sodann bei rationalem Handeln Entscheidungen nicht beeinflussen, denn eine Entscheidungsänderung würde bedeuten, eine suboptimale Handlungsalternative zu wählen und damit einen Verzicht auf die wirtschaftliche Zielrealisation in Kauf zu nehmen.[155]

Wird der Ertragswert als Zielgröße definiert, ließe sich Investitionsneutralität durch die **Besteuerung des ökonomischen Gewinns** erreichen.[156] Mit dem ökonomischen Gewinn unterliegt die Verzinsung des Ertragswerts zu Beginn der Periode bzw. (mathematisch umgeformt) der periodische Einzahlungsüberschuss abzüglich der Ertragswertabschreibung der Besteuerung. Durch die Berücksichtigung von Periodisierungsbeträgen in Höhe der Ertragswertabschreibungen (diese entsprechen jeweils der Differenz zwischen dem Ertragswert zu Beginn und zu Ende einer Periode nach Entnahme des Einnahmenüberschusses) wird der Ertragswert insgesamt steuerfrei gestellt[157] und bleibt als ökonomische Zielgröße erhalten.[158] Daher stimmen die Kapitalwerte vor und nach Steuern überein, womit die hinreichende, aber nicht notwendige Bedingung für Investitionsneutralität, die Niveauinvarianz, garantiert ist.[159]

Das Modell der Besteuerung des ökonomischen Gewinns basiert jedoch auf neoklassischen Annahmen. Auf unvollkommenen Märkten tritt wiederum die Schätzproblematik ein, die eine Ertragswertbilanzierung schon für die Informationsfunktion problematisch erscheinen ließ.[160] Die Schätzung der künftigen Zahlungsüberschüsse brächte zwangsläufig Prognoseirrtümer mit sich, die der Neutralität entgegenwirken würden. Zukunftsprognosen der Besteuerung zugrunde zu

---

[153] Vgl. Wagner (2005a), S. 417; ders. (2005c), S. 97.

[154] Vgl. zu einer Gegenüberstellung der beiden Alternativen Elschen (1991), S. 104 f.; König/Wosnitza (2004), S. 146-154; Wagner/Dirrigl (1980), S. 15-18.

[155] Vgl. Schreiber (2009b), S. 428.

[156] Vgl. zur Investitionsneutralität der Besteuerung des ökonomischen Gewinns grundlegend Samuelson (1964), S. 604 ff.; Johansson (1969), S. 104 ff.; zudem Schwinger (1992), S. 22-52; Kahle (1995), S. 214 f.; Treisch (2000), S. 369 f.; Schreiber (2008a), S. 556-564; König/Wosnitza (2004), S. 163-176.

[157] Vgl. Schneider (1992a), S. 218, 227.

[158] Der Abschreibungsbetrag muss hierbei nicht zwingend in jeder Periode der jeweiligen Ertragswertänderung gleichen. Notwendige Voraussetzung ist nur, dass insgesamt der Barwert der steuerlichen Abschreibungen dem Barwert der Ertragswertabschreibungen entspricht, berechnet zum Zinssatz nach Steuern, vgl. Schneider (1992a), S. 226.

[159] Im Modell wird auch die im Zinssatz zum Ausdruck kommende Vergleichsinvestition der Besteuerung unterworfen. Bei vollkommenem Kapitalmarkt entsprechen aber bei der alternativen Finanzinvestition die periodischen Zinszahlungen deren ökonomischem Gewinn. Investitionsneutralität wird daher implizit dadurch sichergestellt, dass Sach- und Finanzinvestitionen genau gleich belastet werden, vgl. Kruschwitz/Schneider/Husmann (2003a), S. 332; Müller (2001), S. 19; Titgemeyer (2009), S. 257. Aufgrund der steuerbedingten Kürzung des Diskontierungszinsfußes liegt nur intersektorale, nicht aber intertemporale Neutralität vor, vgl. Schreiber/Stellpflug (1999), S. 190; Kruschwitz/Schneider/Husmann (2003b), S. 396; Treisch (2000), S. 370.

[160] Vgl. im Einzelnen Kap. 2.3.3.1.

legen würde zudem dem Grundsatz der Tatbestandsmäßigkeit der Besteuerung widersprechen.[161] Dieselbe Problematik ergäbe sich bei der Prognose der Zinssätze. Würden aber pauschalierte Kalkulationszinsfüße herangezogen, hätte dies wiederum Entscheidungswirkungen zur Folge.[162] Die Besteuerung des ökonomischen Gewinns könnte des Weiteren zu Liquiditätsproblemen führen, denn es würden künftige Einzahlungspotenziale erfasst, obwohl möglicherweise noch gar keine entsprechenden Zahlungsmittel zugeflossen sind. Zwar wird hiergegen argumentiert, dass diese Problematik durch eine Besteuerung ex post gelöst werden könnte,[163] doch würde dies nichts an dem Problem der Festlegung der Zinssätze ändern, welches wohl unlösbar bleibt.[164] Schließlich wird bei dieser Argumentation ohnehin der wohl gewichtigste Einwand vernachlässigt. Denn es ist zu beachten, dass die investitionsneutrale Wirkung der Besteuerung des ökonomischen Gewinns auf unvollkommenen Kapitalmärkten gar nicht gesichert ist, da die Zielgrößen der Steuerpflichtigen unterschiedlich und nicht mehr bekannt sind.[165]

Vor allem aufgrund der neoklassischen Prämissen fordert *Schneider*, die investitionsneutrale Besteuerung nicht als Leitlinie der Besteuerung sondern nur als gedanklichen **Nullpunkt einer positiven Steuerwirkungsanalyse** anzusehen. Die Besteuerung des ökonomischen Gewinns stellt hiernach einen "Eichstrich" dar, um Abweichungen der Steuerrechtssetzung hiervon zu messen.[166] Besonders anschaulich kann dies über einen Vergleich von tariflichem Grenzsteuersatz und effektiver Grenzsteuerbelastung erfolgen. Die effektive Grenzsteuerbelastung bezieht sich im Gegensatz zu der tariflichen nicht auf die gesetzlich definierte Steuerbemessungsgrundlage, sondern auf eine ökonomische Zielgröße.[167] Dient z. B. als Zielgröße die Rendite, ist die effektive Grenzsteuerbelastung definiert als prozentuale Renditeminderung in Folge der Besteuerung (sog. Steuerkeil) bezogen auf die Vorsteuerrendite:[168]

---

[161] Vgl. Herzig (2004), S. 23; Pottgießer (2006), S. 260; Scheffler (2010b), S. 94. Zudem wären die mit den Prognoserechnungen verbundenen immensen Deklarations- und Kontrollkosten zu beachten, vgl. Wagner (2005b), S. 532, 535; ders. (2005c), S. 98 f.

[162] Vgl. Wenger (1983), S. 243 f.; Schwinger (1992), S. 158 f. (jeweils mit Lösungsvorschlägen).

[163] Vgl. hierzu Schwinger (1992), S. 152 ff.

[164] Vgl. Kahle (1995), S. 218; ders. (2002c), S. 192.

[165] Vgl. Pannen (2000), S. 128 f., 162. Unter Unsicherheit kann Entscheidungsneutralität eines Steuersystems nur unter sehr restriktiven Annahmen nachgewiesen werden. So wird der Nachweis vor allem mit dem Realoptionsansatz geführt, der auf der grundlegenden Annahme basiert, dass die künftigen Cashflows bestimmten stochastischen Prozessen folgen, vgl. bspw. Niemann/Sureth (2005), S. 77 ff.; Sureth (2002), S. 185 ff. Einen Überblick über Forschungsarbeiten zu dieser Thematik geben Hundsdoerfer/Kiesewetter/Sureth (2008), S. 76 ff. m. w. N.

[166] Vgl. nur Schneider (1992a), S. 193-205, 239-251; ders. (1992b), S. 1738 f., 1740 f.; ders. (1999), S. 105 f.; ders. (2002), S. 97-121; hierzu auch Pannen (2000), S. 129-131, 162 f.; König/Wosnitza (2004), S. 2; Scheffler (2010b), S. 73 sowie jüngst wieder Schneider (2010b), S. 235.

[167] Vgl. Schneider (2002), S. 10 f.; anschaulich auch Lammersen (2005), S. 1, 74 f. Im Gegensatz zur tariflichen Steuerbelastung werden damit bspw. auch Bemessungsgrundlageneffekte oder Subventionen erfasst.

[168] Mit s_{eff} = effektive Grenzsteuerbelastung, r = Rendite vor Steuern und r_s = Rendite nach Steuern, vgl. Schneider (2002), S. 16 auf Basis der Definition von *King/Fullerton*, vgl. King/Fullerton (1984), S. 9.

$$s_{eff} = \frac{r - r_s}{r}$$

Wird der ökonomische Gewinn besteuert, entspricht bei Grenzinvestitionen der tarifliche Grenzsteuersatz der effektiven Grenzsteuerbelastung.[169] Die entscheidungsneutrale Besteuerung stellt daher einen **Referenzpunkt zur Analyse von Steuerwirkungen** dar: Liegt die effektive Grenzsteuerbelastung unter Einbezug der tatsächlichen Steuerrechtssetzung über dem tariflichen Grenzsteuersatz, handelt es sich um eine Steuerbenachteiligung; eine niedrigere effektive Grenzsteuerbelastung zeigt hingegen eine Steuervergünstigung an.[170]

Investitionsneutralität sollte aber auch als **steuerpolitisches Prinzip** nicht völlig verworfen werden.[171] So fordert auch *Schneider* zumindest die Vermeidung „nachgewiesener Entscheidungsverzerrungen durch einzelne Steuerrechtsetzungen“[172]. Hierfür spricht, dass der Staat mit jeder Besteuerungsnorm in den Marktprozess eingreift. Resultat sind häufig schwer absehbare Anpassungsreaktionen der Steuerpflichtigen, die oftmals wiederum steuerpolitische Gegenmaßnahmen nach sich ziehen. Hieraus lässt sich die Forderung ableiten, dass eine Besteuerungsnorm, welche den reinen Fiskalzweck verfolgt, das Marktgeschehen möglichst wenig beeinträchtigen und damit möglichst geringe Anpassungsreaktionen der Wirtschaftssubjekte auslösen sollte.[173] *Schreiber* fasst dies wie folgt zusammen: „Neutralität der Besteuerung impliziert, dass das Steuerrecht nur den Fiskalzweck verfolgt. Der Staat überlässt es dem Markt, welche Investitionen an welchen Orten und in welchen rechtlichen Formen vollzogen werden und beschränkt sich auf die Teilhabe am Ergebnis privaten Handelns.“ „Das Neutralitätsprinzip ist ein Hemmnis für eine intervenierende Steuerpolitik und trägt dazu bei, die Steuerpflichtigen vor selektiven Zugriffen des Steuerstaates zu schützen.“[174] Aufgrund eines fehlenden alternativen Beurteilungsmaßstabs kann die Besteuerung des ökonomischen Gewinns (unter vorsichtiger Berücksichtigung der zugrunde liegenden Prämissen) als Gedankenhilfe zur Identifikation von Verzerrungen dienen. Eine solch „erste, ausbaubedürftige Antwort ist immer noch besser als gar keine Antwort.“[175]

Die Besteuerung treibt quasi einen Keil zwischen die Rendite vor und nach Steuern, daher der Begriff "Steuerkeil". Der Belastungsvergleich kann sich entweder auf die Unternehmensebene beschränken (Unternehmungssteuerkeil) oder die Kapitalgeberebene einbeziehen (Kapitalmarktsteuerkeil), vgl. Schreiber (2008a), S. 592 f.

169 Vgl. Schreiber (2008a), S. 593.

170 Vgl. Schneider (1992a), S. 196 f.; ders. (1999), S. 105.

171 So aber dezidiert Schmiel (2008), S. 334 ff.; dies. (2009), S. 1200 f.

172 Schneider (1992a), S. 738; ders. (2002), S. 103.

173 Vgl. Schreiber (2009b), S. 424, 426 f.
Ziel ist in einer solch abgeschwächten Interpretation des Neutralitätspostulats damit nicht die Erreichung eines neoklassischen Optimums, sondern eine möglichst geringe Beeinträchtigung der Marktprozesse.

174 Schreiber (2009b), S. 427 f. (erstes Zitat) und S. 441 (zweites Zitat).

175 Schneider (2002), S. 105.

Ausgehend vom neoklassischen Modell müssen jedoch Abweichungen der realen Welt hiervon aufgedeckt und beachtet werden.[176] Es wurde bereits deutlich, dass die steuerliche Gewinnermittlung insbesondere **Liquiditätswirkungen** zu berücksichtigen hat, die im Modell des ökonomischen Gewinns ausgeblendet sind.[177] Der Berücksichtigung von Liquiditätseffekten kommt auf unvollkommenen und unvollständigen Märkten besondere Bedeutung zu, denn diese können wiederum Entscheidungsänderungen auslösen. So könnte ein Steuerpflichtiger infolge fehlender Liquidität zur Veräußerung von Wirtschaftsgütern gezwungen sein, um die Steuerschuld zu begleichen oder er könnte aus diesem Grund eine Investition gänzlich unterlassen.[178]

4.3.2.2 Gleichmäßigkeit der Besteuerung als vages Leitkriterium

Gleichmäßigkeit der Besteuerung ist als Zielkriterium der steuerlichen Gewinnermittlung nicht weniger umstritten. Grund hierfür ist vor allem die **Unbestimmtheit dieses Postulats**. Denn es ist mit erheblichen Schwierigkeiten behaftet, aus dem Gebot der Gleichmäßigkeit Regelungen zur Ermittlung des Einkommens ableiten zu wollen.[179] Gleichmäßigkeit der Besteuerung kann erst durch ökonomische Maßstäbe inhaltlich interpretiert werden. Theoretisch bedürfte es auch zur Gleichbehandlung der Steuerpflichtigen der Bilanzierung von Ertragswerten. Denn es müsste sichergestellt sein, dass „zwei Individuen mit periodenweise übereinstimmenden Konsumzahlungen und gleich hohem Lebensendvermögen […] derselben Steuerbelastung unterworfen werden“; gleiche Barwerte an Zahlungsüberschüssen müssten also stets gleiche Barwerte an Steuerzahlungen zur Folge haben.[180] Im Schrifttum wird daher der ökonomische Gewinn teilweise als idealer Leistungsfähigkeitsindikator interpretiert, da er den Zuwachs an ökonomischer Verfügungsmacht periodisiere, ohne den Erhalt der Einkommensquelle zu gefährden.[181]

Dass aber eine Ertragswertbilanzierung schon aus Objektivierungsgründen scheitern muss, wurde bereits mehrfach deutlich. Unter Berücksichtigung real existierender Objektivierungsprobleme würde ein solches Steuersystem ohnehin kaum die angestrebte Gleichmäßigkeit er-

---

176 Vgl. Schmiel (2006), S. 161; Sava (2007), S. 92, 96.

177 Vgl. zur Bedeutung von Liquiditätswirkungen der Besteuerung Schön (2005b), S. 137 f.; Schmiel (2008), S. 342; Sava (2007), S. 92 ff.

178 Vgl. eingehend zu dieser Problematik Sava (2007), S. 93 ff.

179 Vgl. statt vieler Schreiber (1999), S. 897, 900; Kahle (2002c), S. 205 ff.; Wenger (2003), S. 179 ff. sowie die Quellen in Fn. 187.

180 Vgl. Wenger (1983), S. 212 (auch Zitat); ders. (2003), S. 183 f.; Schreiber (1999), S. 899.

181 Vgl. Kraft (1991), S. 48 f. In dieser Interpretation stimmen demnach generell die Anforderungen aus den Zielsetzungen der Entscheidungsneutralität und der Gleichmäßigkeit überein, vgl. Elschen (1991), S. 113; Schwinger (1994), S. 44; Diller/Grottke (2010), S. 126.

reichen.[182] Zudem ist zu beachten, dass nach dem Modell des ökonomischen Gewinns in der Summe Abschreibungsbeträge in Höhe des Ertragswerts verrechnet würden; mithin würde zusätzlich zu den Anschaffungsauszahlungen einer Investition deren Kapitalwert periodisiert. Daher würde ein positiver Kapitalwert steuerfrei gestellt, wohingegen ein negativer Kapitalwert keine Verlustberücksichtigung zur Folge hätte. Die Besteuerung des ökonomischen Gewinns wäre daher kaum mit geläufigen Gerechtigkeitsvorstellungen vereinbar.[183] Dies könnte nur behoben werden, wenn zusätzlich der Kapitalwert der Besteuerung unterworfen würde,[184] welcher aber wiederum nur unter modelltheoretischen Annahmen bekannt ist.

Da es auf unvollkommenen Märkten praktikabler, mit vertretbarem Aufwand messbarer Bemessungsgrundlagen bedarf, ist Gleichmäßigkeit der Besteuerung streng genommen niemals gegeben.[185] Es können nur ersatzweise **subjektiv gewählte Indikatoren** zur Beurteilung der Gleichmäßigkeit steuerlicher Regelungen herangezogen werden; die Präzisierung des Leistungsfähigkeitsprinzips kann nur über **Werturteile** erfolgen.[186] Da sich aus diesem Postulat folglich keine eindeutigen Ansatz- und Bewertungsvorschriften ableiten lassen, werden Aussagen über die Vereinbarkeit von Gewinnermittlungsregelungen mit diesem Grundsatz kritisch gesehen oder das Leistungsfähigkeitsprinzip wird als Beurteilungskriterium sogar gänzlich verworfen.[187] Aufgrund seiner Unbestimmtheit gehen die Interpretationen des Leistungsfähigkeitsprinzips im Schrifttum weit auseinander.[188] Auch die Aussage des BFH, zum Zwecke der Erfassung der steuerlichen Leistungsfähigkeit den vollen Gewinn erheben zu wollen,[189] hilft wenig weiter, denn auf realen, unvollkommenen Märkten kann es den "vollen Gewinn" einer Periode nicht geben.[190]

Dennoch kann dieser Grundsatz nicht vernachlässigt werden. Dies folgt schon daraus, dass die Gleichmäßigkeit der Besteuerung unmittelbarer Ausfluss verfassungsrechtlicher Anforderungen ist. Es verbleibt nur die Möglichkeit, den Schluss von einer Maßgröße steuerlicher Leistungsfähigkeit auf die Eignung einer Gewinnermittlungsnorm intersubjektiv zu überprüfen, sofern der

---

182 Vgl. Siegel (2009), S. 177.
183 Vgl. Schneider (1992a), S. 228 f.; vgl. auch ders. (2004), S. 301; ders. (2011), S. 172 f.
184 Vgl. hierzu Diller/Grottke (2010), S. 129.
185 Vgl. Hundsdoerfer (2002), S. 25.
186 Vgl. dies explizit herausstellend Schneider (2002), S. 232 ff.; Siegel (2007b), S. 625, 628; ders. (2009), S. 176.
187 Vgl. bereits Littmann (1970), S. 113 ff.; Wagner (1992), S. 12; ders. (2002), S. 1888; vgl. auch Wenger (2003), S. 181, mit der Bezeichnung „Schrottformel".
188 Vgl. anhand von Beispielen die Auslegungsoffenheit dieses Postulats aufzeigend Kahle (2002c), S. 207 ff.
189 Vgl. BFH v. 03.02.1969, GrS 2/68, BStBl II 1969, S. 291.
190 So auch Hennrichs (2001), S. 309.

gewählte Vergleichsmaßstab offengelegt wird.[191] M. E. muss zudem aufgrund der erheblichen Operationalisierungsprobleme gefolgert werden, dass auch die Gleichmäßigkeit der Besteuerung nie isoliert betrachtet werden darf, sondern stets – wie hier vorgenommen – in ein System steuerlicher Ziele einzuordnen ist.

4.3.3 Beurteilung der Maßgeblichkeit handelsrechtlicher GoB anhand der aufgestellten Leitkriterien

4.3.3.1 Entscheidungswirkungen des Maßgeblichkeitsgrundsatzes

4.3.3.1.1 Modelltheoretische Neutralitätsverletzungen und deren Aussagegehalt

Wird das Modell des kapitaltheoretischen Gewinns als "Denkhilfe" herangezogen, zeigt sich, „dass die steuerliche Gewinnermittlung bereits im Ansatz nicht entscheidungsneutral sein kann.“[192] Eine neutrale Einkommensteuer würde demnach erfordern, das der Besteuerung zugrunde liegende Vermögen zu Ertragswerten zu bilanzieren und müsste damit auf ex ante prognostizierten Zahlungsströmen basieren. Dass das Handelsbilanzrecht dies nicht zum Ziel hat und auch nicht, wie teilweise im Schrifttum vorgenommen,[193] als Ausprägungsform dieses Modells interpretiert werden kann, wurde bereits in Kap. 2.3.3.2 deutlich. Denn die Deutung eines mit völlig abweichender Bestimmung entwickelten Rechnungslegungssystems als Approximation des Ertragswertkalküls ist als deutlicher „Modellmißbrauch“[194] anzusehen. Durch das Maßgeblichkeitsprinzip muss dies in analoger Weise für das Steuerbilanzrecht gelten.

Die **Neutralitätsverletzungen des geltenden Rechts** können beispielhaft an den typisierenden Abschreibungsregelungen verdeutlicht werden.[195] Es kann zwar gezeigt werden, dass die lineare Abschreibung (§ 7 Abs. 1 EStG) bei einem bestimmten, leicht fallenden Zahlungsstrom der entscheidungsneutralen Ertragswertabschreibung gleicht und die degressive Abschreibung (§ 7 Abs. 2 EStG)[196] Entscheidungsneutralität zu erreichen vermag, wenn die Zahlungsüberschüsse im Zeitablauf stark fallen.[197] Derartige Berechnungen sind allerdings stark von der Höhe des unterstellten Kalkulationszinssatzes abhängig[198] und unterstellen eine realiter nicht vorliegende Kenntnis der Rückflussstruktur einer Investition. Jede Abschreibungskonvention des geltenden Rechts

[191] Vgl. Schneider (1994), S. 47 f.; Siegel (2007b), S. 628; ders. (2009), S. 176.
[192] Scheffler (2010b), S. 97.
[193] Vgl. bspw. Lenz (2008), S. 117 f. mit Verweis auf Ordelheide (1988a), S. 275 ff.
[194] Schneider (1997), S. 271 in Bezug auf das Modell *Ordelheides*. Vgl. zu dieser Kritik bereits Kap. 2.3.3.2.
[195] Vgl. mit Berechnungsbeispielen Schneider (1992a), S. 220 ff.; ders. (1997), S. 266 ff.
[196] Diese ist aktuell nur zulässig für Anschaffungen zwischen dem 31.12.2008 und dem 01.01.2011.
[197] Vgl. Hüchtebrock (1983), S. 24; Schneider (1997), S. 266 f.
[198] Vgl. Oestreicher/Spengel (2003), S. 39; Oestreicher (2007a), S. 251.

ist folglich zwangsläufig mit Steuerwirkungen verbunden, die zudem ex ante aufgrund der Unkenntnis des künftigen Zahlungsstromverlaufs nicht determiniert werden können.[199]

An der geltenden Maßgeblichkeit handelsrechtlicher GoB kann insbesondere kritisiert werden, dass diese das **Vorsichts- sowie das Imparitätsprinzip** – vorbehaltlich steuerlicher Sondervorschriften – in die Steuerbilanz transferiert. Dies kann als unvereinbar mit der Forderung nach Entscheidungsneutralität angesehen werden, da eine entscheidungsneutrale Besteuerung positive und negative Wertänderungen gleichermaßen erfassen müsste.[200] Eine Verzerrungen vermeidende Besteuerung müsste einen sofortigen Verlustausgleich (oder ein ökonomisches Äquivalent) vorsehen.[201] Im Vergleich hierzu führt die bilanzielle Verlustvorwegnahme, z. B. im Falle einer Teilwertabschreibung, zu einer zeitlichen Vorverlagerung von Aufwand und zu einer Senkung des Steuerbarwerts von Investitionen bilanzierender Unternehmen. Unter dem Postulat der Entscheidungsneutralität ist eine derart programmatische Verzerrung strikt abzulehnen.[202]

Es könnte eine Vielzahl an weiteren Verzerrungen im Rahmen des geltenden Rechts aufgezählt werden.[203] So erfolgt z. B. bei Branchen mit langfristiger Auftragsfertigung im Vergleich zu einer entscheidungsneutralen Besteuerung eine Begünstigung aufgrund der fehlenden Teilgewinnrealisierung.[204] Die sofortige Aufwandswirksamkeit der Investitionsausgabe nach § 5 Abs. 2 EStG führt des Weiteren zu einer Begünstigung der Herstellung immaterieller Wirtschaftsgüter des Anlagevermögens.[205] Auf der Passivseite resultiert im Regelfall eine Steuervergünstigung aus der Bildung von Rückstellungen aufgrund der hiermit einhergehenden Aufwandsvorwegnahme. Diese kann wiederum durch die gem. § 6 Abs. 1 Nr. 3a Buchst. e) EStG vorgeschriebene Diskontierung (über-)kompensiert werden.[206]

Allerdings müssen diese Aussagen mit Vorbehalt interpretiert werden. Allein bei Besteuerung des ökonomischen Gewinns kann eine Einkommensteuer dem Postulat der Entscheidungsneutralität

---

199 Schließlich werden sich auch die jeweiligen Abschreibungshöhen nur zufällig entsprechen. Die Summe der Ertragswertabschreibungen übersteigt die Anschaffungskosten, falls die Rendite der Investition über dem Diskontierungszins liegt. Nur für Grenzinvestitionen stimmen die Abschreibungsbeträge der neutralen Periodisierung und des geltenden Rechts überein, vgl. Schneider (1992a), S. 221 f.; König/Wosnitza (2004), S. 169.

200 Vgl. Wagner (1998b), S. 59; Schreiber (1997), S. 504 f.; Eichinger (1993), S. 208 f.

201 Vgl. Schneider (1988), S. 1224 f.; zum Postulat des sofortigen Verlustausgleichs vgl. ausführlich Kap. 4.3.5.1.3.

202 Vgl. Kahle (2002c), S. 196.

203 Vgl. zu einer exemplarischen Auflistung von Entscheidungsverzerrungen des geltenden Rechts Wagner (1998b), S. 60; Lenz (2008), S. 79; Scheffler (2010b), S. 98 ff.

204 Vgl. Wagner (1998b), S. 60.

205 Vgl. Sigloch (1990), S. 231; Schreiber (1993), S. 168.

206 Vgl. Scheffler (2010b), S. 99.

entsprechen. Die hierbei zugrunde liegende Ermittlung von Ertragswerten bedarf aber einer **Gesamtbewertung** des Unternehmens oder zumindest größerer Vermögenseinheiten, denen Zahlungsströme nachvollziehbar zugeordnet werden können.[207] Denn Ertragswerte lassen sich nur in Ausnahmefällen auf einzelne Bilanzpositionen beziehen, da Synergie- und Verbundeffekte eine eindeutige Zuordnung von Zahlungsströmen unmöglich machen. Es wird unmittelbar deutlich, dass ein derartiges Gesamtbewertungsmodell **keine Ableitung von Ansatz- und Bewertungsvorschriften** für ein auf dem Prinzip der Einzelbewertung basierendes Bilanzsteuerrecht erlaubt.[208] So stehen die Ertragswertabschreibungen im Modell stellvertretend für alle steuerlichen Periodisierungen, also nicht nur Abschreibungen, sondern bspw. auch die Bildung von Rückstellungen.[209] „Für einzelne Wirtschaftsgüter ist der entscheidungsneutrale Abschreibungsverlauf [...] nicht definiert."[210] Berücksichtigt man, dass nur eine Gesamtbewertung Entscheidungsneutralität zu erzeugen vermag, hat auch die Überprüfung, ob eine Bilanzierungsvorschrift entscheidungsneutral ist (sofern dies aufgrund der Zurechnungsproblematik gelingen mag), nur begrenzten Aussagegehalt. Denn eine **Kompensation einzelner Neutralitätsverletzungen** könnte insgesamt wieder zur Neutralität eines Steuersystems führen, während umgekehrt die Neutralität einer Regelung durch eine gegenläufige Vorschrift konterkariert werden könnte.[211] Auch aus diesem Grund bestätigt sich wieder die Erkenntnis, dass auf unvollkommenen und unvollständigen Märkten weitgehend im Unklaren bleiben muss, wie entscheidungsneutrale Ansatz- und Bewertungsregelungen zu definieren wären.

Neutralitätsverstöße sind zudem ohnehin nur von Bedeutung, wenn sie auch tatsächlich Verhaltensänderungen und Entscheidungsverzerrungen bewirken. Die Herstellung von Entscheidungsneutralität unter Modellbedingungen ist von fraglichem Nutzen, wenn die Modelle von den Steuerpflichtigen nicht angewandt werden.[212] Der Einfluss einer nicht neutralen Periodisierungsregelung auf die gesamtwirtschaftliche Effizienz hängt damit von der **Berücksichtigung dieser Steuerbegünstigung/-benachteiligung im Investitionskalkül** der Steuerpflichtigen ab: Werden Neutralitätsverstöße steuerplanerisch nicht abgebildet, so verursachen diese keine Ausweichhandlungen bzw. Entscheidungsänderungen, sie sind dann in ihrer faktischen Wirkung entschei-

---

207 Vgl. im Einzelnen hierzu Kap. 2.3.3.1.
208 Vgl. Wagner (2000), S. 190 f.; ders. (2008a), S. 101; ders. (2010a), S. 26; so auch Kahle (2006c), S. 89; Siebler (2008), S. 385.
209 Vgl. Oestreicher/Spengel (2003), S. 39; Oestreicher (2007a), S. 252 f.
210 Oestreicher/Spengel (2003), S. 58.
211 Vgl. Wagner (2000), S. 191; ders. (2004), S. 243; Kahle (2002c), S. 194 f., 197 f.; Siebler (2008), S. 385 f.
212 Vgl. schon Wagner (1983), S. 46; vgl. zudem Wagner/Schwenk (2003), S. 377 f.

dungsneutral.[213] Die Aussagekraft modelltheoretischer Analysen zur Entscheidungsneutralität ist daher beschränkt. Ob eine Gewinnermittlungsregelung faktisch Entscheidungsverzerrungen zur Folge hat, bedarf vielmehr der zusätzlichen Überprüfung anhand empirischer Steuerwirkungen.

4.3.3.1.2 Überprüfung anhand empirischer Steuerwirkungen

Es erscheint plausibel, von der These auszugehen, dass eine Vielzahl an Periodisierungsregelungen in den Entscheidungskalkülen der Wirtschaftssubjekte überhaupt keine Beachtung findet, da in der Realität nur stark vereinfachte Planungsmodelle herangezogen werden. So konnte in Experimenten gezeigt werden, dass entgegen der Annahme rationaler Entscheider, die Tarif- und Bemessungsgrundlageneffekte analog berücksichtigen und ihre Entscheidung auf Basis von Effektivsteuersätzen treffen, Wirtschaftssubjekte zumeist auf einfache Entscheidungsheuristiken zurückgreifen und vor allem die Bedeutung des tariflichen Steuersatzes systematisch überschätzen, während Bemessungsgrundlagenelemente vernachlässigt werden.[214]

Möglicherweise sind diese Ergebnisse auf Unternehmen und deren Investitionsentscheidungen nicht übertragbar, da diese über eine ausgefeilte Steuerplanung verfügen.[215] Zumindest teilweise gelten die Ergebnisse jedoch analog. Eine Befragung von *Schwenk* zeigt, dass in der Praxis hauptsächlich auf das **Standardmodell der Steuerplanung** zurückgegriffen wird, das an Periodisierungselementen nur planmäßige Abschreibungen berücksichtigt. Weitere Periodisierungen werden hingegen kaum steuerplanerisch abgebildet, was in der Studie für Teilwertabschreibungen und Rückstellungen gesondert untersucht wurde.[216] Aufgrund der Komplexität ihrer Abbildung ist eine Integration dieser Bemessungsgrundlagenelemente in Entscheidungskalküle mit enormen Schwierigkeiten und hohem Aufwand verbunden.[217] Die Berücksichtigung dieser Regelungen bedürfte einer komplexen Modellierung unterschiedlicher Zukunftsszenarien, da Teilwertabschreibungen und Rückstellungen nur bei bestimmten (negativen) Zukunftsentwicklungen relevant werden. Die Planung erschwert, dass Rückstellungen häufig schwerlich einem Investitionsprojekt zugeordnet werden können. Die Studie umfasste die DAX 100-Unternehmen.[218] Eine mangelnde Berücksichtigung von Gewinnermittlungsregelungen außerhalb von Abschreibungen

---

213 Vgl. Wagner (2010a), S. 27.
214 Vgl. Kiesewetter et al. (2010), S. 66, 70; ausführlich Blaufus et al. (2009), insb. S. 17, 23 f.
215 Vgl. einschränkend Blaufus et al. (2009), S. 25.
216 Vgl. Schwenk (2003), S. 143-175; Wagner/Schwenk (2003), S. 389-393.
217 Vgl. auch im Folgenden Schwenk (2003), S. 43 ff., 51 f.; vgl. hierzu zudem Wagner (1998a), S. 2076; ders. (2000), S. 197.
218 Vgl. zum Untersuchungsumfang Schwenk (2003), S. 110 ff.

bei diesen Unternehmen, die über eine vergleichsweise detaillierte Steuerplanung verfügen dürften, lässt vermuten, dass dies bei kleineren Unternehmen umso weniger der Fall ist.

Erzeugen Neutralitätsverstöße keine Änderungen des Investitionsverhaltens, sind sie nicht nur in ihrer faktischen Wirkung entscheidungsneutral. Darüber hinaus lässt sich aus diesen Ergebnissen folgern, dass Bemessungsgrundlagenelemente außerhalb von Abschreibungen kaum zur Erreichung etwaiger gewünschter Investitionsanreize beitragen können. Dies gilt insbesondere im **internationalen Vergleich**. Empirische Studien zeigen, dass internationale Investoren ihre Entscheidung über die Standortwahl maßgeblich am **tariflichen Steuersatz** ausrichten.[219] Die hohe Bedeutung des tariflichen Steuersatzes für das Investitionsverhalten internationaler Unternehmen könnte wiederum dadurch begründet sein, dass sich die Abbildung standortspezifischer Begünstigungen im Rahmen der Bemessungsgrundlagen als zu aufwendig und komplex darstellt.[220] Doch findet sich hierfür auch eine ökonomische Erklärung. Denn die effektive Steuerbelastung einer Investition wird mit zunehmender Rentabilität immer mehr vom tariflichen Steuersatz determiniert, während der relative Einfluss der Bemessungsgrundlage auf die Effektivbelastung mit steigender Rentabilität abnimmt.[221] Aufgrund der hohen Bedeutung des tariflichen Steuersatzes für das Investitionsverhalten multinationaler Unternehmen wählten viele Länder (auch Deutschland) in den zurückliegenden Jahren den Weg der Sichtbarmachung von Steuervorteilen durch Tarifsenkungen bei gleichzeitiger Verbreiterung der Bemessungsgrundlage (**Strategie des tax cut cum base broadening**);[222] der internationale Steuerwettbewerb wird hauptsächlich über nominale und nicht über effektive Steuersätze geführt.[223]

Folglich muss die Bedeutung unterschiedlicher Periodisierungsregelungen relativiert werden. Viele Regelungen dürften sich als faktisch entscheidungsneutral herausstellen, da sie in Entscheidungskalkülen nicht berücksichtigt werden. Zielt man auf die Entscheidungsneutralität eines Steuersystems ab, wäre dies ein positives Ergebnis. Allerdings handelt es sich bei vielen steuermindernden Gewinnermittlungsvorschriften sodann ex post um Gewinnvergünstigungen, die

---

[219] Vgl. ökonometrisch Devereux/Griffith (1998), S. 353, 362 f.; Buettner/Ruf (2007), S. 159 f., 162; im Rahmen einer Befragungsstudie Dietrich/Kiesewetter/Moosmann (2008), S. 77 ff.

[220] So Wagner (1998a), S. 2075 f.; ders. (2000), S. 195.

[221] Vgl. zu diesem Effekt Spengel/Lammersen (2001), S. 228 f.; Spengel (2003), S. 75 f.; Voß (2006), S. 25 f.

[222] Bereits seit den 1980er Jahren sind solche Senkungen der tariflichen Steuersätze zu beobachten, die durch Bemessungsgrundlagenverbreiterungen begleitet werden, vgl. Devereux/Griffith/Klemm (2002), S. 456 ff.

[223] Vgl. dies aufzeigend Devereux/Lockwood/Redoano (2008), S. 1212 f.; Overesch/Rincke (2009), S. 32. So werden bspw. in den osteuropäischen Staaten relativ niedrige Steuersätze durch restriktive Verlustverrechnungsvorschriften "erkauft", vgl. Jacob/Pasedag/Wagner (2011), S. 72 ff. Vgl. weitergehend zur Diskussion um die Ursachen des Steuersatzwettbewerbs auch Heinemann/Overesch/Rincke (2010), S. 498 ff.

keinerlei Investitionsanreize mit sich brachten. Unter Berücksichtigung des internationalen Standortwettbewerbs kann folglich die Strategie gerechtfertigt werden, **Begünstigungen im Rahmen der Gewinnermittlung einzuschränken**, um bei gegebenem Steueraufkommen die tariflichen Steuersätze zu senken und so im internationalen Steuerwettbewerb zu bestehen. Der Gesetzgeber kann sich auf diese Weise „[d]ie unterschiedlich stark ausgeprägte Wahrnehmung der verschiedenen Steuerelemente […] bei der Konzeption von Steuersystemen zunutze machen".[224] De lege ferenda könnten Periodisierungen, insbesondere jene, die aus dem Vorsichtsprinzip resultieren, zugunsten des Steuersatzes noch stärker als im geltenden Recht eingeschränkt werden; Steuervorteile würden so explizit sichtbar gemacht.[225]

Hiergegen spricht auch nicht das Argument, dass eine detailliertere Abbildung in Investitionskalkülen nur deshalb nicht erfolge, weil die Betriebswirtschaftliche Steuerlehre keine exakteren Steuerplanungsmodelle bereitstelle.[226] Diese Argumentation vernachlässigt vor allem die aufgezeigten Determinanten der internationalen Standortwahl. Zudem konnte im Anschluss an die Studie von *Schwenk* mittlerweile durch eine Unternehmenssimulation gezeigt werden, dass der **Planungsfehler** aufgrund der vereinfachten Abbildung **häufig nicht bedeutend** ist. Die Vernachlässigung zahlreicher Gewinnermittlungsvorschriften im Rahmen der Steuerplanung, wie der Positionen Forderungen und Verbindlichkeiten aus Lieferungen und Leistungen, des Umfangs der Herstellungskosten, von Bewertungsvereinfachungen, aktiven und passiven Rechnungsabgrenzungsposten sowie der Aktivierung geleisteter Anzahlungen, beeinflusst die finanzielle Zielgröße in Form des Endvermögens kaum,[227] „so dass auf eine Periodisierung dieser Elemente verzichtet werden könnte"[228]. Es zeigte sich aber, dass neben planmäßigen Abschreibungen – hierbei branchenabhängig – die Vernachlässigung von Bestandsveränderungen des Vorratsvermögens sowie der Bildung und Auflösung von Rückstellungen ins Gewicht fällt.[229]

Insgesamt sprechen die Ergebnisse eher nicht für eine Maßgeblichkeit in der geltenden Form. Insbesondere das durch die Maßgeblichkeit in die Steuerbilanz transferierte Vorsichtsprinzip gewährt Steuervergünstigungen, die zumeist nicht als solche wahrgenommen werden und sowohl

---

224 Vgl. Jacob/Pasedag/Wagner (2011), S. 77 f. (Zitat auf S. 78).
225 Vgl. gl. A. Wagner (2000), S. 199 f.; ders. (2002), S. 1892; Schreiber (2002), S. 109, 112 f.; ders. (2004), S. 226; Heurung (2000), S. 428; Kahle (2006a), S. 1407.
226 So aber Schmiel (2009), S. 1199.
227 Vgl. Knirsch (2007), S. 496, 503; im Einzelnen dies. (2005).
228 Oestreicher (2007a), S. 252, der dies aus den Ergebnissen von *Knirsch* schließt.
229 Vgl. Knirsch (2007), S. 496, 503.

national als auch international **kaum Investitionsanreize** bewirken. Im Umkehrschluss dürfte eine vereinfachte steuerliche Bemessungsgrundlage, die nur wenige ins Gewicht fallende Periodisierungen enthält,[230] nicht zur Einschränkung von Investitionen[231] und auch in vielen Branchen kaum zu Einbußen hinsichtlich der finanziellen Zielerreichung führen.

4.3.3.2 Problematik der Gleichmäßigkeit der Besteuerung

4.3.3.2.1 Das Postulat der Gleichbehandlung verschiedener Einkunftsarten

Aufgrund seiner Unbestimmtheit ist es problembehaftet, aus dem Leistungsfähigkeitsprinzip als Maßstab einer gerechten Steuerverteilung Schlüsse über die Maßgeblichkeit ziehen zu wollen. Lässt aber das Leistungsfähigkeitsprinzip keine eindeutige Deduktion von Regelungen zur Gewinnermittlung zu, sollte zumindest versucht werden, erkennbaren Ungleichbehandlungen zu begegnen. So erscheint offensichtlich, dass es zu Ungleichmäßigkeiten kommt, wenn die Bemessungsgrundlage von Steuerpflichtigen gleicher Leistungsfähigkeit durch verschiedene Regelungen ermittelt wird. Hieraus kann die **Forderung nach einer unterschiedslosen Behandlung verschiedener Einkunftsarten** und der Anwendung möglichst einer einzigen Methode zur Ermittlung des steuerbaren Einkommens abgeleitet werden.[232]

De lege lata ergeben sich aufgrund der grundlegenden Trennung von Gewinn- und Überschusseinkunftsarten (sog. **Dualismus der Einkünfte**) erhebliche Divergenzen im Rahmen der Einkünfteermittlung.[233] Während bei ersteren der Gewinn zu berechnen ist, was i. d. R. durch einen Betriebsvermögensvergleich erfolgt (§ 2 S. 1 Nr. 1 i. V. m. §§ 4 Abs. 1, 5 EStG), wird bei letzteren auf die Differenz zwischen Einnahmen und Werbungskosten abgestellt, wobei eine Zahlungsrechnung zur Anwendung kommt (§ 2 S. 1 Nr. 2 i. V. m. § 11 EStG). Der jeweils unterschiedliche Umfang der steuerbaren Tatbestände sowie die Unterschiede in der zeitlichen Erfas-

---

230 Wie eine solch vereinfachte Bemessungsgrundlage auszusehen hätte bzw. welche Periodisierungen berücksichtigt werden sollten, wird detaillierter in Kap. 4.3.5.1.2 näher untersucht.

231 Vgl. Wagner (2000), S. 201; ders. (2002), S. 1892.

232 Vgl. zu dieser Forderung statt vieler bereits Schneider (1971b), S. 329 f.; ders. (1971c), S. 373 f. sowie ders. (2002), S. 282 f.; ders. (2008a), S. 286, 294; Wagner (1997), S. 519 ff.; ders. (2010b), S. 349 f.
A. A. z. B. Söffing (1995), S. 663 f.; Arnold (2005), S. 154; Schön (2005a), S. 15 f., die vor allem argumentieren, dass bei den betrieblichen Einkünften höhere Risiken vorlägen und der Kapitaleinsatz vergleichsweise hoch sowie wenig mobil sei. Dies rechtfertige etwa eine Rückstellungsbildung, die bei den übrigen Einkunftsarten nicht notwendig sei. Es ist m. E. aber systematischer, diesen Zusammenhängen durch Regelungen der Verlustberücksichtigung Rechnung zu tragen anstatt durch eine unterschiedliche Art der Einkunftsermittlung.

233 Die Differenzierung beruht auf der grundlegenden Unterscheidung zwischen der Reinvermögenszugangstheorie (basierend auf Schanz (1896)) im Rahmen der Gewinn- und Quellentheorie (zurückgehend auf Fuisting (1902)) im Rahmen der Überschusseinkunftsarten. Vgl. zu einem Überblick über die resultierenden Unterschiede nach geltendem Recht Sava (2007), S. 5-23.

sung können zu deutlichen steuerlichen Belastungsunterschieden führen.[234] Aus ökonomischer Sicht fehlt für den Einkünftedualismus jedwede Begründung, „da es keinen Unterschied machen kann, ob das Effektivvermögen des Steuerpflichtigen aus der Nutzung von Sachkapital, Finanzkapital oder der Arbeitskraft resultiert."[235]

Doch auch die Gleichbehandlung innerhalb der Gewinneinkunftsarten wird nach geltendem Recht nicht sichergestellt. Dies liegt vor allem darin begründet, dass neben dem Betriebsvermögensvergleich (§§ 4 Abs. 1, 5 EStG) unter den Voraussetzungen des § 4 Abs. 3 S. 1 EStG die Einnahmen-Überschussrechnung (§ 4 Abs. 3 EStG) als vereinfachte Gewinnermittlungsmethode zugelassen ist, welche nicht auf einer Periodisierung basiert, sondern analog der Ermittlungsweise im Rahmen der Überschusseinkünfte auf das Zufluss-/Abflussprinzip abstellt und hiervon nur punktuelle Ausnahmen vorsieht.[236] Die Bedeutung dieser Methode und damit die Divergenzen im Rahmen der Einkünfteermittlung nahmen durch die Befreiung kleiner Einzelkaufleute von der handelsrechtlichen Buchführungspflicht (§ 241a HGB), die künftig nur noch eine Einnahmen-Überschussrechnung erstellen müssen, mit dem BilMoG sogar noch zu.

Nach diesen Erläuterungen wird auch eine **fundamentale Kritik** an der zentralen Begründung für die Maßgeblichkeit im Schrifttum, der **Teilhaberthese** nach *Döllerer*, deutlich.[237] Denn die steuerlich gebotene Gleichmäßigkeit i. S. d. Gleichbehandlung verschiedener Einkunftsarten wird bei dieser Erklärung für die Maßgeblichkeit gänzlich vernachlässigt. Das primär relevante Vergleichspaar im Steuerrecht sollte nicht der Fiskus und der Anteilseigner sein, sondern der Anteilseigner und der Bezieher anderer Einkunftsarten. Somit „kann es unter der Herrschaft des Gleichheitssatzes (Art. 3 Abs. 1 GG) nicht um die Gleichbehandlung von Aktionär und Fiskus gehen, sondern um die Gleichbelastung der Steuerpflichtigen untereinander".[238]

Hingegen vermögen andere, aus dem Leistungsfähigkeitsprinzip abgeleitete Argumente gegen die Maßgeblichkeit kaum zu überzeugen. So steht der Maßgeblichkeitsgrundsatz und die hiermit

---

[234] Der Dualismus der Einkünfte wird seit jeher kritisiert, vgl. nur Tipke (1971), S. 8 ff.; ders. (2003), S. 716 ff.; Lang (1988), S. 218 ff.; Kanzler (1998), S. 233 ff.; Birk (2011), S. 20 ff. sowie die Quellen in Fn. 232.

[235] Kahle (2006c), S. 89.

[236] Dies sind v. a. die Berücksichtigung von Abschreibungen und der Vorschriften über geringwertige Wirtschaftsgüter (§ 4 Abs. 3 S. 3 EStG), die Erfassung der Anschaffungskosten nicht abnutzbarer Wirtschaftsgüter des Anlagevermögens und bestimmter Wirtschaftsgüter des Umlaufvermögens erst im Zeitpunkt des Abgangs (§ 4 Abs. 3 S. 4 EStG) und die generelle Nichtberücksichtigung von Darlehensein- und Auszahlungen (H 4.5 Abs. 2 EStH). Auch zwischen § 4 Abs. 1 und § 5 EStG bestehen Unterschiede, vgl. hierzu Prinz (2011a), S. 146 f. m. w. N.

[237] Vgl. Döllerer (1971), S. 1334; ders. (1983), S. 172 sowie bereits Kap. 4.2.1.3.

[238] Hennrichs (1999), S. 144; vgl. auch Wagner (1998a), S. 2075; ders. (2002), S. 1887; Schreiber (2000), S. 91 f.

verbundene Anknüpfung an die handelsrechtlichen GoB seit längerem in der Kritik, da nach einer verbreiteten Meinung Handels- und Steuerbilanz abweichende Zielsetzungen verfolgen und die Basis für die Maßgeblichkeit daher unklar sei. Während das HGB vorrangig dem Ziel einer vorsichtigen Ausschüttungsbemessung diene, solle die Steuerbilanz den Gewinn i. S. d. steuerlichen Leistungsfähigkeit erfassen; diesem Ziel widerspreche insbesondere die Übernahme des Vorsichts- und Imparitätsprinzips in die steuerliche Gewinnermittlung.[239] Aufgrund der postulierten Zweckdivergenz wird eine eigenständige Steuerbilanz gefordert, die sich an dem spezifisch steuerrechtlichen Ziel der Messung steuerlicher Leistungsfähigkeit orientiert.[240]

Da jedoch der ökonomische Leistungsfähigkeitszuwachs i. S. d. Ertragswertmehrung mittels Einzelbewertung nicht gemessen werden kann, muss es in höchstem Maße unklar bleiben, ob eine Gewinnermittlungsvorschrift basierend auf einer eigenständigen steuerlichen Gewinnermittlung – ganz gleich welcher Ausgestaltung – dem Grundsatz der Leistungsfähigkeit eher entsprechen würde als die Einkommensbemessung auf Basis handelsrechtlicher GoB. Jegliches auf einer Einzelbewertung basierende Bilanzierungssystem kann das tatsächliche, wirtschaftliche Einkommen nur höchst unvollständig erfassen.[241] Aufgrund der Unbestimmtheit des Leistungsfähigkeitsprinzips auf unvollkommenen Märkten kann diese Argumentation nicht überzeugen, vielmehr sollte **allein die grundlegende Forderung nach Gleichbehandlung verschiedener Einkunftsarten** aus dem Gleichmäßigkeitspostulat abgeleitet werden.[242]

Dieses Ziel könnte auf verschiedenen Wegen erreicht werden. Zum einen könnte der Anwendungsbereich der Bilanzierung ausgeweitet werden. Ein Vermögensvergleich im Rahmen der Überschusseinkunftsarten muss jedoch als unpraktikabel ausgeschlossen werden, da dies z. B. die Erfassung des Humankapitals eines Arbeitnehmers im Rahmen einer Buchführung notwendig machen würde.[243] Auch wäre es mit der Forderung nach Einfachheit bzw. durchführungsorien-

---

[239] Vgl. vor allem Weber-Grellet (1994), S. 288 f.; ders. (1999), S. 2660 f.; ders. (2008), S. 148; ders. (2010b), S. 2298 f. Vgl. des Weiteren die damalige Begründung zum Steuerentlastungsgesetz 1999/2000/2002, BT-Drs. 14/23, S. 170 f., in der sich der Gesetzgeber zur Begründung der Einschränkungen bei der Teilwertabschreibung einer ähnlichen Argumentation annahm, und die hierauf abstellende Rechtsprechung in BFH v. 14.03.2006, I R 22/05, BStBl II 2006, S. 680; v. 23.04.2009, IV R 62/06, BStBl II 2009, S. 778.

[240] Vgl. vor allem Weber-Grellet (2008), S. 146 ff.; ders. (2010b), S. 2303.

[241] Vgl. Schreiber (1999), S. 899 f.

[242] Zu beachten ist aber eine neue Argumentation von Schmiel (2011), S. 120-122, 124, die vertritt, dass der handelsrechtliche Gewinn gerade als zutreffender Indikator steuerlicher Leistungsfähigkeit bei Gesellschaftern von Kapital- und Personengesellschaften angesehen werden kann, da diese genau in der Höhe einen Zahlungsanspruch erlangen. Die ungelöste Problematik der ungleichen Behandlung von Steuerpflichtigen mit identischen Zahlungsvorgängen, aber mit bzw. ohne Möglichkeit zur Aufwandsvorwegnahme muss m. E. aber als Kritikpunkt gegen diese Argumentation verbleiben.

[243] Vgl. statt vieler Spengel (2004), S. 135; ders. (2006b), S. 681; Sava (2007), S. 26.

tierter Effizienz nicht vereinbar, zur Vereinheitlichung der Ermittlungsmethoden im Rahmen der Gewinneinkunftsarten jedes kleine Unternehmen allein für Steuerzwecke zur Bilanzierung zu verpflichten.[244] Dies würde auch die Bemühungen im Handelsbilanzrecht, kleine Unternehmen von der Buchführungspflicht zu entlasten (§ 241a HGB) völlig konterkarieren.

Eine Reform käme daher nur in umgekehrter Richtung in Frage. Wenn Gleichmäßigkeit der Besteuerung verwirklicht werden soll, die Überschussrechnung aber unvermeidbar ist, dann muss die Gewinnermittlung so gestaltet werden, dass sie möglichst weitgehend an die Überschussrechnung angenähert wird.[245] Daher kann auch aus dem Postulat der Gleichmäßigkeit, wie es sich bereits aus der Berücksichtigung von Entscheidungswirkungen der Besteuerung ergab, die Zielsetzung abgeleitet werden, den **Betriebsvermögensvergleich stärker an Zahlungen zu orientieren** und im Umkehrschluss Periodisierungen einzuschränken.[246] Hierdurch könnten die Unterschiede im Rahmen der Einkünfteermittlung zumindest auf ein hinreichendes Maß begrenzt werden.[247] Dass vor diesem Hintergrund die Maßgeblichkeit kritisch in Frage zu stellen ist, wird im Folgenden im Einzelnen belegt, indem die wohl wichtigsten Verstöße gegen die Gleichmäßigkeit der Besteuerung im geltenden Recht aufgezeigt werden. Hierbei wird sogleich untersucht, inwiefern diese Verstöße durch die derzeit bestehenden steuerlichen Sondervorschriften eventuell kompensiert werden können.

4.3.3.2.2 Ausgewählte Einzelverstöße gegen das Gleichmäßigkeitspostulat im geltenden Bilanzsteuerrecht

Schon das durch die Maßgeblichkeit in die Steuerbilanz durchschlagende Realisationsprinzip (§ 252 Abs. 1 Nr. 4 HGB i. V. m. § 5 Abs. 1 S. 1 EStG) kann unter der Zielsetzung der Gleichmäßigkeit der Besteuerung problematisiert werden. Denn im Vergleich zu einer auf den Zahlungszufluss abstellenden Überschussrechnung resultiert aus dem geltenden Realisationsprinzip eine gleichmäßigkeitsgefährdende Vorverlagerung der Ertragsvereinnahmung. Es ergibt sich eine Benachteiligung derjenigen Steuerpflichtigen, die das Maßgeblichkeitsprinzip anzuwenden haben, da diese einen Betrag in Höhe der Steuern, die auf den noch nicht durch Zahlungszuflüsse bestätigten Gewinn entfallen, vorfinanzieren müssen.[248] Die Ertragsrealisierung müsste sich folg-

---

[244] Vgl. Kahle (2006a), S. 1407; Dahlke/Kahle (2009), S. 232.
[245] Vgl. Schneider (1971b), S. 330.
[246] Vgl. Schneider (1971b), S. 330; ders. (2004), S. 302; ders. (2008a), S. 294; vgl. gl. A. Schreiber (2002), S. 108; Kahle (2002c), S. 211; Spengel (2009), S. 105.
[247] Wie weit diese Annäherung reichen sollte, bzw. ob eine moderate Annäherung ausreicht oder ob hierzu gänzlich auf eine Zahlungsrechnung übergegangen werden sollte, wird eingehender in Kap. 4.3.5.1.1 diskutiert.
[248] Vgl. Pannen (2000), S. 234.

lich viel stärker an den Zahlungszuflüssen orientieren. Aus Sicht des Gleichmäßigkeitspostulats sollte **anstelle des Realisations- auf das Barrealisationsprinzip** abgestellt werden, wonach ein Gewinn nicht bereits bei Lieferung und Leistung entsteht, sondern erst dann, wenn sowohl die Leistung erbracht als auch die korrespondierende Einzahlung vereinnahmt worden ist.[249] Diese „doppelte[.] Bedingung" wird im Schrifttum abgeleitet, um zwar die Ertragsrealisierung zahlungsorientiert auszugestalten, gleichzeitig aber Ermessensspielräume auf ein hinreichendes Maß zu beschränken.[250] Hierdurch würde ein deutlicher Schritt hin zu einer gleichmäßigeren Besteuerung im Vergleich zum tradierten Realisationsprinzip gemacht.

Kritisch gesehen werden können wiederum die mit dem handelsrechtlichen **Vorsichts- und Imparitätsprinzip** verbundenen Regelungen, die über die Maßgeblichkeit grundsätzlich auch für die Steuerbilanz relevant werden. Denn Bilanzierende können durch das Imparitätsprinzip Verluste vorwegnehmen, was z. B. Arbeitnehmern nicht möglich ist.[251] Durch die steuerliche Berücksichtigung derartiger Verlustvorsorgemaßnahmen wird bilanzierenden Unternehmen ein **zinsloser Steuerkredit** gewährt, der anderen Steuerpflichtigen versagt bleibt und einseitige Zinsvorteile (und im Falle eines progressiven Tarifverlaufs Progressionseffekte) bewirkt.[252] Denn die aus einer frühzeitigen Aufwandsvorwegnahme resultierende Steuerersparnis schafft zusätzliches Innenfinanzierungspotenzial, das zwischenzeitlich für die Anlage am Kapitalmarkt, die Tilgung von Fremdmitteln bzw. den Verzicht auf die Aufnahme neuen Kapitals oder für Sachinvestitionen im Unternehmen zur Verfügung steht.[253]

Zwar wird die Drohverlustrückstellung nach geltendem Recht durch eine steuerliche Sondervorschrift ausgeschaltet (§ 5 Abs. 4a EStG), gleichwohl hat das Imparitätsprinzip durch die Teilwertabschreibung (§ 6 Abs. 1 Nr. 1 S. 2, Nr. 2 S. 2 EStG) weiterhin eine gewisse Relevanz im aktuellen Steuerbilanzrecht. Durch die eigenständige Wahlrechtsausübung (§ 5 Abs. 1 S. 1 2. HS EStG) haben Bilanzierende nach BilMoG sogar die Wahl, ob sie diese Möglichkeit der

---

249 Vgl. Schneider (1971a), S. 609; ders. (1997), S. 279 ff.; ders. (2004), S. 303; vgl. zum Grundsatz der Barrealisation zudem bereits Jacobs (1971), S. 123 ff. sowie eingehend hierzu Kap. 4.3.5.1.2.

250 Vgl. Schneider (1997), S. 280 f.; ders. (2008a), S. 296 (auch Zitat).
Für den Grundsatz der Barrealisation spricht des Weiteren, dass dieser die mit der Besteuerung einhergehenden Liquiditätswirkungen bei unvollkommenen Kapitalmärkten in idealer Weise berücksichtigt. So stellt dieses Vorgehen sicher, dass der Einnahmenzufluss, aus dem die Steuerzahlung zu leisten ist, tatsächlich erfolgt ist und die Besteuerung nicht zu einer realen Vermögensabgabe führt, vgl. Jacobs (1971), S. 123 f.; Schneider (1978), S. 57; Siegel (2008a), S. 304. Dieses Argument gegen das geltende Realisationsprinzip ist jedoch angreifbar, vgl. zur Diskussion Kap. 4.3.5.1.2.

251 Vgl. Schneider (1970), S. 69 ff.; ders. (1971c), S. 384 ff.; ders. (2004), S. 302; ders. (2010a), S. 717 f.; zu dieser Kritik vgl. bspw. auch Pannen (2000), S. 236 f.; Schmitt (2005), insb. S. 211 ff.

252 Vgl. Schneider (2002), S. 289 ff.

253 Vgl. Rogall/Spengel (2000), S. 1235.

Verlustvorwegnahme in Anspruch nehmen. Dies ist mit der Forderung nach Gleichmäßigkeit der Besteuerung unvereinbar. Im Sinne einer Annäherung an die Überschussermittlung wäre es folgerichtig, bilanzielle Verlustvorwegnahmen und damit das Imparitätsprinzip in der Steuerbilanz gänzlich zu streichen.[254] Demnach ist das Verbot der Drohverlustrückstellung gem. § 5 Abs. 4a EStG als Annäherung an eine gleichmäßige Besteuerung einzustufen.[255] Jedoch müsste dies in gleichem Maße für Teilwertabschreibungen gelten. Das Vorgehen im geltenden Recht, ein Verbot für Drohverlustrückstellungen zu implementieren, Teilwertabschreibungen oder auf der Passivseite -erhöhungen aber zuzulassen, entbehrt jeglicher Begründung. Beide Regelungen sind Ausfluss des handelsrechtlichen Imparitätsprinzips und damit analog zu beurteilen.[256]

Nicht nur Drohverlustrückstellungen, sondern auch die aus dem Realisationsprinzip resultierenden **Verbindlichkeitsrückstellungen** sind vor dem Hintergrund der Gleichmäßigkeit der Besteuerung kritisch zu sehen. Denn die Möglichkeit des Ansatzes von Rückstellungen steht Überschussrechnern nicht zu. Gerade im Falle der (oftmals erhebliche Zeiträume umfassenden) Rückstellungsbildung kann das durch eine frühzeitige Aufwandserfassung geschaffene **Innenfinanzierungspotenzial** beachtliche Dimensionen annehmen.[257] Möglicherweise kann aber die mit § 6 Abs. 1 Nr. 3a e) EStG vorgesehene Diskontierungspflicht diesen Finanzierungseffekt kompensieren, schließlich würde eine Passivierung zum Barwert einen Finanzierungsvorteil durch die Rückstellungsbildung verhindern.[258] Eine gänzliche Ausschaltung dieser Wirkungen würde jedoch bedingen, der Diskontierung genau jene Verzinsung zugrunde zu legen, die mit der tatsächlichen, unternehmensspezifischen Anlage des zusätzlichen Innenfinanzierungspotenzials

---

[254] Vgl. sich gegen das Imparitätsprinzip in der Steuerbilanz aussprechend (bei gleichzeitigem Ausbau der Verlustausgleichsmöglichkeiten) Schneider (1971b), S. 338 f.; ders. (1997), S. 282 ff.; ders. (2004), S. 302 f.; Schreiber (1993), S. 161 f.; ders. (2002), S. 108; Siegel (2008a), S. 319; ders. (1999a), S. 196; Kahle (2002c), S. 213; Dahlke/Kahle (2009), S. 234; Spengel (2004), S. 136 f.; ders. (2009), S. 106.

[255] Vgl. hingegen kritisch zum Verbot der Drohverlustrückstellung nur Moxter (1997c), S. 1477 f.; ders. (1998), S. 510; Groh (1999), S. 980 f.; Crezelius (2011), Rz. 138 zu § 5 EStG; Patek (2011), S. 296 f.

[256] Dies kann bereits daran verdeutlicht werden, dass hierdurch wirtschaftlich vergleichbare Sachverhalte steuerlich ungleich behandelt werden. Ist z. B. zum Verkauf bestimmtes Vorratsvermögen, dessen erwarteter Veräußerungserlös dauerhaft gesunken ist, zum Bilanzstichtag bereits vorrätig, ist eine Aufwandserfassung zulässig (§ 6 Abs. 1 Nr. 2 S. 2 EStG). Befindet sich die Ware noch beim Lieferanten, wird hingegen keine Gewinnminderung zugelassen (§ 5 Abs. 4a EStG), obwohl wirtschaftlich das gleiche Ergebnis vorliegt, vgl. Scheffler (2010a), S. 85. A. A. jedoch Siegel (1999a), S. 197, 200; ders. (2000a), S. 564 ff.; ders. (2000b), S. 33.

[257] Vgl. Doralt (1998), S. 1357 f.; Wagner (1997), S. 518 f.; ders. (2003), S. 381 f., der die Berücksichtigung von Rückstellungen zudem aufgrund der sog. **Korrespondenzlücken** kritisiert. Das Unternehmen kann häufig eine Rückstellung bilden, der aber keine zeitgleiche Erfassung auf der Empfängerseite gegenübersteht, was vor allem bei Geschäftsbeziehungen zu Personen, die ihr Einkommen auf Basis einer Überschussrechnung ermitteln, evident wird. Der Fiskus muss diese Steuerminderzahlung z. B. bei Pensionsrückstellungen über beträchtliche Zeiträume zwischenfinanzieren. Die Finanzierung wird zumindest teilweise durch andere Steuerpflichtige getragen, was wiederum eine Umverteilung der Steuerlast und neue Verstöße gegen die Gleichmäßigkeit der Besteuerung bewirken kann. Zur Lösung dieses Konflikts müssten z. B. Ansprüche von Pensionsanwärtern steuerliche Berücksichtigung finden, vgl. Sigloch (2009), S. M 3; dies erwägend etwa Schmitt (2005), S. 226 f.

[258] Vgl. zum kompensierenden Effekt der Abzinsung mit Berechnungsbeispielen Rogall/Spengel (2000), S. 1235 ff.

erzielt wird. Ein pauschaler Diskontierungszins kann dies konzeptionell nicht gewährleisten: Ist der Diskontierungszins zu gering bemessen, werden die Verstöße gegen die Gleichmäßigkeit der Besteuerung nicht völlig kompensiert, liegt er aber zu hoch, kommt es infolge der Diskontierung zu einer Besteuerung unrealisierter Gewinne.[259]

Es zeigen sich folglich **vielfältige Verstöße gegen die Forderung nach Gleichmäßigkeit** der Besteuerung im geltenden Recht. Gegen die Maßgeblichkeit sprechen vor allem die hierdurch in das Steuerbilanzrecht durchschlagenden Verlustvorwegnahmen aufgrund der zentralen Stellung des Vorsichtsprinzips im Handelsbilanzrecht sowie die umfangreichen Rückstellungsbildungen, die aus steuersystematischer Sicht problematisch erscheinen. Hierbei überwiegen die zugunsten der Bilanzierenden wirkenden Verstöße gegen die Forderung nach Gleichbehandlung der Einkunftsarten. Auch wurde deutlich, dass die einzelfallabhängigen Eingriffe des Steuergesetzgebers in den letzten Jahren die Verstöße gegen das Gleichmäßigkeitspostulat keinesfalls ausschalten konnten. Das Steuerbilanzrecht in seiner geltenden Ausgestaltung ist daher kaum mit der Forderung nach Gleichmäßigkeit der Besteuerung vereinbar.

4.3.3.3 Durchführungsorientierte Effizienz, Objektivierung und Maßgeblichkeit handelsrechtlicher GoB

Als weitere Anforderung an eine steuerliche Bemessungsgrundlage wurde abgeleitet, dass diese mit möglichst geringen Erhebungskosten verbunden sein sollte, da jene einen Teil des gesamtwirtschaftlich ineffizienten "excess burden" darstellen. Nach *Wagner* können die Steuererhebungskosten in Planungskosten sowie Vollzugskosten differenziert werden, wobei sich letztere wiederum aus Deklarationskosten der Steuerpflichtigen sowie Steuerkontrollkosten des Fiskus zusammensetzen.[260] Im Folgenden sollen die **Vollzugskosten** im Vordergrund stehen.[261] Da sich zudem die Kontrollkosten auf Ebene des Fiskus schwerlich beurteilen lassen, wird nur die privatwirtschaftliche Ebene betrachtet.[262]

[259] Vgl. Siegel (2004), S. 200, der diesen Effekt jedoch, anders als hier vertreten, für akzeptabel hält, sofern mit einer „für jedermann erreichbaren quasisicheren Rendite“ diskontiert wird.

[260] Vgl. Wagner (2005c), S. 94 f.; ders. (2006b), S. 19 f.; vgl. auch Slemrod/Sorum (1984), S. 461.

[261] Planungskosten hängen von der Neutralität der Gewinnermittlungsregelungen ab. *Wagner* versucht, die Planungskosten verschiedener Gewinnermittlungsmethoden zu beurteilen, indem er über Simulationsrechnungen deren "Approximationsgüte" bezüglich eines entscheidungsneutralen Systems beurteilt, vgl. Wagner (2005c), S. 106 f. Da auf unvollkommenen Märkten offen bleiben muss, wie eine entscheidungsneutrale Besteuerung auszusehen hat, muss dies fragwürdig bleiben, vgl. zu einer Analyse dieser Vorgehensweise auch Kap. 4.3.4.2.1.

[262] So auch Wagner (2005c), S. 96.

Das Maßgeblichkeitsprinzip in seiner geltenden Ausgestaltung (mit einer Vielzahl an Durchbrechungen und dem eigenständigen steuerlichen Wahlrechtsvorbehalt) kann kaum der Forderung nach durchführungsorientierter Effizienz und somit geringen Deklarationskosten der Steuerpflichtigen entsprechen. Vielmehr würde auch diese Leitlinie steuerlicher Gewinnermittlung eher für ein Abgehen von der Maßgeblichkeit und die Einführung einer **vereinfachten, stärker an Zahlungen ausgerichteten Methode** steuerlicher Gewinnermittlung sprechen. Denn im Schrifttum wird eine stärkere Zahlungsorientierung der steuerlichen Gewinnermittlung insbesondere auch aus dem Grund gefordert, dass dies zu einem einfacheren und weniger streitanfälligen Gewinnermittlungsrecht führen würde.[263] So könnten durch den Verzicht auf die Teilwertabschreibung und die Einschränkung der steuerbilanziellen Rückstellungsbildung sowohl die Diskussionen um den Teilwertbegriff als auch die vielfältigen Unwägbarkeiten im Rahmen der Rückstellungsbildung ausgeschaltet werden.[264]

Doch regelmäßig wird die Vereinfachung als gewichtiger Vorteil einer Maßgeblichkeit angesehen, da diese ein aufwendiges **Nebeneinander von Gewinnermittlungsregelungen** entfallen lässt.[265] Denn sind Periodisierungen bereits für außersteuerliche Zwecke zu ermitteln, können Deklarationskosten eingespart werden, indem diese gleichzeitig der Besteuerung zugrunde gelegt werden. Dass dies auch heute noch ein gewichtiger Grund ist, zeigt nicht zuletzt die Diskussion in anderen Ländern. So wurde im US-amerikanischen Raum in den letzten Jahren die Vor- und Nachteilhaftigkeit einer Maßgeblichkeit diskutiert, wobei die Kostenersparnis als ein maßgebliches Argument herausgehoben wurde.[266] Da für die Ausschüttungsbemessung nach den Ergebnissen in Kap. 3 weiterhin am handelsrechtlichen Einzelabschluss festgehalten werden sollte, träte neben diesen durch eine eigenständige steuerliche Gewinnermittlung ein weiteres Rechen-

---

263 Vgl. Dahlke/Kahle (2009), S. 232; in Bezug auf eine (modifizierte) Überschussrechnung Weber-Grellet (1998), S. 1349; Lauth (2000), S. 1371; Herzig/Hausen (2004), S. 4; Meyering (2011), S. 832.

264 Vgl. Schreiber (2002), S. 109; Kahle (2002c), S. 214 (in Bezug auf Rückstellungen); Kahle/Schulz (2011), S. 300 (in Bezug auf die Teilwertabschreibung).

265 Vgl. die historischen Gründe der Maßgeblichkeit in Kap. 4.2.1.3.

266 Vgl. Desai (2005), S. 189 f.; Desai/Dharmapala (2009), S. 181; Hanlon/Shevlin (2005), S. 117; Hanlon/Heitzman (2010), S. 135.
Schanz/Schanz überlegen, ob aus einem Vergleich mit dem US-amerikanischen Raum auf geringere Erhebungskosten des deutschen Maßgeblichkeitsgrundsatzes geschlossen werden könnte. Sie argumentieren, dass die steuerliche Gewinnermittlung in den USA, die keine Maßgeblichkeit vorsieht, eine sehr viel höhere Streitanfälligkeit aufweist, was die Vielzahl an Gerichtsverfahren zur steuerlichen Bemessungsgrundlage zeige, vgl. Schanz/Schanz (2009), S. 313. Diese Problematik resultiert allerdings vor allem daraus, dass das US-amerikanische Recht die Regelungen zur Ermittlung der steuerlichen Bemessungsgrundlage nicht im Einzelnen festlegt, sondern nur eine sehr unbestimmte Generalklausel diesbezüglich enthält, die erhebliche Auslegungsfragen aufwirft, vgl. Kahle (1997), S. 325 ff.; ders. (2002c), S. 262 ff.; Gros (2010), S. 138, 141. Vgl. zur Verbindung von Rechnungslegung und steuerlicher Gewinnermittlung in den USA Kap. 4.3.4.1.2. Ein eigenständiges Bilanzsteuerrecht könnte (und sollte) stattdessen ein geschlossenes Gewinnermittlungssystem festschreiben, vgl. Kahle (2002c), S. 266.

werk. Greift etwa das Steuerbilanzrecht auf den Grundsatz der Barrealisation zurück, während das Handelsbilanzrecht weiterhin dem klassischen Realisationsprinzip folgt, könnte dies zu einer deutlichen Komplexitätserhöhung durch die Differenzierungsnotwendigkeiten im Rahmen der Buchhaltung führen.

Mit dieser Argumentation übereinstimmend zeigt eine Befragung nicht kapitalmarktorientierter Unternehmen, die der Ausschüttungs- und Steuerbemessungsfunktion eine besonders hohe Bedeutung beimessen, dass diese an einer weitgehenden Kopplung der Rechnungslegungsfunktionen interessiert sind. Die Unternehmen schreiben der **Zielsetzung der Erstellung einer Einheitsbilanz** den Studienergebnissen zufolge auch heute noch – trotz möglicher EDV-technischer Arbeitsvereinfachungen – eine **hohe Bedeutung** zu.[267] Auch eine Auswertung von Jahresabschlüssen bestätigte, dass in der Unternehmenspraxis eine möglichst einheitliche Bilanzierung angestrebt wird, denn bei in Handels- und Steuerbilanz übereinstimmenden Wahlrechten wird nur selten die zu einer Abweichung führende Variante gewählt.[268] Die grundsätzlich mögliche Arbeitsersparnis aus der Kopplung der Bilanzen sollte daher nicht vernachlässigt werden.[269]

Die Vollzugskosten sprechen daher eher für eine Maßgeblichkeit. Aus Gründen der Einfachheit ist fraglich, ob von der Maßgeblichkeit abgegangen werden sollte und nicht vielmehr Verbesserungen i. S. einer Rückführung der im geltenden Recht bestehenden Durchbrechungen, die eine Einheitsbilanz unmöglich werden lassen, angestrebt werden sollten. Damit wird der Charakter der Maßgeblichkeit deutlich: Es handelt sich im Wesentlichen um eine **Vereinfachungsregelung**, welche die Vermeidung von Redundanzen durch divergierende Gewinnermittlungsregeln zum Zweck hat; Verstöße gegen die Entscheidungsneutralität und Gleichmäßigkeit der Besteuerung werden unter dem Vereinfachungszweck hingenommen.[270]

Gegen die Maßgeblichkeit handelsrechtlicher GoB wurde oftmals vorgebracht, dass die vielen handelsbilanziellen Wahlrechte mit der steuerlich geforderten Objektivierung nicht vereinbar seien.[271] Dieses Argument ist jedoch einzuschränken, denn zum einen hatte das BilMoG eine Reduktion von Wahlrechten zur Folge, die das Argument deutlich begrenzt. Zum anderen ist die

---

267 Vgl. Eierle/Haller/Beiersdorf (2007), S. 9 f.
268 Vgl. Haller/Ferstl/Löffelmann (2011), S. 886 ff.
269 So auch Böcking/Gros (2010b), S. 137 f.; Schildbach (2009e), S. 53; Wallek (2010), S. 498.
270 Vgl. Schreiber (1999), S. 901.
271 Vgl. vor allem Weber-Grellet (1999), S. 2660; ders. (1994), S. 289; vgl. wieder ders. (2010b), S. 2299.

Gewährung von expliziten und impliziten Wahlrechten kein Argument gegen die Maßgeblichkeit an sich, sondern kann bereits aus handelsrechtlicher Sicht nicht überzeugen. Schließlich ist die „Objektivierung […] eine gemeinsame Anforderung an die Gewinnermittlung."[272] Wahlrechte sowie Ermessensspielräume widersprechen auch dem Ziel der Ermittlung einer hinreichend sicheren, objektivierten Ausschüttungsrichtgröße. In den **übereinstimmenden Objektivierungsanforderungen** wird daher sogar ein grundlegender gemeinsamer Nenner von Handels- und Steuerbilanz gesehen.[273] Gleichwohl muss diese Aussage vorsichtig interpretiert werden, denn diese rechtfertigt nur eine Anknüpfung an einzelne handelsbilanzrechtliche Grundsätze und Regelungen. Schließlich sprechen nicht zuletzt die hiermit verbundenen Ermessensspielräume dagegen, die bilanziellen Verlustvorwegnahmen im Rahmen des Vorsichts- und Imparitätsprinzips in die Steuerbilanz zu übernehmen, wohingegen diese Regelungen im Handelsbilanzrecht notwendig sind.[274]

4.3.3.4 Fazit zur Maßgeblichkeit handelsrechtlicher GoB

Aus ökonomischer Sicht ist die Anknüpfung an die handelsrechtlichen GoB durch die Maßgeblichkeit zusammenfassend kritisch in Frage zu stellen. Insbesondere die Erläuterungen hinsichtlich der Entscheidungsneutralität und Gleichmäßigkeit der Besteuerung zeigten, dass die Ersetzung der Maßgeblichkeit durch eine stärker zahlungsorientierte Form der Gewinnermittlung geprüft werden sollte. Auch Objektivierungsaspekte sprechen dafür, speziell das Vorsichts- und Imparitätsprinzip in der Steuerbilanz weitgehend auszuschalten. **Allein der Vereinfachungsaspekt** kann für eine möglichst weitreichende Maßgeblichkeit geltend gemacht werden. Im Folgenden wird geprüft, wie dies vor dem Hintergrund des zunehmenden Vordringens der IFRS in die steuerliche Gewinnermittlung zu sehen ist.

4.3.4 IFRS und steuerliche Gewinnermittlung

4.3.4.1 Maßgeblichkeitsprinzip auf Basis der IFRS?

4.3.4.1.1 Generelle Problematik einer Maßgeblichkeit der IFRS

Da sich die IFRS monofunktional dem Ziel der Informationsvermittlung verpflichten, ist diesen die Zwecksetzung der Steuerbemessung fremd.[275] Jedoch steht weiterhin insbesondere die Forderung im Raum, in kapitalmarktorientierte Konzernstrukturen eingebundene Unternehmen von

---

[272] Schreiber (2002), S. 114; vgl. ähnlich Ballwieser (2011a), S. 584.
[273] Vgl. Mellwig (1983), S. 1616 f.; Böcking/Gros (2007), S. 2341; Gros (2010), S. 51-53, 198.
[274] Vgl. (unter anderem) mit dieser Begründung Schreiber (1999), S. 901; ders. (2004), S. 225 f.
[275] Vgl. Cairns (2003), S. 81.

dem derzeit bestehenden hohen Rechnungslegungsaufwand zu entlasten. Betrachtet man die europäische Ebene, so wird wiederum deutlich, dass andere Länder von der Möglichkeit, die Mehrdimensionalität der Rechnungslegung zu reduzieren, bereits Gebrauch gemacht haben. So lassen mehrere Mitgliedstaaten eine Anwendung der IFRS für Zwecke der Steuerbemessung zu, wobei jedoch zumeist gewisse Modifikationen gefordert werden.[276] In Deutschland wurde die Frage, ob die steuerliche Gewinnermittlung im Wege der Maßgeblichkeit anstelle der GoB auf die IFRS Bezug nehmen könnte, in den letzten Jahren zwar vielfach diskutiert. Nach mittlerweile überaus h. M. scheidet diese Reformalternative jedoch aus;[277] die Einführung einer IFRS-Maßgeblichkeit ist nach dem bisherigen Diskussionsstand wenig wahrscheinlich.

Ursache für die Ablehnung einer Maßgeblichkeit auf Basis der IFRS ist jedoch weniger eine hiermit einhergehende tendenziell höhere Steuerbelastung im Vergleich zum geltenden Recht, wie zu Beginn der Diskussion oftmals befürchtet wurde. So zeigt ein von *Oestreicher/Spengel* durchgeführter Steuerbelastungsvergleich, dass eine Anwendung der (um das Realisationsprinzip bereinigten) IFRS nur einen geringfügigen Anstieg der effektiven Steuerbelastung in Deutschland zur Folge hätte.[278] Die relative Position Deutschlands im europaweiten Vergleich würde sich zwar tendenziell verschlechtern, jedoch wären die Effekte moderat.[279] Gegen eine solche formelle Anknüpfung an die IFRS sprechen vielmehr andere, gewichtigere Gründe.

Eine Maßgeblichkeit der IFRS würde gegen das Postulat der Gleichmäßigkeit der Besteuerung verstoßen, wenn diese nur für einen Teil der Unternehmen, insbesondere nur für kapitalmarktorientierte Unternehmen, zur Anwendung käme.[280] Damit müssten die IFRS, um im Wege der Maßgeblichkeit auf diese zurückgreifen zu können, das **alleinige Rechnungslegungssystem für den Einzelabschluss** darstellen. Da aber eine verpflichtende Anwendung der IFRS für nicht kapitalmarktorientierte Unternehmen wenig zweckadäquat erscheint, ist die Möglichkeit, die Steuerbemessung direkt auf den IFRS zu basieren, stark begrenzt.

---

276 Beispiel ist wiederum Großbritannien. Analog zu der Vorgehensweise im Rahmen der Ausschüttungsbemessungsfunktion ist hier auch für Zwecke der Steuerbemessung eine wahlweise Anwendung der IFRS zulässig, wobei jedoch zahlreiche Sonderregelungen existieren. Vgl. hierzu und zum Zusammenhang von IFRS und steuerlicher Gewinnermittlung in den EU-Staaten Schanz/Schanz (2009), S. 318 ff.; Endres et al. (2007), S. 26.

277 Vgl. nur Fülbier (2006b), S. 241 f.; Herzig/Bär (2003), S. 4 f.; Herzig/Lochmann (2006), S. 152 f.; Kahle (2006c), S. 90; Kahle/Dahlke/Schulz (2008), S. 266; Breithecker/Klapdor/Rokitta (2007), S. 159 f.; Meurer (2009), S. 120; Freidank/Velte (2010), S. 193; Hey (2010a), Rz. 54 zu § 17; Köhrle (2010), S. 301 ff.; vgl. sich aber für eine Maßgeblichkeit der IFRS aussprechend Sigloch (2004a), S. 342 f.; ders. (2005), S. 560 f. sowie eine Inbezugnahme der IFRS mit Nebenrechnungen für möglich haltend Treisch (2011), S. 155 f.

278 Vgl. Oestreicher/Spengel (2007), S. 449. Zu ähnlichen Ergebnissen kommen Spengel (2006b), S. 684; Jacobs et al. (2005), S. 424.

279 Vgl. Oestreicher/Spengel (2007), S. 449 f.

280 Vgl. Prinz (2006), S. 290; Heinhold/Hüsing (2007), S. 47; Hey (2010a), Rz. 54 zu § 17.

Gegen eine unmittelbare Maßgeblichkeit der IFRS sprechen zudem vor allem **verfassungsrechtliche Einwände**. Denn es ist mit dem Postulat der Gesetzmäßigkeit der Besteuerung unvereinbar, wenn ein privatrechtlich organisiertes Gremium Regelungen zur Ermittlung der steuerlichen Bemessungsgrundlage schafft.[281] Die IFRS werden induktiv u. a. von den Rechnungslegenden selbst gewonnen – da gerade diese im IASB repräsentiert sind – und werden als „ersichtlich von privaten Interessen und Wertungen geprägt“[282] beschrieben. Nicht nur wäre damit bei einem direkten Rückgriff auf die IFRS die Gesetzmäßigkeit der Besteuerung gefährdet, darüber hinaus bestünde sodann die Möglichkeit, dass Steuerpflichtige in gewissem Maße Einfluss auf die Steuerbemessungsgrundlage nehmen (Gefahr der Selbsteinsteuerung).[283]

Die IFRS werden zwar im Wege des Komitologieverfahrens zu europäischem Sekundärrecht und erhalten hierdurch eine demokratische Legitimation.[284] Gleichwohl stellt sich die Frage, ob bei einem Verweis auf die IFRS „nicht faktisch [...] eine Delegation an Private vorliegt.“[285] Da die IFRS auf EU-Ebene nur übernommen oder zurückgewiesen werden können, eröffnet das Verfahren den Organen der EU keinerlei Möglichkeiten, die IFRS inhaltlich mitzubestimmen; materiell werden die Standards alleinig durch das IASB determiniert.[286] Zudem ist fraglich, ob im Rahmen des Komitologieverfahrens tatsächlich von einer wirkungsvollen inhaltlichen Kontrolle ausgegangen werden kann oder ob nicht vielmehr aufgrund des Interesses der EU an einer internationalen Einheitlichkeit ein Anerkennungsautomatismus vorliegt.[287] Letztlich müssen verfassungsrechtliche Bedenken verbleiben.[288]

Zudem ist zu bedenken, dass im Falle einer Maßgeblichkeit der IFRS für steuerliche Zwecke die Rechtsweggarantie des Art. 19 Abs. 4 S. 1 GG zwingend eine **Zuständigkeit der nationalen**

---

281 Vgl. Arbeitskreis Bilanzrecht der Hochschullehrer Rechtswissenschaft (2002), S. 2379; Euler (2002), S. 876; Zeitler (2003), S. 1532 f.; Schulze-Osterloh (2003a), S. 98 f.; ders. (2004a), S. 173 f.; Schildbach (2004b), S. 164, 169; Hennrichs (2006), S. 511 f.; ders. (2007), S. 2103; Kahle (2003b), S. 271; ders. (2006c), S. 90; Hey (2010a), Rz. 54 zu § 17; Albert (2008), S. 66 f.

282 Kirchhof (2008), S. 176.

283 Vgl. Kahle (2003b), S. 271; Fülbier (2006b), S. 240 f.

284 Vgl. auf dieser Basis verfassungsrechtliche Bedenken verneinend Oestreicher/Spengel (2001), S. 891 f.; Schön (2004b), S. 428 f.; ders. (2005a), S. 108 f.; Wendt (2009), S. 114 f.; Köhrle (2010), S. 130 ff.; Heuermann (2011), S. 91 f. Vgl. hingegen die Quellen in Fn. 281, die eine Kompensation der Problematik ablehnen. Vgl. zum Komitologieverfahren im Einzelnen nur Schulze-Osterloh (2010b), Rz. 105 ff.

285 Link (2005), S. 259.

286 Vgl. kritisch Hennrichs (2006), S. 512; ders. (2007), S. 2103; Kirchhof (2008), S. 177 f.

287 So Schulze-Osterloh (2004a), S. 174; Kleindiek (2006), S. 99 f.; von der Laage/Reusch (2009), S. 248.

288 Zwar wurde im Jahr 2008 das Komitologieverfahren überarbeit, um das Europäische Parlament verstärkt in den Übernahmeprozess einzubinden. An der grundsätzlichen Problematik, dass im Falle einer Inbezugnahme der IFRS für die Steuerbemessung letztlich das IASB die steuerlichen Belastungsentscheidungen treffen würde, änderte sich hierdurch jedoch nichts. Vgl. zum überarbeiteten Prozess Buchheim/Knorr/Schmidt (2008), S. 334 ff.

Gerichte verlangen würde.[289] Eine Verweisung auf die durch das Komitologieverfahren anerkannten IFRS würde eine Inbezugnahme sekundären Gemeinschaftsrechts darstellen, welches von den nationalen Gerichten bzw. im Falle von Vorabentscheidungsgesuchen bei entscheidungserheblichen Auslegungsfragen durch den EuGH auszulegen ist (Art. 267 AEUV).[290] Die Zuständigkeit der nationalen Finanzgerichtsbarkeit würde aber zu **national sowie steuerspezifisch abweichenden Standards** führen, was das Ziel der international einheitlichen Auslegung und Anwendung der IFRS stark gefährden würde.[291]

Gegen eine Maßgeblichkeit der IFRS sprechen schließlich **elementare rechtspolitische Gründe**. Der Fiskus begäbe sich in die Abhängigkeit von einem privatwirtschaftlichen, ausländischen Rechnungslegungsgremium; das Steueraufkommen würde erheblich von den Entscheidungen des IASB determiniert.[292] Bei einem dynamischen Verweis auf die IFRS könnte unerwünschten steuerlichen Folgen nur durch originäre steuerliche Vorbehalte begegnet werden. Kritisch zu sehen ist hierbei die hohe Fortentwicklungsintensität der IFRS, die nicht nur mit der Forderung nach Rechtssicherheit der Besteuerung kollidieren würde,[293] sondern auch ein andauerndes regulatorisches Tätigwerden des Gesetzgebers zur Prüfung der steuerlichen Folgen neuer Standards erfordern würde.[294] Nicht zuletzt auch aufgrund dieser eher faktischen Gründe kann eine direkte Maßgeblichkeit der IFRS als wenig wahrscheinlich eingestuft werden.[295]

4.3.4.1.2 Problematische Interdependenzen zwischen Steuerbemessungs- und Informationsfunktion: Lehren aus dem US-amerikanischen Raum

Eine Verbindung von Steuerbemessungs- und Informationsfunktion im Wege der Maßgeblichkeit würde zudem weitere problematische Effekte mit sich bringen. Denn eine solche Verknüpfung kann bewirken, dass die zu Informationszwecken dienenden Regelungen sodann vorrangig im Hinblick auf ihre steuerlichen Konsequenzen formuliert und ausgelegt oder bilanzielle Wahlrechte vor allem in Bezug auf die mit ihnen verbundene steuerliche Wirkung ausgeübt werden

[289] Vgl. Link (2005), S. 264; Herzig (2004), S. 32.
[290] Vgl. bereits die Ausführungen in Kap. 4.2.2.1 sowie dort die Quellen in Fn. 72.
[291] Vgl. Herzig (2006), S. 160; Herzig/Lochmann (2006), S. 153; Mössner (2007), S. 179.
[292] Vgl. Eberhartinger (2000), S. 234 f.; dies. (2005), S. 34.
[293] Vgl. Breithecker/Klapdor/Rokitta (2007), S. 150; Pottgießer (2006), S. 251.
[294] Auch die Budgetplanung des Fiskus würde erheblich erschwert, vgl. Eberhartinger (2000), S. 234.
[295] Bei einer Maßgeblichkeit der IFRS hätten zudem sowohl die Finanzverwaltung als auch die Finanzgerichtsbarkeit ein umfangreiches "IFRS-Know-how" aufzubauen, um die Regelungen anzuwenden und auszulegen, was bereits bezüglich der Zinsschranke skeptisch gesehen wird, vgl. Küting/Weber/Reuter (2008), S. 1610; Heintges/Kamphaus/Loitz (2007), S. 1266. Teilweise wird schon der Umfang der Standards und Interpretationen für das steuerliche Masseverfahren als ungeeignet angesehen, vgl. Breithecker/Klapdor/Rokitta (2007), S. 150.

(sog. **tax pollution**).[296] Dies kann zu einer deutlichen Beeinträchtigung der zu Informationszwecken dienenden Bilanzierung führen. Im aktuellen Recht kommt diesem Effekt eine untergeordnete Bedeutung zu, da die Informationsfunktion bei kapitalmarktfernen Unternehmen eine nachrangige Stellung einnimmt, während bei kapitalmarktorientierten Konzernunternehmen der maßgeblich zur Informationsvermittlung dienende Abschluss von der Steuerbilanz abgekoppelt ist. Käme es aber zu einer Maßgeblichkeit der IFRS, würde diese Problematik evident.[297]

Jedoch kann auch die vollständige Abkopplung der Kapitalmarktberichterstattung von den steuerlichen Konsequenzen, wie sie nach geltendem Recht vorliegt, zu negativen Wirkungen hinsichtlich des Informationsgehalts der Rechnungslegung führen. Interessant ist insofern die **Diskussion im US-amerikanischen Raum**. Denn in den USA als klassisches „‚two-book' country“[298], das keine Maßgeblichkeit des financial accounting für das tax accounting vorsieht, wird zunehmend eine **Verbindung von Informations- und Steuerbemessungsfunktion** diskutiert.[299] Anlass der Diskussion war die seit den 1990er Jahren gemachte Beobachtung, dass zwischen dem an den Kapitalmarkt kommunizierten Gewinn und demjenigen, der der Besteuerung zugrunde gelegt wird, oftmals erhebliche Divergenzen bestehen.[300] Die fehlende Verbindung von financial und tax accounting wird als ein Grund für Übertreibungen im Rahmen der Kapitalmarktberichterstattung angesehen, da aus positiven Verzerrungen der an den Kapitalmarkt kommunizierten Zahlen keinerlei steuerliche Folgen resultieren.[301] Im Schrifttum wurde eine (modifizierte) Maßgeblichkeit der US-GAAP gefordert, um die Bilanzpolitik einzuschränken, welche durch die damit einhergehende Steuerbelastung kostspielig würde.[302]

Überwiegend wird jedoch bezweifelt, ob eine solche Verbindung der Informationsvermittlung dienlich wäre.[303] Mehrere Analysen kommen zu dem Ergebnis, dass die Deformation des finan-

---

[296] Vgl. zu diesem generellen Problem einer Maßgeblichkeit Schanz/Schanz (2009), S. 313; dies. (2011), S. 220.
[297] Vgl. Schreiber (2002), S. 106 f.; Nobes (2003), S. 17 f.; Schön (2004b), S. 429 f.; Fülbier (2006b), S. 241.
[298] Shaviro (2009), S. 155. Vgl. zur Verbindung von Rechnungslegung und steuerlicher Gewinnermittlung in den USA Kahle (1997), S. 323 ff.; Schreiber (2000), S. 49 ff.; Ditz (2001), S. 22 ff. oder den Überblick bei Watrin (2010), S. 500 ff. Das US-amerikanische Steuerbilanzrecht wird aufgrund der „Bewertungs-, Prognose- oder Gestaltungsspielräume eröffnenden Generalnorm […] der clearly reflect income-Doktrin“ (Gros (2010), S. 188; teilweise Hervorh. im Original) kaum als vorbildhaft angesehen, vgl. zur Kritik nur Kahle (1997), S. 331 f.; ders. (2002c), S. 263 ff.; Ditz (2001), S. 29 f. Daher wird das Recht der USA in Bezug auf die Steuerbemessung – abweichend von der Ausschüttungsbemessung – in dieser Arbeit nicht eingehender betrachtet.
[299] Vgl. zu einer Zusammenfassung der Diskussion Graham/Raedy/Shackelford (2011), S. 50-59; im deutschsprachigen Schrifttum vgl. Watrin (2010), S. 503-506; Gros (2010), S. 188-191.
[300] Vgl. bspw. Manzon/Plesko (2002), S. 175 ff.; Desai (2003), S. 169 ff.; Plesko (2004), S. 729 ff.
[301] Empirisch wurde hiermit einhergehend gezeigt, dass Gewinne von Unternehmen, die hohe Differenzen zum steuerlichen Gewinn aufweisen, weniger prognoserelevant sind, vgl. Hanlon (2005), S. 152, 163.
[302] Vgl. Yin (2001), S. 224 ff.; Desai (2005), S. 189 f.; Desai/Dharmapala (2009), S. 180 ff.
[303] Vgl. etwa Hanlon/Shevlin (2005), S. 117 ff.; Hanlon/Maydew/Shevlin (2008), S. 309.

cial accounting durch steuerlich motivierte Zahlen den Effekt aus einer Beschränkung der Bilanzpolitik überkompensieren dürfte.[304] Im Ländervergleich wurde empirisch gezeigt, dass die Prognosegüte des Gewinns umso geringer ist, je stärker das financial accounting vom tax accounting des jeweiligen Landes beeinflusst wird.[305] Nach wohl h. M. im US-amerikanischen Schrifttum wird die Aufgabe des two-book-Systems daher als nachteilig angesehen.[306]

Insgesamt scheint schon eine einfache Maßgeblichkeit zu einer **Beeinträchtigung des Informationsgehalts der Rechnungslegung** zu führen. Auch dies kann als gewichtiges Argument gegen eine Maßgeblichkeit der IFRS gesehen werden, da eine solche wohl zu einer deutlichen Deformation des zu Informationszwecken dienenden Abschlusses führen würde. Zwar kann auch eine vollständige Abkopplung der kapitalmarktbezogenen Finanzberichterstattung von den steuerlichen Folgen problematische Anreizeffekte mit sich bringen, diese müssen jedoch durch andere Lösungsmechanismen, bspw. durch Offenlegungspflichten, adressiert werden.

Insgesamt kann eine Maßgeblichkeit der IFRS als Reformalternative weitgehend ausgeschlossen werden. Die Einführung einer IFRS-Maßgeblichkeit wäre ohnehin fragwürdig, da maßgebliche Nutznießer dieses Modells kapitalmarktorientierte Konzernunternehmen wären, welche gerade ein großes Interesse an der Verwirklichung der CCCTB haben dürften. Letztere sieht jedoch explizit keine direkte Maßgeblichkeit der IFRS vor, womit ein solcher Schritt **mit den Überlegungen auf EU-Ebene unvereinbar** wäre.[307] Anstelle einer direkten Maßgeblichkeit wäre vielmehr denkbar, eigenständige steuerliche Gewinnermittlungsregelungen zu kodifizieren, welche sich (in mehr oder weniger großem Umfang) an die IFRS anlehnen.[308] Dies würde die dargestellten Probleme einer direkten Maßgeblichkeit vermeiden und zudem eher den Überlegungen auf EU-Ebene entsprechen, die IFRS als "starting point" zur Deduktion eigenständiger Regelungen steuerlicher Gewinnermittlung heranzuziehen. Um als geeignete Basis der steuerlichen Gewinnermittlung angesehen werden zu können, müssten die IFRS aber mit den in Kap. 4.3.1 abgeleiteten Leitlinien kompatibel sein, was im Folgenden geprüft wird.

---

304 Vgl. Hanlon/Laplante/Shevlin (2005), S. 436 f.; Hanlon/Maydew/Shevlin (2008), S. 305, 309.
305 Vgl. Atwood/Drake/Myers (2010), S. 123 ff.
306 Stattdessen wird gefordert, die Diskrepanzen von financial und tax accounting detaillierter offenzulegen, vgl. nur Mills/Plesko (2003), S. 880 ff.; Hanlon (2005), S. 164; Lenter/Slemrod/Shackelford (2003), S. 827.
307 So auch Rautenstrauch (2009), S. 117.
308 So wurden auch bei dem im Jahr 2006 vorgelegten Vorschlag für ein Gesetz zur Steuerlichen Gewinnermittlung (StGeG) der Kommission „Steuergesetzbuch" der Stiftung Marktwirtschaft (vgl. Stiftung Marktwirtschaft (2006)) die IFRS als Grundlage zur Erarbeitung der vorgeschlagenen eigenständigen steuerlichen Gewinnermittlungsregelungen herangezogen, vgl. zu einem Überblick Wendt (2007), S. 189 ff.; (kritisch) Oestreicher (2007b), S. 575. Vgl. zur Kritik an diesem Gesetzesvorschlag auch Fn. 464.

4.3.4.2 Die IFRS vor dem Hintergrund der zentralen Leitlinien der Besteuerung

4.3.4.2.1 Entscheidungsneutralität, Gleichmäßigkeit und IFRS-basierte steuerliche Periodisierungsregelungen

Im Schrifttum findet sich die Überlegung, dass eine Anlehnung steuerlicher Gewinnermittlungsregelungen an die IFRS sogar der Forderung nach Entscheidungsneutralität entgegenkommen würde. Da die IFRS dem Ziel der Effektivvermögens- i. S. d. Ertragswertermittlung durch den umfangreicheren bilanziellen Ressourcenausweis und der verstärkten Abbildung von Zahlungspotenzialen sehr viel näher stehen als das geltende Recht, könnten diese eine bessere **Approximation des Modells des ökonomischen Gewinns** darstellen.[309]

Auch die IFRS stellen jedoch grundsätzlich ein einzelbewertungsorientiertes Rechnungslegungssystem dar. Selbst mit der in den letzten Jahren zu beobachtenden Hinwendung zum asset liability approach und der zunehmenden Bewertung zum fair value vermögen diese daher nicht, den Ertragswert eines Unternehmens zu ermitteln.[310] Daher scheiden aber Aussagen über deren Neutralitätseigenschaften aus, denn im Falle einer Einkommensteuer können nur hinreichend sichere Aussagen über die Neutralität einer Gesamtbewertung getroffen werden. Einzelbewertungsbasierte Periodisierungsregelungen können hingegen in beliebiger Kombination entscheidungsneutral wirken.[311] Da sich eine solch bessere „Approximationsqualität“[312] der IFRS also modelltheoretisch nicht nachweisen lässt, wurde diese empirisch zu untermauern versucht, indem jeweils die Steuerbarwerte der Rechnungslegungssysteme simuliert und mit dem bei Besteuerung des ökonomischen Gewinns resultierenden Steuerbarwert verglichen wurden. *Wagner* kommt zu dem Ergebnis: „Vorläufige Simulations-Analysen lassen den Schluß zu, daß [...] [die IFRS] den aufgrund der Besteuerung des ökonomischen Gewinns ermittelten Steuerbarwert besser annähern und daher einen höheren Grad der Neutralität aufweisen.“[313]

Allerdings müssen auch diese Aussagen kritisch hinterfragt werden.[314] Selbst der empirische Nachweis einer **verbesserten Approximationsgüte** stellt sich als **fragwürdig** dar: Nur im vollkommenen Kapitalmarkt ist die entscheidungsneutrale Wirkung der Besteuerung des ökono-

---

309 Vgl. Wagner (2005b), S. 539 f.; ders. (2005c), S. 106.

310 Vgl. im Einzelnen hierzu Kap. 2.3.3.3.1; aus diesem Grund skeptisch hinsichtlich der vermeintlichen Entscheidungsneutralität der IFRS vgl. Fülbier (2006a), S. 243 f.

311 Vgl. daher kritisch zu derartigen Aussagen Kahle (2002d), S. 183 f., auf den sich *Wagner* zur Begründung seiner Überlegungen bezieht, vgl. Wagner (2005c), S. 106.

312 Wagner (2006b), S. 30.

313 Wagner (2005b), S. 541; vgl. zu diesem Ergebnis zudem ders. (2005c), S. 106.

314 Vgl. zur Kritik an dieser „allgemeine[n] Approximationsthese“ Schmiel (2007b), S. 5 f. (auch Zitat).

mischen Gewinns überhaupt sichergestellt. Unter Unsicherheit und unvollkommenen Märkten wird hingegen ein Rechnungslegungssystem simuliert, dessen tatsächliche Wirkung in Bezug auf Investitionsentscheidungen unbestimmt ist. Denn es ist höchst unklar, wie eine im gesamtwirtschaftlichen Gleichgewicht neutrale Besteuerung auf realen Märkten wirkt.[315] Ohnehin helfen die Untersuchungen wenig weiter wenn, wie nach mittlerweile h. M., eine uneingeschränkte Maßgeblichkeit der IFRS ausscheidet. Über die Eignung einzelner Ansatz- und Bewertungsvorschriften für Zwecke der Steuerbemessung lassen diese Ergebnisse keinerlei Aussagen zu.[316] Letztlich gelten damit für die IFRS die in Kap. 4.3.3.1.1 abgeleiteten Ergebnisse analog, wo gezeigt wurde, dass das Postulat der Entscheidungsneutralität keinerlei Beurteilung eines einzelbewertungsbasierten Rechnungslegungssystems erlaubt. Auch für eine „Bindung der steuerlichen Gewinnermittlung an [...] IFRS gibt es [damit] keinen materiellen ökonomischen Grund."[317]

Geht man über zu einer intuitiven Analyse von Entscheidungswirkungen auf unvollkommenen Märkten, sind viele Regelungen der IFRS für Zwecke der Steuerbemessung kritisch zu sehen. Denn Liquiditätsaspekte verbieten eine **Besteuerung unrealisierter Gewinne**.[318] Die Erfassung unrealisierter Gewinne sollte aus steuersystematischen Gesichtspunkten nur unter sehr restriktiven Bedingungen zugelassen werden, da ansonsten die Gefahr besteht, dass die Besteuerung zu Liquiditätsschwierigkeiten bis hin zu einer Substanzbesteuerung führt. Notwendige Voraussetzungen hierfür wären ein sofortiger Verlustausgleich, eine Liquiditätshilfe, bspw. durch Steuerstundung bis zum Zahlungszufluss, und eine Verzinsung der vor dem Zahlungszufluss entrichteten Steuern, die sich später als zu hoch herausstellen, durch den Fiskus.[319]

Dies spricht eindeutig gegen eine **Bewertung zum fair value**, welche aus steuerlicher Sicht u. a. aufgrund ihrer Entscheidungswirkungen bei Abstraktion von der neoklassischen Perspektive nahezu einhellig abgelehnt wird.[320] Denn die Bewertung zum fair value könnte zur Folge haben, dass – alleine um die Steuerzahlung zu finanzieren – Wirtschaftsgüter veräußert werden oder

---

315 Vgl. Schneider (2002), S. 256 sowie bereits Kap. 4.3.2.1.
316 Vgl. Schmiel (2007b), S. 5.
317 Kahle (2006c), S. 89; vgl. auch ders. (2002d), S. 182-184.
318 Vgl. nur Schneider (1997), S. 247 f.; ders. (2003b), S. 301 f.; Schmiel (2007b), S. 14 f.
319 Vgl. Schneider (1984), S. 417; ders. (2003b), S. 301 f.
320 Vgl. kritisch zur fair value-Bewertung aus steuerlicher Sicht nur Breithecker/Klapdor/Rokitta (2007), S. 147, 157; Herzig (2004), S. 222 ff.; Herzig/Lochmann (2006), S. 148 f.; Kußmaul (2005), S. 196; Jensen-Nissen (2007), S. 65, 105; Sigloch (2005), S. 555 f.; Treisch/Müßig (2008), S. 115; Treisch (2011), S. 148 f.; Wendt (2009), S. 110, 117; positiver Pietsch (2007), S. 285 f., 299 ff.; Báez Moreno/Kaiser (2007), S. 177 ff.

eine Aufnahme von Fremdkapital erfolgen muss.[321] Aus diesem Grund ist auch die **percentage of completion-Methode** (IAS 11.22 ff.) für Zwecke der Besteuerung kritisch zu sehen. Schließlich ist fraglich, ob etwa durch Anzahlungen bereits in ausreichendem Maße liquide Mittel zur Begleichung der Steuerlast zugeflossen sind.[322] Die weite Ertragsrealisierungskonzeption der IFRS geht „weit über das steuersystematisch überzeugende Verständnis des Realisationsprinzips hinaus."[323] Die Problematik wird künftig zwar etwas eingeschränkt, da die percentage of completion-Methode entfallen soll.[324] Die hohe und zudem steigende Bedeutung der fair value-Bewertung im Rahmen der IFRS ist für Zwecke der Steuerbemessung jedoch kaum akzeptabel.

Fordert man andererseits, aus dem **Vorsichts- und Imparitätsprinzip** resultierende Periodisierungsregelungen zu überdenken, da diese in realen, komplexitätsreduzierten Investitionskalkülen keine Berücksichtigung finden und daher wohl keine Investitionsanreize auslösen, vermag auch das Abstellen auf die IFRS nicht zu überzeugen. Zwar scheint zunächst ein Vorsichtsprinzip im Rahmen der IFRS keine gewichtige Rolle zu spielen.[325] Doch betrachtet man die einzelnen Standards, enthalten auch die IFRS vielfältige Regelungen mit dem Zwecke der Verlustantizipation, welche Steuerminderungen erzeugen würden, denen nur geringe Investitionsanreize gegenüberstehen. Hier sei nur genannt, dass die IFRS eine verpflichtende Vornahme außerplanmäßiger Abschreibungen sowohl im Anlage- (IAS 16.63, 38.111 i.V.m. IAS 36) als auch im Umlaufvermögen (IAS 2.9, 2.28 ff.) sowie grundsätzlich die Bildung von Drohverlustrückstellungen vorsehen (IAS 37.66 ff.).

Bedenken gegen eine Inbezugnahme von Regelungen der IFRS für Zwecke der Steuerbemessung können ebenso aus Sicht der Gleichmäßigkeit der Besteuerung geltend gemacht werden. Steuerliche Gewinnermittlungsvorschriften breit auf die IFRS zu stützen, erschiene wohl nur zweckdienlich, wenn man die steuerliche Leistungsfähigkeit im Sinne der **Reinvermögenszuwachs-**

---

[321] Vgl. Sigloch (2005), S. 555; Treisch/Müßig (2008), S. 115; Treisch (2011), S. 148 f.
Die Besteuerung unrealisierter Gewinne wäre aus steuerlicher Sicht nur auf vollkommenen Kapitalmärkten unproblematisch, wo jeder Liquiditätsabfluss an den Fiskus transaktionskostenfrei durch Kapitalaufnahme neutralisiert werden könnte, vgl. Schön (2005a), S. 48, 52 f.

[322] Vgl. die percentage of completion-Methode aus steuerlicher Sicht ablehnend Hennrichs (2001), S. 317; Herzig (2004), S. 48 ff.; Breithecker/Klapdor/Rokitta (2007), S. 153; Dauber (2003), S. 267 f.; Schön (2005a), S. 100; Dahlke/Kahle (2009), S. 232; Kahle/Schulz (2011), S. 297; positiver Gammie et al. (2005), S. 55 f.; Freedman/Macdonald (2008), S. 259.

[323] Dahlke/Kahle (2009), S. 232.

[324] Vgl. hierzu bereits Kap. 2.3.5.

[325] Das neu überarbeitete Framework enthält den Grundsatz der Vorsicht sogar explizit nicht mehr (F.BC3.27-3.29). Das alte Framework sprach diesem immerhin noch eine untergeordnete Bedeutung zu (F.37).

theorie konkretisieren würde.[326] Entgegen der Reinvermögenszugangstheorie, wonach definitionsgemäß nur bei realisierten Vermögenszugängen ein steuerlicher Leistungsfähigkeitszuwachs vorliegt, sieht erstere jedwede Änderung der ökonomischen Verfügungsmacht über knappe Güter, unabhängig von der Realisation durch eine Markttransaktion, als steuerbares Einkommen an.[327] Dem würde die Anwendung der IFRS z. B. durch die fair value-Bewertung entgegenkommen. Jedoch vermag diese Wertung auf unvollkommenen Märkten kaum zu überzeugen. Denn die Reinvermögenszuwachstheorie bringt **erhebliche Objektivierungsdefizite** mit sich und kommt einer **Substanzbesteuerung** gleich, wenn nicht die bereits angesprochenen großzügigen Ausgleichsmechanismen für den Fall geschaffen werden, dass sich die erfassten Zeitwertgewinne später nicht in Einzahlungen niederschlagen.[328]

Aus dem Gleichmäßigkeitspostulat wurde vielmehr die zentrale Forderung abgeleitet, die steuerliche Gewinnermittlung möglichst nahe an den Zahlungen zu orientieren, um Betriebsvermögensvergleich und Überschussrechnung einander anzunähern. Viele Regelungen der IFRS sind hinsichtlich dieser Forderung als kontraproduktiv anzusehen, denn die IFRS sind stärker von dieser Zielsetzung entfernt als das geltende Handels- und Steuerbilanzrecht.[329] Nicht nur folgen die IFRS keinesfalls dem aus Sicht des Gleichmäßigkeitspostulats zu fordernden Grundsatz der Barrealisation. Vielmehr würde sich durch die fair value-Bewertung oder die percentage of completion-Methode (IAS 11.22 ff.) der Realisationszeitpunkt noch weiter vom Zeitpunkt des Zahlungszuflusses entfernen; die Differenzen zwischen Betriebsvermögensvergleich und Überschussrechnung würden zunehmen.[330] Ein weiteres Beispiel, das der Forderung nach einer Begrenzung von Periodisierungen deutlich widerspricht, ist der tendenziell weite asset-Begriff (F.53).[331] Auch die Aktivierung von Entwicklungskosten (IAS 38.57) ist mit einer Ausrichtung der steuerlichen Gewinnermittlungen an den Zahlungen kaum vereinbar.[332] Auf der anderen Seite würden die bereits für das geltende Recht kritisierten Möglichkeiten zur aufwandswirksamen Vorwegnahme künftiger Verluste durch außerplanmäßige Abschreibungen und die Bildung von Drohverlustrückstellungen – welche nur Bilanzierenden offenstehen –, wie oben gezeigt, auch

---

[326] Vgl. Eichhorn (2001), S. 247 ff., der sogar eine Maßgeblichkeit auf Basis der IFRS befürwortet, da er als Prüfkriterium in erster Linie die Reinvermögenszuwachstheorie heranzieht.
[327] Vgl. Kraft (1991), S. 57; Lang (2010), Rz. 32 zu § 8. Vgl. im Einzelnen zu diesen Theorien Schneider (1978), S. 49 ff.; Kraft (1991), S. 55 ff.
[328] Vgl. Schneider (1997), S. 247 f.; ders. (2003b), S. 302; Küting/Kessler (2000), S. 23; Lang (2010), Rz. 102 ff. zu § 4, Rz. 33 zu § 8.
[329] Vgl. Kahle (2002d), S. 186.
[330] Vgl. Kahle (2002d), S. 186; Herzig (2004), S. 224; Streim/Esser (2003c), S. 785.
[331] Vgl. Kahle (2002d), S. 186; Dahlke/Kahle (2009), S. 233.
[332] Vgl. Schneider (2003b), S. 301 f.; Dahlke/Kahle (2009), S. 233.

im Rahmen der IFRS in ähnlicher Weise fortexistieren. Selbiges gilt für die Problematik der Generierung von gleichmäßigkeitswidrigen Zinsvorteilen durch die einseitige Möglichkeit zur Bildung von Rückstellungen (IAS 37.14) im Allgemeinen.[333]

Im Ergebnis lässt sich eine Anknüpfung der steuerlichen Gewinnermittlung an die IFRS (gleich welcher Form) aus Sicht der zentralen Leitlinien der Besteuerung, mithin der Entscheidungsneutralität und Gleichmäßigkeit der Besteuerung, **genauso wenig begründen wie die Maßgeblichkeit handelsrechtlicher GoB**. Vielmehr überzeugen viele Regelungen der IFRS aus ökonomischer Sicht tendenziell noch weniger.

4.3.4.2.2 Durchführungsorientierte Effizienz und Objektivierung im Falle einer Steuerbemessung auf Basis der IFRS

Kommt es zu einer eigenständigen steuerlichen Gewinnermittlung, so sollte diese möglichst einfach und wenig streitanfällig ausgestaltet werden, um die Erhöhung von Deklarationskosten durch den Aufwand aus der Befolgung unterschiedlicher Regelungswerke zu minimieren. Dies spricht für eine vereinfachte Gewinnermittlung, die möglichst geringe Periodisierungen enthält.[334] Dass die IFRS mit dieser Forderung nur sehr eingeschränkt übereinstimmen, wurde teilweise bereits in Kap. 4.3.4.2.1 deutlich. Viele Vorschriften der IFRS sind auch **in der Anwendung sehr aufwendig**. So sprechen nicht zuletzt administrative Probleme gegen eine Bewertung zum fair value. Denn diese brächte abseits aktiver Märkte die Notwendigkeit zur Erstellung aufwendiger Prognoserechnungen mit sich, die Potenzial für vielfältige Streitigkeiten zwischen Fiskus und Steuerpflichtigen bieten würden.[335] Ähnliches gilt aber bspw. für den Wertminderungstest mit der Abgrenzung von CGUs und der Ermittlung der Korrekturwerte zur Bestimmung einer potenziellen Wertminderung oder den Komponentenansatz bei der Bilanzierung von Sachanlagen.[336] Hinsichtlich der Forderung nach durchführungsorientierter Effizienz erscheint es nur vertretbar, vereinzelte Regelungen der IFRS, wie etwa zum Begriff der Herstellungskosten,[337] in die steuerliche Gewinnermittlung zu übernehmen.[338]

---

[333] Vgl. Streim/Esser (2003b), S. 742.
[334] Vgl. Kap. 4.3.3.3 sowie die Quellen in Fn. 263.
[335] Vgl. Schreiber (2009c), S. 85.
[336] Vgl. zu der Komplexität der IFRS bereits Kap. 2.4.3.
[337] Der Herstellungskostenbegriff wird oftmals als eine beispielhafte Regelung der IFRS genannt, die für Zwecke der Steuerbemessung problemlos übernommen werden könnte, vgl. Streim/Esser (2003c), S. 782 f.; Herzig (2004), S. 156 f.; Spengel/Oestreicher (2009), S. 778; Spengel/Ernst/Finke (2010), S. 287.
[338] Zwar würde eine weitgehende Übernahme der IFRS den Rechnungslegungsaufwand kapitalmarktorientierter Unternehmen mindern. Zu bedenken ist aber, dass sich im Gegenzug der Rechnungslegungsaufwand der Vielzahl nicht kapitalmarktorientierter Unternehmen erhöht, die hierdurch überproportional belastet werden.

Ein gewichtiges Argument gegen einen Rekurs der steuerlichen Gewinnermittlung auf die IFRS ist zudem die problematische **Entobjektivierung vieler Standards**. Es kann zwar nicht einfach einer verbreiteten Ansicht gefolgt werden, wonach die IFRS bereits aufgrund ihrer unterschiedlichen Zielsetzung für Zwecke der Steuerbemessung abzulehnen seien. Nach dieser Argumentation beruhen die IFRS als ausschließlich Informationszwecken dienendes Rechnungslegungssystem vor allem auf zukunftsorientierten Daten, denen eine erhebliche Entobjektivierung immanent sein muss, während das Steuerbilanzrecht die hiermit unvereinbare Zielsetzung habe, eine vergangenheitsorientierte, objektivierte Bemessungsgrundlage zu ermitteln.[339] Die Schlussfolgerung, dass primär der Informationsvermittlung dienende Regelungen für die Steuerbemessung generell ungeeignet seien, ist jedoch wenig differenziert. Auch Bilanzierungsregelungen, die vorrangig Informationszwecken dienen, benötigen ein gewisses Maß an Objektivierung; ansonsten sind diese für Investitionsentscheidungen und die Rechenschaftslegung untauglich.[340] Es ist vielmehr auf eine Einzelbetrachtung des jeweiligen Standards abzustellen.

Jedoch sind tatsächlich viele Regelungen der IFRS aufgrund ihrer mangelnden Objektivierung für die Steuerbemessung wenig geeignet. Gewiss enthalten auch die IFRS einen Kern an eindeutigen Vorschriften.[341] Im Schrifttum wird daher vorgebracht, dass die diesbezüglich problematischen Regelungen wiederum durch abweichende steuerliche Vorschriften kompensiert werden könnten.[342] Dieser Argumentation kann zwar im Grunde gefolgt werden. Zu beachten ist aber, dass der Kern an objektivierten Regelungen der IFRS eng begrenzt ist und zudem innerhalb der neueren Standards tendenziell eher abnimmt.

Die im Rahmen der IFRS eingeräumten Ermessensspielräume wurden in dieser Arbeit bereits mehrfach deutlich.[343] Besonders problematisch erscheint etwa die fair value-Bewertung, die insbesondere im Rahmen der Zahlungsstrom-Prognosen bei Nichtvorliegen eines aktiven Marktes Ermessensspielräume mit sich brächte, die gerade für Zwecke der Steuerbemessung kaum hinnehmbar wären.[344] Des Weiteren kann wieder die Vorschrift des IAS 38 zur **Aktivierung selbst**

---

339 Vgl. nur Mössner (2007), S. 176; Herzig (2000), S. 111; ders. (2005), S. 214; Gellrich (2008), S. 47 f.; Blasius (2006), S. 326 ff.; Freedman (2004), S. 75.

340 Vgl. Schreiber (1997), S. 505 f.; ders. (1999), S. 893 f.; Kahle (2002c), S. 184 ff. Derartige Pauschalaussagen sind zudem angreifbar, wenn berücksichtigt wird, dass die für Informationszwecke sinnvollen Regelungen auf unvollkommenen Märkten höchst unklar bleiben müssen, vgl. Schreiber (1999), S. 891.

341 Vgl. Böcking (2007a), S. 67 f.; Jacobs (2005), S. 142; Spengel (2008a), S. 422; Spengel/Ernst/Finke (2010), S. 287; Wendt (2009), S. 115.

342 Vgl. Oestreicher/Spengel (2001), S. 894; Böcking (2007a), S. 69; ders. (2007b), S. 29 f.

343 Vgl. insbesondere Kap. 2.3.5 und Kap. 3.5.4.1.

344 Vgl. Fülbier (2006b), S. 235 f.; Breithecker/Klapdor/Rokitta (2007), S. 153; Treisch (2011), S. 145 f.

erstellter immaterieller Vermögenswerte angeführt werden. Das faktische Aktivierungswahlrecht durch die Spielräume, die aus der Trennung von Forschungs- und Entwicklungsphase oder der Auslegung der Kriterien des IAS 38.57 resultieren, würde steuerlichen Objektivierungserfordernissen deutlich widersprechen.[345] Ähnliches gilt wiederum für die percentage of completion-Methode (IAS 11.22 ff.)[346] oder dic Regelungen des IAS 36.[347]

Die Möglichkeiten zur Anknüpfung der Regelungen zur steuerlichen Gewinnermittlung an einzelne, objektivierte Standards der IFRS dürften begrenzt sein. Selbst auf den ersten Blick unproblematische Standards, die häufig als für Zwecke der Steuerbemessung geeignet genannt werden, wie etwa hinsichtlich der Abschreibungsverrechnung oder der Verbrauchsfolgeverfahren[348], weisen bei genauerer Betrachtung Objektivierungsdefizite auf. So wird die anzuwendende Abschreibungsmethode weitgehend offen gelassen (IAS 16.60 ff., 38.97 f.[349]); die Nutzungsdauer ist unternehmensindividuell zu schätzen (IAS 16.57, 38.88 ff.). Im Rahmen der Verbrauchsfolgeverfahren ist ein Wahlrecht zwischen der Fifo-Methode und der Bewertung zum gewogenen Durchschnitt vorgesehen (IAS 2.25). Steuerlich sollte hingegen aus Objektivierungsgesichtspunkten die Abschreibungsmethode sowie -dauer möglichst normiert sowie auf Wahlrechte im Allgemeinen, auch im Rahmen der Verbrauchsfolgeverfahren, verzichtet werden.[350]

Damit sprechen auch das Kriterium der durchführungsorientierten Effizienz sowie der notwendige Objektivierungsgrad steuerlicher Gewinnermittlungsregelungen eher gegen eine Orientierung der steuerlichen Gewinnermittlung an den IFRS. Auf Basis dieser Leitlinien sollten nur **höchst punktuell Regelungen der IFRS** in die steuerliche Gewinnermittlung Einzug halten.

4.3.4.3 Steuerbemessung auf Basis des IFRS for SMEs?

Es stellt sich die Frage nach der Eignung des IFRS for SMEs für Zwecke der steuerlichen Gewinnermittlung. Dieser Untersuchung bedarf es, um für den Fall eines eventuellen künftigen Bedeutungsgewinns des vereinfachten Standards "vorzusorgen". Dass der IFRS for SMEs – analog

345 Vgl. die steuerliche Aktivierung immaterieller Vermögenswerte ablehnend nur Moxter (1978c), S. 1807 f.; ders. (2008), S. 1517; Herzig (2004), S. 104 ff.; Esterer (2005), S. 120 f.; Kuntschik (2004), S. 239; Blasius (2006), S. 334 ff.; positiver aber Oestreicher (2007b), S. 579; Schnorr (2004), S. 310 f.; Mayr (2011), S. 337 f.
346 Vgl. Euler (2000), S. 197; Kahle (2002d), S. 182.
347 Vgl. Herzig (2004), S. 203 ff.; Breithecker/Klapdor/Rokitta (2007), S. 156.
348 Vgl. Spengel/Oestreicher (2009), S. 778; Spengel (2009), S. 108; Spengel/Ernst/Finke (2010), S. 287.
349 Nur bei immateriellen Vermögenswerten findet sich eine Einschränkung: Kann der Abnutzungsverlauf nicht verlässlich geschätzt werden, ist die lineare Methode heranzuziehen (IAS 38.97).
350 Vgl. hierzu im Einzelnen Kap. 4.3.5.1.2.

zu den IFRS – nicht die Funktion der Steuerbemessung verfolgt, bedeutet nicht zwingend eine mangelnde Eignung für steuerliche Zwecke. So schlägt das IASB bemerkenswerterweise vor, den vereinfachten Standard durch vom nationalen Gesetzgeber vorgegebene Überleitungsrechnungen auch für die Funktion der Steuerbemessung nutzbar zu machen.[351]

Doch dürfte eine direkte Bezugnahme der steuerlichen Gewinnermittlung auf den IFRS for SMEs dennoch ausscheiden. Einer Maßgeblichkeit steht schon entgegen, dass für den Mittelstand-Standard kein Komitologieverfahren vorgesehen ist, was erhebliche **verfassungsrechtliche Bedenken** hervorrufen muss.[352] Zudem ist zu beachten, dass der vereinfachte Standard ein eigenständiges Rechnungslegungssystem darstellt und materielle Unterschiede zu den IFRS aufweist. Käme es zu einem Nebeneinander von "full IFRS" (für die Steuerbemessung kapitalmarktorientierter Unternehmen) und IFRS for SMEs (für die Steuerberechnung fernab des Kapitalmarkts), würde dies folglich kaum zu geringeren **Verstößen gegen die Gleichmäßigkeit der Besteuerung** führen als eine Koexistenz von IFRS und nationalem Recht.

Auch für eine anderweitige Bindung der steuerlichen Gewinnermittlung an den IFRS for SMEs gibt es **aus ökonomischer Sicht keine Begründung**. Da sich aus dem Modell des kapitaltheoretischen Gewinns keine bilanziellen Ansatz- und Bewertungsregelungen herleiten lassen, müssen die Neutralitätseigenschaften des IFRS for SMEs offen bleiben. Der vereinfachte Standard könnte dem Postulat der Gleichmäßigkeit der Besteuerung ebenso wenig gerecht werden wie das geltende Recht. So widersprechen die in Anlehnung an die IFRS vorgesehene percentage of completion-Methode (IFRS for SMEs, 23.17 ff.) sowie die fair value-Bewertung[353] in elementarer Weise der Zielsetzung einer Gleichbehandlung verschiedener Einkunftsarten. Dies gilt analog für die Verlustvorwegnahmen in Folge des Imparitätsprinzips, die auch der IFRS for SMEs mit außerplanmäßigen Abschreibungen und Drohverlustrückstellungen vorschreibt.[354]

Eine Anwendung des IFRS for SMEs für steuerliche Zwecke, korrigiert um als für diese Funktion nicht geeignet anzusehende Positionen, brächte im Vergleich zum geltenden Maßgeblichkeitsprinzip mit seinen vielzähligen Durchbrechungen kaum eine Verbesserung mit sich. Von einer

---

351 Vgl. IFRS for SMEs, BC51.

352 Vgl. zur Nichtanwendbarkeit des Komitologieverfahrens im Rahmen des IFRS for SMEs Fn. 66 zu Kap. 2.2.2.

353 Vgl. zum Anwendungsbereich der fair value-Bewertung im Einzelnen Kap. 2.2.2.

354 Vgl. bezüglich der außerplanmäßigen Abschreibung im Anlagevermögen IFRS for SMEs, 17.24, 18.25 i. V. m. IFRS for SMEs, 27 sowie im Umlaufvermögen IFRS for SMEs, 13.4, 13.19 i. V. m. IFRS for SMEs, 27.2-27.4. Vgl. zur Drohverlustrückstellung IFRS for SMEs, 21.4, 21A.2.

Anwendung des IFRS for SMEs für Zwecke der Steuerbemessung wird daher im Folgenden abgesehen.

4.3.4.4 Fazit zur Eignung der IFRS für Zwecke der steuerlichen Gewinnermittlung

Zusammenfassend müssen erhebliche Zweifel hinsichtlich der Zweckadäquanz der IFRS für die Funktion der Steuerbemessung geltend gemacht werden, denn nur in engen Grenzen sind diese mit den Leitlinien der steuerlichen Gewinnermittlung kompatibel. Selbst Befürworter einer Verknüpfung der Steuerbemessungsfunktion mit den IFRS erkennen deren **fragliche Eignung für Zwecke der steuerlichen Gewinnermittlung** aus normativer Sicht an. So konstatieren *Spengel* und *Oestreicher*: „Im Vergleich zu den GoB als Ausgangspunkt der steuerlichen Gewinnermittlung führt eine IFRS-basierte Besteuerung weder zu einer verbesserten Messung steuerlicher Leistungsfähigkeit noch zu einer erhöhten Neutralität der Einkommensermittlung.“[355]

Maßgeblicher Grund für die Forderung nach einer Übernahme von Regelungen der IFRS in die steuerliche Gewinnermittlung ist vielmehr die internationale Öffnung des Steuerbilanzrechts und vor allem die Verbindung mit dem CCCTB-Projekt. Denn die Entwicklung eines eigenständigen Bilanzsteuerrechts ohne Bezug zu den bisherigen Ergebnissen zur Harmonisierung der körperschaftsteuerlichen Bemessungsgrundlage bzw. den IFRS brächte die **Gefahr einer nationalen Insellösung** mit sich.[356] Jedoch basiert auch die Grundsatzentscheidung der EU-Kommission, die IFRS im Rahmen des Projekts als maßgebliche Deduktionshilfe heranzuziehen, nicht auf einer Analyse der Zweckadäquanz der IFRS. Diese werden vielmehr aufgrund ihrer internationalen Bekanntheit als zweckmäßige gemeinsame Sprache angesehen, wenn sich Staaten mit unterschiedlichen Regelungen steuerrechtlicher Gewinnermittlung auf ein einheitliches Regelwerk verständigen wollen.[357] Auch im Rahmen des CCCTB-Projekts sollte aber (trotz aller Schwierigkeiten der Konsensfindung) die Entwicklung eines aus steuersystematischer Sicht fundierten Gewinnermittlungsrechts, das die ökonomischen Wirkungen der Besteuerung berücksichtigt, im Vordergrund stehen. Ob dies bei Ableitung der Regelungen unter ständigem Rückgriff auf die IFRS gelingt, muss nach den bisherigen Ausführungen zweifelhaft bleiben.[358]

---

355 Spengel/Oestreicher (2009), S. 778; vgl. auch Kahle (2002d), S. 182-186; ders. (2006c), S. 189.

356 Vgl. Rautenstrauch (2009), S. 117; Spengel (2009), S. 108.

357 Vgl. Schreiber (2002), S. 114; ders. (2004), S. 225; Herzig (2006), S. 160.

358 Zudem ist fraglich, ob die IFRS die erhoffte konsensmobilisierende Wirkung erreichen können. So divergieren die steuerlichen Gewinnermittlungsregelungen (trotz teilweiser Annäherung an die IFRS) innerhalb der EU nach wie vor erheblich, vgl. zu einem Überblick Gammie et al. (2005), S. 23-45 und 69-120; Endres et al. (2007).

Im Folgenden wird daher – unabhängig von bestehenden Rechnungslegungssystemen – grundlegend untersucht, wie eine eigenständige steuerliche Gewinnermittlung aus ökonomischer Sicht aussehen sollte. Um aber eine Verknüpfung mit den Überlegungen auf europäischer Ebene sicherzustellen, werden in Kap. 4.3.5.1.4 die bisherigen Ergebnisse im Rahmen des CCCTB-Projekts, die mit dem Richtlinienvorschlag veröffentlicht wurden, hieran gemessen. Dies dient zur Prüfung, inwiefern sich hieraus Impulse für die Fortentwicklung der steuerlichen Gewinnermittlung ergeben können. Im Anschluss wird nochmals die Frage aufgeworfen, ob auf absehbare Zeit wirklich von der Maßgeblichkeit handelsrechtlicher GoB abgewichen werden muss.

4.3.5 Diskussion alternativer Zukunftskonzepte steuerlicher Gewinnermittlung

4.3.5.1 Übergang zu einem eigenständigen Bilanzsteuerrecht

4.3.5.1.1 Eigenständige steuerliche Gewinnermittlung: Betriebsvermögensvergleich versus Überschussrechnung

Eine eigenständige steuerliche Gewinnermittlung sollte, wie bereits mehrfach angeklungen, im Vergleich zum geltenden Recht stärker zahlungsorientiert ausgestaltet werden.[359] Diese Forderung wird teilweise kritisiert, da die Einschränkung von Periodisierungen mit der Zielsetzung, Investitionsentscheidungen möglichst nicht zu verzerren, nicht abschließend begründet werden könne. „Falsch wäre es, bereits eine stärkere Zahlungsorientierung als Annäherung an eine investitionsneutrale Bemessungsgrundlage zu qualifizieren.“[360] Denn entscheidungsneutral wäre nur eine reine Cashflow-Rechnung in Form der Konsumsteuer, welche eine Steuerfreiheit von Zinsen bedingt.[361] Unterliegen hingegen Zinszahlungen der Besteuerung, muss unklar bleiben, ob eine stärkere Zahlungsorientierung zu größeren oder geringeren Abweichungen vom Ideal der entscheidungsneutralen Besteuerung führen würde.

Hiergegen könnte zwar vorgebracht werden, dass Entscheidungswirkungen unter Unsicherheit für eine stärker an Zahlungen orientierte Gewinnrealisierung sprechen. Denn bei fehlendem Zahlungszufluss kann der Steuerzugriff eine zwangsweise Veräußerung von Wirtschaftsgütern zur Begleichung der Steuerforderung zur Folge haben.[362] Jedoch wäre auch dieses Argument für einen Abgang von den GoB nicht hinreichend. Denn grundsätzlich können nach dem Realisationsprinzip erfasste Forderungen als in ausreichendem Maße liquidisierbar angesehen werden, da

[359] Vgl. im Einzelnen Kap. 4.3.3.1.2 sowie Kap. 4.3.3.2.1.
[360] Schmiel (2007b), S. 4; vgl. auch Wagner (2005b), S. 542; arqus (2008), S. 1845.
[361] Vgl. die Nachweise in Fn.127.
[362] Vgl. hierzu bereits Kap. 4.3.2.1.

diese sich z. B. durch Factoring in Zahlungsmittel umwandeln lassen.[363] Für eine Einschränkung von Zahlungsperiodisierungen kann unter Berücksichtigung von Entscheidungswirkungen der Besteuerung aber das Argument geltend gemacht werden, dass sich durch die **Transparenzerhöhung** die Regelungen zur Ermittlung der Bemessungsgrundlage besser in Entscheidungskalkülen berücksichtigen und Steuerwirkungen leichter bestimmen lassen; so können Investitionsanreize gezielter gesetzt und reine Mitnahmeeffekte vermieden werden.[364]

Zudem ist diese Forderung aus Sicht der **Gleichmäßigkeit der Besteuerung** eindeutig zu befürworten, denn es kommt hierdurch zur Reduktion offensichtlicher Diskrepanzen zwischen den Einkunftsermittlungsmethoden. Auch die Zielsetzungen der **Einfachheit und Objektivierung** sprechen für eine stärkere Zahlungsorientierung. So könnte bspw. die Streitanfälligkeit des Bilanzsteuerrechts durch eine Einschränkung der Rückstellungsbildung wohl deutlich vermindert werden.[365]

Eine eigenständige steuerliche Gewinnermittlung[366] könnte grundsätzlich, auch bei stärkerer Orientierung an den Zahlungen, wie bislang auf einem Betriebsvermögensvergleich (originäre Steuerbilanz) basieren. Hierfür käme ein vereinfachter Vermögensvergleich mit geringeren Periodisierungen in Betracht.[367] Andererseits wird diskutiert, gänzlich von einem Vermögensvergleich abzusehen und stattdessen als steuerliche Gewinnermittlungsmethode eine (modifizierte) Zahlungsrechnung heranzuziehen. Die weitestgehende Alternative zum bisherigen System wäre eine reine Zahlungsrechnung, welche mittels einer Stromgrößenrechnung den Gewinn als Differenz der betrieblichen Ein- und Auszahlungen der Periode ermittelt.[368] In diesem Rahmen wird auch die Ausweitung des Anwendungsbereichs der Einnahmen-Überschussrechnung gem. § 4 Abs. 3 EStG in Betracht gezogen, die zwar grundsätzlich an Zahlungsflüsse anknüpft, hiervon aber bestimmte Ausnahmen vorsieht. Gegenüber dem geltenden Recht wird hierbei die Aufnahme weiterer Ausnahmeregelungen erwogen.[369]

---

[363] Vgl. Schmiel (2008), S. 346 mit Bezug auf Moxter (2003), S. 41.
[364] Vgl. Wagner (2000), S. 201; Kahle (2002c), S. 266 f.; Knirsch (2006), S. 247 und im Einzelnen Kap. 4.3.3.1.2.
[365] Vgl. zum Vereinfachungsaspekt auch arqus (2008), S. 1845; Schanz/Schanz (2010), S. 313.
[366] Vgl. zu einem systematischen Überblick über die möglichen Formen steuerlicher Einkommensermittlung Sigloch (2004b), S. 210 ff.; ders. (1995), S. 680 ff.; Hausen (2009), S. 48 ff.
[367] Vgl. grundlegend Schneider (1997), S. 273-285; vgl. auch ders. (2004), S. 302 ff.; ders. (2008a), S. 294 ff.
[368] Vgl. dies befürwortend u. a. Weber-Grellet (1998), S. 1348 f.; Hennrichs (1999), S. 152 f.; vgl. nunmehr wieder Meyering (2011), S. 832 f., der dies als geeignete Konzeption für kleine und mittlere Unternehmen ansieht.
[369] Vgl. zu diesem Vorschlag Herzig (2004), S. 381 ff.; Herzig/Hausen (2004), S. 6 ff.; Hausen (2009), S. 181 ff.

Eine **reine Zahlungsstromrechnung** ist jedoch als Reformalternative **auszuschließen**. Bezieht man neben realwirtschaftlichen Transaktionen auch Zinszahlungen in die Gewinnermittlung mit ein, wäre eine Zahlungsrechnung zwar durchaus mit der in dieser Arbeit getroffenen Wertungsentscheidung, an einer Einkommensteuer festzuhalten, zu vereinbaren. Gleichwohl weist diese Gewinnermittlungsform vielfältige Probleme auf. Da die Erhaltung des Anfangsvermögens nicht gesichert wäre, käme die Besteuerung des Zahlungsüberschusses einer Vermögensbesteuerung gleich.[370] Der Zahlungsüberschuss einer Periode wäre zudem ein fragwürdiger Leistungsfähigkeitsindikator, da jegliche Investitionsauszahlung die Bemessungsgrundlage mindern würde, obwohl als Gegenleistung ein Gut mit mindestens gleichem Nutzenpotenzial erworben wurde. Leistungsfähig wäre demnach nur, wer quasi Zahlungsmittel hortet.[371] Insbesondere würde diese Gewinnermittlungsform aber erhebliche **Objektivierungsdefizite** mit sich bringen. Denn der Zahlungsüberschuss ist in besonderem Maße sachverhaltsgestaltenden Maßnahmen zugänglich, wofür ein Beispiel ist, dass die Besteuerung einfach durch Investitionen kurz vor dem Jahresende unterlaufen werden könnte.[372] Das letztgenannte Beispiel zeigt zudem, dass selbst im Rahmen einer Zahlungsrechnung auf eine detaillierte Dokumentation nicht verzichtet werden könnte, was schließlich auch einen eventuellen Vereinfachungseffekt fraglich erscheinen lässt.[373]

Hält man demnach gewisse periodisierende Elemente für notwendig, stellt sich nur die Frage, ob eine eigenständige steuerliche Gewinnermittlung auf einer um Periodenabgrenzungen korrigierten Zahlungsrechnung oder auf einem **(vereinfachten) Betriebsvermögensvergleich** aufbauen sollte. M. E. ist Letzteres der Fall. Schon bezüglich der geltenden Konzeption des § 4 Abs. 3 EStG wird kritisch hinterfragt, ob man aufgrund der zahlreichen Ausnahmen bezüglich des Zahlungsprinzips „überhaupt noch von einer ‚vereinfachten Gewinnermittlung‘ sprechen kann“[374]. Reformvorschläge, die die Einnahmen-Überschussrechnung für größere Unternehmen nutzbar machen wollen, zeigen, dass zusätzlich zu den bisher schon kodifizierten Ausnahmetatbeständen etwa die Erfassung von Vorratsbeständen notwendig würde.[375] Angesichts der Vielzahl an Modi-

---

370 Vgl. Schneider (1997), S. 39; ders. (2004), S. 297.

371 Vgl. Kraft (1991), S. 53; Dziadkowski (2000), S. 400; Schlotter (2005), S. 91 f.

372 Vgl. zur Kritik an der mangelnden Objektivierbarkeit bspw. Kußmaul/Klein (2001), S. 550; Dziadkowski (2000), S. 400; Ehrhardt-Rauch (2001), S. 427. Zudem ergäbe sich das Problem einer extrem volatilen Bemessungsgrundlage mit problematischen Effekten sowohl für den Fiskus als auch für die Steuerpflichtigen, vgl. Herzig/Hausen (2004), S. 5; Böcking/Gros (2007), S. 2344.

373 Vgl. Schneider (2008a), S. 288; gl.A. Sigloch (2007), S. 465. Bemerkenswerterweise rücken mittlerweile sogar ehemals starke Verfechter einer Zahlungsrechnung hiervon ab, vgl. Weber-Grellet (2010b), S. 2303.

374 Sigloch (2007), S. 453.

375 Vgl. Herzig/Hausen (2004), S. 7; Hausen (2009), S. 265 ff.

fikationen kann man sodann aber gleich einen (gegenüber dem geltenden Recht modifizierten) Vermögensvergleich der steuerlichen Gewinnermittlung zugrunde legen.[376]

Eine gänzliche Abkehr vom Betriebsvermögensvergleich dürfte insgesamt wenig zielführend sein. Die tragfähigere Lösung besteht wohl vielmehr darin, den Betriebsvermögensvergleich beizubehalten und ausgehend von diesem zu untersuchen, inwiefern eine Einschränkung von Periodisierungen möglich wäre. Im Folgenden wird skizziert, wie ein derartiger an Zahlungen orientierter Vermögensvergleich aussehen könnte.[377]

4.3.5.1.2 Empfehlungen für die Ausgestaltung eines eigenständigen Bilanzsteuerrechts

Im Falle einer eigenständigen steuerlichen Gewinnermittlung sollte gesetzlich ein geschlossenes System steuerlicher Gewinnermittlungsregelungen festgeschrieben werden.[378] Die hier empfohlenen Grundsätze für ein eigenständiges Steuerbilanzrecht ergeben sich implizit durch eine Zusammenschau der bisherigen Erörterungen. Eine eigenständige steuerliche Gewinnermittlung sollte sich demnach grundlegend an der **Reinvermögenszugangstheorie** orientieren. Denn eine Besteuerung des Reinvermögenszuwachses würde erhebliche Objektivierungsprobleme mit sich bringen und faktisch eine Substanzbesteuerung bedeuten.[379]

Die Reinvermögenszugangstheorie impliziert sodann die grundsätzliche Orientierung eines eigenständigen Bilanzsteuerrechts am Realisationsprinzip.[380] Die Ertragsrealisierung sollte hierbei möglichst zahlungsnah erfolgen. Da eine alleinige Anknüpfung an den Zahlungsfluss infolge der hiermit verbundenen Entobjektivierung ausscheiden muss, sollte das geltende Realisationsprinzip, das die Gewinnentstehung an die Lieferung oder Leistung knüpft, in Richtung des **Barrealisationsprinzips**, welches die zusätzliche Bedingung des Zahlungsmittelzuflusses stellt, modifiziert werden. Zwar ist das hierfür im Schrifttum teilweise vorgebrachte Argument der unter Unsicherheit zu beachtenden Liquiditätsrestriktionen, wie bereits angerissen, für diese Forde-

---

[376] Vgl. Schneider (2004), S. 302. Vgl. kritisch hinsichtlich der "Einfachheit" einer (modifizierten) Überschussrechnung zudem bspw. Arnold (2005), S. 153; Sigloch (2007), S. 465; Schüppen (2003), S. 176 f., der die Anwendungsprobleme (z.B. bei Ein- und Austritt von Gesellschaftern) sogar für größer als bei der Bilanzierung hält.

[377] Vgl. sich hierfür aussprechend Schneider (2004), S. 302 ff.; ders. (2008a), S. 294 ff.; Schreiber (2002), S. 108 f.; ders. (2004), S. 225 f.; Kahle (2002c), S. 211 ff.; Spengel (2004), S. 135 ff.; ders. (2009), S. 105 ff.

[378] Es wäre wenig empfehlenswert, wie etwa in den USA nur eine steuerliche Generalklausel vorzugeben, die verschiedene Rechnungslegungsmethoden anerkennt, sofern diese nur mit bestimmten Grundsätzen vereinbar sind (vgl. hierzu bereits Fn. 266 und 298). Die erheblichen Ermessensspielräume und hohe Streitanfälligkeit lassen dieser Vorgehensweise kaum eine Vorbildfunktion zukommen, vgl. Kahle (2002c), S. 266; ders. (1997), S. 331 f.; Eberhartinger/Wiedermann-Ondrej (2005), S. 292; Gros (2010), S. 141; Watrin (2010), S. 502 f.

[379] Vgl. im Einzelnen Kap. 4.3.4.2.1.

[380] Vgl. Dauber (2003), S. 130.

rung allein nicht hinreichend. Demnach garantiere nur die Barrealisation, dass zum Zeitpunkt der Besteuerung entsprechende Zahlungsmittel vorliegen.[381] Auch Forderungen sind aber im Allgemeinen hinreichend liquidisierbar.[382] Allerdings ist das tragende Argument für den Grundsatz der Barrealisation, dass nur dieser ermöglicht, die Einkünfteermittlungsmethoden einander anzunähern und damit die Gleichmäßigkeit der Besteuerung zu verbessern, weshalb sich ein eigenständiges Bilanzsteuerrecht möglichst diesem Grundsatz verpflichten sollte.[383]

Da mit einer Orientierung der steuerlichen Gewinnermittlung am Grundsatz der Barrealisation die steuerliche Erfassung von Erträgen ausscheidet, bevor nicht kumulativ die Leistungserbringung und der Zahlungszufluss erfolgte, kann eine anteilige Gewinnrealisierung nach dem Grad der Fertigstellung bei langfristiger Auftragsfertigung unmittelbar ausgeschlossen werden. Diese „verstößt […] gegen eine Maßgröße steuerlicher Leistungsfähigkeit, verstanden als einem in Geld realisierten Reinvermögenszugang."[384] Auch scheidet damit eine Erfassung von Gewinnen im Rahmen einer Zeitbewertung aus.[385] Die Verankerung beider Vorgehensweisen in einem eigenständigen Bilanzsteuerrecht wäre ohnehin aufgrund der hiermit einhergehenden Ermessensspielräume fragwürdig.

Das Ziel einer möglichst zahlungsnahen Ausrichtung der steuerlichen Gewinnermittlung spricht dafür, als **Voraussetzung der Aktivierung** von Wirtschaftsgütern deren selbständige Verkehrsfähigkeit i. S. d. **Einzelveräußerbarkeit** zu fordern.[386] Eine solch enge Begrenzung der Periodisierung erscheint folgerichtig, um die Besteuerung unrealisierter Gewinne zu verhindern. Denn hierdurch wird sichergestellt, dass nur Güter aktiviert werden, die jederzeit mittels eines individualisierten Rechtsgeschäfts in Zahlungsmittel umgewandelt werden können.[387] Da dessen Veräußerung nur im Zusammenhang mit dem Betrieb möglich ist, stellt etwa der derivative Ge-

---

381 Vgl. Jacobs (1971), S. 123 f.; Schneider (1978), S. 57; ders. (2004), S. 303; Siegel (2008a), S. 304.

382 Vgl. Schmiel (2008), S. 346 mit Bezug auf Moxter (2003), S. 41.

383 Vgl. Schneider (1978), S. 70 f.; ders. (1997), S. 280; ders. (2004), S. 303; Kahle (2002d), S. 186; Kahle/Schulz (2011), S. 297; Schreiber (2002), S. 108; Spengel (2009), S. 105; Wendt (2009), S. 110.
Siegel schlägt als "Hilfslösung" eine Ausweitung der Bilanzierung zu Barwerten vor, vgl. Siegel (2008a), S. 305 f.; ders. (2007a), S. 419. Forderungen wären hiernach im Zeitpunkt der Lieferung oder Leistung zu ihrem Barwert zu erfassen. Zwar könnten durch Diskontierung grundsätzlich Zinseffekte im Vergleich zur Überschussrechnung vermieden werden. Diese Konzeption weist jedoch im Vergleich zum Barrealisationsprinzip eine sehr hohe Komplexität auf; zudem stellt sich wieder die Problematik der Festlegung des Zinssatzes.
Leitet man das Barrealisationsprinzip aus dem Gleichmäßigkeitspostulat ab, greift die Kritik *Ballwiesers* nicht, der *Schneider* einen Wechsel der Referenzpunkte vorwirft, indem dieser sowohl mit dem Modell des ökonomischen Gewinns als auch mit Liquiditätsproblemen argumentiere, vgl. Ballwieser (1996a), S. 513.

384 Gröning (2002), S. 219 f.; vgl. ähnlich Breithecker/Klapdor/Rokitta (2007), S. 153; Dahlke/Kahle (2009), S. 232.

385 Vgl. nur Schneider (2003b), S. 301 f.; Kahle/Schulz (2011), S. 297; Wendt (2009), S. 110.

386 Vgl. Schneider (1971a), S. 608 f.; ders. (1978), S. 61, 119 ff.; Pannen (2000), S. 207 f.; Schmitt (2005), S. 227 f.

387 Vgl. Ley (1984), S. 184 f.; so auch Pannen (2000), S. 207 f.

schäfts- oder Firmenwert kein Wirtschaftsgut dar.[388] Das strenge Kriterium der Einzelveräußerbarkeit ist auch unter dem Aspekt der Nachprüfbarkeit zu befürworten.[389]

Auf Ebene der **konkreten Aktivierungsfähigkeit** ist insbesondere über die Behandlung selbst erstellter immaterieller Güter des Anlagevermögens zu entscheiden. Deren Aktivierung würde zwar der Forderung nach Entscheidungsneutralität eher entsprechen, da forschungsintensive Unternehmen bzw. Branchen nicht mehr durch eine Aufwandsvorverlagerung begünstigt würden.[390] Allerdings sprechen gegen eine Aktivierung die bereits diskutierten Objektivierungsprobleme.[391] Daher sollte ein zahlungsorientiertes, möglichst manipulationsarmes Bilanzsteuerrecht zur Sicherstellung einer hinreichenden Nachprüfbarkeit auf das **Kriterium des entgeltlichen Erwerbs** als Aktivierungsvoraussetzung nicht verzichten.[392]

Die grundlegende Orientierung eines eigenständigen Bilanzsteuerrechts am Realisationsprinzip impliziert die Bewertung zu fortgeführten Anschaffungs- und Herstellungskosten. Fragen wirft hier insbesondere der **Umfang der Herstellungskosten** auf. Teilweise wird gefordert, dass nur die einzeln zurechenbaren Ausgaben in die Herstellungskosten einfließen sollten, da nur dies mit dem Realisationsprinzip vereinbar wäre.[393] Hierfür spricht zudem die dadurch erfolgende Objektivierung.[394] Jedoch kann ein gänzliches Verbot des Einbezugs von Gemeinkosten in Anbetracht der Zielsetzung, den Herstellungsvorgang erfolgsneutral zu halten und einen ungerechtfertigten Verlustausweis zu vermeiden, kritisiert werden.[395] Für einen Einbezug von Gemeinkosten spricht des Weiteren, Entscheidungsverzerrungen zwischen Anschaffung und Herstellung möglichst zu verringern, da im Anschaffungspreis regelmäßig die Gemeinkostenäquivalente enthalten sind.[396] Da aber die Schlüsselung von allgemeinen Verwaltungsgemeinkosten oder sozialen Aufwendungen aufgrund ihres – wenn überhaupt – vagen Zusammenhangs zum Herstellungsprozess Pro-

---

[388] Vgl. Schneider (1971a), S. 608; ders. (1971b), S. 340; vgl. auch Kahle (2002c), S. 212.

[389] Vgl. Kahle (2002c), S. 268.

[390] Vgl. Sigloch (1990), S. 231; Scheffler (2010b), S. 100.
Zwar kann der vollständige Betriebsausgabenabzug durchaus als gesamtwirtschaftlich wünschenswert angesehen werden, denn dieser stellt einen Anreiz für Forschungs- und Entwicklungsaktivitäten dar (vgl. Schmiel (2008), S. 349 f.). Allerdings ist zu beachten, dass die Forschungsförderung auch mit anderen Mitteln erfolgen könnte. So wären zur Förderung von Forschung und Entwicklung insbesondere Steuergutschriften (sog. tax credits) denkbar und wohl ohnehin effizienter, vgl. Arbeitsgruppe „Steuerliche FuE-Förderung" der Forschungsunion Wirtschaft-Wissenschaft (2009), S. 181; Spengel/Herbold (2009), S. 348.

[391] Vgl. im Einzelnen Kap. 4.3.4.2.2.

[392] Vgl. Schneider (1978), S. 121; ders. (2003b), S. 302; Spengel (2006a), S. G 67; ders. (2009), S. 105.

[393] Vgl. Schneider (1971b), S. 336 f.; ders. (2004), S. 303; ders. (2008a), S. 296, wobei *Schneider* aber zudem die Einrechnung von Gemeinkosten aufgrund des Periodisierungsprinzips teilweise anerkennt, vgl. ders. (1997), S. 294 ff. Vgl. einen strengen Teilkostenansatz fordernd Siegel (2008a), S. 313 ff.; ders. (1995), S. 657 ff.

[394] Vgl. Streim/Esser (2003c), S. 783.

[395] Vgl. Gröning (2002), S. 146; Scheffler (2001), S. 907.

[396] Vgl. Spengel (2004), S. 136; Streim/Esser (2003c), S. 782; Breithecker/Klapdor/Rokitta (2007), S. 154.

bleme aufwirft und die Gefahr der Überbewertung mit sich bringt, ist höchstens eine Bewertung zu **produktionsbezogenen Vollkosten** gerechtfertigt.[397] Ein Wahlrecht sollte aufgrund der damit verbundenen Objektivierungsprobleme und Gleichmäßigkeitsverstöße vermieden werden.[398]

„Der Verlauf einer Periodenabschreibung lässt sich aus der betriebswirtschaftlichen Perspektive in aller Regel nicht stichhaltig begründen."[399] Da sich aufgrund der Abhängigkeit der Entscheidungswirkungen vom künftigen Zahlungsstromverlauf realiter kein entscheidungsneutrales **Abschreibungsverfahren** finden lässt und auch aus dem Postulat der Gleichmäßigkeit der Besteuerung schwerlich eine Abschreibungsregelung abgeleitet werden kann,[400] kann nur gefordert werden, den Abschreibungsverlauf zumindest streng zu normieren und Wahlrechte auszuschließen. Es bietet sich mangels genauer Kenntnis des Wertminderungsverlaufs als plausible Kompromisslösung an, zu unterstellen, dass dieser i. d. R. über die Nutzungsdauer hinweg gleichmäßig erfolgt.[401] Daher empfiehlt sich die **lineare Abschreibung** als einzig zulässige Abschreibungsmethode.[402] Um eine hinreichende Objektivierung sicherzustellen sollten – analog zu den nach geltendem Recht zur Anwendung kommenden AfA-Tabellen oder durch gesetzliche Festschreibung – zudem die Nutzungsdauern in typisierender Weise vorgegeben werden.[403]

Die **Teilwertabschreibung** hat in einem zahlungsorientierten Bilanzsteuerrecht **keinen Platz**. Aus dem Imparitätsprinzip resultierende Verlustvorwegnahmen sind vor allem aus dem Grund kritisch zu sehen, dass Gewinnermittler hierdurch gegenüber anderen Steuerpflichtigen einseitig begünstigt werden.[404] Das Imparitätsprinzip vermag aus steuersystematischer Sicht nicht zu überzeugen. Während die Erfassung von Vermögensmehrungen der Reinvermögenszugangstheorie folgt, indem nur am Markt realisierte Wertsteigerungen erfasst werden, werden durch das Imparitätsprinzip Elemente der Reinvermögenszuwachstheorie in das Steuerbilanzrecht inkorporiert,

---

[397] So auch Herzig (2004), S. 156 f.; Dahlke/Kahle (2009), S. 234; Spengel (2004), S. 136; ders. (2008a), S. 421; Spengel/Ernst/Finke (2010), S. 287.
[398] Vgl. Schneider (1997), S. 296.
[399] Oestreicher/Spengel (2003), S. 41.
[400] Die konsequente Anwendung des Realisationsprinzips auf Ertrag und Aufwand würde ein Verbot planmäßiger Abschreibungen und eine Endabschreibung bei Ausscheiden aus dem Betriebsvermögen verlangen. Insbesondere die hiermit verbundenen Progressionseffekte verlangen jedoch eine Abmilderung dieses Grundsatzes in der Realität, vgl. hierzu Schneider (1974), S. 365 f.; ders. (2002), S. 287 f.; zum Progressionseffekt Schmitt (2005), S. 68 ff. Basierend auf dem Leistungsfähigkeitsprinzip schlägt *Siegel* eine Abschreibung nach den Einzelveräußerungswerten vor, da in deren Höhe keine Reinvermögensminderung vorliege. Einzelveräußerungswerte können jedoch gerade im Anlagevermögen kaum rechtssicher ermittelt werden. Letztlich muss *Siegel* wiederum auf Konventionen, wie Abschreibungstabellen, zurückgreifen, vgl. Siegel (2004), S. 195 f.; ders. (2008a), S. 310 f.
[401] Vgl. Bareis (2002b), S. 140; Oestreicher/Spengel (2003), S. 62.
[402] Vgl. gl. A. Hüchtebrock (1983), S. 329; Bareis (2002b), S. 140 f.; Oestreicher/Spengel (2003), S. 62 f.; Oestreicher (2007b), S. 579; Schneider (1974), S. 375 f.; ders. (1997), S. 131.
[403] Vgl. weiterführend Schmitt (2005), S. 203-206.
[404] Vgl. Schneider (1970), S. 69 ff.; ders. (2004), S. 302 sowie hierzu bereits Kap. 4.3.3.2.2.

indem Vermögensminderungen bereits zum Zeitpunkt ihres Eintritts berücksichtigt werden und die Marktbestätigung nicht abgewartet wird.[405] Die Reinvermögenszugangstheorie – als sachgerechte Interpretation des Leistungsfähigkeitsprinzips – ist vielmehr sowohl für die Ertrags- als auch die Aufwandsentstehung möglichst einheitlich umzusetzen.[406] Wertminderungen sind daher grundsätzlich erst zu berücksichtigen, wenn sie durch Zahlungen bestätigt sind; die Teilwertabschreibung sollte folgerichtig entfallen.[407] Außerplanmäßige Abschreibungen wären sodann nur noch für Positionen zugelassen, die „wertlos[.]"[408] bzw. „wirtschaftlich nicht mehr existent"[409] sind; in diesem Fall folgt deren Berücksichtigung aus dem Realisationsprinzip.

Im Vorratsvermögen sollten schließlich weiterhin **Bewertungsvereinfachungen** zugelassen werden, wobei die zulässigen Methoden unter Objektivierungsgesichtspunkten zu begrenzen sind. Kritisch hinterfragt werden kann vor allem die Lifo-Methode. Als maßgebliches Argument zugunsten der steuerlichen Zulässigkeit dieses Verfahrens gilt die Vermeidung der Besteuerung von Scheingewinnen bei positiven Inflationsraten.[410] In dem hier zugrunde gelegten Zielsystem erweist sich eine solche Steuerstundung zum der Zwecke Substanzerhaltung eindeutig als Fremdkörper, schon allein da der Stundungseffekt nur denjenigen Steuerpflichtigen zugute kommt, die einen Betriebsvermögensvergleich vornehmen.[411] Ein eigenständiges Steuerbilanzrecht sollte damit entweder auf das **Fifo-Verfahren oder die Durchschnittsbewertung** abstellen.[412]

Die Voraussetzungen zur Passivierung von Schulden ergeben sich wiederum durch Übertragung der Überlegungen hinsichtlich der Aktiva. **Passivierungsvoraussetzung** muss demnach die selbständige Verkehrsfähigkeit sein, die auf der Passivseite dahingehend konkretisiert werden kann, dass eine **eingegangene Zahlungsverpflichtung** vorzuliegen hat.[413] Strittig ist hier insbesondere, inwieweit Rückstellungen im Rahmen einer eigenständigen steuerlichen Gewinnermittlung Berücksichtigung finden sollten. Die Passivierung von Aufwandsrückstellungen widerspricht dem hier geforderten Ansatzkriterium, da keineswegs eine Zahlungsverpflichtung, sondern nur eine

---

405 Vgl. Siegel (2000b), S. 30 f.; so auch Dauber (2003), S. 111 ff., 123 f.; Scheffler (2010a), S. 88 f.

406 Vgl. Dauber (2003), S. 153 f.

407 Vgl. Schneider (1971c), S. 384 ff.; ders. (2008a), S. 294; Schreiber (2002), S. 108; Spengel (2006a), S. G 68; ders. (2008a), S. 421; Kahle (2002c), S. 213; Dahlke/Kahle (2009), S. 234; Wendt (2009), S. 112.

408 Schreiber (2002), S. 108.

409 Bareis (2002b), S. 141.

410 Vgl. Mayer-Wegelin (2010), Rz. 18, 86 zu § 256 HGB.

411 Vgl. Scheffler (2010a), S. 188, 190; vgl. zudem zur Kritik am Ziel der Scheingewinnvermeidung Bareis et al. (1993), S. 1249 ff.; Schneider/Siegel (1995), S. 261 ff.

412 Vgl. Scheffler (2010a), S. 189 f.; so auch Dahlke/Kahle (2009), S. 234; Hausen (2009), S. 287 f. (jeweils für die Durchschnittsbewertung); Siegel (2008a), S. 315 f.; Lenz (2008), S. 260 f. (für die Fifo-Methode).

413 Vgl. Schneider (1971c), S. 378; ders. (1978), S. 128; Pannen (2000), S. 209; Schmitt (2005), S. 227.

Verpflichtung des Unternehmens gegenüber sich selbst vorliegt.[414] Auch **Drohverlustrückstellungen scheiden aus**, denn diese stellen ebenfalls keine bestehenden Zahlungsverpflichtungen dar, sondern eine Antizipation künftiger Verluste.[415] Die Nichtberücksichtigung der Drohverlustrückstellung folgt zudem schon aus der empfohlenen Zurückdrängung des Imparitätsprinzips; auch diese Form der Verlustantizipation widerspricht der Zielsetzung der gleichmäßigen Besteuerung der Einkunftsarten.[416]

Weitaus strittiger ist jedoch, ob die aus dem Realisationsprinzip resultierenden **Verbindlichkeitsrückstellungen** im Falle eines eigenständigen Bilanzsteuerrechts ebenso entfallen sollten. In einem maßgeblich an Zahlungen ausgerichteten Reinvermögensvergleich wäre es systemgerecht, künftige ungewisse Belastungen des Vermögens erst zu dem Zeitpunkt, in dem die Zahlung geleistet wird und die Reinvermögensminderung tatsächlich eintritt, erfolgsmindernd zu berücksichtigen.[417] Problematisch an der Zulässigkeit von (Verbindlichkeits-)Rückstellungen im Bilanzsteuerrecht sind die in Kap. 4.3.3.2.2 dargestellten Gleichmäßigkeitsverletzungen: Der aus der frühzeitigen Aufwandsantizipation resultierende Steuerstundungsvorteil wird nur Bilanzierenden gewährt. Zwar könnte erwogen werden, die Zinseffekte, die aus der Rückstellungsbildung resultieren, durch eine Diskontierungspflicht (wie im geltenden Recht mit § 6 Abs. 1 Nr. 3a e) EStG) zu neutralisieren.[418] Jedoch wurde bereits gezeigt, dass ein typisierender Diskontierungssatz je nach tatsächlicher Anlage der Mittel nicht hinreichend ist, um die Gleichmäßigkeitsverstöße völlig auszuschalten. Es ist daher möglichst „einer Periodisierungsvorschrift der Vorzug zu geben, die ohne Rückgriff auf Zinssätze auskommt" und damit keine „(unsichere) steuerliche Mindestverzinsung unterstell[t]."[419] Eine zahlungsorientierte, vereinfachte Vermögensrechnung könnte daher durchaus **auf die Bildung von Rückstellungen verzichten**.[420] Dies würde eine erhebliche Komplexitätsreduktion mit sich bringen, da der Bereich der Rückstellungen zu den streitanfälligsten Fragen des gesamten Bilanzsteuerrechts zählt.

---

[414] Dass Aufwandsrückstellungen steuerlich keine Berücksichtigung finden sollten, ist wohl relativ unstrittig. Hiergegen sprechen schon Objektivierungsgründe, vgl. nur Gellrich (2008), S. 185 f.; Binger (2009), S. 241 f.

[415] Vgl. Schneider (1978), S. 125 f.; ähnlich Siegel (1999a), S. 197: „eine Vermögensminderung ist hier noch nicht realisiert."

[416] Vgl. Schneider (1978), S. 64, 128; ders. (2010a), S. 717 f.; Schreiber (2002), S. 108; Spengel (2006a), S. G 68; ders. (2008a), S. 421; Kahle (2002c), S. 213; Dahlke/Kahle (2009), S. 234; Wendt (2009), S. 112.

[417] Vgl. im Einzelnen Schreiber (2002), S. 109.

[418] So spricht sich *Siegel* für den Ansatz von diskontierten Verbindlichkeitsrückstellungen aus (und akzeptiert unter dieser Voraussetzung auch Drohverlustrückstellungen), vgl. Siegel (1999a), S. 196 ff.; ders. (2004), S. 199 ff.

[419] Vgl. Pannen (2000), S. 232 (beide Zitate).

[420] Vgl. für einen gänzlichen Verzicht auf Rückstellungen Schreiber (2002), S. 109; Kahle (2002c), S. 214; Kahle/Schulz (2011), S. 302; Spengel (2004), S. 136; ders. (2009), S. 105; a. A. Schneider (2004), S. 296; Siegel (2008a), S. 317. Zumindest greift es zu kurz, Rückstellungen einem Betriebsvermögensvergleich als "systemimmanent" anzusehen, so aber Schulze-Osterloh (2000b), S. 72; Hennrichs (2001), S. 319 f.; ders. (2010b), S. 249 f.; Prinz (2011a), S. 167, 177; ders. (2011b), S. 492, 496 f.

Schließlich könnten **Rechnungsabgrenzungsposten** in einer vereinfachten Vermögensrechnung **entfallen**, da es auf die Periodengerechtigkeit nicht ankommt.[421] Hiervon wären Ausnahmen denkbar, um die gezielte Verschiebung von Aufwendungen in andere Perioden durch Vertragsgestaltung zu verhindern.[422] Geht die Eingrenzung der Periodisierungen jedoch mit einer Senkung der tariflichen Steuersätze einher,[423] dürfte sich diese Gefahr zumindest mindern.

4.3.5.1.3 Notwendigkeit und Ausgestaltung flankierender Maßnahmen

Ein solchermaßen vereinfachtes Steuerbilanzrecht hätte eine erhebliche Einschränkung der bilanziellen Verlustvorsorge zur Folge. Werden aber Teilwertabschreibungen und auch Rückstellungen größtenteils steuerlich nicht berücksichtigt, besteht die Gefahr, dass die Wertansätze der Aktiva sich später nur in geringerer Höhe in Einzahlungen niederschlagen oder auf der Passivseite künftige Ausgaben nicht in hinreichendem Maße antizipiert werden. Ein Unternehmen würde in diesem Fall in Erwartung späterer Zahlungsverpflichtungen oder gar Verluste Steuern auf gegenwärtige Gewinne zahlen; „[d]ies ist nur hinzunehmen, wenn bei Entstehen der Verluste eine Minderung der Steuerzahlung oder eine Steuererstattung erfolgt."[424] Es ist daher unbestritten, dass solche Maßnahmen nur bei Gewährung eines **sofortigen Verlustausgleichs** oder eines ökonomischen Äquivalents umgesetzt werden können.[425] Sieht man den sofortigen Verlustausgleich in Form einer Negativsteuer bei Verlustanfall als nur theoretisches Ideal an,[426] sind als ökonomische Substitute **zeit- und betragsmäßig möglichst weitreichende Verlustrückträge und -vorträge** zu fordern, wobei im Falle des Verlustrücktrags zu viel gezahlte Steuern, im Rahmen des Verlustvortrags die Verluste zu verzinsen sind. Hierbei könnte dem Vorschlag *Schneiders* gefolgt werden, der als verwaltungstechnische Kompromisslösung eine Begrenzung des Verlustrücktrags auf fünf Jahre sowie des Verlustvortrags auf zehn Jahre vorsieht.[427]

---

[421] Vgl. Schreiber (2002), S. 109; Spengel (2008a), S. 421.

[422] So etwa für das Disagio, da die Vereinbarung eines solchen oder einer höheren Nominalverzinsung beliebig kombinierbar ist, vgl. Herzig (2004), S. 433 ff.; Hausen (2009), S. 322 ff.; Spengel (2008a), S. 421.

[423] Vgl. hierzu das folgende Kap. 4.3.5.1.3.

[424] Schreiber (2004), S. 226.

[425] Vgl. zum Postulat des sofortigen Verlustausgleichs (oder ökonomischer Äquivalente) Schneider (1970), S. 71 f.; ders. (1971c), S. 386 f.; ders. (1988), S. 1224 ff.; ders. (2008a), S. 295 f.; ders. (2011), S. 175 ff.; zudem statt vieler Jacobs (2000), S. 97 f. und passim; Schreiber (2004), S. 226; Kahle (2002d), S. 186.

[426] Bei einem sofortigen Verlustausgleich würde der Staat quasi zum Teilhaber des Unternehmens werden, der Steueraufkommen riskant investiert. Wird in der Totalperiode ein Verlust erzielt, würde sich sogar der Staat hieran beteiligen, obwohl der Verlust die Gesellschafter möglicherweise gar nicht trifft (z. B. wenn der Verlust den Kapitalverlust der beschränkt haftenden Gesellschafter übersteigt), vgl. Schmiel (2011), S. 123.

[427] Vgl. Schneider (2011), S. 177.
Bei derartigen Begrenzungen handelt es sich stets um Kompromisse, da diese zur Folge haben können, dass Verluste bei Betriebsbeendigung endgültig untergehen, vgl. kritisch Schmiel (2011), S. 124. Ein relativ breites Zeitfenster von insgesamt 15 Jahren, wie von *Schneider* vorgeschlagen, dürfte diese Gefahr jedoch eingrenzen.

Aus ökonomischer Sicht ist daher eine solche liberale steuerliche Verlustverrechnung zu fordern, da erst diese die Einschränkung von Periodisierungen erlaubt.[428] Denn andernfalls kann auf das Imparitätsprinzip und die Bildung von Rückstellungen nicht verzichtet werden. Ansonsten „muss den Steuerpflichtigen schon bei der Einkünfteermittlung die Verlustvorsorge ermöglicht werden", denn unter diesen Voraussetzungen „hilft eine bilanzielle Verlustvorwegnahme tiefere Einschnitte in das objektive Nettoprinzip zu vermeiden und ist dann auch als eine zweitbeste Lösung für die steuerliche Gewinnermittlung erforderlich".[429] Da in diesem Fall komplexitätsbeladene Bilanzierungselemente in die steuerliche Gewinnermittlung Einzug halten müssen, ist eine Vereinfachung und ökonomisch sinnhafte Reform kaum erreichbar.

Eine solch vereinfachte Vermögensrechnung wäre zudem weitgehend befreit von Vorschriften, die Lenkungszwecke verfolgen. Dies gilt bspw. für die degressive Abschreibung, Sonderabschreibungen, erhöhte Absetzungen oder Bewertungsabschläge. Hiermit kann ein investitionshemmender Effekt einhergehen, da gerade Abschreibungsregelungen, wie gezeigt, als maßgebliche Determinante in Investitionskalküle eingehen und daher regelmäßig geeignet sind, Investitionsanreize zu erzeugen.[430] Hierfür sollte ein Ausgleich mittels **Maßnahmen** geschaffen werden, die nicht an die Bemessungsgrundlage, sondern **an die Steuerschuld anknüpfen** (Steuergutschriften – sog. tax credits), ferner wären Zulagen und Zuschüsse denkbar.[431] Solch gezielte Maßnahmen hätten zudem den positiven Effekt einer transparenteren Ausgestaltung von steuerlichen Lenkungsvorschriften zur Folge.

Eine derartige Reform der steuerlichen Gewinnermittlung müsste des Weiteren mit einer entsprechenden **Anpassung des Tarifs im Rahmen der Einkommensteuer** flankiert werden. Da im Falle einer stärkeren Orientierung an den Zahlungen die Glättung des Gewinnverlaufs mittels Periodisierungselementen vielfach entfällt, kommt es durch einen progressiven Tarif zu hohen

---

[428] Vgl. Spengel/Zinn (2010), S. 418 sowie die Quellen in Fn. 425.
Allgemeine Beschränkungen der Verlustausgleichsmöglichkeiten sind aus ökonomischer Sicht generell schwer vertretbar. Diese verursachen Entscheidungswirkungen, da die Steuerpflichtigen versuchen werden, der eingeschränkten Verlustverrechnung zu begegnen, und können eine Minderung der Risikobereitschaft von Unternehmen zur Folge haben, vgl. Schneider (1988), S. 1224 f.; Sigloch (1990), S. 234; Wosnitza (2000), S. 770 ff.

[429] Vgl. Schreiber (2002), S. 109 (erstes Zitat) sowie Oestreicher (2007b), S. 582 (zweites Zitat). Vgl. auch Schreiber (1993), S. 158, 161 ff.; Sigloch (2000), S. 177 f.; Spengel (2004), S. 136 f.; Spengel/Zinn (2010), S. 418.

[430] Vgl. Kap. 4.3.3.1.2.

[431] Vgl. Voß (2006), S. 225 ff.; Oestreicher/Spengel (2003), S. 147; vgl. zu einem grundlegenden Überblick über denkbare Maßnahmen steuerlicher Investitionsförderung Eckerle (2000), S. 212 f.; Jacobs (2011), S. 141-148.

Belastungen in Spitzenperioden. Es wäre daher zu empfehlen, den Einkommensteuersatz zu senken und die Progression entsprechend zu verringern, um die stärkere Volatilität abzufedern.[432]

Bleiben schließlich Rückstellungen weitgehend unberücksichtigt, hätte dies eine deutliche branchenspezifische Steuerbelastungsverschiebung zur Folge. So zeigt *Knirsch* mittels einer Unternehmenssimulation für den Fall der Ausweitung der Einnahmen-Überschussrechnung (§ 4 Abs. 3 EStG) auf alle Unternehmen, dass Unternehmen, die in der Energie- und Wasserversorgung tätig sind, sowie Kapitalgesellschaften der Verkehrsbranche durch den Wegfall von Rückstellungen deutliche Mehrbelastungen erfahren würden, da diese tendenziell über einen hohen Rückstellungsbestand verfügen.[433] Auch *Schanz/Schanz* zeigen die rückstellungsinduzierten Steuerbelastungsverschiebungen im Falle einer vereinfachten Bemessungsgrundlage mittels Simulationsrechnungen auf. Diese untersuchen, ob eine vereinfachte Bemessungsgrundlage konstruiert werden kann, die keine wesentlichen Steuermehrbelastungen für die gesamte Wirtschaft und einzelne Branchen bewirkt. Im Ergebnis ist dies der Fall, wenn grundsätzlich auf Zahlungsüberschüsse abgestellt wird, diese aber um Abschreibungen, Änderungen bei den Vorratsbeständen und Rückstellungen korrigiert werden.[434] Hinsichtlich des Ansatzes von Rückstellungen bedarf es daher „politische[r] Überlegungen dahingehend […], ob die sektoralen Belastungsverschiebungen gegenüber dem jetzigen Vermögensvergleich verhindert oder in Kauf genommen werden sollen“[435]. Zur Abmilderung dieser Effekte und einer Erhöhung der Akzeptanz der vereinfachten Bemessungsgrundlage könnten **Rückstellungen für gewisse langfristige Verpflichtungen**, wie z. B. Abbruchs- oder Entsorgungsverpflichtungen, zugelassen werden.[436]

Abbildung 3 auf der folgenden Seite zeigt eine solche vereinfachte Vermögensrechnung und die zu beachtenden Nebenbedingungen zusammenfassend auf.

---

[432] Vgl. Kahle (2002c), S. 269; Schreiber (2002), S. 109.
[433] Vgl. Knirsch (2006), S. 243 f., 247.
In den Berechnungen von *Knirsch* ergeben sich zudem deutliche intersektorale Belastungsverschiebungen durch die Nichtaktivierung von Vorräten im Rahmen der Einnahmen-Überschussrechnung. In dem in dieser Arbeit vertretenen Vorschlag unterliegen jedoch Vorratsbestände einer Aktivierungspflicht.
[434] Vgl. Schanz/Schanz (2010), S. 325, 327 f.
[435] Knirsch (2006), S. 247.
[436] Vgl. zur Abgrenzung einer derartigen Ausnahme Hausen (2009), S. 288 ff. Im Falle von Verlustausgleichsbeschränkungen ist der Ansatz solcher Rückstellungen zwingend, um einen ausreichenden Kapitalpuffer für die spätere Belastung zu schaffen, vgl. Spengel (2004), S. 137; ders. (2009), S. 107.

Aktiva	Passiva
Anlagevermögen - abnutzbar - nicht abnutzbar Umlaufvermögen - Vorräte - liquide Mittel, Wertpapiere Rechnungsabgrenzungsposten - z. B. Disagio	Eigenkapital - zzgl./abzgl. Gewinn/Verlust - zzgl./abzgl. Einlagen/Entnahmen Rückstellungen* - für bestimmte langfristige Verpflichtungen Verbindlichkeiten - im Zusammenhang mit der Aufnahme von Fremdkapital - erhaltene Anzahlungen - im Zusammenhang mit der Anschaffung oder Herstellung von aktivierten Wirtschaftsgütern

Nebenbedingungen
- Möglichst weitgehender, verzinslicher Verlustausgleich.
- Herausnahme von Lenkungsvorschriften aus der Bemessungsgrundlage und Ersatz durch an die Steuerschuld anknüpfende Maßnahmen, wie Steuergutschriften (tax credits).
- Flacher Tarif; Abmilderung der Progression zur Kompensation von Volatilitäten im Rahmen der Bemessungsgrundlage.

* Wertungsentscheidung des Gesetzgebers.

Abbildung 3: Vereinfachte Vermögensrechnung unter Nebenbedingungen[437]

4.3.5.1.4 Implikationen aus dem CCCTB-Projekt?

Da eine Fortentwicklung des Steuerbilanzrechts ohne Bezug zu den Harmonisierungsbestrebungen auf EU-Ebene fragwürdig wäre, werden im Folgenden ausgewählte Regelungen des Richtlinienvorschlags im Rahmen des CCCTB-Projekts gewürdigt. So soll untersucht werden, ob die Überlegungen im Rahmen des Harmonisierungsprojekts Implikationen zur Fortentwicklung der Steuerbemessungsfunktion aus ökonomischer Sicht liefern können.[438]

Durch das ausschließliche Abstellen auf die Gewinn- und Verlustrechnung verfolgt die Europäische Kommission eine rein **stromgrößenorientierte Gewinnermittlung** und beabsichtigt, auf einen Bestandsvergleich zu verzichten (Art. 10 RL-E). Als ergänzende Dokumentationsgrundlage ist ein Anlagenregister, ähnlich zu § 4 Abs. 3 S. 5 EStG, vorgesehen (Art. 32 RL-E). Auch wenn beide Methoden zum selben Ergebnis führen müssen[439] und das Anknüpfen an die

---

[437] Abbildung in Anlehnung an Hausen (2009), S. 332; Spengel (2009), S. 107.

[438] Vgl. zu einem grundlegenden Überblick über den Richtlinienvorschlag bereits Kap. 4.2.2.2.

[439] Es ist darauf hinzuweisen, dass der Vorschlag der EU-Kommission nicht auf eine Einnahmen-Überschussrechnung abzielt (so aber Mors/Rautenstrauch (2008), S. 99; Lenz/Rautenstrauch (2011), S. 726). Denn weiterhin dienen als Berechnungsbasis die Erträge und Aufwendungen und nicht die Ein- und Auszahlungen, vgl. differenzierend Scheffler/Krebs (2011), S. 14* f.

GuV international weite Verbreitung findet,[440] weist die Erstellung einer Steuerbilanz deutliche Vorzüge auf. Denn eine rein GuV-basierte Gewinnermittlung dürfte umfangreiche Nebenrechnungen notwendig werden lassen, um z. B. die im Rahmen des Richtlinienvorschlags vorgesehene Abschreibungsverrechnung und Rückstellungsbildung zu berücksichtigen.[441]

Hinsichtlich der **Ertragsrealisation** kann das von der EU-Kommission vorgeschlagene gängige Realisationsprinzip (Art. 9 Nr. 1, 18 RL-E) zwar aus Sicht der Gleichmäßigkeit der Besteuerung kritisch gesehen, insgesamt aber als unter Liquiditätsaspekten annehmbare Konvention akzeptiert werden.[442] Hingegen sind die vorgesehenen Ausnahmen aus ökonomischer Sicht fragwürdig. Die Anwendung der percentage of completion-Methode (Art. 24 Nr. 2 RL-E) sowie einer Zeitbewertung, selbst wenn diese wie nach dem Entwurf nur bei zu Handelszwecken gehaltenen Finanzinstrumenten greift (Art. 22 Nr. 1 e), 23 Nr. 2 RL-E), ist aus steuersystematischer Sicht aufgrund der hiermit verbundenen Liquiditätsproblematik sowie der Gefährdung des Gleichmäßigkeitspostulats ohne ergänzende Kompensationsmechanismen abzulehnen.[443]

Mit der Frage der **Aktivierungsvoraussetzungen** befasst sich der Richtlinienvorschlag kaum. Es findet sich nur die Bedingung, dass ein Wirtschaftsgut einzeln bewertbar zu sein hat (Art. 4 (14) RL-E). Die bedeutende Frage, ob eine selbständige Verkehrsfähigkeit gefordert oder ein weiterer Aktivierungsumfang, bspw. im Sinne des asset-Begriffs nach IFRS, als zulässig erachtet wird, bleibt gänzlich offen, was eine erhebliche Unsicherheit mit sich bringt.[444] Hinsichtlich der Aktivierung immaterieller Wirtschaftsgüter des Anlagevermögens kann dem Vorschlag jedoch gefolgt werden, indem für diese grundsätzlich die aus Objektivierungsgesichtspunkten zu begrüßende Bedingung des entgeltlichen Erwerbs gefordert wird (Art. 4 (14), 12 RL-E).

In Bezug auf die Erstbewertung stellt sich insbesondere die Frage nach der **Herstellungskostendefinition**. Nach dem Entwurf wird hierbei grundsätzlich auf die direkten Kosten abgestellt. Zusätzlich werden im Anlagevermögen indirekte Kosten berücksichtigt, wenn diese anderweitig

---

440 Vgl. Herzig (2010a), S. 2.

441 Vgl. Mayr (2008a), S. 92; Czakert (2008b), S. 441; vgl. zudem Baumgärtel (2008), S. 95, die einen Mehraufwand bei der Berechnung latenter Steuern nach dem temporary concept zu bedenken gibt, da hierfür die Bilanzansätze ohnehin zu berechnen sind.

442 Vgl. auch Kahle (2002c), S. 201 f.; Schreiber (2009c), S. 85 sowie Kap. 4.3.5.1.2.

443 Vgl. im Einzelnen Kap. 4.3.4.2.1.

444 Vgl. Scheffler/Krebs (2011), S. 17*; Kahle/Schulz (2011), S. 298, die im Umkehrschluss des Art. 7 RL-E schließen, dass aufgrund der mangelnden Vorgaben möglicherweise eine "Lückenfüllung" auf Basis des nationalen Rechts vorzunehmen ist.

nicht abziehbar sind (Art. 33 Nr. 1 RL-E). Im Umlaufvermögen gilt dies, wenn das Unternehmen vor dem Eintritt in die CCCTB einen solchen Einbezug vornahm (Art. 29 Nr. 2 RL-E). Speziell die Voraussetzung der anderweitigen Nichtabziehbarkeit ist unklar und wird höchst unterschiedlich interpretiert; hier bedarf es einer Konkretisierung.[445] Grundsätzlich sollte ein produktionsbezogener Vollkostenansatz eine plausible Kompromisslösung darstellen.[446]

Interessant erscheinen die **Abschreibungsregelungen**. Unter Gleichmäßigkeits- und Objektivierungsgesichtspunkten sind die strengen Vorgaben für Gebäude, langlebige Sachanlagen und immaterielle Wirtschaftsgüter des Art. 36 RL-E (lineare Abschreibung als einzig zulässige Methode; Vorgabe typisierender Nutzungsdauern)[447] zu begrüßen. Es ist jedoch kritisch zu hinterfragen, ob die unternehmens- und branchenunabhängige Poolbildung für alle übrigen Wirtschaftsgüter, die einheitlich einer degressiven Abschreibung zu 25 % unterliegen sollen (Art. 39 Nr. 1 RL-E), nicht zu stark typisiert. Die Poolabschreibung dient der Vereinfachung, da die Bestimmung der einzelnen Nutzungsdauern entfällt.[448] Das durch die vergleichsweise frühe Abschreibungsverrechnung entstehende Innenfinanzierungspotenzial führt jedoch zu einer Begünstigung von Unternehmen bzw. Branchen, die überwiegend langlebige Wirtschaftsgüter einsetzen. Dies ist nicht nur aus Sicht der Gleichmäßigkeit der Besteuerung kritisch zu sehen, sondern kann auch zu Entscheidungsverzerrungen führen.[449] Ob der Vereinfachungsvorteil diese Effekte überwiegen kann, dürfte jedoch im Wesentlichen eine Wertungsfrage sein.[450] Im Rahmen des Entwurfs wird die Problematik zumindest etwas dadurch gemindert, dass Wirtschaftsgüter mit einer Nutzungsdauer ab 15 Jahren aus der Poolabschreibung herausfallen (Art. 36 RL-E).

Zwar drängt der Richtlinienvorschlag **außerplanmäßige Abschreibungen**, analog zu den in dieser Arbeit aufgestellten Forderungen, zumindest teilweise zurück, indem diese im Anlagevermögen nur bei nicht abnutzbaren Wirtschaftsgütern und dauerhafter Wertminderung (Art. 41 Nr. 1 RL-E) zulässig sind. Im Umlaufvermögen soll jedoch ein strenges Niederstwertprinzip greifen (Art. 29 Nr. 4 RL-E). Zudem kann die Einschränkung des Imparitätsprinzips in der vorgesehenen

---

[445] So wird hieraus einerseits auf einen Einzelkostenansatz (vgl. Scheffler/Krebs (2011), S. 18*), andererseits auf einen produktionsbezogenen Vollkostenansatz geschlossen (vgl. Kahle/Schulz (2011), S. 299). Auch die Vorgehensweise im Umlaufvermögen überzeugt aufgrund der hiermit verbundenen Ermessensspielräume sowie der Ungleichbehandlung von Anlage- und Umlaufvermögen nicht, vgl. Kahle/Schulz (2011), S. 301.

[446] Vgl. Kap. 4.3.5.1.2.

[447] Vgl. zu den Abschreibungsregelungen im Einzelnen bereits Kap. 4.2.2.2.

[448] Vgl. Rautenstrauch (2009), S. 115; Oestreicher/Spengel (2003), S. 59 f.

[449] Vgl. im Einzelnen Voß (2006), S. 212-220.

[450] *Voß* sieht die Bedenken als derart gewichtig an, dass er die Poolabschreibung ablehnt, vgl. Voß (2006), S. 219 f.; ders. (2007), S. 1156; im Ergebnis ebenso Fritz-Schmied/Rutter/Schwarz (2008), S. 484; vgl. hingegen positiver Oestreicher/Spengel (2003), S. 144 f.; Spengel (2009), S. 106.

Form kritisch hinterfragt werden, denn einen sofortigen Verlustausgleich (bzw. verzinsliche Verlustrückträge oder -vorträge als realitätsgerechtere Substitute) als kompensierende Maßnahme soll es nach dem Richtlinienvorschlag nicht geben.[451] In diesem Fall ist aber eine umfassende Verlustvorsorge schon auf Ebene der Gewinnermittlung notwendig.[452]

Im Rahmen der **Bewertungsvereinfachungsverfahren** ist der Verzicht der EU-Kommission auf die Lifo-Methode zu begrüßen.[453] Gleichwohl wäre aus Objektivierungssicht vorzugswürdig, wenn anstelle des vorgesehenen Wahlrechts der Bewertung mittels Fifo-Methode oder gewogenem Durchschnitt (Art. 29 Nr. 1 RL-E) ein Verfahren verbindlich vorgeschrieben würde.

Der Richtlinienvorschlag sieht grundsätzlich **Drohverlust- und Verbindlichkeitsrückstellungen** vor (Art. 25 Nr. 1 RL-E).[454] Die mit der Bildung von Rückstellungen einhergehenden Gleichmäßigkeitsverstöße, die bereits hinsichtlich des geltenden Rechts kritisiert wurden, würden bei Umsetzung des Entwurfs durch die Berücksichtigung von Drohverlustrückstellungen tendenziell sogar erhöht. Die Notwendigkeit dieser Regelungen, insbesondere auch der Anerkennung des Imparitätsprinzips, ist jedoch aufgrund der vorgesehenen Verlustverrechnungsmöglichkeiten begründet; es ist eine ausreichende finanzielle Vorsorge für die spätere Leistungsverpflichtung aufzubauen. Dann vermag aber nicht zu überzeugen, dass der Rückstellungsansatz – wie nach dem Wortlaut des Richtlinienentwurfs – auf rechtliche Verpflichtungen eingeschränkt werden soll, womit faktische Außenverpflichtungen, z. B. für Kulanzleistungen, gänzlich unberücksichtigt bleiben würden.[455] Hingegen ist dem mit den Regelungen einhergehenden generellen Verbot von Aufwandsrückstellungen uneingeschränkt zuzustimmen.

Die **Rückstellungsbewertung** ist insofern positiv zu würdigen, als diese eine generelle Diskontierungspflicht vorsieht (Art. 25 Nr. 2 b) RL-E), welche die durch die Rückstellungsbildung erzeugten Innenfinanzierungsvorteile für Bilanzierende zumindest teilweise kompensieren kann. Zudem ist die Normierung des Diskontierungssatzes zu begrüßen, da hierdurch Ermessensspiel-

---

451 Vgl. zur Verlustberücksichtigung nach dem Richtlinienvorschlag im Einzelnen Kap. 4.2.2.2.
Mit den Regelungen des Richtlinienvorschlags dürften zudem nicht unerhebliche Auslegungsspielräume einhergehen, da die Europäische Kommission den maßgeblichen Vergleichswert zur Bestimmung einer Wertminderung für das Anlagevermögen sowie die Definitionsmerkmale einer dauerhaften Wertminderung nicht konkretisiert, vgl. Scheffler/Krebs (2011), S. 20*.

452 Vgl. Kap. 4.3.5.1.3.

453 Vgl. zur Begründung Kap. 4.3.5.1.2.

454 Drohverlustrückstellungen dürften unter die Definition der EU-Kommission fallen, da die Voraussetzung der rechtlichen Verpflichtung erfüllt ist, vgl. (mit Kritik am unklaren Wortlaut) Kahle/Schulz (2011), S. 301 f.; Scheffler/Krebs (2011), S. 22*.

455 Vgl. Kahle/Schulz (2011), S. 301 f.

räumen vorgebeugt wird.[456] Wird eine Abzinsung verlangt, muss konsistenterweise die gesamte Bewertungskonzeption auf den künftigen Erfüllungsbetrag abstellen,[457] womit überdies die in Art. 25 Nr. 2 c) RL-E vorgesehene Berücksichtigung künftiger Ereignisse wie Preis- und Kostensteigerungen als folgerichtig einzustufen ist. Der Ausgestaltung der Rückstellungsbewertung kann somit zumindest in ihren Grundzügen zugestimmt werden, wenngleich – wie im Schrifttum angemahnt wird – noch ein erheblicher Konkretisierungsbedarf festzustellen ist.[458]

Zusammenfassend kann der Richtlinienvorschlag zwar interessante Impulse geben, etwa bei der strengen Normierung der Abschreibungsvorschriften. Teilweise lehnt sich dieser jedoch zu stark an für steuerliche Zwecke wenig geeignete Regelungen der IFRS an, wie an den Durchbrechungen des Realisationsprinzips zu sehen ist. Im Allgemeinen sind die Regelungen häufig noch als zu unbestimmt anzusehen. Dies gilt insbesondere für die abstrakten Aktivierungskriterien, die Herstellungskostendefinition sowie die Rückstellungsbewertung. Bei Schaffung eines eigenständigen Steuerbilanzrechts sollte zudem die einmalige Möglichkeit genutzt werden, Periodisierungen bei gleichzeitigem Ausbau des Verlustausgleichs einzuschränken, um die hiermit einhergehenden Effizienzverluste und Gleichmäßigkeitsverstöße möglichst zu minimieren. Da diese Chance auch im Rahmen des Richtlinienvorschlags kaum genutzt wird, sollte **davon abgesehen** werden, diesen **als generelles Vorbild für eine Reform** der steuerlichen Gewinnermittlung heranzuziehen. In seiner jetzigen Form dürfte der CCCTB-Vorschlag ohnehin noch zu unbestimmt sein, um als Leitbild für ein eigenständiges Steuerbilanzrecht zu dienen.

4.3.5.2 Beibehaltung der Maßgeblichkeit handelsrechtlicher GoB

4.3.5.2.1 Begründbarkeit der Maßgeblichkeit bei Beschränkung des Verlustausgleichs

Es wurde deutlich, dass maßgebliche Voraussetzung für eine aus ökonomischer Sicht sinnvolle Reform der steuerlichen Gewinnermittlung die Gewährung eines zeitlich möglichst weitreichenden verzinslichen Verlustausgleichs darstellt. Die steuerlichen Verlustausgleichsregelungen und

---

[456] Aus ökonomischer Sicht ist die generelle Abzinsung mit dem durchschnittlichen EURIBOR-Zinssatz eines Jahres bei einer Laufzeit von 12 Monaten fragwürdig, da hierbei die Laufzeitäquivalenz zu der Rückstellung verloren geht. Unter Objektivierungsgesichtspunkten dürfte dies aber vertretbar sein. Jedoch sieht Art. 25 Nr. 2 b) RL-E im Ausnahmefall einen Rückgriff auf einen individuell vereinbarten Zinssatz vor, was wiederum Ermessensspielräume mit sich bringt, vgl. Kahle/Schulz (2011), S. 302.

[457] Vgl. Roser/Tesch/Seemann (1999), S. 1346 f.; Herzig/Gellrich (2006), S. 514 f.; Herzig/Briesemeister (2009b), S. 165 f.

[458] Vgl. Kahle/Schulz (2011), S. 303, die von einer „aus Objektivierungssicht kaum tolerierbare[n] Auslegungsoffenheit" sprechen. Denn die Ausführungen im Richtlinienentwurf bieten mit allgemeinen Aussagen wie z. B., dass die „Schätzung auf allen relevanten Faktoren einschließlich Erfahrungswerten der Gesellschaft, Gruppe oder Branche" zu beruhen hat (Art. 25 Nr. 2 RL-E) und „allen Risiken und Unwägbarkeiten Rechnung getragen" werden solle (Art. 25 Nr. 2 a) RL-E), in der vorliegenden Form vielfältige Auslegungsspielräume.

die Notwendigkeit von Periodisierungen sind in höchstem Maße interdependent.[459] Denn grenzt der Fiskus die Möglichkeiten des Verlustausgleichs ein, wird es notwendig, als „zweitbeste Lösung" durch das Vorsichts- und Imparitätsprinzip künftige Verluste zu berücksichtigen und allgemein durch Rückstellungsbildung Risikokapital für den Fall des späteren Verlusteintritts vorzuhalten.[460] Nicht nur dürfte sodann eine ökonomisch sinnvolle Reform der steuerlichen Gewinnermittlung kaum möglich sein, vielmehr müssen in diesem Fall Regelungen in das Steuerbilanzrecht Einzug halten, die denjenigen des Handelsbilanzrechts äußerst nahe kommen.

Aus ökonomischer Sicht ist grundsätzlich ein System ohne Verlustausgleichsbeschränkungen und geringen Periodenabgrenzungen aufgrund der hiermit verbundenen Effizienzerhöhung und Annäherung an die Gleichmäßigkeit der Besteuerung zu bevorzugen.[461] Doch ist überaus fraglich, ob der Gesetzgeber auf absehbare Zeit bereit ist, einen weitreichenden, verzinslichen Verlustausgleich zu gewähren. Die aktuellen Regelungen zur steuerlichen Verlustbehandlung, wie die Mindestbesteuerung des § 10d EStG[462], widersprechen der Forderung nach einem sofortigen Verlustausgleich bzw. ökonomischer Äquivalente deutlich. Wird aber davon ausgegangen, dass es bei den Begrenzungen des § 10d EStG bleibt, kann die aus ökonomischer Sicht sinnvolle vereinfachte Vermögensrechnung kaum verwirklicht werden.

Im Falle **begrenzter Verlustausgleichsmöglichkeiten** erscheint vielmehr eine **Trennung von Handels- und Steuerbilanz nicht zwingend notwendig.**[463] Denn ein eigenständiges Steuerbilanzrecht unter Verlustausgleichsbeschränkungen dürfte aus ökonomischer Sicht nicht viel anders aussehen als das HGB (bei Fokussierung auf die klassischen Gewinnanspruchs-GoB). Schließlich kann einerseits vom (Bar-)Realisationsprinzip aufgrund von Entscheidungswirkungen bei Unsicherheit nicht abgewichen werden; andererseits ist das Imparitätsprinzip notwendig, um zu verhindern, dass Verluste der Besteuerung unterliegen. Ob weiterhin an der Maßgeblichkeit festgehalten oder ein gesondertes steuerliches Gewinnermittlungsrecht kodifiziert werden

---

[459] Vgl. Jacobs (2000), S. 95 ff. und passim; Schreiber (1993), S. 158; ders. (2002), S. 109. Nach *Spengel* kommt einer Verbesserung der steuerlichen Verlustverrechnungsmodalitäten „eine Schlüsselfunktion zu, wenn Periodisierungen eingeschränkt werden sollen", Spengel (2004), S. 137.

[460] Vgl. Kahle (2002c), S. 268 (auch Zitat) sowie Kap. 4.3.5.1.3.

[461] Vgl. Jacobs (2000), S. 97 f., 104.

[462] Nach § 10d Abs. 1 S. 1 EStG ist der Verlustrücktrag in den vergangenen Veranlagungszeitraum nur bis maximal 511.500 € möglich. Der Verlustvortrag wird zwar zeitlich unbefristet gewährt, kann gem. § 10d Abs. 2 S. 1 EStG jedoch jährlich nur in Höhe von 1 Mio. € und darüber hinaus bis zu 60 % des diesen Betrag übersteigenden Gesamtbetrags der Einkünfte in Anspruch genommen werden.

[463] Vgl. mit ähnlicher Begründung Spengel/Zinn (2010), S. 418.

sollte, ist in diesem Fall eher eine formelle Frage.[464] Bei begrenztem Verlustausgleich kann die Übernahme der grundsätzlichen handelsbilanziellen Wertungen in die Steuerbilanz durchaus begründet werden, womit sodann auch die Teilhaberthese ihre Berechtigung hat.[465]

In diesem Zusammenhang ist eine Begründung für die Maßgeblichkeit, die von *Schmiel* vorgebracht wird, zu sehen. Hiernach sei aufgrund von Liquiditätsproblemen infolge der Besteuerung eine Gewinnermittlung zu befürworten, „die außerplanmäßige Abschreibungen ebenso vorsieht wie die Bildung von Verbindlichkeits- und Drohverlustrückstellungen".[466] Die Argumentation richtet sich gegen die Konzeption *Schneiders*, der auch in dieser Arbeit weitgehend gefolgt wird. Nach der Begründung *Schmiels* könne die Steuerzahlung ohne die Berücksichtigung außerplanmäßiger Abschreibungen und Rückstellungen zu Liquiditätsproblemen führen, da Gläubiger die zu erwartenden Verluste in die Entscheidung über eine Kreditvergabe oder -prolongation einbeziehen würden.[467] Dieses Argument trägt jedoch nicht, wenn dem Grundsatz der Barrealisation gefolgt wird. Schließlich soll eine Steuerzahlung nach diesem Prinzip gerade erst dann resultieren, wenn ein Rückgriff auf Kreditmittel nicht mehr notwendig wird. Doch wird der periodenübergreifende Verlustausgleich eingeschränkt, gewinnt *Schmiels* Argumentation an Relevanz. Denn kommt ein Verlust nur verzögert (oder gar nicht) zum Tragen, kann dies bei Unternehmen mit Liquiditätsproblemen drastische Auswirkungen haben.[468]

Wenn auch aus ökonomischer Sicht ein möglichst weitreichender Verlustausgleich das Ziel sein sollte, hat sich der Gesetzgeber zumindest für **eine der Alternativen steuerlicher Verlustberücksichtigung** zu entscheiden.[469] Diesen Grundsätzen widerspricht es diametral, wenn sowohl die Möglichkeiten des Verlustausgleichs als auch der steuerbilanziellen Verlustvorsorge beschränkt werden, wie es derzeit insbesondere durch die Mindestbesteuerung des § 10d EStG und die vielfältigen Einschränkungen im Rahmen der steuerbilanziellen Rückstellungsbildung ge-

---

464 Dies zeigt sich auch an dem Vorschlag eines Gesetzes zur Steuerlichen Gewinnermittlung (StGeG) der Kommission „Steuergesetzbuch" der Stiftung Marktwirtschaft (vgl. Stiftung Marktwirtschaft (2006)). Da sich der Entwurf grundlegend dem Realisations- und Imparitätsprinzip verpflichtet (vgl. Stiftung Marktwirtschaft (2006), S. 24 f.), folgt z. B. die Berücksichtigung außerplanmäßiger Abschreibungen (§ 18 StGeG) sowie das Gebot zur Passivierung abgezinster Verbindlichkeits- (§ 11 Abs. 1 i. V. m. § 22 StGeG) und Drohverlustrückstellungen (§ 11 Abs. 2 StGeG). Trotz der Inbezugnahme der IFRS als Ausgangspunkt der Erörterungen (vgl. Fn. 308) würden sich die Änderungen gegenüber der Maßgeblichkeit in Grenzen halten, vgl. gl. A. Böcking/Gros (2007), S. 2343; Oestreicher (2007b), S. 575.

465 Vgl. Sigloch (2000), S. 178; ders. (2005), S. 556; ähnlich Bareis (2008), S. 34 f., 46 f.

466 Vgl. Schmiel (2008), S. 346 f. (Zitat auf S. 346); zustimmend Ballwieser (2011a), S. 582 f.

467 Vgl. Schmiel (2008), S. 583.

468 Vgl. zur Liquiditätsproblematik bei beschränktem Verlustausgleich auch Berg/Schmich (2002), S. 348.

469 Vgl. Scheffler (2001), S. 908; Hüttemann (2003), S. 45, 48; Schön (2005a), S. 21 f. (der sich aber für eine bilanzielle Verlustantizipation ausspricht).

schieht.[470] Wird daher an der Maßgeblichkeit festgehalten, sind **Verbesserungen** im Vergleich zum geltenden Recht notwendig, die im Folgenden beispielhaft aufgezeigt werden.

4.3.5.2.2 Empfehlungen für Modifikationen des Bilanzsteuerrechts bei fortgeltender Maßgeblichkeit

Viele der Durchbrechungen der Maßgeblichkeit im geltenden Recht vermögen nicht zu überzeugen, da der Gesetzgeber die konzeptionellen Zusammenhänge zwischen Verlustausgleich und Notwendigkeit von Periodisierungen missachtet. Vor allem gilt dies für das generelle **Verbot der Passivierung von Drohverlustrückstellungen (§ 5 Abs. 4a EStG)**. Dieses ist zwar ökonomisch begründet, jedoch nur, wenn gesichert ist, dass sich sodann der spätere Anfall der Ausgaben steuerlich auswirkt.[471] Aufgrund der gleichzeitigen Einschränkung des intertemporalen Verlustausgleichs birgt § 5 Abs. 4a EStG hingegen die Gefahr, dass Verluste endgültig verloren gehen. Darüber hinaus begründet die einseitige Streichung der Drohverlustrückstellung unter gleichzeitiger Beibehaltung der Teilwertabschreibung Inkonsistenzen innerhalb der steuerlichen Gewinnermittlung und führt zur Bevorzugung von Investitionen in materielle, einer Teilwertabschreibung zugängliche Wirtschaftsgüter gegenüber solchen in Humankapital, Dienstleistungen oder Know-how.[472] Solange kein sofortiger Verlustausgleich (bzw. ein entsprechendes Substitut) gewährt wird, sollte § 5 Abs. 4a EStG daher entfallen.

Im Falle von Verlustausgleichsbeschränkungen bedarf es auch einer Anerkennung der sich aus dem Realisationsprinzip ergebenden Verbindlichkeitsrückstellungen, gleichsam als "Kapitalpuffer". Insbesondere gilt dies für langfristige Verpflichtungen, da bei fehlender Risikovorsorge mittels Rückstellungsbildung hier die Gefahr evident wird, dass die Ausgaben (z. B. aufgrund zwischenzeitlicher Betriebsaufgabe) nicht mehr steuerwirksam geltend gemacht werden können.[473] Die Notwendigkeit zur Passivierung dieser zumeist unter die Ansammlungs- und Verteilungsrückstellungen zu subsumierenden Verpflichtungen wird zwar im geltenden Recht weitgehend akzeptiert; kritisch kann vor diesem Hintergrund aber bspw. gesehen werden, dass die Zulässigkeit von Jubiläumsrückstellungen mit § 5 Abs. 4 EStG eng beschränkt wird.[474]

---

470 Vgl. statt vieler Spengel/Zinn (2010), S. 418; Scheffler (2010a), S. 89 f.
471 Vgl. bereits Kap. 4.3.5.1.3.
472 Vgl. Herzig (2010c), Rz. 34.
473 Vgl. Herzig/Hausen (2004), S. 8 f.; Spengel (2004), S. 137; ders. (2009), S. 107.
474 Vgl. ebenfalls kritisch Scheffler (2000), S. 492 f.; Schulze-Osterloh (2000b), S. 79; vgl. zudem die Kritik an der Rechtsprechung des BVerfG, das sogar eine zwischenzeitliche gänzliche Nichtanerkennung von Jubiläumsrückstellungen als verfassungsgemäß akzeptierte (vgl. BVerfG v. 12.05.2009, 2 BvL 1/00, BVerfGE 123, S. 111), bei Hennrichs (2010b), S. 237 ff.; Schulze-Osterloh (2010a), S. 255 ff.; Hüttemann (2011), S. 627 ff.

Bedenken können auch gegen die **Rückstellungsbewertung nach geltendem Recht** vorgebracht werden, wobei insbesondere „das Zusammenspiel von Stichtagsbewertung und Abzinsung längerfristiger unverzinslicher Verpflichtungen“ zu kritisieren ist.[475] Für das Abstellen auf die Stichtagsverhältnisse nach § 6 Abs. 1 Nr. 3a Buchst. f) EStG sprechen zwar Objektivierungsgesichtspunkte. Der Einbezug von Preis- und Kostensteigerungen würde die erheblichen Objektivierungsdefizite, die an der handelsrechtlichen Regelung bemängelt werden,[476] in die Steuerbilanz übertragen. Jedoch kann es nur als inkonsistent angesehen werden, im Nenner auf den künftigen Wert einer Verpflichtung zu rekurrieren, nicht jedoch im Zähler. Genau dies erfolgt nach geltendem Recht, indem eine Abzinsung gefordert, gleichzeitig aber auf die Stichtagsverhältnisse Bezug genommen wird.[477] Ist eine Diskontierung langfristiger Verpflichtungen vorgesehen, muss folgerichtig auf den späteren Erfüllungsbetrag abgestellt werden.[478] Um gleichzeitig eine hinreichende Objektivierung sicherzustellen, könnte z. B. eine Begrenzung des Prognosezeitraums vorgegeben werden.[479] Die Durchbrechung der Maßgeblichkeit durch § 6 Abs. 1 Nr. 3a Buchst. f) EStG entbehrt hingegen einer ökonomischen Begründung.

Kritisch zu hinterfragen ist zudem die verpflichtende Abzinsung von Rückstellungen mit dem typisierenden, laufzeitunabhängigen Zinssatz von 5,5 % (§ 6 Abs. 1 Nr. 3a Buchst. e) EStG). Werden Rückstellungen in der Steuerbilanz berücksichtigt, ist zwar grundsätzlich eine Abzinsungspflicht zu fordern, um das hiermit einhergehende Innenfinanzierungspotenzial zu kompensieren und damit eine einseitige Begünstigung von Bilanzierenden zu vermeiden.[480] Auch die Vorgabe eines typisierenden Diskontierungszinssatzes hat aus Objektivierungsgründen Vorteile. Es ist jedoch kritisch zu hinterfragen, ob der Zinssatz von 5,5 % nicht überhöht ist und eine Verzinsung unterstellt, die oftmals von den Steuerpflichtigen nicht erreicht werden kann, womit unrealisierte Gewinne der Besteuerung unterliegen.[481] M. E. sollte vielmehr eine uneingeschränkte

---

475 Vgl. Prinz (2011b), S. 495 (auch Zitat); ähnlich Herzig (2004), S. 279.
Demgegenüber sind die weiteren allgemeinen Sonderregelungen im Bereich der Rückstellungsbewertung (die Berücksichtigung vergangenheitsbezogener Erfahrungswerte, die Bewertung von Sachleistungsverpflichtungen zu Einzelkosten zuzüglich notwendiger Gemeinkosten, die Saldierung mit hinreichend konkretisierten Vorteilen sowie das Ansammlungsgebot gem. § 6 Abs. 1 Nr. 3a Buchst. a) - d) EStG) weit weniger problematisch. So können diese mit *Scheffler* – bei zutreffender Auslegung – als durchaus GoB-konform charakterisiert werden, vgl. Scheffler (2000), S. 541 ff.

476 Vgl. Wüstemann/Koch (2010), S. 331 f.; Küting/Cassel/Metz (2008), S. 2318; vgl. bereits Groh (1988), S. 30.

477 Vgl. nur Prinz (2011a), S. 173; ders. (2011b), S. 495.

478 Vgl. Roser/Tesch/Seemann (1999), S. 1346 f.; Ernsting (1999), S. 460; Hennrichs (2001), S. 327; ders. (2010b), S. 247 f.; Herzig/Gellrich (2006), S. 513 ff.; Herzig/Briesemeister (2009b), S. 165 f.; Mayr (2011), S. 340 f.

479 Vgl. Herzig/Gellrich (2006), S. 514; Gellrich (2008), S. 260.

480 Vgl. Kap. 4.3.3.2.2.

481 Vgl. Hennrichs (2001), S. 327; kritisch zur Höhe des Zinssatzes auch Groh (2007), S. 2276; Fischer (2011), Rz. 147, 159 zu § 6 EStG. Dies wird besonders deutlich, wenn zum Vergleich die handelsrechtlichen Zinssätze herangezogen werden. So bewegten sich die von der Deutschen Bundesbank veröffentlichten Abzinsungssätze für

Anknüpfung an die handelsrechtliche Abzinsungsregelung, die seit dem BilMoG auf den durchschnittlichen Marktzinssatz der vergangenen sieben Geschäftsjahre bezogen auf die Restlaufzeit der Rückstellung abstellt (§ 253 Abs. 2 S. 1 HGB), geprüft werden. Dies hätte eine realitätsgerechtere Diskontierung zur Folge und wäre durch den Rückgriff auf die von der deutschen Bundesbank veröffentlichten Zinssätze (§ 253 Abs. 2 S. 4 HGB) zudem hinreichend objektiviert.[482]

Diese allgemeinen Erläuterungen gelten insbesondere für die **Bewertung von Pensionsrückstellungen**. Die systematische Unterbewertung durch § 6a EStG (diese resultiert neben einem Zinssatz von 6 % wiederum aus der Nichtberücksichtigung von Preis- und Kostensteigerungen) wird schon seit jeher kritisiert und eine Reform gefordert.[483]

Bei den geltenden Verlustausgleichsbeschränkungen bedarf es schließlich grundsätzlich eines umfassenden Imparitätsprinzips, also auch der **Berücksichtigung von Teilwertabschreibungen**. Diese werden jedoch nur bei voraussichtlich dauerhafter Wertminderung anerkannt (§ 6 Abs. 1 Nr. 1 S. 2, Nr. 2 S. 2 EStG). Für den Fall des Anlagevermögens kann diese Eingrenzung noch als sachgerecht angesehen werden, da hierdurch die Wahrscheinlichkeit der tatsächlichen Verlustrealisation während der langen Bindungsdauer berücksichtigt wird.[484] Hingegen vermag ein solches Prüfkriterium im Umlaufvermögen nicht zu überzeugen, da dieses schließlich gerade nicht langfristig im Unternehmen gebunden ist.[485] Um einen Liquiditätspuffer für die spätere Belastung bereit zu halten, wäre m. E. die uneingeschränkte Anknüpfung an das strenge Niederstwertprinzip des § 253 Abs. 4 HGB geeigneter.[486] Schließlich ist schon aus Objektivierungsgründen eine Abwertungspflicht anstelle des Wahlrechts (§ 6 Abs. 1 Nr. 1 S. 2, Nr. 2 S. 2 EStG) zu fordern.

---

die Handelsbilanz je nach Laufzeit und betrachtetem Monat für das Jahr 2010 zwischen 3,75 % und 4,95 %, vgl. http://www.bundesbank.de/statistik/statistik_zinsen.php#abzinsung.

482 Selbiges müsste dann für die Abzinsung von Verbindlichkeiten gem. § 6 Abs. 1 Nr. 3 EStG gelten, die hier nicht eingehender betrachtet wird, da das Problemfeld der Rückstellungen fokussiert wird.

483 Vgl. statt aller Herzig/Briesemeister (2009b), S. 166, die vorschlagen, negativen haushaltspolitischen Konsequenzen aufgrund einer Reform des § 6a EStG durch eine Verteilung der Mehrbeträge auf mehrere Jahre zu begegnen. Vorbild könnte die Übergangsregelung des BilMoG nach Art. 67 Abs. 1 EGHGB sein, die erlaubt, notwendige Nachdotierungen der Pensionsrückstellungen bis zum 31.12.2024 ratierlich zu strecken.

484 Vgl. Moxter (1998), S. 510; Groh (1999), S. 981; Schlotter (2005), S. 284.

485 Es kann zu Verstößen gegen des Stichtagsprinzip kommen, da das Kriterium im Umlaufvermögen hilfsweise dahingehend ausgelegt werden muss, dass die Minderung bis zum Zeitpunkt der Bilanzaufstellung oder einem vorangegangenen Verkaufs- oder Verbrauchszeitpunkt anhält, vgl. BMF v. 25.02.2000, IV C 2-S 2171b-14/00, BStBl I 2000, S. 372, Rz. 23 ff. Vgl. zur Kritik Hommel/Berndt (2000), S. 1313; Kozikowski/Roscher/Schramm (2010), Rz. 20 zu § 253 HGB; Patek (2011), S. 298 f.

486 Wegen der Gefahr, entgangene Gewinne zu berücksichtigen, sollte aber als Vergleichsmaßstab nicht – wie bislang – auf die Wiederbeschaffungskosten abgestellt werden, vgl. hierzu im Einzelnen Patek (2011), S. 293 ff.

Neben den Durchbrechungen spricht gegen die Maßgeblichkeit in ihrer aktuellen Ausgestaltung die Unsystematik des mit dem BilMoG geschaffenen **Wahlrechtsvorbehalts (§ 5 Abs. 1 S. 1 2. HS EStG)**. Diese Optionsmöglichkeit ist mit den steuerlichen Anforderungen der Gleichmäßigkeit der Besteuerung sowie der Bestimmtheit kaum vereinbar.[487] Zur Lösung dieser Problematik könnte der überschießende Wortlaut des Wahlrechtsvorbehalts wieder eingeengt werden. Andererseits ist zu bedenken, dass es dieser Norm überhaupt nicht bedürfte, wenn, wie es in dieser Arbeit schon für den Fall einer eigenständigen steuerlichen Gewinnermittlung gefordert wurde, steuerliche Lenkungsmaßnahmen langfristig von der Steuerbilanz abgekoppelt würden.[488] Würde es zur „Verlagerung steuerlicher Fördermaßnahmen von der Ebene bilanzieller Gewinnermittlung auf eine nachgelagerte Ebene, etwa durch die Schaffung von Steuerstundungs- oder Steuererlaßvorschriften“[489] kommen, könnte auf den steuerlichen Wahlrechtsvorbehalt, der nur mit der Intention geschaffen wurde, auch nach Abschaffung der umgekehrten Maßgeblichkeit die Inanspruchnahme steuerlicher Lenkungswahlrechte zu ermöglichen,[490] verzichtet werden.

Zusammenfassend sollte für den Fall, dass weiterhin an den geltenden Verlustausgleichsrestriktionen festgehalten wird, dem BilMoG eine **Wiederannäherung des Steuerbilanzrechts an die handelsrechtlichen Vorschriften** folgen.[491] Die Rückführung der aus ökonomischer Sicht nicht gerechtfertigten Durchbrechungen im Bereich der Rückstellungen ist hierbei als dringlichste Maßnahme anzusehen. Diese Änderungen könnten zwar grundsätzlich im Rahmen eines eigenständigen Bilanzsteuerrechts erfolgen, jedoch ist dies nicht zwingend notwendig.

4.3.5.2.3 Zukunftsfähigkeit einer Maßgeblichkeit handelsrechtlicher GoB

Ein Festhalten an der Maßgeblichkeit muss in Anbetracht der Erörterungen des Kap. 4.2.1, das eine Vielzahl an Gründen für die Aufgabe des Maßgeblichkeitsgrundsatzes aufgezeigte, auf den ersten Blick fragwürdig erscheinen. Hiermit übereinstimmend wird im Schrifttum zunehmend

---

487 Vgl. Arbeitskreis Bilanzrecht der Hochschullehrer Rechtswissenschaft (2009), S. 2572; Hennrichs (2010a), S. 270; Anzinger/Schleiter (2010), S. 397; Kahle (2011), S. 164; Schulze-Osterloh (2011), S. 537.

488 Vgl. zu den denkbaren Möglichkeiten, z. B. mittels Steuergutschriften, bereits Kap. 4.3.5.1.3.

489 Schmidt (1994), S. 129, m. w. N. zu dieser Forderung.

490 Vgl. BT-Drs. 16/10067, S. 99.

491 Vgl. gl. A. Hennrichs (2009b), S. 592; Günkel (2010), S. 515 f.; Schmiel (2011), S. 125. Bemerkenswerterweise wird auch in Österreich momentan eine solche Verstärkung der Maßgeblichkeit i. S. einer engeren Bindung von Handels- und Steuerbilanz erwogen, vgl. hierzu Mayr (2011), S. 334 f., 341 f.; ders. (2010), S. 258.

die Ansicht vertreten, dass das Maßgeblichkeitsprinzip allenfalls noch für eine Übergangszeit Bestand haben könnte.[492]

Auf nationaler Ebene liegt die hauptsächliche Problematik in den zunehmenden Durchbrechungen, die zu einer Verkomplizierung des Steuerbilanzrechts führen und den Vereinfachungszweck als maßgebliche Begründung für die Verbindung der Rechenwerke in Frage stellen. Jedoch „sind die bestehenden Abweichungen zwischen Handels- und Steuerbilanz nicht ‚gottgegeben' "[493]. Es zeigte sich vielmehr, dass die meisten steuerlichen Sondervorschriften im Zusammenspiel mit den geltenden Verlustausgleichsvorschriften wenig überzeugen können. Hält der Gesetzgeber an den Begrenzungen des Verlustausgleichs fest, ist insbesondere das Imparitätsprinzip in der Steuerbilanz wieder zu reaktivieren. Die Notwendigkeit eines eigenständigen tax accounting aufgrund der vielfältigen Unterschiede zwischen Handels- und Steuerbilanz de lege lata, die zudem zu einer steigenden Bedeutung latenter Steuern führen, würde deutlich sinken.

In Frage gestellt wird die Maßgeblichkeit im Schrifttum des Weiteren durch die **zunehmende Bedeutung der Informationsfunktion** im Rahmen des Handelsbilanzrechts, die die konzeptionelle Identität der beiden Bilanzen in Frage stelle.[494] Dieses Argument ist jedoch nicht hinreichend. Da informationsorientierte Regelungen ebenfalls ein gewisses Maß an Objektivierung benötigen, sind diese für Steuerbemessungszwecke nicht generell ungeeignet.[495] Vor allem aber ist die Bedeutung der Informationsvermittlung dienender Regelungen im Handelsbilanzrecht nach wie vor begrenzt; auch nach dem BilMoG liegt dessen Primärzweck in der Ausschüttungsbemessung.[496] Dem nach dem BilMoG anvisierten Spagat, sowohl der Zahlungsbemessung als auch (in Grenzen) der Informationsvermittlung gerecht zu werden, kann im Rahmen der geltenden Maßgeblichkeit durch eine genaue **Grenzziehung zwischen Gewinnanspruchs- und Informations-GoB**[497] genüge getan werden.[498] Da § 5 Abs. 1 S. 1 EStG nur solche handelsrechtlichen

[492] Vgl. für die Aufgabe der Maßgeblichkeit statt vieler zuletzt Herzig (2009b), S. 764 f.; Weber-Grellet (2010b), S. 2303; ders. (2008), S. 148 f.; Prinz (2011a), S. 164 f.; Esterer (2010), S. 642 ff.; Thiel (2010), S. 751 f.

[493] Günkel (2010), S. 516.

[494] Vgl. Esterer (2010), S. 636 f.; Schanz/Schanz (2009), S. 311 f. Vgl. auch Ballwieser (2011a), S. 591, der in Folge des BilMoG eine GoB-Modifikation befürchtet, die die Maßgeblichkeit erheblich gefährden könne.

[495] Vgl. Kap. 4.3.4.2.2.

[496] Vgl. Moxter (2009), S. 10; Wüstemann/Wüstemann (2010a), S. 759; Winkeljohann/Schellhorn (2010), Rz. 35 zu § 264 HGB sowie Kap. 2.1.1.2. Zudem sollte auch künftig, um insbesondere den Interessen nicht kapitalmarktorientierter Unternehmen zu entsprechen, an der Fokussierung auf die Ausschüttungsbemessungsfunktion festgehalten werden, vgl. Kap. 2.5.

[497] Vgl. zur Abgrenzung von Gewinnanspruchs-GoB und Informations-GoB sowie den bisherigen Vorschlägen zur Systematisierung von Informations-GoB Moxter (2002), Sp. 1049 ff.; ders. (2003), S. 221 ff.; Ballwieser (2002a), S. 115-121; ders. (2009a), Rz. 73 ff.

[498] Vgl. auch im Folgenden Kahle/Dahlke/Schulz (2008), S. 267 f.; ähnlich Siegel (2008b), S. 54.

Bestimmungen meint, die der Bemessung von Gewinnansprüchen dienen,[499] können der Informationsfunktion zuzurechnende Regelungen, wie eine Zeitbewertung, ohne entsprechende steuerrechtliche Sondervorschriften nicht in die Steuerbilanz durchschlagen.[500] Eine punktuell stärkere Betonung der Informationsfunktion unter Beibehaltung der primären Ausrichtung an der Ausschüttungsbemessung kann die Steuerbilanz nicht tangieren, da § 5 Abs. 1 S. 1 EStG diese hiervon abschirmt. Die Abgrenzung zwischen Gewinnanspruchs-GoB und Informations-GoB gewinnt aber an Bedeutung.[501]

Grundlegende Prämisse für die Beibehaltung der Maßgeblichkeit handelsrechtlicher GoB ist jedoch, dass sich der Einfluss der IFRS auf die Handels- und Steuerbilanz langfristig begrenzen lässt. Für die Übernahme der IFRS oder des IFRS for SMEs in den Einzelabschluss spricht auf absehbare Zeit wenig.[502] Möglicherweise können jedoch die bereits heute festzustellenden faktischen Einflüsse der IFRS das Modell der HGB-Maßgeblichkeit langfristig zu Fall bringen. Diese **"Einfallstellen" der IFRS** sollten aber auch **nicht überzeichnet** werden. So ist die diskutierte Auslegung des Bilanzrechts nach BilMoG anhand der IFRS, wie gezeigt, nur in sehr engen Grenzen zulässig. Die Reichweite des EuGH-Urteils in der Rechtssache *BIAO* wird mit Blick auf die IFRS oftmals überbewertet.[503] Bei der Zinsschranke nach § 4h EStG, die schließlich einen direkten Bezug der steuerlichen Gewinnermittlung zu den IFRS herstellt, handelt es sich um eine eindeutig abgegrenzte Einzelregelung. In einer Zusammenschau kann zwar von einem bemerkenswerten, aber doch begrenzten Eindringen der IFRS in das Handels- und Steuerbilanzrecht gesprochen werden, aufgrund dessen die Maßgeblichkeit nicht fallen muss.

Schließlich spricht auch das CCCTB-Projekt nicht gegen ein Festhalten an der Maßgeblichkeit auf absehbare Zeit. Denn Impulse für die Fortentwicklung des Bilanzsteuerrechts sind aus dem Projekt zur Harmonisierung der steuerlichen Gewinnermittlung auf EU-Ebene wohl allenfalls längerfristig zu erwarten, was schon zeigt, dass der Richtlinienvorschlag allein im Rahmen der Regelungen zur steuerlichen Gewinnermittlung noch deutlichen Konkretisierungsbedarf aufweist.[504] Die zeitnahe Schaffung einer eigenständigen steuerlichen Gewinnermittlung könnte jedoch andererseits den späteren Ergebnissen auf EU-Ebene entgegenstehen, womit sich bei Erfolg

[499] Vgl. Beisse (1993), S. 85 f.; Moxter (1997b), S. 196 f.; ders. (2000b), S. 159 sowie bereits Kap. 4.1.1.
[500] Vgl. Siegel (2008b), S. 54; Kahle/Dahlke/Schulz (2008), S. 267 f.; Kahle/Günter (2008), S. 91 f.
[501] Vgl. Kahle/Dahlke/Schulz (2008), S. 268.
[502] Vgl. Kap. 2.5.
[503] Vgl. Kap. 2.2.1 sowie Kap. 4.2.2.1.
[504] Vgl. Kap. 4.3.5.1.4.

des Projekts eine erneute Änderungsnotwendigkeit ergäbe (will man eine Spaltung der steuerlichen Gewinnermittlung vermeiden). Zusammenfassend könnte der Maßgeblichkeitsgrundsatz durchaus noch geraume Zeit Bestand haben.[505]

4.3.5.2.4 Steuerliche Überleitungsrechnungen als Lösungsmöglichkeit für kapitalmarktorientierte Unternehmen?

Im Falle des Festhaltens an der Maßgeblichkeit bliebe jedoch das Problem der Mehrdimensionalität der Rechnungslegung bei Unternehmen, die in kapitalmarktorientierte Konzernstrukturen eingebunden sind, ungelöst. Daher ist zu prüfen, ob Kompensationsmechanismen gefunden werden können, die diesen eine Nutzung der IFRS für die steuerliche Gewinnermittlung erlauben würden. Die problematischen Positionen könnten wiederum in einer **Überleitungsrechnung zur Steuerbemessungsgrundlage** korrigiert werden.[506] Dies entspräche der Vorgehensweise der Ausschüttungssperren im Rahmen der Ausschüttungsbemessungsfunktion. Analog hierzu wären vor allem die Vorschriften, die zum Ausweis unrealisierter Gewinne führen oder die problematische Entobjektivierungen mit sich bringen, zu eliminieren.

Schon für die Ausschüttungsbemessungsfunktion wurde aufgezeigt, dass das hinsichtlich der buchtechnischen Nachverfolgung in den Folgejahren vorteilhafteste Konzept wäre, die jeweiligen Erträge bereits in der GuV auf gesonderten Konten zu separieren.[507] Da Ausschüttungs- und Steuerbemessungsfunktion bei begrenzten Verlustausgleichsmöglichkeiten durchaus vergleichbare Daten benötigen, könnte der im Rahmen der Ausschüttungsbemessungsfunktion auf diese Weise ermittelte Gewinn im Wesentlichen für die Steuerbemessung herangezogen werden. Bedingung hierfür ist jedoch, dass der Steuergesetzgeber die bereits aufgeführten (ökonomisch nicht vertretbaren) Durchbrechungen überdenkt, da ansonsten eine weitere Überleitung von der Ausschüttungs- auf die Steuerbilanz notwendig wird. Würden die innerhalb der Überleitung zu korrigierenden Positionen vom Gesetzgeber festgeschrieben, bestünden zudem wohl keine verfassungsrechtlichen Bedenken hinsichtlich der IFRS-Inbezugnahme.[508]

---

[505] Vgl. für ein Festhalten an der Maßgeblichkeit im aktuellen Schrifttum Schmiel (2008), S. 352 f.; dies. (2011), S. 124 f.; Ballwieser (2011a), S. 594; Günkel (2010), S. 515 f.; Wehrheim/Fross (2010b), S. 203; Spengel/Zinn (2010), S. 418 (bei beschränktem Verlustausgleich).

[506] Vgl. Spengel (2008a), S. 423; Sigloch (2005), S. 561 ff.; Böcking/Gros (2007), S. 2341 f.; dies. (2010a), S. 425; Treisch/Müßig (2008), S. 115 f.; Treisch (2011), S. 149.

[507] Vgl. Hennrichs (2008a), S. 425 ff.; ders. (2008b), S. 375 ff. Vgl. zudem Sigloch (2005), S. 563, der vorschlägt, zur Sicherstellung der Nachverfolgung in den Folgejahren die Konzeption der Ergänzungsbilanzen bei Personengesellschaften auf die Besteuerung unrealisierter Gewinne zu übertragen. Hierdurch würden aber wohl erhebliche Korrekturbuchungen notwendig, weshalb sich das Konzept von *Hennrichs* als einfacher erweisen dürfte.

[508] A. A. aber Arbeitskreis Bilanzrecht der Hochschullehrer Rechtswissenschaft (2002), S. 2380, die auch hiergegen verfassungsrechtliche Bedenken geltend machen.

Hierdurch würden jedoch alle für die Ausschüttungsbemessung aufgezeigten **Probleme** in gleichem Maße für die Steuerbemessung relevant.[509] Der Aufwand für die erforderlichen Überleitungen dürfte in vielen Fällen demjenigen zur Erstellung einer eigenständigen Steuerbilanz nahe kommen.[510] Der Gesetzgeber müsste die zu korrigierenden Positionen jeweils einzeln festschreiben. Aufgrund der hohen Fortentwicklungsintensität der IFRS wäre die Gesetzgebung zu fortlaufenden und zudem zeitnahen Stellungnahmen bezüglich der Frage gezwungen, ob ein neuer Standard zu steuerbaren Erträgen führt.[511] Eine auf Prinzipien basierende Überleitungsrechnung würde hingegen zu Ermessensspielräumen führen, die gerade im Rahmen der Steuerbemessungsfunktion nur schwerlich tolerierbar wären.[512]

Will man aber kapitalmarktorientierten Unternehmen die befreiende Anwendung der IFRS im Einzelabschluss ermöglichen, dürfte dies neben der Kodifikation eines eigenständigen Bilanzsteuerrechts für alle Unternehmen die **einzig mögliche Alternative** darstellen. Es stellt sich die Frage, ob eine Beschränkung dieser Vorgehensweise auf nur einen Teil der Unternehmen mit dem Gleichmäßigkeitspostulat vereinbar wäre. Eine Gleichbehandlung mit anderen Bilanzierenden wäre gewährleistet, wenn diejenigen Unternehmen, die die Überleitungsrechnung anwenden, alle wesentlichen Positionen, die sich von einer Steuerbilanz herkömmlicher Prägung unterscheiden, zu korrigieren hätten. Damit wäre die Umsetzung dieser Vorgehensweise durchaus möglich. Der hiermit einhergehende Aufwand sollte jedoch nicht unterschätzt werden.

4.4 Zusammenfassende Ableitung von Empfehlungen zur künftigen Ausgestaltung der Steuerbemessungsfunktion

Aus ökonomischer Sicht spricht für ein weiteres Festhalten an der Maßgeblichkeit handelsrechtlicher GoB wenig. Die Übernahme der klassischen Gewinnanspruchs-GoB in die steuerliche Gewinnermittlung, insbesondere des Vorsichts- und Imparitätsprinzips, ist **mit einer neutralen und gleichmäßigen Besteuerung unvereinbar**. Vielmehr kann aus diesen zentralen Leitlinien der Besteuerung abgeleitet werden, dass sich das Steuerbilanzrecht sehr viel stärker an den Zahlungen orientieren sollte. Die Maßgeblichkeit stellt im Wesentlichen eine Vereinfachungsregelung dar, die problematische Verstöße gegen die Entscheidungsneutralität und Gleichmäßigkeit der Besteuerung zur Erreichung dieser Zwecksetzung hinnimmt.

---

509 Vgl. daher kritisch Prinz (2006), S. 290; ders. (2010), S. 2075; Hey (2010a), Rz. 54 zu § 17.
510 Vgl. Treisch/Müßig (2008), S. 115; Treisch (2011), S. 149 sowie Kap. 3.5.4.2.2.
511 Vgl. Pottgießer (2006), S. 254; vgl. auch Kap. 3.5.4.2.2.
512 Vgl. Gros (2010), S. 193.

Wird ein ökonomisch fundiertes Steuerbilanzrecht angestrebt, sollte dem **Konzept einer vereinfachten Vermögensrechnung** gefolgt werden. Wenn Gleichmäßigkeit der Besteuerung das Ziel ist und auf die Gewinnermittlung nach § 4 Abs. 3 EStG sowie die Überschussrechnung nicht verzichtet werden kann, stellt die Konzeption der vereinfachten Vermögensrechnung die gangbarste Lösung dar.[513] Durch die Einschränkung von Periodisierungen würden zudem die Regelungen steuerlicher Gewinnermittlung transparenter ausgestaltet. So könnten Investitionsanreize gezielter gesetzt und reine Mitnahmeeffekte vermieden werden. Wesentliche Eckpunkte einer derartigen Konzeption sollten die Orientierung am Barrealisationsprinzip, die Einschränkung des Imparitätsprinzips sowie die Begrenzung der steuerlichen Rückstellungsbildung sein. Maßgebliche Voraussetzung für die Umsetzung dieser Maßnahmen ist aber eine möglichst weitreichende intertemporale Verlustberücksichtigung.

Eine Bezugnahme der steuerlichen Gewinnermittlung auf die IFRS – gleich welcher Form – kann vor diesem Hintergrund kaum überzeugen. Denn auch eine Orientierung steuerlicher Gewinnermittlungsregelungen an den IFRS führt kaum zu geringeren Investitionsverzerrungen und Verstößen gegen die Gleichmäßigkeit der Besteuerung als das geltende Recht. Zudem ist der im Schrifttum postulierte Rückgriff auf einzelne, objektivierte Standards nur in sehr engen Grenzen möglich. Ein Bezug der Steuerbemessungsfunktion auf die IFRS kann nur durch die Harmonisierungsbestrebungen auf EU-Ebene begründet werden: „Internationale Rechnungslegungsgrundsätze sind […] ein Mittel zum Zweck der Schaffung eines in der Union einheitlichen Rechts der steuerlichen Gewinnermittlung. Danach benötigt man sie nicht mehr."[514]

Wesentliche Voraussetzung für die Umsetzung einer vereinfachten Vermögensrechnung ist die Gewährung eines **sofortigen Verlustausgleichs** bzw. (sieht man diesen nur als theoretische Möglichkeit an) einer ökonomisch **äquivalenten Form der Verlustberücksichtigung**. Sodann gibt es für die Verbindung von Handels- und Steuerbilanz keinen materiellen ökonomischen Grund. Ohne diese Maßnahmen kann aber auf das Imparitätsprinzip sowie die Bildung von zumindest langfristigen Rückstellungen nicht verzichtet werden. In diesem Fall könnte zwar ein eigenständiges Steuerbilanzrecht kodifiziert werden. Die steuerlichen Vorschriften dürften sich dann aber – folgt der Gesetzgeber gemeinhin akzeptierten Leitlinien – nicht erheblich von denjenigen des Handelsbilanzrechts unterscheiden. Die Schaffung eigenständiger steuerlicher

[513] Vgl. Kahle (2002c), S. 215.
[514] Schreiber (2004), S. 225.

Gewinnermittlungsregelungen stellt sich sodann eher als formelle Frage dar. In diesem Fall könnte vielmehr auch der Maßgeblichkeitsgrundsatz bestehen bleiben, wobei aber Änderungen gegenüber dem geltenden Recht angezeigt sind.[515]

Die **Beibehaltung der Maßgeblichkeit handelsrechtlicher GoB** unter den in dieser Arbeit vorgeschlagenen Änderungen wäre eine zukunftsträchtige Lösung vor allem für nicht kapitalmarktorientierte Unternehmen. Für diese besitzt die Kopplung von Ausschüttungs- und Steuerbemessungsfunktion, die für diese zu den gewichtigsten Jahresabschlussaufgaben zählen, nach wie vor eine zentrale Bedeutung. Aber auch für kapitalmarktorientierte Konzernunternehmen wäre dies eine Verbesserung gegenüber dem status quo, da durch die vorgeschlagenen Annäherungen von Handels- und Steuerbilanz zumindest eine Sonderrechnung weitgehend entfiele. Zudem wäre das Konzept der Ausschüttungssperren, das für die Ausschüttungsbemessungsfunktion vorgeschlagen wurde, auch im Rahmen der Steuerbemessung eine mögliche Alternative.

Eine reformierte Maßgeblichkeit könnte auf einige Zeit Bestand haben. Der größte Druck, langfristig vom Maßgeblichkeitsgrundsatz abzugehen, ergibt sich durch das Projekt der CCCTB. Doch trotz zwischenzeitlicher Vorlage des Richtlinienvorschlags ist nicht absehbar, ob und wann die Harmonisierung der steuerlichen Gewinnermittlung auf europäischer Ebene zu gelingen vermag. Die Harmonisierung der steuerlichen Gewinnermittlung in der Europäischen Union ist ein schwieriges Unterfangen, das sich zahlreichen Umsetzungsschwierigkeiten und politischen Unwägbarkeiten ausgesetzt sieht. Die Schaffung einer eigenständigen steuerlichen Gewinnermittlung würde aber womöglich den späteren Ergebnissen auf europäischer Ebene entgegenstehen. Kurzfristig wird die Maßgeblichkeit vielmehr durch fiskalische Eingriffe oder überhöhte, über das Handelsbilanzrecht hinausgehende Informationsanforderungen, wie durch das Projekt der E-Bilanz, gefährdet. Es ist daher vor allem die Forderung an Gesetzgeber und Finanzverwaltung zu stellen, diese problematischen Eingriffe in die derzeit vorliegende Rechnungslegungskonzeption zu überdenken und insbesondere nicht länger die elementaren Zusammenhänge zwischen Verlustausgleichsmöglichkeiten und der Notwendigkeit von Periodisierungen zu negieren.

---

[515] Vgl. im Einzelnen Kap. 4.3.5.2.2.

5 Thesenförmige Zusammenfassung

1. Die Bedeutung von Rechnungslegungsinformationen für Investitionsentscheidungen und deren tatsächliche Entscheidungsnützlichkeit wird häufig überzeichnet. In Anbetracht der inhärenten Grenzen der auf einer Einzelbewertung basierenden bilanziellen Vermögensermittlung muss ungewiss bleiben, ob die IFRS nützlicher für die Entscheidungen von Kapitalgebern sind. Selbst durch den zunehmend verfolgten asset liability approach sowie eine steigende Bedeutung der fair value-Bewertung kann das IASB die engen Grenzen der Informationsvermittlung mittels Rechnungslegungsdaten nicht überwinden.

2. Die Eignung der IFRS für Zwecke der Rechenschaftslegung muss grundlegend in Frage gestellt werden. Diese Funktion gerät im Rahmen aktueller Standards und Projekte immer mehr in den Hintergrund. Mit dem Ziel der umfassenden Vermögensdarstellung geht eine zunehmende Entobjektivierung der Rechnungslegung einher, die die IFRS für Rechenschaftszwecke immer weniger geeignet erscheinen lässt.

3. Kapitalmarktorientierte Studien können erste Hinweise auf die ökonomischen Effekte der Einführung der IFRS im Jahr 2005 geben. Für Deutschland konnten positive Effekte etwa in Bezug auf die vielfach erhofften Kapitalkostensenkungen eher nicht bestätigt werden. Der Konzernabschluss nach IFRS ist jedoch trotz der aus ökonomischer Sicht ungewiss bleibenden Verbesserung der Informationsvermittlung und der aufgezeigten Kritik für kapitalmarktorientierte Unternehmen ein Faktum und hier auch als Instrument zur Verbesserung der internationalen Vergleichbarkeit von Vorteil.

4. Die Anwendung der IFRS bei kapitalmarktfernen Unternehmen ist gesondert zu beurteilen. Diese sind regelmäßig wenig an Prognoseinformationen interessiert, sondern an objektivierten Informationen zur Koordinierung ihrer Vertragsverhältnisse. Hierfür ist ein IFRS-Abschluss kaum geeignet. Ein Bedarf nach international vergleichbaren Rechnungslegungsinformationen kann nur für wenige, vorwiegend größere nicht kapitalmarktorientierte Unternehmen festgestellt werden. Hingegen würde die Komplexität der IFRS die Mehrheit der Unternehmen überfordern. Der handelsrechtliche Jahres- und Konzernabschluss sollte daher langfristig beibehalten werden.

5. Der IFRS for SMEs verfolgt analog zu den IFRS die für kleine und mittlere Unternehmen wenig geeignete Bewertungsfunktion. Weiterhin enthaltene komplexe Bilanzierungsmethoden sowie die umfangreichen Anhangsangaben lassen den Standard kritisch erscheinen. Die Probleme, die momentan aufgrund der Koexistenz mehrerer Bilanzierungssysteme bestehen,

könnte der IFRS for SMEs keinesfalls lösen, da er sich beträchtlich von den IFRS unterscheidet. Auf EU-Ebene sollte der Fokus im Rahmen der Harmonisierung der Rechnungslegung nicht kapitalmarktorientierter Unternehmen auf die Abschaffung von Wahlrechten der Bilanzrichtlinie anstelle einer Übernahme des IFRS for SMEs gelegt werden.

6. Durch das Festhalten an den Gewinnanspruchs-GoB bezweckt das HGB auch nach dem BilMoG in erster Linie die Bestimmung einer objektivierten, vorsichtig bemessenen Ausschüttungsrichtgröße. Durch die Implementierung einzelner, den IFRS entlehnter Regelungen wird die Konsistenz des handelsrechtlichen GoB-Systems gefährdet, während die Adäquanz der Regelungen bezüglich der Informationsvermittlung fraglich bleiben muss. Insgesamt fügt sich aber das HGB nach BilMoG weiterhin ohne größere Friktionen in das geltende System bilanzieller Kapitalerhaltung ein. Dies wird durch das Institut der Ausschüttungssperre sichergestellt.

7. Das System bilanzieller Kapitalerhaltung bildet eine Institution zur Lückenschließung unvollständiger Verträge und der Transaktionskostenreduktion. Gleichzeitig bietet es kleinen und unfreiwilligen Gläubigern, denen die Vertragslösung nicht offensteht, ein Mindestmaß an Schutz. Die aus Effizienzgesichtspunkten vorzugswürdige privatvertragliche Ausschüttungsregulierung könnte kein äquivalentes Gläubigerschutzniveau sicherstellen und die gesetzliche Ausschüttungsregulierung nicht ersetzen.

8. Die Ausrichtung des Handelsbilanzrechts an Vorsichts-, Realisations- und Imparitätsprinzip ist geeignet, die Schädigung von Gläubigern durch fremd- und liquidationsfinanzierte Ausschüttungen auf ein hinreichendes Maß zu begrenzen. Modelltheoretische Untersuchungen, welche die vorsichtige Gewinnermittlung aufgrund der Problematik restriktionsinduzierter Überinvestitionen ablehnen, arbeiten mit Prämissen, die realiter nur selten tatsächlich vorliegen dürften. Empirische Studien bestätigen, dass Fremdkapitalgeber an einer vorsichtigen Rechnungslegung und stringenten Ausschüttungsrestriktionen interessiert sind.

9. Ein Solvenztest nach US-amerikanischem Vorbild wäre zwar das theoretisch ideale Konzept einer Ausschüttungsrestriktion, ist aber auf unvollkommenen Märkten mit zahlreichen Problemen behaftet. Immense Ermessensspielräume hinsichtlich des zugrunde zu legenden Prognosezeitraums, der einzubeziehenden Zahlungen sowie der adäquaten Form der Komplexitätsreduktion lassen die Eignung des Solvenztests für Zwecke des Gläubigerschutzes fraglich erscheinen.

10. Die IFRS sollten nicht ohne ergänzende Schutzmaßnahmen der Ausschüttungsbemessung zugrunde gelegt werden. Ein Solvenztest könnte die Ausschüttung unrealisierter Gewinne nicht verhindern. Nur auf Basis gesetzlich vorgeschriebener Ausschüttungssperren sollte eine Ausschüttungsbemessung auf Basis der IFRS erwogen werden. Allenfalls für in kapitalmarktorientierte Konzernstrukturen eingebundene Unternehmen wäre dies eine überlegenswerte Konzeption, um diese von der bestehenden Rechnungslegungskomplexität zu entlasten. Der mit einer zunehmenden Verwendung von Ausschüttungssperren einhergehende Arbeitsaufwand ist aber nicht zu unterschätzen.

11. Aus ökonomischer Sicht kann die Maßgeblichkeit handelsrechtlicher GoB kaum überzeugen. Sowohl Entscheidungswirkungen der Besteuerung als auch das Gleichmäßigkeitspostulat sprechen für die Einschränkung von Periodisierungen und eine stärkere Orientierung der steuerlichen Gewinnermittlung an den Zahlungen.

12. Für eine Verknüpfung von IFRS und steuerlicher Gewinnermittlung – gleich welcher Form – gibt es keine tragende ökonomische Begründung. Die IFRS sind von der Zielsetzung der Zahlungsorientierung der steuerlichen Gewinnermittlung tendenziell weiter entfernt als das geltende Recht. Selbst der oftmals postulierte eingeschränkte Rückgriff auf einzelne, objektivierte Standards ist nur unter sehr engen Grenzen möglich.

13. Eine eigenständige steuerliche Gewinnermittlung sollte weiterhin auf einem Betriebsvermögensvergleich basieren. Es sollte dem Grundsatz der Barrealisation gefolgt und auf Verlustvorwegnahmen durch das Imparitätsprinzip verzichtet werden. Rückstellungen könnten entfallen, um einseitige Innenfinanzierungsvorteile für Bilanzierende möglichst zu vermeiden. Grundlegende Voraussetzung für die Schaffung einer solch vereinfachten Vermögensrechnung ist aber die Gewährung eines möglichst weitreichenden sowie verzinslichen Verlustausgleichs.

14. Der Richtlinienentwurf zur CCCTB bietet interessante Anregungen für die Fortentwicklung der steuerlichen Gewinnermittlung. Im Bereich des Imparitätsprinzips sowie der Rückstellungsbildung im Allgemeinen sollte diesem jedoch nicht gefolgt werden. Die alleinige Gewährung eines (unverzinslichen) Verlustvortrags unter gleichzeitiger Beschneidung des Imparitätsprinzips sowie der Möglichkeiten des Rückstellungsansatzes ist wenig sachgerecht. Da an vielen Stellen noch zu starke Unbestimmtheiten bestehen, kann der Entwurf kaum als generelles Vorbild einer eigenständigen steuerlichen Gewinnermittlung dienen.

15. Werden die geforderten Verlustausgleichsmechanismen nicht geschaffen, kann auch an der Maßgeblichkeit festgehalten werden. Da sodann ein Bedarf an imparitätischen Vorschriften sowie einer ausreichenden Rückstellungsbildung besteht, muss das Bilanzsteuerrecht ähnliche Grundsätze vorsehen, wie sie die Gewinnanspruchs-GoB implizieren. Gleichwohl sind Änderungen gegenüber dem geltenden Recht angezeigt. Der Gesetzgeber sollte nicht länger den Zusammenhang zwischen Verlustausgleich und Notwendigkeit von Periodisierungen negieren.

16. Eine reformierte Maßgeblichkeit könnte auf absehbare Zeit Bestand haben. Der oftmals befürchtete Einfluss der IFRS auf die steuerliche Gewinnermittlung ist – trotz einzelner "Einfallstellen" – begrenzt. Auch das EuGH-Urteil BIAO wird mit Blick auf die Bedeutung der IFRS häufig überbewertet. Aus dem CCCTB-Projekt sind Impulse für die Fortentwicklung der steuerlichen Gewinnermittlung allenfalls längerfristig zu erwarten. Die Schaffung eines eigenständigen Bilanzsteuerrechts zum jetzigen Zeitpunkt könnte hingegen den späteren Ergebnissen auf EU-Ebene entgegenstehen.

17. Das Festhalten an der (reformierten) Maßgeblichkeit würde insbesondere dem Interesse kapitalmarktferner Unternehmen entsprechen. Aber auch für kapitalmarktorientierte Unternehmen würde eine Erleichterung geschaffen, wenn, wie hier empfohlen, eine Annäherung des Steuerbilanz- an das Handelsbilanzrecht nach BilMoG erfolgen würde. Zumindest eine Sonderrechnung würde weitgehend entfallen. Eine Alternative wäre zudem, die im Rahmen der Ausschüttungsbemessungsfunktion vorgeschlagene Überleitungsrechnung gleichzeitig für Steuerbemessungszwecke nutzbar zu machen.

Literaturverzeichnis

A. Monographien, Beiträge in Handbüchern und anderen Sammelwerken sowie Artikel in Periodika

Achleitner, A.-K./Schraml, S. C./Tappeiner, F. (2008): Private Equity in Familienunternehmen. Erfahrungen mit Minderheitsbeteiligungen, 2. Aufl., Norderstedt 2008.

Achleitner, A.-K./Wahl, S. (2004): Private Debt: Neue Finanzierungsalternative für den größeren Mittelstand, in: BB 2004, S. 1323-1329.

Adams, M. (2004): Ökonomische Theorie des Rechts. Konzepte und Anwendungen, 2. Aufl., Frankfurt a. M. 2004.

Adler, H./Düring, W./Schmaltz, K. (1998): Rechnungslegung und Prüfung der Unternehmen. Kommentar zum HGB, AktG, GmbHG, PublG nach den Vorschriften des Bilanzrichtlinien-Gesetzes, Teilband 6, 6. Aufl., Stuttgart 1998.

Adler, H./Düring, W./Schmaltz, K. (1996): Rechnungslegung und Prüfung der Unternehmen. Kommentar zum HGB, AktG, GmbHG, PublG nach den Vorschriften des Bilanzrichtlinien-Gesetzes, Teilband 3, 6. Aufl., Stuttgart 1996.

Agúndez-García, A. (2006): The Delineation and Apportionment of an EU Consolidated Tax Base for Multi-jurisdictional Corporate Income Taxation: a Review of Issues and Options, European Commission Directorate-General Taxation & Customs Union Working Paper No. 9/2006. URL: http://ec.europa.eu/taxation_customs/resources/documents/taxation/gen_info/economic_analysis/tax_papers/taxation_paper_09_complete_en.pdf. Abrufdatum: 22.05.2011.

Ahmed, A. S./Billings, B. K./Morton, R. M./Stanford-Harris, M. (2002): The Role of Accounting Conservatism in Mitigating Bondholder-Shareholder Conflicts over Dividend Policy and in Reducing Debt Costs, in: AR 2002, S. 867-890.

Akerlof, G. A. (1970): The Market for „Lemons“: Quality Uncertainty and the Market Mechanism, in: QJE 1970, S. 488-500.

Albert, M. (2008): Zur Rechtsverbindlichkeit der internationalen Rechnungslegungsstandards (IAS/IFRS), Bonn 2008.

Alberth, M. R. (1998): US-amerikanische Gläubigerbilanzen durch Covenants in Verträgen, der Versuch einer weltweiten Kategorisierung der Rechnungslegung und Folgen für die internationale Harmonisierungsdiskussion, in: ZfB 1998, S. 803-824.

Alberth, M. R. (1997): USA: Vertraglicher Gläubigerschutz und Ausschüttungsbemessung durch Covenants als Vorbild zur Änderung des deutschen Bilanzrechts?, in: WPg 1997, S. 744-750.

Alm, J. (1996): What Is an “Optimal” Tax System?, in: NTJ 1996, S. 117-133.

Altmeppen, H. (2009): Kommentierung zu § 30 GmbHG, in: Roth, G. H./Altmeppen, H. (Hrsg.): Gesetz betreffend die Gesellschaften mit beschränkter Haftung (GmbHG). Kommentar, 6. Aufl., München 2009.

Altmeppen, H. (2004): Schutz vor „europäischen“ Kapitalgesellschaften, in: NJW 2004, S. 97-104.

American Bar Association (2008): Model Business Corporation Act Annotated, Volume 1, 4. Aufl., Chicago 2008.

American Bar Foundation (1986): Commentaries on Model Debenture Indenture Provisions 1965, Model Debenture Indenture Provisions All Registered Issues 1967, and Certain Negotiable Provisions Which May Be Included in a Particular Incorporating Indenture, 2. Aufl., Buffalo 1986.

Antonakopoulos, N. (2010): Erfolgsquellenanalyse nach IFRS auf Basis des Gesamterfolgs (total comprehensive income), in: KoR 2010, S. 121-129.

Antonakopoulos, N. (2007): Gewinnkonzeptionen und Erfolgsdarstellung nach IFRS. Analyse der direkt im Eigenkapital erfassten Erfolgsbestandteile, Wiesbaden 2007.

Anzinger, H. M./Schleiter, I. (2010): Die Ausübung steuerlicher Wahlrechte nach dem BilMoG – eine Rückbesinnung auf den Maßgeblichkeitsgrundsatz, in: DStR 2010, S. 395-399.

Arbeitsgruppe „Steuerliche FuE-Förderung“ der Forschungsunion Wirtschaft – Wissenschaft (2009): Steuerliche Förderung von Forschung und Entwicklung in Deutschland – Ökonomische Begründung, Handlungsbedarf und Reformoptionen, in: DStR 2009, S. 179-182.

Arbeitskreis Bilanzrecht der Hochschullehrer Rechtswissenschaft (2009): Zur Maßgeblichkeit der Handelsbilanz für die steuerliche Gewinnermittlung gem. § 5 Abs. 1 EStG i. d. F. durch das BilMoG, in: DB 2009, S. 2570-2573.

Arbeitskreis Bilanzrecht der Hochschullehrer Rechtswissenschaft (2008a): Nochmals: Plädoyer für eine Abschaffung der „umgekehrten Maßgeblichkeit“!, in: DStR 2008, S. 1057-1060.

Arbeitskreis Bilanzrecht der Hochschullehrer Rechtswissenschaft (2008b): Stellungnahme zu dem Entwurf eines BilMoG: Einzelfragen zum materiellen Bilanzrecht, in: BB 2008, S. 209-216.

Arbeitskreis Bilanzrecht der Hochschullehrer Rechtswissenschaft (2002): Zur Fortentwicklung des deutschen Bilanzrechts, in: BB 2002, S. 2372-2381.

Arbeitskreis Externe Unternehmensrechnung der Schmalenbach-Gesellschaft für Betriebswirtschaft (2003): International Financial Reporting Standards im Einzel- und Konzernabschluss unter der Prämisse eines Einheitsabschlusses unter Anderem für steuerliche Zwecke, in: DB 2003, S. 1585-1588.

Arbeitskreis Externe Unternehmensrechnung der Schmalenbach-Gesellschaft für Betriebswirtschaft (2001): Die Zukunft der Rechnungslegung aus Sicht von Wissenschaft und Praxis – Fachprogramm des Arbeitskreises Externe Unternehmensrechnung im Rahmen des 54. Deutschen Betriebswirtschafter-Tags, in: DB 2001, S. 160-161.

Armour, J. (2006): Legal Capital: An Outdated Concept?, in: EBOR 2006, S. 5-27.

Armour, J. (2000): Share Capital and Creditor Protection: Efficient Rules for a Modern Company Law, in: MLR 2000, S. 355-378.

Armstrong, C. S./Guay, W. R./Weber, J. P. (2010): The Role of Information and Financial Reporting in Corporate Governance and Debt Contracting, in: JAE 2010, S. 179-234.

Arnold, A. (2007): Zur ökonomischen Theorie des Solvenztests, in: DK 2007, S. 118-125.

Arnold, A. (2005): Die Zukunft des Verhältnisses von Handelsbilanz und steuerlicher Gewinnermittlung, in: StuW 2005, S.148-157.

Arnsfeld, T./Hieb, O. (2004): Alternative Wege in der Mittelstandsfinanzierung – Eine aktuelle Bestandsaufnahme des Finanzierungsverhaltens mittelständischer Betriebe –, in: FB 2004, S. 664-667.

Arnsfeld, T./Müller, J. (2008): Hybridkapital als Eigenkapitalsurrogat – Anerkennungspraktiken der Ratingagenturen und Konsequenzen für bankinterne Ratingverfahren, in: FB 2008, S. 326-340.

arqus (2008): arqus-Stellungnahme: Das BilMoG – Eine Chance zur Steuervereinfachung?, in: DStR 2008, S. 1844-1846.

Arrow, K. J. (1985): The Economics of Agency, in: Pratt, J. W./Zeckhauser, R. J. (Hrsg.): Principals and Agents: The Structure of Business, Boston 1985, S. 37-51.

Arrow, K. J. (1963): Social Choice and Individual Values, 2. Aufl., New York u. a. 1963.

ASB (2010): Financial Reporting Exposure Draft. The Future of Financial Reporting in the UK and the Republic of Ireland. 43 Application of Financial Reporting Standards. 44 Financial Reporting Standard For Medium-Sized Entities. Part Two: Draft Financial Reporting Standards. URL: http://www.frc.org.uk/images/uploaded/documents/Part%202%20Web%20Optimized.pdf. Abrufdatum: 22.05.2011.

Atwood, T. J./Drake, M. S./Myers, L. A. (2010): Book-Tax Conformity, Earnings Persistence and the Association Between Earnings and Future Cash Flows, in: JAE 2010, S. 111-125.

Atwood, T. J./Drake, M. S./Myers, J. N./Myers, L. A. (2011): Do Earnings Reported under IFRS Tell Us More about Future Earnings and Cash Flows?, in: JAPP 2011, S. 103-121.

Auer, K. V. (1999): International harmonisierte Rechnungslegungsstandards aus Sicht der Aktionäre. Vergleich von EG-Richtlinien, US-GAAP und IAS, 2. Aufl., Wiesbaden 1999.

Bärenz, C. (2004): Zum Einfluss des Gemeinschaftsrechts auf das Steuerbilanzrecht. Zugleich ein Beitrag zur Verweisungslehre, Berlin 2004.

Bärenz, C. (2003): Der EuGH und das deutsche Steuerbilanzrecht. Anmerkung zum Urteil des EuGH vom 7. 1. 2003, C-306/99, BIAO, in: DStR 2003, S. 492-495.

Baetge, J. (2010): DCF-Kalküle als Basis für die Bewertung in der Bilanz?, in: Bertl, R. et al. (Hrsg.): Bewertung in volatilen Zeiten. Wiener Bilanzrechtstage 2010, Wien 2010, S. 9-27.

Baetge, J. (2009): Verwendung von DCF-Kalkülen bei der Bilanzierung nach IFRS, in: WPg 2009, S. 13-23.

Baetge, J. (2003): Fair Value-Accounting versus Realisations-, Imparitäts- und Vorsichtsprinzip, in: RWZ 2003, S. 230-237.

Baetge, J. (1970): Möglichkeiten der Objektivierung des Jahreserfolges, Düsseldorf 1970.

Baetge, J./Brembt, T. (2011): Möglichkeiten einer einheitlichen Rechnungslegung für nicht-kapitalmarktorientierte Unternehmen in der EU aus deutscher Sicht, in: WPg 2011, S. 572-580.

Baetge, J./Brüggemann, P./Melcher, T. (2008): Komplexitätsreduktion beim Solvenztest, in: vom Brocke, J./Becker, J. (Hrsg.): Einfachheit in Wirtschaftsinformatik und Controlling. Festschrift für H. L. Grob, München 2008, S. 261-279.

Baetge, J./Hollmann, S. (2004): Zur Zuverlässigkeit der Rechnungslegung nach IFRS, in: Döring, U./Kußmaul, H. (Hrsg.): Spezialisierung und Internationalisierung. Entwicklungstendenzen der deutschen Betriebswirtschaftslehre. Festschrift für G. Wöhe, München 2004, S. 347-378.

Baetge, J./Kirsch, H.-J./Solmecke, H. (2009): Auswirkungen des BilMoG auf die Zwecke des handelsrechtlichen Jahresabschlusses, in: WPg 2009, S. 1211-1222.

Baetge, J./Kirsch, H.-J./Thiele, S. (2011a): Bilanzen, 11. Aufl., Düsseldorf 2011.

Baetge, J./Kirsch, H.-J./Thiele, S. (2011b): Konzernbilanzen, 9. Aufl., Düsseldorf 2011.

Baetge, J./Klaholz, E. (2006): IFRS und Mittelstand, in: Winkeljohann, N./Herzig, N. (Hrsg.): IFRS für den Mittelstand. Perspektiven – Anwendung – Praxisberichte, Stuttgart 2006, S. 31-44.

Baetge, J./Lienau, A. (2005): Der Gläubigerschutzgedanke im Mixed Fair Value-Modell des IASB, in: Schneider, D. et al. (Hrsg.): Kritisches zu Rechnungslegung und Unternehmensbesteuerung. Festschrift für T. Siegel, Berlin 2005, S. 65-86.

Baetge, J./von Keitz, I. (2010): Kommentierung zu IAS 38. Immaterielle Vermögenswerte (Intangible Assets), in: Baetge, J. et al. (Hrsg.): Rechnungslegung nach IFRS. Kommentar auf der Grundlage des deutschen Bilanzrechts, Stuttgart 2002, Stand: 14. Erg.-Lief. Juni 2011 (dieser Abschnitt: Oktober 2010).

Baetge, J./Zülch, H. (2010): Abt. I/2 – Rechnungslegungsgrundsätze nach HGB und IFRS, in: von Wysocki, K. et al. (Hrsg.): Handbuch des Jahresabschlusses. Rechnungslegung nach HGB und internationalen Standards, Köln 1984/2007, Stand: 50. Erg.-Lief. November 2010 (dieser Abschnitt: September 2010).

Baetge, J./Zülch, H. (2001): Fair Value-Accounting, in: BFuP 2001, S. 543-562.

Baetge, J./Zülch, H./Matena, S. (2002): Fair Value-Accounting – Ein Paradigmenwechsel auch in der kontinentaleuropäischen Rechnungslegung? (Teil B), in: StuB 2002, S. 417-422.

Báez Moreno, A. /Kaiser, T. (2007): „Fair Value" und die Körperschaftsteuer aus spanischer Sicht – Anmerkungen zur steuerlichen Geeignetheit der IFRS –, in: StuW 2007, S. 172-186.

Bainbridge, S. M. (2002): Corporation Law and Economics, New York 2002.

Ball, R. (2006): International Financial Reporting Standards (IFRS): Pros and Cons for Investors, in: ABR 2006, S. 5-27.

Ball, R./Robin, A./Sadka, G. (2008): Is Financial Reporting Shaped by Equity Markets or by Debt Markets? An International Study on Timeliness and Conservatism, in: RAS 2008, S. 168-205.

Ballhaus, W./Futterlieb, C. (2003): Fair Value Accounting auf Basis diskontierter Cash-flows gemäß Concept Statement No. 7, in: KoR 2003, S. 564-574.

Ballwieser, W. (2011a): Möglichkeiten und Grenzen der Erstellung einer Einheitsbilanz – Zur Rolle und Entwicklung des Maßgeblichkeitsprinzips, in: Mellinghoff, R./Schön, W./Viskorf, H.-U. (Hrsg.): Steuerrecht im Rechtsstaat. Festschrift für W. Spindler, Köln 2011, S. 577-594.

Ballwieser, W. (2011b): Unternehmensbewertung. Prozeß, Methoden und Probleme, 3. Aufl., Stuttgart 2011.

Ballwieser, W. (2010): Was hat die Umstellung auf IFRS ökonomisch bewirkt?, in: Küting, K./Pfitzer, N./Weber, C.-P. (Hrsg.): IFRS und BilMoG. Herausforderungen für das Bilanz- und Prüfungswesen, Stuttgart 2010, S. 139-155.

Ballwieser, W. (2009a): B 105 – Grundsätze ordnungsmäßiger Buchführung, in: Böcking, H.-J. et al. (Hrsg.): Beck'sches Handbuch der Rechnungslegung – HGB und IFRS –, München, Stand: 35. Erg.-Lief. März 2011 (dieser Abschnitt: Oktober 2009).

Ballwieser, W. (2009b): IFRS-Rechnungslegung. Konzept, Regeln und Wirkungen, 2. Aufl., München 2009.

Ballwieser, W. (2008a): Empirische Wirkungen einer Rechnungslegung nach IFRS, in: Wagner, F. W./Schildbach, T./Schneider, D. (Hrsg.): Private und öffentliche Rechnungslegung. Festschrift für H. Streim, Wiesbaden 2008, S. 1-21.

Ballwieser, W. (2008b): Reasons, Forms and Limitations of Global Information-oriented Financial Reporting Rules, in: Bruns, H.-G. et al. (Hrsg.): Globale Finanzberichterstattung. Entwicklung, Anwendung und Durchsetzung von IFRS. Festschrift für L. Knorr, Stuttgart 2008, S. 3-15.

Ballwieser, W. (2008c): Unternehmensbewertung im Rahmen der IFRS, in: Freidank, C.-C./Peemöller, V. H. (Hrsg.): Corporate Governance und Interne Revision. Handbuch für die Neuausrichtung des Internal Auditings, Berlin 2008, S. 351-364.

Ballwieser, W. (2007): Gläubigerschutz durch bilanzielle Kapitalerhaltung, in: DK 2007, S. 419-421.

Ballwieser, W. (2006): IFRS für nicht kapitalmarktorientierte Unternehmen?, in: IRZ 2006, S. 23-30.

Ballwieser, W. (2005a): Die Konzeptionslosigkeit des International Accounting Standards Board (IASB), in: Crezelius, G./Hirte, H./Vieweg, K. (Hrsg.): Gesellschaftsrecht, Rechnungslegung, Sportrecht. Festschrift für V. Röhricht, Köln 2005, S. 727-745.

Ballwieser, W. (2005b): Vor- und Nachteile einer Rechnungslegung nach IFRS für nicht kapitalmarktorientierte Unternehmen, in: Marten, K.-U./Quick, R./Ruhnke, K. (Hrsg.): IFRS für den Mittelstand? Tagungsband zur Fachveranstaltung des Ulmer Forums für Wirtschaftswissenschaften (UFW) e.V. am 25. Mai 2005 an der Universität Ulm, Düsseldorf 2005, S. 31-56.

Ballwieser, W. (2004a): Schaden IAS dem Mittelstand?, in: in: Küting, K./Pfitzer, N./Weber, C. P. (Hrsg.): Herausforderungen und Chancen durch weltweite Rechnungslegungsstandards. Kapitalmarktorientierte Rechnungslegung und integrierte Unternehmenssteuerung, Stuttgart 2004, S. 11-27.

Ballwieser, W. (2004b): The Limitations of Financial Reporting, in: Leuz, C./Pfaff, D./Hopwood, A. (Hrsg.): The Economics and Politics of Accounting. International Perspectives on Research Trends, Policy and Practice, New York 2004, S. 58-77.

Ballwieser, W. (2003): Rahmenkonzepte der Rechnungslegung: Funktionen, Vergleich, Bedeutung, in: DK 2003, S. 337-348.

Ballwieser, W. (2002a): Informations-GoB – auch im Lichte von IAS und US-GAAP, in: KoR 2002, S. 115-121.

Ballwieser, W. (2002b): Rechnungslegung im Umbruch. Entwicklungen, Ziele, Missverständnisse, in: ST 2002, S. 295-304.

Ballwieser, W. (2001a): Anforderungen des Kapitalmarkts an Bilanzansatz- und Bilanzbewertungsregeln, in: KoR 2001, S. 160-164.

Ballwieser, W. (2001b): Konzernrechnungslegung und Wettbewerb, in: DBW 2001, S. 640-657.

Ballwieser, W. (1997a): Chancen und Gefahren einer Übernahme amerikanischer Rechnungslegung, in: Budde, W. D./Moxter, A./Offerhaus, K. (Hrsg.): Handelsbilanzen und Steuerbilanzen. Festschrift für H. Beisse, Düsseldorf 1997, S. 25-43.

Ballwieser, W. (1997b): Das Verhältnis von Aussagegehalt und Nachprüfbarkeit amerikanischer Rechnungslegung, in: WPK-Mitt. Sonderheft Juni 1997, S. 51-56.

Ballwieser, W. (1996a): Ein Überblick über Ansätze zur ökonomischen Analyse des Bilanzrechts, in: BFuP 1996, S. 503-527.

Ballwieser, W. (1996b): Zum Nutzen handelsrechtlicher Rechnungslegung, in: Ballwieser, W./Moxter, A./Nonnenmacher, R. (Hrsg.): Rechnungslegung – Warum und wie. Festschrift für H. Clemm, München 1996, S. 1-25.

Ballwieser, W. (1995): Zur Frage der Rechtsform-, Konzern- und Branchenunabhängigkeit der Grundsätze ordnungsmäßiger Buchführung, in: Förschle, G./Kaiser, K./Moxter, A. (Hrsg.): Rechenschaftslegung im Wandel. Festschrift für W. D. Budde, München 1995, S. 43-66.

Ballwieser, W. (1992): Das Anschaffungs- und Höchstwertprinzip für Schulden, in: Moxter, A. et al. (Hrsg.): Rechnungslegung. Entwicklungen bei der Bilanzierung und Prüfung von Kapitalgesellschaften. Festschrift für K.-H. Forster, Düsseldorf 1992, S. 45-62.

Ballwieser, W. (1990): Ist das Maßgeblichkeitsprinzip überholt?, in: BFuP 1990, S. 477-498.

Ballwieser, W. (1985a): Ergebnisse der Informationsökonomie zur Informationsfunktion der Rechnungslegung, in: Stöppler, S. (Hrsg.): Information und Produktion. Beiträge zur Unternehmenstheorie und Unternehmensplanung. Festschrift für W. Wittmann, Stuttgart 1985, S. 21-40.

Ballwieser, W. (1985b): Informationsökonomie, Rechnungslegungstheorie und Bilanzrichtlinie-Gesetz, in: ZfbF 1985, S. 47-66.

Ballwieser, W. (1982): Zur Begründbarkeit informationsorientierter Jahresabschlußverbesserungen, in: ZfbF 1982, S. 772-793.

Ballwieser, W./Hachmeister, D. (2000): Möglichkeiten und Grenzen einer international ausgerichteten Abschlußanalyse, in: Lachnit, L./Freidank, C.-C. (Hrsg.): Investororientierte Unternehmenspublizität. Neue Entwicklungen von Rechnungslegung, Prüfung und Jahresabschlussanalyse, Wiesbaden 2000, S. 573-606.

Ballwieser, W./Hettich, S. (2004): Das IASB-Projekt „Reporting Comprehensive Income“: Bedeutung für das Controlling, in: ZfCM 2004, Sonderheft 2, S. 79-88.

Ballwieser, W./Küting, K./Schildbach, T. (2009): Fair Value in der Krise, in: DB 2009, Heft 49, S. I.

Ballwieser, W./Küting, K./Schildbach, T. (2004): Fair value – erstrebenswerter Wertansatz im Rahmen einer Reform der handelsrechtlichen Rechnungslegung?, in: BFuP 2004, S. 529-549.

Bantleon, U./Fengler, P./Peter, A. (2009): Einsatz von Covenants im Firmenkundenkreditgeschäft der Volks- und Raiffeisenbanken, in: FB 2009, S. 751-757.

Bantleon, U./Schorr, G. (2010): Ausgewählte Auswirkungen des BilMoG auf die Beurteilung der Kapitaldienstfähigkeit von nicht kapitalmarktorientierten Kapitalgesellschaften, in: DStR 2010, S. 1491-1497.

Bareis, P. (2008): Maßgeblichkeit der Handels- für die Steuerbilanz de lege lata und de lege ferenda, in: Schmiel, U./Breithecker, V. (Hrsg.): Steuerliche Gewinnermittlung nach dem Bilanzrechtsmodernisierungsgesetz, Berlin 2008, S. 31-67.

Bareis, P. (2007): Das Postulat der Werturteilsfreiheit in der Diskussion um die Steuerreform 2008, in: BFuP 2007, S. 421-442.

Bareis, P. (2002a): Die Reformbedürftigkeit der Ertragsbesteuerung aus ökonomischer Sicht, in: Rautenberg, H. G. (Hrsg.): Unternehmensbesteuerung in der Reform. Sächsische Steuertagung 2001, Stuttgart u. a. 2002, S. 19-38.

Bareis, P. (2002b): Zur Kritik am „Karlsruher Entwurf zur Reform des EStG“, in: StuW 2002, S. 135-147.

Bareis, P./Elschen, R./Siegel, T./Sigloch, J./Streim, H. (1993): Lifo, Jahresabschlußziele und Grundsätze ordnungsmäßiger Buchführung, in: DB 1993, S. 1249-1252.

Barker, R. (2004): Reporting Financial Performance, in: AH 2004, S. 157-172.

Barnea, A./Haugen, R. A./Senbet, L. W. (1985): Agency Problems and Financial Contracting, Englewood Cliffs 1985.

Barnea, A./Haugen, R. A./Senbet, L. W. (1981): Market Imperfections, Agency Problems, and Capital Structure: A Review, in: FM 1981, S. 7-22.

Barth, M. E. (2006): Including Estimates of the Future in Today's Financial Statements, in: AH 2006, S. 271-285.

Barth, M. E./Beaver, W. H./Landsman, W. R. (2001): The Relevance of the Value Relevance Literature for Financial Accounting Standards Setting: Another View, in: JAE 2001, S. 77-104.

Barth, M. E./Cram, D. P./Nelson, K. K. (2001): Accruals and the Prediction of Future Cash Flows, in: AR 2001, S. 27-58.

Barth, M. E./Landsman, W. R. (1995): Fundamental Issues Related to Using Fair Value Accounting for Financial Reporting, in: AH 1995, S. 97-107.

Barton, J./Hansen, T. B./Pownall, G. (2010): Which Performance Measures Do Investors Around the World Value the Most – and Why?, in: AR 2010, S. 753-789.

Bartov, E./Goldberg, S. R./Kim, M. (2005): Comparative Value Relevance Among German, U.S., and International Accounting Standards: A German Stock Market Perspective, in: JAAF 2005, S. 95-119.

Bauer, M. (1995): Gläubigerschutz durch eine formelle Nennkapitalziffer – kapitalgesellschaftsrechtliche Notwendigkeit oder überholtes Konzept? Eine rechtsvergleichende Untersuchung der Gläubigerschutzkonzepte des amerikanischen und deutschen Kapitalgesellschaftsrechts, Frankfurt a. M. 1995.

Bauer, R./Neubauer, P. (2006): Für und wider IFRS im Mittelstand, in: DSWR 2006, S. 194-197.

Bauman, M. P. (1996): A Review of Fundamental Analysis Research in Accounting, in: JAL 1996, S. 1-33.

Baumgärtel, M. (2008): Taxation, Accounting and Transparency: The Interaction of Financial and Tax Accounting, in: Schön, W. (Hrsg.): Tax and Corporate Governance, Berlin/Heidelberg 2008, S. 93-100.

Bayer, W. (2007): Moderner Kapitalschutz, in: ZGR 2007, S. 220-240.

BdB (2009): Bankinternes Rating mittelständischer Kreditnehmer im Zuge von Basel II, 2. Aufl., Berlin 2009.

BDI/BdB/Ernst & Young (2008): International Financial Reporting Standards auch für den Mittelstand? Umstellung der Rechnungslegung auf IFRS bei mittelständischen Unternehmen. Durchführung – Erfahrungen – Auswirkungen, Berlin 2008.

BDI/Ernst & Young (2005): Rechnungslegung im Umbruch. Ergebnisse einer repräsentativen Umfrage bei der deutschen Industrie, Berlin 2005.

Beatty, A./Weber, J./Yu, J. J. (2008): Conservatism and Debt, in: JAE 2008, S. 154-174.

Beaver, W. H. (1998): Financial Reporting: An Accounting Revolution, 3. Aufl., Upper Saddle River 1998.

Beaver, W. H./Demski, J. S. (1979): The Nature of Income Measurement, in: AR 1979, S. 38-46.

Beaver, W. H./Demski, J. S. (1974): The Nature of Financial Accounting Objectives: A Summary and Synthesis, in: JAR 1974, Supplement, S. 170-187.

Becker, W./Schulte-Krumpen, K./Graneß, S. (2011): Private Equity im Mittelstand. Eine Finanzierungsform mit Wertschöpfungspotenzial, Stuttgart 2011.

Beckmann, K. (2008): Die Internationalisierung der Rechnungslegung und ihre Implikationen für das Europäische Bilanzrecht, Berlin 2008.

Begley, J./Freedman, R. (2004): The Changing Role of Accounting Numbers in Public Lending Agreements, in: AH 2004, S. 81-96.

Beiersdorf, K./Davis, A. (2006): IASB-Standard for Small and Medium-sized Entities: keine unmittelbare Rechtswirkung in Europa, in: BB 2006, S. 987-990.

Beiersdorf, K./Eierle, B./Haller, A. (2009): International Financial Reporting Standard for Small and Medium-sized Entities (IFRS for SMEs): Überblick über den finalen Standard des IASB, in: DB 2009, S. 1549-1557.

Beiersdorf, K./Morich, S. (2009): IFRS für kleine und mittelgroße Unternehmen – Aktuelle Entwicklungen vor dem Hintergrund der Ergebnisse der weltweiten Probeabschlüsse –, in: KoR 2009, S. 1-13.

Beiersdorf, K./Zeimes, M. (2005): IFRS – Relevanz für den Mittelstand, in: Brecht, U. (Hrsg.): Neue Entwicklungen im Rechnungswesen. Prozesse optimieren, Berichtswesen anpassen, Kosten senken, Wiesbaden 2005, S. 113-133.

Beisse, H. (2001): Die paradigmatischen GoB, in: Hommelhoff, P./Zätzsch, R./Erle, B. (Hrsg.): Gesellschaftsrecht, Rechnungslegung, Steuerrecht. Festschrift für W. Müller, München 2001, S. 731-753.

Beisse, H. (1997): Wandlungen der Grundsätze ordnungsmäßiger Bilanzierung. Hundert Jahre „GoB", in: Schön, W. (Hrsg.): Gedächtnisschrift für B. Knobbe-Keuk, Köln 1997, S. 385-409.

Beisse, H. (1994): Zum neuen Bild des Bilanzrechtssystems, in: Ballwieser, W. et al. (Hrsg.): Bilanzrecht und Kapitalmarkt. Festschrift für A. Moxter, Düsseldorf 1994, S. 3-31.

Beisse, H. (1993): Gläubigerschutz – Grundprinzip des deutschen Bilanzrechts, in: Beisse, H./Lutter, M./Närger, H. (Hrsg.): Festschrift für K. Beusch, Berlin/New York 1993, S. 77-97.

Beisse, H. (1990): Rechtsfragen der Gewinnung von GoB, in: BFuP 1990, S. 499-514.

Beisse, H. (1989): Die Generalnorm des neuen Bilanzrechts und ihre steuerrechtliche Bedeutung, in: Mellwig, W./Moxter, A./Ordelheide, D. (Hrsg.): Handels- und Steuerbilanz. Beiträge zum neuen Bilanzrecht, Band 2, Wiesbaden 1989, S. 15-31.

Beisse, H. (1988): Die Generalnorm des neuen Bilanzrechts, in: Knobbe-Keuk, B./Klein, F./Moxter, A. (Hrsg.): Handels- und Steuerrecht. Festschrift für G. Döllerer, Düsseldorf 1988, S. 25-44.

Beisse, H. (1984): Zum Verhältnis von Bilanzrecht und Betriebswirtschaftslehre, in: StuW 1984, S. 1-14.

Benston, G. J./Bromwich, M./Litan, R. E./Wagenhofer, A. (2006): Worldwide Financial Reporting. The Development and Future of Accounting Standards, New York 2006.

Berg, H.-G./Schmich, R. (2002): Die Beschränkung des Verlustabzuges im Karlsruher Entwurf zum Einkommensteuergesetz, in: DStR 2002, S. 346-348.

Bernard, V. L. (1995): The Feltham-Ohlson-Framework: Implications for Empiricists, in: CAR 1995, S. 733-747.

Bernard, V. L./Thomas, J. K. (1990): Evidence That Stock Prices Do Not Fully Reflect the Implications of Current Earnings for Future Earnings, in: JAE 1990, S. 305-340.

Bernard, V. L./Thomas, J. K./Wahlen, J. (1997): Accounting-Based Stock Price Anomalies: Separating Market Inefficiencies from Risk, in: CAR 1997, S. 89-136.

Berndt, T./Jenny, G. (2006): Gewinn oder nicht Gewinn? – Bedeutung des Other Comprehensive Income bei der Bestimmung der Eigenkapitalrentabilität, in: BB 2006, S. 2179-2185.

Bettermann, C. (2009): Finanzierung von Familiengesellschaften nach Basel II und IFRS. Kautelarjuristische und betriebswirtschaftliche Betrachtung, Frankfurt a. M. 2009.

Beyhs, O. (2002): Impairment of Assets nach International Accounting Standards. Anwendungshinweise und Zweckmäßigkeitsanalyse, Frankfurt a. M. 2002.

Bieg, H./Bofinger, P./Küting, K./Kußmaul, H./Waschbusch, G./Weber, C.-P. (2008): Die Saarbrücker Initiative gegen den Fair Value, in: DB 2008, S. 2549-2552.

Bieg, H./Sopp, G. (2009): IFRS und Basel II, in: Brösel, G./Zwirner, C. (Hrsg.): IFRS-Rechnungslegung. Grundlagen – Aufgaben – Fallstudien, 2. Aufl., München 2009, S. 487-504.

Bieker, M. (2008a): Der fair value im Karriere-Knick? – Auswirkungen der Finanzmarktkrise auf die fair value-Bewertung von Finanzinstrumenten nach IFRS, in: PiR 2008, S. 394-399.

Bieker, M. (2008b): HGB Reloaded: Die Bewertungskonzeption des BilMoG – fine tuning oder Paradigmenwechsel?, in: PiR 2008, S. 365-369.

Bieker, M. (2007): Ende des Bilanzierungschaos in Sicht? – Stellungnahme zum IASB-Diskussionspapier „Fair Value Measurements" (Teil I und II), in: PiR 2007, S. 91-97 und S. 132-138.

Bieker, M. (2006): Ökonomische Analyse des Fair Value Accounting, Frankfurt a. M. 2006.

Bienert, H. (1996): Der Marktprozeß an Aktienbörsen. Bewertungseffizienz und Umverteilung, Wiesbaden 1996.

Bigus, J. (2007): Das Vorsichtsprinzip bei Informationsasymmetrien zwischen Gläubigern, in: ZfbF 2007, S. 567-587.

Bigus, J./Schorn, P. (2008): IFRS-adoption and Relationship Lending, in: Breuer, W./Gürtler, M. (Hrsg.): 50 Years after MM: Recent Developments in Corporate Finance, ZfB-Special Issue 6/2008, Wiesbaden 2008, S. 73-112.

Binger, M. (2009): Der Ansatz von Rückstellungen nach HGB und IFRS im Vergleich. Regelungsschärfe, Zweckadäquanz sowie Eignung für die Steuerbilanz, Wiesbaden 2009.

Birk, D. (2011): Einkommen, Einkunftsarten und Einkünfteermittlung, in: Hey, J. (Hrsg.): Einkünfteermittlung. 35. Jahrestagung der Deutschen Steuerjuristischen Gesellschaft e. V. Potsdam, 13. und 14. September 2010, DStJG Band 34, Köln 2011, S. 11-29.

Bischof, J. (2008): Issues in Fair Value Accounting under IFRS, Diss. Mannheim 2008. URL: http://madoc.bib.uni-mannheim.de/madoc/volltexte/2009/2163/. Abrufdatum: 21.05.2011.

Bischof, S./Staß, A. (2008): SME-Projekt des IASB aus Sicht des Wirtschaftsprüfers, in: Küting, K./Pfitzer, N./Weber, C.-P. (Hrsg.): Bilanz als Informations- und Kontrollinstrument. Kapitalmarktorientierte Rechnungslegung und integrierte Unternehmenssteuerung, Stuttgart 2008, S. 167-193.

Bitz, M./Hemmerde, W./Rausch, W. (1986): Gesetzliche Regelungen und Reformvorschläge zum Gläubigerschutz. Eine ökonomische Analyse, Berlin u. a. 1986.

Black, F. (1986): Noise, in: JF 1986, S. 529-543.

Black, F. (1976): The Dividend Puzzle, in: JPM 1976, S. 5-8.

Black, F./Scholes, M. (1973): The Pricing of Options and Corporate Liabilities, in: JPE 1973, S. 637-654.

Blackwell, D./Girshick, M. A. (1954): Theory of Games and Statistical Decisions, New York 1954.

Blasius, T. (2006): IFRS, HGB und F & E. Besteuerung und Bilanzierung, Berlin 2006.

Blaufus, K. (2005): Fair Value Accounting. Zweckmäßigkeitsanalyse und konzeptioneller Rahmen, Wiesbaden 2005.

Blaufus, K./Bob, J./Hundsdoerfer, J./Kiesewetter, D./Weimann, J. (2009): It's All About Tax Rates. An Empirical Study of Tax Perception. arqus Diskussionsbeitrag Nr. 106, 2009. URL: http://www.arqus.info/paper/arqus_106.pdf. Abrufdatum: 22.05.2011.

Boadway, R./Bruce, N. (1984): A General Proposition on the Design of a Neutral Business Tax, in: JPE 1984, S. 231-239.

Böcking, H.-J. (2008a): Regulierung und Deregulierung in den Bereichen Rechnungslegung und Abschlussprüfung – Ein Wechselspiel der Gefühle?, in: Ballwieser, W./Grewe, W. (Hrsg.): Wirtschaftsprüfung im Wandel. Festgabe Deloitte, München 2008, S. 75-96.

Böcking, H.-J. (2008b): Zur Notwendigkeit des Bilanzrechtsmodernisierungsgesetzes, in: DK 2008, S. 461-466.

Böcking, H.-J. (2007a): IFRS auch als Grundlage für die Ausschüttungs- und Steuerbemessung, in: Wehrheim, M./Heurung, R. (Hrsg.): Steuerbelastung – Steuerwirkung – Steuergestaltung. Festschrift für W. Mellwig, Wiesbaden 2007, S. 53-86.

Böcking, H.-J. (2007b): IFRS, SME-Project und Konzeption der deutschen Rechnungslegung, in: Baetge, J./Kirsch, H.-J. (Hrsg.): Deutsche Bilanzierung im Umbruch: BilMoG und SME-IFRS – Chance oder Belastung für deutsche Unternehmen? Vorträge und Diskussionen zum 23. Münsterischen Tagesgespräch des Münsteraner Gesprächskreises Rechnungslegung und Prüfung e. V. am 8. Mai 2007, Düsseldorf 2007, S. 15-38.

Böcking, H.-J. (2002): IAS für Konzern- und Einzelabschluss! – Replik zum Beitrag von Zabel, IAS zwingend für Konzern- und Einzelabschluss?; zugleich Würdigung der Aussagen der Deutschen Bundesbank zur Umsetzung der Mitgliedstaatenwahlrechte im Rahmen der EU-Verordnung und eine Empfehlung an den Gesetzgeber, in: WPg 2002, S. 925-928.

Böcking, H.-J. (2001): IAS für Konzern- und Einzelabschluss?, in: WPg 2001, S. 1433-1440.

Böcking, H.-J./Dreisbach, M./Gros, M. (2008): Der fair value als Wertmaßstab im Handelsbilanzrecht und den IFRS – eine Diskussion vor dem Hintergrund des Referentenentwurf des BilMoG, in: DK 2008, S. 207-214.

Böcking, H.-J./Dutzi, A. (2010): Verbesserung der Qualität der deutschen Rechnungslegung durch das Bilanzrechtsmodernisierungsgesetz (BilMoG)?, in: Baumhoff, H./Dücker, R./Köhler, S. (Hrsg.): Besteuerung, Rechnungslegung und Prüfung der Unternehmen. Festschrift für N. Krawitz, Wiesbaden 2010, S. 783-803.

Böcking, H.-J./Dutzi, A. (2007): Zur Notwendigkeit eines zusätzlichen Solvenztests, in: DK 2007, S. 435-441.

Böcking, H.-J./Dutzi, A. (2006): Gläubigerschutz durch IFRS-Rechnungslegung im Jahresabschluss und ergänzenden Solvenztest, in: Krawitz, N. (Hrsg.): Rechnungslegung nach internationalen Grundsätzen, ZfB-Special Issue 6/2006, Wiesbaden 2006, S. 1-23.

Böcking, H.-J./Flick, C. (2009): Die Saarbrücker Initiative gegen den Fair Value, in: DB 2009, S. 185-188.

Böcking, H.-J./Gros, M. (2010a): Internationalisierung der Rechnungslegung und Corporate Governance, in: Grundmann, S. et al. (Hrsg.): Unternehmen, Markt und Verantwortung. Festschrift für K. J. Hopt, Band 1, Berlin/New York 2010, S. 413-430.

Böcking, H.-J./Gros, M. (2010b): Zur künftigen Konzeption der Rechnungslegung im Mittelstand – eine Untersuchung unter besonderer Berücksichtigung des internationalen Wettbewerbs –, in: Kathan, D. et al. (Hrsg.): Wertschöpfungsmanagement im Mittelstand. Tagungsband des Forums der deutschen Mittelstandsforschung, Wiesbaden 2010, S. 121-144.

Böcking, H.-J./Gros, M. (2009): Ausgewählte Änderungen im Jahres- und Konzernabschluss durch das BilMoG, in: DK 2009, S. 355-361.

Böcking, H.-J./Gros, M. (2007): IFRS und die Zukunft der steuerlichen Gewinnermittlung, in: DStR 2007, S. 2339-2344.

Böcking, H.-J./Herold, C./Müßig, A. (2004): IFRS für nicht kapitalmarktorientierte Unternehmen – unter besonderer Berücksichtigung mittelständischer Belange –, in: DK 2004, S. 664-672.

Böcking, H.-J./Torabian, F. (2008): Zeitwertbilanzierung von Finanzinstrumenten des Handelsbestands nach dem Entwurf eines BilMoG, in: BB 2008, S. 265-267.

Böckmann, T. (2005): Gläubigerschutz bei GmbH und close corporation. Eine rechtsvergleichende Untersuchung nach deutschem und US-amerikanischem Recht unter besonderer Berücksichtigung des Rechts von Delaware, Kalifornien und New York, Köln u. a. 2005.

Bömelburg, P./Landgraf, C./Pöppel, A. (2009): IFRS für KMU – eine echte Alternative für den deutschen Mittelstand? Eine Analyse der wesentlichen Neuregelungen, in: PiR 2009, S. 290-298.

Börstler, C. (2006): Zur Zukunft der externen Rechnungslegung in Deutschland. Eine kritische Analyse der Internationalisierung aus Sicht nicht kapitalmarktorientierter Unternehmen, Wiesbaden 2006.

Bogajewskaja, J. (2007): Reporting Financial Performance. Konzeption und Darstellung der Erfolgsrechnung nach Vorschriften des ASB, FASB und IASB, Wiesbaden 2007.

Booth, R. A. (2006): Capital Requirements in United States Corporation Law, in: Lutter, M. (Hrsg.): Das Kapital der Aktiengesellschaft in Europa, ZGR-Sonderheft 17/2006, S. 717-742.

Boschma, H. E./Lennarts, M. L./Schutte-Veenstra, J. N. (2006): Alternative Systems for Capital Protection, Alphen aan den Rijn 2006.

Bradley, M./Roberts, M. R. (2004): The Structure and Pricing of Corporate Debt Covenants, Working Paper 2004. URL: http://papers.ssrn.com/sol3/papers.cfm?abstract_id=585882. Abrufdatum: 22.05.2011.

Brandt, E./Jödicke, D./Richard, M. (2007): Solvenztest, in: DBW 2007, S. 357-361.

Bratton, W. W. (2006): Bond Covenants and Creditor Protection: Economics and Law, Theory and Practice, Substance and Process, in: EBOR 2006, S. 39-87.

Braunagel, R. U. (2008): Gemeinsame Körperschaftsteuer-Bemessungsgrundlage in der EU. Eine Beurteilung im Hinblick auf das Europarecht, Lohmar/Köln 2008.

Breithecker, V./Klapdor, R./Rokitta, M. (2007): Stellen die IFRS die richtige Grundlage für eine gemeinsame steuerliche Bemessungsgrundlage in der EU dar?, in: StuW 2007, S. 145-160.

Breker, N. (2010): Verankerung des IFRS für KMU im europäischen Recht?, in: WPg 2010, Heft 6, S. I.

Brinkmann, J. (2006): Zweckadäquanz der Rechnungslegung nach IFRS. Eine Untersuchung aus deutscher Sicht, Berlin 2006.

Brockman, P./Unlu, E. (2009): Dividend Policy, Creditor Rights, and the Agency Costs of Debt, in: JFE 2009, S. 276-299.

Broer, F. D. (2001): Maßgeblichkeitsprinzip und Harmonisierung der Rechnungslegung, Baden-Baden 2001.

Brösel, G./Zwirner, C. (2009): Zum Goodwill nach IFRS aus Sicht des Abschlußprüfers, in: BFuP 2009, S. 190-206.

Brokamp, J./Ernst, D./Hollasch, K./Lehmann, G./Weigel, K. (2008): Mezzanine-Finanzierungen, München 2008.

Bromwich, M. (2004): Aspects of the Future in Accounting: The Use of Market Prices and „Fair Values“ in Financial Reports, in: Leuz, C./Pfaff, D./Hopwood, A. (Hrsg.): The Economics and Politics of Accounting. International Perspectives on Research Trends, Policy and Practice, New York 2004, S. 32-57.

Brown, E. C. (1948): Business-Income Taxation and Investment Incentives, in: Metzler, L. A. et al. (Hrsg.): Income, Employment and Public Policy. Essays in Honor of Alvin H. Hansen, New York 1948, S. 300-316.

Brüggemann, U./Hitz, J.-M./Sellhorn, T. (2010): Intended and Unintended Consequences of Mandatory IFRS Adoption: Review of Extant Evidence and Suggestions for Future Research, Working Paper 2010. URL: http://papers.ssrn.com/sol3/papers.cfm?abstract_id=1684036. Abrufdatum: 22.05.2011.

Brüggemann, U./Homburg, C. (2007): The Switch from German GAAP to Internationally Accepted Accounting Standards and its Effect on the Cost of Equity Capital, Working Paper 2007. URL: http://www.docin.com/p-92892109.html. Abrufdatum: 22.05.2011.

Bruns, A. (2003): Haftungsbeschränkung und Mindesthaftung, Tübingen 2003.

Bruns, H.-G./Beiersdorf, K. (2006): Das IASB-Projekt zur Entwicklung von Accounting Standards for Small and Medium-sized Entities (IFRS for SMEs), in: Winkeljohann, N./Herzig, N. (Hrsg.): IFRS für den Mittelstand. Perspektiven – Anwendung – Praxisberichte, Stuttgart 2006, S. 45-70.

Buchheim, R./Knorr, L./Schmidt, M. (2008): Anwendung der IFRS in Europa: Das neue Endorsement-Verfahren, in: KoR 2008, S. 334-341.

Buchholz, R. (2002): IAS für mittelständische Unternehmen? – Vor- und Nachteile neuer Rechnungslegungsvorschriften in Deutschland, in: DStR 2002, S. 1280-1284.

Buettner, T./Ruf, M. (2007): Tax Incentives and the Location of FDI: Evidence from a Panel of German Multinationals, in: ITPF 2007, S. 151-164.

Burger, A./Fröhlich, J./Ulbrich, P. R. (2006): Kapitalmarktorientierung in Deutschland – Aktualisierung der Studien aus den Jahren 2003 und 2004 vor dem Hintergrund der Änderungen der Rechnungslegung von Emittenten –, in: KoR 2006, S. 113-122.

Burghof, H.-P./Johannsen, M. (2009): Risk Effect versus Delayed Price Response: The Case of the Post-Earnings-Announcement Drift in Germany, in: KuK 2009, S. 55-91.

Burkhardt, K./Hachmeister, D. (2006): Bilanzierung von Investment Properties nach den Vorschriften des IAS 40, in: ZfCM 2006, S. 354-359.

Burkhart, B. (2006): Rechnungslegung nach IFRS bei mittelständischen Unternehmen als Erleichterung bei der Beteiligung von Private Equity, in: Winkeljohann, N./Herzig, N. (Hrsg.):

IFRS für den Mittelstand. Perspektiven – Anwendung – Praxisberichte, Stuttgart 2006, S. 195-209.

Buschhüter, M./Striegel, A. (2009): Internationale Rechnungslegung. IFRS Praxis, Wiesbaden 2009.

Busse von Colbe, W. (2002): Entwicklungsperspektiven der Rechnungslegung in Deutschland. Die deutsche Rechnungslegung vor einem Paradigmawechsel, in: ZfbF 2002, S. 159-172.

Busse von Colbe, W. (2000): Rechnungslegungsziele und Ansätze zur internationalen Harmonisierung der Rechnungslegung deutscher Unternehmen, in: Ballwieser, W. (Hrsg.): US-amerikanische Rechnungslegung. Grundlagen und Vergleiche mit dem deutschen Recht, 4. Aufl., Stuttgart 2000, S. 485-508.

Busse von Colbe, W. (1995): Das Rechnungswesen im Dienste einer kapitalmarktorientierten Unternehmensführung, in: WPg 1995, S. 713-720.

Busse von Colbe, W. (1994): Unternehmenskontrolle durch Rechnungslegung, in: Sandrock, O./Jäger, W. (1994): Internationale Unternehmenskontrolle und Unternehmenskultur. Beiträge zu einem Symposium, Tübingen 1994, S. 37-57.

Busse von Colbe, W. (1993): Die Entwicklung des Jahresabschlusses als Informationsinstrument, in: Wagner, F. W. (Hrsg.): Ökonomische Analyse des Bilanzrechts, ZfbF-Sonderheft 32, Düsseldorf 1993, S. 11-29.

Busse von Colbe, W. (1966): Aufbau und Informationsgehalt von Kapitalflußrechnungen, in: ZfB 1966, Ergänzungsheft 1, S. 82-114.

BVK (2009): BVK Special. Private Equity in Europa 2009. URL: http://www.bvkap.de/media/file/327.20100809_Special_Europa_2009_final.pdf. Abrufdatum: 22.05.2011.

Cairns, D. (2003): Applying International Accounting Standards, 3. Aufl., London 2003.

Canning, J. B. (1929): The Economics of Accountancy, New York 1929.

Chambers, R. J. (1966): Accounting, Evaluation and Economic Behavior, Englewood Cliffs 1966.

Chava, S./Kumar, P./Warga, A. (2010): Managerial Agency and Bond Covenants, in: RFS 2010, S. 1120-1148.

Chava, S./Roberts, M. R. (2008): How Does Financing Impact Investment? The Role of Debt Covenants, in: JF 2008, S. 2085-2121.

Christensen, J. A./Demski, J. S. (2003): Accounting Theory. An Information Content Perspective, New York 2003.

Clemm, H. (1999): Steuerbilanz in der Krise?, in: Kirchhof, P./Jakob, W./Beermann, A. (Hrsg.): Steuerrechtsprechung, Steuergesetz, Steuerreform. Festschrift für K. Offerhaus, Köln 1999, S. 631-645.

Coenenberg, A. (2007): Solvenztest statt Mindestkapital – Zukunft des bilanziellen Kapitalschutzes, in: PiR 2007, S. 275-280.

Coenenberg, A. G. (2005): International Financial Reporting Standards (IFRS) auch für den Mittelstand?, in: DBW 2005, S. 109-113.

Coenenberg, A. G./Frank, S./Dinh Thi, T./Schabert, B./Schultze, W. (2011): Auswirkungen der Rechnungslegungsumstellung von HGB auf IFRS auf zentrale Kennzahlen der Jahresabschlussanalyse. Ergebnisse einer empirischen Untersuchung, in: KoR 2011, S. 133-142.

Coenenberg, A. G./Haller, A./Schultze, W. (2009): Jahresabschluss und Jahresabschlussanalyse. Betriebswirtschaftliche, handelsrechtliche, steuerrechtliche und internationale Grundsätze – HGB, IFRS, US-GAAP, 21. Aufl., Stuttgart 2009.

Coenenberg, A. G./Straub, B. (2008): Rechenschaft versus Entscheidungsunterstützung: Harmonie oder Disharmonie der Rechnungszwecke?, in: KoR 2008, S. 17-26.

Crasselt, N. (2010): Fair Value – Controllers Traum oder Albtraum?, in: Baumann, W./Braukmann, U./Matthes, W. (Hrsg.): Innovation und Internationalisierung. Festschrift für N. Koubek, Wiesbaden 2010, S. 701-716.

Crezelius, G. (2011): Kommentierung zu § 5 EStG, in: Kirchhof, P. (Hrsg.): Einkommensteuergesetz. Kommentar, 10. Aufl., Köln 2011.

Czakert, E. (2008a): Administrative Aspekte einer Gemeinsamen Konsolidierten Körperschaftsteuerlichen Bemessungsgrundlage in der EU, in: Schön, W./Schreiber, U./Spengel, C. (Hrsg.): A Common Consolidated Corporate Tax Base for Europe. Eine einheitliche Körperschaftsteuerbemessungsgrundlage für Europa, Berlin/Heidelberg 2008, S. 155-166.

Czakert, E. (2008b): Ansatz der CCCTB working group zur Harmonisierung der Steuerbemessungsgrundlage in Europa, in: BFuP 2008, S. 433-448.

Dahlke, A./Kahle, H. (2009): CCCTB – die EU auf dem Weg zu einer gemeinsamen körperschaftsteuerlichen Bemessungsgrundlage?, in: Knoll, B./Pitlik, H. (Hrsg.): Entwicklung und Perspektiven der Europäischen Union. Festschrift für R. Caesar, Baden-Baden 2009, S. 229-254.

Danne, M./Wielenberg, S./Reuther, F. (2007): Entsprechen die IFRS den Anforderungen von großen Familiengesellschaften?, in: KoR 2007, S. 581-587.

Daske, H. (2006): Economic Benefits of Adopting IFRS or US-GAAP – Have the Expected Cost of Equity Capital Really Decreased?, in: JBFA 2006, S. 329-373.

Daske, H. (2005): Internationale Rechnungslegung und Kapitalkosten: Zum Stand der empirischen Rechnungswesenforschung, in: BFuP 2005, S. 455-473.

Daske, H./Hail, L./Leuz, C./Verdi, R. (2009): Adopting a Label: Heterogeneity in the Economic Consequences of IFRS Adoptions, Working Paper 2009. URL: http://papers.ssrn.com/sol3/papers.cfm?abstract_id=979650. Abrufdatum: 22.05.2011.

Daske, H./Hail, L./Leuz, C./Verdi, R. (2008): Mandatory IFRS Reporting around the World: Early Evidence on the Economic Consequences, in: JAR 2008, S. 1085-1142.

Dauber, D. (2003): Das Realisationsprinzip als Grundprinzip der steuerrechtlichen Gewinnermittlung, Frankfurt a. M. 2003.

Dawo, S. (2004): Fair Value-Bewertung nicht finanzieller Positionen – der Weg zur entobjektivierten Bilanz?, in: Küting, K./Pfitzer, N./Weber, C. P. (Hrsg.): Herausforderungen und Chancen durch weltweite Rechnungslegungsstandards. Kapitalmarktorientierte Rechnungslegung und integrierte Unternehmenssteuerung, Stuttgart 2004, S. 43-77.

Dechow, P. M./Kothari, S. P./Watts, R. L. (1998): The Relation between Earnings and Cash Flows, in: JAE 1998, S. 133-168.

Dechow, P. M./Richardson, S. A./Sloan, R. G. (2008): The Persistence and Pricing of the Cash Component of Earnings, in: JAR 2008, S. 537-566.

DeFelice, A. (2010): Blue-Ribbon Panel Narrows Field for Private Company Financial Reporting, in: JoA 2010, S. 24-28.

Deloitte (2011): Accounting Standards Updates by Jurisdiction, 2011. URL: http://www.iasplus.com/country/country.htm. Abrufdatum: 22.05.2011.

Demski, J. S. (1976): An Economic Analysis of the Chambers' Normative Standard, in: AR 1976, S. 653-656.

Demski, J. S. (1974): Choice Among Financial Reporting Alternatives, in: AR 1974, S. 221-232.

Demski, J. S. (1973): The General Impossibility of Normative Accounting Standards, in: AR 1973, S. 718-723.

Demski, J. S./Fellingham, J. C./Ijiri, Y./Sunder, S. (2002): Some Thoughts on the Intellectual Foundations of Accounting, in: AH 2002, S. 157-168.

Desai, M. A. (2005): The Degradation of Reported Corporate Profits, in: JEP 2005, S. 171-192.

Desai, M. A. (2003): The Divergence Between Book Income and Tax Income, in: Tax Policy and the Economy 2003, S. 169-206.

Desai, M. A./Dharmapala, D. (2009): Earnings Management, Corporate Tax Shelters, and Book-Tax Alignment, in: NTJ 2009, S. 169-186.

Devalle, A./Onali, E./Magarini, R. (2010): Assessing the Value Relevance of Accounting Data After the Introduction of IFRS in Europe, in: JIFMA 2010, S. 85-119.

Devereux, M. P./Griffith, R. (1998): Taxes and the Location of Production: Evidence from a Panel of US Multinationals, in: JPE 1998, S. 335-367.

Devereux, M. P./Griffith, R./Klemm, A. (2002): Corporate Income Tax Reforms and International Tax Competition, in: EP 2002, S. 450-495.

Devereux, M. P./Lockwood, B./Redoano, M. (2008): Do Countries Compete Over Corporate Tax Rates?, in: JPE 2008, S. 1210-1235.

de Weerth, J. (2003): Bilanzsteuerrecht und Europarecht: Anmerkungen zum BIAO-Urteil des EuGH, in: RIW 2003, S. 460-463.

Diamond, P. A./Mirrlees, J. A. (1971a): Optimal Taxation and Public Production I: Production Efficiency, in: AER 1971, S. 8-27.

Diamond, P. A./Mirrlees, J. A. (1971b): Optimal Taxation and Public Production II: Tax Rules, in: AER 1971, S. 261-278.

Dichev, I. D. (2008): On the Balance Sheet-Based Model of Financial Reporting, in: AH 2008, S. 453-470.

Dichev, I. D./Tang, V. W. (2008): Matching and the Changing Properties of Accounting Earnings over the Last 40 Years, in: AR 2008, S. 1425-1460.

Dietrich, M./Kiesewetter, D./Moosmann, S. (2008): Schwedische Direktinvestitionen in Deutschland und in Österreich – Eine empirische Untersuchung der „gefühlten Steuerbelastung“, in: PWP 2008, S. 62-82.

DIHK/PwC (2005): International Financial Reporting Standards (IFRS) in mittelständischen Unternehmen. Grundlagen, Nutzenpotenziale, Umfrageergebnisse, Umstellungsanforderungen, Berlin/Frankfurt a. M. 2005.

Diller, M./Grottke, M. (2010): Grenzen und Erweiterungsmöglichkeiten der investitionsneutralen Besteuerung nach dem ökonomischen Gewinn, in: ZfB 2010, S. 123-146.

Di Pietra, R./Evans, L./Chevy, J./Cisi, M./Eierle, B./Jarvis, R. (2008): Comment on the IASB's Exposure Draft 'IFRS for Small and Medium-Sized Entities', in: Accounting in Europe 2008, S. 27-47.

Ditz, X. (2001): Die Bedeutung der US-GAAP für die steuerrechtliche Gewinnermittlung in den USA, in: IStR 2001, S. 22-30.

Dobler, M. (2006): Ertragsvereinnahmung bei Fertigungsaufträgen nach IAS 11 und den Vorschlägen des Projekts Revenue Recognition – Vergleich und kritische Würdigung, in: KoR 2006, S. 160-170.

Dobler, M. (2005): Folgebewertung des Goodwill nach IFRS 3 und IAS 36, in: PiR 2005, S. 24-29.

Döllerer, G. (1988): Steuerbilanz und Beutesymbol. Gedanken zu einer ungewöhnlichen Geschichte des Bilanzrechts, in: BB 1988, S. 238-241.

Döllerer, G. (1987): Handelsbilanz und Steuerbilanz nach den Vorschriften des Bilanzrichtlinien-Gesetzes, in: BB 1987, Beilage 12, S. 1-16.

Döllerer, G. (1983): Handelsbilanz ist gleich Steuerbilanz, in: Baetge, J. (Hrsg.): Der Jahresabschluß im Widerstreit der Interessen. Vortragsreihe des Instituts für Revisionswesen an der Westfälischen Wilhelms-Universität Münster. Sommersemster 1982 / Wintersemester 1982/1983, Düsseldorf 1983, S. 157-177.

Döllerer, G. (1971): Maßgeblichkeit der Handelsbilanz in Gefahr, in: BB 1971, S. 1333-1335.

Döllerer, G. (1959): Grundsätze ordnungsmäßiger Bilanzierung, deren Entstehung und Ermittlung, in: BB 1959, S. 1217-1221.

Dörfler, O./Adrian, G. (2009): Steuerbilanzpolitik nach BilMoG, in: Ubg 2009, S. 385-394.

Dohrn, M. (2004): Entscheidungsrelevanz des Fair Value-Accounting am Beispiel von IAS 39 und IAS 40, Lohmar/Köln 2004.

Doralt, W. (1998): Sind Rückstellungen steuerpolitisch gerechtfertigt?, in: DB 1998, S. 1357-1358.

Drüen, K.-D. (2001): Der Maßgeblichkeitsgrundsatz im Wechselspiel zwischen Gesetzgeber und Rechtsprechung, in: FR 2001, S. 992-999.

Drukarczyk, J. (2007): Kommentierung zu § 18 Insolvenzordnung, in: Kirchhof, H.-P./Lwowski, H.-J./Stürner, R. (Hrsg.): Münchener Kommentar zur Insolvenzordnung. Band 1: §§ 1-102, Insolvenzrechtliche Vergütungsverordnung (InsVV), 2. Aufl., München 2007.

Drukarczyk, J. (1993): Theorie und Politik der Finanzierung, 2. Aufl., München 1993.

Drukarczyk, J. (1974): Ökonomischer Gewinn und Ausschüttungsentscheidung, in: ZfbF 1974, S. 764-769.

Drukarczyk, J. (1973): Zur Brauchbarkeit der Konzeption des „ökonomischen Gewinns“, in: WPg 1973, S. 183-188.

Drygala, T. (2006): Stammkapital heute – Zum veränderten Verständnis vom System des festen Kapitals und seinen Konsequenzen, in: ZGR 2006, S. 587-637.

Duhr, A. (2006): Grundsätze ordnungsmäßiger Geschäftswertbilanzierung. Objektivierungskonzeptionen des Geschäftswertes nach HGB, IFRS und U.S.GAAP, Düsseldorf 2006.

Duke, J. C./Hunt, H. G. (1990): An Empirical Examination of Debt Covenant Restrictions and Accounting-Related Debt Proxies, in: JAE 1990, S. 45-63.

Dumontier, P./Maghraoui, R. (2007): Does the Adoption of IAS-IFRS Reduce Information Asymmetry Systematically?, Working Paper 2007. URL: http://www.docin.com/p-91695281.html. Abrufdatum: 22.05.2011.

Dziadkowski, D. (2008): Ist die Maßgeblichkeit noch zu retten? Eine Rückschau auf das Verhältnis von Handelsbilanz und Steuerbilanz, in: Kirchhof, P./Nieskens, H. (Hrsg.): Festschrift für W. Reiss, Köln 2008, S. 469-482.

Dziadkowski, D. (2004): Der Fall BIAO: „Ab welchem Zeitpunkt sind IAS anzuwenden?“, in: IStR 2004, S. 323-324.

Dziadkowski, D. (2000): Die Überschußrechnung – eine Alternative zur Steuerbilanz?, in: BB 2000, S. 399-401.

Dziadkowski, D./Henselmann, K. (2004): B 120 – Verhältnis von Handels- und Steuerbilanz, in: Böcking, H.-J. et al. (Hrsg.): Beck'sches Handbuch der Rechnungslegung – HGB und IFRS –, München, Stand: 35. Erg.-Lief. März 2011 (dieser Abschnitt: Januar 2004).

Easton, P. (2009): Discussion of „Accounting Data and Value: The Basic Results", in: CAR 2009, S. 261-272.

Eberhartinger, E. (2005): IAS/IFRS und Maßgeblichkeit, in: Lang, M./Schuch, J./Staringer, C. (Hrsg.): Handbuch des Bilanzsteuerrechts. Gedenkschrift für W. Gassner, Wien 2005, S. 21-39.

Eberhartinger, E. (2000): Ertragsteuerliche Konsequenzen der Internationalisierung der Rechnungslegung, Wien 2000.

Eberhartinger, E./Wiedermann-Ondrej, N. (2005): Steuerliche Gewinnermittlungsmethoden in den USA, in: SWI 2005, S. 283-292.

Ebke, W. F. (2007): Rechnungslegung und Publizität in europarechtlicher und rechtsvergleichender Sicht, in: Ebke, W. F./Luttermann, C./Siegel, S. (Hrsg.): Internationale Rechnungslegungsstandards für börsenunabhängige Unternehmen?, Baden-Baden 2007, S. 67-94.

Eckerle, T. H. (2000): Der Einfluß der Besteuerung auf die unternehmerische Investitionsentscheidung. Quantitative Belastungswirkungen im internationalen Vergleich, Lohmar/Köln 2000.

Eckert, T. (2010): Ausschüttungsrestriktionen als Instrument der Kapitalerhaltung. Eine vergleichende Analyse von Nennkapitalsystem und Solvenztest unter Einbezug einer Monte-Carlo-Simulation, Lohmar/Köln 2010.

Edwards, E. O./Bell, P. W. (1961): The Theory and Measurement of Business Income, Berkeley u. a. 1961.

EFRAG (2010): EFRAG Compatibility Analysis: IFRS for SMEs and the EU Accounting Directives. URL: http://www.efrag.org/news/detail.asp?id=548. Abrufdatum: 22.05.2011.

Egner, T. (2008): „IFRS for SME" – eine Perspektive für die Rechnungslegung im Mittelstand? – Einflüsse auf das interne Rechnungswesen – Planung, Kostenrechnung und Controlling –, in: Seicht, G. (Hrsg.): Jahrbuch für Controlling und Rechnungswesen 2008, Wien 2008, S. 83-105.

Ehrhardt-Rauch, A. (2001): Die Einnahmen-Überschuss-Rechnung als einheitliche Gewinnermittlungsart?, in: DStZ 2001, S. 423-428.

Eichhorn, K. T. (2001): Das Maßgeblichkeitsprinzip bei Rechnungslegung nach International Accounting Standards, Lohmar/Köln 2001.

Eichinger, M. (1993): Ökonomische Analyse der Verknüpfung von handels- und steuerrechtlicher Rechnungslegung, Weiden 1993.

Eidenmüller, H. (2005): Effizienz als Rechtsprinzip, 3. Aufl., Tübingen 2005.

Eidenmüller, H./Engert, A. (2005a): Die angemessene Höhe des Grundkapitals der Aktiengesellschaft, in: AG 2005, S. 97-108.

Eidenmüller, H./Engert, A. (2005b): Rechtsökonomik des Mindestkapitals im GmbH-Recht, in: GmbHR 2005, S. 433-438.

Eidenmüller, H./Grunewald, B./Noack, U. (2006): Das Mindestkapital im System des festen Kapitals, in: Lutter, M. (Hrsg.): Das Kapital der Aktiengesellschaft in Europa, ZGR-Sonderheft 17/2006, S. 17-41.

Eierle, B./Haller, A. (2010): IFRS for SMEs – Ergebnisse einer Befragung von nicht kapitalmarktorientierten Unternehmen in Deutschland, Berlin 2010.

Eierle, B./Haller, A. (2009): Does Size Influence the Suitability of the IFRS for Small and Medium-Sized Entities? – Empirical Evidence from Germany, in: Accounting in Europe 2009, S. 195-230.

Eierle, B./Haller, A./Beiersdorf, K. (2007): Entwurf eines internationalen Standards zur Bilanzierung von Small and Medium-sized Entities (ED-IFRS for SMEs). Ergebnisse einer Befragung mittelständischer Unternehmen, Berlin 2007.

Ekkenga, J. (2006): Einzelabschluss nach IFRS – Ende der aktien- und GmbH-rechtlichen Kapitalerhaltung?, in: AG 2006, S. 389-397.

El-Gazzar, S./Pastena, V. (1991): Factors Affecting the Scope and Initial Tightness of Covenant Restrictions in Private Lending Agreements, in: CAR 1991, S. 132-151.

El-Gazzar, S./Pastena, V. (1990): Negotiated Accounting Rules in Private Financial Contracts, in: JAE 1990, S. 381-396.

Elschen, R. (2009): Rechnungslegung im Spannungsfeld von Internationalisierung und Vertrauen, in: Egner, T./Henselmann, K./Schmidt, L. (Hrsg.): Steuern und Rechnungslegung. Festschrift für J. Sigloch, Aachen 2009, S. 553-580.

Elschen, R. (1991): Entscheidungsneutralität, Allokationseffizienz und Besteuerung nach der Leistungsfähigkeit. Gibt es ein gemeinsames Fundament der Steuerwissenschaften?, in: StuW 1991, S. 99-115.

Elschen, R. (1988): Agency-Theorie, in: DBW 1988, S. 248-250.

Elschen, R./Hüchtebrock, M. (1983): Steuerneutralität in Finanzwissenschaft und Betriebswirtschaftslehre – Diskrepanzen und Konsequenzen, in: FA 1983, S. 253-280.

Endres, D./Scheffler, W./Oestreicher, A./Spengel, C. (2007): The Determination of Corporate Taxable Income in the EU Member States, Alphen aan den Rijn 2007.

Engel-Ciric, D. (2002): Einschränkung der Aussagekraft des Jahresabschlusses nach IAS durch bilanzpolitische Spielräume, in: DStR 2002, S. 780-784.

Engert, A. (2007): Die Wirksamkeit des Gläubigerschutzes durch Nennkapital, in: GmbHR 2007, S. 337-344.

Engert, A. (2006a): Kapitalgesellschaften ohne gesetzliches Kapital: Lehren aus dem US-amerikanischen Recht, in: Lutter, M. (Hrsg.): Das Kapital der Aktiengesellschaft in Europa, ZGR-Sonderheft 17/2006, S. 743-798.

Engert, A. (2006b): Solvenzanforderungen als gesetzliche Ausschüttungssperre bei Kapitalgesellschaften, in: ZHR 2006, S. 296-335.

Enriques, L./Macey, J. R. (2001): Creditors versus Capital Formation: The Case against the European Legal Capital Rules, in: Cornell L. Rev. 2001, S. 1165-1204.

Ernst, C. (2008): Die Modernisierung des HGB als Antwort auf aktuelle Herausforderungen, in: WPg 2008, Sonderheft, S. S91-S96.

Ernst, C./Seidler, H. (20008a): Der Regierungsentwurf eines Gesetzes zur Modernisierung des Bilanzrechts, in: ZGR 2008, S. 631-675.

Ernst, C./Seidler, H. (2008b): Handelsrechtliche Rechnungslegung vor dem Hintergrund internationaler Entwicklungen. Weiterentwicklung und friedliche Koexistenz oder Auslaufmodell?, in: Bruns, H.-G. et al. (Hrsg.): Globale Finanzberichterstattung. Entwicklung, Anwendung und Durchsetzung von IFRS. Festschrift für L. Knorr, Stuttgart 2008, S. 107-127.

Ernst, E./Gassen, J./Pellens, B. (2009): Verhalten und Präferenzen deutscher Aktionäre. Eine Befragung von privaten und institutionellen Anlegern zum Informationsverhalten, zur Dividendenpräferenz und zur Wahrnehmung von Stimmrechten, in: von Rosen, R. (Hrsg.): Studien des deutschen Aktieninstituts, Heft 42, Frankfurt a. M. 2009.

Ernstberger, J. (2009): The Value Relevance of Accounting Data According to IFRS and US GAAP: The Case of Germany, in: Corporate Ownership & Control 2009, S. 177-195.

Ernstberger, J./Vogler, O. (2008): Analyzing the German Accounting Triad – "Accounting Premium" for IAS/IFRS and US-GAAP vis-à-vis German GAAP?, in: TIJA 2008, S. 339-386.

Ernsting, I. (1999): StEntlG: Zur Ausdehnung des Abzinsungsgebots auf Rückstellungen für Sachleistungsverpflichtungen, in: StuB 1999, S. 457-463.

Ernst & Young (2005): How Fair Is Fair Value?, London 2005.

Escher-Weingart, C. (2001): Reform durch Deregulierung im Kapitalgesellschaftsrecht. Eine Analyse der Reformmöglichkeiten unter besonderer Berücksichtigung des Gläubiger- und Anlegerschutzes, Tübingen 2001.

Essers, P./Russo, R. (2009): The Precious Relationship between IAS/IFRS, National Tax Accounting Systems and the CCCTB, in: Essers, P. et al. (Hrsg.): The Influence of IAS/IFRS on the CCCTB, Tax Accounting, Disclosure and Corporate Law Accounting Concepts. 'A Clash of Cultures', Alphen aan den Rijn 2009, S. 29-86.

Esterer, F. (2010): Auswirkungen des Bilanzrechtsmodernisierungsgesetzes (BilMoG) auf die steuerliche Gewinnermittlung, in: Kessler, W./Förster, G./Watrin, C. (Hrsg.): Unternehmensbesteuerung. Festschrift für N. Herzig, München 2010, S. 627-649.

Esterer, F. (2005): Maßgeblichkeit der IAS/IFRS, in: Endres, D. et al. (Hrsg.): Die internationale Unternehmensbesteuerung im Wandel. Symposium für O. H. Jacobs, München 2005, S. 110-126.

EU-Kommission (2011a): Commission Staff Working Document. Impact Assessment. Accompanying Document to the Proposal for a Council Directive on a Common Consolidated Corporate Tax Base (CCCTB), SEC(2011) 315 final vom 16.03.2011. URL: http://eur-lex.europa.eu/LexUriServ/LexUriServ.do?uri=SEC:2011:0315:FIN:EN:PDF. Abrufdatum: 22.05.2011.

EU-Kommission (2011b): Vorschlag für eine Richtlinie des Rates über eine Gemeinsame konsolidierte Körperschaftsteuer-Bemessungsgrundlage (GKKB), KOM(2011) 121 endgültig vom 16.03.2011. URL: http://eur-lex.europa.eu/LexUriServ/LexUriServ.do?uri=COM:2011:0121:FIN:DE:PDF. Abrufdatum: 22.05.2011.

EU-Kommission (2010): Implementation of the IAS Regulation (1606/2002) in the EU and EEA, 2010. URL: www.iasplus.com/europe/1007ias-use-of-options.pdf. Abrufdatum: 22.05.2011.

EU-Kommission (2008a): Position/Ausblick der GD Binnenmarkt und Dienstleistungen – Results of the External Study on the Feasibility of an Alternative to the Capital Maintenance Regime of the Second Company Law Directive and the Impact of the Adoption of IFRS on Profit Distribution, 2008. URL: http://ec.europa.eu/internal_market/company/docs/capital/feasbility/markt-position_en.pdf. Abrufdatum: 22.05.2011.

EU-Kommission (2008b): Vorschlag für eine Verordnung des Rates über das Statut der Europäischen Privatgesellschaft, KOM(2008) 396 vom 25.06.2008. URL: http://ec.europa.eu/internal_market/company/docs/epc/proposal_de.pdf. Abrufdatum: 22.05.2011.

EU-Kommission (2003a): Mitteilung der Kommission an den Rat und das Europäische Parlament. Modernisierung des Gesellschaftsrechts und Verbesserung der Corporate Governance in der Europäischen Union – Aktionsplan, KOM(2003) 284 endgültig vom 21.05.2003. URL: http://eur-lex.europa.eu/LexUriServ/LexUriServ.do?uri=COM:2003:0284:FIN:DE:PDF. Abrufdatum: 22.05.2011.

EU-Kommission (2003b): Mitteilung der Kommission an den Rat, das Europäische Parlament und den Europäischen Wirtschafts- und Sozialausschuss. Ein Binnenmarkt ohne unternehmenssteuerliche Hindernisse. Ergebnisse, Initiativen, Herausforderungen, KOM(2003) 726 endgültig vom 24.11.2003. URL: http://eur-lex.europa.eu/LexUriServ/LexUriServ.do?uri=COM:2003:0726:FIN:DE:PDF. Abrufdatum: 22.05.2011.

EU-Kommission (2001a): Arbeitsdokument der Dienststellen der Kommission. Unternehmensbesteuerung im Binnenmarkt, SEK(2001) 1681 vom 23.10.2001. URL: http://ec.europa.eu/taxation_customs/resources/documents/company_tax_study_de.pdf. Abrufdatum: 22.05.2011.

EU-Kommission (2001b): Mitteilung der Kommission an den Rat, das Europäische Parlament und den Wirtschafts- und Sozialausschuss. Ein Binnenmarkt ohne steuerliche Hindernisse. Strategie zur Schaffung einer konsolidierten Körperschaftsteuer-Bemessungsgrundlage für die grenzüberschreitende Unternehmenstätigkeit in der EU, KOM(2001) 582 endgültig vom 23.10.2001. URL: http://eur-lex.europa.eu/LexUriServ/LexUriServ.do?uri=COM:2001:0582:FIN:DE:PDF. Abrufdatum: 22.05.2011.

EU-Kommission (1995): Mitteilung der Kommission. Harmonisierung auf dem Gebiet der Rechnungslegung: Eine neue Strategie im Hinblick auf die internationale Harmonisierung, COM 95 (508) DE, 1995. URL: http://ec.europa.eu/internal_market/accounting/docs/com-95-508/com-95-508_de.pdf. Abrufdatum: 22.05.2011.

EU-Kommission – DG Internal Market and Services (2010): 4th Company Law Directive and IFRS for SMEs. Final Report October 2010. URL: http://ec.europa.eu/internal_market/accounting/docs/studies/2010_cses_4th_company_law_directve_en.pdf. Abrufdatum: 22.05.2011.

Euler, R. (2002): Paradigmenwechsel im handelsrechtlichen Einzelabschluss: Von den GoB zu den IAS?, in: BB 2002, S. 875-880.

Euler, R. (2000): Steht die Maßgeblichkeit vor einer Renaissance?, in: Kleindiek, D./Oehler, W. (Hrsg.): Die Zukunft des deutschen Bilanzrechts im Zeichen internationaler Rechnungslegung und Standardsetzung, Köln 2000, S. 193-199.

Euler, R. (1998): Steuerbilanzielle Konsequenzen der internationalisierten Rechnungslegung, in: StuW 1998, S. 15-24.

Euler, R. (1996): Das System der Grundsätze ordnungsmäßiger Bilanzierung, Stuttgart 1996.

Ewert, R. (1987): The Financial Theory of Agency as a Tool for an Analysis of Problems in External Accounting, in: Bamberg, G./Spremann, K. (Hrsg.): Agency-Theory, Information and Incentives, Berlin u. a. 1987, S. 281-309.

Ewert, R. (1986): Rechnungslegung, Gläubigerschutz und Agency-Probleme, Wiesbaden 1986.

Ewert, R. (1984): Zur Beziehung zwischen Investitionsvolumen, Fremdfinanzierung und Bilanzkennzahlen, in: ZfbF 1984, S. 825-841.

Ewert, R./Wagenhofer, A. (2010): IFRS und Unternehmensbewertung, in: Königsmaier, H./Rabel, K. (Hrsg.): Unternehmensbewertung. Theoretische Grundlagen – Praktische Anwendung. Festschrift für G. Mandl, Wien 2010, S. 217-235.

Ewert, R./Wagenhofer, A. (2005): Economic Effects of Tightening Accounting Standards to Restrict Earnings Management, in: AR 2005, S. 1101-1124.

Ewert, R./Wagenhofer, A. (2003): Aspekte ökonomischer Forschung in der Rechnungslegung und Anwendung auf Ausschüttungsbemessung und Unabhängigkeit des Prüfers, in: BFuP 2003, S. 603-622.

Fabri, S. (1986): Grundsätze ordnungsmäßiger Bilanzierung entgeltlicher Nutzungsverhältnisse, Bergisch Gladbach 1986.

Fabricius, F. (1970): Das Stammkapital der GmbH – Zur Frage seiner Rechtfertigung und der Rechtfertigung seiner Höhe. Gedanken zum Referentenentwurf eines GmbH-Gesetzes 1969, in: GmbHR 1970, S. 137-144.

Fama, E. F. (1991): Efficient Capital Markets: II, in: JF 1991, S. 1575-1617.

Fama, E. F. (1980): Agency Problems and the Theory of the Firm, in: JPE 1980, S. 288-307.

Fama, E. F. (1978): The Effects of a Firm's Investment and Financing Decisions on the Welfare of its Security Holders, in: AER 1978, S. 272-284.

Fama, E. F. (1970): Efficient Capital Markets: A Review of Theory and Empirical Work, in: JF 1970, S. 383-417.

Fama, E. F./Jensen, M. C. (1983): Separation of Ownership and Control, in: JLE 1983, S. 301-325.

Faß, J. (1992): Konzernierung und konsolidierte Rechnungslegung. Eine Analyse der Eignung des Konzernabschlusses als Informationsinstrument und als Grundlage der Ausschüttungsbemessung konzernverbundener Unternehmen, Frankfurt a. M. 1992.

Fastrich, L. (2006): Optimierung des Gläubigerschutzes bei der GmbH – Praktikabilität und Effizienz, in: DStR 2006, S. 656-663.

FEE (2007): FEE Discussion Paper on Alternatives to Capital Maintenance Regimes, 2007. URL: http://www.fee.be/fileupload/upload/DP%20Alternatives%20to%20Capital%20Maintenance%20Regimes%200709289200741923.pdf. Abrufdatum: 22.05.2011.

Feldhoff, M. (1994): Staat und Rechnungslegung – eine regulierungstheoretische Perspektive –, in: WPg 1994, S. 529-536.

Feltham, G. A./Ohlson, J. A. (1995): Valuation and Clean Surplus Accounting for Operating and Financial Activities, in: CAR 1995, S. 689-731.

Fentz, V./Hoeren, C./Totzek, A. (2009): H IFRS-basierte Kreditvergabe, in: Eckes, B. et al. (Hrsg): Bilanzanalyse-Kommentar nach IFRS. Bonitätsbeurteilung auf Basis internationaler Rechnungslegungsvorschriften, 2. Aufl., Heidelberg 2009.

Ferran, E. (2006): The Place for Creditor Protection on the Agenda for Modernisation of Company Law in the European Union, in: ECFR 2006, S. 178-221.

Fink, C. (2010): BilMoG, IFRS und IFRS for SMEs. Besondere Herausforderungen für Familienunternehmen, in: StuB 2010, S. 734-737.

Fink, C./Heidbreder, S./Schäfer, H. (2010): Gesellschafter von Familienunternehmen und ihre Informationsbedürfnisse vor dem Hintergrund einer internationalen Rechnungslegung, in: Kathan, D. et al. (Hrsg.): Wertschöpfungsmanagement im Mittelstand. Tagungsband des Forums der deutschen Mittelstandsforschung, Wiesbaden 2010, S. 163-178.

Fink, C./Heidbreder, S./Schäfer, H. (2008): Informationsbedürfnisse der Gesellschafter von Familienunternehmen, in: KoR 2008, S. 601-608.

Fischer, P. (2011): Kommentierung zu § 6 EStG, in: Kirchhof, P. (Hrsg.): Einkommensteuergesetz. Kommentar, 10. Aufl., Köln 2011.

Fisher, I. (1932): Die Zinstheorie, übersetzt von H. Schulz, Jena 1932.

Fisher, I. (1906): The Nature of Capital and Income, New York u. a. 1906.

Florou, A./Kosi, U. (2009): The Economic Consequences of Mandatory IFRS Adoption for Debt Financing, Working Paper 2009. URL: http://papers.ssrn.com/sol3/papers.cfm?abstract_id=1508324. Abrufdatum: 31.05.2011.

Förschle, G./Kroner, M. (2010): Kommentierung zu § 297 HGB, in: Ellrott, H. et al. (Hrsg.): Beck'scher Bilanz-Kommentar, 7. Aufl., München 2010.

Förster, G./Schmidtmann, D. (2009): Steuerliche Gewinnermittlung nach dem BilMoG, in: BB 2009, S. 1342-1346.

Frank, S. (2011): Auswirkungen des Übergangs auf IFRS auf die Bewertungsrelevanz von Konzernabschlüssen. Eine empirische Analyse aus Sicht der Eigenkapitalgeber unter besonderer Berücksichtigung des deutschen Kapitalmarkts, Hamburg 2011.

Franke, G./Hax, H. (2009): Finanzwirtschaft des Unternehmens und Kapitalmarkt, 6. Aufl., Heidelberg u. a. 2009.

Franken, L. (2001): Gläubigerschutz durch Rechnungslegung nach US-GAAP. Eine ökonomische Analyse, Frankfurt a. M. 2001.

Frebel, M. (2006): Erfolgsaufteilung und -besteuerung im internationalen Konzern, Lohmar/Köln 2006.

Freedman, J. (2004): Aligning Taxable Profits and Accounting Profits: Accounting Standards, Legislators and Judges, in: eJournal of Tax Research 2004, S. 71-99.

Freedman, J./Macdonald, G. (2008): The Tax Base for CCCTB: The Role of Principles, in: Lang, M. et al. (Hrsg.): Common Consolidated Corporate Tax Base, Wien 2008, S. 219-270.

Freiberg, J. (2010): Diskontierung in der Internationalen Rechnungslegung. Anwendungsbereich und Konzepte, Herne 2010.

Freiberg, J./Hoffmann, W.-D. (2011): § 11 Außerplanmäßige Abschreibungen, Wertaufholung, in: Lüdenbach, N./Hoffmann, W.-D. (Hrsg.): Haufe IFRS-Kommentar, 9. Aufl., Freiburg 2011.

Freiberg, J./Lüdenbach, N. (2005): Ermittlung des Diskontierungssatzes nach IAS 36, in: KoR 2005, S. 479-487.

Freidank, C.-C./Velte, P. (2010): Quo vadis Maßgeblichkeit? Eine Analyse aus rechtshistorischer, steuersystematischer und betriebswirtschaftlicher Sicht, in: StuW 2010, S. 185-194.

Fritz-Schmied, G./Rutter, S./Schwarz, R. (2008): CCCTB – Das Konzept zur gemeinsamen konsolidierten Körperschaftsteuerbemessungsgrundlage. Ein Beitrag zur Frage der Umsetzbarkeit in Bezug auf die Vorschläge zur Abschreibung, in: Hammerschmied, H. (Hrsg.): Steuerberatung und Wirtschaftsprüfung in Europa. Festschrift für A. Brogyányi, Wien 2008, S. 465-485.

Fuchs, M./Stibi, B. (2007a): Reform des Gläubigerschutzes durch Kapitalerhaltung? Problembereiche eines Systemwandels der Ausschüttungsbemessung, in: BB 2007, S. 93-98.

Fuchs, M./Stibi, B. (2007b): Solvenztests als Grundlage der Ausschüttungsbemessung – Anforderungen und betriebswirtschaftliche Gestaltungsmöglichkeiten, in: BB 2007, Beilage 5, S. 19-24.

Fülbier, R. U. (2006a): Konzernbesteuerung nach IFRS. IFRS-Konsolidierungsregeln als Ausgangspunkt einer konsolidierten steuerlichen Gewinnermittlung in der EU?, Frankfurt a. M. 2006.

Fülbier, R. U. (2006b): Systemtauglichkeit der International Financial Reporting Standards für Zwecke der steuerlichen Gewinnermittlung, in: StuW 2006, S. 228-242.

Fülbier, R. U./Gassen, J. (2010): IFRS for European Small and Medium-Sized Entities? A Theoretical and Empirical Analysis. Research Report commissioned by DGRV – Deutscher Genossenschafts- und Raiffeisenverband e. V., Bayreuth/Berlin 2010.

Fülbier, R./Gassen, J. (2008): Bilanzrechtsregulierung: Auf der ewigen Suche nach der eierlegenden Wollmilchsau, in: Wagner, F. W./Schildbach, T./Schneider, D. (Hrsg.): Private und öffentliche Rechnungslegung. Festschrift für H. Streim, Wiesbaden 2008, S. 135-155.

Fülbier, R. U./Gassen, J. (2007): Das Bilanzrechtsmodernisierungsgesetz (BilMoG): Handelsrechtliche GoB vor der Neuinterpretation, in: DB 2007, S. 2605-2612.

Fülbier, R. U./Gassen, J./Ott, E. (2010): IFRS for SMEs für den europäischen Mittelstand? – Einige theoretische und empirische Überlegungen –, in: DB 2010, S. 1357-1360.

Fülbier, R. U./Gassen, J./Sellhorn, T. (2008): Vorsichtige Rechnungslegung – Theoretische Erklärung und empirische Evidenz –, in: ZfB 2008, S. 1317-1341.

Fülbier, R. U./Windhorst, K. (2010): Die internationalen Bilanzierungsrichtlinien (IFRS for SME). Implikationen für Familienunternehmen und den Gesetzgeber. Studie im Auftrag von Stiftung Familienunternehmen und VMEBF, München 2010.

Fuisting, B. (1902): Die Preußischen direkten Steuern. 4. Band: Grundzüge der Steuerlehre, Berlin 1902.

Gaber, C. (2005): Der Erfolgsausweis im Wettstreit zwischen Prognosefähigkeit und Kongruenz, in: BFuP 2005, S. 279-295.

Gammie, M./Giannini, S./Klemm, A./Oestreicher, A./Parascandolo, P./Spengel, C. (2005): Achieving a Common Consolidated Corporate Tax Base in the EU, Brussels 2005.

Gassen, J. (2008): Are Stewardship and Valuation Usefulness Compatible or Alternative Objectives of Financial Accounting?, Working Paper 2008. URL: http://papers.ssrn.com/sol3/papers.cfm?abstract_id=1095215. Abrufdatum: 22.05.2011.

Gassen, J./Fischkin, M./Hill, V. (2008): Das Rahmenkonzept des IASB und des FASB – Entscheidungsnützlichkeit über alles?, in: Küting, K./Pfitzer, N./Weber, C.-P. (Hrsg.): Bilanz als Informations- und Kontrollinstrument. Kapitalmarktorientierte Rechnungslegung und integrierte Unternehmenssteuerung, Stuttgart 2008, S. 31-49.

Gassen, J./Schwedler, K. (2010): The Decision Usefulness of Financial Accounting Measurement Concepts: Evidence from an Online Survey of Professional Investors and their Advisors, in: EAR 2010, S. 495-509.

Gassen, J./Sellhorn, T. (2006): Applying IFRS in Germany – Determinants and Consequences, in: BFuP 2006, S. 365-386.

Gavish, B./Kalay, A. (1983): On the Asset Substitution Problem, in: JFQA 1983, S. 21-30.

Gegenfurtner, B. (2010): Kapitalmarkteffekte der Rechnungslegung unter Berücksichtigung von Eigentümerstrukturen – Eine empirische Studie des deutschen Kapitalmarkts, Diss. München 2010. URL: http://d-nb.info/1004263112/34. Abrufdatum: 22.05.2011.

Gelhausen, H. F./Althoff, F. (2009): Die Bilanzierung ausschüttungs- und abführungsgesperrter Beträge im handelsrechtlichen Jahresabschluss nach dem BilMoG (Teil 1 und 2), in: WPg 2009, S. 584-592 und S. 629-635.

Gellrich, K. M. (2008): Konzept der Passivierung ungewisser Verbindlichkeiten in einer eigenständigen Steuerbilanz unter besonderer Beachtung von IAS 37. Beitrag zur Harmonisierung der steuerlichen Gewinnermittlung in Europa, Düsseldorf 2008.

Gelter, M. (2004): Kapitalerhaltung und internationale Rechnungslegung, in: GesRZ 2004, S. 177-188.

Gjesdal, F. (1981): Accounting for Stewardship, in: JAR 1981, S. 208-231.

Göbel, S./Kormaier, B. (2007): Adressaten und deren Anforderungen an die externe Berichterstattung nicht kapitalmarktorientierter Unternehmen – Ergebnisse ausgewählter Studien –, in: KoR 2007, S. 519-532.

Golland, F./Gehlhaar, L./Grossmann, K./Eickhoff-Kley, X./Jänisch, C. (2005): Mezzanine-Kapital, in: BB 2005, Beilage 14, S. 1-32.

Graham, J. R./Raedy, J. S./Shackelford, D. A. (2011): Research in Accounting for Income Taxes, Working Paper 2011. URL: http://papers.ssrn.com/sol3/papers.cfm?abstract_id=1312005. Abrufdatum: 22.05.2011.

Gramlich, D. (2007): IFRS-Rechnungslegung, bankinternes Unternehmensrating und Wandel der Finanzkommunikation, in: Heyd, R./von Keitz, I. (Hrsg.): IFRS-Management. Interessenschutz auf dem Prüfstand, Treffsichere Unternehmensbeurteilung, Konsequenzen für das Management, München 2007, S. 177-195.

Grau, A. (2002): Gewinnrealisierung nach International Accounting Standards, Wiesbaden 2002.

Green, R. C./Talmor, E. (1986): Asset Substitution and the Agency Costs of Debt Financing, in: JBF 1986, S. 391-399.

Greulich, S./Rau, T. (2008): Zur partiellen Insolvenzverursachungshaftung des GmbH-Geschäftsführers nach § 64 S. 3 GmbHG-RegE, in: NZG 2008, S. 284-289.

Gröning, R. (2002): Steuerbilanzielle Gewinnermittlung nach US-GAAP?, Lohmar/Köln 2002.

Groh, M. (2007): Fragen zum Abzinsungsgebot, in: DB 2007, S. 2275-2280.

Groh, M. (1999): Steuerentlastungsgesetz 1999/2000/2002: Imparitätsprinzip und Teilwertabschreibung, in: DB 1999, S. 978-984.

Groh, M. (1998): Der Kampf um das Maßgeblichkeitsprinzip, in: Meffert, H./Krawitz, N. (Hrsg.): Unternehmensrechnung und -besteuerung. Grundfragen und Entwicklungen. Festschrift für D. Börner, Wiesbaden 1998, S. 177-196.

Groh, M. (1988): Verbindlichkeitsrückstellung und Verlustrückstellung: Gemeinsamkeiten und Unterschiede, in: BB 1988, S. 27-33.

Gros, M. (2010): Rechnungslegung in Deutschland und den USA. Implikationen für eine zweckadäquate Fortentwicklung der deutschen Rechnungslegungskonzeption, Wiesbaden 2010.

Gros, M. (2008): Bilanzrechtsmodernisierung und Annäherung an die IFRS: Auswirkungen auf Publizität, Ausschüttungsbemessung und steuerliche Gewinnermittlung, in: DK 2008, S. 466-477.

Gros, M./Wallek, C. (2009): Informationeller Gläubigerschutz nach BilMoG, in: DK 2009, S. 541-547.

Grossman, S. J. (1976): On the Efficiency of Competitive Stock Markets Where Trades Have Diverse Information, in: JF 1976, S. 573-585.

Grossman, S. J./Stiglitz, J. E. (1980): On the Impossibility of Informationally Efficient Markets, in: AER 1980, S. 393-408.

Grossman, S. J./Stiglitz, J. E. (1976): Information and Competitive Price Systems, in: AER 1976, S. 246-253.

Grotherr, S. (2003): Zur Entscheidungskompetenz des EuGH in bilanzsteuerrechtlichen Fragestellungen – zugleich Analyse des EuGH-Urteils vom 7. 1. 2003 (BIAO-Africa Bank) –, in: IWB 2003, S. 413-432.

Grottke, M. (2009a): Kritik an der Kapitalerhaltung und synoptische Darstellung des aktuellen Stands der Reformvorschläge – Gläubigerschutz durch Ausschüttungsbemessung I –, in: KoR 2009, S. 261-266.

Grottke, M. (2009b): Der Solvenztest: (k)eine sinnvolle Alternative zur Kapitalerhaltung? Eine kritische Analyse – Gläubigerschutz durch Ausschüttungsbemessung II –, in: KoR 2009, S. 353-362.

Grottke, M./Haendel, F. (2010): Operation gelungen – Mittelstand tot? – Eine Analyse der Anhangangaben der IFRS for SMEs auf mittelstandsschädliche Wirkungen, in: DStR 2010, S. 1147-1153.

Grunewald, B./Noack, U. (2005): Zur Zukunft des Kapitalsystems der GmbH – Die Ein-Euro-GmbH in Deutschland, in: GmbHR 2005, S. 189-195.

Gschrey, E. (2010): IAS 39 als „Brandbeschleuniger“ in der Krise?, in: WPg 2010, Sonderheft, S. S5-S10.

Günkel, M. (2010): Die Maßgeblichkeit nach der Bilanzrechtsreform (BilMoG), in: Kessler, W./Förster, G./Watrin, C. (Hrsg.): Unternehmensbesteuerung. Festschrift für N. Herzig, München 2010, S. 509-516.

Günther, A. (2010): BilMoG: Ein Modell für die Überarbeitung der Bilanzrichtlinien, in: WPg 2010, Sonderheft, S. S23-S26.

Günther, N./Gegenfurtner, B./Kaserer, C./Achleitner, A.-K. (2009): International Financial Reporting Standards and Earnings Quality: The Myth of Voluntary vs. Mandatory Adoption, Working Paper 2009. URL: http://papers.ssrn.com/sol3/papers.cfm?abstract_id=1413145. Abrufdatum: 22.05.2011.

Gutenberg, E. (1926): Die Struktur der Bilanzwerte, in: ZfB 1926, S. 497-511.

Guthoff, M. (2006): IFRS und Mittelstandsrating der Banken. Erhöhen IFRS-Abschlüsse die Qualität der Bilanz- und Finanzanalyse, in: Winkeljohann, N./Herzig, N. (Hrsg.): IFRS für den Mittelstand. Perspektiven – Anwendung – Praxisberichte, Stuttgart 2006, S. 179-194.

Haag, M. (2010): Chancen und Grenzen einer Vereinheitlichung der Rechnungslegung für nichtkapitalmarktorientierte Unternehmen in der EU, in: DStR 2010, S. 2320-2325.

Haaker, A. (2010a): Ein kritischer Blick auf den Entwurf eines DSR-Thesenpapiers zur Zukunft des europäischen Gläubigerschutzes – Eine ökonomische Analyse hinsichtlich der Zielsetzung eines hinreichenden Gläubigerschutzes –, in: ZGR 2010, S. 1055-1094.

Haaker, A. (2010b): Einfache Solvenztests statt aufwendige Ausschüttungssperren zur Gewährleistung eines hinreichenden Gläubigerschutzniveaus?, in: DStR 2010, S. 663-668.

Haaker, A. (2009a): Eignung der IFRS für Ausschüttungszwecke? – Contra, in: PiR 2009, S. 172.

Haaker, A. (2009b): Zur Zukunft der Kapitalerhaltung – IFRS und Solvenztest statt HGB-Abschluss?, in: ZfgG 2009, S. 198-218.

Haaker, A. (2008): Potential der Goodwill-Bilanzierung nach IFRS für eine Konvergenz im wertorientierten Rechnungswesen. Eine messtheoretische Analyse, Wiesbaden 2008.

Haaker, A. (2007): Grundgedanken zu einer Reform der Bilanzierung immaterieller Vermögenswerte nach IAS 38 und zur zweckadäquaten Ausgestaltung einer „IFRS-Informationsbilanz" (Teil I und II), in: KoR 2007, S. 254-262 und S. 332-341.

Haas, U. (2010): Kommentierung zu § 64 GmbHG, in: Baumbach, A./Hueck, A. (Hrsg.): GmbHG. Gesetz betreffend die Gesellschaften mit beschränkter Haftung. Kommentar, 19. Aufl., München 2010.

Haas, U. (2006): Mindestkapital und Gläubigerschutz in der GmbH, in: DStR 2006, S. 993-1000.

Hachmeister, D. (2009): Investment Properties (IAS 40), in: Brösel, G./Zwirner, C. (Hrsg.): IFRS-Rechnungslegung. Grundlagen – Aufgaben – Fallstudien, 2. Aufl., München 2009, S. 421-439.

Hachmeister, D. (2008a): Anmerkungen zur Modernisierung des Bilanzrechts, in: Accounting 2008, S. 3-4.

Hachmeister, D. (2008b): Impairment-Test nach IFRS und US-GAAP, in: Ballwieser, W./Beyer, S./Zelger, H. (Hrsg.): Unternehmenskauf nach IFRS und US-GAAP. Purchase Price Allocation, Goodwill und Impairment-Test, 2. Aufl., Stuttgart 2008, S. 229-266.

Hachmeister, D. (2006a): Analyse der Regelungen zur Cashflow-Schätzung beim Goodwill Impairment Test vor dem Hintergrund der Grundsätze ordnungsmäßiger Prognose und Prüfung, in: Siegel, T. et al. (Hrsg.): Unternehmungen, Versicherungen und Rechnungswesen. Festschrift für D. Rückle, Berlin 2006, S. 257-276.

Hachmeister, D. (2006b): Verbindlichkeiten nach IFRS. Bilanzierung von kurz- und langfristigen Verbindlichkeiten, Rückstellungen und Eventualschulden, München 2006.

Hachmeister, D. (2000): Der Discounted Cash Flow als Maß der Unternehmenswertsteigerung, 4. Aufl., Frankfurt a. M. 2000.

Hachmeister, D./Wiese, J. (2009): Der Zinsfuß in der Unternehmensbewertung: Aktuelle Probleme und Rechtsprechung, in: WPg 2009, S. 54-65.

Hachmeister, D./Zeyer, F. (2008): Kommentierung zu IAS 37. Rückstellungen, Eventualschulden und Eventualforderungen, in: Thiele, S./von Keitz, I./Brücks, M. (Hrsg.): Internationales Bilanzrecht. Rechnungslegung nach IFRS. Kommentar, Bonn 2008, Stand: 4. Erg.-Lief. November 2010 (dieser Abschnitt: Februar 2008).

Haghani, S./Voll, S./Holzamer, M. (2008): Bedeutung und Management von Financial Covenants, Düsseldorf 2008. URL: www.rolandberger.com.br/media/pdf/rb_press/RB_Bedeutung_und_Management_von_Financial_Covenants_20080429.pdf. Abrufdatum: 22.05.2011.

Haghani, S./Voll, S./Holzamer, M./Warnig, C. (2009): Financial Covenants in der Unternehmensfinanzierung, 2009. URL: http://www.rolandberger.at/media/pdf/Roland_Berger_Financial_Covenants_20090725.pdf. Abrufdatum: 22.05.2011.

Hail, L./Leuz, C. (2007): Report to AFM on Capital Market Effects of Mandatory IFRS Reporting in the EU: Empirical Evidence. URL: http://papers.ssrn.com/sol3/papers.cfm?abstract_id=1511671. Abrufdatum: 22.05.2011.

Hail, L./Leuz, C./Wysocki, P. (2010): Global Accounting Convergence and the Potential Adoption of IFRS by the U.S. (Part I): Conceptual Underpinnings and Economic Analysis, in: AH 2010, S. 355-394.

Haller, A. (2009): Rechnungslegung für den Mittelstand – BilMoG versus Exposure Draft „IFRS for Small and Medium-sized Entities“, in: Freidank, C.-C./Altes, P. (Hrsg.): Das Gesetz zur Modernisierung des Bilanzrechts (BilMoG). Neue Herausforderungen für Rechnungslegung und Corporate Governance, Berlin 2009, S. 223-248.

Haller, A. (2003): IFRS für alle Unternehmen – ein realisierbares Szenario in der Europäischen Union?, in: KoR 2003, S. 413-424.

Haller, A. (2002): Financial Accounting Developments in the European Union: Past Events and Future Prospects, in: EAR 2002, S. 153-190.

Haller, A./Ernstberger, J./Froschhammer, M. (2009): Die Auswirkungen der verpflichtenden Umstellung der Rechnungslegung von HGB auf IFRS – Eine empirische Analyse, in: KoR 2009, S. 267-278.

Haller, A./Ferstl, E.-M./Löffelmann, J. (2011): Die „einheitliche“ Erstellung von Handels- und Steuerbilanz – Empirische Erkenntnisse über die Bilanzierungspraxis von Kapitalgesellschaften –, in: DB 2011, S. 885-889.

Haller, A./Löffelmann, J. V./Beiersdorf, K./Bolin, M./Etzel, B./Haussmann, K. (2008): Rechnungslegung aus Sicht von Kreditinstituten als Rechnungslegungsadressaten. Empirische Ergebnisse und Implikationen für die Weiterentwicklung der nationalen und internationalen Rechnungslegungsnormen für mittelständische Unternehmen, Berlin/Regensburg 2008.

Haller, A./Löffelmann, J. V./Etzel, B. (2009): BilMoG und Adressatenbedürfnisse – Empirische Erkenntnisse über die Einschätzungen von Kreditinstituten, in: KoR 2009, S. 216-226.

Haller, A./Schloßgangl, M. (2003): Notwendigkeit einer Neugestaltung des Performance Reporting nach International Accounting (International Financial Reporting) Standards – Konzeptionelle und empirische Evidenzen -, in: KoR 2003, S. 317-327.

Hane, T./Kreipl, M./Müller, S. (2011): Charakteristika mittelständischer IFRS-Anwender. Empirische Analyse, in: PiR 2011, S. 121-124.

Hane, T./Müller, S. (2011): Rechnungslegung mittelständischer Unternehmen. HGB vs. Full-IFRS und IFRS für KMU – Ergebnisse einer Umfrage, in: IRZ 2011, S. 245-250.

Hanlon, M. (2005): The Persistence and Pricing of Earnings, Accruals, and Cash Flows When Firms Have Large Book-Tax Differences, in: AR 2005, S. 137-166.

Hanlon, M./Heitzman, S. (2010): A Review of Tax Research, in: JAE 2010, S. 127-178.

Hanlon, M./Laplante, S. K./Shevlin, T. (2005): Evidence for the Possible Information Loss of Conforming Book Income and Taxable Income, in: JLE 2005, S. 407-442.

Hanlon, M./Maydew, E. L./Shevlin, T. (2008): An Unintended Consequence of Book-Tax Conformity: A Loss of Earnings Informativeness, in: JAE 2008, S. 294-311.

Hanlon, M./Shevlin, T. (2005): Book-Tax Conformity for Corporate Income: An Introduction to the Issues, in: Tax Policy and the Economy 2005, S. 101-134.

Hansen, P. (1962): The Accounting Concept of Profit. An Analysis and Evaluation in the Light of the Economic Theory of Income and Capital, Kopenhagen/Amsterdam 1962.

Harris, T. S./Lang, M./Möller, H. P. (1994): The Value Relevance of German Accounting Measures: An Empirical Analysis, in: JAR 1994, S. 187-209.

Hart, O. (1995): Firms, Contracts, and Financial Structure, Oxford u. a. 1995.

Hartmann-Wendels, T. (1992): Agency-Theorie und Publizitätspflicht nichtbörsennotierter Kapitalgesellschaften, in: BFuP 1992, S. 412-425.

Hartmann-Wendels, T. (1991): Rechnungslegung der Unternehmen und Kapitalmarkt aus informationsökonomischer Sicht, Heidelberg 1991.

Hartmann-Wendels, T. (1986): Dividendenpolitik bei asymmetrischer Informationsverteilung, Wiesbaden 1986.

Haugen, R. A./Senbet, L. W. (1978): The Insignificance of Bankruptcy Costs to the Theory of Optimal Capital Structure, in: JF 1978, S. 383-393.

Hausen, G. (2009): Modifizierte Einnahmen-Überschussrechnung. Praktikable Konzeption einer vereinfachten steuerlichen Gewinnermittlung für einen erweiterten Anwenderkreis, Lohmar/Köln 2009.

Hauser, H./Meurer, I. (1998): Die Maßgeblichkeit der Handelsbilanz im Lichte neuer Entwicklungen, in: WPg 1998, S. 269-280.

Hax, H. (1988): Rechnungslegungsvorschriften – Notwendige Rahmenbedingungen für den Kapitalmarkt?, in: Domsch, M. et al. (Hrsg.): Unternehmenserfolg. Planung – Ermittlung – Kontrolle. Festschrift für W. Busse von Colbe, Wiesbaden 1988, S. 187-201.

Hax, H. (1964): Der Bilanzgewinn als Erfolgsmaßstab, in: ZfB 1964, S. 642-651.

Hax, H./Hartmann-Wendels, T./von Hinten, P. (1988): Moderne Entwicklung der Finanzierungstheorie, in: Christians, F. W. (Hrsg.): Finanzierungshandbuch, 2. Aufl., Wiesbaden 1988, S. 689-713.

Healy, P. M./Palepu, K. G. (2001): Information Asymmetry, Corporate Disclosure, and the Capital Markets: A Review of the Empirical Disclosure Literature, in: JAE 2001, S. 405-440.

Heider, K. (2008): Kommentierung zu §§ 1, 7 AktG, in: Goette, W./Habersack, M. (Hrsg.): Münchener Kommentar zum Aktiengesetz. Band 1: §§ 1-75, 3. Aufl., München 2008.

Heinemann, F./Overesch, M./Rincke, J. (2010): Rate-Cutting Tax Reforms and Corporate Tax Competition in Europe, in: Economics & Politics 2010, S. 498-518.

Heinhold, M./Hüsing, S. (2007): Die Zukunft des Maßgeblichkeitsprinzips vor dem Hintergrund der Internationalisierung der Rechnungslegung, in: Heyd, R./von Keitz, I. (Hrsg.): IFRS-Management. Interessenschutz auf dem Prüfstand, Treffsichere Unternehmensbeurteilung, Konsequenzen für das Management, München 2007, S. 31-51.

Heintges, S./Kamphaus, C./Loitz, R. (2007): Jahresabschluss nach IFRS und Zinsschranke, in: DB 2007, S. 1261-1266.

Helios, M./Schlotter, C. (2009): Steuerbilanzielle Behandlung von Finanzinstrumenten nach § 6 Abs. 1 Nr. 2b) EStG i. d. F. des BilMoG, in: DStR 2009, S. 547-553.

Hennrichs, J. (2010a): Bilanzrechtsmodernisierung und Besteuerung, in: Piltz, D. J./Günkel, M./Niemann, U. (Hrsg.): Steuerberater-Jahrbuch 2009/2010, Köln 2010, S. 261-289.

Hennrichs, J. (2010b): Leistungsfähigkeit – objektives Nettoprinzip – Rückstellung, in: Tipke, K. et al. (Hrsg.): Gestaltung der Steuerrechtsordnung. Festschrift für J. Lang, Köln 2010, S. 237-254.

Hennrichs, J. (2009a): Auswirkungen des BilMoG auf Bilanzpolitik, Gläubigerschutz und Ausschüttungsbemessung in Familienunternehmen, in: Winkeljohann, N./Reuther, F. (Hrsg.): Zukunft des Bilanzrechts in Familienunternehmen. Perspektiven und Modernisierungsansätze nach HGB und IFRS, Berlin 2009, S. 99-121.

Hennrichs, J. (2009b): Bilanzrechtsmodernisierung – erste Grundsatzfragen aus handels- und gesellschaftsrechtlicher Sicht, in: Bitter, G. et al. (Hrsg.): Festschrift für K. Schmidt, Köln 2009, S. 581-599.

Hennrichs, J. (2009c): Kapitalschutz bei GmbH, UG (haftungsbeschränkt) und SPE, in: NZG 2009, S. 921-928.

Hennrichs, J. (2009d): Neufassung der Maßgeblichkeit gemäß § 5 Abs. 1 EStG nach dem BilMoG, in: Ubg 2009, S. 533-543.

Hennrichs, J. (2008a): IFRS – Eignung für Ausschüttungszwecke?, in: BFuP 2008, S. 415-432.

Hennrichs, J. (2008b): IFRS und Mittelstand – Auswirkungen der GmbH-Reform und Zukunft der Kapitalerhaltung, in: ZGR 2008, S. 361-380.

Hennrichs, J. (2008c): Immaterielle Vermögensgegenstände nach dem Entwurf des Bilanzrechtsmodernisierungsgesetzes (BilMoG), in: DB 2008, S. 537-542.

Hennrichs, J. (2008d): Pro und Contra IFRS vs. BilMoG für den Mittelstand, in: DK 2008, S. 478-485.

Hennrichs, J. (2008e): Zur Zukunft der Kapitalerhaltung: Bilanztest – Solvenztest – oder beides?, in: DK 2008, S. 42-50.

Hennrichs, J. (2007): Zinsschranke, Eigenkapitalvergleich und IFRS, in: DB 2007, S. 2101-2107.

Hennrichs, J. (2006): Unternehmensfinanzierung und IFRS im deutschen Mittelstand, in: ZHR 2006, S. 498-521.

Hennrichs, J. (2005a): Bilanzgestützte Kapitalerhaltung, HGB-Jahresabschluß und Maßgeblichkeitsprinzip – Dinosaurier der Rechtsgeschichte?, in: StuW 2005, S. 256-264.

Hennrichs, J. (2005b): Modernisierung des Bilanzrechts und Zukunft des Kapitalerhaltungsgrundsatzes, in: Herzig, N./Günkel, M./Niemann, U. (Hrsg.): Steuerberater-Jahrbuch 2004/2005, Köln 2005, S. 257-273.

Hennrichs, J. (2005c): Zur normativen Reichweite der IFRS – Zugleich Anmerkungen zu den Urteilen des EuGH und des FG Hamburg in der Rechtssache „BIAO“, in: NZG 2005, S. 783-787.

Hennrichs, J. (2004): IAS für die Einzelbilanz? – Nationale und europarechtliche Aspekte, in: Henze, H./Hoffmann-Becking, M. (Hrsg.): Gesellschaftsrecht 2003, Köln 2004, S. 101-138.

Hennrichs, J. (2001): Maßgeblichkeitsgrundsatz oder eigenständige Prinzipien für die Steuerbilanz?, in: Ebling, I. (Hrsg.): Besteuerung von Einkommen. Herausgegeben im Auftrag der Steuerjuristischen Gesellschaft e. V., DStJG Band 24, Köln 2001, S. 301-328.

Hennrichs, J. (1999): Der steuerrechtliche sog. Maßgeblichkeitsgrundsatz gem. § 5 EStG – Stand und Perspektiven –, in: StuW 1999, S. 138-153.

Hennrichs, J./Pöschke, M. (2010): Fortentwicklung der GoB vor dem Hintergrund von BilMoG und IFRS, in: Fink, C./Schultze, W./Winkeljohann, N. (Hrsg.): Bilanzpolitik und Bilanzanalyse nach neuem Handelsrecht, Stuttgart 2010, S. 47-64.

Hennrichs, J./Pöschke, M. (2009): Die Bedeutung der IFRS für die Auslegung und Anwendung des (Konzern-)Bilanzrechts nach dem BilMoG, in: DK 2009, S. 532-540.

Herlinghaus, A. (2005): Steuerbilanz und Europäisches Gemeinschaftsrecht, in: FR 2005, S. 1189-1195.

Herzig, N. (2010a): BilMoG, Tax Accounting und Corporate Governance-Aspekte, in: DB 2010, S. 1-8.

Herzig, N. (2010b): Die Zukunft der Gruppenbesteuerung, in: StuW 2010, S. 214-231.

Herzig, N. (2010c): Kapitel 3 Maßgeblichkeitsgrundsatz (Verhältnis Handels-/Steuerbilanz), in: Küting, K./Pfitzer, N./Weber, C.-P. (Hrsg.): Handbuch der Rechnungslegung Einzelabschluss. Kommentar zur Bilanzierung und Prüfung, 5. Aufl., Stuttgart 2011, Stand: 11. Erg.-Lief. April 2011 (dieser Abschnitt: August 2010).

Herzig, N. (2010d): Tax Accounting zwischen BilMoG und E-Bilanz, in: DStR 2010, S. 1900-1908.

Herzig, N. (2009a): CCCTB-Projekt und Zukunft der Konzernbesteuerung (III), in: FR 2009, S. 1037-1042.

Herzig, N. (2009b): Europäisierung und Internationalisierung der steuerlichen Gewinnermittlung, in: Spindler, W./Tipke, K./Rödder, T. (Hrsg.): Steuerzentrierte Rechtsberatung. Festschrift für H. Schaumburg, Köln 2009, S. 751-765.

Herzig, N. (2008): Modernisierung des Bilanzrechts und Besteuerung, in: DB 2008, S. 1-10.

Herzig, N. (2006): Harmonisierung der steuerlichen Gewinnermittlung in der Europäischen Union, in: StuW 2006, S. 156-164.

Herzig, N. (2005): IAS/IFRS und steuerliche Gewinnermittlung, in: WPg 2005, S. 211-235.

Herzig, N. (2004): IAS/IFRS und steuerliche Gewinnermittlung, Düsseldorf 2004.

Herzig, N. (2000): Internationalisierung der Rechnungslegung und steuerliche Gewinnermittlung, in: WPg 2000, S. 104-119.

Herzig, N. (1999): Hat das Maßgeblichkeitsprinzip eine Zukunft?, in: Albach, H. et al. (Hrsg.): Die Theorie der Unternehmung in Forschung und Praxis, Berlin u. a. 1999, S. 779-800.

Herzig, N./Bär, M. (2003): Die Zukunft der steuerlichen Gewinnermittlung im Licht des europäischen Bilanzrechts, in: DB 2003, S. 1-8.

Herzig, N./Briesemeister, S. (2010a): Bedeutung des BilMoG für die steuerliche Ergebnispolitik, in: Fink, C./Schultze, W./Winkeljohann, N. (Hrsg.): Bilanzpolitik und Bilanzanalyse nach neuem Handelsrecht, Stuttgart 2010, S. 285-304.

Herzig, N./Briesemeister, S. (2010b): Unterschiede zwischen Handels- und Steuerbilanz nach BilMoG – Unvermeidbare Abweichungen und Gestaltungsspielräume, in: WPg 2010, S. 63-77.

Herzig, N./Briesemeister, S. (2009a): Steuerliche Konsequenzen des BilMoG – Deregulierung und Maßgeblichkeit, in: DB 2009, S. 926-931.

Herzig, N./Briesemeister, S. (2009b): Steuerliche Problembereiche des BilMoG-RegE, in: Ubg 2009, S. 157-168.

Herzig, N./Briesemeister, S./Schäperclaus, J. (2011): Von der Einheitsbilanz zur E-Bilanz, in: DB 2011, S. 1-9.

Herzig, N./Gellrich, K. M. (2006): Geplante Änderungen von IAS 37 zur Passivierung ungewisser Verbindlichkeiten – Ausstrahlung auf die steuerliche Gewinnermittlung –, in: WPg 2006, S. 505-515.

Herzig, N./Hausen, G. (2004): Steuerliche Gewinnermittlung durch modifizierte Einnahmenüberschussrechnung – Konzeption nach Aufgabe des Maßgeblichkeitsprinzips, in: DB 2004, S. 1-10.

Herzig, N./Lochmann, U. (2006): Rückwirkung der Internationalisierung der handelsrechtlichen Rechnungslegung auf die steuerliche Gewinnermittlung, in: Krawitz, N. (Hrsg.): Rechnungslegung nach internationalen Grundsätzen, ZfB-Special Issue 6/2006, Wiesbaden 2006, S. 139-165.

Herzig, N./Teschke, M./Joisten, C. (2010): Between Extremes: Merging the Advantages of Separate Accounting and Unitary Taxation, in: Intertax 2010, S. 334-349.

Herzig, N./Vossel, S. (2010): Interdependenzen von Financial und Tax Accounting, in: KSzW 2010, S. 53-60.

Herzig, N./Watrin, C. (2000): Betriebswirtschaftliche Anforderungen an eine Unternehmenssteuerreform, in: StuW 2000, S. 378-388.

Hettich, S. (2007): Mängel und Inkonsistenzen in den derzeitigen Rechnungslegungsregeln nach IFRS – Beseitigung durch Neuregelungen?, in: KoR 2007, S. 6-14.

Hettich, S. (2006): Zweckadäquate Gewinnermittlungsregeln, Frankfurt a. M. 2006.

Heuermann, B. (2011): Geltung der IFRS als Verfassungsproblem?, in: Mellinghoff, R./Schön, W./Viskorf, H.-U. (Hrsg.): Steuerrecht im Rechtsstaat. Festschrift für W. Spindler, Köln 2011, S. 83-95.

Heurung, R. (2000): Führt die Internationalisierung der Rechnungslegung zu einer Erosion der steuerlichen Gewinnermittlung?, in: RIW 2000, S. 421-431.

Heuser, P. J./Theile, C. (2009): IFRS Handbuch. Einzel- und Konzernabschluss, 4. Aufl., Köln 2009.

Hey, J. (2011): Perspektiven der Unternehmensbesteuerung. Gewerbesteuer – Gruppenbesteuerung – Verlustverrechnung – Gewinnermittlung, in: StuW 2011, S. 131-143.

Hey, J. (2010a): § 17 Steuerrechtliche Gewinnermittlung (Bilanzsteuerrecht), in: Tipke, K./ Lang, J. (Hrsg.): Steuerrecht, 20. Aufl., Köln 2010.

Hey, J. (2010b): Verfassungsrechtliche Maßstäbe der Unternehmensbesteuerung, in: Kessler, W./Förster, G./Watrin, C. (Hrsg.): Unternehmensbesteuerung. Festschrift für N. Herzig, München 2010, S. 7-22.

Hey, J. (2009): Zur Geltung des Gebots der Folgerichtigkeit im Unternehmenssteuerrecht. Zugleich Besprechung der Entscheidung des BVerfG zum Verbot von Jubiläumsrückstellungen vom 12.5.2009, in: DStR 2009, S. 2561-2568.

Hey, J. (2008): EU Common Consolidated Corporate Tax Base: Guided Variety versus Strict Uniformity – Lessons from the "U. S. States' Tax Chaos", Jean Monnet Working Paper No. 2/2008. URL: http://centers.law.nyu.edu/jeanmonnet/papers/08/080201.pdf. Abrufdatum: 22.05.2011.

Hey, J. (1999): Kommentierung zu Einf. KSt, in: Hey, J./Prinz, U./Wendt, M. (Hrsg.): Herrmann/Heuer/Raupach. Einkommensteuer- und Körperschaftsteuergesetz. Kommentar, Köln 1950/2011, Stand: 245. Erg.-Lief. April 2011 (dieser Abschnitt: September 1999).

Hick, C. (2010): Kommentierung zu § 4h EStG, in: Hey, J./Prinz, U./Wendt, M. (Hrsg.): Herrmann/Heuer/Raupach. Einkommensteuer- und Körperschaftsteuergesetz. Kommentar, Köln 1950/2011, Stand: 245. Erg.-Lief. April 2011 (dieser Abschnitt: April 2010).

Hicks, J. R. (1946): Value and Capital. An Inquiry Into Some Fundamental Principles of Economic Theory, 2. Aufl., New York 1946 (Reprinted, Oxford 2001).

High Level Group (2002): Bericht der Hochrangigen Gruppe von Experten auf dem Gebiet des Gesellschaftsrechts über moderne gesellschaftsrechtliche Rahmenbedingungen in Europa, Brüssel 2002. URL: http://ec.europa.eu/internal_market/company/docs/modern/report_de.pdf. Abrufdatum: 22.05.2011.

Hiller, M. (2003): Cash-Flow-Steuer und Umsatzsteuer. Eine ökonomische Analyse unter Einbezug der US-amerikanischen Reformüberlegungen, Wiesbaden 2003.

Hirte, H. (2008): IFRS und Insolvenzrecht, in: ZGR 2008, S. 284-293.

Hirte, H. (2006): § 1 – Die „Limited" mit Sitz in Deutschland – Abkehr von der Sitztheorie nach Centros, Überseering und Inspire Art, in: Hirte, H./Bücker, T. (Hrsg.): Grenzüberschreitende Gesellschaften. Praxishandbuch für ausländische Kapitalgesellschaften mit Sitz im Inland, 2. Aufl., München 2006, S. 1-59.

Hitz, J.-M. (2007): The Decision Uselfulness of Fair Value Accounting – A Theoretical Perspective, in: EAR 2007, S. 323-362.

Hitz, J.-M. (2006a): Fair Value in der Rechnungslegung, in: DBW 2006, S. 109-113.

Hitz, J.-M. (2006b): SFAS 15X, Fair Value Measurements – Zur Fortentwicklung der Fair Value-Konzeption in der kapitalmarktorientierten Rechnungslegung, in: KoR 2006, S. 357-369.

Hitz, J.-M. (2005a): Fair value in der IFRS-Rechnungslegung – Konzeption, Inhalt und Zweckmäßigkeit –, in: WPg 2005, S. 1013-1027.

Hitz, J.-M. (2005b): Rechnungslegung zum fair value. Konzeption und Entscheidungsnützlichkeit, Frankfurt a. M. 2005.

Hitz, J.-M./Kuhner, C. (2002): Die Neuregelung zur Bilanzierung des derivativen Goodwill nach SFAS 141 und 142 auf dem Prüfstand, in: WPg 2002, S. 273-287.

Hitz, J.-M./Kuhner, C. (2000): Erweiterung des US-amerikanischen conceptual framework um Grundsätze der Barwertermittlung – Inhalt und Bedeutung des Statement of Financial Accounting Concepts No. 7 –, in: WPg 2000, S. 889-902.

Hoffmann, W.-D. (2011a): Der Kriechgang der einzelbilanziellen Steuerlatenzierung, in: StuB 2011, S. 241-242.

Hoffmann, W.-D. (2011b): § 13 Immaterielle Vermögenswerte des Anlagevermögens, in: Lüdenbach, N./Hoffmann, W.-D. (Hrsg.): Haufe IFRS-Kommentar, 9. Aufl., Freiburg 2011.

Hoffmann, W.-D. (2010): IFRS als einheitlicher Standard für den Mittelstand? Pro, in: PiR 2010, S. 328.

Hoffmann, W.-D. (2008): Die IFRS-Bilanz für das Familienunternehmen?, in: Rödl, C./Scheffler, W./Winter, M. (Hrsg.): Internationale Familienunternehmen. Festschrift für B. Rödl, München 2008, S. 187-201.

Hollmann, S. (2003): Reporting Performance – Analyse des Ausweises der Erträge und Aufwendungen in einem Abschluß nach den Rechnungslegungsvorschriften des IASB –, Düsseldorf 2003.

Holthausen, R. W./Watts, R. L. (2001): The Relevance of the Value-Relevance Literature for Financial Accounting Standard Setting, in: JAE 2001, S. 3-75.

Holzamer, M. (2007): Die ökonomische Funktion des Nennkapitalsystems, Hamburg 2007.

Homburg, S. (2010): Allgemeine Steuerlehre, 6. Aufl., München 2010.

Homeier, S. (2011): Vereinheitlichung der Rechnungslegung innerhalb der EU – Bietet der IFRS for SMEs eine Lösung?, in: KoR 2011, S. 187-193.

Hommel, M. (2009): Rückstellungen für Abbruchverpflichtungen nach dem BilMoG, in: Seicht, G. (Hrsg.): Jahrbuch für Controlling und Rechnungswesen 2009, Wien 2009, S. 69-92.

Hommel, M. (2007): Rückstellungsbewertung im Spannungsverhältnis von Management-Approach und Fair-Value-Approach, in: PiR 2007, S. 322-329.

Hommel, M. (2005): Die Neubewertungsmethode als Allowed Alternative Treatment für Sachanlagen und immaterielle Anlagewerte, in: Bieg, H./Heyd, R. (Hrsg.): Fair Value. Bewertung in Rechnungswesen, Controlling und Finanzwirtschaft, München 2005, S. 287-308.

Hommel, M. (2001): Neue Goodwillbilanzierung – das FASB auf dem Weg zur entobjektivierten Bilanz?, in: BB 2001, S. 1943-1949.

Hommel, M. (1998): Bilanzierung immaterieller Anlagewerte, Stuttgart 1998.

Hommel, M. (1997): Internationale Bilanzrechtskonzeptionen und immaterielle Vermögensgegenstände, in: ZfbF 1997, S. 345-369.

Hommel, M./Berndt, T. (2009): Das Realisationsprinzip – 1884 und heute, in: BB 2009, S. 2190-2194.

Hommel, M./Berndt, T. (2000): Voraussichtlich dauernde Wertminderung bei der Teilwertabschreibung und Abschlussstichtagsprinzip, in: FR 2000, S. 1305-1314.

Hommel, M./Rößler, B. (2009): Komponentenansatz des IDW RH HFA 1.016 – eine GoB-konforme Konkretisierung der planmäßigen Abschreibungen?, in: BB 2009, S. 2526-2530.

Hommel, M./Schmidt, A./Wüstemann, S. (2010): Rückstellungsbewertung nach ED/2010/1 – ein Standardsetter auf unsicheren Pfaden, in: BB 2010, S. 557-561.

Hommel, M./Schmidt, R. H./Wüstemann, J. (2004): Adolf Moxter und die Grundsätze ordnungsgemäßer Rechnungslegung – Kontinuität und Zukunft eines Forschungsleitbildes –, in: WPg 2004, Sonderheft, S. S84-S98.

Hommel, M./Wich, S. (2007): Neues zur Entwicklung der Rückstellungsbilanzierung nach IFRS, in: WPg 2007, S. 509-516.

Hommelhoff, P./Sokol, S. (2010): Internationales Bilanzrecht für den Mittelstand, in: Teichmann, C. (Hrsg.): Europa und der Mittelstand, Baden-Baden 2010, S. 129-160.

Hommelhoff, P./Teichmann, C. (2010): Die SPE vor dem Gipfelsturm. Zum Kompromissvorschlag der schwedischen EU-Ratspräsidentschaft, in: GmbHR 2010, S. 337-349.

Honko, J. (1965): Über einige Probleme bei der Ermittlung des Jahresgewinns der Unternehmung, in: ZfB 1965, S. 611-642.

Hossfeld, C. (2005): Fair Value-Bewertung und Ausschüttung, in: Bieg, H./Heyd, R. (Hrsg.): Fair Value. Bewertung in Rechnungswesen, Controlling und Finanzwirtschaft, München 2005, S. 155-177.

Hüchtebrock, M. (1983): Begründungen von Abschreibungsverfahren und ihre kapitaltheoretischen Unterstellungen, Frankfurt a. M. 1983.

Hueck, A./Fastrich, L. (2010): Kommentierung zu §§ 3, 30, 33 GmbHG, in: Baumbach, A./Hueck, A. (Hrsg.): GmbHG. Gesetz betreffend die Gesellschaften mit beschränkter Haftung. Kommentar, 19. Aufl., München 2010.

Hüffer, U. (2010): Aktiengesetz. Kommentar, 9. Aufl., München 2010.

Hülsberg, F. M./Thiele, S. (2010): Der Einfluss internationaler Rechnungslegungsvorschriften auf die Bilanzierung von Entwicklungsausgaben nach deutschem Bilanzrecht, in: Baumann, W./Braukmann, U./Matthes, W. (Hrsg.): Innovation und Internationalisierung. Festschrift für N. Koubek, Wiesbaden 2010, S. 681-700.

Hüttche, T./Moser, U. (2008): Immaterielle Vermögenswerte, in: Freidank, C.-C./Peemöller, V. H. (Hrsg.): Corporate Governance und Interne Revision. Handbuch für die Neuausrichtung des Internal Auditings, Berlin 2008, S. 365-384.

Hüttemann, R. (2011): Das Passivierungsverbot für Jubiläumsrückstellungen zwischen Folgerichtigkeitsgrundsatz und Willkürverbot, in: Mellinghoff, R./Schön, W./Viskorf, H.-U. (Hrsg.): Steuerrecht im Rechtsstaat. Festschrift für W. Spindler, Köln 2011, S. 627-639.

Hüttemann, R. (2003): Gewinnermittlung und Verlustverrechnung, in: Herzig, N./Günkel, M./Niemann, U. (Hrsg.): Steuerberater-Jahrbuch 2002/2003, Köln 2003, S. 37-48.

Hütten, C. (2010): Bilanzierungsvielfalt vor und nach dem BilMoG – Die Sichtweise eines internationalen Konzerns, in: Picot, A./Schenck, M. (Hrsg.): Ökonomie der Regulierung. Neue Spielregeln für Kapitalmärkte und Netzindustrien. Kongress-Dokumentation 63. Deutscher Betriebswirtschafter-Tag 2009, Stuttgart 2010, S. 165-180.

Hundsdoerfer, J. (2002): Die einkommensteuerliche Abgrenzung von Einkommenserzielung und Konsum. Eine einzelwirtschaftliche Analyse, Wiesbaden 2002.

Hundsdoerfer, J./Kiesewetter, D./Sureth, C. (2008): Forschungsergebnisse in der Betriebswirtschaftlichen Steuerlehre – eine Bestandsaufnahme, in: ZfB 2008, S. 61-139.

Hung, M./Subramanyam, K. R. (2007): Financial Statement Effects of Adopting International Accounting Standards: The Case of Germany, in: RAS 2007, S. 623-657.

Husemann, H. (2010): Abschreibung eines Vermögensgegenstands entsprechend der Nutzungsdauer wesentlicher Komponenten, in: WPg 2010, S. 507-514.

ICAS/ICAEW (2010): Tech 02/10. Guidance on the Determination of Realised Profits and Losses in the Context of Distributions under the Companies Act 2006. URL: http://www.icaew.com/en/about-icaew/what-we-do/technical-releases. Abrufdatum: 22.05.2011.

IDW (Hrsg.) (2011): IDW Prüfungsstandards, IDW Stellungnahmen zur Rechnungslegung, Düsseldorf. Stand: 36. Erg.-Lief. Februar 2011.

IDW (2006): Vorschläge des IDW zur Neukonzeption der Kapitalerhaltung und zur Ausschüttungsbemessung – Pressemitteilung, in: IDW-FN 2006, S. 677-679.

IfM Bonn (2011): Volkswirtschaftliche Bedeutung von Familien- und Frauenunternehmen. URL: http://www.ifm-bonn.org/index.php?id=888. Abrufdatum: 22.05.2011.

Jacob, M./Pasedag, A./Wagner, F. W. (2011): Werden niedrige Steuersätze in Osteuropa durch Verzicht auf Verlustverrechnung erkauft?, in: PWP 2011, S. 72-91.

Jacobs, O. H. (2011): Internationale Unternehmensbesteuerung. Deutsche Investitionen im Ausland. Ausländische Investitionen im Inland, 7. Aufl., München 2011.

Jacobs, O. H. (2005): Harmonisierung der Unternehmensbesteuerung in Europa. Stand und Entwicklungstendenzen, in: ST 2005, S. 133-146.

Jacobs, O. H. (2000): Verlustvorsorgen im deutschen Bilanzsteuerrecht, in: Bertl, R./Egger, A./Gassner, W. (Hrsg.): Verlustvorsorgen im Bilanz- und Steuerrecht, Wien 2000, S. 83-105.

Jacobs, O. H. (1971): Das Bilanzierungsproblem in der Ertragsteuerbilanz. Ein Beitrag zur steuerlichen Lehre vom Wirtschaftsgut, Stuttgart 1971.

Jacobs, O. H./Spengel, C./Stetter, T./Wendt, C. (2005): EU Company Taxation in Case of a Common Tax Base: A Computer-based Calculation and Comparison Using the Enhanced Model of the European Tax Analyser, in: Intertax 2005, S. 414-428.

Jahnke, H./Wielenberg, S./Schumacher, H. (2007): Ist die Integration des Rechnungswesens tatsächlich ein Motiv für die Einführung der IFRS in mittelständischen Unternehmen?, in: KoR 2007, S. 365-376.

Janssen, J. (2010): Bilanzorientierte Kapitalerhaltung oder Solvenztest. Vergleichende Analyse aktienrechtlicher Ausschüttungskonzepte, Baden-Baden 2010.

Janssen, J. (2009): Rechnungslegung im Mittelstand. Eignung der nationalen und internationalen Rechnungslegungsvorschriften unter Berücksichtigung der Veränderungen durch den IFRS for Private Entities und das Bilanzrechtsmodernisierungsgesetz, Wiesbaden 2009.

Jebens, C. T. (2003): Was bringen die IFRS oder IAS dem Mittelstand?, in: DB 2003, S. 2345-2350.

Jensen, M. C. (1986): Agency Costs of Free Cash Flow, Corporate Finance, and Takeovers, in: AER 1986, S. 323-329.

Jensen, M. C. (1978): Some Anomalous Evidence Regarding Market Efficiency, in: JFE 1978, S. 95-101.

Jensen, M. C./Meckling, W. H. (1976): Theory of the Firm: Managerial Behavior, Agency Costs and Ownership Structure, in: JFE 1976, S. 305-360.

Jensen-Nissen, L. (2007): IAS 32 / IAS 39 und steuerliche Gewinnermittlung. Bilanzierung von Finanzierungsinstrumenten dem Grunde nach, Wiesbaden 2007.

Jensen-Nissen, L./Lochmann, U. (2006): Maßgeblichkeit und Kapitalerhaltung – Maßgeblichkeitsgrundsatz auf dem Prüfstand europäischer Entwicklungen –, in: StuB 2006, S. 307-313.

Jermakowicz, E. K./Prather-Kinsey, J./Wulf, I. (2007): The Value Relevance of Accounting Income Reported by DAX-30 German Companies, in: JIFMA 2007, S. 151-191.

Jerzembek, L./Siegler, J. (2010): Aufbereitung und Analyse von BilMoG-Abschlüssen aus Bankensicht, in: Fink, C./Schultze, W./Winkeljohann, N. (Hrsg.): Bilanzpolitik und Bilanzanalyse nach neuem Handelsrecht, Stuttgart 2010, S. 371-398.

Jessen, U./Haaker, A. (2009): Zur Fair Value-Bewertung im „modernisierten" Handelsbilanzrecht – Ein Plädoyer für einen hinreichenden Gläubigerschutz, in: DStR 2009, S. 499-505.

Jödicke, D./Richard, M. (2006): Solvenztest, in: Der Aufsichtsrat 2006, S. 9.

Johansson, S.-E. (1969): Income Taxes and Investment Decisions, in: Swed. J. of Economics 1969, S. 104-110.

John, K./Kalay, A. (1982): Costly Contracting and Optimal Payout Constraints, in: JF 1982, S. 457-470.

Jonen, A./Lingnau, V. (2006): Konvergenz von internem und externem Rechnungswesen – Betriebswirtschaftliche Überlegungen und Umsetzung in der Praxis, in: Lingnau, V. (Hrsg.): Beiträge zur Controlling-Forschung, Nr. 5, 2. Aufl., Kaiserslautern 2006. URL: http://www.econbiz.de/archiv/ks/tuks/controlling/konvergenz_internesexternes_rechnungswesen.pdf. Abrufdatum: 22.05.2011.

Jost, P.-J. (2001): Die Prinzipal-Agenten-Theorie im Unternehmenskontext, in: Jost, P.-J. (Hrsg.): Die Prinzipal-Agenten-Theorie in der Betriebswirtschaftslehre, Stuttgart 2001, S. 11-43.

Jungmann, C. (2006): Solvenztest- versus Kapitalschutzregeln. Zwei Systeme im Spannungsfeld von Gläubigerschutz und Finanzierungsfreiheit der Kapitalgesellschaft, in: ZGR 2006, S. 638-682.

Kästle, M. (2003): Rechtsfragen der Verwendung von Covenants in Kreditverträgen, Berlin 2003.

Kahle, H. (2011): Steuerliche Gewinnermittlung nach dem BilMoG. Abschaffung der umgekehrten Maßgeblichkeit, in: StuB 2011, S. 163-170.

Kahle, H. (2007): Konzernbesteuerung in der EU: Übergang zur formelhaften Gewinnaufteilung?, in: WPg 2007, S. 210-217.

Kahle, H. (2006a): Harmonisierung der Konzernbesteuerung in der EU, in: WPg 2006, S. 1401-1409.

Kahle, H. (2006b): Rechnungslegung nach IFRS bei mittelständischen Unternehmen?, in: Banzhaf, J./Wiedmann, S. (Hrsg.): Entwicklungsperspektiven der Unternehmensführung und ihrer Berichterstattung. Festschrift für H. Kuhnle, Wiesbaden 2006, S. 237-259.

Kahle, H. (2006c): Steuerliche Gewinnermittlung unter dem Einfluss der IAS/IFRS, in: IRZ 2006, S. 87-94.

Kahle, H. (2003a): Unternehmenssteuerung auf Basis internationaler Rechnungslegungsstandards?, in: ZfbF 2003, S. 773-789.

Kahle, H. (2003b): Zur Zukunft der Rechnungslegung in Deutschland: IAS im Einzel- und Konzernabschluss?, in: WPg 2003, S. 262-275.

Kahle, H. (2002a): Bilanzieller Gläubigerschutz und internationale Rechnungslegungsstandards, in: ZfB 2002, S. 695-711.

Kahle, H. (2002b): Informationsversorgung des Kapitalmarkts über internationale Rechnungslegungsstandards, in: KoR 2002, S. 95-107.

Kahle, H. (2002c): Internationale Rechnungslegung und ihre Auswirkungen auf Handels- und Steuerbilanz, Wiesbaden 2002.

Kahle, H. (2002d): Maßgeblichkeitsgrundsatz auf Basis der IAS?, in: WPg 2002, S. 178-188.

Kahle, H. (2001): Bilanzierung der langfristigen Auftragsfertigung nach HGB und US-GAAP – Zugleich ein Beitrag zur Fortentwicklung der Rechnungslegung –, in: StuB 2001, S. 1201-1210.

Kahle, H. (1997): Steuerliche Konsequenzen der Trennung handels- und steuerrechtlicher Rechnungslegung in den USA, in: StuW 1997, S. 323-332.

Kahle, H. (1995): Der kapitaltheoretische Gewinn als entscheidungsneutrale Steuerbemessungsgrundlage, in: WiSt 1995, S. 214-218.

Kahle, H./Cortez, B. (2009): Kommentierung zu § 12 Abs. 3 KStG, in: Haun, J. et al. (Hrsg.): Außensteuergesetz. Kommentar, begründet von Wöhrle, W./Schelle, D./Gross, E., Stuttgart 2009, Stand: 27. Erg.-Lief. September 2010 (dieser Abschnitt: Dezember 2009).

Kahle, H./Dahlke, A. (2011): Richtlinienentwurf für eine Gemeinsame konsolidierte Körperschaftsteuer-Bemessungsgrundlage in der Europäischen Union. Regelungen zur Konsolidierung und Gewinnaufteilung, in: StuB 2011, S. 453-460.

Kahle, H./Dahlke, A. (2007): IFRS für mittelständische Unternehmen?, in: DStR 2007, S. 313-318.

Kahle, H./Dahlke, A./Schulz, S. (2008): Zunehmende Bedeutung der IFRS für die Unternehmensbesteuerung?, in: StuW 2008, S. 266-279.

Kahle, H./Günter, S. (2008): Vermögensgegenstand und Wirtschaftsgut – Veränderung der Aktivierungskriterien durch das BilMoG?, in: Schmiel, U./Breithecker, V. (Hrsg.): Steuerliche Gewinnermittlung nach dem Bilanzrechtsmodernisierungsgesetz, Berlin 2008, S. 69-101.

Kahle, H./Haas, M. (2010): Herstellungskosten selbst geschaffener immaterieller Vermögensgegenstände des Anlagevermögens, in: WPg 2010, S. 34-39.

Kahle, H./Heinstein, R./Dahlke, A. (2010): Abt. II/2 – Das Sachanlagevermögen, in: von Wysocki, K. et al. (Hrsg.): Handbuch des Jahresabschlusses. Rechnungslegung nach HGB und internationalen Standards, Köln 1984/2007, Stand: 50. Erg.-Lief. November 2010 (dieser Abschnitt: August 2010).

Kahle, H./Schulz, S. (2011): Richtlinienentwurf für eine Gemeinsame konsolidierte Körperschaftsteuer-Bemessungsgrundlage in der Europäischen Union. Regelungen zur Gewinnermittlung, in: StuB 2011, S. 296-303.

Kahle, H./Schulz, S. (2009): Kommentierung zu § 255 Abs. 4 HGB n. F., in: Baetge, J./Kirsch, H.-J./Thiele, S. (Hrsg.): Bilanzrecht. Handelsrecht mit Steuerrecht und den Regelungen des IASB. Kommentar, Bonn 2002, Stand: 37. Erg.-Lief. Juni 2011 (dieser Abschnitt: November 2009).

Kaiser, T. (2009): Fair Value Accounting für den Kapitalmarkt, in: Weber, C.-P. et al. (Hrsg.): Berichterstattung für den Kapitalmarkt. Festschrift für K. Küting, Stuttgart 2009, S. 73-101.

Kaiser, T. (2006): IFRS aus Investorensicht, in: Küting, K./Pfitzer, N./Weber, C.-P. (Hrsg.): Internationale Rechnungslegung: Standortbestimmung und Zukunftsperspektiven. Kapitalmarktorientierte Rechnungslegung und integrierte Unternehmenssteuerung, Stuttgart 2006, S. 131-158.

Kajüter, P./Barth, D./Dickmann, T./Zapp, P. (2007): Rechnungslegung nach IFRS im deutschen Mittelstand? – Der Standardentwurf „IFRS für kleine und mittelgroße Unternehmen“ – im Licht empirischer Befunde –, in: DB 2007, S. 1877-1884.

Kajüter, P./Schoberth, J./Zapp, P./Lübbig, M. (2008): IFRS im Mittelstand – Eine Beurteilung des ED IFRS for SMEs aus Sicht von sechs europäischen Ländern, in: KoR 2008, S. 589-601.

Kalay, A. (1982): Stockholder-Bondholder Conflict and Dividend Constraints, in: JFE 1982, S. 211-233.

Kaminski, V. (2008): Der Mittelstand im Fokus der International Financial Reporting Standards. Internationalisierung – Rechnungslegung – Handlungsempfehlungen, Hamburg 2008.

Kamp, A./Solmecke, H. (2005): Mezzanine-Kapital: Ein Eigenkapitalsubstitut für den Mittelstand?, in: FB 2005, S. 618-625.

Kanzler, H.-J. (1998): Die steuerliche Gewinnermittlung zwischen Einheit und Vielfalt, in: FR 1998, S. 233-247.

Kaplow, L. (1996): How Tax Complexity and Enforcement Affect the Equity and Efficiency of the Income Tax, in: NTJ 1996, S. 135-150.

Kaserer, C./Achleitner, A.-K./von Einem, C./Schiereck, D. (2007): Private Equity in Deutschland. Rahmenbedingungen, ökonomische Bedeutung und Handlungsempfehlungen, Norderstedt 2007.

Kaserer, C./Klingler, C. (2008): The Accrual Anomaly Under Different Accounting Standards – Lessons Learned from the German Experiment, in: JBFA 2008, S. 837-859.

Kaserer, C./Knoll, L./Klingler, C./Gegenfurtner, B. (2008): Die Wechselwirkung von Rechnungslegungsstandards, Informationsverarbeitung und Corporate Governance – Das Beispiel der Accrual Anomaly, in: Wagner, F. W./Schildbach, T./Schneider, D. (Hrsg.): Private und öffentliche Rechnungslegung. Festschrift für H. Streim, Wiesbaden 2008, S. 201-218.

Kehrel, U./Leker, J./Mahlstedt, D./Trustorff, J.-H. (2009): Effekte der IFRS-Rechnungslegung auf das Bilanzrating, in: ZfbF 2009, S. 283-309.

Kerkhoff, G./Diehm, S. (2005): Performance Reporting: Konzepte und Tendenzen im kommenden FASB-/IASB-Standard, in: KoR 2005, S. 342-350.

Kessler, H. (2005): Ist der Fair Value fair?, in: Bieg, H./Heyd, R. (Hrsg.): Fair Value. Bewertung in Rechnungswesen, Controlling und Finanzwirtschaft, München 2005, S. 57-81.

KfW (2010): Unternehmensbefragung 2010. Unternehmensfinanzierung: Anhaltende Schwierigkeiten und Risiken für die wirtschaftliche Erholung, Frankfurt a. M. 2010.

KfW (2009): Unternehmensbefragung 2009. Studie zur Unternehmensfinanzierung – Teil II: Auswertung zu den Themen Rating, Ratingkommunikation und Unternehmensfinanzierung, Frankfurt a. M. 2009.

KfW (2008): KfW-Mittelstandspanel (2008). Frankfurt a. M. 2008.

Kiefer, K./Schorn, P. (2009): Auswirkungen der IFRS-Umstellung auf die Risikoprämie von Unternehmensanleihen – Eine empirische Studie für Deutschland, Österreich und die Schweiz, in: ZfB 2009, S. 335-366.

Kiesewetter, D. (1999): Zinsbereinigte Einkommen- und Körperschaftsteuer. Die Implementierung im deutschen Steuersystem, Bielefeld 1999.

Kiesewetter, D./Blaufus, K./Hundsdoerfer, J./Weimann, J. (2010): Die gefühlte Steuerbelastung. Determinanten und Auswirkung auf das individuelle Arbeitsangebot, in: Monatsbericht des BMF, Februar 2010, S. 61-70.

Kim, E. H./McConnell, J. J./Greenwood, P. R. (1977): Capital Structure Rearrangements and Me-First Rules in an Efficient Capital Market, in: JF 1977, S. 789-810.

Kim, J.-B./Tsui, J. S. L./Yi, C. H. (2010): The Voluntary Adoption of International Financial Reporting Standards and Loan Contracting around the World, Working Paper 2010. URL: http://papers.ssrn.com/sol3/papers.cfm?abstract_id=970850. Abrufdatum: 31.05.2011.

King, M. A./Fullerton, D. (1984): The Taxation of Income from Capital. A Comparative Study of the United States, the United Kingdom, Sweden, and West Germany, Chicago/London 1984.

Kirchhof, P. (2008): Außerstaatliche Normsetzung am Beispiel von IFRS – Perspektiven und rechtliche Probleme –, in: Hopt, K. J./Veil, R./Kämmerer, J. A. (Hrsg.): Kapitalmarktgesetzgebung im Europäischen Binnenmarkt, Tübingen 2008, S. 167-178.

Kirchhof, P. (2006): Die freiheitsrechtliche Struktur der Steuerrechtsordnung. Ein Verfassungstest für Steuerreformen, in: StuW 2006, S. 3-21.

Kirchhof, P. (2000): Besteuerung im Verfassungsstaat, Tübingen 2000.

Kirchner, C. (2006): Fair Value-Bewertung nach Internationalen Rechnungslegungsstandards als Schwachstelle der Corporate Governance, in: Siegel, T. et al. (Hrsg.): Unternehmungen, Versicherungen und Rechnungswesen. Festschrift für D. Rückle, Berlin 2006, S. 299-310.

Kirchner, C. (1997): Bilanzrecht und neue Institutionenökonomik: Interdisziplinäre Überlegungen, in: Budde, W. D./Moxter, A./Offerhaus, K. (Hrsg.): Handelsbilanzen und Steuerbilanzen. Festschrift für H. Beisse, Düsseldorf 1997, S. 267-283.

Kirchner, C./Painter, R. W./Kaal, W. A. (2005): Regulatory Competition in EU Corporate Law after Inspire Art: Unbundling Delaware's Product for Europe, in: ECFR 2005, S. 159-206.

Kirsch, H. (2009): Positionierung der Bilanzierungsvorschriften des BilMoG im Verhältnis zu den IFRS, in: PiR 2009, S. 185-191.

Kirsch, H.-J./Meth, D. (2007): Adressaten einer IFRS-Rechnungslegung für mittelständische Unternehmen, in: BB 2007, Beilage 6, S. 7-12.

Kirsch, H.-J./Meth, D. (2006): Das SME-Projekt des IASB – Bedeutung für den Mittelstand, in: Kastrup, B. (Hrsg.): Jahresabschlussprüfung und Steuerberatung für den Mittelstand. Festschrift für U. Hüttemann, Lohmar 2006, S. 85-115.

Kirsch, H.-J./Schellhorn, M. (2011): IFRS for SMEs – Deutschland ist keine Insel, in: DB 2011, Heft 16, S. I.

Kleindiek, D. (2010): IFRS für KMU und Gestaltungsaufgaben im europäischen Bilanzrecht, in: GmbHR 2010, S. 1333-1340.

Kleindiek, D. (2009): Geschäftsführerhaftung nach der GmbH-Reform, in: Bitter, G. et al. (Hrsg.): Festschrift für K. Schmidt, Köln 2009, S. 893-907.

Kleindiek, D. (2007): Perspektiven des Kapitalschutzes – Themen und Meinungen in der nationalen Diskussion, in: BB 2007, Beilage 5, S. 2-7.

Kleindiek, D. (2006): Rechnungslegung in Europa. Gestaltungsaufgaben im Bilanz-, Gesellschafts- und Steuerrecht, in: Hatje, A./Terhechte, J. P. (Hrsg.): Unternehmen und Steuern in Europa, EuR Beiheft 2/2006, S. 91-112.

Kleindiek, D. (2005): Auf dem Weg zur Reform des GmbH-Rechts. Die Initiative zur Neuregelung des Mindestkapitals der GmbH (MindestkapG), in: DStR 2005, S. 1366-1369.

Kleindiek, D. (2003): Die Zukunft der Rechnungslegung in kleinen und mittleren Unternehmen, in: Gesellschaftsrechtliche Vereinigung (Hrsg.): Gesellschaftsrecht in der Diskussion 2002, Köln 2003, S. 115-142.

Kley, K.-L. (2006): IFRS – Möglichkeiten und Grenzen ihrer Abbildung im Controlling, in: ZfCM 2006, S. 150-157.

Kley, K.-L. (2001): Die Fair Value-Bilanzierung in der Rechnungslegung nach den International Accounting Standards (IAS), in: DB 2001, S. 2257-2262.

Klose-Mokroß, L. (1997): Gläubigerschutz im Kapitalgesellschaftsrecht am Beispiel der Lehre von der verdeckten Sacheinlage, Frankfurt a. M. u. a. 1997.

Knirsch, D. (2007): Lohnt sich eine detaillierte Steuerplanung für Unternehmen?, in: ZfbF 2007, S. 487-507.

Knirsch, D. (2006): Reform der steuerlichen Gewinnermittlung durch Übergang zur Einnahmen-Überschuss-Rechnung – Wer gewinnt, wer verliert?, in: ZfB 2006, S. 231-250.

Knirsch, D. (2005): Die antizipierte und realisierte Steuerbelastung von Unternehmen. Auswirkungen einer Investitionsrechnung mit vereinfachter Steuerbemessungsgrundlage, Wiesbaden 2005.

Knirsch, D./Niemann, R. (2008): Deferred Shareholder Taxation – Implementing a Neutral Business Tax in the European Union, in: Accounting in Europe 2008, S. 101-125.

Knobbe-Keuk, B. (1993): Bilanz- und Unternehmenssteuerrecht, 9. Aufl., Köln 1993.

Knof, B. (2007): Die neue Insolvenzverursachungshaftung nach § 64 Satz 3 RegE-GmbHG (Teil I und II), in: DStR 2007, S. 1536-1542 und S. 1580-1586.

Köhrle, J. (2010): IFRS-Einzelabschluss. Folgen für die steuerliche Gewinnermittlung auf der Grundlage des Maßgeblichkeitsgrundsatzes (§ 5 Abs. 1 S. 1 EStG), Berlin 2010.

Koelen, P. (2009): Investitionstheoretische Bewertungskalküle in der IFRS-Rechnungslegung. Möglichkeiten und Grenzen einer unternehmenswertorientierten Berichterstattung, Lohmar/Köln 2009.

König, R./Wosnitza, M. (2004): Betriebswirtschaftliche Steuerplanungs- und Steuerwirkungslehre, Heidelberg 2004.

Kormaier, B. (2008): Externe Unternehmensberichterstattung nicht kapitalmarktorientierter Unternehmen. Ableitung von Vorschlägen zur konzeptionellen Ausgestaltung einer differenzierten Rechnungslegung, München 2008.

Kozikowski, M./Roscher, K./Schramm, M. (2010): Kommentierung zu § 253 HGB, in: Ellrott, H. et al. (Hrsg.): Beck'scher Bilanz-Kommentar, 7. Aufl., München 2010.

KPMG (2008): Feasibility Study on an Alternative to the Capital Maintenance Regime Established by the Second Company Law Directive 77/91/EEC of 13 December 1976 and an Examination of the Impact on Profit Distribution of the New EU-Accounting Regime, Berlin 2008.

KPMG/HHL (2008): IFRS und HGB in der Praxis. Zur Bedeutung von IFRS-Abschlüssen bei der Kreditvergabe von Banken an mittelständische Unternehmen, Leipzig/Frankfurt a. M. 2008.

Krämer, W. (2001): Kapitalmarkteffizienz, in: Gerke, W./Steiner, M. (Hrsg.): Handwörterbuch des Bank- und Finanzwesens, 3. Aufl., Stuttgart 2001, Sp. 1267-1274.

Kraft, C. (1991): Steuergerechtigkeit und Gewinnermittlung. Eine vergleichende Analyse des deutschen und US-amerikanischen Steuerrechts, Wiesbaden 1991.

Krapf, J./Schürmann, J. (2008): Solvenztest. Ausschüttungsbemessung und Gläubigerschutz, Berlin 2008.

Krawitz, N. (1997): Die bilanzielle Behandlung der langfristigen Auftragsfertigung und Reformüberlegungen unter Berücksichtigung internationaler Entwicklungen, in: DStR 1997, S. 886-894.

Krawitz, N./Kalbitzer, J. (2008): Die Übernahme des beizulegenden Zeitwertes von zu Handelszwecken erworbenen Finanzinstrumenten in die Steuerbilanz, in: Schmiel, U./Breithecker, V. (Hrsg.): Steuerliche Gewinnermittlung nach dem Bilanzrechtsmodernisierungsgesetz, Berlin 2008, S. 149-171.

Krönert, B. (2001): Grundsätze informationsorientierter Rechnungslegung. Eine Untersuchung über die Erfüllung der Informationsfunktion von Jahresabschlüssen durch die US-GAAP, Sternenfels 2001.

Krolak, T./Morzfeld, K./Remmen, D. (2009): Financial Covenants als Instrument der Krisenfrüherkennung und der normierten Krisenbewältigung, in: DB 2009, S. 1417-1422.

Kroner, M./Leuchtenstern, S./Ranker, D. (2010): Reform der Leasingbilanzierung. Wo geht die Reise hin? (Teil 1 und 2), in: KoR 2010, S. 532-539 und S. 605-613.

Kronstein, H./Claussen, C. P. (1960): Publizität und Gewinnverteilung im neuen Aktienrecht. Rechtsvergleichende Untersuchung unter Berücksichtigung des amerikanischen Rechts, Frankfurt a. M. 1960.

Krüger, M. E. (2005): Mindestkapital und Gläubigerschutz, Baden-Baden 2005.

Kruschwitz, L./Schneider, D./Husmann, S. (2003a): Investitionsneutrale Steuersysteme unter Sicherheit, in: WiSt 2003, S. 328-333.

Kruschwitz, L./Schneider, D./Husmann, S. (2003b): Investitionsneutrale Steuersysteme vor dem Hintergrund der Diskussion um Einkommen oder Konsum als Steuerbemessungsgrundlage, in: WiSt 2003, S. 394-398.

Kruth, B.-J. (2006): Freiwillige Anwendung der IFRS im Mittelstand: Vorteile bei der Ansprache von Kapitalgebern?, in: Winkeljohann, N./Herzig, N. (Hrsg.): IFRS für den Mittelstand. Perspektiven – Anwendung – Praxisberichte, Stuttgart 2006, S. 167-178.

Kübler, F. (2004): A Comparative Approach to Capital Maintenance: Germany, in: EBLR 2004, S. 1031-1035.

Kübler, F. (2003): Rechnungslegung im Dienste finanzieller Stabilität?, in: NZG 2003, S. 358-362.

Kübler, F. (2000): Fragen und Wünsche des Gesellschafts- und Kapitalmarktrechts an das Recht der Rechnungslegung, in: ZGR 2000, S. 550-564.

Kübler, F. (1998): Unternehmensfinanzierung und gesetzliches Garantiekapital in Europa, in: AG 1998, S. 345.

Kübler, F. (1995a): Institutioneller Gläubigerschutz oder Kapitalmarkttransparenz?, in: ZHR 1995, S. 550-566.

Kübler, F. (1995b): Vorsichtsprinzip versus Kapitalmarktinformation – Bilanzprobleme aus der Perspektive der Gesellschaftsrechtsvergleichung –, in: Förschle, G./Kaiser, K./Moxter, A. (Hrsg.): Rechenschaftslegung im Wandel. Festschrift für W. D. Budde, München 1995, S. 361-375.

Kübler, F. (1989): Aktie, Unternehmensfinanzierung und Kapitalmarkt. Rechtsvergleichende Untersuchung der Möglichkeiten der Eigenkapitalbeschaffung in der Bundesrepublik und in den USA, unter besonderer Berücksichtigung der mit der nennwertlosen Aktie verbundenen Vor- und Nachteile, Köln 1989.

Kübler, F./Assmann, H.-D. (2006): Gesellschaftsrecht. Die privatrechtlichen Ordnungsstrukturen und Regelungsprobleme von Verbänden und Unternehmen, 6. Aufl., Heidelberg u. a. 2006.

Kümmel, J. (2002): Grundsätze für die Fair Value-Ermittlung mit Barwertkalkülen. Eine Untersuchung auf der Grundlage des Statement of Financial Accounting Concepts No. 7, Düsseldorf 2002.

Küting, K. (2011): Die Komplexität des HGB- und IFRS-Regelwerks. Vergleich der beiden Systeme, in: PiR 2011, S. 131-135.

Küting, K. (2009): Grundlagen der fair value-Bewertung. Zugleich: Aufstieg und Fall einer als überlegen propagierten Bewertungskonzeption, in: StuB 2009, S. 829-835.

Küting, K. (2006): Auf der Suche nach dem richtigen Gewinn – Die Gewinnkonzeption von HGB und IFRS im Vergleich –, in: DB 2006, S. 1441-1450.

Küting, K./Cassel, J./Metz, C. (2008): Die Bewertung von Rückstellungen nach neuem Recht, in: DB 2008, S. 2317-2324.

Küting, K./Dawo, S. (2003): Anwendungsfälle der fair value-Bewertung bei nicht finanziellen Vermögenswerten im Rahmen der International Financial Reporting Standards (IFRS), in: KoR 2003, S. 228-241.

Küting, K./Ellmann, D. (2010): Die Herstellungskosten von selbst geschaffenen immateriellen Vermögensgegenständen des Anlagevermögens, in: DStR 2010, S. 1300-1306.

Küting, K./Kaiser, T. (2010): Rechnungslegung für den Kapitalmarkt, in: Rau, F. H./Merk, P. (Hrsg.): Kapitalmarkt in Theorie und Praxis. Festschrift DVFA, Frankfurt a. M. 2010, S. 187-213.

Küting, K./Kessler, H. (2000): Einige Bemerkungen zum Verhältnis von Imparitätsprinzip und Besteuerung nach der Leistungsfähigkeit, in: StuB 2000, S. 21-33.

Küting, K./Koch, C./Tesche, T. (2011): Umbruch der internationalen Leasingbilanzierung – Fluch oder Segen?, in: DB 2011, S. 425-430.

Küting, K./Lam, S. (2011): Bilanzierungspraxis in Deutschland. Theoretische und empirische Überlegungen zum Verhältnis von HGB und IFRS, in: DStR 2011, S. 991-996.

Küting, K./Lorson, P./Eichenlaub, R./Toebe, M. (2011): Die Ausschüttungssperre im neuen deutschen Bilanzrecht nach § 268 Abs. 8 HGB, in: GmbHR 2011, S. 1-10.

Küting, K./Ranker, D./Wohlgemuth, F. (2004): Auswirkungen von Basel II auf die Praxis der Rechnungslegung – Ist eine ausschließlich ratinginduzierte Umstellung der Rechnungslegung auf IFRS sinnvoll? –, in: FB 2004, S. 93-104.

Küting, K./Seel, C. (2010): Latente Steuern nach dem neuen deutschen Bilanzrecht, in: Kessler, W./Förster, G./Watrin, C. (Hrsg.): Unternehmensbesteuerung. Festschrift für N. Herzig, München 2010, S. 675-693.

Küting, K./Weber, C.-P. (2009): Die Bilanzanalyse. Beurteilung von Abschlüssen nach HGB und IFRS, 9. Aufl., Stuttgart 2009.

Küting, K./Weber, C.-P./Reuter, M. (2008): Steuerbemessungsfunktion als neuer Bilanzzweck des IFRS-/Konzern-Abschlusses durch die Zinsschrankenregelung? Eine bilanz- und steuerrechtliche sowie bilanzanalytische Betrachtung, in: DStR 2008, S. 1602-1610.

Küting, K./Wohlgemuth, F. (2004): Möglichkeiten und Grenzen der internationalen Bilanzanalyse – Erkenntnisfortschritte durch eine internationale Strukturbilanz?, in: DStR 2004, S. 3-19.

Kuhn, S. (2010): Neuregelung der Bilanzierung von Finanzinstrumenten: Welche Änderungen ergeben sich aus IFRS 9?, in: IRZ 2010, S. 103-111.

Kuhner, C. (2008): Die Zielsetzungen von IFRS, US-GAAP und HGB und deren Konsequenzen für die Abbildung von Unternehmenskäufen, in: Ballwieser, W./Beyer, S./Zelger, H. (Hrsg.): Unternehmenskauf nach IFRS und US-GAAP. Purchase Price Allocation, Goodwill und Impairment-Test, 2. Aufl., Stuttgart 2008, S. 1-34.

Kuhner, C. (2007): Die Zukunft des Einzelabschlusses nach IFRS vor dem Hintergrund von Gläubigerschutz, Kapitalerhaltung und Solvency Test, in: Heyd, R./von Keitz, I. (Hrsg.): IFRS-Management. Interessenschutz auf dem Prüfstand, Treffsichere Unternehmensbeurteilung, Konsequenzen für das Management, München 2007, S. 53-74.

Kuhner, C. (2005): Zur Zukunft der Kapitalerhaltung durch bilanzielle Ausschüttungssperren im Gesellschaftsrecht der Staaten Europas, in: ZGR 2005, S. 753-787.

Kuhner, C./Sabiwalsky, R. (2006): Instrumente zur Verhinderung gläubigerschädigender Ausschüttungen im US-amerikanischen Unternehmensrecht – Vorbild für Europa? –, in: DK 2006, S. 504-521.

Kuntschik, N. (2004): Steuerliche Gewinnermittlung und IAS/IFRS am Beispiel immaterieller Vermögenswerte. Insbesondere Forschungs- und Entwicklungskosten und Geschäftswerte, Frankfurt a. M. 2004.

Kußmaul, H. (2006): Ein Plädoyer für die Begrenzung der Internationalisierung der Rechnungslegung im Mittelstand, in: Hebig, M. et. al. (Hrsg.): Aktuelle Entwicklungsaspekte der Unternehmensbesteuerung. Festschrift für W. H. Wacker, Berlin 2006, S. 311-332.

Kußmaul, H. (2005): Fair Value-Bewertung und Maßgeblichkeit, in: Bieg, H./Heyd, R. (Hrsg.): Fair Value. Bewertung in Rechnungswesen, Controlling und Finanzwirtschaft, München 2005, S. 179-202.

Kußmaul, H./Henkes, J. (2006): IFRS für den Mittelstand: Anwender- und Adressatenkreis im Kontext der neuesten Entwicklungen beim SME-Projekt des IASB, in: BB 2006, S. 2235-2240.

Kußmaul, H./Klein, N. (2001): Überlegungen zum Maßgeblichkeitsprinzip im Kontext jüngerer nationaler sowie internationaler Entwicklungen, in: DStR 2001, S. 546-550.

Kußmaul, H./Niehren, C./Pfeifer, G. (2010): CCCTB – Illusion oder Wirklichkeit? Ein internationales Modell ruft (inter)nationale Reaktionen hervor, in: StuW 2010, S. 177-184.

Kußmaul, H./Pfirmann, A./Meyering, S./Schäfer, R. (2008): Ausgewählte Anwendungsprobleme der Zinsschranke, in: BB 2008, S. 135-141.

Kußmaul, H./Richter, L./Ruiner, C. (2009): Grenzenlose Mobilität?! – Zum Zuzug und Wegzug von Gesellschaften in Europa, in: EWS 2009, S. 1-10.

Kußmaul, H./Tcherveniachki, V. (2005): Entwicklung der Rechnungslegung mittelständischer Unternehmen im Kontext der Internationalisierung der Bilanzierungspraxis, in: DStR 2005, S. 616-621.

Kußmaul, H./Weiler, D. (2010): Die E-Bilanz aus Sicht der Wissenschaft. Gewaltiger Aufbau von Bürokratiekosten, in: BBK/StuB 2010, Sonderdruck, S. 17-20.

Kußmaul, H./Weiler, D. (2009): Fair Value-Bewertung im Licht aktueller Entwicklungen (Teil 1 und 2), in: KoR 2009, S. 163-171 und S. 209-216.

Lamers, A. (1981): Aktivierungsfähigkeit und Aktivierungspflicht immaterieller Werte, München 1981.

Lammersen, L. (2005): Steuerbelastungsvergleiche. Anwendungsfelder und Grenzen in der Steuerplanung und der Steuerwirkungslehre, Wiesbaden 2005.

Lanfermann, G./Richard, M. (2008a): Ausschüttungen auf Basis von IFRS: Bleibt die deutsche Bundesregierung zu zögerlich?, in: DB 2008, S. 1925-1932.

Lanfermann, G./Richard, M. (2008b): Kapitalschutz der Europäischen Privatgesellschaft, in: BB 2008, S. 1610-1614.

Lanfermann, G./Richard, M. (2008c): Machbarkeit eines alternativen Kapitalerhaltungssystems in Europa, in: Der Aufsichtsrat 2008, S. 39-41.

Lanfermann, G./Röhricht, V. (2009): § 268 Abs. 8 HGB als neue Generalnorm für außerbilanzielle Ausschüttungssperren, in: DStR 2009, S. 1216-1222.

Lanfermann, G./Röhricht, V. (2007): Stand der europäischen Diskussion zur Kapitalerhaltung, in: BB 2007, Beilage 5, S. 8-13.

Lang, J. (2010): § 4 Rechtsstaatliche Ordnung des Steuerrechts und § 8 Einführung in das besondere Steuerschuldrecht, in: Tipke, K./ Lang, J. (Hrsg.): Steuerrecht, 20. Aufl., Köln 2010.

Lang, J. (2006): Die gleichheitsrechtliche Verwirklichung der Steuerrechtsordnung, in: StuW 2006, S. 22-33.

Lang, J. (1988): Die Bemessungsgrundlage der Einkommensteuer. Rechtssystematische Grundlagen steuerlicher Leistungsfähigkeit im deutschen Einkommensteuerrecht, Köln 1988.

Lang, M./Pistone, P./Schuch, J./Staringer, C. (Hrsg.) (2008): Common Consolidated Corporate Tax Base, Wien 2008.

Langecker, A. (2009): Ökonomische Analyse der Bilanzierung von Kapitalgesellschaftsverschmelzungen nach § 24 UmwG, Baden-Baden 2009.

Lauth, B. (2000): Endgültiger Abschied von der Einheitsbilanz?, in: DStR 2000, S. 1365-1372.

Laux, C./Leuz, C. (2009): The Crisis of Fair-Value Accounting: Making Sense of the Recent Debate, in: AOS 2009, S. 826-834.

Lee, E./Walker, M./Christensen, H. B. (2008): Mandating IFRS: its Impact on the Cost of Equity Capital in Europe, London 2008. URL: http://www.accaglobal.com/pubs/general/activities/research/research_archive/rr-105-001.pdf. Abrufdatum: 22.05.2011.

Leffson, U. (1987): Die Grundsätze ordnungsmäßiger Buchführung, 7. Aufl., Düsseldorf 1987.

Leftwich, R. (1983): Accounting Information in Private Markets: Evidence from Private Lending Agreements, in: AR 1983, S. 23-42.

Lenter, D./Slemrod, J./Shackelford, D. (2003): Public Disclosure of Corporate Tax Return Information: Accounting, Economics, and Legal Perspectives, in: NTJ 2003, S. 803-830.

Lenz, M./Rautenstrauch, G. (2011): Der Richtlinienentwurf zur Gemeinsamen konsolidierten KSt-Bemessungsgrundlage (GKKB), in: DB 2011, S. 726-731.

Lenz, T. (2008): Grundsätze steuerlicher Gewinnermittlung unter dem Einfluss der IAS/IFRS, Frankfurt a. M. 2008.

Leuz, C. (2010): Different Approaches to Corporate Reporting Regulation: How Jurisdictions Differ and Why, in: ABR 2010, S. 229-256.

Leuz, C. (1998): The Role of Accrual Accounting in Restricting Dividends to Shareholders, in: EAR 1998, S. 579-604.

Leuz, C. (1996): Rechnungslegung und Kreditfinanzierung. Zum Zusammenhang von Ausschüttungsbegrenzung, bilanzieller Gewinnermittlung und vorsichtiger Rechnungslegung, Frankfurt a. M. 1996.

Leuz, C./Deller, D./Stubenrath, M. (1998): An International Comparison of Accounting-Based Payout Restrictions in the United States, United Kingdom and Germany, in: ABR 1998, S. 111-129.

Leuz, C./Verrecchia, R. E. (2000): The Economic Consequences of Increased Disclosure, in: JAR 2000, S. 91-124.

Leuz, C./Wüstemann, J. (2004): The Role of Accounting in the German Fiscal System, in: Krahnen, J. P./Schmidt, R. H. (Hrsg.): The German Financial System, New York 2004, S. 450-481.

Levitt, A. (1998): The Importance of High Quality Accounting Standards, in: AH 1998, S. 79-82.

Ley, U. (1984): Der Begriff ‚Wirtschaftsgut' und seine Bedeutung für die Aktivierung, Bergisch Gladbach 1984.

Li, N. (2010): Negotiated Measurement Rules in Debt Contracts, in: JAR 2010, S. 1103-1144.

Li, S. (2010): Does Mandatory Adoption of International Financial Reporting Standards in the European Union Reduce the Cost of Equity Capital?, in: AR 2010, S. 607-636.

Liang, P. J. (2001): Recognition: An Information Content Perspective, in: AH 2001, S. 223-242.

Lienau, A. (2008): Gläubigerschutz durch Solvency Tests auf der Basis eines IFRS-Abschlusses, in: KoR 2008, S. 79-88.

Lienau, A./Zülch, H. (2006): Die Ermittlung des value in use nach IFRS – Eine Betrachtung der Einflussfaktoren des value in use vor dem Hintergrund der Vermittlung entscheidungsnützlicher Abschlussinformationen –, in: KoR 2006, S. 319-329.

Lindahl, E. (1933): The Concept of Income, in: Economic Essays in Honour of Gustav Cassel, London 1933, S. 399-407; wiederabgedruckt in: Parker, R. H./Harcourt, G. C. (Hrsg.): Readings in the Concept and Measurement of Income, Cambridge 1969, S. 54-62.

Lindemann, J. (2006): Kapitalmarktrelevanz der Rechnungslegung – Konzepte, Methodik und Ergebnisse empirischer Forschung, in: ZfB 2006, S. 967-1003.

Lindemann, J. (2004): Rechnungslegung und Kapitalmarkt. Eine theoretische und empirische Analyse, Lohmar/Köln 2004.

Link, S. (2005): Die Maßgeblichkeitsdiskussion angesichts der Einführung von IAS/IFRS in die Rechnungslegung, in: Schön, W. (Hrsg.): Steuerliche Maßgeblichkeit in Deutschland und Europa, Köln 2005, S. 207-281.

Lintner, J. (1965): The Valuation of Risk Assets and the Selection of Risky Investments in Stock Portfolios and Capital Budgets, in: The Review of Economics and Statistics 1965, S. 13-37.

Littmann, K. (1970): Ein Valet dem Leistungsfähigkeitsprinzip, in: Haller, H. et al. (Hrsg): Theorie und Praxis des finanzpolitischen Interventionismus. Festschrift für F. Neumark, Tübingen 1970, S. 113-134.

Löw, E./Antonakopoulos, N./Weiland, T. (2007): SFAS 157 und das IASB Discussion Paper „Fair Value Measurements", in: WPg 2007, S. 730-740.

Loitz, R. (2011): E-Bilanz – Buchführung quo vadis?, in: DB 2011, Heft 06, S. I.

Lücke, W. (1955): Investitionsrechnungen auf der Grundlage von Ausgaben oder Kosten?, in: ZfhF 1955, S. 310-324.

Lüdenbach, N. (2010): IFRS. Der Ratgeber zur erfolgreichen Anwendung von IFRS, 6. Aufl., Freiburg 2010.

Lüdenbach, N./Freiberg, J. (2009): Zweifelsfragen der abstrakten und konkreten Bilanzierungsfähigkeit immaterieller Anlagen, in: BFuP 2009, S. 131-151.

Lüdenbach, N./Hoffmann, W.-D. (2011): § 1 Rahmenkonzept (Framework), in: Lüdenbach, N./Hoffmann, W.-D. (Hrsg.): Haufe IFRS-Kommentar, 9. Aufl., Freiburg 2011.

Lüdenbach, N./Hoffmann, W.-D. (2007a): Der IFRS-Konzernabschluss als Bestandteil der Steuerbemessungsgrundlage für die Zinsschranke nach § 4h EStG-E, in: DStR 2007, S. 636-642.

Lüdenbach, N./Hoffmann, W.-D. (2007b): Die langen Schatten der IFRS über der HGB-Rechnungslegung, in: DStR 2007, S. 3-20.

Lüdenbach, N./Hoffman, W.-D. (2005): Die „komplizierte" IFRS-Rechnungslegung für mittelständische Unternehmen – Systematik und Fallstudie, in: DStR 2005, S. 884-890.

Lüdenbach, N./Hoffmann, W.-D. (2004): IFRS für den Mittelstand?, in: BFuP 2004, S. 596-614.

Lühr, I. (2010): Internationale Rechnungslegung für kleine und mittelgroße Unternehmen, Wiesbaden 2010.

Lundholm, R. J. (1995): A Tutorial on the Ohlson and Feltham/Ohlson Models: Answers to Some Frequently Asked Questions, in: CAR 1995, S. 749-761.

Lutter, M. (2006): Das (feste Grund-)Kapital der Aktiengesellschaft in Europa. Zusammenfassung der Überlegungen des Arbeitskreises „Kapital in Europa", in: Lutter, M. (Hrsg.): Das Kapital der Aktiengesellschaft in Europa, ZGR-Sonderheft 17/2006, S. 1-14.

Lutter, M. (1998): Gesetzliches Garantiekapital als Problem europäischer und deutscher Rechtspolitik, in: AG 1998, S. 375-377.

Lutz, G./Schlag, A. (2010): Abt. I/4 – Der Gegenstand der Aktivierung und Passivierung und seine Zurechnung im Handelsrecht, Steuerrecht und nach IFRS, in: von Wysocki, K. et al. (Hrsg.): Handbuch des Jahresabschlusses. Rechnungslegung nach HGB und internationalen Standards, Köln 1984/2007, Stand: 50. Erg.-Lief. November 2010 (dieser Abschnitt: Mai 2010).

Märkl, H./Schaber, M. (2010): IFRS 9 Financial Instruments: Neue Vorschriften zur Kategorisierung und Bewertung von finanziellen Vermögenswerten, in: KoR 2010, S. 65-74.

Mages, M. K. (2009): IFRS-Bilanzierung aus der Sicht mittelständischer Personengesellschaften. Eine theoretische und empirische Untersuchung, Hamburg 2009.

Maier, A. (1986): Der Grundsatz der Kapitalerhaltung und die Durchgriffshaftung wegen Unterkapitalisierung im deutschen und amerikanischen Gesellschaftsrecht. Unter besonderer Berücksichtigung des Rechts von New York, Kalifornien und Delaware sowie des Model Business Corporation Act, Frankfurt a. M. 1986.

Mandl, G. (2005): Zur Berücksichtigung des Risikos bei Ermittlung des Nutzungswertes gemäß IAS 36: Darstellung und Kritik, in: Schneider, D. et al. (Hrsg.): Kritisches zu Rechnungslegung und Unternehmensbesteuerung. Festschrift für T. Siegel, Berlin 2005, S. 139-159.

Mandler, U. (2007): IFRS im Mittelstand: Argumente gegen eine Umstellung. Diskussionsstand vor dem Hintergrund des Entwurfs IFRS for SMEs, in: BBK 2007, S. 387-392.

Mandler, U. (2004): Der deutsche Mittelstand vor der IAS-Umstellung 2005. Konzepte und empirische Befunde zur Umsetzung der IAS-Verordnung, Herne/Berlin 2004.

Mandler, U. (2003): Argumente für und gegen IAS/IFRS im Mittelstand, in: StuB 2003, S. 680-687.

Mankowski, P. (2006): Reicht das Vertragsrecht für einen angemessenen Schutz der Gesellschaftsgläubiger und ihrer Interessen aus?, in: Lutter, M. (Hrsg.): Das Kapital der Aktiengesellschaft in Europa, ZGR-Sonderheft 17/2006, S. 488-507.

Manning, B./Hanks, J. J. (1990): Legal Capital, Westbury 1990.

Mansi, S. A./Maxwell, W. F./Wald, J. K. (2009): Creditor Protection Laws and the Cost of Debt, in: JLE 2009, S. 701-726.

Manzon, G. B./Plesko, G. A. (2002): The Relation Between Financial and Tax Reporting Measures of Income, in: TLR 2002, S. 175-214.

Marshall, R. M. (1972): Determining an Optimal Accounting Information System for an Unidentified User, in: JAR 1972, S. 286-307.

Marx, F. J. (2011): Teilhaberthese als Leitbild zur Neukonzeption der steuerrechtlichen Gewinnermittlung nach Inkrafttreten des BilMoG, in: BB 2011, S. 1003-1006.

Marx, P. (2006a): Der Solvenztest als Alternative zur Kapitalerhaltung in der Aktiengesellschaft, Baden-Baden 2006.

Marx, P. (2006b): Der Solvenztest zur Regulierung von Ausschüttungen im amerikanischen Recht, in: DZWIR 2006, S. 401-406.

Massenberg, H.-J./Borchardt, A. (2007): Rating und Rechnungslegung im Mittelstand, in: BFuP 2007, S. 346-357.

Mathiak, W. (1997): Unmaßgeblichkeit von kodifiziertem Handelsrechnungslegungsrecht für die einkommensteuerrechtliche Gewinnermittlung?, in: Budde, W. D./Moxter, A./Offerhaus, K. (Hrsg.): Handelsbilanzen und Steuerbilanzen. Festschrift für H. Beisse, Düsseldorf 1997, S. 323-334.

Maul, K.-H. (1968): Bemerkungen zum Gläubigerschutz im Rahmen der aktienrechtlichen Rechnungslegung und einer verschuldungsgrad-bedingten Ausschüttungsregelung, in: WPg 1968, S. 537-542.

Maul, S./Lanfermann, G./Richard, M. (2011): Zur Zukunft des gesellschaftsrechtlichen Kapitalschutzes in Europa, in: Hoffmann-Becking, M./Hommelhoff, P./Graf von Westphalen, F. (Hrsg.): Festschrift für H.-J. Hellwig, Köln 2011, S. 221-249.

Maul, S./Lanfermann, G./Richard, M. (2010): Zur Leistungsfähigkeit der Ausschüttungsmodelle in Europa und Drittstaaten, AG 2010, S. 279-291.

Maul, S./Röhricht, V. (2008): Die Europäische Privatgesellschaft – Überblick über eine neue supranationale Rechtsform, in: BB 2008, S. 1574-1579.

Mayer, S. (2009): Die Fortentwicklung des Jahresabschlusses in Deutschland nach dem BilMoG, in: DStR 2009, S. 129-134.

Mayer, S. (2005): Entwicklung der Maßgeblichkeit in Deutschland, in: Schön, W. (Hrsg.): Steuerliche Maßgeblichkeit in Deutschland und Europa, Köln 2005, S. 147-205.

Mayer-Wegelin, E. (2010): Kommentierung zu § 256 HGB, in: Küting, K./Pfitzer, N./Weber, C.-P. (Hrsg.): Handbuch der Rechnungslegung Einzelabschluss. Kommentar zur Bilanzierung und Prüfung, 5. Aufl., Stuttgart 2011, Stand: 11. Erg.-Lief. April 2011 (dieser Abschnitt: März 2010).

Mayr, G. (2011): Zukunftskonzepte der Einkünfteermittlung: BilMoG, Maßgeblichkeitsgrundsatz und CCCTB, in: Hey, J. (Hrsg.): Einkünfteermittlung. 35. Jahrestagung der Deutschen Steuerjuristischen Gesellschaft e. V. Potsdam, 13. und 14. September 2010, DStJG Band 34, Köln 2011, S. 327-352.

Mayr, G. (2010): Die Zukunft der Steuerbilanz, in: Bundesministerium für Finanzen/Johannes Kepler Universität Linz (Hrsg.): Einkommensteuer, Körperschaftsteuer, Steuerpolitik. Gedenkschrift für P. Quantschnigg, Wien 2010, S. 255-262.

Mayr, G. (2008a): CCCTB: Der steuerpflichtige Unternehmensgewinn – gemeinsame Strukturelemente, in: Schön, W./Schreiber, U./Spengel, C. (Hrsg.): A Common Consolidated Corporate Tax Base for Europe. Eine einheitliche Körperschaftsteuerbemessungsgrundlage für Europa, Berlin/Heidelberg 2008, S. 85-93.

Mayr, G. (2008b): CCCTB: eine realistische Betrachtung, in: SWI 2008, S. 288-290.

Mellert, C. R. (2006): Ausländische Kapitalgesellschaften als Alternative zu AG und GmbH – eine Synopse, in: BB 2006, S. 8-16.

Mellinghoff, R. (2008): Steuerberatung am Maßstab des Verfassungsrechts, in: Ballwieser, W./Grewe, W. (Hrsg.): Wirtschaftsprüfung im Wandel. Festgabe Deloitte, München 2008, S. 491-514.

Mellwig, W. (2010): Zur Abzinsung von Verbindlichkeiten und Rückstellungen im deutschen Bilanzrecht, in: Baumhoff, H./Dücker, R./Köhler, S. (Hrsg.): Besteuerung, Rechnungslegung und Prüfung der Unternehmen. Festschrift für N. Krawitz, Wiesbaden 2010, S. 667-687.

Mellwig, W. (1983): Bilanzrechtsprechung und Betriebswirtschaftslehre. Zu einigen Grundlagen der steuerlichen Bilanzrechtsprechung und ihrer betriebswirtschaftlichen Kritik, in: BB 1983, S. 1613-1620.

Menken, K. (1993): Informationsökonomie, Bilanztheorie und HGB 1985, Göttingen 1993.

Merkt, H. (2006a): Creditor Protection Through Mandatory Disclosure, in: EBOR 2006, S. 95-122.

Merkt, H. (2006b): IFRS und die Folgen für den Kapitalschutz im Gesellschaftsrecht, in: Wagenhofer, A./Börsig, C. (Hrsg.): IFRS in Rechnungswesen und Controlling. Dokumentation des 59. Deutschen Betriebswirtschafter-Tages (DBT) 2005, Stuttgart 2006, S. 89-109.

Merkt, H. (2004a): Der Kapitalschutz in Europa – ein rocher de bronze?, in: ZGR 2004, S. 305-323.

Merkt, H. (2004b): Die Pluralisierung des europäischen Gesellschaftsrechts, in: RIW 2004, S. 1-7.

Merkt, H. (2001): Entwicklungen des Gesellschafts- und Kapitalmarktrechts in den USA – Vorbild für Deutschland und Europa?, in: KoR 2001, S. 142-150.

Merkt, H./Göthel, S. R. (2006): US-amerikanisches Gesellschaftsrecht, 2. Aufl., Frankfurt a. M. 2006.

Merkt, H./Spindler, G. (2006): Fallgruppen der Durchgriffshaftung und verwandte Rechtsfiguren, in: Lutter, M. (Hrsg.): Das Kapital der Aktiengesellschaft in Europa, ZGR-Sonderheft 17/2006, S. 207-276.

Merschmeyer, M. (2005): Die Kapitalschutzfunktion des Jahresabschlusses und Übernahme der IAS/IFRS für die Einzelbilanz, Frankfurt a. M. 2005.

Meth, D. (2007): Die IFRS als Grundlage der Rechnungslegung mittelständischer Unternehmen. Eine Analyse der Eignung der IFRS für mittelständische Unternehmen unter Berücksichtigung des IASB-Projektes „Accounting Standards for Small and Medium-sized Entities“, Lohmar/Köln 2007.

Meurer, I. (2009): Der Maßgeblichkeitsgrundsatz im BilMoG, in: FR 2009, S. 117-120.

Meyer, S. (2008): Die Verantwortlichkeit des Geschäftsführers für Gläubigerinteressen – Veränderungen durch das MoMiG, in: BB 2008, S. 1742-1748.

Meyering, S. (2011): Zukunft der steuerlichen Gewinnermittlung: Könnte das Drei-Komponenten-System den KMU ein eigenständiges Steuerbilanzrecht ersparen?, in: DStR 2011, S. 829-833.

Mildebrath, C. (2008): Der IAS-Einzelabschluss. Ordnungspolitische Konsequenz einer vergleichenden Betrachtung von HGB- und IFRS-Rechnungslegung unter besonderer Berücksichtigung der Bilanzierung von Leasingverhältnissen, Frankfurt a. M. 2008.

Miller, D./Reisel, N. (2010): Do Country Level Investor Protections Impact Security Level Contract Design? Evidence from Foreign Bond Covenants, Working Paper 2010. URL: http://papers.ssrn.com/sol3/papers.cfm?abstract_id=1392990. Abrufdatum: 22.05.2011.

Miller, M. H./Modigliani, F. (1961): Dividend Policy, Growth, and the Valuation of Shares, in: JB 1961, S. 411-433.

Mills, L. F./Plesko, G. A. (2003): Bridging the Reporting Gap: A Proposal for More Informative Reconciling of Book and Tax Income, in: NTJ 2003, S. 865-893.

Mintz, J. (2004): Corporate Tax Harmonization in Europe: It's All About Compliance, in: ITPF 2004, S. 221-234.

Mintz, J. (2002): European Company Tax Reform: Prospects for the Future, in: CESifo Forum 1/2002, S. 3-9.

Mintz, J./Weiner, J. M. (2003): Exploring Formula Allocation for the European Union, in: ITPF 2003, S. 695-711.

Miola, M. (2005): Legal Capital and Limited Liability Companies: the European Perspective, in: ECFR 2005, S. 413-486.

Mock, S. (2008): Finanzverfassung der Kapitalgesellschaften und internationale Rechnungslegung, Köln/München 2008.

Modigliani, F./Miller, M. H. (1958): The Cost of Capital, Corporation Finance and the Theory of Investment, in: AER 1958, S. 261-297.

Möller, H. P./Hüfner, B. (2002): Zur Bedeutung der Rechnungslegung für den deutschen Aktienmarkt – Begründung, Messprobleme und Erkenntnisse empirischer Forschung, in: Seicht, G. (Hrsg.): Jahrbuch für Controlling und Rechnungswesen 2002, Wien 2002, S. 405-463.

Mölls, S. H./Strauß, M. (2007): Zur Informationswirkung der Rechnungslegung – Stand und Implikationen der empirischen Forschung –, in: KoR 2007, S. 79-92.

Mössner, J. M. (2007): Internationale Rechnungslegung und steuerliche Gewinnermittlung, in: Ebke, W. F./Luttermann, C./Siegel, S. (Hrsg.): Internationale Rechnungslegungsstandards für börsenunabhängige Unternehmen?, Baden-Baden 2007, S. 165-187.

Mössner, J. M. (1998): Ist die Maßgeblichkeit tot?, in: Stbg 1998, S. 145-150.

Morich, S. (2009): Entwicklungen im Bilanzrecht von Familienunternehmen aus europäischer Sicht, in: Winkeljohann, N./Reuther, F. (Hrsg.): Zukunft des Bilanzrechts in Familienunternehmen. Perspektiven und Modernisierungsansätze nach HGB und IFRS, Berlin 2009, S. 39-69.

Mors, M./Rautenstrauch, G. (2008): Die gemeinsame konsolidierte Körperschaftsteuer-Bemessungsgrundlage (GKKB) als harmonisiertes europäisches Körperschaftsteuerrecht der Zukunft?, in: Ubg 2008, S. 97-104.

Mossin, J. (1966): Equilibrium in a Capital Asset Market, in: Econometrica 1966, S. 768-783.

Moxter, A. (2009): IFRS als Auslegungshilfe für handelsrechtliche GoB?, in: WPg 2009, S. 7-12.

Moxter, A. (2008): Aktivierungspflicht für selbsterstellte immaterielle Anlagewerte?, in: DB 2008, S. 1514-1517.

Moxter, A. (2007): Über Bilanztheorien, in: Kirsch, H.-J./Thiele, S. (Hrsg.): Rechnungslegung und Wirtschaftsprüfung. Festschrift für J. Baetge, Düsseldorf 2007, S. 407-417.

Moxter, A. (2006): Absehbarer Abschied von der HGB-Bilanzierung?, in: BB 2006, Heft 13, S. I.

Moxter, A. (2005a): Dysfunktionale Gewinnwarnungen, in: Schneider, D. et al. (Hrsg.): Kritisches zu Rechnungslegung und Unternehmensbesteuerung. Festschrift für T. Siegel, Berlin 2005, S. 219-226.

Moxter, A. (2005b): Zur Funktionsinadäquanz von Bilanzen, in: Crezelius, G./Hirte, H./Vieweg, K. (Hrsg.): Gesellschaftsrecht, Rechnungslegung, Sportrecht. Festschrift für V. Röhricht, Köln 2005, S. 1007-1014.

Moxter, A. (2004a): Gewinnrealisierung nach den IAS/IFRS: Erosion des HGB-Realisationsprinzips, in: ZVglRWiss 2004, S. 268-280.

Moxter, A. (2004b): Neue Ansatzkriterien für Verbindlichkeitsrückstellungen? (Teil I), in: DStR 2004, S. 1057-1060.

Moxter, A. (2004c): Objektivierte Gewinnkonzeption nach International Accounting Standards?, in: Gillenkirch, R. M. et al. (Hrsg.): Wertorientierte Unternehmenssteuerung. Festschrift für H. Laux, Berlin u. a. 2004, S. 181-192.

Moxter, A. (2003): Grundsätze ordnungsgemäßer Rechnungslegung, Düsseldorf 2003.

Moxter, A. (2002): Grundsätze ordnungsmäßiger Buchführung, in: Ballwieser, W./Coenenberg, A. G./v. Wysocki, K., Handwörterbuch der Rechnungslegung und Prüfung, 3. Aufl., Stuttgart 2002, Sp. 1041-1052.

Moxter, A. (2001): Die Zukunft der Rechnungslegung? Anmerkungen zu den Thesen eines Arbeitskreises der Schmalenbach-Gesellschaft, in: DB 2001, S. 605-607.

Moxter, A. (2000a): Besitzen IAS-konforme Jahres- und Konzernabschlüsse im Hinblick auf die Unternehmens- und Konzernsteuerung Vorteile gegenüber den Rechnungslegungstraditionen im EWR?, in: Altenburger, O. A./Janschek, O./Müller, H. (Hrsg.): Fortschritte im Rechnungswesen. Festschrift für G. Seicht, 2. Aufl., Wiesbaden 2000, S. 497-505.

Moxter, A. (2000b): Missverständnisse um das Maßgeblichkeitsprinzip, in: DStZ 2000, S. 157-161.

Moxter, A. (2000c): Rechnungslegungskonzeptionen im Widerstreit, in: Wirtschaftswissenschaftliche Fakultät der Universität Leipzig/KPMG/PwC (Hrsg.): Rechnungslegungskonzeptionen im Widerstreit – Beiträge zu den Wirtschaftswissenschaften, Leipzig 2000, S. 61-66.

Moxter, A. (2000d): Rechnungslegungsmythen, in: BB 2000, S. 2143-2149.

Moxter, A. (1999): Rückstellungen nach IAS: Abweichungen vom geltenden deutschen Bilanzrecht, in: BB 1999, S. 519-525.

Moxter, A. (1998): Künftige Verluste in der Handels- und Steuerbilanz, in: DStR 1998, S. 509-515.

Moxter, A. (1997a): Grundwertungen in Bilanzrechtsordnungen – ein Vergleich von überkommenem deutschen Bilanzrecht und Jahresabschlußrichtlinie, in: Budde, W. D./Moxter, A./Offerhaus, K. (Hrsg.): Handelsbilanzen und Steuerbilanzen. Festschrift für H. Beisse, Düsseldorf 1997, S. 347-361.

Moxter, A. (1997b): Zum Verhältnis von Handelsbilanz und Steuerbilanz, in: BB 1997, S. 195-199.

Moxter, A. (1997c): Zur Abgrenzung von Verbindlichkeitsrückstellungen und (künftig grundsätzlich unzulässigen) Verlustrückstellungen, in: DB 1997, S. 1477-1480.

Moxter, A. (1996): Zur Prüfung des „true and fair view", in: Baetge, J. et al. (Hrsg.): Rechnungslegung, Prüfung und Beratung – Herausforderungen für den Wirtschaftsprüfer –. Festschrift für R. Ludewig, Düsseldorf 1996, S. 671-682.

Moxter, A. (1995a): Standort Deutschland: Zur Überlegenheit des deutschen Rechnungslegungsrechts, in: Peemöller, V./Uecker, P. (Hrsg.): Standort Deutschland. Grundsatzfragen und aktuelle Perspektiven für die Besteuerung, die Prüfung und das Controlling. Festschrift für A. Heigl, Berlin 1995, S. 31-41.

Moxter, A. (1995b): Zum Verhältnis von handelsrechtlichen Grundsätzen ordnungsmäßiger Bilanzierung und True-and-fair-view-Gebot bei Kapitalgesellschaften, in: Förschle, G./Kaiser, K./Moxter, A. (Hrsg.): Rechenschaftslegung im Wandel. Festschrift für W. D. Budde, München 1995, S. 419-429.

Moxter, A. (1994): Georg Döllerers bilanzrechtliches Vermächtnis, in: StuW 1994, S. 97-102.

Moxter, A. (1993): Entwicklung der Theorie der handels- und steuerrechtlichen Gewinnermittlung, in: Wagner, F. W. (Hrsg.): Ökonomische Analyse des Bilanzrechts, ZfbF-Sonderheft 32, Düsseldorf 1993, S. 61-84.

Moxter, A. (1989): Zur wirtschaftlichen Betrachtungsweise im Bilanzrecht, in: StuW 1989, S. 232-241.

Moxter, A. (1987): Zum Sinn und Zweck des handelsrechtlichen Jahresabschlusses nach neuem Recht, in: Havermann, H. (Hrsg.): Bilanz- und Konzernrecht. Festschrift für R. Goerdeler, Düsseldorf 1987, S. 361-374.

Moxter, A. (1986): Bilanzlehre. Band II: Einführung in das neue Bilanzrecht, 3. Aufl., Wiesbaden 1986.

Moxter, A. (1984a): Bilanzlehre. Band I: Einführung in die Bilanztheorie, 3. Aufl., Wiesbaden 1984.

Moxter, A. (1984b): Das Realisationsprinzip – 1884 und heute, in: BB 1984, S. 1780-1786.

Moxter, A. (1982): Betriebswirtschaftliche Gewinnermittlung, Tübingen 1982.

Moxter, A. (1979): Immaterielle Anlagewerte im neuen Bilanzrecht, in: BB 1979, S. 1102-1109.

Moxter, A. (1978a): Aktivierungsgrenzen bei „immateriellen Anlagewerten", in: BB 1978, S. 821-825.

Moxter, A. (1978b): Der Einfluß der EG-Bilanzrichtlinie auf das Bilanzsteuerrecht, in: BB 1978, S. 1629-1632.

Moxter, A. (1978c): Die Aktivierungsvoraussetzung „entgeltlicher Erwerb" im Sinne von § 5 Abs. 2 EStG, in: DB 1978, S. 1804-1809.

Moxter, A. (1978d): Kreditwürdigkeitsbeurteilung und Eigenkapital, in: Die Bank 1978, S. 321-324.

Moxter, A. (1966): Die Grundsätze ordnungsmäßiger Bilanzierung und der Stand der Bilanztheorie, in: ZfbF 1966, S. 28-59.

Moxter, A. (1964): Präferenzstruktur und Aktivitätsfunktion des Unternehmers, in: ZfbF 1964, S. 6-35.

Mülbert, P. O. (2004): Zukunft der Kapitalaufbringung/Kapitalerhaltung, in: DK 2004, S. 151-162.

Mülbert, P. O./Birke, M. (2002): Legal Capital – Is There a Case against European Legal Capital Rules?, in: EBOR 2002, S. 695-732.

Müller, C. (2009): Auswirkungen von „Basel II" auf die Finanzierung des deutschen Mittelstands, in: DStR 2009, S. 64-70.

Müller, K. (2001): Verwirklichung von Gerechtigkeit und Entscheidungsneutralität in den Einkommen- und Körperschaftsteuersystemen der EU-Mitgliedstaaten. Eine Analyse unter Berücksichtigung des Einkommens und des Konsums als alternative Anknüpfungspunkte der Besteuerung, Lohmar/Köln 2001.

Münstermann, H. (1966): Die Bedeutung des ökonomischen Gewinns für den externen Jahresabschluss der Aktiengesellschaft, in: WPg 1966, S. 579-586.

Mujkanovic, R. (2009): Die Bewertung von Finanzinstrumenten zum fair value nach BilMoG, in: StuB 2009, S. 329-335.

Mujkanovic, R. (2002): Fair Value im Financial Statement nach International Accounting Standards, Stuttgart 2002.

Mujkanovic, R./Raatz, P. (2008): Der Component Approach nach IAS 16 im HGB-Abschluss?, in: KoR 2008, S. 245-250.

Musgrave, R. A./Musgrave, P. B./Kullmer, L. (1993): Die öffentlichen Finanzen in Theorie und Praxis, 2. Band, 5. Aufl., Tübingen 1993.

Myers, J. N. (1999): Implementing Residual Income With Linear Information Dynamics, in: AR 1999, S. 1-28.

Myers, S. C. (1977): Determinants of Corporate Borrowing, in: JFE 1977, S. 147-175.

Najderek, A. (2009): Harmonisierung des europäischen Bilanzrechts. Problembestimmung und konzeptionelle Würdigung, Wiesbaden 2009.

Nash, R. C./Netter, J. M./Poulsen, A. B. (2003): Determinants of Contractual Relations between Shareholders and Bondholders: Investment Opportunities and Restrictive Covenants, in: JCF 2003, S. 201-232.

Naumann, K.-P. (2007): Neukonzeption der Kapitalerhaltung und IFRS-Anwendung im Jahresabschluss?, in: Kirsch, H.-J./Thiele, S. (Hrsg.): Rechnungslegung und Wirtschaftsprüfung. Festschrift für J. Baetge, Düsseldorf 2007, S. 419-445.

Neus, W. (2009): Einführung in die Betriebswirtschaftslehre aus institutionenökonomischer Sicht, 6. Aufl., Tübingen 2009.

Nguyen-Thanh, D./Rose, M./Thalmeier, B. (2003): Die zinsbereinigt modifizierte Kassenrechnung als einheitliche Gewinnermittlungsmethode, in: StuW 2003, S. 169-175.

Niedernhuber, G. (1988): Ausschüttungsregelungen für Aktiengesellschaften – Eine ökonomische Analyse –, Hamburg 1988.

Niehus, R. J. (2008): IFRS für KMUs? – „Ja, aber nicht so!“, BDI, DRSC und IDW zu einem (überflüssigen?) Unterfangen des IASB –, in: DB 2008, S. 881-886.

Niehus, R. J. (2006): IFRS für den Mittelstand? Warum eigentlich? – Gegenargumente und ein Lösungsvorschlag –, in: DB 2006, S. 2529-2536.

Niehus, R. J. (2001): „Auch für Einzelabschlüsse gelten die IAS“? – Ein Beitrag zu den (möglichen) Grenzen einer „Internationalisierung“ der Rechnungslegung im Einzelabschluss –, in: WPg 2001, S. 737-752.

Niemann, R./Sureth, C. (2005): Capital Budgeting with Taxes under Uncertainty and Irreversibility, in: Journal of Economics and Statistics 2005, S. 77-95.

Niemeier, W. (2009): „Zahlreich, unterkapitalisiert und jeder dritte Gründer vorbelastet: Die Unternehmergesellschaft führt eindrucksvoll im Race to the Bottom“, in: S:R 2009, S. 184-185.

Niesert, B./Hohler, A. (2009): Die Haftung des Geschäftsführers für die Rückzahlung von Gesellschafterdarlehen und ähnliche Leistungen. Zugleich ein Beitrag zur Auslegung des § 64 S. 3 GmbHG, in: NZI 2009, S. 345-351.

Nikolaev, V. V. (2010): Debt Covenants and Accounting Conservatism, in: JAR 2010, S. 137-176.

Nikoleyczik, T. (2007): Gläubigerschutz zwischen Gesetz und Vertrag. Alternativen zum System eines festen Nennkapitals, Lohmar/Köln 2007.

Nini, G./Smith, D. C./Sufi, A. (2009): Creditor Control Rights and Firm Investment Policy, in: JFE 2009, S. 400-420.

Nissim, D./Penman, S. (2008): Principles for the Application of Fair Value Accounting. Center for Excellence in Accounting and Security Analysis, White Paper Number Two, Columbia Business School 2008, URL: http://www1.gsb.columbia.edu/mygsb/faculty/research/pubfiles/3029/FairValue.pdf. Abrufdatum: 27.05.2011.

Nobes, C. (2010): On Researching into the Use of IFRS by Private Entities in Europe, in: Accounting in Europe 2010, S. 213-226.

Nobes, C. (2003): A Conceptual Framework for the Taxable Income of Businesses, and How to Apply it under IFRS, London 2003.

Obermaier, R. (2009): Fair Value-Bilanzierung nach IFRS auf der Basis von Barwertkalkülen – Ermittlung und Wirkungen kapitalmarktorientierter Basiszinssätze –, in: KoR 2009, S. 545-554.

Obermaier, R. (2008): Die kapitalmarktorientierte Bestimmung des Basiszinssatzes für die Unternehmensbewertung: the Good, the Bad and the Ugly, in: FB 2008, S. 493-507.

Obermaier, R. (2006): Marktzinsorientierte Bestimmung des Basiszinssatzes in der Unternehmensbewertung, in: FB 2006, S. 472-479.

Ochs, A./Leibfried, P. (2006): IFRS für den Mittelstand? Eine empirische Untersuchung, in: PiR 2006, S. 183-189.

Oehler, R. (2006a): Auswirkungen einer IFRS-Umstellung auf das Kreditrating mittelständischer Unternehmen, in: DB 2006, S. 113-119.

Oehler, R. (2006b): Internationale Rechnungslegung bei KMU – Ergebnisse einer empirischen Befragung mittelständischer Unternehmen im Raum Mittelfranken –, in: KoR 2006, S. 19-28.

Oehler, R. (2005): Auswirkungen einer IAS/IFRS-Umstellung bei KMU, München 2005.

Oestreicher, A. (2008): CCCTB – Methods of Consolidation, in: Lang, M. et al. (Hrsg.): Common Consolidated Corporate Tax Base, Wien 2008, S. 517-546.

Oestreicher, A. (2007a): Maßstäbe für eine Vereinheitlichung der Gewinnermittlung in Europa, in: Oestreicher, A. (Hrsg.): Reform der Unternehmensbesteuerung: Verschiedene Wege diskutieren. Beiträge zu einer Ringveranstaltung an der Universität Göttingen im Sommersemester 2006, Herne/Berlin 2007, S. 227-254.

Oestreicher, A. (2007b): Zukunft des Steuerbilanzrechts aus deutscher Sicht, in: WPg 2007, S. 572-582.

Oestreicher, A. (2002): Konzernbesteuerung in Europa. Zum Vorschlag einer konsolidierten körperschaftsteuerlichen Bemessungsgrundlage für die grenzüberschreitende Unternehmenstätigkeit in der EU, in: StuW 2002, S. 342-356.

Oestreicher, A./Scheffler, W./Spengel, C./Wellisch, D. (2008): Modelle einer Konzernbesteuerung für Deutschland und Europa, Baden-Baden 2008.

Oestreicher, A./Spengel, C. (2007): Tax Harmonization in Europe: The Determination of Corporate Taxable Income in the Member States, in: ET 2007, S. 437-451.

Oestreicher, A./Spengel, C. (2003): Steuerliche Abschreibung und Standortattraktivität, Baden-Baden 2003.

Oestreicher, A./Spengel, C. (2001): Anwendung von IAS in der EU – Zukunft des Maßgeblichkeitsprinzips und Steuerbelastung, in: RIW 2001, S. 889-902.

Oestreicher, A./Spengel, C./Koch, R. (2011): How to Reform Taxation of Corporate Groups in Europe, in: WTJ 2011, S. 5-38.

Ohlson, J. A. (2009): Accounting Data and Value: The Basic Results, in: CAR 2009, S. 231-259.

Ohlson, J. A. (1995): Earnings, Book Values, and Dividends in Equity Valuation, in: CAR 1995, S. 661-687.

Olivier, C./Wielenberg, S. (2010): Solvenztests vs. bilanzielle Kapitalerhaltung – eine ökonomische Analyse, in: Ewert, R./Küpper, H.-U. (Hrsg.): Rechnungslegung, Kapitalmärkte und Regulierung, ZfB-Special Issue 3/2010, Wiesbaden 2010, S. 33-54.

Ordelheide, D. (2000): Wertpotential und Objektivierung der IAS im Vergleich zu den Bilanzierungsvorschriften des dHGB und des öHGB. Konsequenzen für die externe und interne Unternehmenssteuerung, in: Altenburger, O. A./Janschek, O./Müller, H. (Hrsg.): Fortschritte im Rechnungswesen. Festschrift für G. Seicht, 2. Aufl., Wiesbaden 2000, S. 507-532.

Ordelheide, D. (1998a): Bedeutung und Wahrung des Kongruenzprinzips („clean surplus") im internationalen Rechnungswesen, in: Matschke, M. J./Schildbach, T. (Hrsg.): Unternehmensberatung und Wirtschaftsprüfung. Festschrift für G. Sieben, Stuttgart 1998, S. 515-530.

Ordelheide, D. (1998b): Wettbewerb der Rechnungslegungssysteme IAS, US-GAAP und HGB – Plädoyer für eine Reform des deutschen Bilanzrechts –, in: Börsig, C./Coenenberg, A. G. (Hrsg.): Controlling und Rechnungswesen im internationalen Wettbewerb. Kongress-Dokumentation 51. Deutscher Betriebswirtschafter-Tag 1997, Stuttgart 1998, S. 15-53.

Ordelheide, D. (1989): Kapital und Gewinn. Kaufmännische Konvention als kapitaltheoretische Konzeption?, in: Hax, H./Kern, W./Schröder, H.-H. (Hrsg.): Zeitaspekte in betriebswirtschaftlicher Theorie und Praxis. 50. Wissenschaftliche Jahrestagung des Verbandes der Hochschullehrer für Betriebswirtschaft e. V. Köln, 24. – 28. Mai 1988, Stuttgart 1989, S. 21-41.

Ordelheide, D. (1988a): Kaufmännischer Periodengewinn als ökonomischer Gewinn – Zur Unsicherheitsrepräsentation bei der Konzeption von Erfolgsgrößen –, in: Domsch, M. et al. (Hrsg.): Unternehmenserfolg. Planung – Ermittlung – Kontrolle. Festschrift für W. Busse von Colbe, Wiesbaden 1988, S. 275-302.

Ordelheide, D. (1988b): Zu einer neoinstitutionalistischen Theorie der Rechnungslegung, in: Budäus, D./Gerum, E./Zimmermann, G. (Hrsg.): Betriebswirtschaftslehre und Theorie der Verfügungsrechte, Wiesbaden 1988, S. 269-295.

Overesch, M./Rincke, J. (2009): What Drives Corporate Tax Rates Down? A Reassessment of Globalization, Tax Competition, and Dynamic Adjustment to Shocks, CESifo Working Paper No. 2535, 2009. URL: http://www.ifo.de/DocCIDL/cesifo1_wp2535.pdf. Abrufdatum: 27.05.2011.

Pannen, M. (2000): Meßtheoretische Grundprobleme des Maßgeblichkeitsprinzips, Lohmar/ Köln 2000.

Papier, H.-J. (2007): Steuerrecht im Wandel – verfassungsrechtliche Grenzen der Steuerpolitik, in: DStR 2007, S. 973-978.

Patek, G. (2011): Verlustfreie Bewertung von Vermögensgegenständen des Vorratsvermögens und schwebenden Geschäftspositionen in Handels- und Steuerbilanz, in: BFuP 2011, S. 282-302.

Paton, W. A./Littleton, A. C. (1940): An Introduction to Corporate Accounting Standards, Chicago 1940 (Reprinted, Sarasota 1970).

Paul, S. (2007): Auswirkungen der IFRS auf die Finanzierungsstrategien von Unternehmen, in: Heyd, R./von Keitz, I. (Hrsg.): IFRS-Management. Interessenschutz auf dem Prüfstand, Treffsichere Unternehmensbeurteilung, Konsequenzen für das Management, München 2007, S. 325-345.

Pawelzik, K. U. (2006): IFRS-Abschlüsse im Mittelstand – Warum eigentlich nicht?, in: DB 2006, S. 793-797.

Peasnell, K. V. (1982): Some Formal Connections Between Economic Values and Yields and Accounting Numbers, in: JBFA 1982, S. 361-381.

Peemöller, V. H./Schmalz, H. (2007): IFRS für kleine und mittlere Unternehmen sowie Genossenschaften: Erfolgsmodell oder Kostentreiber?, in: ZfgG 2007, S. 204-221.

Peemöller, V. H./Spanier, G./Weller, H. (2002): Internationalisierung der externen Rechnungslegung: Auswirkungen auf nicht kapitalmarktorientierte Unternehmen, in: BB 2002, S. 1799-1803.

Pelger, C. (2009): Entscheidungsnützlichkeit in neuem Gewand: Der Exposure Draft zur Phase A des Conceptual Framework-Projekts, in: KoR 2009, S. 156-163.

Pellens, B. (2010a): Diskussionsbeitrag: „Solvenztests vs. bilanzielle Kapitalerhaltung – eine ökonomische Analyse“, in: Ewert, R./Küpper, H.-U. (Hrsg.): Rechnungslegung, Kapitalmärkte und Regulierung, ZfB-Special Issue 3/2010, Wiesbaden 2010, S. 55-63.

Pellens, B. (2010b): Entwicklungen in der Rechnungslegung nach dem Bilanzrechtsmodernisierungsgesetz (BilMoG), in: Deutscher Sparkassen- und Giroverband e. V. (Hrsg): Sparkassen-Prüfertag 2009, Stuttgart 2010, S. 43-53.

Pellens, B./Amshoff, H./Schmidt, A. (2009): Konzernsichtweisen in der Rechnungslegung und im Gesellschaftsrecht: Zur Übertragbarkeit des betriebwirtschaftlichen Konzernverständnisses auf Ausschüttungsregulierungen, in: ZGR 2009, S. 231-276.

Pellens, B./Brandt, E./Richard, M. (2006): Kapitalschutz in Kalifornien – Vorbild für die europäische Gesellschaftsrechtsreform?, in: DB 2006, S. 2021-2027.

Pellens, B./Crasselt, N./Sellhorn, T. (2009): Corporate Governance und Rechnungslegung, in: ZfbF 2009, S. 102-113.

Pellens, B./Crasselt, N./Sellhorn, T. (2007): Solvenztest zur Ausschüttungsbemessung – Berücksichtigung unsicherer Zukunftserwartungen, in: ZfbF 2007, S. 264-283.

Pellens, B./Fülbier, U. (2000): Differenzierung der Rechnungslegungsregulierung nach Börsenzulassung, in: ZGR 2000, S. 572-593.

Pellens, B./Fülbier, R. U./Gassen, J./Sellhorn, T. (2011): Internationale Rechnungslegung, 8. Aufl., Stuttgart 2011.

Pellens, B./Gassen, J. (2001): EU-Verordnungsentwurf zur IAS-Konzernrechnungslegung – Gestaltungsmöglichkeiten des deutschen Gesetzgebers –, in: KoR 2001, S. 137-142.

Pellens, B./Jödicke, D./ Richard, M. (2006): Solvenztest als Alternative zur bilanziellen Kapitalerhaltung?, in: Winkeljohann, N./Herzig, N. (Hrsg.): IFRS für den Mittelstand. Perspektiven – Anwendung – Praxisberichte, Stuttgart 2006, S. 93-120.

Pellens, B./Jödicke, D./ Richard, M. (2005): Solvenztests als Alternative zur bilanziellen Kapitalerhaltung?, in: DB 2005, S. 1393-1401.

Pellens, B./Jödicke, D./Schmidt, A. (2008): Mindestkapital und bilanzielle Kapitalerhaltung versus Solvenztest: Alternativen zur Reform des deutschen Gläubigerschutzsystems, in: Küting, K./Pfitzer, N./Weber, C.-P. (Hrsg.): Bilanz als Informations- und Kontrollinstrument. Kapitalmarktorientierte Rechnungslegung und integrierte Unternehmenssteuerung, Stuttgart 2008, S. 7-30.

Pellens, B./Jödicke, D./Schmidt, A. (2007): Reformbestrebungen zum Gläubigerschutz, in: DK 2007, S. 427-435.

Pellens, B./Kemper, T./Schmidt, A. (2008): Geplante Reformen im Recht der GmbH: Konsequenzen für den Gläubigerschutz, in: ZGR 2008, S. 381-430.

Pellens, B./Neuhaus, S./Schmidt, A. (2008): Relevanz unterschiedlicher Wertmaßstäbe für die Ausgestaltung der Unternehmensberichtserstattung, in: WPg 2008, Sonderheft, S. S82-S88.

Pellens, B./Sellhorn, T. (2006): Zukunft des bilanziellen Kapitalschutzes, in: Lutter, M. (Hrsg.): Das Kapital der Aktiengesellschaft in Europa, ZGR-Sonderheft 17/2006, S. 451-487.

Penman, S. H. (2010): Financial Statement Analysis and Security Valuation, 4. Aufl., New York 2010.

Penman, S. H. (2007): Financial Reporting Quality: Is Fair Value a Plus or a Minus?, in: ABR 2007, Special Issue, S. 33-44.

Pfaff, D./Kukule, W. (2006): Wie fair ist der fair value?, in: KoR 2006, S. 542-549.

Pietsch, H. (2007): Fair Value und steuerliche Gewinnermittlung. Beurteilung der Übertragbarkeit der Grundsätze der Fair Value-Richtlinie und des IAS 39 in die Steuerbilanz, Frankfurt a. M. 2007.

Plankensteiner, D./Rehbock, T. (2005): Die Bedeutung von Mezzanine-Finanzierungen in Deutschland, in: ZfgK 2005, S. 790-794.

Platikanova, P./Nobes, C. (2006): Was the Introduction of IFRS in Europe Value-Relevant?, Working Paper 2006. URL: http://papers.ssrn.com/sol3/papers.cfm?abstract_id=949160. Abrufdatum: 27.05.2011.

Plesko, G. A. (2004): Corporate Tax Avoidance and the Properties of Corporate Earnings, in: NTJ 2004, S. 729-737.

Pottgießer, G. (2006): Einflüsse internationaler Standards auf die handelsrechtliche Rechnungslegung und die steuerrechtliche Gewinnermittlung, Wiesbaden 2006.

Pottgießer, G./Velte, P./Weber, S. (2005): Die langfristige Auftragsfertigung nach IAS 11 – Ausgewählte bilanzpolitische Gestaltungsspielräume, Auswirkungen auf den Grundsatz der Verlässlichkeit nach IAS/IFRS und Berücksichtigung des aktuellen Arbeitsprojekts des IASB/FASB zur Ertragsrealisation (Revenue Recognition) –, in: KoR 2005, S. 310-318.

Prather-Kinsey, J./ Jermakowicz, E. K./Vongphanith, T. (2008): Capital Market Consequences of European Firms' Mandatory Adoption of IFRS, Working Paper 2008. URL: http://www.business.illinois.edu/accountancy/research/vkzcenter/conferences/warsaw/papers/Kinsey.pdf. Abrufdatum: 27.05.2011.

Pratt, J. W./Zeckhauser, R. J. (1985): Principals and Agents: An Overview, in: Pratt, J. W./Zeckhauser, R. J. (Hrsg.): Principals and Agents: The Structure of Business, Boston 1985, S. 1-35.

Preinreich, G. A. (1937): Valuation and Amortization, in: AR 1937, S. 209-226.

Preißler, G. (2005): Prinzipienbasierung der Rechnungslegung nach IAS/IFRS?, Frankfurt a. M. 2005.

Press, E. G./Weintrop, J. B. (1990): Accounting-Based Constraints in Public and Private Debt Agreements, in: JAE 1990, S. 65-95.

Prinz, U. (2011a): Arten der Einkünfteermittlung – Bestandsaufnahme und Kritik – Betriebsvermögensvergleich, in: Hey, J. (Hrsg.): Einkünfteermittlung. 35. Jahrestagung der Deutschen Steuerjuristischen Gesellschaft e. V. Potsdam, 13. und 14. September 2010, DStJG Band 34, Köln 2011, S. 135-184.

Prinz, U. (2011b): Rückstellungen in der Steuerbilanz: Ein Gebot sachgerechter Leistungsfähigkeitsbesteuerung, in: DB 2011, S. 492-497.

Prinz, U. (2010): Materielle Maßgeblichkeit handelsrechtlicher GoB – ein Konzept für die Zukunft im Steuerbilanzrecht?, in: DB 2010, S. 2069-2076.

Prinz, U. (2006): Maßgeblichkeit versus eigenständige Steuerbilanz – Auswirkungen einer HGB-Reform auf das Steuerrecht, in: Kirchhof, P. et al. (Hrsg.): Steuer- und Gesellschaftsrecht zwischen Unternehmerfreiheit und Gemeinwohl. Festschrift für A. Raupach, Köln 2006, S. 279-298.

Prokop, J. (2003): Die Bewertung zukünftiger Unternehmenserfolge. Konzepte – Möglichkeiten – Grenzen, Wiesbaden 2003.

PwC (2007): Measuring Assets and Liabilities. Investment Professionals' Views, 2007.

Qi, Y./Roth, L./Wald, J. K. (2011): How Legal Environments Affect the Use of Bond Covenants, in: JIBS 2011, S. 235-262.

Qi, Y./Wald, J. (2008): State Laws and Debt Covenants, in: JLE 2008, S. 179-207.

Rammert, S. (2010): § 51 Bilanzpolitik und Bilanzanalyse, in: Lüdenbach, N./Hoffmann, W.-D. (Hrsg.): Haufe IFRS-Kommentar, 8. Aufl., Freiburg 2010.

Rammert, S. (2008): Der Solvenztest – eine unausgereifte Alternative zur Kapitalerhaltung, in: Ballwieser, W./Grewe, W. (Hrsg.): Wirtschaftsprüfung im Wandel. Festgabe Deloitte, München 2008, S. 429-449.

Rammert, S. (2004): Lohnt die Erhaltung der Kapitalerhaltung?, in: BFuP 2004, S. 578-595.

Rammert, S. (2000): Gläubigerschutz durch Kapitalerhaltung. Eine ökonomische Analyse, Habil. München 2000 (im Erscheinen).

Rammert, S./Thies, A. (2009): Mit dem Bilanzrechtsmodernisierungsgesetz zurück in die Zukunft – was wird aus Kapitalerhaltung und Besteuerung?, in: WPg 2009, S. 34-46.

Raupach, A. (2005): Das Verhältnis zwischen Gesellschaftsrecht und Bilanzrecht unter dem Einfluss international anerkannter Rechnungslegungsgrundsätze, in: Crezelius, G./Hirte, H./Vieweg, K. (Hrsg.): Gesellschaftsrecht, Rechnungslegung, Sportrecht. Festschrift für V. Röhricht, Köln 2005, S. 1033-1054.

Raupach, A. (1990): Von der Maßgeblichkeit der Handelsbilanz für die steuerliche Gewinnermittlung zur Prädominanz des Steuerrechts in der Handelsbilanz, in: BFuP 1990, S. 515-526.

Rautenstrauch, G. (2009): Die gemeinsame konsolidierte KSt-Bemessungsgrundlage (GKKB) als Vorbild für ein eigenständiges Bilanzsteuerrecht in Deutschland?, in: FR 2009, S. 114-117.

Reese, R./Wiese, J. (2007): Die kapitalmarktorientierte Bestimmung des Basiszinses für die Unternehmensbewertung, in: ZBB 2007, S. 38-46.

Reifschneider, C. (2007): Informationeller Anlegerschutz. Ökonomische Analyse der Konkretisierung und Durchsetzung sekundärmarktbezogener Informationspflichten in Deutschland und den USA, Wiesbaden 2007.

Reinke, J. (2010): Impairment Test nach IAS 36. Grundlagen, Durchführung, abschlusspolitisches Potenzial, Berlin 2010.

Reuther, F. (2009): Anforderungen an das nationale und internationale Bilanzrecht aus Sicht von Familienunternehmen, in: Winkeljohann, N./Reuther, F. (Hrsg.): Zukunft des Bilanzrechts in Familienunternehmen. Perspektiven und Modernisierungsansätze nach HGB und IFRS, Berlin 2009, S. 1-17.

Reuther, F. (2007): Anforderungen an IFRS aus der Sicht eines Familienunternehmens, in: BFuP 2007, S. 313-325.

Reuther, F./Fink, C. (2010): Besonderheiten der Bilanzierung in Familienunternehmen, in: BB 2010, S. 363-367.

Revsine, L. (1973): Replacement Cost Accounting, Englewood Cliffs 1973.

Richard, M. (2007): Kapitalschutz der Aktiengesellschaft. Eine rechtsvergleichende und ökonomische Analyse deutscher und US-amerikanischer Kapitalschutzsysteme, Frankfurt a. M. 2007.

Richter, L./Kruczynski, M./Kurz, C. (2010): E-Bilanz: Mindestumfang der steuerlichen Deklaration nach der geplanten Taxonomie. Entwurf eines BMF-Schreibens vom 31.8.2010 - IV C 6 - S 2133-b/10/10001 S 2133-b/10/10001, in: BB 2010, S. 2489-2494.

Richter, R./Furubotn, E. G. (2010): Neue Institutionenökonomik. Eine Einführung und kritische Würdigung, 4. Aufl., Tübingen 2010.

Rickford, J. (2006): Legal Approaches to Restricting Distributions to Shareholders: Balance Sheet Tests and Solvency Tests, in: EBOR 2006, S. 135-179.

Rickford, J. (2004): Reforming Capital: Report of the Interdisciplinary Group on Capital Maintenance, in: EBLR 2004, S. 920-1027.

Ries, C. (2009): Konsolidierte Körperschaftsteuerbemessungsgrundlage in der EU unter Berücksichtigung von Drittstaatseinkünften. Eine technische Analyse möglicher Folgen der Aufteilung oder des direkten Zurechnens von Einkünften mit Quelle im Drittstaat, Hamburg 2009.

Rödder, T. (2010): Wo steht und wohin entwickelt sich das Europäische Unternehmenssteuerrecht?, in: Kessler, W./Förster, G./Watrin, C. (Hrsg.): Unternehmensbesteuerung. Festschrift für N. Herzig, München 2010, S. 349-364.

Rogall, M./Spengel, C. (2000): Abzinsung von Rückstellungen in der Steuerbilanz, in: BB 2000, S. 1234-1241.

Rokitta, M. (2011): Implementierung der IFRS in der Europäischen Union. Eine Analyse aus Sicht der Neuen Institutionenökonomik, Lohmar/Köln 2011.

Ronen, J. (2008): To Fair Value or Not to Fair Value: A Broader Perspective, in: Abacus 2008, S. 181-208.

Roser, F./Tesch, B./Seemann, T. (1999): Grundsätze der Abzinsung von Rückstellungen – Anwendungsfragen zum Steuerentlastungsgesetz 1999/2000/2002 –, in: FR 1999, S. 1345-1350.

Ross, S. A. (1973): The Economic Theory of Agency: The Principal's Problem, in: AER 1973, S. 134-139.

Roth, W.-H. (2005): „Das Wandern ist des Müllers Lust…“: Zur Auswanderungsfreiheit für Gesellschaften in Europa, in: Lorenz, S. et al. (Hrsg.): Festschrift für A. Heldrich, München 2005, S. 973-995.

Rudolph, B. (2006): Unternehmensfinanzierung und Kapitalmarkt, Tübingen 2006.

Rüdinger, A. (2004): Regelungsschärfe bei Rückstellungen. Normkonkretisierung und Anwendungsermessen nach GoB, IAS/IFRS und US-GAAP, Wiesbaden 2004.

Ruhnke, K./Schmiele, C./Sanyang, M. (2009): Bedeutung selbst erstellter immaterieller Vermögensgegenstände des Anlagevermögens für Kreditvergabeentscheidungen – Eine empirische Untersuchung vor dem Hintergrund der Relevanz und der Verlässlichkeit der nach den Änderungen durch das BilMoG gegebenen Abschlussinformationen –, in: DB 2009, S. 2725-2729.

Ruppe, H.-G. (1990): Kommentierung zu Einf. ESt, in: Hey, J./Prinz, U./Wendt, M. (Hrsg.): Herrmann/Heuer/Raupach. Einkommensteuer- und Körperschaftsteuergesetz. Kommentar, Köln 1950/2011, Stand: 245. Erg.-Lief. April 2011 (dieser Abschnitt: Februar 1990).

Rust, H./Hülshoff, M./Kolbe, S. (2011): E-Bilanz: Anforderungen der Finanzverwaltung an den Datensatz nach § 5b EStG, in: BB 2011, S. 747-753.

Sabiwalsky, R. (2008): Finanzielle Risiken durch Leveraged Buyouts und die Gläubigerschutzwirkung alternativer Kapitalerhaltungskonzepte, in: DBW 2008, S. 545-567.

Saelzle, R./Kronner, M. (2004): Die Informationsfunktion des Jahresabschlusses – dargestellt am sog. „impairment-only-Ansatz", in: WPg 2004, Sonderheft, S. S154-S165.

Samuelson, P. A. (1964): Tax Deductibility of Economic Depreciation to Insure Invariant Valuations, in: JPE 1964, S. 604-606.

Sava, O. (2007): Dualismus der Einkunftsarten. Ansätze zur Steuerreformdiskussion aus betriebswirtschaftlicher Sicht, Wiesbaden 2007.

Schäfer, H.-B./Ott, C. (2005): Lehrbuch der ökonomischen Analyse des Zivilrechts, 4. Aufl., Berlin u. a. 2005.

Schanz, G. (1896): Der Einkommensbegriff und die Einkommensteuergesetze, in: FA 1896, S. 1-87.

Schanz, D./Schanz, S. (2011): Business Taxation and Financial Decisions, Heidelberg 2011.

Schanz, D./Schanz, S. (2010): Finding a New Corporate Tax Base after the Abolishment of the One-Book System in EU Member States, in: EAR 2010, S. 311-341.

Schanz, D./Schanz, S. (2009): Maßgeblichkeit der Handelsbilanz für die Steuerbilanz in Europa und in den USA, in: StuW 2009, S. 311-322.

Scheffler, W. (2010a): Besteuerung von Unternehmen. Band II: Steuerbilanz, 6. Aufl., Heidelberg u. a. 2010.

Scheffler, W. (2010b): Besteuerung von Unternehmen. Band III: Steuerplanung, Heidelberg u. a. 2010.

Scheffler, W. (2010c): B 233 – Rückstellungen, in: Böcking, H.-J. et al. (Hrsg.): Beck'sches Handbuch der Rechnungslegung – HGB und IFRS –, München, Stand: 35. Erg.-Lief. März 2011 (dieser Abschnitt: Mai 2010).

Scheffler, W. (2004): Europäisierung des Bilanzsteuerrechts – Anmerkungen zum Urteil des FG Hamburg vom 28. 11. 2003 auf der Grundlage des EuGH-Urteils vom 7. 1. 2003 (BIAO) –, in: StuB 2004, S. 776-781.

Scheffler, W. (2003): Steuerbilanz und EuGH: Vorabentscheidungszuständigkeit, true and fair view und Vorsichtsprinzip, Wertaufhellung – Anmerkungen zum EuGH-Urteil vom 7. 1. 2003 - Rs. C-306/99 –, in: StuB 2003, S. 298-304.

Scheffler, W. (2001): Auswirkungen des Karlsruher Entwurfs zur Reform des EStG auf die Steuerbilanz, in: StuB 2001, S. 904-914.

Scheffler, W. (2000): Verbreiterung der Bemessungsgrundlage: Was bleibt von Rückstellungen in der Steuerbilanz? (Teil A und B), in: StuB 2000, S. 489-494 und S. 541-548.

Scheffler, W./Krebs, C. (2011): Richtlinienvorschlag zur CCCTB: Bestimmung der Steuerbemessungsgrundlage im Vergleich mit der Steuerbilanz nach EStG, in: DStR 2011, Beihefter zu Heft 22, S. 13*-28*.

Schildbach, T. (2011a): Einsatzmöglichkeiten des IFRS for SMEs in Europa, in: WPg 2011, S. 114-119.

Schildbach, T. (2011b): Information des Kapitalmarkts mithilfe der fair value-Statik: „fair is foul and foul is fair", in: IRZ 2011, S. 71-77.

Schildbach, T. (2010a): Die Auswirkungen des geplanten neuen Bilanzrechts auf das System der GoB, in: Seicht, G. (Hrsg.): Jahrbuch für Controlling und Rechnungswesen 2010, Wien 2010, S. 137-157.

Schildbach, T. (2010b): Fair Value – Leitstern für Wege ins Abseits, in: DStR 2010, S. 69-76.

Schildbach, T. (2009a): Der handelsrechtliche Jahresabschluss, 9. Aufl., Herne 2009.

Schildbach, T. (2009b): Fair Value-Bilanzierung und Unternehmensbewertung, in: BFuP 2009, S. 371-387.

Schildbach, T. (2009c): Fair value-Statik und Information des Kapitalmarktes, in: BFuP 2009, S. 581-598.

Schildbach, T. (2009d): Internationale Rechnungslegung – cui bono?, in: Weber, C.-P. et al. (Hrsg.): Berichterstattung für den Kapitalmarkt. Festschrift für K. Küting, Stuttgart 2009, S. 103-119.

Schildbach, T. (2009e): Rechnungslegung nach IFRS und ihre Beurteilung aus der Sicht der Anforderungen von KMU und Handwerksbetrieben, in: Hinterdobler, T./Küpper, H.-U. (Hrsg.): Ausrichtung der Rechnungslegung für KMU und Handwerksbetriebe. Kriterien, Gestaltungsmöglichkeiten und Grenzen ihrer Regulierung im europäischen Kontext, München 2009, S. 33-76.

Schildbach, T. (2008a): Der Konzernabschluss nach HGB, IFRS und US-GAAP, 7. Aufl., München 2008.

Schildbach, T. (2008b): Dunkle Seiten der Vorsicht bei Licht besehen, in: BFuP 2008, S. 449-463.

Schildbach, T. (2007a): IFRS – Irre Führendes Rechnungslegungs-System. Teil 1 und 2, in: IRZ 2007, S. 9-16 und S. 91-97.

Schildbach, T. (2007b): Kosten der internationalen Rechnungslegung, in: Ebke, W. F./Luttermann, C./Siegel, S. (Hrsg.): Internationale Rechnungslegungsstandards für börsenunabhängige Unternehmen?, Baden-Baden 2007, S. 119-145.

Schildbach, T. (2006a): Fair Value – Wunsch und Wirklichkeit, in: Küting, K./Pfitzer, N./Weber, C.-P. (Hrsg.): Internationale Rechnungslegung: Standortbestimmung und Zukunftsperspektiven. Kapitalmarktorientierte Rechnungslegung und integrierte Unternehmenssteuerung, Stuttgart 2006, S. 7-32.

Schildbach, T. (2006b): Mittelstand und Rechnungslegung nach IFRS, in: Seicht, G. (Hrsg.): Jahrbuch für Controlling und Rechnungswesen 2006, Wien 2006, S. 131-152.

Schildbach, T. (2005): Das System der IAS/IFRS in der EU: Charakter und Probleme, in: Schneider, D. et al. (Hrsg.): Kritisches zu Rechnungslegung und Unternehmensbesteuerung. Festschrift für T. Siegel, Berlin 2005, S. 45-63.

Schildbach, T. (2004a): Bilanzierung zum „fair value" – Zukunft der Rechnungslegung?, in: Wildemann, H. (Hrsg.): Organisation und Personal. Festschrift für R. Bühner, München 2004, S. 845-863.

Schildbach, T. (2004b): Rechnungslegung im Spannungsfeld zweiter Kulturen der Regulierung. Gute Gründe für die Kombination privater und obrigkeitlicher Regulierung, in: ST 2004, S. 159-172.

Schildbach, T. (2003): Prinzipienorientierung – wirksamer Schutz gegen Enronitis?, in: BFuP 2003, S. 247-266.

Schildbach, T. (2002a): IAS als Rechnungslegungsstandards für alle, in: BFuP 2002, S. 263-278.

Schildbach, T. (2002b): US-GAAP. Amerikanische Rechnungslegung und ihre Grundlagen, 2. Aufl., München 2002.

Schildbach, T. (1999): Externe Rechnungslegung und Kongruenz – Ursache für die Unterlegenheit deutscher verglichen mit angelsächsischer Bilanzierung?, in: DB 1999, S. 1813-1820.

Schildbach, T. (1998): Rechnungslegung nach US-GAAP – ein Fortschritt für Deutschland?, in: Ballwieser, W./Schildbach, T. (Hrsg.): Rechnungslegung und Steuern international, Zfbf-Sonderheft 40, Düsseldorf 1998, S. 55-81.

Schildbach, T. (1986): Jahresabschluß und Markt, Berlin/Heidelberg 1986.

Schildbach, T./Grottke, M. (2011): IFRS for SMEs – unvereinbar mit den Anforderungen der EU und eine Gefahr für den Mittelstand, in: DB 2011, S. 945-953.

Schipper, K./Vincent, L. (2003): Earnings Quality, in: AH 2003, Supplement, S. 97-110.

Schleyer, H.-E. (2008): IFRS – Chancen und Risiken für den Mittelstand, in: Ballwieser, W./Grewe, W. (Hrsg.): Wirtschaftsprüfung im Wandel. Festgabe Deloitte, München 2008, S. 387-411.

Schlitt, M./Kasten, R. A. (2011): Börsennotierte Anleihen mittelständischer Unternehmen – ein Überblick über die neuen Anleihesegmente, in: CF law 2011, S. 97-103.

Schlotter, C. (2005): Teilwertabschreibung und Wertaufholung zwischen Steuerbilanz und Verfassungsrecht, Köln 2005.

Schmalenbach, E. (1962): Dynamische Bilanz, 13. Aufl., bearbeitet von Richard Bauer, Köln/Opladen 1962.

Schmidt, F. (1929): Die organische Tageswertbilanz, 3. Aufl., Leipzig 1929.

Schmidt, I. M. (2007): Ansätze für eine umfassende Rechnungslegung zur Zahlungsbemessung und Informationsvermittlung. Eine Analyse am Beispiel der Goodwill-Bilanzierung, Wiesbaden 2007.

Schmidt, K. (2010): Kommentierung zu § 64 GmbHG, in: Bitter, G. et al. (Hrsg.): Scholz Kommentar zum GmbH-Gesetz. Band 3: §§ 53-85, Nachtrag MoMiG, §§ 1-4 EGGmbHG, 10. Aufl., Köln 2010.

Schmidt, K. (2007): GmbH-Reform, Solvenzgewährleistung und Insolvenzpraxis – Gedanken zum MoMiG-Entwurf –, in: GmbHR 2007, S. 1-11.

Schmidt, K. (2002): Gesellschaftsrecht, 4. Aufl., Köln 2002.

Schmidt, L. (1994): Maßgeblichkeitsprinzip und Einheitsbilanz. Geschichte, Gegenwart und Perspektiven des Verhältnisses von Handels- und Steuerbilanz, Heidelberg 1994.

Schmidt, M. (2005): Rechnungslegung von Finanzinstrumenten. Abbildungskonzeptionen aus Sicht der Bilanztheorie, der empirischen Kapitalmarktforschung und der Abschlussprüfung, Wiesbaden 2005.

Schmidt, M. (2000): Das Konzept einer kapitalmarktorientierten Rechnungslegung. Legitimation, Ableitung einer Sollvorstellung und Brauchbarkeit nationaler sowie internationaler Regelungen, Bielefeld 2000.

Schmidt, R. H. (1982): Rechnungslegung als Informationsproduktion auf nahezu effizienten Kapitalmärkten, in: ZfbF 1982, S. 728-748.

Schmidt, R. H./Terberger, E. (1997): Grundzüge der Investitions- und Finanzierungstheorie, 4. Aufl., Wiesbaden 1997.

Schmiel, U. (2011): Entspricht eine steuerliche Gewinnermittlung nach den Grundsätzen ordnungsmäßiger Bilanzierung dem Leistungsfähigkeitsprinzip?, in: ZSteu 2011, S. 119-125.

Schmiel, U. (2010): Steuerbilanzpolitische Strategien für kleine und mittlere Unternehmen, in: Meyer, J.-A. (Hrsg.): Strategien von kleinen und mittleren Unternehmen, Lohmar/Köln 2010, S. 451-480.

Schmiel, U. (2009): Forschungsziele in der Betriebswirtschaftlichen Steuerlehre in der Kritik, in: ZfB 2009, S. 1193-1214.

Schmiel, U. (2008): Lässt sich die Aufrechterhaltung des Maßgeblichkeitsprinzips durch das BilMoG ökonomisch begründen?, in: Schmiel, U./Breithecker, V. (Hrsg.): Steuerliche Gewinnermittlung nach dem Bilanzrechtsmodernisierungsgesetz, Berlin 2008, S. 333-358.

Schmiel, U. (2007a): Erfordert eine Reform der Unternehmensbesteuerung die Berücksichtigung von KMU?, in: Letmathe, P. et al. (Hrsg.): Management kleiner und mittlerer Unternehmen. Stand und Perspektiven der KMU-Forschung, Wiesbaden 2007, S. 695-712.

Schmiel, U. (2007b): Zur Problematik einer theoretisch fundierten steuerlichen Gewinnermittlung, in: Ilmenauer Schriften zur Betriebswirtschaftslehre 2/2007.

Schmiel, U. (2006): Erkenntnisfortschritt in der Betriebswirtschaftlichen Steuerlehre. Ein methodologisches Konzept zur Herleitung von Muster-Hypothesen, in: Zelewski, S./Akca, N. (Hrsg.): Fortschritt in den Wirtschaftswissenschaften. Wissenschaftstheoretische Grundlagen und exemplarische Anwendungen, Wiesbaden 2006, S. 147-169.

Schmiel, U. (2005a): KMU als Untersuchungsgegenstand der Steuerwirkungsanalyse, in: ZfKE 2005, S. 21-36.

Schmiel, U. (2005b): Rechtskritik als Aufgabe der Betriebswirtschaftlichen Steuerlehre, Berlin 2005.

Schmiel, U. (2003): Die Öffnung des Einzelabschlusses für IAS: Das Ende des gesetzlichen vermögensabhängigen Gläubigerschutzes, in: Gesellschaftsrechtliche Vereinigung (Hrsg.): Gesellschaftsrecht in der Diskussion 2002, Köln 2003, S. 143-161.

Schmitt, C. (2011): Finanzierungsstrategien mittelständischer Unternehmen vor dem Hintergrund von Basel III, in: BB 2011, S. 105-109.

Schmitt, T. (2005): Systembereinigung und Vereinfachung der Einkommensteuer, Frankfurt a. M. 2005.

Schmusch, M./Laas, T. (2006): Werthaltigkeitsprüfungen nach IAS 36 in der Interpretation von IDW RS HFA 16, in: WPg 2006, S. 1048-1060.

Schneeloch, D. (2009): Zum Stand der steuerlichen Gewinnermittlung – Eine kritische Analyse –, in: Egner, T./Henselmann, K./Schmidt, L. (Hrsg.): Steuern und Rechnungslegung. Festschrift für J. Sigloch, Aachen 2009, S. 373-398.

Schneeloch, D. (2008): IFRS für alle Unternehmen?, in: Oehler, A./Terstege, U. (Hrsg.): Finanzierung, Investition und Entscheidung. Einzelwirtschaftliche Analysen zur Bank- und Finanzwirtschaft. Festschrift für M. Bitz, Wien 2008, S. 542-567.

Schneeloch, D. (2005): Gedanken zum Stand und zum Selbstverständnis der Betriebswirtschaftlichen Steuerlehre, in: Siegel, T. et al. (Hrsg.): Steuertheorie, Steuerpolitik und Steuerpraxis. Festschrift für P. Bareis, Stuttgart 2005, S. 251-274.

Schneider, D. (2011): Betriebswirtschaftslehre als Einzelwirtschaftstheorie der Institutionen, Wiesbaden 2011.

Schneider, D. (2010a): Ein Jahrhundert Unmaßgeblichkeit des Maßgeblichkeitsgrundsatzes, in: Baumhoff, H./Dücker, R./Köhler, S. (Hrsg.): Besteuerung, Rechnungslegung und Prüfung der Unternehmen. Festschrift für N. Krawitz, Wiesbaden 2010, S. 705-721.

Schneider, D. (2010b): Wider Zahlenmystik bei Steuerbelastung und Steuerwirkung, in: StuW 2010, S. 232-238.

Schneider, D. (2008a): Steuerbetriebswirtschaftliche Gewinnermittlung statt des Entwurfs einer BilMoG-elpackung!, in: Schmiel, U./Breithecker, V. (Hrsg.): Steuerliche Gewinnermittlung nach dem Bilanzrechtsmodernisierungsgesetz, Berlin 2008, S. 283-300.

Schneider, D. (2008b): Wider Zahlengläubigkeit bei der Informationsfunktion des Jahresabschlusses, in: Wagner, F. W./Schildbach, T./Schneider, D. (Hrsg.): Private und öffentliche Rechnungslegung. Festschrift für H. Streim, Wiesbaden 2008, S. 325-336.

Schneider, D. (2004): Folgt die Tugend gewinnsteuerlicher Bemessungsgrundlagen den Zahlungsströmen?, in: StuW 2004, S. 293-304.

Schneider, D. (2003a): „Freimütige, lustige und ernsthafte, jedoch vernunft- und gesetzmäßige Gedanken" (Thomasius) über die Entwicklung der Lehre vom gerechten Preis und fair value, in: Tietje, C./Kraft, G./Sethe, R. (Hrsg.): Beiträge zum Transnationalen Wirtschaftsrecht, Heft 16, Halle 2003.

Schneider, D. (2003b): Konzernrechnungslegung nach IAS als Besteuerungsgrundlage?, in: BB 2003, S. 299-304.

Schneider, D. (2003c): Problemfelder und Methoden des Rechnungswesens allgemein und einer Konzernrechnungslegung als internationale Gewinnsteuerbemessungsgrundlage im besonderen, in: BFuP 2003, S. 652-669.

Schneider, D. (2002): Steuerlast und Steuerwirkung. Einführung in die steuerliche Betriebswirtschaftslehre, München 2002.

Schneider, D. (2000): Fördern internationale Rechnungslegungsstandards Wettbewerb als Verwertung von Wissen?, in: Schildbach, T./Wagenhofer, A. (Hrsg.): Wettbewerb und Unternehmensrechnung, ZfbF-Sonderheft 45, Düsseldorf 2000, S. 23-40.

Schneider, D. (1999): Abbau von Steuervergünstigungen durch Skalpierung der Maßgeblichkeit und Verlustverrechnung als „Stärkung der Investitionskraft"?, in: DB 1999, S. 105-110.

Schneider, D. (1997): Betriebswirtschaftslehre. Band 2: Rechnungswesen, 2. Aufl., München 1997.

Schneider, D. (1996): Theorie der Unternehmung und Theorie der Rechnungslegung, in: BFuP 1996, S. 471-502.

Schneider, D. (1995): Betriebswirtschaftslehre. Band 1: Grundlagen, 2. Aufl., München 1995.

Schneider, D. (1994): Grundzüge der Unternehmensbesteuerung, 6. Aufl., Wiesbaden 1994.

Schneider, D. (1992a): Investition, Finanzierung und Besteuerung, 7. Aufl., Wiesbaden 1992.

Schneider, D. (1992b): Maß und Ausmaß der Steuervergünstigungen, in: DB 1992, S. 1737-1742.

Schneider, D. (1992c): Theorien zur Entwicklung des Rechnungswesens, in: ZfbF 1992, S. 3-31.

Schneider, D. (1991): Die Anfänge der „Steuerbilanz" und die Entstehung des Maßgeblichkeitsprinzips. Ein Beitrag zur Betriebswirtschaftlichen Steuerlehre vor der akademischen Betriebswirtschaftslehre, in: Herzig, N. (Hrsg.): Betriebswirtschaftliche Steuerlehre und Steuerberatung. Festschrift für G. Rose, Wiesbaden 1991, S. 175-190.

Schneider, D. (1989): Cash-Flow-Besteuerung als klägliche Konterrevolution gegen den „ökonomischen" Gewinn, Diskussionspapier 130/1989, Technische Universität Berlin 1989.

Schneider, D. (1988): Was verlangt eine marktwirtschaftliche Steuerreform: Einschränkung des Verlust-Mantelkaufs oder Ausweitung des Verlustausgleichs durch handelbare Verlustverrechnungsgutscheine, in: BB 1988, S. 1222-1229.

Schneider, D. (1987): Mindestnormen zur Eigenkapitalausstattung als Beispiele unbegründeter Kapitalmarktregulierung?, in: Schneider, D. (Hrsg.): Kapitalmarkt und Finanzierung. Jahrestagung des Vereins für Socialpolitik, Gesellschaft für Wirtschafts- und Sozialwissenschaften in München 1986, Berlin 1987, S. 85-108.

Schneider, D. (1986): Lücken bei der Begründung einer „Eigenkapitallücke", in: DB 1986, S. 2293-2298.

Schneider, D. (1985): Eine Warnung vor Frühwarnsystemen – Statistische Jahresabschlußanalysen als Prognosen zur finanziellen Gefährdung einer Unternehmung? –, in: DB 1985, S. 1489-1494.

Schneider, D. (1984): Der Einkommensbegriff und die Einkommensteuerrechtsprechung, in: FA 1984, S. 407-432.

Schneider, D. (1983): Wozu eine Reform des Jahresabschlusses? Oder: Jahresabschlußzwecke im Lichte der Temperaturmessung, in: Baetge, J. (Hrsg.): Der Jahresabschluß im Widerstreit der Interessen. Vortragsreihe des Instituts für Revisionswesen an der Westfälischen Wilhelms-Universität Münster. Sommersemster 1982 / Wintersemester 1982/1983, Düsseldorf 1983, S. 131-155.

Schneider, D. (1981): Kapitalmarkteffizienz durch Jahresabschlussreformen?, Göttingen 1981.

Schneider, D. (1978): Steuerbilanzen. Rechnungslegung als Messung steuerlicher Leistungsfähigkeit, Wiesbaden 1978.

Schneider, D. (1974): Abschreibungsverfahren und Grundsätze ordnungsmäßiger Buchführung, in: WPg 1974, S. 365-376.

Schneider, D. (1973): Renaissance der Bilanztheorie?, in: ZfbF 1973, S. 29-58.

Schneider, D. (1972): „Aktienrechtlicher Gewinn und ausschüttungsfähiger Betrag" in der Diskussion, in: WPg 1972, S. 180-188.

Schneider, D. (1971a): Aktienrechtlicher Gewinn und ausschüttungsfähiger Betrag, in: WPg 1971, S. 607-617.

Schneider, D. (1971b): Eine Reform der steuerlichen Gewinnermittlung? Anmerkungen zum Teil „Gewinnermittlung“ des Gutachtens der Steuerreformkommission 1971, in: StuW 1971, S. 326-341.

Schneider, D. (1971c): Gewinnermittlung und steuerliche Gerechtigkeit, in: ZfbF 1971, S. 352-394.

Schneider, D. (1970): Sofortiger Verlustausgleich statt Teilwertabschreibung – ein Problem der Steuerreform –, in: WPg 1970, S. 68-72.

Schneider, D. (1969): Die Problematik betriebswirtschaftlicher Teilwertlehren, in: WPg 1969, S. 305-313.

Schneider, D. (1968): Ausschüttungsfähiger Gewinn und das Minimum an Selbstfinanzierung, in: ZfbF 1968, S. 1-29.

Schneider, D. (1966): Dynamische Bilanzauffassung und ökonomischer Gewinnbegriff. Diskussionsbeitrag, in: ZfbF 1966, S. 571-575.

Schneider, D. (1963): Bilanzgewinn und ökonomische Theorie, in: ZfhF 1963, S. 457-474.

Schneider, D./Siegel, T. (1995): Das Index-Lifo-Verfahren als „Fortentwicklung“ von Grundsätzen ordnungsmäßiger Buchführung?, in: WPg 1995, S. 261-266.

Schnorr, R. (2004): Nationale und internationale Aktivierungsgrundsätze der Rechnungslegung in der Handels- und Steuerbilanz, in: StuW 2004, S. 305-317.

Schön, W. (2010): Legalität, Gestaltungsfreiheit und Belastungsgleichheit als Grundlagen des Steuerrechts, in: Hüttemann, R. (Hrsg.): Gestaltungsfreiheit und Gestaltungsmissbrauch im Steuerrecht. 34. Jahrestagung der Deutschen Steuerjuristischen Gesellschaft e. V. Nürnberg, 14. und 15. September 2009, DStJG Band 33, Köln 2010, S. 29-63.

Schön, W. (2007): Perspektiven der Konzernbesteuerung, in: ZHR 2007, S. 409-445.

Schön, W. (2006a): Balance Sheet Tests or Solvency Tests – Or Both?, in: EBOR 2006, S. 181-198.

Schön, W. (2006b): The Mobility of Companies in Europe and the Organizational Freedom of Company Founders, in: ECFR 2006, S. 122-146.

Schön, W. (2005a): Eine Zukunft für das Maßgeblichkeitsprinzip, in: Schön, W. (Hrsg.): Steuerliche Maßgeblichkeit in Deutschland und Europa, Köln 2005, S. 1-146.

Schön, W. (2005b): The Odd Couple: A Common Future for Financial and Tax Accounting?, in: TLR 2005, S. 111-148.

Schön, W. (2004a): Die Zukunft der Kapitalaufbringung/-erhaltung, in: DK 2004, S. 162-170.

Schön, W. (2004b): International Accounting Standards – A "Starting Point" for a Common European Tax Base?, in: ET 2004, S. 426-440.

Schön, W. (2004c): Kompetenzen der Gerichte zur Auslegung von IAS/IFRS, in: BB 2004, S. 763-768.

Schön, W. (2002): Wer schützt den Kapitalschutz?, in: ZHR 2002, S. 1-5.

Schön, W. (2001): Internationalisierung der Rechnungslegung und Gläubigerschutz, in: WPg 2001, Sonderheft, S. S74-S79.

Schön, W. (2000): Gesellschafter-, Gläubiger- und Anlegerschutz im Europäischen Bilanzrecht, in: ZGR 2000, S. 706-742.

Schön, W. (1997a): Entwicklung und Perspektiven des Handelsbilanzrechts: vom ADHGB zum IASC, in: ZHR 1997, S. 133-159.

Schön, W. (1997b): Steuerliche Einkünfteermittlung, Maßgeblichkeitsprinzip und Europäisches Bilanzrecht, in: Klein, F. et al. (Hrsg.): Unternehmen Steuern. Festschrift für H. Flick, Köln 1997, S. 573-586.

Schön, W. (1995): Die Steuerbilanz zwischen Handelsrecht und Grundgesetz, in: StuW 1995, S. 366-377.

Schön, W./Schreiber, U./Spengel, C. (Hrsg.) (2008): A Common Consolidated Corporate Tax Base for Europe. Eine einheitliche Körperschaftsteuerbemessungsgrundlage für Europa, Berlin/Heidelberg 2008.

Scholes, M. S./Wolfson, M. A./Erickson, M./Maydew, E. L./Shevlin, T. (2009): Taxes and Business Strategy. A Planning Approach, 4. Aufl., Upper Saddle River 2009.

Scholz, A. (2008): Kapitalerhaltung durch Solvenztests. Eine ökonomische und experimentelle Analyse, Wiesbaden 2008.

Schorr, G./Walter, K.-F. (2006): IFRS für den deutschen Mittelstand und Kreditfinanzierung, in: ZfgK 2006, S. 1090-1093.

Schredelseker, K. (2008): Jahresabschluss und Marktinformation, in: DBW 2008, S. 159-184.

Schreiber, U. (2009a): Internationale Gewinnverlagerungen. Bestandsaufnahme und Perspektiven, in: DBW 2009, S. 535-550.

Schreiber, U. (2009b): Prinzipien der Unternehmensbesteuerung und die Begrenzung des Zinsabzugs, in: Egner, T./Henselmann, K./Schmidt, L. (Hrsg.): Steuern und Rechnungslegung. Festschrift für J. Sigloch, Aachen 2009, S. 419-443.

Schreiber, U. (2009c): The Taxation of Hidden Reserves under the Common Consolidated Corporate Tax Base, in: ET 2009, S. 84-91.

Schreiber, U. (2008a): Besteuerung der Unternehmen. Eine Einführung in Steuerrecht und Steuerwirkung, 2. Aufl., Berlin/Heidelberg 2008.

Schreiber, U. (2008b): Evaluating the Common Consolidated Corporate Tax Base, in: Schön, W./Schreiber, U./Spengel, C. (Hrsg.): A Common Consolidated Corporate Tax Base for Europe. Eine einheitliche Körperschaftsteuerbemessungsgrundlage für Europa, Berlin/Heidelberg 2008, S. 113-127.

Schreiber, U. (2004): Unternehmensbesteuerung im Binnenmarkt. Angleichung der Gewinnermittlung und des Satzes der Körperschaftsteuer?, in: StuW 2004, S. 212-226.

Schreiber, U. (2002): Gewinnermittlung und Besteuerung der Einkommen, in: StuW 2002, S. 105-115.

Schreiber, U. (2000): Die Bedeutung der US-amerikanischen Rechnungslegung für die Besteuerung von Gewinnen und Ausschüttungen, in: Ballwieser, W. (Hrsg.): US-amerikanische Rechnungslegung. Grundlagen und Vergleiche mit dem deutschen Recht, 4. Aufl., Stuttgart 2000, S. 49-98.

Schreiber, U. (1999): Rechnungslegung im Einzelabschluß nach internationalen Grundsätzen?, in: Kleineidam, H.-J. (Hrsg.): Unternehmenspolitik und Internationale Besteuerung. Festschrift für L. Fischer, Berlin 1999, S. 879-912.

Schreiber, U. (1997): Hat das Maßgeblichkeitsprinzip noch eine Zukunft?, in: Budde, W. D./Moxter, A./Offerhaus, K. (Hrsg.): Handelsbilanzen und Steuerbilanzen. Festschrift für H. Beisse, Düsseldorf 1997, S. 491-509.

Schreiber, U. (1993): Die Angleichung der steuerlichen Gewinnermittlung in der Europäischen Gemeinschaft, in: Wagner, F. W. (Hrsg.): Ökonomische Analyse des Bilanzrechts, ZfbF-Sonderheft 32, Düsseldorf 1993, S. 139-173.

Schreiber, U. (1991): Betriebswirtschaftliche Forderungen an eine systematische Unternehmensbesteuerung, in: Betge, P./Theisen, M. R. (Hrsg.): Finanzierung und Besteuerung der Unternehmung und des Konzerns, Stuttgart 1991, S. 59-83.

Schreiber, U. (1986): Aufwendungen und Erträge des Geschäftsjahrs, in: Leffson, U./Rückle, D./Großfeld, B. (Hrsg.): Handwörterbuch unbestimmter Rechtsbegriffe im Bilanzrecht des HGB, Köln 1986, S. 58-68.

Schreiber, U./Führich, G. (2009): European Group Taxation – The Role of Exit Taxes, in: Eur J Law Econ 2009, S. 257-274.

Schreiber, U./Stellpflug, T. (1999): Einkommen oder Konsum als Steuerbasis?, in: WiSt 1999, S. 186-192.

Schreiner, T. (2010): IFRS für KMU: Ist diese Belastung für den Mittelstand wirklich notwendig?, in: WPg 2010, Sonderheft, S. S20-S22.

Schremper, R. (2002): Informationseffizienz des Kapitalmarkts, in: WiSt 2002, S. 687-692.

Schrödl, N./Klein, C. (2009): Effects of the IFRS Introduction: Perspective from an Early Stadium to the Time after the Mandatory Adoption, in: Hohenheimer Schriften Rechnungswesen – Steuern – Wirtschaftsprüfung, Diskussionspapier # 2009 - 01. URL: http://www.econstor.eu/bitstream/10419/27779/1/60753642X.PDF. Abrufdatum: 27.05.2011.

Schruff, W./Lanfermann, G. (2008): EU-Machbarkeitsstudie für ein alternatives Kapitalschutzsystem, in: WPg 2008, S. 1099-1109.

Schruff, W./Stibi, B. (2007): Zur Prüfung des Solvenztests im Rahmen eines alternativen Ausschüttungsmodells, in Kirsch, H.-J./Thiele, S. (Hrsg.): Rechnungslegung und Wirtschaftsprüfung. Festschrift für J. Baetge, Düsseldorf 2007, S. 1155-1183.

Schüppen, M. (2008): Kapitalerhaltung – Ein Auslaufmodell?, in: Institut Österreichischer Wirtschaftsprüfer (Hrsg.): Wirtschaftsprüfer Jahrbuch 2008, Wien 2008, S. 11-38.

Schüppen, M. (2003): Die Zukunft der Rechnungslegung in kleinen und mittleren Unternehmen, in: Gesellschaftsrechtliche Vereinigung (Hrsg.): Gesellschaftsrecht in der Diskussion 2002, Köln 2003, S. 163-183.

Schulte, K./Kraft, S./Littkemann, J. (2009): IFRS-Rechnungslegung – eine Option für mittelständische Konzerne?, in: Littkemann, J. (Hrsg.): Beteiligungscontrolling. Ein Handbuch für die Unternehmens- und Beratungspraxis, 2. Aufl., Herne 2009, S. 265-283.

Schulz, S. (2008): Zinsschranke und IFRS – Geklärte, ungeklärte und neue Fragen nach dem Anwendungserlass vom 4. 7. 2008, in: DB 2008, S. 2043-2051.

Schulze-Osterloh, J. (2011): Handelsrechtliche GoB und steuerliche Gewinnermittlung. Das Beispiel der Teilwertabschreibung, in: DStR 2011, S. 534-538.

Schulze-Osterloh, J. (2010a): Das Bundesverfassungsgericht und die Unternehmensbesteuerung, in: Tipke, K. et al. (Hrsg.): Gestaltung der Steuerrechtsordnung. Festschrift für J. Lang, Köln 2010, S. 255-262.

Schulze-Osterloh, J. (2010b): Abt. I/1 – Rechtsgrundlagen des Jahres- und des Konzernabschlusses, in: von Wysocki, K. et al. (Hrsg.): Handbuch des Jahresabschlusses. Rechnungslegung nach HGB und internationalen Standards, Köln 1984/2007, Stand: 50. Erg.-Lief. November 2010 (dieser Abschnitt: Mai 2010).

Schulze-Osterloh, J. (2008a): Ausgewählte Änderungen des Jahresabschlusses nach dem Referentenentwurf eines Bilanzrechtsmodernisierungsgesetzes, in: DStR 2008, S. 63-73.

Schulze-Osterloh, J. (2008b): IFRS und HGB-Reform, in: Ballwieser, W./Grewe, W. (Hrsg.): Wirtschaftsprüfung im Wandel. Festgabe Deloitte, München 2008, S. 413-427.

Schulze-Osterloh, J. (2004a): Internationalisierung der Rechnungslegung und ihre Auswirkungen auf die Grundprinzipien des deutschen Rechts, in: DK 2004, S. 173-177.

Schulze-Osterloh, J. (2004b): Vorschläge für ein Bilanzrechtsmodernisierungsgesetz, in: ZIP 2004, S. 1128-1137.

Schulze-Osterloh, J. (2003a): Internationale Rechnungslegung für den Einzelabschluß und für Unternehmen, die den öffentlichen Kapitalmarkt nicht in Anspruch nehmen. Zur Ausübung des Mitgliedstaatenwahlrechts nach Art. 5 der IAS-Verordnung, in: ZIP 2003, S. 93-101.

Schulze-Osterloh, J. (2003b): Rückzahlungsbetrag und Abzinsung von Rückstellungen und Verbindlichkeiten – Überlegungen zur Reform des HGB-Bilanzrechts, in: BB 2003, S. 351-355.

Schulze-Osterloh, J. (2000a): Handels- und Steuerbilanz, in: ZGR 2000, S. 594-603.

Schulze-Osterloh, J. (2000b): Verfassungsrechtliche Grenzen der bilanzsteuerrechtlichen Gesetzgebung. Nettoprinzip, Maßgeblichkeitsgrundsatz, Rückstellungen, Gewinnrealisierung, in: Pelka, J. (Hrsg.): Europa- und verfassungsrechtliche Grenzen der Unternehmensbesteuerung. Herausgegeben im Auftrag der Steuerjuristischen Gesellschaft e. V., DStJG Band 23, Köln 2000, S. 67-85.

Schulze-Osterloh, J. (1996): Harmonisierung der Rechnungslegung und Kapitalschutz, in: Schruff, L. (Hrsg.): Bilanzrecht unter dem Einfluß internationaler Reformzwänge. Bericht über die Göttinger Bilanztage 1995, Düsseldorf 1996, S. 121-134.

Schulze-Osterloh, J. (1991): Handelsbilanz und steuerrechtliche Gewinnermittlung, in: StuW 1991, S. 284-296.

Schwenk, A. (2003): Die Wirkung impliziter Steuervorteile des Bilanzrechts. Empirische Untersuchung bei den DAX 100-Unternehmen, Wiesbaden 2003.

Schwetzler, B. (1996): Zinsänderungsrisiko und Unternehmensbewertung: Das Basiszinsfuß-Problem bei der Ertragswertermittlung, in: ZfB 1996, S. 1081-1101.

Schwinger, R. (1994): Konsum oder Einkommen als Bemessungsgrundlage direkter Steuern?, in: StuW 1994, S. 39-50.

Schwinger, R. (1992): Einkommens- und konsumorientierte Steuersysteme. Wirkungen auf Investition, Finanzierung und Rechnungslegung, Heidelberg 1992.

Scott, W. R. (2003): Financial Accounting Theory, 3. Aufl., Toronto 2003.

Senger, T. (2010): Perspektiven: BilMoG vs. IFRS for SME, in: Baetge, C./Kirsch, H.-J. (Hrsg.): Anwendungsprobleme des BilMoG und Perspektiven. Beiträge und Diskussionen zum 26. Münsterischen Tagesgespräch des Münsteraner Gesprächskreises Rechnungslegung und Prüfung e.V. am 20. Mai 2010, Düsseldorf 2010, S. 139-164.

Senger, T. (2007): Begleitung mittelständischer Unternehmen bei der Umstellung der Rechnungslegung auf IFRS, in: WPg 2007, S. 412-422.

Servatius, W. (2008): Gläubigereinfluss durch Covenants. Hybride Finanzierungsinstrumente im Spannungsfeld von Fremd- und Eigenfinanzierung, Tübingen 2008.

Sharpe, W. F. (1964): Capital Asset Prices: A Theory of Market Equilibrium under Conditions of Risk, in: JF 1964, S. 425-442.

Shaviro, D. (2009): Internationalization of Income Measures and the U.S. Book-Tax Relationship, in: NTJ 2009, S. 155-167.

Shiller, R. J. (2003): From Efficient Markets Theory to Behavioral Finance, in: JEP 2003, S. 83-104.

Shleifer, A. (2000): Inefficient Markets. An Introduction to Behavioral Finance, Oxford u. a. 2000 (Reprinted, Oxford u. a. 2004).

Shleifer, A./Summers, L. H. (1990): The Noise Trader Approach to Finance, in: JEP 1990, S. 19-33.

Siebler, U. (2008): Internationalisierung der Rechnungslegung und deren Auswirkungen auf Handels- und Steuerbilanz nicht auf den geregelten Kapitalmarkt ausgerichteter Unternehmen, Berlin 2008.

Siegel, S. (2007): Accounting for Non-Listed Companies under United States Laws, Regulations, and Accounting and Auditing Standards, in: Ebke, W. F./Luttermann, C./Siegel, S. (Hrsg.): Internationale Rechnungslegungsstandards für börsenunabhängige Unternehmen?, Baden-Baden 2007, S. 95-111.

Siegel, T. (2009): Grundfragen und Relevanz betriebswirtschaftlicher Steuerforschung, in: ZSteu 2009, S. 175-182.

Siegel, T. (2008a): Leistungsfähigkeitsprinzip und steuerliche Gewinnermittlung, in: Schmiel, U./Breithecker, V. (Hrsg.): Steuerliche Gewinnermittlung nach dem Bilanzrechtsmodernisierungsgesetz, Berlin 2008, S. 301-331.

Siegel, T. (2008b): Neuinterpretation der Grundsätze ordnungsmäßiger Buchführung als Bilanzrechtsmodernisierung? – Ein konzeptioneller Irrtum!, in: ZSteu 2008, S. 53-55.

Siegel, T. (2008c): Vom Vorsichtsprinzip zum Optimismusprinzip? Stellungnahme zum Entwurf eines Bilanzrechtsmodernisierungsgesetzes, in: ZSteu 2008, S. 2-5.

Siegel, T. (2007a): Die Einkommensteuer in der Krise, in: Wehrheim, M./Heurung, R. (Hrsg.): Steuerbelastung – Steuerwirkung – Steuergestaltung. Festschrift für W. Mellwig, Wiesbaden 2007, S. 413-446.

Siegel, T. (2007b): Steuern, Ethik und Ökonomie, in: BFuP 2007, S. 625-646.

Siegel, T. (2004): System der Einkommensteuer und Rechtsformneutralität, in: Dirrigl, H./Wellisch, D./Wenger, E. (Hrsg.): Steuern, Rechnungslegung und Kapitalmarkt. Festschrift für F. W. Wagner, Wiesbaden 2004, S. 193-208.

Siegel, T. (2000a): Die Beziehung zwischen steuerlich abzulehnenden Drohverlustrückstellungen und gebotenen Teilwertabschreibungen – Zum Abschied von einer lieb gewonnenen Steuerpause –, in: StuB 2000, S. 564-567.

Siegel, T. (2000b): Rückstellungen in der Steuerbilanz und Leistungsfähigkeitsprinzip – Auch eine Stellungnahme zu Küting/Kessler, StuB 2000 S. 21 ff. –, in: StuB 2000, S. 29-33.

Siegel, T. (1999a): Rückstellungen, Teilwertabschreibungen und Maßgeblichkeitsprinzip, in: StuB 1999, S. 195-201.

Siegel, T. (1999b): Steuern, in: Korff, W. et al. (Hrsg.): Handbuch der Wirtschaftsethik. Band 3: Ethik wirtschaftlichen Handelns, Gütersloh 1999, S. 354-398.

Siegel, T. (1998): Zeitwertbilanzierung für das deutsche Bilanzrecht?, in: BFuP 1998, S. 593-603.

Siegel, T. (1997): Mangelnde Ernsthaftigkeit des Gläubigerschutzes als offene Flanke der deutschen Rechnungslegungsvorschriften, in: Fischer, T. R./Hömberg, R. (Hrsg.): Jahresabschluß und Jahresabschlussprüfung. Probleme, Perspektiven, internationale Einflüsse. Festschrift für J. Baetge, Düsseldorf 1997, S. 117-149.

Siegel, T. (1995): Herstellungskosten und Grundsätze ordnungsmäßiger Buchführung, in: Elschen, R./Siegel, T./Wagner, F. W. (Hrsg.): Unternehmenstheorie und Besteuerung. Festschrift für D. Schneider, Wiesbaden 1995, S. 635-672d.

Siegel, T./Bareis, P./Rückle, D./Schneider, D./Sigloch, J./Streim, H./Wagner, F. W. (1999): Stille Reserven und aktienrechtliche Informationspflichten, in: ZIP 1999, S. 2077-2085.

Sigloch, J. (2009): Ertragsteuerparadoxa – Ursachen und Erklärungsansätze –, in: Kiesewetter, D./Niemann, R. (Hrsg.): Accounting, Taxation, and Corporate Governance. Festschrift für F. W. Wagner, 2009, S. M 1-M 21.

Sigloch, J. (2007): Einnahmen-Überschussrechnung als Regelkonzept der steuerlichen Gewinnermittlung – Königsweg oder Holzweg?, in: Wehrheim, M./Heurung, R. (Hrsg.): Steuerbelastung – Steuerwirkung – Steuergestaltung. Festschrift für W. Mellwig, Wiesbaden 2007, S. 447-468.

Sigloch, J. (2005): Einheitliche Gewinnermittlung nach Handels- und Steuerrecht – Utopie oder realistische Vision?, in: Schneider, D. et al. (Hrsg.): Kritisches zu Rechnungslegung und Unternehmensbesteuerung. Festschrift für T. Siegel, Berlin 2005, S. 551-568.

Sigloch, J. (2004a): Steuerbilanz und Rechnungslegung nach internationalen Standards – Chancen für eine Neue Maßgeblichkeit, in: Göbel, S./Heni, B. (Hrsg.): Unternehmensrechnung. Konzeptionen und praktische Umsetzung. Festschrift für G. Scherrer, München 2004, S. 331-353.

Sigloch, J. (2004b): Unternehmenserfolgsbesteuerung zwischen Einkommen und Konsum – Bestandsaufnahme und Anwendungsperspektiven, in: Dirrigl, H./Wellisch, D./Wenger, E. (Hrsg.): Steuern, Rechnungslegung und Kapitalmarkt. Festschrift für F. W. Wagner, Wiesbaden 2004, S. 209-227.

Sigloch, J. (2000): Ein Valet dem Maßgeblichkeitsprinzip?, in: BFuP 2000, S. 157-182.

Sigloch, J. (1995): Einkommensbesteuerung der Unternehmen – Stand und Perspektiven, in: Elschen, R./Siegel, T./Wagner, F. W. (Hrsg.): Unternehmenstheorie und Besteuerung. Festschrift für D. Schneider, Wiesbaden 1995, S. 673-702.

Sigloch, J. (1990): Verzerrende Wirkungen von Bemessungsgrundlagen und Tarif auf Unternehmensentscheidungen nach der Steuerreform 1990, S. 229-239.

Simon, H. V. (1899): Die Bilanzen der Aktiengesellschaften und der Kommanditgesellschaften auf Aktien, 3. Aufl., Berlin 1899.

Simon, S. (2009): Ausschüttungs- und Abführungssperre als gläubigerschützendes Institut in der reformierten HGB-Bilanzierung – Zur Regelung des § 268 VIII HGB n. F., in: NZG 2009, S. 1081-1087.

Simons, D./Weißenberger, B. E. (2008): Die Konvergenz von externem und internem Rechnungswesen – Kritische Faktoren für die Entwicklung einer partiell integrierten Rechnungslegung aus theoretischer Sicht, in: BFuP 2008, S. 137-160.

Slemrod, J./Sorum, N. (1984): The Compliance Cost of the U.S. Individual Income Tax System, in: NTJ 1984, S. 461-474.

Sloan, R. G. (1996): Do Stock Prices Fully Reflect Information in Accruals and Cash Flows about Future Earnings?, in: AR 1996, S. 289-315.

Smith, C. W./Warner, J. B. (1979): On Financial Contracting. An Analysis of Bond Covenants, in: JFE 1979, S. 117-161.

Söffing, G. (1995): Für und Wider den Maßgeblichkeitsgrundsatz, in: Förschle, G./Kaiser, K./Moxter, A. (Hrsg.): Rechenschaftslegung im Wandel. Festschrift für W. D. Budde, München 1995, S. 635-673.

Sørensen, P. B. (2004): Company Tax Reform in the European Union, in: ITPF 2004, S. 91-115.

Spence, M. (1973): Job Market Signaling, in: QJE 1973, S. 355-374.

Spengel, C. (2009): Bilanzrechtsmodernisierung – Zukunft der Steuerbilanz, in: FR 2009, S. 101-113.

Spengel, C. (2008a): Die Zukunft des Bilanzsteuerrechts (Teil 1), in: ÖStZ 2008, S. 418-423.

Spengel, C. (2008b): Seminar I: Gemeinsame konsolidierte Körperschaftsteuer-Bemessungsgrundlage (GKKB) und Drittstaatenfragen, in: IStR 2008, S. 556-561.

Spengel, C. (2006a): Besteuerung von Einkommen – Aufgaben, Wirkungen und europäische Herausforderungen. Gutachten für den 66. Deutschen Juristentag, München 2006.

Spengel, C. (2006b): IFRS als Ausgangspunkt der steuerlichen Gewinnermittlung in der Europäischen Union – Steuerbelastungskonsequenzen im Länder- und Branchenvergleich, in: DB 2006, S. 681-687.

Spengel, C. (2004): Rechnungslegung nach IFRS – Konsequenzen für die Besteuerung, in: ZfCM 2004, S. 130-140.

Spengel, C. (2003): Internationale Unternehmensbesteuerung in der Europäischen Union. Steuerwirkungsanalyse – Empirische Befunde – Reformüberlegungen, Düsseldorf 2003.

Spengel, C./Braunagel, R. U. (2006): EU-Recht und Harmonisierung der Konzernbesteuerung in Europa, in: StuW 2006, S. 34-49.

Spengel, C./Ernst, C./Finke, K. (2010): Harmonisierung der steuerlichen Gewinnermittlung in der EU und effektive Steuerbelastung von Unternehmen in den 27 EU-Mitgliedstaaten, in: DBW 2010, S. 283-299.

Spengel, C./Herbold, S. (2009): Steuerliche Anreize zur Förderung von Forschung und Entwicklung in Deutschland, in: Ubg 2009, S. 343-349.

Spengel, C./Lammersen, L. (2001): Methoden zur Messung und zum Vergleich von internationalen Steuerbelastungen, in: StuW 2001, S. 222-238.

Spengel, C./Malke, C. (2008): Comprehensive Tax Base or Residual Reference to GAAP or Domestic Law?, in: Lang, M. et al. (Hrsg.): Common Consolidated Corporate Tax Base, Wien 2008, S. 63-92.

Spengel, C./Oestreicher, A. (2009): Gemeinsame (konsolidierte) Körperschaftsteuerbemessungsgrundlage in der EU und Umsetzungsfragen, in: DStR 2009, S. 773-781.

Spengel, C./Wendt, C. (2007): Europäische Harmonisierung der körperschaftsteuerlichen Bemessungsgrundlage, in: StuW 2007, S. 297-307.

Spengel, C./Zinn, B. (2010): Konsequenzen und Folgerungen aus den Unternehmenssteuerreformen in Deutschland in den vergangenen 20 Jahren, in: Tipke, K. et al. (Hrsg.): Gestaltung der Steuerrechtsordnung. Festschrift für J. Lang, Köln 2010, S. 399-421.

Spindler, D. (2005): Zeitwertbilanzierung nach dem ADHGB von 1861 und nach den IAS/IFRS – eine empirische Analyse aus Kapitalgebersicht, Sternenfels 2005.

Spindler, G. (2008): Kommentierung zu § 92 AktG, in: Goette, W./Habersack, M. (Hrsg.): Münchener Kommentar zum Aktiengesetz. Band 2: §§ 76-117, 3. Aufl., München 2008.

Spindler, W. (2008): Verfassungsrechtliche Vorgaben für ein berechenbares Steuerrecht, in: Ballwieser, W./Grewe, W. (Hrsg.): Wirtschaftsprüfung im Wandel. Festgabe Deloitte, München 2008, S. 475-490.

Spremann, K. (1990): Asymmetrische Information, in: ZfB 1990, S. 561-586.

Sprouse, R. T./Moonitz, M. (1962): A Tentative Set of Broad Accounting Principles for Business Enterprises, New York 1962.

Starbatty, N. (2001): Fair Value Accounting gemäß Statement of Financial Accounting Concept No. 7, in: WPg 2001, S. 543-558.

Statistisches Bundesamt (2010): Unternehmensregister. Stand: 30.06.2010. URL: http://www.destatis.de/jetspeed/portal/cms/Sites/destatis/Internet/DE/Content/Statistiken/UnternehmenGewerbeInsolvenzen/Unternehmensregister/Tabellen/Content100/UnternehmenBeschaeftigteUmsatzWZ08,templateId=renderPrint.psml. Abrufdatum: 22.05.2011.

Steiner, M./Bruns, C. (2007): Wertpapiermanagement. Professionelle Wertpapieranalyse und Portfoliostrukturierung, 9. Aufl., Stuttgart 2007.

Sterling, R. R. (1973): Theory of the Measurement of Enterprise Income, 2. Aufl., Lawrence u. a. 1973.

Stibi, B./Fuchs, M. (2009): Zur Umsetzung der HGB-Modernisierung durch das BilMoG: Konzeption des HGB – Auslegung und Interpretation der Grundsätze ordnungsmäßiger Buchführung unter dem Einfluss der IFRS?, in: DB 2009, Beilage 5, S. 9-15.

Stibi, B./Thiele, S. (2008): IFRS und Zinsschranke nach dem BMF-Schreiben vom 4.7.2008 – Ausweg oder Irrweg?, in: BB 2008, S. 2507-2511.

Stiftung Marktwirtschaft (2006): Gesetz zur steuerlichen Gewinnermittlung (StGeG), 2006. URL: http://www.stiftung-marktwirtschaft.de/wirtschaft/kommission-steuergesetzbuch/gesetzes-texte.html. Abrufdatum: 27.05.2011.

Stiglitz, J. E. (1975): The Theory of "Screening", Education, and the Distribution of Income, in: AER 1975, S. 283-300.

Stobbe, T. (2010): Kommentierung zu § 5 EStG, in: Hey, J./Prinz, U./Wendt, M. (Hrsg.): Herrmann/Heuer/Raupach. Einkommensteuer- und Körperschaftsteuergesetz. Kommentar, Köln 1950/2011, Stand: 245. Erg.-Lief. April 2011 (dieser Abschnitt: Januar 2010).

Stobbe, T. (2008): Überlegungen zum Verhältnis von Handels- und Steuerbilanz nach dem (geplanten) Bilanzrechtsmodernisierungsgesetz. Ausschüttbarkeit von Gewinnen ohne vorherige Gesellschaftsbesteuerung?, in: DStR 2008, S. 2432-2435.

Stobbe, T. (1991): Die Verknüpfung handels- und steuerrechtlicher Rechnungslegung. Maßgeblichkeitsausprägungen de lege lata et ferenda, Berlin 1991.

Straub, B. (2007): Fair Value Measurement Guidance. Aktuelle Überlegungen zur Fair-Value-Ermittlung in der internationalen Rechnungslegung, in: ST 2007, S. 432-441.

Streim, H. (2000): Die Vermittlung von entscheidungsnützlichen Informationen durch Bilanz und GuV – Ein nicht einlösbares Versprechen der internationalen Standardsetter, in: BFuP 2000, S. 111-131.

Streim, H. (1998): Internationalisierung von Gewinnermittlungsregeln zum Zwecke der Informationsvermittlung. Zur Konzeptionslosigkeit der Fortentwicklung der Rechnungslegung, in: Meffert, H./Krawitz, N. (Hrsg.): Unternehmensrechnung und -besteuerung. Grundfragen und Entwicklungen. Festschrift für D. Börner, Wiesbaden 1998, S. 323-343.

Streim, H. (1995): Zum Stellenwert des Lageberichts im System der handelsrechtlichen Rechnungslegung, in: Elschen, R./Siegel, T./Wagner, F. W. (Hrsg.): Unternehmenstheorie und Besteuerung. Festschrift für D. Schneider, Wiesbaden 1995, S. 704-721.

Streim, H. (1988): Grundzüge der handels- und steuerrechtlichen Bilanzierung, Stuttgart u. a. 1988.

Streim, H./Bieker, M. (2009): Die Bilanzierung latenter Steuern im HGB-Einzelabschluss nach dem BilMoG, in: Egner, T./Henselmann, K./Schmidt, L. (Hrsg.): Steuern und Rechnungslegung. Festschrift für J. Sigloch, Aachen 2009, S. 797-825.

Streim, H./Bieker, M./Esser, M. (2005): Fair Value Accounting in der IFRS-Rechnungslegung – eine Zweckmäßigkeitsanalyse, in: Schneider, D. et al. (Hrsg.): Kritisches zu Rechnungslegung und Unternehmensbesteuerung. Festschrift für T. Siegel, Berlin 2005, S. 87-109.

Streim, H./Bieker, M./Esser, M. (2004): Der schleichende Abschied von der Ausschüttungsbilanz – Grundsätzliche Überlegungen zum Inhalt einer Informationsbilanz, in: Dirrigl, H./Wellisch, D./Wenger, E. (Hrsg.): Steuern, Rechnungslegung und Kapitalmarkt. Festschrift für F. W. Wagner, Wiesbaden 2004, S. 229-244.

Streim, H./Bieker, M./Esser, M. (2003): Vermittlung entscheidungsnützlicher Informationen durch Fair Values – Sackgasse oder Licht am Horizont?, in: BFuP 2003, S. 457-479.

Streim, H./Bieker, M./Leippe, B. (2001): Anmerkungen zur theoretischen Fundierung der Rechnungslegung nach International Accounting Standards, in: Schmidt, H./Ketzel, E./Prigge, S. (Hrsg.): Wolfgang Stützel. Moderne Konzepte für Finanzmärkte, Beschäftigung und Wirtschaftsverfassung, Tübingen 2001, S. 177-206.

Streim, H./Esser, M. (2003a): Rechnungslegung nach IAS/IFRS – Ein geeignetes Instrument zur Informationsvermittlung?, in: StuB 2003, S. 836-840.

Streim, H./Esser, M. (2003b): Rechnungslegung nach IAS/IFRS – Ein geeignetes Instrument zur Zahlungsbemessung?: Ansatzfragen, in: StuB 2003, S. 736-742.

Streim, H./Esser, M. (2003c): Rechnungslegung nach IAS/IFRS – Ein geeignetes Instrument zur Zahlungsbemessung?: Bewertungsfragen, in: StuB 2003, S. 781-786.

Streit, B./Below, A./Baar, S. (2006): Corporate Covenants im Kreditgeschäft. Präventive Kreditsicherung und Risikobegrenzung durch zusätzliche Vereinbarungen, in: BBK 2006, S. 91-106.

Strobl, E. (1996): IASC-Rechnungslegung und Gläubigerschutzbestimmungen nach deutschem Recht, in: Ballwieser, W./Moxter, A./Nonnenmacher, R. (Hrsg.): Rechnungslegung – Warum und wie. Festschrift für H. Clemm, München 1996, S. 389-412.

Stromann, H. (2003): Wertrelevanz deutscher und US-amerikanischer Rechnungslegungsinformationen. Theoretische und empirische Analyse des Feldham-Ohlson-Modells, Wiesbaden 2003.

Sureth, C. (2002): Partially Irreversible Investment Decisions and Taxation under Uncertainty: A Real Option Approach, in: GER 2002, S. 185-221.

Sureth, C./Bäumer, M. (2010): Besteuerung multinationaler Unternehmen in der EU – eine vergleichende Analyse ausgewählter Reformvorschläge, in: ZfB 2010, S. 171-202.

Sweeney, H. W. (1936): Stabilized Accounting, New York u. a. 1936 (Reprinted, New York 1978).

Swoboda, P. (1987): Besprechung von Ralf Ewert: Rechnungslegung, Gläubigerschutz und Agency-Probleme, in: ZfB 1987, S. 725-728.

Tanski, J. S./Zeretzke, R. (2006): Die Fair Value-Fiktion, in: DStR 2006, S. 53-58.

Teichmann, C. (2006): Binnenmarktkonformes Gesellschaftsrecht, Berlin 2006.

Theile, C. (2009): Totenglocken für das Maßgeblichkeitsprinzip. „Steuerbilanzgesetz“ ante portas? – Zum Entwurf eines BMF-Schreibens zum Maßgeblichkeitsprinzip, in: DStR 2009, S. 2384-2386.

Theile, C./Hartmann, A. (2008): BilMoG: Zur Unmaßgeblichkeit der Handels- für die Steuerbilanz, in: DStR 2008, S. 2031-2035.

Thiel, J. (2010): Die modernisierte Maßgeblichkeit – § 5 Abs. 1 EStG in der Neufassung durch das Bilanzrechtsmodernisierungsgesetz (BilMoG), in: Herlinghaus, A. et al. (Hrsg.): Festschrift für W. Meilicke, Baden-Baden 2010, S. 733-752.

Thiele, S. (2007): Zeitbewertung und Rechnungslegungsgrundsätze – Hat der Fair Value eine Chance?, in: Kirsch, H.-J./Thiele, S. (Hrsg.): Rechnungslegung und Wirtschaftsprüfung. Festschrift für J. Baetge, Düsseldorf 2007, S. 627-644.

Tipke, K. (2010): Steuerrecht als Wissenschaft, in: Tipke, K. et al. (Hrsg.): Gestaltung der Steuerrechtsordnung. Festschrift für J. Lang, Köln 2010, S. 21-56.

Tipke, K. (2007): Steuergerechtigkeit unter besonderer Berücksichtigung des Folgerichtigkeitsgebots, in: StuW 2007, S. 201-220.

Tipke, K. (2003): Die Steuerrechtsordnung. Band II. Steuerrechtfertigungstheorie, Anwendung auf alle Steuerarten, sachgerechtes Steuersystem, 2. Aufl., Köln 2003.

Tipke, K. (2000): Die Steuerrechtsordnung. Band I. Wissenschaftsorganisatorische, systematische und grundrechtlich-rechtsstaatliche Grundlagen, 2. Aufl., Köln 2000.

Tipke, K. (1971): Steuerrecht – Chaos , Konglomerat oder System?, in: StuW 1971, S. 2-17.

Titgemeyer, M. (2009): Zinsbesteuerung in einkommens- und konsumorientierten Steuersystemen. Eine Analyse vor dem Hintergrund des Leistungsfähigkeitsprinzips, des Europarechts und der Entscheidungsneutralität, Wiesbaden 2009.

Tomlinson, L. (2007): Overview, in: ABR 2007, Special Issue, S. 75-76.

Trageser, C. (2008): IFRS im Mittelstand? Kosten-Nutzen-Analyse einer Rechnungslegungsumstellung, in: PiR 2008, S. 21-26.

Treisch, C. (2011): Einheitliche Gewinnermittlung nach IFRS und Steuerrecht – Trugbild oder realistische Perspektive?, in: Funk, W./Rossmanith, J. (Hrsg.): Internationale Rechnungslegung und Internationales Controlling. Herausforderungen – Handlungsfelder – Erfolgspotenziale, 2. Aufl., Wiesbaden 2011, S. 133-162.

Treisch, C. (2004): Europataugliche Ausgestaltung der Unternehmensbesteuerung. Anforderungen, Probleme und Lösungsmöglichkeiten, Wiesbaden 2004.

Treisch, C. (2001): Einkommensbemessung und Steuerbelastung bei Renditen oberhalb des Kapitalmarktzinssatzes, in: DBW 2001, S. 306-318.

Treisch, C. (2000): Entscheidungsneutralität der Besteuerung. Ökonomische Anforderungen an ein „gutes“ Steuersystem, in: SteuerStud 2000, S. 368-374.

Treisch, C./Müßig, A. (2008): IFRS und steuerliche Gewinnermittlung, in: Funk, W./Rossmanith, J. (Hrsg.): Internationale Rechnungslegung und Internationales Controlling. Herausforderungen – Handlungsfelder – Erfolgspotenziale, Wiesbaden 2008, S. 103-129.

Troßmann, E./Baumeister, A. (2005): Harmonisierung von internem und externem Rechnungswesen durch die Fair Value-Bewertung?, in: Bieg, H./Heyd, R. (Hrsg.): Fair Value. Bewertung in Rechnungswesen, Controlling und Finanzwirtschaft, München 2005, S. 629-648.

Ull, T. (2006): IFRS in mittelständischen Unternehmen. Empfehlungen für die inhaltliche Ausgestaltung einer mittelstandsorientierten IFRS-Rechnungslegung, Wiesbaden 2006.

Vater, H. (2005): Zum Einfluss der IFRS auf die Auslegung der handelsrechtlichen GoB und das deutsche Bilanzsteuerrecht, in: StuB 2005, S. 67-69.

Vater, H. (2003): Grundlagen und Probleme des Fair Value Accounting, in: UM 2003, S. 141-148.

Veil, R. (2009): Die Unternehmergesellschaft im System der Kapitalgesellschaften, in: ZGR 2009, S. 623-643.

Veil, R. (2006): Kapitalerhaltung. Das System der Kapitalrichtlinie versus situative Ausschüttungssperren, in: Lutter, M. (Hrsg.): Das Kapital der Aktiengesellschaft in Europa, ZGR-Sonderheft 17/2006, S. 91-113.

Velte, P. (2007): Reformierung des Kapitalerhaltungssystems auf der Basis von covenants. Mögliche Konsequenzen für die Ausschüttungsbemessungsfunktion des handelsrechtlichen Jahres- und „informatorischen" Einzelabschlusses, in: StuB 2007, S. 639-644.

Vincenti, A. J. F./Hollmann, S. (2009): Basel II und die Kreditkonditionen für den Mittelstand – Eine Bestandsaufnahme, in: FB 2009, S. 303-310.

Vollmer, R. (2008): Rechnungslegung auf informationseffizienten Kapitalmärkten, Wiesbaden 2008.

von der Laage, G./Reusch, S. (2009): Deutsches Bilanzrecht und IFRS: Gewinnermittlung, Gewinnverwendung im Sinne von Ausschüttungsbemessung und Besteuerung, in: NZG 2009, S. 245-250.

von Keitz, I./Stibi, B./Stolle, I. (2007): Rechnungslegung nach (Full-)IFRS – auch ein Thema für den Mittelstand? – Ergebnisse einer Befragung des gehobenen Mittelstands in NRW –, in: KoR 2007, S. 509-519.

Vorstius, S. (2004): Wertrelevanz von Jahresabschlussdaten. Eine theoretische und empirische Betrachtung von Wertrelevanz im Zeitverlauf in Deutschland, Wiesbaden 2004.

Voß, O. (2007): Unternehmensteuerreform 2008: Neuregelung der Abschreibung für geringwertige Wirtschaftsgüter – Einstieg in eine einfache Abschreibungsverrechnung?, in: FR 2007, S. 1149-1156.

Voß, O. (2006): Absetzung für Abnutzung (AfA): International wettbewerbsfähige und einfach zu handhabende Ausgestaltung der einkommensteuerlichen Abschreibungsverrechnung, Göttingen 2006.

Wagenhofer, A. (2009): Internationale Rechnungslegungsstandards – IAS/IFRS, 6. Aufl., München 2009.

Wagenhofer, A. (2008a): Die Zeit der (Markt-)Bewerter ist gekommen, in: IRZ 2008, S. 320-321.

Wagenhofer, A. (2008b): Fair Value-Bewertung: Führt sie zu einer nützlicheren Finanzberichterstattung?, in: ZfbF 2008, S. 185-194.

Wagenhofer, A. (2006a): Fair Value-Bewertung im IFRS-Abschluss und Bilanzanalyse, in: IRZ 2006, S. 31-37.

Wagenhofer, A. (2006b): Zusammenwirken von Controlling und Rechnungslegung nach IFRS, in: Wagenhofer, A. (Hrsg.): Controlling und IFRS-Rechnungslegung. Konzepte, Schnittstellen, Umsetzung, Berlin 2006, S. 1-20.

Wagenhofer, A. (2000): Abzinsung und Zinssätze in internationalen Rechnungslegungs-standards, in: RWZ 2000, S. 306-312.

Wagenhofer, A. (1993): Agency Probleme bei Haftungsbeschränkungen, in: Seicht, G. (Hrsg.): Gläubigerschutz, Betriebswirtschaftslehre und Recht. Festschrift für O. Koren, Wien 1993, S. 239-256.

Wagenhofer, A./Dücker, H. (2007): Die Messung von „Earnings"-Qualität, in: JfB 2007, S. 263-297.

Wagenhofer, A./Ewert, R. (2007): Externe Unternehmensrechnung, 2. Aufl., Berlin u. a. 2007.

Wagner, F. W. (2010a): Warum haben Ökonomen das objektive Nettoprinzip erfunden, aber nicht erforscht?, in: StuW 2010, S. 24-32.

Wagner, F. W. (2010b): Warum sind nur manche Steuern reformbedürftig und andere nicht?, in: Tipke, K. et al. (Hrsg.): Gestaltung der Steuerrechtsordnung. Festschrift für J. Lang, Köln 2010, S. 345-365.

Wagner, F. W. (2008a): Steuerforschung: Welche Probleme finden Ökonomen interessant, und welche sind relevant?, in: StuW 2008, S. 97-116.

Wagner, F. W. (2008b): Warum die Umkehrmaßgeblichkeit bisher notwendig war und nun dem Shareholder-Value zum Opfer fällt, in: Wagner, F. W./Schildbach, T./Schneider, D. (Hrsg.): Private und öffentliche Rechnungslegung. Festschrift für H. Streim, Wiesbaden 2008, S. 387-406.

Wagner, F. W. (2006a): Die Revolution der Bilanzzwecke – Von der Sicherung der Kapitalerhaltung zur Senkung der Kapitalkosten, in: Banzhaf, J./Wiedmann, S. (Hrsg.): Entwicklungsperspektiven der Unternehmensführung und ihrer Berichterstattung. Festschrift für H. Kuhnle, Wiesbaden 2006, S. 273-293.

Wagner, F. W. (2006b): Was bedeutet Steuervereinfachung wirklich?, in: PWP 2006, S. 19-33.

Wagner, F. W. (2006c): Was bedeutet und wozu dient Rechtsformneutralität der Unternehmensbesteuerung?, in: StuW 2006, S. 101-114.

Wagner, F. W. (2005a): Besteuerung, in: Bitz, M. et al. (Hrsg.): Vahlens Kompendium der Betriebswirtschaftslehre, Band 2, 5. Aufl., München 2005, S. 407-477.

Wagner, F. W. (2005b): Kann die Besteuerung vereinfacht werden, wenn die Rechnungslegung komplexer wird?, in: BFuP 2005, S. 528-545.

Wagner, F. W. (2005c): Steuervereinfachung und Entscheidungsneutralität – konkurrierende oder komplementäre Leitbilder für Steuerreformen?, in: StuW 2005, S. 93-108.

Wagner, F. W. (2005d): Zu Meriten und Defiziten der Rechtskritik durch die Steuerwissenschaften, in: Schneider, D. et al. (Hrsg.): Kritisches zu Rechnungslegung und Unternehmensbesteuerung. Festschrift für T. Siegel, Berlin 2005, S. 611-631.

Wagner, F. W. (2004): Gegenstand und Methoden betriebswirtschaftlicher Steuerforschung, in: StuW 2004, S. 237-250.

Wagner, F. W. (2003): Die real existierende Einkommensteuer ist eine konsumorientierte Besteuerung, in: Ahlheim, M./Wenzel, H.-D./Wiegard, W. (Hrsg.): Steuerpolitik – Von der Theorie zur Praxis. Festschrift für M. Rose, Berlin u. a. 2003, S. 369-390.

Wagner, F. W. (2002): Welche Kriterien sollten die Neuordnung der steuerlichen Gewinnermittlung bestimmen?, in: BB 2002, S. 1885-1893.

Wagner, F. W. (2000): Welche Kriterien bestimmen die internationale Wettbewerbsfähigkeit der Methoden steuerlicher Gewinnermittlung?, in: BFuP 2000, S. 183-203.

Wagner, F. W. (1998a): Aufgabe der Maßgeblichkeit bei einer Internationalisierung der Rechnungslegung? – Eine Analyse der ökonomischen Wirkungen des Bilanzsteuerrechts –, in: DB 1998, S. 2073-2077.

Wagner, F. W. (1998b): Kann die Reform von Rechnungslegung und Steuersystem leisten, was die Finanzmärkte fordern?, in: Becker, M. et al. (Hrsg.): Unternehmen im Wandel und Umbruch. Transformation, Evolution und Neugestaltung privater und öffentlicher Institutionen, Stuttgart 1998, S. 51-73.

Wagner, F. W. (1997): Kann es eine Beseitigung aller steuerlichen Ausnahmen geben, wenn es keine Regel gibt?, in: DStR 1997, S. 517-521.

Wagner, F. W. (1995): Leitlinien steuerlicher Rechtskritik als Spiegel betriebswirtschaftlicher Theoriegeschichte, in: Elschen, R./Siegel, T./Wagner, F. W. (Hrsg.): Unternehmenstheorie und Besteuerung. Festschrift für D. Schneider, Wiesbaden 1995, S. 723-746.

Wagner, F. W. (1994): Periodenabgrenzung als Prognoseverfahren – Konzeption und Anwendungsbereich der „einkommensapproximativen Bilanzierung", in: Ballwieser, W. et al. (Hrsg.): Bilanzrecht und Kapitalmarkt. Festschrift für A. Moxter, Düsseldorf 1994, S. 1175-1197.

Wagner, F. W. (1993): Theorie und Praxis der Rechnungslegung: Lehren aus drei Jahrzehnten, in: Wagner, F. W. (Hrsg.): Ökonomische Analyse des Bilanzrechts, ZfbF-Sonderheft 32, Düsseldorf 1993, S. 1-10.

Wagner, F. W. (1992): Neutralität und Gleichmäßigkeit als ökonomische und rechtliche Kriterien steuerlicher Normkritik, in: StuW 1992, S. 2-13.

Wagner, F. W. (1989): Die zeitliche Erfassung steuerlicher Leistungsfähigkeit, in: Hax, H./Kern, W./Schröder, H.-H. (Hrsg.): Zeitaspekte in betriebswirtschaftlicher Theorie und Praxis. 50. Wissenschaftliche Jahrestagung des Verbandes der Hochschullehrer für Betriebswirtschaft e. V. Köln, 24. – 28. Mai 1988, Stuttgart 1989, S. 261-277.

Wagner, F. W. (1986): Der gesellschaftliche Nutzen einer betriebswirtschaftlichen Steuervermeidungslehre, in: FA 1986, S. 32-54.

Wagner, F. W. (1983): Kann es eine betriebswirtschaftliche Sicht der Steuerbilanz geben?, in: Fischer, L. (Hrsg.): Unternehmung und Steuer. Festschrift für P. Scherpf, Wiesbaden 1983, S. 39-49.

Wagner, F. W. (1982): Zur Informations- und Ausschüttungsbemessungsfunktion des Jahresabschlusses auf einem organisierten Kapitalmarkt, in: ZfbF 1982, S. 749-771.

Wagner, F. W./Dirrigl, H. (1980): Die Steuerplanung der Unternehmung, Stuttgart 1980.

Wagner, F. W./Schwenk, A. (2003): Empirische Steuerwirkungen als Grundlage einer Reform der Gewinnbesteuerung – Ergebnisse aus den DAX 100-Unternehmen, in: Schwaiger, M./Harhoff, D. (Hrsg.): Empirie und Betriebswirtschaft. Entwicklungen und Perspektiven, Stuttgart 2003, S. 373-398.

Wagner, F. W./Wissel, H. (1995): Entscheidungsneutralität der Besteuerung als Leitlinie einer Reform der Einkommensteuer, in: WiSt 1995, S. 65-70.

Wala, T./Knoll, L./Messner, S. (2007): Vor- und Nachteile der Integration von internem und externem Rechnungswesen auf Basis der IFRS – Teil I und II, in: DStR 2007, S. 1834-1838 und S. 1881-1883.

Wallek, C. (2010): IFRS for SMEs – Eine Herausforderung zur Neuausrichtung der Rechnungslegung für nicht-kapitalmarktorientierte Unternehmen?, in: DK 2010, S. 490-499.

Walz, W. R. (1993): Ökonomische Regulierungstheorien vor den Toren des Bilanzrechts, in: Wagner, F. W. (Hrsg.): Ökonomische Analyse des Bilanzrechts, ZfbF-Sonderheft 32, Düsseldorf 1993, S. 85-106.

Watrin, C. (2010): Zukunft der steuerlichen Gewinnermittlung in Deutschland, der EU und den USA: Ergebnisse der empirischen Forschung, in: Kessler, W./Förster, G./Watrin, C. (Hrsg.): Unternehmensbesteuerung. Festschrift für N. Herzig, München 2010, S. 495-507.

Watrin, C. (2001a): Internationale Rechnungslegung und Regulierungstheorie, Wiesbaden 2001.

Watrin, C. (2001b): Sieben Thesen zur künftigen Regulierung der Rechnungslegung. Anmerkungen zu den Vorschlägen des Arbeitskreises Externe Rechnungslegung der Schmalenbach-Gesellschaft, in: DB 2001, S. 933-938.

Watrin, C./Scholz, A. (2008): Bilanzrecht und Kapitalschutz: Experimentelle Befunde zur Wirksamkeit des Solvenztests, in: StuW 2008, S. 348-358.

Watts, R. L. (2006): What Has the Invisible Hand Achieved?, in: ABR 2006, Special Issue, S. 51-61.

Watts, R. L. (2003): Conservatism in Accounting Part I: Explanations and Implications, in: AH 2003, S. 207-221.

Weber, J.-A. (2009): Die Unternehmergesellschaft (haftungsbeschränkt), in: BB 2009, S. 842-848.

Weber-Grellet, H. (2011): Kommentierung zu § 5 EStG, in: Drenseck, W. (Hrsg.): Ludwig Schmidt Einkommensteuergesetz, 30. Aufl., München 2011.

Weber-Grellet, H. (2010a): Bilanzsteuerrecht, 10. Aufl., Münster 2010.

Weber-Grellet, H. (2010b): Grundfragen und Zukunft der Gewinnermittlung, in: DB 2010, S. 2298-2304.

Weber-Grellet, H. (2008): Die Abschaffung des Maßgeblichkeitsgrundsatzes – Zur (weiteren) Emanzipation des Steuerrechts, in: ZRP 2008, S. 146-149.

Weber-Grellet, H. (1999): Der Maßgeblichkeitsgrundsatz im Lichte aktueller Entwicklungen, in: BB 1999, S. 2659-2666.

Weber-Grellet, H. (1998): Bestand und Reform des Bilanzsteuerrechts, in: DStR 1998, S. 1343-1349.

Weber-Grellet, H. (1994): Maßgeblichkeitsschutz und eigenständige Zielsetzung der Steuerbilanz, in: DB 1994, S. 288-291.

Wegmann, W. (1971): Der ökonomische Gewinn. Die Übertragung der Einkommens- und Kapitaltheorie auf das betriebliche Rechnungswesen, in: DB 1971, S. 733-737.

Wehrheim, M./Fross, I. (2010a): Erosion handelsrechtlicher GoB durch das Bilanzrechtsmodernisierungsgesetz, in: ZfB 2010, S. 71-109.

Wehrheim, M./Fross, I. (2010b): Wider die Aushöhlung des Maßgeblichkeitsprinzips, in: StuW 2010, S. 195-203.

Weinand, M./Wolz, M. (2010): Forschungs- und Entwicklungskosten im Mittelstand. Zur faktischen Irrelevanz eines Aktivierungswahlrechts, in: KoR 2010, S. 130-138.

Weiner, J. M. (2008): Formula One. The Race to Find a Common Formula to Apportion the EU Tax Base, in: ECTR 2008, S. 100-110.

Weiner, J. M. (2002): Formulary Apportionment and the Future of Company Taxation in the European Union, in: CESifo Forum 1/2002, S. 10-20.

Weißenberger, B. E. (2011): Controller und IFRS. Konsequenzen der IFRS-Finanzberichterstattung für die Controlleraufgaben, in: Funk, W./Rossmanith, J. (Hrsg.): Internationale Rechnungslegung und Internationales Controlling. Herausforderungen – Handlungsfelder – Erfolgspotenziale, 2. Aufl., Wiesbaden 2011, S. 539-567.

Weißenberger, B. E. (2007): IFRS für Controller, München 2007.

Weißenberger, B. E./Arbeitskreis „Controller und IFRS" der International Group of Controlling (2006): Controller und IFRS: Konsequenzen einer IFRS-Finanzberichterstattung für die Aufgabenfelder von Controllern, in: BFuP 2006, S. 342-364.

Weißenberger, B. E./Stahl, A. B./Vorstius, S. (2004): Die Umstellung auf internationale Rechnungslegungsgrundsätze – Wunsch und Wirklichkeit in deutschen Unternehmen, in: KoR 2004, S. 5-16.

Wellisch, D. (2004): Maßstäbe zur indirekten Gewinnaufteilung im Rahmen einer neuen Konzernbesteuerung in der EU: Möglichkeiten und Grenzen, in: StuW 2004, S. 267-276.

Wellisch, D. (2000): Finanzwissenschaft II. Theorie der Besteuerung, München 2000.

Wendt, C. (2009): A Common Tax Base for Multinational Enterprises in the European Union, Wiesbaden 2009.

Wendt, M. (2007): Entwurf eines Gesetzes zur steuerlichen Gewinnermittlung – Ein Baustein im Projekt „Steuergesetzbuch" der Stiftung Marktwirtschaft, in: Oestreicher, A. (Hrsg.): Reform der Unternehmensbesteuerung: Verschiedene Wege diskutieren. Beiträge zu einer Ringveranstaltung an der Universität Göttingen im Sommersemester 2006, Herne/Berlin 2007, S. 189-203.

Wenger, E. (2003): Das Leistungsfähigkeitsprinzip im Einkommensteuerrecht: Von Schwadroneuren usurpiertes Beutegut oder ökonomisch interpretierbare Leitlinie einer rationalen Besteuerung?, in: Ahlheim, M./Wenzel, H.-D./Wiegard, W. (Hrsg.): Steuerpolitik – Von der Theorie zur Praxis. Festschrift für M. Rose, Berlin u. a. 2003, S. 179-195.

Wenger, E. (1983): Gleichmäßigkeit der Besteuerung von Arbeits- und Vermögenseinkünften, in: FA 1983, S. 207-252.

Wenger, E./Terberger, E. (1988): Die Beziehung zwischen Agent und Prinzipal als Baustein einer ökonomischen Theorie der Organisation, in: WiSt 1988, S. 506-514.

Wenk, M. O./Jagosch, C./Straßer, F. (2011): Die E-Bilanz – Ein Projekt mit Fallstricken, in: DStR 2011, S. 586-590.

Wenk, M. O./Straßer, F. (2010): Neuregelung der Bilanzierung von Finanzinstrumenten (IFRS 9), in: PiR 2010, S. 102-109.

Werth, F. (2009): Aufhebung der umgekehrten Maßgeblichkeit durch das BilMoG – Alle Klarheiten beseitigt?, in: DStZ 2009, S. 508-510.

White, G. I./Sondhi, A. C./Fried, D. (2003): The Analysis and Use of Financial Statements, 3. Aufl., New York u. a. 2003.

Whitehead, C. K. (2009): The Evolution of Debt: Covenants, the Credit Market, and Corporate Governance, in: JCL 2009, S. 641-677.

Wich, S. (2009): Entfernungsverpflichtungen in der kapitalmarktorientierten Rechnungslegung der IFRS, Wiesbaden 2009.

Wicke, H. (2011): Grundelemente einer Europäischen Privatgesellschaft, in: GmbHR 2011, S. 566-574.

Wiedemann, H. (1968): Haftungsbeschränkung und Kapitaleinsatz in der GmbH. Unter Berücksichtigung des amerikanischen, deutschen und französischen Gesellschaftsrechts, in: Wiedemann, H./Bär, R./Dabin, L. (Hrsg.): Die Haftung des Gesellschafters in der GmbH. Verhandlungen der Fachgruppe für vergleichendes Handels- und Wirtschaftsrecht anlässlich der Tagung für Rechtsvergleichung in Berlin vom 27. bis 30. September 1967, Frankfurt a. M./Berlin 1968, S. 5-61.

Wiedmann, H./Schwedler, K. (2007): Die Rahmenkonzepte von IASB und FASB: Konzeption, Vergleich und Entwicklungstendenzen, in: Kirsch, H.-J./Thiele, S. (Hrsg.): Rechnungslegung und Wirtschaftsprüfung. Festschrift für J. Baetge, Düsseldorf 2007, S. 679-716.

Wielenberg, S. (2009): Ausschüttungsbegrenzung und liquidationsfinanzierte Ausschüttungen – wie sinnvoll ist vorsichtige Rechnungslegung?, in: ZfbF 2009, S. 2-21.

Wielenberg, S. (2007): Führt das Rating nach Basel II zu einer freiwilligen Umstellung der Rechnungslegung von den handelsrechtlichen GoB zu den IFRS?, in: ZfbF 2007, S. 732-751.

Wiese, J. (2006): Komponenten des Zinsfußes in Unternehmensbewertungskalkülen. Theoretische Grundlagen und Konsistenz, Frankfurt a. M. 2006.

Wiese, J./Gampenrieder, P. (2008): Marktorientierte Ableitung des Basiszinses mit Bundesbank- und EZB-Daten, in: BB 2008, S. 1722-1726.

Wilhelm, J. (1983): Marktwertmaximierung – Ein didaktisch einfacher Zugang zu einem Grundlagenproblem der Investitions- und Finanzierungstheorie, in: ZfB 1983, S. 516-534.

Williamson, O. E. (1979): Transaction-Cost Economics: The Governance of Contractual Relations, in: JLE 1979, S. 233-261.

Winkeljohann, N./Morich, S. (2009): IFRS für den Mittelstand: Inhalte und Akzeptanzaussichten des neuen Standards, in: BB 2009, S. 1630-1634.

Winkeljohann, N./Schellhorn, M. (2010): Kommentierung zu § 264 HGB, in: Ellrott, H. et al. (Hrsg.): Beck'scher Bilanz-Kommentar, 7. Aufl., München 2010.

Winkeljohann, N./Ull, T. (2007): Nationale und internationale Entwicklungen in der zukünftigen Rechnungslegung von mittelständischen Unternehmen, in: Baetge, J./Kirsch, H.-J. (Hrsg.): Internationale Entwicklungen in der Rechnungslegung und Prüfung – aus der Sicht des Mittelstandes. Vorträge und Diskussionen zum 22. Münsterischen Tagesgespräch des Münsteraner Gesprächskreises Rechnungslegung und Prüfung e.V. am 25. April 2006, Düsseldorf 2007, S. 1-41.

Wissel, H. (1997): Einkünfteerzielungsabsicht und Einkommensbegriff. Zur Abbildung ökonomischer Sachverhalte in steuerrechtliche Tatbestandsnormen, Hamburg 1997.

Wittenberg-Moerman, R. (2008): The Role of Information Asymmetry and Financial Reporting Quality in Debt Trading: Evidence from the Secondary Loan Market, in: JAE 2008, S. 240-260.

Wosnitza, M. (2000): Die Beschränkung der ertragsteuerlichen Verlustverrechnung – Ein Beitrag zu Steuervereinfachung, Steuergerechtigkeit und Förderung von Wachstum und Beschäftigung? –, in: StuB 2000, S. 763-772.

Wüstemann, J. (2002): Institutionenökonomik und internationale Rechnungslegungsordnungen, Tübingen 2002.

Wüstemann, J. (1999): Generally Accepted Accounting Principles. Zur Bedeutung und Systembildung der Rechnungslegungsregeln der USA, Berlin 1999.

Wüstemann, J. (1996): US-GAAP: Modell für das deutsche Bilanzrecht?, in: WPg 1996, S. 421-431.

Wüstemann, J. (1995): Funktionale Interpretation des Imparitätsprinzips, in: ZfbF 1995, S. 1029-1043.

Wüstemann, J./Bischof, J. (2007): The Fair Value Principle and its Impact on Debt and Equity. Theoretical Traditions, Conceptual Models and Analysis of Existing IFRS, in: Walton, P. (Hrsg.): The Routledge Companion to Fair Value and Financial Reporting, Abingdon 2007, S. 210-230.

Wüstemann, J./Bischof, J. (2006): Der Grundsatz der Fair-Value-Bewertung von Schulden nach IFRS: Zweck, Inhalte und Grenzen, in: Krawitz, N. (Hrsg.): Rechnungslegung nach internationalen Grundsätzen, ZfB-Special Issue 6/2006, Wiesbaden 2006, S. 77-110.

Wüstemann, J./Bischof, J./Kierzek, S. (2007a): Abt. I/3 – International Financial Reporting Standards: Bedeutung und Systembildung der internationalen Rechnungslegungsregeln, in: von Wysocki, K. et al. (Hrsg.): Handbuch des Jahresabschlusses. Rechnungslegung nach HGB und internationalen Standards, Köln 1984/2007, Stand: 50. Erg.-Lief. November 2010 (dieser Abschnitt: Juni 2007).

Wüstemann, J./Bischof, J./Kierzek, S. (2007b): Internationale Gläubigerschutzkonzeptionen, in: BB 2007, Beilage 5, S. 13-19.

Wüstemann, J./Duhr, A. (2005): Entspricht die Full Fair Value-Bewertung nach den Vorschlägen der Joint Working Group of Standard Setters den Informationsbedürfnissen der Bilanzadressaten?, in: Bieg, H./Heyd, R. (Hrsg.): Fair Value. Bewertung in Rechnungswesen, Controlling und Finanzwirtschaft, München 2005, S. 107-127.

Wüstemann, J./Kierzek, S. (2007): IFRS als neues Bilanzrecht für den Mittelstand? – Bilanztheoretische Erkenntnisse und Würdigung der IFRS in ihrem Lichte, in: BFuP 2007, S. 358-375.

Wüstemann, J./Kierzek, S. (2005a): Ertragsvereinnahmung im neuen Referenzrahmen von IASB und FASB – internationaler Abschied vom Realisationsprinzip?, in: BB 2005, S. 427-434.

Wüstemann, J./Kierzek, S. (2005b): Revenue Recognition under IFRS Revisited: Conceptual Models, Current Proposals and Practical Consequences, in: Accounting in Europe 2005, S. 69-106.

Wüstemann, J./Koch, C. (2010): Rückstellungsbewertung nach BilMoG – Regelungsziele, Regelungslösungen und Regelungsbegründungen aus Sicht von Bilanzrecht und Betriebswirtschaftslehre, in: Küting, K./Pfitzer, N./Weber, C.-P. (Hrsg.): IFRS und BilMoG. Herausforderungen für das Bilanz- und Prüfungswesen, Stuttgart 2010, S. 315-336.

Wüstemann, J./Wüstemann, S. (2010a): Das System der Grundsätze ordnungsmäßiger Buchführung nach dem Bilanzrechtsmodernisierungsgesetz, in: Baumhoff, H./Dücker, R./Köhler, S. (Hrsg.): Besteuerung, Rechnungslegung und Prüfung der Unternehmen. Festschrift für N. Krawitz, Wiesbaden 2010, S. 751-780.

Wüstemann, J./Wüstemann, S. (2010b): Umsatzerlöse aus Kundenverträgen nach IFRS – Neuausrichtung an der Erfüllung von Verpflichtungen in ED/2010/6, in: BB 2010, S. 2035-2040.

Wüstemann, J./Wüstemann, S. (2010c): Why Consistency of Accounting Standards Matters: A Contribution to the Rules-Versus-Principles Debate in Financial Reporting, in: Abacus 2010, S. 1-27.

Wüstemann, J./Wüstemann, S. (2009): Betriebswirtschaftliche Bilanzrechtsforschung und Grundsätze ordnungsmäßiger Gewinnrealisierung für Werkverträge, in: ZfB 2009, S. 31-58.

Yin, G. K. (2001): Getting Serious About Corporate Tax Shelters: Taking a Lesson from History, in: SMU L. Rev. 2001, S. 209-238.

Zeitler, F.-C. (2003): Rechnungslegung und Rechtsstaat. Übernahme der IAS oder Reform des HGB?, in: DB 2003, S. 1529-1534.

Zhang, J. (2008): The Contracting Benefits of Accounting Conservatism to Lenders and Borrowers, in: JAE 2008, S. 27-54.

Zimmermann, J./Prokop, J. (2003): Rechnungswesenorientierte Unternehmensbewertung und Clean Surplus Accounting – Konzeptionelle Bewertungseignung der Konzernabschlüsse deutscher Aktiengesellschaften –, in: KoR 2003, S. 134-142.

Zimmermann, J./Prokop, J. (2002): Unternehmensbewertung aus Sicht des Rechnungswesens. Das Residual Income Model, in: WiSt 2002, S. 272-277.

Zimmermann, J./Werner, J.-R. (2004): Werturteilsprobleme in der Bilanzforschung: Eine Analyse der Fair Value-Bewertung, in: Frank, U. (Hrsg.): Wissenschaftstheorie in Ökonomie und Wirtschaftsinformatik. Theoriebildung und -bewertung, Ontologien, Wissensmanagement, Wiesbaden 2004, S. 149-169.

Zülch, H. (2008): Kommentierung zu IAS 40. Als Finanzinvestitionen gehaltene Immobilien, in: Thiele, S./von Keitz, I./Brücks, M. (Hrsg.): Internationales Bilanzrecht. Rechnungslegung nach IFRS. Kommentar, Bonn 2008, Stand: 4. Erg.-Lief. November 2010 (dieser Abschnitt: Februar 2008).

Zülch, H./Fischer, D./Willms, J. (2006): Die Neugestaltung der Ertragsrealisation nach IFRS im Lichte der „Asset-Liability-Theory“, in: KoR 2006, Beilage 3, S. 1-23.

Zülch, H./Gebhardt, R. (2007): SFAS 157 und IASB Discussion Paper: aktuelle Entwicklungen auf dem Gebiet der Fair-Value-Bewertung, in: BB 2007, S. 147-152.

Zülch, H./Güth, S. (2010): Internationalisierung der Rechnungslegung aus Sicht von Kreditinstituten. Theoretische und empirische Befunde zur Zweckadäquatheit des IFRS for SMEs, in: KoR 2010, S. 501-509.

Zülch, H./Hendler, M. (2009): Bilanzierung nach International Financial Reporting Standards (IFRS), Weinheim 2009.

Zwirner, C. (2010): Unterschiede zwischen IFRS und HGB – quantitative Analyse und Ausblick auf die BilMoG-Anwendung – Ergebnisse einer Modellrechnung zur Erfassung von Unterschieden zwischen der nationalen und der internationalen Rechnungslegung –, in: DB 2010, S. 1653-1661.

B. Gesetzesmaterialien

Abgabenordnung in der Fassung der Bekanntmachung vom 01.10.2002 (BGBl. I S. 3866; BGBl. I 2003 S. 61) letztmalig geändert durch Artikel 2 des Gesetzes vom 28.04.2011 (BGBl. I S. 676).

Aktiengesetz vom 06.09.1965 (BGBl. I S. 1089) letztmalig geändert durch Artikel 6 des Gesetzes vom 09.12.2010 (BGBl. I S. 1900).

Beschlussempfehlung und Bericht des Rechtsausschusses (6. Ausschuss) zu dem Gesetzesentwurf der Bundesregierung – Drucksache 16/10067 – Entwurf eines Gesetzes zur Modernisierung des Bilanzrechts (Bilanzrechtsmodernisierungsgesetz – BilMoG), BT-Drs. 16/12407 vom 24.03.2009.

California Corporations Code, in: Eisenberg, M. A. (Hrsg.): Corporations and other Business Organizations. Statutes, Rules, Materials and Forms, New York 2008, S. 1151-1234.

Companies Act 2006. URL: http://www.opsi.gov.uk/acts/acts2006/ukpga_20060046_en_1. Abrufdatum: 27.05.2011.

Delaware General Corporation Law, in: Eisenberg, M. A. (Hrsg.): Corporations and other Business Organizations. Statutes, Rules, Materials and Forms, New York 2008, S. 639-736.

Einkommensteuergesetz in der Fassung der Bekanntmachung vom 08.10.2009 (BGBl. I S. 3366) letztmalig geändert durch Artikel 1 des Gesetzes vom 05.04.2011 (BGBl. I S. 554).

Gesetz betreffend die Gesellschaften mit beschränkter Haftung vom 20.04.1892 (RGBl. I S. 477) in der Fassung der Bekanntmachung vom 20.05.1898 (RGBl. I S. 846) letztmalig geändert durch Artikel 5 des Gesetzes vom 31.07.2009 (BGBl. I S. 2509).

Gesetz zur Modernisierung des Bilanzrechts (Bilanzrechtsmodernisierungsgesetz – BilMoG) vom 25.05.2009, BGBl. I 2009, S. 1102.

Gesetz zur Modernisierung des GmbH-Rechts und zur Bekämpfung von Missbräuchen (MoMiG) vom 23.10.2008, BGBl. I 2008, S. 2026.

Gesetzesentwurf der Bundesregierung. Entwurf eines Gesetzes zur Modernisierung des Bilanzrechts (Bilanzrechtsmodernisierungsgesetz – BilMoG), BT-Drs. 16/10067 vom 30.07.2008.

Gesetzentwurf der Bundesregierung. Entwurf eines Gesetzes zur Modernisierung des GmbH-Rechts und zur Bekämpfung von Missbräuchen (MoMiG), BT-Drs. 16/6140 vom 25.07.2007.

Gesetzentwurf der Fraktionen SPD und BÜNDNIS 90/DIE GRÜNEN. Entwurf eines Steuerentlastungsgesetzes 1999/2000/2002, BT-Drs. 14/23 vom 09.11.1998.

Grundgesetz für die Bundesrepublik Deutschland vom 23.05.1949 (BGBl. I S. 1) letztmalig geändert durch Artikel 1 des Gesetzes vom 21.07.2010 (BGBl. I S. 944).

Handelsgesetzbuch vom 10.05.1897 (RGBl. I S. 219) letztmalig geändert durch Artikel 8 des Gesetzes vom 01.03.2011 (BGBl. I S. 288).

Insolvenzordnung vom 05.10.1994 (BGBl. I S. 2866) letztmalig geändert durch Artikel 3 des Gesetzes vom 09.12.2010 (BGBl. I S. 1885).

Körperschaftsteuergesetz in der Fassung der Bekanntmachung vom 15.10.2002 (BGBl. I S. 4144) letztmalig geändert durch Artikel 2 des Gesetzes vom 08.12.2010 (BGBl. I S. 1768).

Konsolidierte Fassung des Vertrags über die Arbeitsweise der Europäischen Union, ABl. EU vom 09.05.2008, S. C 115/47.

Konsolidierte Fassung des Vertrags über die Europäische Union, ABl. EU vom 09.05.2008, S. C 115/13.

Kreditwesengesetz in der Fassung der Bekanntmachung vom 09.09.1998 (BGBl. I S. 2776) letztmalig geändert durch Artikel 2 des Gesetzes vom 01.03.2011 (BGBl. I S. 288).

New York Business Corporation Law, in: Eisenberg, M. A. (Hrsg.): Corporations and other Business Organizations. Statutes, Rules, Materials and Forms, New York 2008, S. 1258-1335.

Revised Model Business Corporation Act, in: Eisenberg, M. A. (Hrsg.): Corporations and other Business Organizations. Statutes, Rules, Materials and Forms, New York 2008, S. 764-1150.

Uniform Fraudulent Transfer Act, in: Eisenberg, M. A. (Hrsg.): Corporations and other Business Organizations. Statutes, Rules, Materials and Forms, New York 2008, S. 1386-1390.

C. Verordnungen und Richtlinien

Verordnung (EG) Nr. 1126/2008 der Kommission vom 03.11.2008 zur Übernahme bestimmter internationaler Rechnungslegungsstandards gemäß der Verordnung (EG) Nr. 1606/2002 des Europäischen Parlaments und des Rates, Abl. EU vom 29.11.2008, Nr. L 320/1, S. 1.

Verordnung (EG) Nr. 1606/2002 des Europäischen Parlaments und des Rates vom 19.07.2002 betreffend die Anwendung internationaler Rechnungslegungsstandards, Abl. EG vom 11.09.2002, Nr. L 243, S. 1.

Richtlinie 2006/46/EG des Europäischen Parlaments und des Rates vom 14.06.2006 zur Änderung der Richtlinien des Rates 78/660/EWG über den Jahresabschluss von Gesellschaften bestimmter Rechtsformen, 83/349/EWG über den konsolidierten Abschluss, 86/635/EWG über den Jahresabschluss und den konsolidierten Abschluss von Banken und anderen Finanzinstituten und 91/674/EWG über den Jahresabschluss und den konsolidierten Abschluss von Versicherungsunternehmen, Abl. EU vom 16.08.2006, Nr. L 224, S. 1.

Richtlinie 2003/51/EG des Europäischen Parlaments und des Rates vom 18.06.2003 zur Änderung der Richtlinien 78/660/EWG, 83/349/EWG, 86/635/EWG und 91/674/EWG über den Jahresabschluss und den konsolidierten Abschluss von Gesellschaften bestimmter Rechtsformen, von Banken und anderen Finanzinstituten sowie von Versicherungsunternehmen, Abl. EG vom 17.07.2003, Nr. L 178, S. 16.

Richtlinie 2001/65/EG des Europäischen Parlaments und des Rates vom 27.09.2001 zur Änderung der Richtlinien 78/660/EWG, 83/349/EWG und 86/635/EWG des Rates im Hinblick auf die im Jahresabschluss bzw. im konsolidierten Abschluss von Gesellschaften bestimmter Rechtsformen und von Banken und anderen Finanzinstituten zulässigen Wertansätze, Abl. EG vom 27.10.2001, Nr. L 283, S. 28.

Siebte Richtlinie 83/349/EWG des Rates vom 13.06.1983 aufgrund von Artikel 54 Absatz 3 Buchstabe g) des Vertrages über den konsolidierten Abschluß, Abl. EG vom 18.07.1983, Nr. L 193, S. 1-17.

Vierte Richtlinie 78/660/EWG des Rates vom 25.07.1978 aufgrund von Artikel 54 Absatz 3 Buchstabe g) des Vertrages über den Jahresabschluß von Gesellschaften bestimmter Rechtsformen, Abl. EG vom 14.08.1978, Nr. L 222, S. 11.

Zweite Richtlinie 77/91/EWG des Rates vom 13.12.1976 zur Koordinierung der Schutzbestimmungen, die in den Mitgliedstaaten den Gesellschaften im Sinne des Artikels 58 Absatz 2 des Vertrages im Interesse der Gesellschafter sowie Dritter für die Gründung der Aktiengesellschaft sowie für die Erhaltung und Änderung ihres Kapitals vorgeschrieben sind, um diese Bestimmungen gleichwertig zu gestalten, Abl. EG vom 31.01.1977, Nr. L 26, S. 1.

D. Entscheidungen oberster Gerichte

1. Entscheidungen des Europäischen Gerichtshofes

30.09.2003	C-167/01 (Inspire Art)	Slg. 2003, S. I-10155.
07.01.2003	C-306/99 (BIAO)	Slg. 2003, S. I-1.
05.11.2002	C-208/00 (Überseering)	Slg. 2002, S. I-9919.
09.03.1999	C-212/97 (Centros)	Slg. 1999, S. I-1459.

2. Entscheidungen des Bundesverfassungsgerichts

21.07.2010	1 BvR 611/07, 1 BvR 2464/07	DStR 2010, S. 1721.
06.07.2010	2 BvL 13/09	DStR 2010, S. 1563.
12.05.2009	2 BvL 1/00	BVerfGE 123, S. 111.
09.12.2008	2 BvL 1/07, 2 BvL 2/07,	
	2 BvL 1/08, 2 BvL 2/08	BVerfGE 122, S. 210.
13.06.2007	1 BvR 1550/03, 1 BvR 2357/04,	
	1 BvR 603/05	BVerfGE 118, S. 168.
07.11.2006	1 BvL 10/02	BVerfGE 117, S. 1.
18.01.2006	2 BvR 2194/99	BVerfGE 115, S. 97.

3. Entscheidungen des Bundesfinanzhofs und deutscher Finanzgerichte

23.04.2009	IV R 62/06	BStBl II 2009, S. 778.
26.09.2007	I R 58/06	BStBl II 2009, S. 294.
14.03.2006	I R 22/05	BStBl II 2006, S. 680.
15.09.2004	I R 5/04	BStBl II 2009, S. 100.
07.08.2000	GrS 2/99	BStBl II 2000, S. 632
15.07.1998	I R 24/96	BStBl II 1998, S. 728.
21.10.1993	IV R 87/92	BStBl II 1994, S. 176.
24.01.1990	I R 17/89	BStBl II 1990, S. 681.
01.08.1984	I R 88/80	BStBl II 1985, S. 44.
03.02.1969	GrS 2/68	BStBl II 1969, S. 291.

FG Hamburg vom 28.11.2003 III 1/01 BB 2004, S. 1220.

E. Verwaltungsanweisungen

BMF vom 16.12.2010, IV C 6 - S 2133-b/10/10001, BStBl I 2010, S. 1500.

BMF vom 22.06.2010, IV C 6 - S 2133/09/10001, BStBl I 2010, S. 597.

BMF vom 12.03.2010, IV C 6 - S 2133/09/10001, BStBl I 2010, S. 239.

BMF vom 04.07.2008, IV C 7 - S 2742-a/07/10001, BStBl I 2008, S. 718.

BMF vom 25.02.2000, IV C 2-S 2171b-14/00, BStBl I 2000, S. 372.

F. Standards des IASB

Conceptual Framework for Financial Reporting 2010. URL: www.iasb.org. Abrufdatum: 01.06.2011.

International Financial Reporting Standard. Presentation of Items of Other Comprehensive Income. Amendments to IAS 1. URL: www.iasb.org. Abrufdatum: 01.06.2011.

International Financial Reporting Standard. IFRS 9 Financial Instruments. URL: www.iasb.org. Abrufdatum: 01.06.2011.

International Financial Reporting Standard. IFRS 13 Fair Value Measurement. URL: www.iasb.org. Abrufdatum: 01.06.2011.

IFRS for SMEs. International Financial Reporting Standard for Small and Medium-sized Entities. URL: www.iasb.org. Abrufdatum: 01.06.2011.

IFRS for SMEs. International Financial Reporting Standard for Small and Medium-sized Entities. Basis for Conclusions. URL: www.iasb.org. Abrufdatum: 01.06.2011.

STEUER, WIRTSCHAFT UND RECHT

Herausgegeben von vBP StB Prof. Dr. Johannes Georg Bischoff, Wuppertal, Dr. Alfred Kellermann, Vorsitzender Richter am BGH (a. D.), Karlsruhe, Prof. (em.) Dr. Günter Sieben, Köln, und WP StB Prof. Dr. Norbert Herzig, Köln

Band 311
Judith Scholz
Anti-Treaty-Shopping-Regelungen – § 50d Abs. 3 EStG im internationalen Vergleich
Lohmar – Köln 2011 • 560 S. • € 76,- (D) • ISBN 978-3-8441-0066-2

Band 312
Andreas E. Dahlke
Harmonisierung der Konzernbesteuerung in der Europäischen Union – Ökonomische Analyse einer einheitlichen konsolidierten körperschaftsteuerlichen Bemessungsgrundlage
Lohmar – Köln 2011 • 688 S. • € 85,- (D) • ISBN 978-3-8441-0068-6

Band 313
Andrea Kamp
Steuercontrolling im internationalen Konzern – Aufbau eines Steuerinformationssystems
Lohmar – Köln 2011 • 268 S. • € 57,- (D) • ISBN 978-3-8441-0074-7

Band 314
Dietrich Jacobs
Internationale Besteuerung von mittelständischen Unternehmen in der Rechtsform von Personengesellschaften – Besteuerungsprobleme und Auswirkungen auf die betriebliche Standortwahl
Lohmar – Köln 2011 • 564 S. • € 76,- (D) • ISBN 978-3-8441-0086-0

Band 315
Simone Günter
Fortentwicklung des Handels- und Steuerbilanzrechts – Eine ökonomische Analyse
Lohmar – Köln 2012 • 404 S. • € 66,- (D) • ISBN 978-3-8441-0128-7

JOSEF EUL VERLAG